航天科技图书出版基金资助出版

热等离子体：基础与应用
（第1卷）

Thermal Plasmas：
Fundamentals and Applications，Volume 1

［加］马厄·I. 布洛斯（Maher I. Boulos）
［法］皮埃尔·福谢（Pierre Fauchais）　著
［美］埃米尔·普芬德尔（Emil Pfender）
孟　刚　刘佳琪　邬润辉　等　译

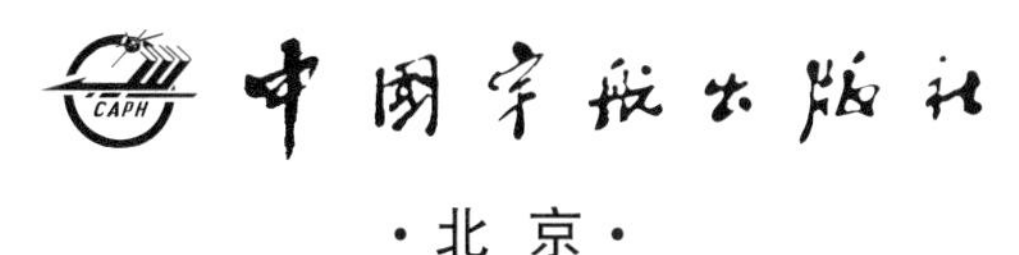

·北京·

图书在版编目(CIP)数据

热等离子体 ：基础与应用. 第1卷 / (加) 马厄·I. 布洛斯，(法) 皮埃尔·福谢，(美) 埃米尔·普芬德尔著；孟刚等译. -- 北京 ：中国宇航出版社，2019.12

书名原文：Thermal Plasmas:Fundamentals and Applications,Volume 1

ISBN 978-7-5159-1728-3

Ⅰ.①热… Ⅱ.①马… ②皮… ③埃… ④孟… Ⅲ.①热等离子体 Ⅳ.①O53

中国版本图书馆CIP数据核字(2019)第278916号

责任编辑 彭晨光　　**封面设计** 宇星文化

出版发行 中国宇航出版社
社　址 北京市阜成路8号　邮　编 100830
(010)60286808　(010)68768548
网　址 www.caphbook.com
经　销 新华书店
发行部 (010)60286888　(010)68371900
(010)60286887　(010)60286804(传真)
零售店 读者服务部　(010)68371105
承　印 天津画中画印刷有限公司

版　次 2019年12月第1版
2019年12月第1次印刷
规　格 787×1092
开　本 1/16
印　张 24.75
字　数 602千字
书　号 ISBN 978-7-5159-1728-3
定　价 128.00元

《热等离子体：基础与应用（第1卷）》翻译人员名单

译　者　孟　刚　刘佳琪　邬润辉　柴　忪　任爱民
刘　鑫　张生俊　李亚男　艾　夏　穆　磊
王明亮　王伟东　崔逸纯

译者序

本书作者马厄·I. 布洛斯、皮埃尔·福谢和埃米尔·普芬德尔是国际上著名的从事热等离子体技术研究的学者，在热等离子体的基础理论和应用研究中多有建树。他们合作撰写了《Thermal Plasmas：Fundamentals and Applications，Volume 1》一书，由施普林格出版社于1994年正式出版。该书通过浅显易懂的方式介绍了什么是等离子体、热等离子体的生成及其特点、热等离子体应用方向等；之后详细介绍了与热等离子体生成相关的微观基础理论特性，包括原子与分子理论、动力学与热力学理论、辐射与输运理论等。该书可作为从事热等离子体技术基础理论与应用研究的科研人员的参考用书。

为了方便国内越来越多的从事热等离子体技术研究的科研人员查阅，我们历时近两年，终于完成了该书的翻译工作，将热等离子体基础与应用相关知识以中文形式呈现给国内学者与科研人员，以供借鉴。由于中西方在语言表达习惯上存在差异，在翻译过程中难免会出现一些不准确或不恰当之处，敬请读者批评指正。

在翻译和出版过程中，该书得到了航天科技图书出版基金的资助，还得到了中国科学技术大学曹金祥教授、北京航空航天大学苏东林教授的帮助和指导，同时中国宇航出版社为该书的出版提供了大力支持，在此一并表示衷心感谢。

译　者

2019年7月于北京

前 言

最近十年，热等离子体技术已经演化为备受关注的交叉学科。热等离子体技术主要应用于材料加工方面，包括冶金提炼、金属和合金的熔化与精炼、等离子体化学合成、等离子体化学气相沉积、等离子体与电弧喷涂、等离子体废料销毁、高级陶瓷的等离子体合成等。

尽管在这些应用中有些技术已经很成熟了，如等离子体弧焊、等离子体切割、电弧喷涂、大气与真空等离子体喷涂等，但目前的研究表明，这些技术的精化和优化，特别是智能加工与自动化仍然处于研究方向的前沿。超细甚至纳米级粒子的等离子体合成、薄膜的等离子体化学气相沉积、有毒废料的等离子体销毁都是热等离子体的新应用，这些新应用仍处于发展的初级阶段。

对于在上述领域中承担设计与研发项目的工程师与研究人员来说，他们面对的主要困难是必须获取大量的学科知识，包括等离子体物理学、统计热力学、高温化学动力学、高等输运现象以及材料科学等。通常，关于热等离子体技术的出版物散布在各种科学期刊中，这使得专家和新手很难跟踪该领域的进展。

过去20年里，在积极参与该领域，并教授了涵盖热等离子体技术不同研究方向的大学课程与继续教育课程的基础上，我们决定将我们的知识和各种各样的经验与背景，集成到一本专门介绍热等离子体技术的基础与应用的参考教科书中。本书面向执业工程师和研究人员，以便对所涉及的主要基本概念进行简单而清晰的回顾，而不是对该学科进行详尽的研究。本书也可以作为进入热等离子体技术领域研究生的入门教材。在每章的后面给出了对相应主题进行更深入研究的大量参考文献。

由于该学科所涉及内容的多样性，不可能在一卷书中覆盖全部内容。因此，我们将本书分为两卷出版，第1卷主要包括等离子体物理和气体电子学、等离子体热力学和输运特性等最基本的概念，而第2卷注重于讨论等离子体生成的工程展望、等离子体状态下的输运现象、诊断技术、热等离子体的工业应用等工程方面的问题。

本书（第1卷）共分为8章，在这里进行简要介绍。第1章介绍了等离子体态的定义和热等离子体生成的各种方法，简要讨论了热等离子体的性质和应用。第2章、第3章、第4章分别介绍了原子与分子理论、动力学理论和气体电子学，这些基本理论对理解后面几章的内容是必需的。在第5章推导出等离子体方程之后，接下来的第6章、第7章介绍热力学和输运性质。对于选定气体和气体混合物，这些性质参数的最新值列于附录的表格中。最后的第8章讨论了辐射输运问题。

本书是由作者及其大学同事共同完成的。在此，对作者现在和以前的学生以及作者的同事表示感谢，他们为本书作出了直接或间接的贡献！皮埃雷特·罗比杜夫人辛苦地完成了手稿的输入，P. 麦克默里夫人在技术编辑方面提供了帮助，在此表示感谢。

在这里，还要特别感谢作者们的妻子——艾丽斯、保莉特和马娅的耐心、理解和支持。

马厄·I. 布洛斯

皮埃尔·福谢

埃米尔·普芬德尔

目　录

第 1 章　等离子体态

1.1　等离子体态的基本定义

按固态、液态、气态和等离子体态的顺序，等离子体态通常被称为物质的第四态。这种将等离子体态作为物质状态的分类与宇宙内 99%以上物质处于等离子体态的事实相符。一个典型的例子是太阳，其内部温度高于 10^7 K。与固体、液体和普通气体相比，等离子体的高能含量会使它具有很多重要的应用。

1.1.1　什么是等离子体

下文对等离子体态的初步定义仅限于气态等离子体，它由混合在一起的电子、离子和中性粒子组成。由于离子和中性粒子的质量远大于电子的质量（$m_H/m_e = 1\ 840$，其中 m_H 是氢原子的质量，m_e 是电子的质量），因此离子和中性粒子被划分为等离子体中的重粒子或重组分。由于等离子体的高能含量，一些重粒子可能处于激发态。处于激发态的粒子可以通过光子发射返回到原始态或基态。后一过程至少对等离子体亮度有部分影响。等离子体不仅包括处于基态的电子、离子和中性粒子，还包括激发态组分和光子。也就是说，等离子体通常由处于基态的电子、离子、中性粒子、激发态组分和光子组成。然而，只有正负电荷相等时，才称这样的一种混合物为等离子体，即等离子体作为整体必须是电中性的，这个特性被称为准中性。

与普通气体不同，由于存在自由电子，等离子体是一种导电体。事实上，在室温下等离子体的电导率可能超过金属。例如，在一个大气压下氢等离子体被加热到 10^6 K 时，其电导率与室温下铜的电导率近似相等。

考虑到二阶效应，等离子体的更严格的定义将在第 4 章给出。

1.1.2　等离子体温度

与其他气体介质相同，等离子体的动力学温度用粒子（分子、原子、离子或电子）的平均动能来定义，即

$$\frac{1}{2}m\,\overline{v^2} = \frac{3}{2}kT \tag{1-1}$$

式中　m ——粒子的质量；

$(\overline{v^2})^{1/2}$ ——粒子的均方根速度或有效速度；

k ——玻耳兹曼常数；

T ——绝对温度（K）。

方程（1-1）表明，粒子服从麦克斯韦-玻耳兹曼分布，可以表示为

$$dn_v = nf(v)\,dv \tag{1-2}$$

其中

$$f(v) = \frac{4}{\sqrt{\pi}}\left(\frac{2kT}{m}\right)^{3/2} v^2 \exp\left(-\frac{mv^2}{2kT}\right) \tag{1-3}$$

分布函数 $f(v)$ 如图1-1所示，在 $v_m = (2kT/m)^{1/2}$ 处取得最大值。速度在 v 至 $v+dv$ 之间的分子密度由 dn_v 表示。从这个速度分布函数中可以导出平均速度

$$\bar{v} = \int_0^{\infty} vf(v)\,dv = (8kT/\pi m)^{1/2} \tag{1-4}$$

均方根速度为

$$\overline{v^2} = \int_0^{\infty} v^2 f(v)\,dv = 3kT/m \tag{1-5}$$

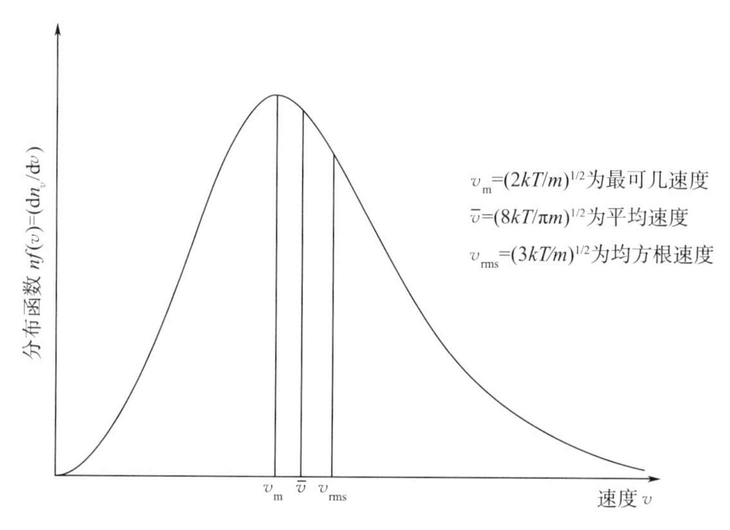

图1-1　速度的麦克斯韦-玻耳兹曼分布

在等离子体或普通气体中，粒子间麦克斯韦-玻耳兹曼分布的建立很大程度上依赖粒子之间的相互作用，即粒子之间的碰撞频率及碰撞过程中的能量交换。对于质量为 m 和 m' 的两个粒子的二维弹性碰撞，应用能量守恒方程，可以将平均动能的交换表示为[1]

$$\Delta E_{\text{kin}} = \frac{2mm'}{(m+m')^2} \tag{1-6}$$

结果表明，对于相同质量的粒子（$m=m'$），$\Delta E_{\text{kin}}=1/2$。因此，在相同质量的粒子之间，麦克斯韦-玻耳兹曼分布可能的失真会随着少于10次的碰撞而消除。

在碰撞主导的等离子体中，我们可以假设，重粒子和电子自身具有麦克斯韦-玻耳兹曼分布，因此，可以定义这些组分所对应的温度。

假设下标 r 表示等离子体中的不同组分（如电子、离子或中性粒子），根据它们的动能 $E_r = \frac{1}{2}mv_r^2$，各组分的麦克斯韦-玻耳兹曼分布可以写为

$$dn_{E_r}=\frac{2n_r}{\sqrt{\pi}}\ (kT_r)^{-3/2}\exp\left(-\frac{E_r}{kT_r}\right)dE_r \tag{1-7}$$

式中　T_r——组分 r 的温度。

以下讨论将表明，等离子体的不同组分的温度可以相同，也可以不同。

现在我们来考虑电子与重粒子之间的能量交换。当 $m'=m_e$（电子质量）和 $m=m_h$（重粒子组分质量）时，由方程（1-6）可得

$$\Delta E_{\mathrm{kin}}=\frac{2m_e}{m_h} \tag{1-8}$$

由于 $m_e \ll m_h$，因此，如果要忽略电子和重粒子组分之间能量（或温度）的差别，需要大量的碰撞（$>10^3$）。

等离子体生成与维持最普遍采用的方法是放电。在放电过程中，高迁移率的电子从所施加的电场中获取能量，然后将部分能量通过弹性碰撞传递于重粒子。但是，即使是最理想的电子与重粒子之间的碰撞（高碰撞频率），等离子体中电子温度与重粒子温度的差别也总是存在的。在一次弹性碰撞中，电子向重粒子的能量传递可以表示为

$$\frac{3}{2}k\,(T_e-T_h)\,\frac{2m_e}{m_h} \tag{1-9}$$

其中，T_e 和 T_h 分别为电子和重粒子的温度。电子在碰撞过程中从电场（E）中获取的能量为

$$eE\,\overline{v_d}\,\overline{\tau_e} \tag{1-10}$$

式中　$\overline{v_d}$——碰撞过程中的平均漂移速度；

　　　$\overline{\tau_e}$——碰撞过程中的平均自由飞行时间。

由于 $\overline{\tau_e}=l_e/\overline{v_e}$，而 $\overline{v_e}=\sqrt{8kT_e/\pi m_e}$，$l_e$ 为电子的平均自由程（mfp），因此，在稳态情况下，可以得到

$$\frac{T_e-T_h}{T_e}=\frac{3\pi m_h}{32m_e}\left(\frac{el_eE}{\frac{3}{2}kT_e}\right)^2 \tag{1-11}$$

根据方程（1-11），动力学平衡（$T_e=T_h$）要求在碰撞过程中电子从电场中获得的能量必须远小于电子的平均动能。考虑到 $l_e \sim \frac{1}{p}$（p 为压强），方程（1-11）的另一种表达式为

$$\frac{T_e-T_h}{T_e}=\frac{\Delta T}{T_e}\sim\left(\frac{E}{p}\right)^2 \tag{1-12}$$

这个关系式表明，参数 E/p 对于确定等离子体的动力学平衡状态起关键作用。当 E/p 较小时，电子温度接近于重粒子温度，这是等离子体局部热力学平衡（LTE）状态存在的基本要求之一。LTE 的其他要求包括激发态平衡、化学平衡以及等离子体中某些梯度的限制条件。关于等离子体的所有 LTE 要求将在第 4 章进行详细讨论。

处于动力学平衡同时满足其他所有 LTE 要求的等离子体被分类为热等离子体，相反，

强烈背离动力学平衡（$T_e \gg T_h$）的等离子体被分类为非热等离子体或非平衡等离子体，将在下节对这类等离子体做进一步讨论。

1.1.3　不同类型的等离子体

有时等离子体也分为自然等离子体和人工等离子体两类。如上文所述，自然等离子体构成目前已了解的宇宙的99%以上。最早认识的两类等离子体现象是闪电和北极光。这两类等离子体现象分别发生在相对高压强和特别低压强的情况下，这导致它们具有非常明显的差别。对于闪电，人们看到的是一种很窄的、高亮度的光带，这种光带还带有很多一闪即失的分支；而北极光显现的是弥散的、很宽范围（天文尺度）、低亮度的现象。等离子体的压强不仅影响等离子体的亮度（如极光等离子体亮度相对较低），还影响不同等离子体组分的能量（或温度）及其热力学状态。

由于等离子体存在这样宽的压强范围内，因此人们习惯根据电子温度和电子密度对等离子体进行分类。图1-2所示为一些自然等离子体和人工等离子体的分类。图中温度单位为电子伏特（eV）（在麦克斯韦-玻耳兹曼分布下，1 eV对应7 740 K）。自然界中极少的等离子体（如日冕中的等离子体）的温度可能会超过10^6 K，而类似电离层密度的等离子体，温度仅为10^3 K或者更低。火焰通常也被分类为等离子体，其电子密度和温度也比较高。然而，在一个大气压下火焰的电离度$\xi = n_e/(n_e + n)$仅在10^{-10}量级。

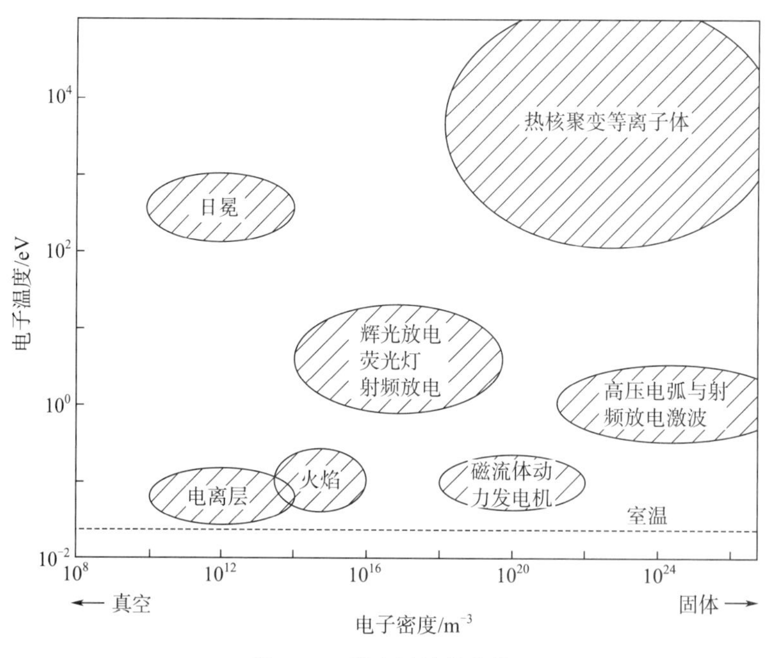

图1-2　等离子体的分类

辉光放电的典型工作压强范围为10^{-4} Pa～1 kPa，其电子温度在10^4 K量级，而重粒子的温度却只接近室温。例如，荧光灯的电子温度接近2.5×10^4 K，重粒子的温度接近300 K。

热核聚变等离子体在电子密度和电子温度方面存在极端情况。在惯性约束核聚变等离子体中，电子和离子密度可能会超过 $10^{26}\ m^{-3}$，而磁约束等离子体与惯性约束等离子体的典型温度都超过 10^6 K，甚至会高达 10^8 K。

热等离子体，即接近 LTE 状态的等离子体，也是本书重点关注的等离子体，其温度在 10^4 K 左右，电子密度范围为 $10^{21} \sim 10^{26}\ m^{-3}$。

为了更清晰地确定热等离子体和非热等离子体的界限，这两类等离子体的典型特征将在以下几小节进行讨论。

1.1.3.1　热等离子体

热等离子体定义为处于或接近 LTE 的等离子体。热等离子体在美国和欧洲文献中被归类为“热的”等离子体，而在俄罗斯文献中被归类为“低温”等离子体（与热核聚变等离子体区分）。

近年来，人们越来越清晰地认识到，等离子体中存在着 LTE，仅仅是例外而不是常规。很多等离子体被归类为热等离子体，但并不满足所有 LTE 的要求，即它们不处于完全的局部热力学平衡（CLTE）态。正如后面将要详细讨论的那样，偏离 CLTE 的原因之一是缺少激发态平衡（玻耳兹曼分布）。特别是，由于低能级的辐射跃迁概率大，处于低能级的原子数量稀少，这导致处于相应基态的原子过多。由于激发态组分对等离子体的热焓贡献不大，因此对于大多数工程应用来说，这类背离 CLTE 的状态并不重要。由于这个原因，这类等离子体常常仍被处理为热等离子体，或稍严格些处理为处于部分局部热力学平衡（PLTE）的等离子体。然而，如果采用发射光谱对这类等离子体进行诊断，需要特别注意。如果使用了偏离激发平衡的能级，将会导致严重的错误。

更严重的偏离 LTE 可能会出现在等离子体的边缘或壁面和电极附近。在这种情况下，可能会出现偏离动力学平衡（$T_e \neq T_h$）和化学平衡（组分）的问题[2]。在高速等离子体流中，由于化学反应跟不上组分的快速宏观运动，可能会偏离化学平衡，导致化学上的“冻结”。这种情况下，电子密度可能远高于该温度下的预期结果[3]。关于这种偏离 LTE 情况，将在第 4 章进行更详细的讨论。

正如前几节讨论的那样，参数 E/p 对达到动力学平衡起到决定性作用。对于较小 E/p 值，即高压强和（或）小 E 值，动力学平衡更容易达到。典型情况下，对于图 1-3 所示的电弧等离子体，在 LTE 状态下等离子体的压强超过 10 kPa（≈0.1 atm），当压强低于10 kPa 时，电子温度和重粒子温度是不同的（$T_e > T_h$）。

根据欧姆定律，电场的大小与等离子体的电导率（σ_e）相关

$$j = \sigma_e E \tag{1-13}$$

式中，j 为电流密度。对于给定的电流密度，场强随 σ_e 增大而减小。

下面的例子给出了工作压强为 100 kPa 时高密度氩电弧满足动力学平衡所要求 E/p 的量级。在这种情况下，这个参数的量级为 $E/p = 1$ V/(m · kPa)。

这个参数中的压强可以用粒子数密度来代替，根据道尔顿定律，如果等离子体处于 LTE 态，则

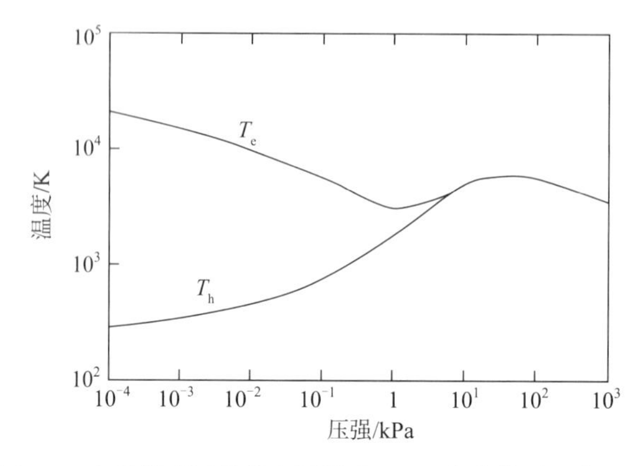

图 1-3　电弧等离子体的电子温度（T_e）和重粒子温度（T_h）

$$p = \sum_r n_r kT \tag{1-14}$$

式中，下标 r 代表电子、离子或中性粒子。如果电离度足够小（$\xi \ll 1$），方程（1-14）可简化为

$$p = nkT \tag{1-15}$$

其中，n 为中性粒子的数密度。

1.1.3.2　非热等离子体

由于重组分的温度低（$T_h \ll T_e$），非平衡等离子体常常被归类为“冷”等离子体。与热等离子体相比，非平衡等离子体系统在很多情况下的工作压强小于 10 kPa。根据前面讨论的 E/p 准则，当 E/p 值较大时基本上会偏离动力学平衡。非热等离子体的典型 E/p 或 E/n 值要比热等离子体的典型 E/p 或 E/n 值大几个量级。在 0.1 Pa 下工作的辉光放电的典型值为 $E/p = 10^7$ V/(m · kPa) 或同量级。

1.2　热等离子体的生成

在气体中通过电流可以生成等离子体。室温下气体是良好的绝缘体，要使气体导电，则需要生成足够数量的电荷载体，这个过程被称为电击穿，且有很多可能的方法实现这种电击穿。初始的非导电气体被击穿后，就在一对电极之间形成一段导电的通路。通过电离气体的电流导致一系列被称为气体放电的现象。气体放电是产生等离子体的一种最普遍的方法，但并不是唯一的方法。对于不同的应用需求，等离子体可通过无电极的射频放电、微波、激波、激光、高能粒子束等方式产生。等离子体也可通过在高温熔炉中加热气体（蒸气）的方式产生，由于固有温度的局限性，这种方法仅限于具有低电离势的金属蒸气。

由于篇幅有限，本节的讨论仅限于最常见的电生成的、稳态的热等离子体。瞬态等离子体不是通过放电生成（如激光束、高能粒子束、激波、熔炉加热产生的）的等离子体，故其不包括在本节讨论的内容中。

广泛应用的热等离子体的电生成方法是高强度电弧、感应耦合高频放电，最近，微波放电被认为是生成这类等离子体的有效方法。这三种放电方法将在后文讨论。

1.2.1　高强度电弧

虽然交流（AC）电弧在实际应用中得到广泛使用，但为了简化，这里仅考虑直流（DC）电弧。

如图1－4所示，电位分布在高强度电弧与低强度电弧中都会出现一种独特的现象。在电弧的两极会出现陡峭的电位落差，而在电弧的弧柱区内电位变化却很小，这样就将电弧分为三个部分：阴极区、阳极区和弧柱区。在高强度电弧中，弧柱区是接近LTE状态的真实等离子体。

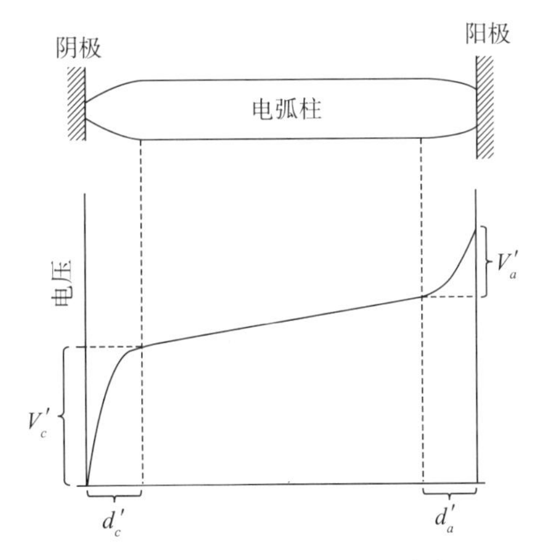

图1－4　电弧的典型电位分布

高强度电弧定义为在电流大于50 A、压强大于10 kPa条件下的放电。与低强度电弧相比，高强度电弧以其自感应引起的强宏观流动为特征[4,5]。通过电弧电流与自身磁场的相互作用，电弧的载电流截面的任何变化都将导致如图1－5所示的抽吸作用。在足够高的电流（$I>100$ A）和轴向电流密度变化情况下，将产生100 m/s量级的流动速度。阴极喷射现象就是一个典型的例子，也称为Maecker效应[4]。

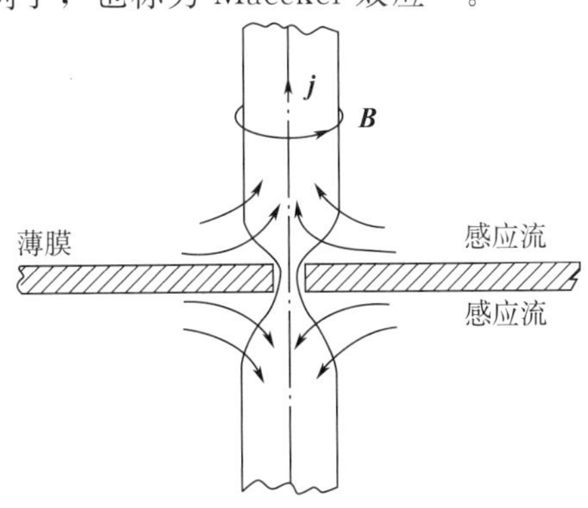

图1－5　由电弧压缩导致的抽吸作用

作为电弧等离子体最重要的特性，温度和带电粒子密度可以在很宽的范围内变化。这些特性由电弧的参数决定，包括电弧的几何特征。图 1－6 给出了不同类型电弧的温度和电子密度，其中有些电弧将在后文讨论。

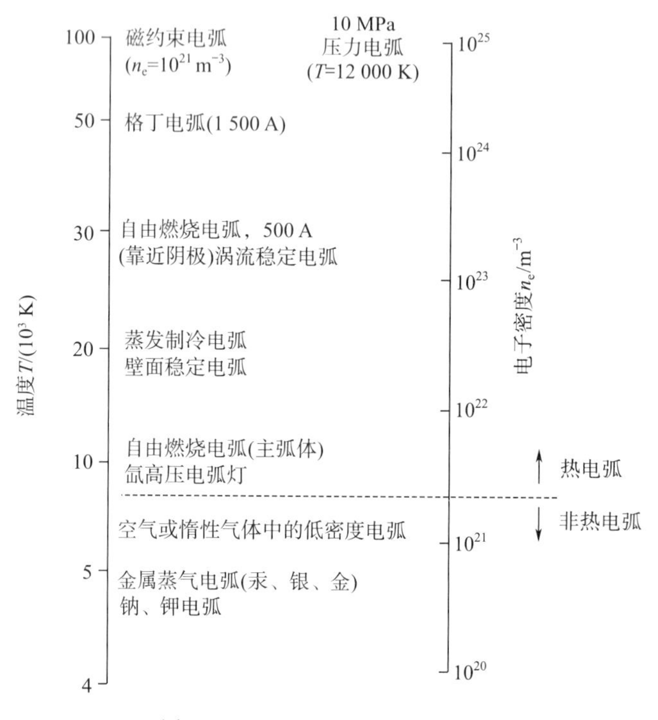

图 1－6　电弧的温度和电子密度

从应用角度来看，根据稳定性对电弧柱进行分类是很有用的。在电弧设备设计中，电弧柱的稳定方法和所选择的应用之间存在着直接的联系。

为了稳定运行，多数电弧都会要求外部提供的或电弧自身产生的某种稳定机制。这里的术语“稳定性”是指需要引入一种特殊机制，使得电弧柱保持在规定的、适当的位置，换言之，任何偶然偏离平衡位置的电弧，都会引起与稳定机制的相互作用，使得电弧柱被强制返回到它的平衡位置。这个稳定位置不一定是一个静止的位置，比如，电弧可以一定速度旋转或沿着电极方向运动。在这种情况下，稳定性意味着，电弧柱在稳定机制的控制下，仅能以一种清晰可辨的形式运动[5]。

1.2.1.1　自由燃烧电弧

顾名思义，这种情况下电弧没有强加外部稳定机制，但是，并不排除这种电弧能够生成自身稳定机制的可能性。尽管高强度电弧可以自由燃烧模式工作，但如果由于自身磁场与电弧电流相互作用感应的气流能够起到稳定机制作用，它们常常也被归类为自稳定电弧（见 1.2.1.5 节）。适用这些条件的自由燃烧、高密度电弧将在 1.2.1.5 节讨论。

在特别高的电流（高达 100 kA）条件下工作的电弧称为超高电流电弧，这种电弧也应该归为自稳定类型的电弧。尽管在这种电流范围内进行的很多实验都采用脉冲放电，但相对长的放电周期（≈10 ms）仍满足这种电弧的分类条件。这类电弧在熔化与炼钢、化学电弧炉、高能开关装置等方面有广泛的应用。对电弧炉的超高电流电弧进行目视观测，可以看到一幅相当复杂的图像——大规模湍流等离子体区域、从电极发射出的蒸气喷流、带有多重移动电极的平行电流通路等。在这种情况下，没有证据表明存在任何控制稳定性的机制。感应气流与蒸气喷流同时存在，并以一种复杂的方式相互作用。对于这种特有的电弧电极和特有的电极材料，可以观察到具有稳定电弧柱作用的稳定蒸气喷流。因此，电弧产生的蒸气喷流给出了另外一种可能的电弧自稳定机制。

在一份综合回顾的资料中，Edels[6]给出了超高电流电弧的典型特征和特性的描述，包括120份相关的参考文献。该领域下一步研究工作的重点与这类电弧的辐射特性和流场相关。

1.2.1.2　壁面稳定电弧

电弧壁面稳定原理的提出与弧光灯有关，该认知已有80多年。一个封闭在圆形截面小直径管中的长电弧，将处于管中旋转对称的同轴位置。电弧柱向壁面任何偶然的偏移都将通过增强对壁面的热传导来补偿，导致该位置电弧柱温度降低，从而使电导率降低。简言之，电弧将被强迫返回到它的平衡位置。这种情况下，增强的热传导和相关的次级效应提供了电弧稳定机制。

为了使封闭于小直径管内的高强度电弧能够适应所经历的高壁面热通量，引入一组由相互之间绝缘的、水冷却的盘状体（通常采用铜制的）排列构成的金属管道作为电弧的容器。这种排列被称为壁面稳定的级联电弧，其作为一种研究工具得到了广泛的应用。

图1-7为典型的壁面稳定的级联电弧剖视图。由于金属的电导率远高于电弧柱的电导率，这就要求对封闭电弧的管道进行分割，使得在一个连续的金属管道内形成一对寻求电阻最小路径的电弧（从阴极至金属管道的电弧放电和从金属管道至阳极的电弧放电）。

在一个压缩的壁面稳定电弧中，可能达到的最高温度或热焓受壁面能够承受的最高热流所限制。理想的水制冷系统容许壁面热流达到2×10^5 kW/m^2。

1.2.1.3　对流稳定电弧

在利用层叠对流流动来稳定电弧的各种可能途径中，涡流稳定起着特别重要的作用。

对电弧的涡流稳定原理的最初报道大约是在20世纪初[7]。就涡流或旋转稳定来说，电弧被限定在管道的中心，管道中维持着很强的气体或液体涡流。离心力驱动冷流体朝向电弧室的壁面，从而使壁面得到很好的热保护。除了圆周方向的涡流分量之外，还有持续提供冷流体的叠加的轴向分量。

在涡流稳定电弧的实际应用中，可以使用不同的气体或混合气体作为工作流体。图1-8所示为一个气体涡流稳定电弧装置的原理图，用于在大气压条件下生成完全电离的氢等离子体。该装置的两个电极均采用水制冷。工作流体通过小孔沿切线方向流向阳极。以这种方式生成的涡流将电弧限制在电弧室的中心，将电弧直径减小2～3 mm。由于围绕在电弧周围的涡流对电弧边缘的强烈对流冷却，增加了单位长度电弧柱的能量耗散，这种电弧柱的能量耗散反过来导致高的电弧柱轴线温度。在该类型涡流稳定氢电弧中，轴线温度已接

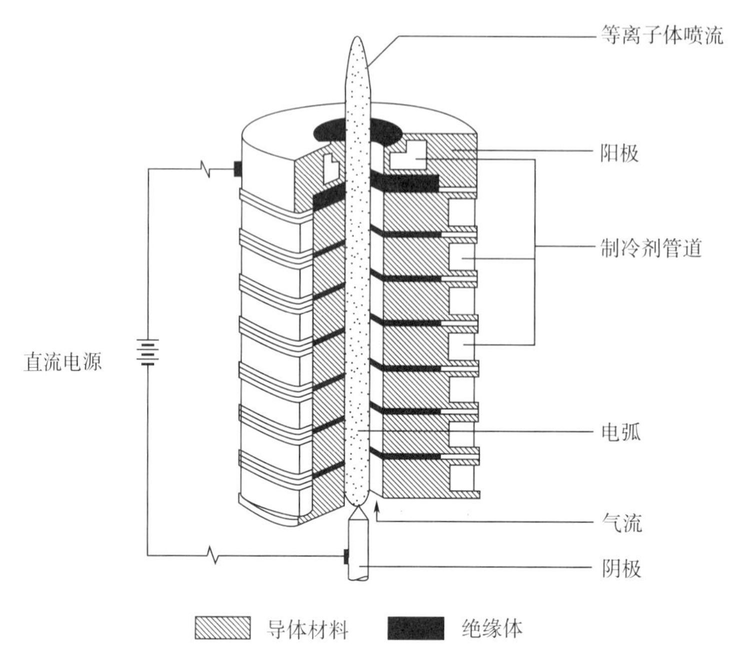

图 1-7　壁面稳定的级联电弧剖视图

近 25 000 K。

在不稳定电弧上叠加轴向流动就可实现稳定。从电弧到电弧周围冷气幕之间的对流换热，与壁面稳定电弧情况下的导热在本质上有相同的作用。

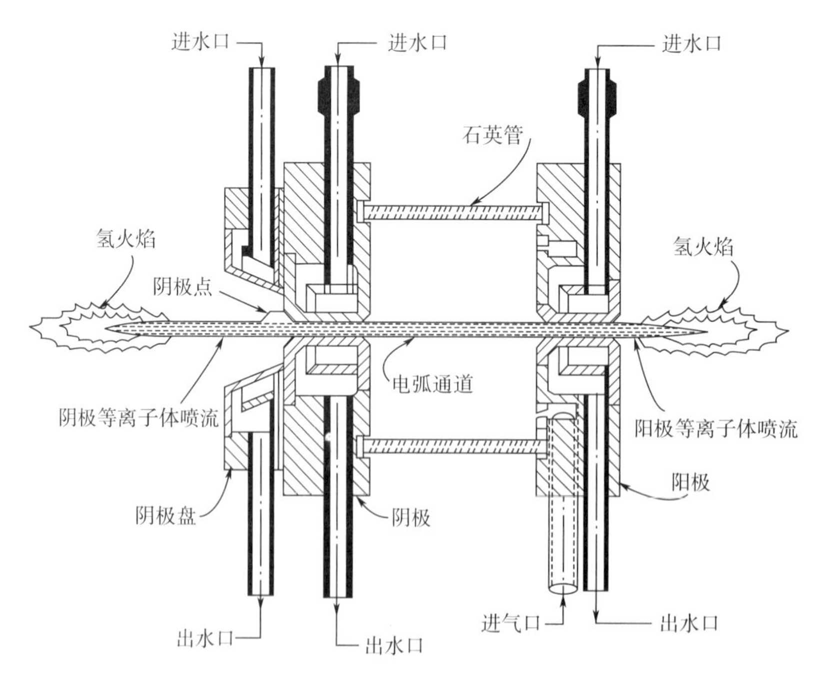

图 1-8　气体涡流稳定电弧装置的原理图

1.2.1.4　磁稳定电弧

由于电弧是导电介质，因此它不仅与自身磁场相互作用，还与外加磁场相互作用。由于在电弧应用方面的潜在价值，在过去的 20 年中，这种相互作用问题受到了人们越来越多的关注。磁感应与磁稳定电弧已广泛应用于材料加工的电弧气体加热器、电路开关、电弧炉等。根据已有文献，电弧与磁场的相互作用可分为以下几类：

1）横向流动中电弧的磁稳定；

2）磁偏移电弧；

3）磁驱动电弧。

第 1 类涉及处于强横向流动中的电弧，如果电极根部是固定的，则电弧柱将会向流动的下游方向弯曲。与此同时，电弧长度和电压降增加，对于足够强的流动，所需的电弧电压也许会超过可用的电压，即电弧熄灭。为了使电弧在这种情况下稳定，可以施加磁场，磁场产生的力（$\boldsymbol{J} \times \boldsymbol{B}$）可平衡流动对电弧施加的阻力。横向流动中磁平衡电弧的实验研究结果表明，用于平衡电弧所要求的磁场强度正比于 v^2，这里 v 为气体速度，也就是说，电弧的性能与固体受到气动阻力情况下的性能是类似的。假设电弧的横截面是椭圆形，其主轴垂直于流动方向；在没有平衡力（$\boldsymbol{J} \times \boldsymbol{B}$）时，电弧椭圆形横截面的主轴平行于流动方向。这些实验结果也被很多包括详细分析在内的研究工作所证实。一些精细的实验研究也讨论了超声速流动下的电弧平衡问题。

第 2 类涉及磁偏移电弧和由偏移引起的次级效应。对于封闭在管道中的电弧，尽管所用磁场对电弧有很强的影响，但主要的稳定效应还是来自管道壁面。因此，这种类型的电弧也被归类为磁感应、壁面稳定电弧。

弧形电弧与自身磁场的相互作用可以产生类似于磁偏移电弧的效应。

如上所述，磁驱动电弧也被归类为磁稳定电弧。从一种与逆向运动现象相关的基本观点出发，对这种电弧进行了广泛的研究。关于电弧气体加热器的应用，轴向、磁旋转电弧引起了人们很大的兴趣，这是因为在 3×10^3 K 至 3×10^6 K 的温度范围内，这类电弧能够有效地将气体加热到可稳定控制的温度水平。

1.2.1.5　自稳定电弧

从低强度电弧到高强度电弧（大气环境中电流大于 50 A）的转换过程中，能够明显观察到电弧柱稳定性的剧烈变化。当电流小于 50 A 时，电弧柱处于自然对流效应所引起的非规则运动状态。当电弧电流在 50～100 A 范围内变化时，电弧柱会在某时刻突然静止或稳定，且在外观上具有明显的边界。前面所提到的阴极喷射现象会引起这种转换。喷流中最大速度与总电流及阴极电流密度相关，即

$$v_{\max} \sim (Ij)^{1/2} \tag{1-16}$$

一旦该速度实质上超过自然对流效应引起的速度（在 1 m/s 量级），前面所描述的转换就会发生。这种转换发生时的电流取决于阴极区域的条件（电流密度与轴线方向电流密度的变化）。这种转换通常是可逆的，也就是说，通过减小电流，可以出现向自然对流所

主导的低强度电弧的转换。

当阴极喷流撞击处于垂直阴极轴线的阳极时，可以观测到自由燃烧的高强度电弧的钟形。图 1 - 9 所示为一种高强度电弧等温线的计算与测量结果[8]。

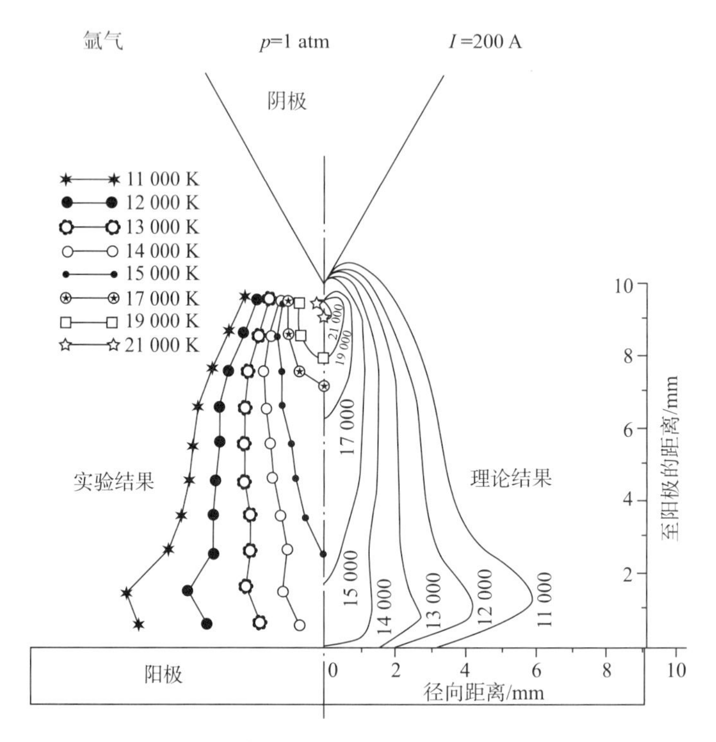

图 1 - 9　一种高强度电弧等温线的计算与测量结果

另外一种自稳定的类型出现在极短电弧情况下（电极间距在 1 mm 量级的电弧）。这种电弧的性能由电极之间的距离和主流陡坡的轴向梯度决定。这种情况下，电弧柱是不存在的。由非均匀电极区构成的剩余电弧的等离子体的特性具有很强的轴向梯度[9]，所谓非均匀电极区是相对完全发展的电弧柱而言的。这些区域可以考虑为热边界层，且这种情况下可能会有部分重叠。电弧剩余部分的外形接近以电极根部为焦点的椭圆。

1.2.2　热射频放电

射频（RF）放电可以通过电容或电感与电源的耦合得以维持。在电容耦合情况下，高频电场是维持放电的主要原因，因此，这种类型的放电称为 E 放电。相比之下，电感耦合放电是由时变磁场维持的，因此称为 H 放电。

对于热等离子体的生成，H 放电更为重要。这是因为 E 放电（依赖位移电流来建立闭合电路）产生热等离子体需要非常高的频率。

在接下来的讨论中，假设图 1 - 10 所示管道中等离子体已经生成。线圈中流动的射频电流产生的时变磁场感应环绕的电场，而由于等离子体是一种导电介质，这种环绕的电场反过来激励了密度为 j 的电流。这种感应电流构成了一个与线圈中原电流方向相反的封闭回路。电流分布和相关的温度分布显现出如图 1－11 所示的偏离轴线的峰。

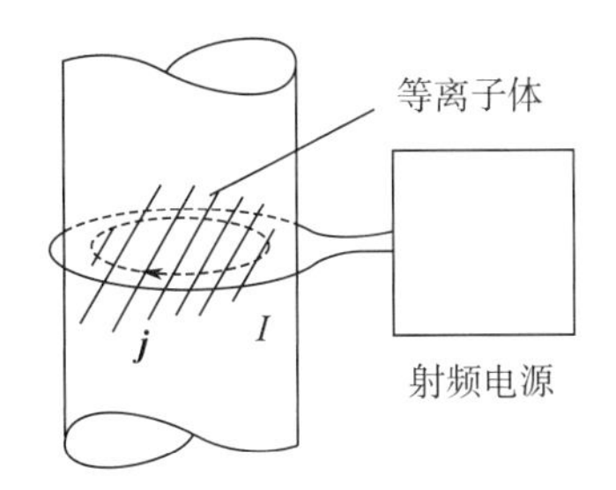

图 1－10　电感耦合的射频放电原理图

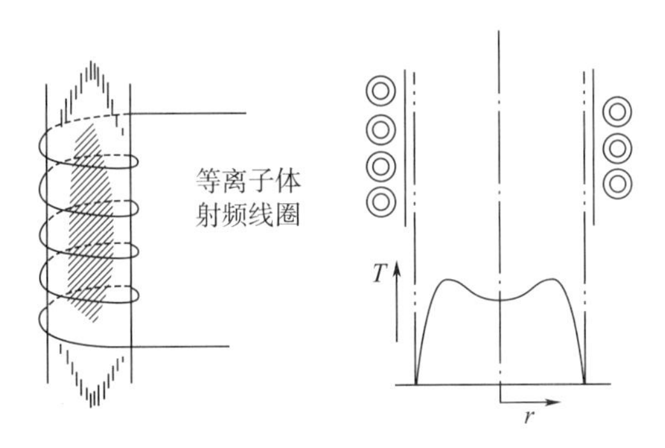

图 1－11　射频放电中等离子体外观与温度分布示意图

由于趋肤效应，电流密度曲线会出现偏离轴线的峰。由于等离子体具有相对高的电导率，交变磁场难以穿透等离子体，在很高频率时更是如此。这种现象通常可根据趋肤深度 δ 来定量描述，趋肤深度是描述射频场渗透到等离子体中深度的量，由下式确定

$$\delta = \left(\frac{1}{\pi f \sigma_e \mu}\right)^{1/2} \tag{1-17}$$

式中　σ_e ——等离子体的电导率；

f ——电源频率；

μ ——等离子体的磁导率。

尽管方程（1－17）仅对具有均匀电导率的平板材料是严格的，但该方程对变化趋势的预测也是有用的。频率增加会减小趋肤深度，同样电导率增加也会减小趋肤深度。

放电容器壁面附近具有偏轴线峰值的非均匀电流密度，导致壁面附近的热耗散（j^2/σ_e）增强。这种效应连同等离子体区中心的辐射冷却形成如图 1－11 所示的温度分布偏峰。

H 放电可以工作在 100 kHz～100 MHz 的频率范围内。假设特征长度 L 为1 m，该频率范围（或波长范围：$\lambda = c/f$，其中 c 为光速）可以分为以下几个区间：

$$\frac{\lambda}{L} \gg 100 (f \ll 3\ \mathrm{MHz})$$ 低频放电

$$100 > \frac{\lambda}{L} > 10 (3\ \mathrm{MHz} < f < 30\ \mathrm{MHz})$$ 高频放电

$$\frac{\lambda}{L} \ll 10 (f \gg 30\ \mathrm{MHz})$$ 超高频放电

随着等离子体中功率耗散的增加，等离子体逐渐接近热等离子体的局部热力学平衡（LTE）状态。图1-12定性地给出了单位体积内功率耗散随频率的变化，也给出了H放电与E放电的比较。

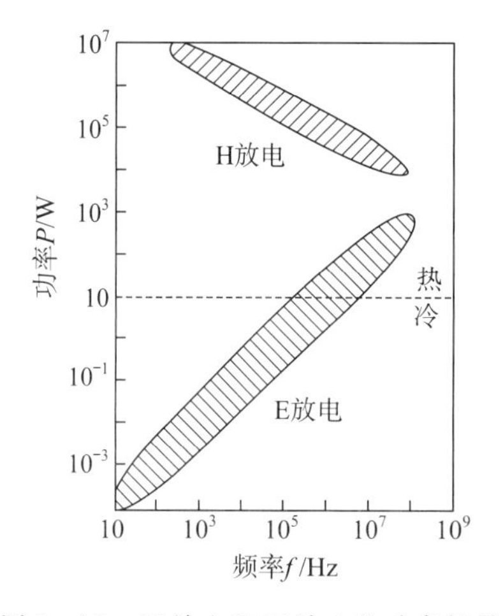

图1-12 H放电和E放电的功率耗散

Eckert[10]在综述文献中所讨论的稳定性问题表明，如果 $R/\delta \leqslant 1.75$ [R 为放电半径，δ 为方程（1-17）中给出的趋肤深度]，趋肤效应对H放电有稳定的影响。关于射频电感耦合等离子体更详细的讨论，可以查阅本章后面给出的参考文献。

1.2.3 微波放电

尽管电弧放电和电感耦合射频放电在热等离子体源中占主导地位，但微波放电也被认为是实用的等离子体源。常规的微波放电要求放电处于微波电路中的积分部分。这个要求在放电参数的灵活性方面增加了固有的局限性，特别是对等离子体外形和尺寸的限制。

在过去的15年中，已经开发出了更灵活的微波设备，这种设备可以将电磁表面波或行波放电（TWD）用于维持等离子体。根据最近一项研究工作[11]，在频率从1 MHz到10 GHz，压强从 10^{-3} Pa到几百千帕，放电管直径从0.5 mm到150 mm情况下，采用这种方法，等离子体是可持续的。由TWD产生的等离子体是稳定的、可重复实现的、静态的，电子密度具有低起伏特征。如同电弧放电和电感耦合射频放电，在微波放电中，电子主要负责从电场中吸收能量。这就意味着，在低压（$p<10$ kPa）状态下工作时，由于电子与重粒子之间的碰撞耦合很少，等离子体将严重偏离动力学平衡态

（$T_e \gg T_h$）。

以下讨论将仅考虑较高压强（$p>10$ kPa）状态，在这种条件下，用行波放电（TWD）产生的等离子体接近局部热力学平衡（LTE）状态。图1-13所示为行波放电原理图。其中关键的部件是行波发射机，它包括一个阻抗匹配网络和场分布器（field applicator）。表面波由行波发射机来激发并围绕在放电管某一小部分的周围。在放电管中最初的非导电气体被击穿后（由射频火花或其他预电离方法实现），由行波发射机激发出的表面波将沿着等离子体和放电管之间的分界面上传播，提供持续放电的能量。微波功率传播到等离子体的距离通常大于等离子体直径。由于行波沿管传播会持续损失能量，随着到行波发射机距离的增加，能够提供给等离子体的能量越来越少，也就是说，等离子体表现出很强的非均匀性，这是TWD生成等离子体所具有的典型特征。图1-14给出了行波放电的功率通量和电子密度与到达行波发射机距离之间的定性关系。在$z=L$处，功率通量降为零，这导致该位置的电子密度急剧减小。

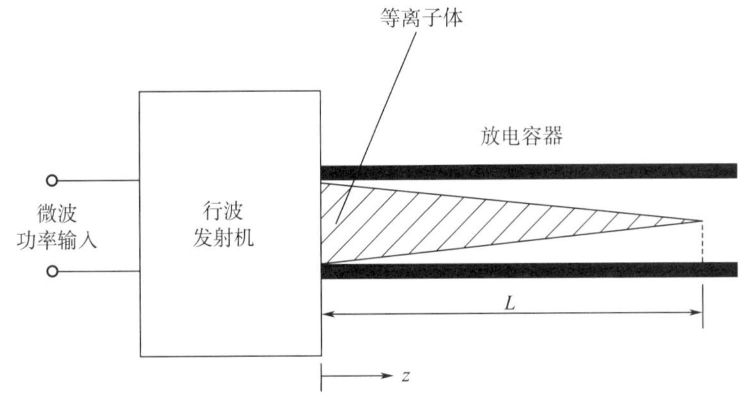

图1-13 行波放电原理图

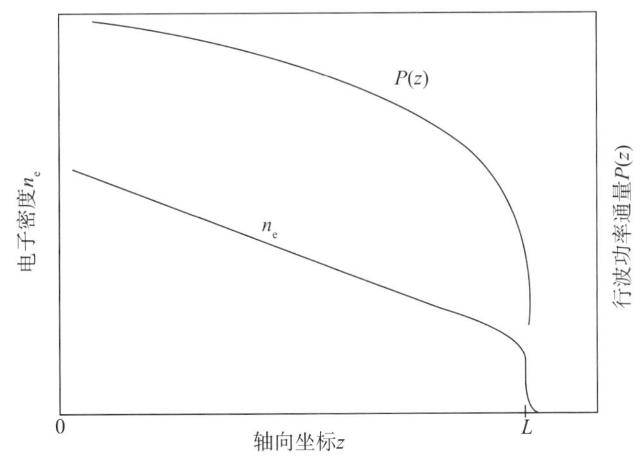

图1-14 行波放电的功率通量与电子密度示意图

需要指出的是，表面波与等离子体之间存在着密切的相互作用关系。表面波为等离子体提供能量，但如果没有等离子体，表面波也将不存在。稳态下，在由表面波提供的能量和从等离子体中损耗能量之间存在着局部平衡。

最近，已发展了一种大气压下行波放电的简化模型，其已经被用于氮的放电[12]。图1-15给出了归一化形式的热流势

$$S(r,z)=\int k\,\mathrm{d}T \tag{1-18}$$

和电子密度 $n_e(r,z)$ 的曲线图，其中 r 和 z 分别为径向和轴向坐标，k 为热导率。阴影区（n_e）近似对应等离子体的发光区。

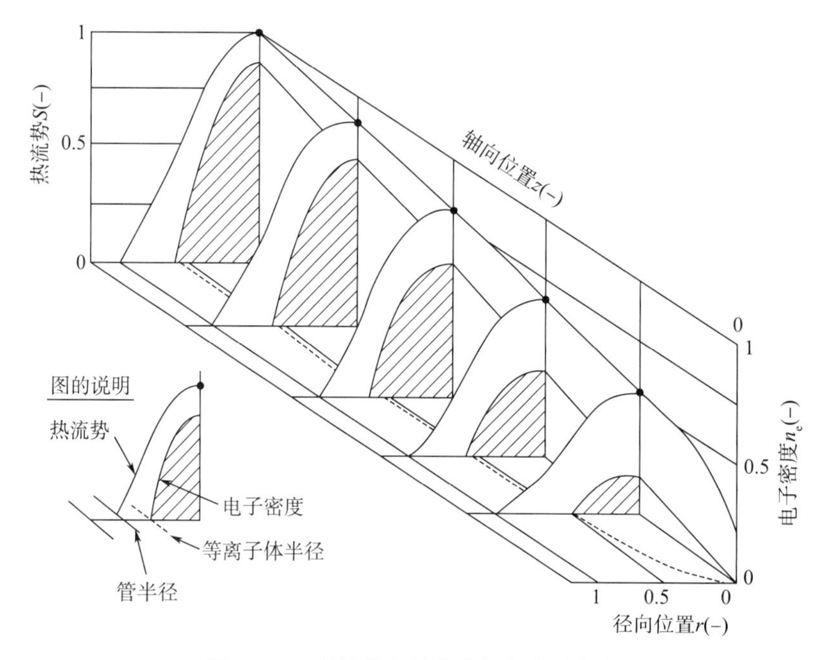

图1-15　行波放电的热流势和电子密度

由于大气压下等离子体有相对高的损耗（主要是向容器附近的传导），在大气压下，稳态的行波放电要求相对高的功率输入，而高功率输入却受到放电容器能够承受的热通量的限制。最大壁面热通量出现在行波发射机附近。

就壁面热流而言，壁面稳定电弧与行波放电有一定的相似性。然而，所形成的等离子体却不具有这种相似性。在完全发展的壁面稳定电弧中，等离子体是轴向均匀的，而在行波放电情况下，等离子体属于行波维持的、衰减的等离子体。

1.3　热等离子体特性

随着高速计算机的发展，热等离子体、等离子体反应堆和热等离子体生成过程的建模成为非常重要的研究工具。然而，任何建模工作的基础是热力学和输运特性数据库。

本节将从等离子体构成开始，对最重要的热等离子体特性进行简要概述。正如本节后

面表述的那样，热力学与输运特性直接取决于等离子体的构成。

关于等离子体特性及计算这些特性的基础方面问题将在第 6、7、8 章进行详细的讨论。

1.3.1　等离子体构成

为简单起见，以下讨论将基于仅包含一种类型离子的热等离子体，这种离子称为单电离原子。如果这样的等离子体由单原子气体生成（如氩气），则仅有三种组分构成等离子体——电子、中性氩原子（它们有些处于激发态）和正氩离子（同样，它们有些处于激发态）

$$\mathrm{Ar} \leftrightarrow \mathrm{Ar}^{+} + e$$

在这种情况下等离子体构成可由一系列方程描述：Eggert - Saha 方程、道尔顿（Dalton）定律和等离子体准中性条件

$$\frac{n_{\mathrm{e}} n_{\mathrm{i}}}{n} = \frac{2Q_{\mathrm{i}}}{Q}\left(\frac{2\pi m_{\mathrm{e}} kT}{h^{2}}\right)^{3/2}\exp\left(-\frac{E_{\mathrm{i}}}{kT}\right) \tag{1-19}$$

$$p = (n_{\mathrm{e}} + n_{\mathrm{i}} + n)kT \tag{1-20}$$

$$n_{\mathrm{e}} = n_{\mathrm{i}} \tag{1-21}$$

在 Eggert - Saha 方程（1 - 19）中，n_{e} 是电子数密度，n_{i} 和 n 分别为离子和中性粒子数密度，无论离子和中性粒子是处于激发态还是基态。Q_{i} 和 Q 分别为离子和中性粒子的配分函数，h 为普朗克常数，E_{i} 为电离能。配分函数（对所有状态求和）表达式为

$$Q_{i} = \sum_{s} g_{\mathrm{i},s}\exp\left(-\frac{E_{\mathrm{i},s}}{kT}\right) \tag{1-22}$$

$$Q = \sum_{s} g_{s}\exp(-E_{s}/kT)$$

式中　$g_{\mathrm{i},s}$，g_{s} ——分别是离子和中性粒子能级的统计权重；

　　E_{i}，E_{s} ——分别是离子和中性粒子激发态所对应的能级。

配分函数方程意味着，激发态的整体状态服从玻耳兹曼（Boltzmann）分布。

Eggert - Saha 方程由热力学原理（吉布斯最小自由能）导出，因此，也可以认为它是电离过程的“质量作用定律”。需要指出的是，电离能 E_{I} 需要有一个修正项（$-\delta E_{\mathrm{I}}$），这解释了等离子体中电子微观场对电离能的减弱。这些微观场是带电粒子密度的函数。

对于给定的压强，式（1 - 19）～式（1 - 21）可以用于等离子体组分随温度的变化的计算。由于前面提到的电离能修正项是电子（或离子）密度的函数，在计算 $n_{\mathrm{e}}(T) = n_{\mathrm{i}}(T)$ 及 $n(T)$ 时存在一些重复是不可避免的。作为一个例子，图 1 - 16 给出了 100 kPa 下氩等离子体组分。由于压强为常数，总的粒子数密度（$n_{t} = n_{\mathrm{e}} + n_{\mathrm{i}} + n$）随温度升高而减小。

如果等离子体是由分子气体（如氮气）生成的，由于分子组分的存在，构成等离子体的组分数将会增加。在等离子体中可能出现的化学过程包括：分子离解为原子和原子的电离。通常都会忽略分子离子的形成。在氮等离子体中，离解过程可以用一个类似于

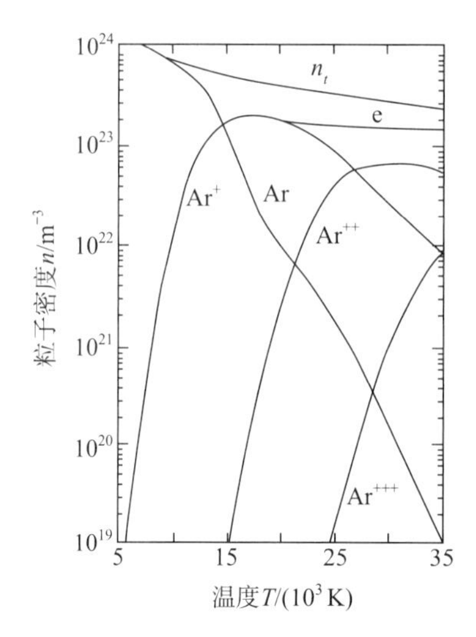

图 1-16　在 100 kPa 下氩等离子体组分

Eggert-Saha 方程的式子来描述，即离解过程质量作用定律

$$N_2 \leftrightarrow N + N$$

考虑了离解、电离和出现的附加组分，就可以计算氮等离子体组分。当 $p=100$ kPa 时，氮等离子体组分如图 1-17 所示。当 $T>10^4$ K 时，离解过程将导致氮分子不再存在，而在 $T=1.5\times10^4$ K 附近，氮原子电离接近峰值。实际上，当 $T>2\times10^4$ K 时，等离子体是完全电离的，即原子的数密度可以忽略。

对于更复杂的分子或混合气体生成的等离子体，可以进行类似的计算，将在第 6 章做进一步讨论。

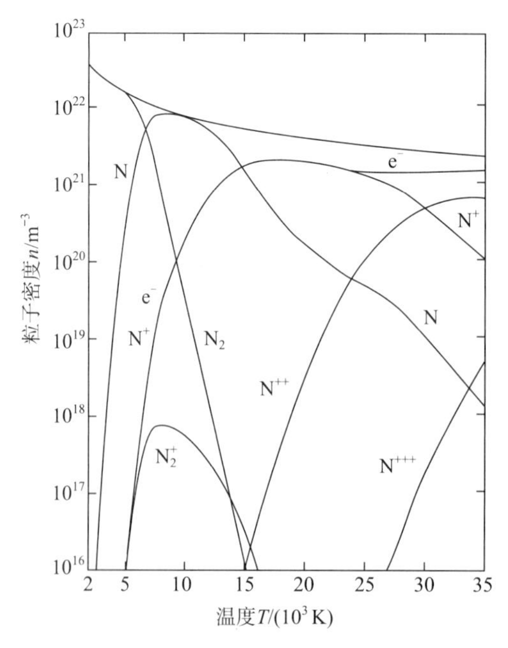

图 1-17　在 100 kPa 下氮等离子体组分

1.3.2　热力学特性

等离子体的热力学特性包括质量密度、内能、焓、比热和熵。除此之外，还有导出的热力学函数：亥姆霍兹（Helmholtz）函数（自由能）和吉布斯（Gibbs）函数（自由焓或化学势）。

质量密度 ρ 从等离子体构成中直接得到

$$\rho = \sum_i n_i m_i \tag{1-23}$$

式中　n_i ——等离子体中各组分的数密度；

m_i ——相应组分的质量。

作为例子，图 1-18 给出了 100 kPa 下氮等离子体的质量密度。对于更复杂的等离子体也可进行类似的计算，包括由混合气体生成的等离子体（见第 6 章）。

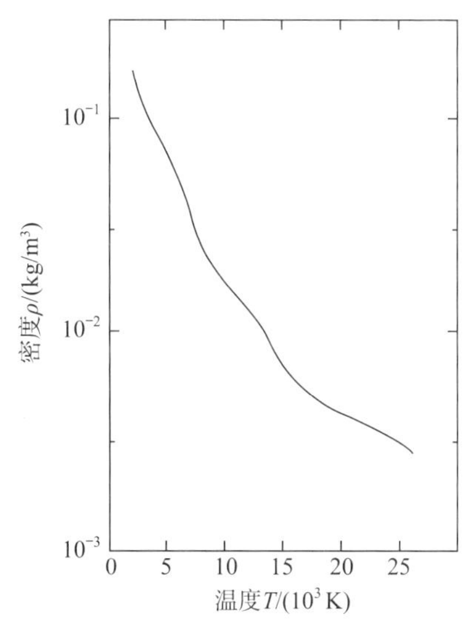

图 1-18　在 100 kPa 下氮等离子体的质量密度

配分函数在热力学函数计算中起到关键作用，包括导出函数在内的其他热力学函数均可通过配分函数来计算。由于这个原因，下面将简要讨论配分函数的计算以及配分函数导出时隐含的基本假设问题。

1.3.2.1　配分函数

配分函数建立了微观系统坐标与宏观热力学特性之间的联系。通常粒子的配分函数表达式为

$$Q = \sum_s g_s \exp\left(-\frac{E_s}{kT}\right) \tag{1-24}$$

式中　E_s ——粒子可以获得的所有形式的能量；

g_s ——各能级的简并度或统计权重。

习惯上会把粒子的能量分解为平动能（$E_{s,\mathrm{tr}}$）和内能（$E_{s,\mathrm{int}}$），即

$$E_s = E_{s,\mathrm{tr}} + E_{s,\mathrm{int}} \tag{1-25}$$

这些能量与相应分子的平动自由度和内自由度相关。内自由度包括电子激发、转动、振动、核自旋和化学反应。在同时适用于气体和等离子体的波恩-奥本海默近似（the Born - Oppenheimer approximation）中，分子的总内能可以表示为前面所述的所有能量之和。因此，分子的总配分函数 Q_t 可以简单地表示为

$$Q_t = Q_{\mathrm{tr}} \cdot Q_{\mathrm{rot}} \cdot Q_{\mathrm{vib}} \cdot Q_{\mathrm{el}} \cdot Q_{\mathrm{nucl}} \cdot Q_{\mathrm{ch}} \tag{1-26}$$

式中，各配分函数分别表示平动、转动、振动、电子、原子核和化学贡献。

平动配分函数可以通过分子的动量坐标和对全空间的积分得到

$$Q_{\mathrm{tr}} = \frac{V}{h^3}(2\pi mkT)^{3/2} \tag{1-27}$$

式中 V ——系统的体积；

m ——分子的质量。

原子的内配分函数计算是非常简单的，这是因为原子不存在转动和振动自由度，化学贡献仅有单一能级 $E_1 - \Delta E_1$ 的电离过程。因此，原子的配分函数可以表示为

$$Q_t = \frac{V}{h^3}(2\pi mkT)^{3/2} \cdot Q_{\mathrm{el}} \cdot Q_{\mathrm{nucl}} \cdot \exp[-(E_1 - \Delta E_1)/kT] \tag{1-28}$$

其中

$$Q_{\mathrm{el}} = \sum_s g_s \exp(-E_s/kT) \tag{1-29}$$

考虑了电子激发，Q_{nucl} 与原子核旋转有关。图1-19所示为氮原子和氮离子的配分函数。

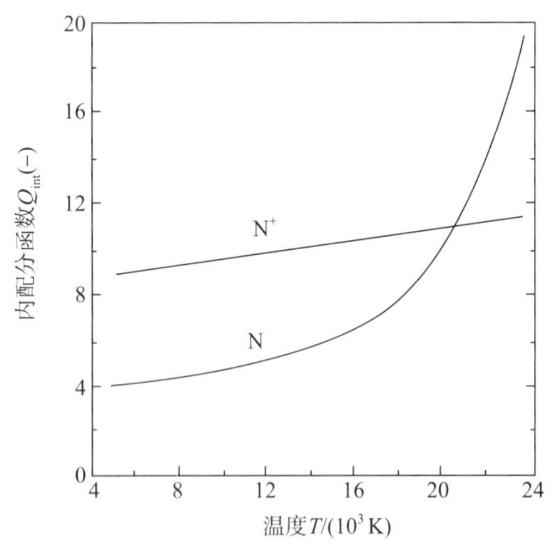

图1-19　氮原子和氮离子的配分函数

转动和振动对分子总配分函数贡献的计算将在第6章给出。

一般来说，对分子或原子总配分函数贡献最大的是平动。在分子内配分函数中，转动和振动的贡献占主导地位。

1.3.2.2　热力学函数

如上所述，等离子体的内能、焓、比热、熵、亥姆霍兹函数和吉布斯函数可以通过相应的配分函数和前面所讨论的等离子体构成来计算。这些表达式的推导将在第 6 章给出。

作为典型热力学函数的例子，图 1-20 给出了 100 kPa 下氮等离子体的比热。在 7×10^3 K 和 1.5×10^4 K 附近出现的比热峰值是由氮等离子体中化学反应导致的。在 5×10^3 K 至 10^4 K 之间出现的离解过程中，等离子体的能量贮存能力（离解能）大大提高。类似地，在 10^4 K 至 2×10^4 K 之间，由于电离，氮等离子体的能量贮存能力也会提高。

由于化学反应对比热有重要的贡献，通常将化学反应的贡献与其他贡献分离开来（“冻结”化学），因此总比热表达式为

$$c_p = c_{pf} + c_{pr} \tag{1-30}$$

式中　c_{pf} ——“冻结”部分对比热的贡献；

c_{pr} ——化学反应部分对比热的贡献。

这种处理方法同样也适用于其他热力学函数。

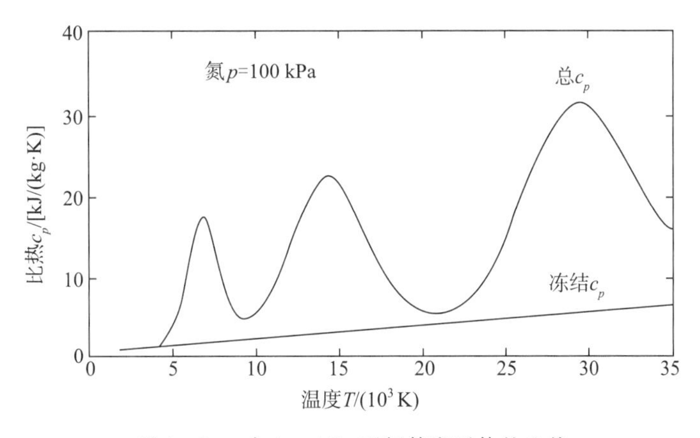

图 1-20　在 100 kPa 下氮等离子体的比热

1.3.3　通量与输运特性

在等离子体物理中研究的很多问题都以均匀等离子体假设为基础。然而，均匀等离子体的生成是非常困难甚至是不可能的。实际的等离子体通常在粒子数密度（n）、应用电势（V）、温度（T）和速度分量（v_x）等特征量方面存在着梯度。这些梯度可以认为是提升通量的驱动力。如果这些梯度的大小在一定范围内，则驱动力和通量之间存在线性关系。这种关系的例子有

$$\text{斐克 (Fick)定律}\quad \boldsymbol{\Gamma} = -D\,\mathrm{grad}n \tag{1-31}$$

$$\text{欧姆(Ohm)定律}\quad \boldsymbol{j} = -\sigma_e\,\mathrm{grad}V \tag{1-32}$$

$$\text{傅里叶(Fourier) 定律}\quad \boldsymbol{q} = -\kappa\,\mathrm{grad}T \tag{1-33}$$

及

$$f_x = -\mu \, \mathrm{grad} v_x \tag{1-34}$$

其中，$\boldsymbol{\Gamma}$ 、$\boldsymbol{j}$ 、$\boldsymbol{q}$ 分别为与扩散、电传导和热传导相关的通量。$\boldsymbol{f}_x$ 为沿 x 方向的摩擦力。通量与驱动力之间的线性关系还包括被统称为输运系数的 D、σ_e、κ 和 μ ，它们分别为扩散系数、电导率、热导率和粘度。

例如，粒子之间的能量与动量输运是通过碰撞完成的。因此，为了确定输运系数，必须对粒子之间碰撞过程的细节有足够的认识，因为这些系数取决于粒子之间的碰撞截面。由于分子和原子具有复杂的电子结构，描述粒子之间碰撞相互作用的理论成为一个很困难的任务。在许多情况下，为确定碰撞截面，采用了高度简化的模型（例如，把分子或原子看作经典的球形），有关这种碰撞截面测量工作的参考文献也频繁地出现[5]。遗憾的是，实验数据库仍然相当有限。由于这个原因，输运系数，特别是更复杂的混合物的输运系数，通常是未知或具有很高不确定度的。在实际的等离子体应用中，偏离局部热力学平衡（LTE）状态会使问题更加严重。从这点来看，建立一个可靠的数据库，使其覆盖包括偏离 LTE 的、较宽的混合气体范围，将需要多年的时间。

输运过程和输运系数将在第 5 章展开进一步的讨论。第 7 章将指出，目前可用的输运系数包括单一气体输运系数和一些简单混合气体的输运系数。在本书后面的附录中，给出了部分气体输运系数的列表。

氮的热导率随温度变化是输运系数最典型的例子。图 1－21 给出了分子、原子、离子、电子、化学反应对总 κ 值的贡献。与比热情况（图 1－20）相同，由于离解和电离，化学反应分别在 7×10^3 K 和 1.5×10^4 K 附近出现明显的峰。在实际的氮等离子体中，这些峰值解释了从高温区到低温区离解能和电离能的输运。

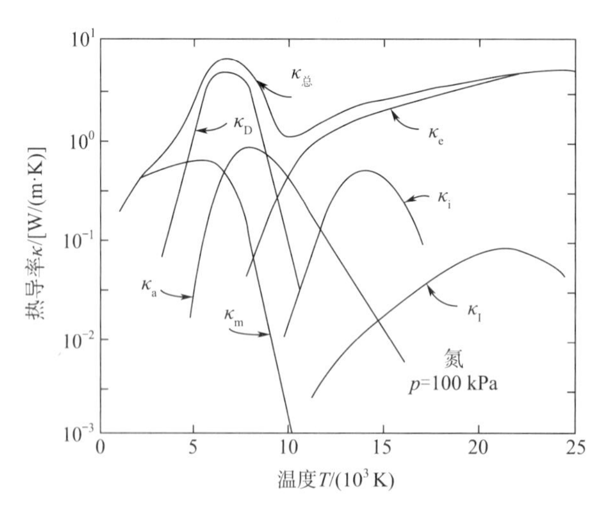

图 1－21　在 100 kPa 下各组元对氮等离子体总热导率的贡献

由于热等离子体是发光体，因此必须考虑辐射输运。为确定辐射输运系数，必须考虑等离子体中引起各种辐射发射和吸收的机制。由单原子气体生成的典型热等离子体的频谱显示出与线谱辐射一样的连续性。激发态原子或离子从高能态向低能态的电子跃迁会产生发射谱线。由于辐射过程中所涉及的电子维持在一种束缚态中，这种类型的辐射也被称为束缚-束缚辐射。线谱辐射的总能量输运，通常仅占等离子体总辐射能量很小部分，能量的输运取决于发射谱线的数量和波长，而发射谱线的特性反过来取决于等离子体流体的性质，尤其是给定温度下可能的组分的数量。对于给定气体的等离子体可能是“强”线谱辐射体也可能是“弱”线谱辐射体，这取决于等离子体的密度和构成，而密度和构成是压强和温度的函数。

在指定条件下，等离子体的连续辐射是由离子与电子的复合（自由-束缚辐射）和韧致辐射（自由-自由辐射）导致的。在辐射复合过程中，自由电子被正离子俘获而进入到某种束缚能态，剩余的能量将转变为辐射能量。复合可能出现在离子所有可能的能级，因此，对于某种特定组分的连续谱数目与这种离子的电子能态数目一致。因此，完整的自由-束缚连续谱由等离子体中不同组分所发射的所有连续谱叠加而成。

韧致辐射源于自由电子与其他带电粒子的相互作用，换言之，自由电子在离子的库仑场中可能会损失动能，这部分能量就很容易转换成辐射。由于电子的初态和终态都是自由态，在麦克斯韦（Maxwellian）分布下，自由态中的电子可能处于任意的能量下，因而发射辐射是连续型。

由自由-自由辐射和自由-束缚辐射构成的总辐射连续谱，通常在热等离子体（$p \geqslant$ 100 kPa）的辐射平衡中起关键作用。

如果等离子体中有分子，频谱中将包含分子振动能量和转动能量激发的辐射波段。

如果等离子体被认为是光学薄，以上描述的源自各种发射机制的总辐射会无明显衰减地从等离子体发出。对于线谱辐射、带谱辐射以及连续谱辐射，这个假设都可能是失效的。例如，对于谐振谱线来说，会出现非常强的吸收。通常，随着压强的增大，吸收效应会变得更显著。在压强非常大的条件下，等离子体会变为光学厚，如果温度足够高，其接近黑体辐射器的辐射强度。例如，在 $p \geqslant 10^4$ kPa 、$T > 2 \times 10^4$ K 条件下，氩电弧在一定波长范围内将具有黑体辐射器的工作特征[13]。

由等离子体发射的辐射已经被扩展应用于诊断。在过去的 30 多年里，等离子体光谱学已发展得很成熟且已成为等离子体物理学中非常重要的、强有力的诊断工具[14-19]。

多年来，热等离子体都按光学薄来处理，甚至在高压下也是如此。只是在最近几年才认识到，等离子体中辐射再吸收作用是一个影响等离子体其他输运特性的重要机制，特别是对热导率的影响。从图 1 - 22 的高压氩弧辐射平衡曲线中可以看出这种影响[20]。在低压和（或）低温下，辐射对能量平衡的贡献是可以忽略的（Ⅰ区）。由于仅涉及欧姆加热和热传导，因此得到的温度场相对较窄。当温度升高时，特别是在高压下，辐射不可以忽略。

通常，波长 $\lambda > 2\ 000$ Å 的辐射可被视为光学薄，而 $\lambda < 2\ 000$ Å（UV）的辐射在等离子体中被部分吸收或全部吸收，这取决于光子的平均自由程（λ_{ph}）。对于 UV 辐射，λ_{ph} 与吸收系数成反比，而吸收系数与原子的数密度成正比。因此，在一定温度下，λ_{ph} 随压强增

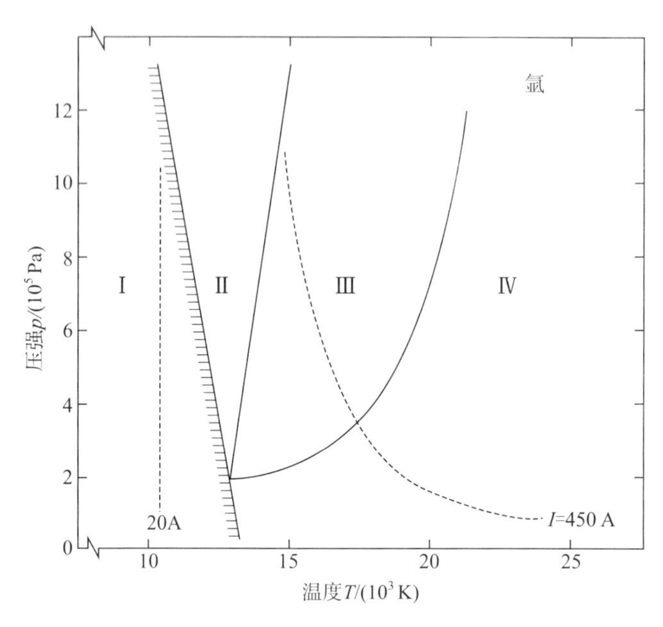

图 1-22　高压氩弧的辐射特性

大而减小。当 $p>300$ kPa 且 $T<15\ 000$ K 时，$\lambda_{ph} \ll R$（电弧半径），也就是说，UV 辐射将很快被再吸收，而电弧中的能量输运没有贡献（图 1-22 中的Ⅱ区）。在这种情况下，电弧的能量平衡由欧姆加热、热传导和光学薄辐射决定。

在同样压强区域（$p\geqslant 3\ 00$ kPa）、更高温度下（$T>15\ 000$ K），$\lambda_{ph}<R$，UV 辐射的输运可以用普通的漫射辐射（Ⅲ区）来描述。在这个区内，能量平衡由欧姆加热、光学薄辐射和含有辐射输运（UV 辐射的发射和再吸收）修正的热传导项决定。

随着温度进一步升高（或在相对低压强下），$\lambda_{ph}\sim R$ 且辐射输运不能再用电弧中的局部特性所描述。辐射输运需要用一个积分表达式来描述，该表达式不仅与电弧中的温度和压强有关，还与磁场强度有关。为区别一般的漫射辐射，采用辐射术语：深远的漫射辐射（Ⅳ区）。光学薄辐射与前面所描述的深远的漫射辐射对电弧的温度分布有重要影响。向电弧边缘的辐射能量输运增大了电弧的直径，在某种电弧情况下（壁面稳定），这种能量输运使得温度场接近矩形。

值得注意的是，在压强一定的情况下，由辐射导致的能量输运随温度急剧增加。例如，对于大气压下的氮电弧，当轴向温度达到 26 000 K 时，进入电弧核心大约 95%的能量是以辐射形式耗散的[21]。当温度高于 13 000 K 时，在大气压下氮电弧中，辐射发射和辐射再吸收在能量输运中起着主导作用[22]。对于其他工作气体或混合气体，情况也是类似的，在高压下更是如此[23]。

1.4　热等离子体技术

21 世纪初，材料与材料加工都是最重要的技术问题之一。这个问题将不仅仅局限于新材料的研发，还包括材料的精炼、材料的防护（表面硬化、镀层等）以及节能、高效、环保的材料加工新技术途径。热等离子体技术将在这些技术发展中起到重要的作用。热等离子体在与材料相关的新技术开发方面的潜力逐渐得到公认，目前世界范围内很多科研实验室都在这个激动人心的领域拓展我们的知识范围。最近，结合金刚石薄膜高效沉积[24]，论证了一个热等离子体工艺方面应用的实例。

由于本书第2卷将要全面介绍热等离子体技术，本节将仅对已应用并接近商业化的热等离子体工艺方面进行简要介绍。

1.4.1　等离子体沉积

目前，涂层或薄膜的等离子体沉积可能是热等离子体技术中发展最快的领域。等离子体沉积包括等离子体喷涂、热等离子体化学气相沉积（TPCVD）和热等离子体物理气相沉积（TPPVD）。

1.4.1.1　等离子体喷涂

图1-23所示为大气压下采用直流（DC）等离子体焰炬的等离子体喷涂（APS）设备示意图。高强度的电弧工作在棒状阴极和喷管形水冷阳极之间。从阴极引出的等离子体气体被电弧加热到等离子体温度，以等离子体喷流或等离子体火焰形式从阳极喷管喷出。悬浮在载气中的超细粉末被注入等离子体喷流中，粉末粒子在这里被加速并加热。当熔融的粉末粒子高速撞击在基片上时，就形成了一个几乎均匀的涂层。

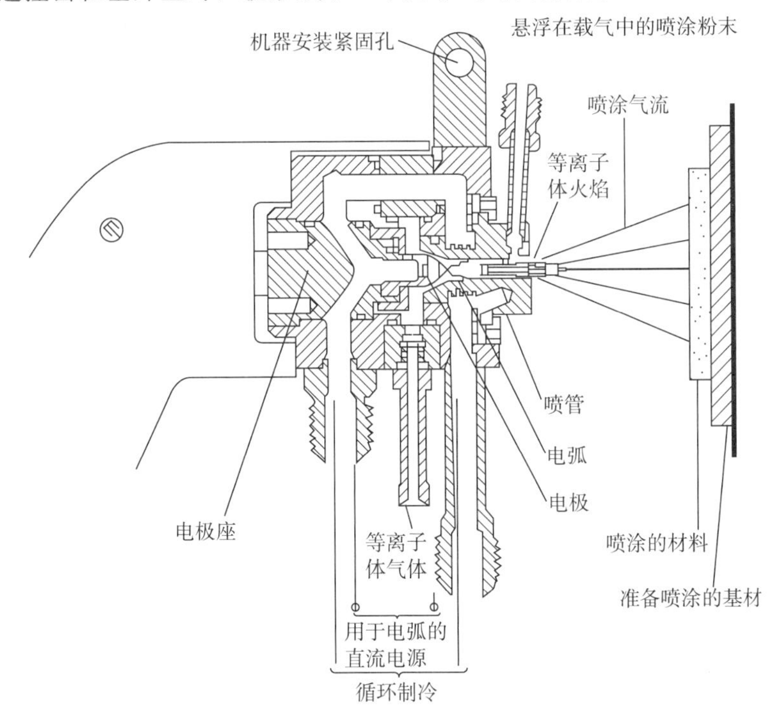

图1-23　大气压下等离子体喷涂设备示意图

除了直流焰炬外，这种喷涂工序也可采用射频等离子体焰炬。除此之外，近10年来，低压（约10 kPa）下等离子体喷涂也引起了人们很大的关注，特别是飞机发动机部件的涂层。

目前，等离子体喷涂的应用包括耐腐蚀、耐温、耐磨损涂层，以及采用快速固结工艺生产的单片和近净成形体。玻璃态金属粉末可以在不改变它们非结晶特征下进行等离子体喷涂。最近，高温超导材料也采用了等离子体喷涂工艺进行沉积。

尽管等离子体喷涂技术发展已有30余年了，但我们在等离子体喷涂原理方面的基础知识仍然不够完整，特别是关于等离子体喷流的细节、等离子体与喷射粉末粒子间的相互作用以及涂层的形成等方面的知识。

1.4.1.2 热等离子体化学气相沉积（TPCVD）

热等离子体化学气相沉积是一项新技术，具有广阔的应用前景。在TPCVD工艺中，采用高能量密度的热等离子体，生成用于厚膜沉积的高密度气相前躯体。冷却后的基片与等离子体紧密接触，使沉积物质穿过非平衡边界层在基片表面集结。采用这种方法，可以得到高密度、不同粒度下晶体取向均匀的高质量的薄膜。与传统的化学气相沉积（CVD）或等离子体增强的CVD沉积技术相比，由于采用更高密度的沉积物质组分，TPCVD具有更高的沉积率（数量级的增高）。与等离子体喷涂相比，TPCVD的优点是能够在较小沉积速率下更好地控制薄膜质量。此外，TPCVD还容许无液相的材料沉积，如碳和一些碳化物的沉积；同时，容许调节薄膜化合物沉积中的化学计量。原则上，TPCVD可以采用标准的等离子体喷涂设备，反应物或前体的液相或气相注入优于固体颗粒注入。粒子的注入要求沉积物质在热等离子体区中有足够长的驻留时间，以便粒子能够完全蒸发。

作为一个例子，图1-24所示为采用射频生成等离子体的超导薄膜TPCVD设备原理图。系统组成必不可少的三部分是：1）射频热等离子体发生器；2）液态前体雾化与送料系统，包括一个水冷不锈钢的喷雾送料探头和一个超声雾化器；3）一个置于沉积室内的氦制冷不锈钢基片支架。溶解在蒸馏水中的钇、钡、硝酸铜作为初始试剂。采用超声雾化器将液态前体雾化，并以氧气为载体将其引入射频热等离子体中。在等离子体中，液态前体在基片上端边界层中或基片上蒸发、分解、反应形成氧化膜。除了超导和其他耐熔氧化膜沉积外，TPCVD还有助于自身氧化膜、氮化膜、硼化膜甚至金刚石膜的形成。TPCVD所需设备与等离子体喷涂设备基本相同。

1.4.1.3 热等离子体物理气相沉积（TPPVD）

在这个工艺中，等离子体仅仅是用于蒸发冷基片上沉积物质的热源。例如，在真空电弧中，由电极生成的金属蒸气充当电弧的工作液体，并在冷基片上沉积一层膜。

1.4.2 超细粉末的等离子体合成

在等离子体中，超细粉末合成与前面讨论的TPCVD工艺紧密相关。然而，在粉末合成中，为了使蒸气在撞击到等离子体发生器之前结成核粒子，必须要让蒸气迅速淬火。高淬火速度下蒸气组分的过饱和状态，为粒子晶核形成提供了驱动力。通过均相成核，高淬

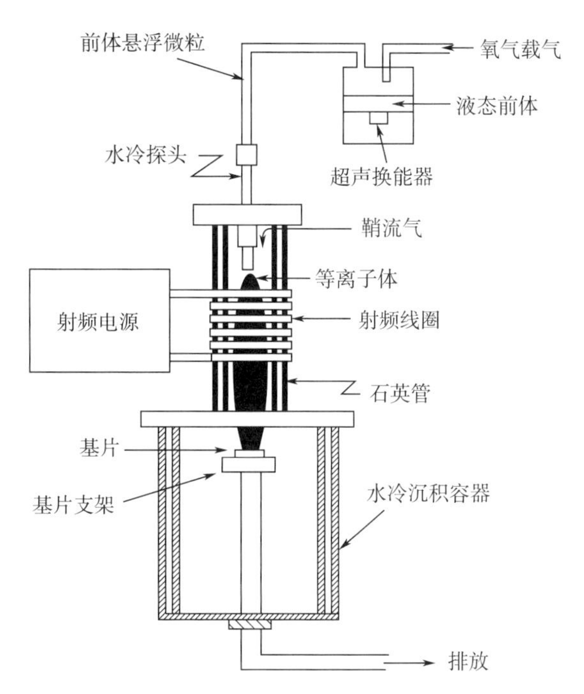

图 1-24　超导薄膜的射频感应等离子体沉积设备

火速度导致超微粒子（细小到纳米尺度）生成。在热等离子体发生器中，已成功地合成了陶瓷类粉末，例如碳化物、氮化物、氧化物和固溶体。

粉末合成设备（如等离子体发生器）与用于 TPCVD 的设备类似。在发生器及工艺流程设计方面的最新进展，提高了热等离子体中粉末生产的质量。这些新颖的设计包括射频/直流混合等离子体发生器（RF-DC hybrid plasma reactor）、活性埋弧（RSA）发生器、多等离子体射流发生器、逆流式液体注入等离子体发生器等。这些新技术有助于实现物质在等离子体中加热、混合及驻留时间的最大化。无论是放电本身还是放电下游的等离子体焰炬都可以用于粉末的合成。在热等离子体合成中，喷射到等离子体之前的反应物可以是气态、液态或固态，但用于金属的气相前体的利用率非常有限，因此，最普遍用于等离子体合成的反应物是固体。在这种情况下，由于等离子体的高粘度，喷射过程会导致一个严重的问题。近年来，为解决固态喷射存在的问题并充分发挥气态反应物的优势，开发了一种液态喷射方法。

对于更多细节，读者可以参考关于陶瓷等离子体人工合成的研究[26]。

1.4.3　热等离子体分解

典型温度下（$T \geqslant 10^4$ K）暴露于热等离子体中的任何物质都会分解，并可能分解成构成这种物质的基本组分。该分解过程主要用于分解化学性质极其稳定的有毒废料。与其他相关技术相比，热等离子体工艺具有以下优势：

1）高温能够使有机危险废料快速和完全分解、无机废料熔化或玻璃化，这可减小废料的体积并且有利于封装非破坏性废料。

2）在等离子体发生器中，由于废料的高能量密度，在相同废料吞吐量情况下，可以使用较小的设备，从而降低了投资成本，有利于采用小型可移动设备。

3）采用电弧生成高温气体，减少了总的气体通过量，同时使用电弧加热用于燃烧的剩余气体；其结果是减小了废气处理系统所需的容量。可以较宽范围地选择工作气体，从而改善工艺化学的控制。

4）由于系统体积小、能量密度大，可实现快速启动和关停。

5）由等离子体发射的紫外辐射可使一些废料处理过程中的处理能力增强，如有机氯化物的高温分解。

由于以等离子体为基础工艺的潜在优势，在世界范围内研究人员对热等离子体在废料处理中的应用所进行的大量研究和付出的努力就不足为奇了。近年来已有一些大规模工业进展的报道[27-29]。图1-25所示为用于医疗废料高温分解的等离子体炉[30]。该炉热源由以转移模式工作的300 kW等离子体电弧焰炬组成，第二电极置于一个熔铁池中，由等离子体焰炬将其维持在大约2 000 ℃。该炉每小时大约可处理医疗废料250 kg。从炉的顶端将医疗废料倒入，向下移动的废料与等离子体弧柱接触时被热解，生成稳定气体，例如氢气、一氧化碳、二氧化碳、甲烷。废料中少量的金属和硅类物质被熔化，轻的部分浮在熔铁池的顶部，金属部分下沉到熔铁池中。在预定的时间间隔内，移动等离子体焰炬以熔化由金属和矿渣组成的熔融材料，即开辟出一条路径用于出渣。

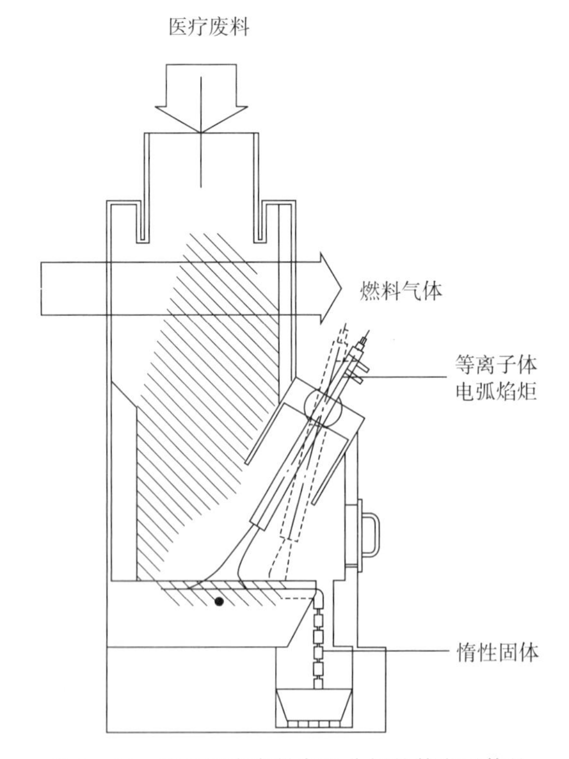

图1-25　用于医疗废料高温分解的等离子体炉

1.4.4　等离子体冶金

热等离子体在冶金加工中的应用具有悠久而丰富的历史。大约200年前，人们就已经认识到电弧所具有的极高温度是可利用的。首次使用电弧来熔化耐火材料的报道出现在1815年。

与具有将近100年历史的、带有消耗阴极的传统电弧炉相比，被称为电弧-等离子体或等离子体炉的新设备，采用的是炉内气氛可控、非消耗电极的等离子体焰炬。这种方式具有降低噪声级、消除石墨电极消耗及增大产量等优点，这对提炼如镍、钼等高价值合金元素非常重要。

除了熔化和重熔方面的应用外，等离子体冶金还包括提炼冶金。下面将对这两种类型的应用进行简要讨论。

1.4.4.1　熔化和重熔

目前，很多等离子体焰炬已经或将要用于碎屑熔化、炼制合金（铸勺加热）、化铁炉内熔铁、中间罐加热及其他熔化与重熔方面。这些等离子体焰炬可以转移模式或非转移模式的直流（DC）或交流（AC）方式工作，其功率高达约10 MW。在非转移弧情况下，等离子体焰炬本质上是一个产生强热气体的电弧气体加热器，强热气体以等离子体喷流形式从焰炬中发出。然而，最常用的方法还是转移电弧，熔化池用作一个电极，主要能量注入在熔化池液面处的电弧根部。

这种焰炬用于铸勺加热的一个典型例子，如图1-26所示。该直流电弧以转移模式工作，需要一个回路电极（石墨棒）。这种应用的主要目的是使铸勺中的钢水保持在恒温或略微不断升高的温度中。

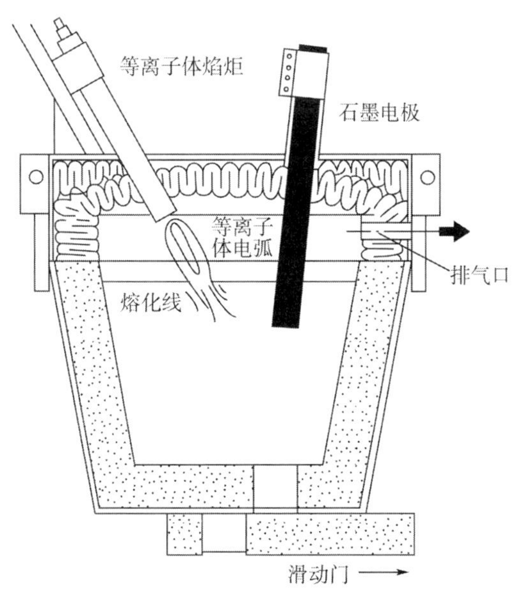

图1-26　用于铸勺加热的高能等离子体焰炬

Krupp[31]报道了一项基于交流电弧等离子体炉的有趣发展。这些熔炉用于熔化碎屑、生产合金钢、在中间罐或铸勺中再加热钢水等。与前面讨论过的等离子体炉相比，不再需要经常出现问题的底部电极，与传统的电弧炉相比，这些熔炉具有更大的产量、更低的噪声级，并减少了晃动。用于这种熔炉中的等离子体焰炬示意图如图1-27所示。具有热电子发射能力的热电极采用钨材料且被设计为具有可耐受交流运行的能力。

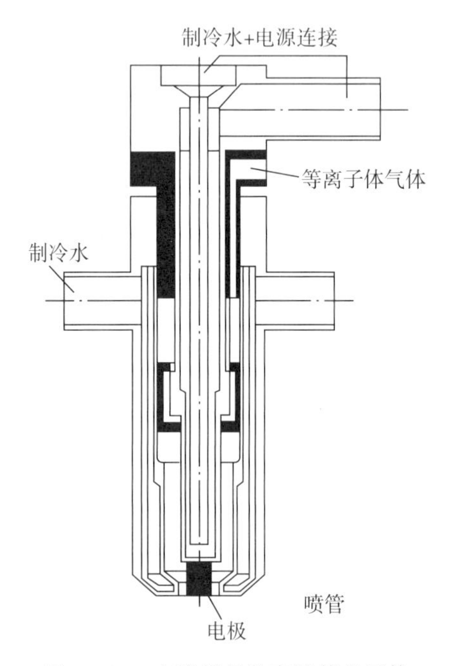

图1-27　交流运行的高能等离子体

1.4.4.2　提炼冶金

提炼冶金是指从矿石中提取纯金属或合金。过去30年里，世界对金属和合金的需求日益增加，这对提炼工艺特别是等离子体提炼工艺产生了很大的影响。

用于熔炼、熔化或精炼的热等离子体反应器代表高强度热源，每单位反应器体积具有很高的处理效率。尽管如此，在提炼冶金中还是很少有等离子体反应器的工业规模应用。这个事实或许只能用熔炼体系所需的生产规模来解释了。例如，一个现代经济型熔炼炉必须以30 t/h的效率运行，这种效率要求等离子体炉的功率接近100 MW[32]。即使采用多炬运行，目前的技术能力也满足不了这种功率要求。尽管如此，一些潜在的应用仍然使人们有很大的兴趣，包括冶炼原矿、煅烧、为提高现有工序水平而进行的气体与原料预热、用于从大气污染尘埃和其他废料中回收金属的专业系统等。对有些应用已经进行了广泛的研究，也有从事中试状态甚至全规模工业设备研究的实例[32]。

1.4.5　等离子体致密

各种材料，特别是耐火材料，都可在热等离子体中进行致密。最主要的等离子体致密工艺是球化和烧结。

1.4.5.1　球化

在热等离子体中加热不规则形状的粉末粒子，使这些粒子处于熔融态。液相表面张力导致熔融粒子形成球形液滴，淬火条件下，液滴冻结成为球形或接近球形的粉末粒子，其密致程度可能会高于原始材料。

为了达到多种应用目的，细微粒子在商业上是被球化的。为了生产用于喷射的具有可控多孔性、催化性、耐磨性和自由流动性粉末，大量材料被球化，包括氧化物和碳化物。

等离子体致密和预烧结附聚物（通过喷雾干燥获得）的球化已经用于钨、钼等金属及碳化物-金属混合物（如钨钴合金 W－Co）等高密度球形粉末的生产。

1.4.5.2　烧结

相对于等离子体球化与粉末的致密来说，等离子体烧结目前还处于实验室阶段。

与传统技术相比，在热等离子体中高科技陶瓷烧结工艺具有大幅度缩短时间周期的潜力。此外，等离子体烧结能够抑制晶粒增长，调控烧结过程中的热交换，以获得所希望的烧结材料结构和特性。

等离子体烧结是一种无压烧结工艺，其压强范围为 100 千帕到几千帕。当压强小于 10 kPa 时，由于严重偏离 LTE，这种等离子体可能不再被归类为热等离子体。

等离子体烧结工艺和其他烧结工艺的本质特征都是在粉末冷压成型的样品上加热使其密度和强度增加。

很多研究人员利用微波、辉光放电或射频放电生成的气态等离子体进行陶瓷快速烧结。Johnson[34]等采用 5 MHz 射频氩等离子体开展的大量工作，展示了各种各样氧化铝的快速烧结。他们也采用三种不同的等离子体设备，实现了氧化镁（MgO）和掺杂氧化铝的快速烧结。这三种等离子体设备分别是微波感应等离子体、空心阴极放电和射频感应耦合等离子体。快速烧结得到的产品是具有细密纹理结构的烧结氧化物。

在无烧结助剂条件下，气体组成与压强对氧化镁射频等离子体烧结的影响也有报道。对于非氧化陶瓷（如碳化硅）的等离子体烧结也有很少的报道。Kijima[35]使用氩射频等离子体已成功实现了碳化硅的烧结，使其接近理论密度而没有大量的晶粒增长，碳化硅几乎是最难烧结的陶瓷。

1.4.6　等离子体焊接与切割

将电弧生成的热等离子体用于焊接是一种非常成熟的技术。目前，钨惰性气体（TIG）和金属惰性气体（MIG）焊接工艺已经得到广泛应用。在 TIG 焊接工艺中，非消耗性钨电极作为阴极，工件作为阳极。沿着阴极喷射惰性气体或混合气体（Ar、He），以避免受到周围环境的污染。在 MIG 焊接工艺中，电弧保持在工件与消耗性电极丝之间，该电极丝被连续地送进，以受控的速度通过焰炬。惰性气体也同时通过焰炬进入焊接区域，以避免焊接受到大气污染的影响。其他焊接方法使用埋弧。由于这些技术在有关焊接技术的文献中已经有很全面的介绍，本书将不再做进一步讨论。

等离子体切割也是很成熟的技术，但在近些年有一些新的发展，包括目前已广泛用于汽车修理厂的气动和风冷低电流切割炬。另一个最新的发展是用于水下切割的强电流切割炬。这项技术在超过使用年限核电站的拆除方面会变得很重要。

在电弧切割中，工件处的比热流至少要比电弧焊接时的比热流高出一个数量级（典型情况下在 100 kW 到 200 kW 之间）。这种差别意味着用于切割的电弧必须非常窄，即使在相对低的工作电流（≤20 A）下，也会在电弧轴线上产生高电流密度和相应的高温。

符号表

c_p	定压比热
D	扩散系数
E	能量（eV）
E_i	电离能（eV）
f_x	x 方向上的摩擦力（N/m^2）
g	统计权重
h	普朗克常数（6.6×10^{-34} Ws^2）
j	电流密度（A/m^2）
k	玻耳兹曼常数（1.38×10^{-23} J/K）
l	平均自由程（m）
m，m'	粒子质量（kg）
n	粒子数密度（m^{-3}）
p	压强（Pa）
Q	配分函数
q	热通量（W/m^2）
R	电弧半径（m）
r	径向坐标（m）
S	潜热流（W/m^2）
T	绝对温度（K）
V	电位（V）
v	粒子热运动速度（m/s）
$\bar{v}$	平均热运动速度（m/s）
v_d	粒子漂移速度（m/s）
v_m	最可几热运动速度（m/s）
v_{rms}	均方根热运动速度（m/s）

希腊字母符号表

Γ	粒子通量（$m^{-2}s^{-1}$）

δ	量的变化
κ	热导率［W/(m·K)］
κ_a	原子对热导率的贡献［W/(m·K)］
κ_D	离解对热导率的贡献［W/(m·K)］
κ_e	电子对热导率的贡献［W/(m·K)］
κ_i	离子对热导率的贡献［W/(m·K)］
κ_I	电离对热导率的贡献［W/(m·K)］
κ_m	分子对热导率的贡献［W/(m·K)］
λ	辐射波长（nm）
λ_{ph}	光子的平均自由程（nm）
μ	动力学粘度（kg/ms）
ξ	电离度
ρ	质量密度（kg/m^3）
σ_e	电导率（$ohm^{-1}m^{-1}$）
τ	自由飞行时间（s）

下标

ch	化学的
e	电子
el	电子的
f	冻结
h	重粒子
i	离子
int	内部的
kin	动力学的
nucl	原子核
p	常压下
r	组分 r；反应
rot	旋转的
s	激发态
tr	平移
v	在 v 和 $v+dv$ 之间
vib	振动
x	在 x 方向

常用书目

[1] Boulos, M. I., "The Inductively Coupled R. F. (Radio Frequency) Plasma," Pure Appl. Chem. 57, 1321 (1985).

[2] Brown, S. C., Jr., Basic Data of Plasma Physics, New York: Wiley, 1959.

[3] Cambel, A. B., Plasma Physics and Magneto Fluid Mechanics, New York: McGraw-Hill, 1963.

[4] Chen, F. C., Introduction to Plasma Physics, New York: Plenum Press, 1974.

[5] Cobine, J. D., Gaseous Conductors, New York: Dover, 1958.

[6] Eckert, H. U., "The Induction Arc: A State-of-the-Art Review," High Temp. 6, 99-134 (1974).

[7] Engle, A. V., Ionized Gases, 2nd ed., Oxford: Clarendon Press, 1965.

[8] Griem, H. R., Plasma Spectroscopy, New York: McGraw-Hill, 1964.

[9] Handbook of Physics, Vol. XXII, Berlin: Springer-Verlag, 1956.

[10] Huddlestone, R. H. and S. L. Leonard, eds., Plasma Diagnostic Techniques, New York: Academic Press, 1965.

[11] Lochte-Holtgreven, W., ed., Plasma Diagnostics, Amsterdam: North-Holland, 1968.

[12] Mitchner, M. and C. H. Kruger, Partially Ionized Gases, New York: Wiley, 1973.

[13] Pfender, E., "Electric Arcs and Arc Gas Heaters," Chapter 5 in Gaseous Electronics, Vol. 1, New York: Academic Press, 1978.

[14] Somerville, J. M., The Electric Arc, New York: Wiley, 1959.

参考文献

[1] A. M. Howatson，An Introduction to Gas Discharges (Oxford：Pergamon Press，1965)：22.

[2] H. A. Dinulescu and E. Pfender，J. Appl. Phys. 51 (1980)：3149.

[3] C. H. Chang and E. Pfender，Plasma Chem. and Plasma Process. 10 (1990)：473.

[4] H. Maecker，Z. Phys. 141 (1955)：198.

[5] E. Pfender，"Electric Arcs and Arc Gas Heaters，" Chapter 5 in Gaseous Electronics，Vol. 1，M. N. Hirsh and H. J. Oskam，Eds. (New York：Academic Press，1978)：291 - 398.

[6] H. Edels，"Properties of the High Pressure Ultra High Current Arc" (Proc. of the Eleventh Int. Conf. on Phenomena in Ionized Gases，Prague，Czechoslovakia，Czechoslovak Academy of Sciences，Institute of Physics，18040 Prague 8，Na Slovance 2，CSSR，1973).

[7] O. Schoenherr，Elektrotechn. A. 30 (1909)；365.

[8] K. C. Hsu，K. Etemadi，and E. Pfender，J. Appl. Phys. 54 (1983)：1293.

[9] G. Ecker，"Electrode Components of the Arc Discharge，" Erg. D. ExaktenNaturwiss. (1961)：1.

[10] H. U. Eckert，High Temp. Sei. 6 (1974)：99.

[11] M. Moisan and Z. Zakrzewski，" Plasma Sources Based on the Propagation of Electromagnetic Surface Waves，" J. Phys. D：Appl. Phys. 24，1025 (1993).

[12] H. Nowakowska，Z. Zakrzewski，and M. Moisan，J. Phys. D：Appl. Phys. 22 (1990)：789.

[13] W. Finkelnburg and Th. Peters，"Kontinuierliche spektren，" in Encyclopaedia of Physics，Vol. 28 (Berlin：Springer - Verlag，1957).

[14] W. Finkelnburg and H. Maecker，"Electric Arcs and Thermal Plasmas，" in Encyclopaedia of Physics，Vol. 22 (Berlin：Springer - Verlag 1956)：254.

[15] H. R. Griem，Plasma Spectroscopy (New York：McCraw - Hill，1964).

[16] R. H. Huddlestone and S. L. Leonard，eds.，Plasma Diagnostic Techniques (New York：Academic Press，1965).

[17] W. Lochte - Holtgreven，ed.，Plasma Diagnostics (Amsterdam：North - Holland，1968).

[18] G. V. Marr，Plasma Spectroscopy (Amsterdam：Elsevier，1968).

[19] H. R. Griem，Spectral line Broadening by Plasmas (New York：Academic Press，1974).

[20] K. Kopainsky，Z. Phys. 248 (1971)：417.

[21] W. Hermann and E. Schade，Z. Phys. 233 (1970)：333.

[22] K. A. Ernst，J. Kopainsky，and J. Mentel，Z. Phys. 265 (1973)；253.

[23] U. H. Bauder and D. L. Bartelheimer，IEEE Trans. Plasma Sci. PS - 1 4 (1971)：23.

[24] N. Ohtake and M. Yoshikawa，J. Electrochem. Soc. 137 (1990)：717.

[25] H. Zhu，Y. C. Lau and E. Pfender，J. Appl. Phys. 69 (1991)：3404.

[26] P. C. Kong and E. Pfender，"Plasma Synthesis of Ceramics - A Review，" in Materials Processing - Theory and Practices (Amsterdam：Elsevier，1992).

[27] T. G. Barton and J. A. Mordy，Can. J. Physiol. Pharmacol. 62 (1984)：976.

[28] J. V. R. Heberlein，W. G. Melilli，S. V. Dighe，and W. H. Reed，"Adaptation of Non - Transferred Plasma Torches to New Applications of Plasma Systems" (Proc. of Workshop on Industrial Plasma Applications，M. Boulos，ed.，Pugnochiuso，Italy，1989)：1.

[29] R. C. Eschenbach，"Use of Plasma Torches for Meiting Special Metals and for Destroying and Stabilizing Hazardous Waste" (Proc. of Workshop on Industrial Plasma Applications，M. Boulos，ed.，Pugnochiuso，Italy，1989)：127.

[30] S. L. Camacho，"Plasma Pyrolysis of Medical Waste" (Proc. of First Int. EPRI Plasma Symp.，1990).

[31] D. Neuschuetz，Iron and Steel Engineer，23 (May 1985).

[32] National Materials Advisory Board，"Plasma Processing of Materials，" (National Academy Press，USA，1985).

[33] V. M. Slepstov，A. M. Proshedromirskaya，and A. M. Taranets，Russ. Metall. Fuels 7 (1967)：113.

[34] D. L. Johnson，V. A. Kramb，and D. Lynch，Emergent Process Methods for High Technology Ceramies，MRS 17，R. F. Davis，H. Palmour III，and R. L. Porter，eds. (New York：Plenum Press，1982).

[35] K. Kijima，(Proc. 8th Int. Symp. on Plasma Chemistry，Tokyo，Japan，1987)：1632.

第 2 章　原子与分子基本理论

本章仅包括一些用于理解后面几章内容必要的原子分子理论基本知识点。首先给出了玻尔原子模型、氢原子及其特征函数，然后论述了更复杂原子的构成，本章最后简要阐述了双原子分子模型。

2.1　原子模型

在原子理论发展之前，假设一个原子就是一个基本粒子单位，代表着粒子的最小质量单位（在希腊，原子意味着不可分割）。今天，我们知道原子由诸如质子、中子和电子等其他基本粒子组成。

原子光谱在原子模型提出之前就已经为人所知，毫无疑问，原子结构和原子光谱之间必定存在紧密联系。在 19 世纪末期，卢瑟福首先提出第一个原子模型，该模型假设原子的质量主要集中在带正电的原子核上，电子绕着原子核旋转。卢瑟福模型是基于他的散射实验结果提出的，其中包括薄箔的 α 射线和伦纳德独立研究的 α 射线，伦纳德采用电子开展散射实验。这些实验结果清楚地表明：原子结构中大部分空间为空的，典型的原子核直径是 10^{-14} m 量级，原子直径（电子轨道直径）是 10^{-10} m 量级。

为简单起见，我们首先看如图 2-1 所示氢原子的卢瑟福模型。根据卢瑟福模型，电子旋转运动的离心力与库仑引力平衡，即

$$\frac{m_e v_e^2}{r_1}=\frac{e^2}{4\pi\varepsilon_0 r_1^2} \tag{2-1}$$

式中　m_e——电子质量，$m_e=9.1\times10^{-31}$ kg；

v_e，e——分别为电子速度和电子电荷（$e=1.6\times10^{-19}$ C）；

r_1——半径，假设电子轨道为圆形；

ε_0——真空介电常数[$\varepsilon_0=8.86\times10^{-12}$ As/(Vm)]。

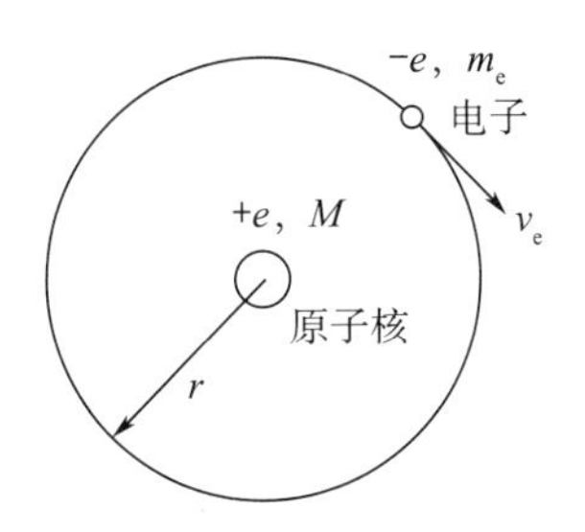

图 2-1　氢原子的卢瑟福模型

经典理论认为带正电的原子核与旋转电子是一对连续辐射并发射连续光谱的时变偶极子。因此，原子不断失去能量，同时 r_1 不断减小直到最后电子变成了原子。很显然，经典物理既不能解释原子的典型线光谱也不能解释稳定原子的存在。直到1913年，尼尔斯·玻尔找到了理解原子线光谱和稳定原子存在的关键。

2.1.1 玻尔模型

玻尔提出了一系列巧妙的假设，严格限定了原子系统的经典物理学有效性。12年后，海森堡和薛定谔通过量子力学理论证实了玻尔假设的有效性。玻尔假设消除了经典原子模型的缺点，他的假设罗列如下：

1）电子绕着原子核以圆形轨道运动（如图2-1所示），这样库仑引力与离心力达到平衡（经典力学）。

2）“量子轨道”对应于能量状态（E），在这些状态没有辐射放出。

3）具有尽可能小半径的在最里面的量子轨道属于正常原子态（基态）。

4）为了使电子进入更高轨道，必须消耗一定的能量（激发能）才能到达特定的轨道。电子在高轨道存在的平均时间大约为 10^{-8} s，然后快速跃迁到低能轨道，直至最后回到基态。

假设高等级（高轨道）能量是 E_u，相应的低轨道能量是 E_l，则一个光子从高轨道跃迁到低轨道辐射的能量为 $h\nu_{ul}$，即

$$E_u - E_l = h\nu_{ul} = \frac{hc}{\lambda_{ul}} \tag{2-2}$$

式中 h——普朗克常数（$h = 6.6 \times 10^{-34}$ Ws^2）；

ν_{ul}，λ_{ul}——分别为发射光子的频率和波长；

c——真空下的光速（$c = 2.998 \times 10^8$ m/s）。

为了简化，下标ul将在后面的讨论中省略。

根据玻尔假设，可能容许的轨道被量子化条件区分，即

$$2\pi r(m_e v_e) = nh \text{ , } n = 1,2,3,\cdots(\text{整数}) \tag{2-3}$$

量子化条件表明角动量［在式（2-3）左边］只能以 h 的倍数改变，即能量乘以时间等于运动的维度。今天，当我们对此研究结果进行概括，会知道具有运动维度的所有物质以离散方式改变，即 h 的倍数。

2.1.2 线发射

现在，玻尔理论的推论被认为是单电子系统，即在最外层电子壳层，原子只有一个电子。在该系统中，原子核和电子的电荷与质量表示如下

$$\text{原子核：} +Z'e, M$$

$$\text{电子：} -e, m_e$$

Z' 表示原子核中质子的数量；M 表示原子的质量；对于氢原子，$Z'=1$，对于单电离氦原子，$Z'=2$，对于双电离锂原子，$Z'=3$，如此等等。

从经典力学理论中我们得到（玻尔的第一个假设）

$$\frac{Z'e^2}{4\pi\varepsilon_0 r^2}=\frac{m_e v_e^2}{r} \tag{2-4}$$

上述方程是式（2－1）的广义表达式。合并式（2－4）和量子化条件［式（2－3）］，对于允许的玻尔轨道半径可以得到

$$r_n=\frac{4\pi\varepsilon_0 \hbar^2}{Z'e^2 m_e}\cdot n^2,\ n=1,2,3,\cdots \tag{2-5}$$

其中，$\hbar=h/2\pi$，最小的玻尔轨道半径 r_1 为基态下的电子轨道半径。合并式（2－3）和式（2－4）还可以给出在量子轨道下电子速度表达式

$$v_e=\frac{n\hbar}{m_e r_n}=\frac{Z'e^2}{4\pi\varepsilon_0\hbar}\cdot\frac{1}{n},\ n=1,2,3,\cdots \tag{2-6}$$

由式（2－6）可以看出，电子只能在其相应的量子轨道上呈现离散速度。

对于基态的氢原子（$Z'=1$，$n=1$），由式（2－5）和式（2－6）可得

$$r_1=5.3\times10^{-11}\ \mathrm{m}$$

$$v_e=2.2\times10^{6}\ \mathrm{m/s}$$

这是氢原子中电子具有的最大速度（约等于光速的 1%）。

在量子轨道中，电子的总能由势能和动能两部分组成。势能 V_P 的定义是将电子从无穷远带到半径为 r 的轨道所需要的能量，即

$$V_P=\int_{\infty}^{r}\frac{Z'e^2}{4\pi\varepsilon_0 r^2}\mathrm{d}r=-\frac{Z'e^2}{4\pi\varepsilon_0 r} \tag{2-7}$$

式中，势能呈现负号，这是因为原子核与电子之间的库仑力为吸引力。

相应地，量子轨道中电子动能 T_K 的计算表达式如下

$$T_K=\frac{1}{2}m_e v_e^2=\frac{Z'e^2}{8\pi\varepsilon_0 r} \tag{2-8}$$

则总能 E 的计算表达式为

$$E=V_P+T_K=-\frac{Z'e^2}{8\pi\varepsilon_0 r} \tag{2-9}$$

或

$$E_n=-\frac{(Z')^2e^4m_e}{2\hbar^2(4\pi\varepsilon_0)^2}\frac{1}{n^2},\ n=1,2,3,\cdots \tag{2-10}$$

式（2－10）表示单电子系统所谓的能量本征值。它表明角动量和总能都受控于量子化条件。

根据式（2－10），我们可以画出如图 2－2 所示的氢原子（$Z'=1$）能级图。不同能级的能量本征值用电子伏特（1 eV＝1.6×10^{-19} Ws）来表示。由图可知，$n=1$ 时，能量为 0，$n=\infty$ 时，能量为 $\frac{(Z')^2e^4m_e}{2\hbar^2(4\pi\varepsilon_0)^2}$。这个做法相当于重写式（2－10），即

$$E'_n=\frac{(Z')^2e^4m_e}{2\hbar^2(4\pi\varepsilon_0)^2}\left(1-\frac{1}{n^2}\right),\ n=1,2,3,\cdots \tag{2-11}$$

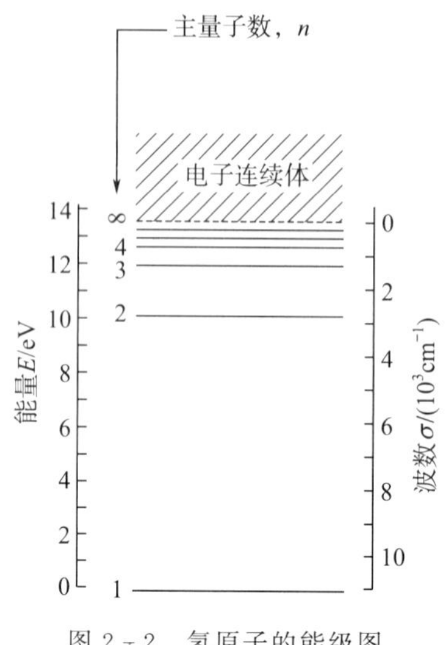

图 2-2　氢原子的能级图

氢原子的最低能态（$n=1$）为最稳态，根据式（2-11），$E_1=0$，其被称为基态。当 $n\to\infty$ 时，电子不再依附于原子核，它会从原子中挣脱出来或被电离。氢原子电离对应的能级 $E_\infty=13.6\ \text{eV}$。当 $n>1$ 时，级数被定义为原子的激发态。

根据玻尔假设，从较高量子轨道向较低量子轨道的转变会导致光子发射，其频率 ν 的计算表达式如下

$$\nu=\frac{E_u-E_l}{h}=-\frac{m_e(Z')^2e^4}{(4\pi\varepsilon_0)^2 4\pi\hbar^3}\left(\frac{1}{n_u^2}-\frac{1}{n_l^2}\right) \tag{2-12}$$

式中，$n_u>n_l$，且 n_u 和 n_l 都是整数。根据波数 $\sigma=\frac{1}{\lambda}=\frac{\nu}{c}$ 可以发现

$$\sigma=-R_\infty(Z')^2\left(\frac{1}{n_u^2}-\frac{1}{n_l^2}\right) \tag{2-13}$$

式中，R_∞ 为里德伯常数，其计算公式为

$$R_\infty=\frac{m_e e^4}{(4\pi\varepsilon_0)^2\ 4\pi c\hbar^3} \tag{2-14}$$

玻尔理论的主要假设可以总结为如下几点：

1）原子或离子（粒子）的最低能态是 $n=1$ 态，即我们所熟知的基态。

2）粒子到达 $n>1$ 的激发态需要能量，粒子在放电中获得能量。

3）粒子的过剩能量通常以辐射形式释放出来。激发态粒子通过单次跃迁或一系列跃迁回到基态，在跃迁中，电子相继呈现出较低能量的状态。

4）这样大量的能级跃迁由原子光谱和/或离子光谱组成，即在观察这样的光谱过程中，所有可能的跃迁都将出现。对于 n_u 和 n_l 且 $n_u>n_l$ 的所有可能组合，发射谱线的波数 σ 计算表达式由式（2-13）给出。

为了简化计算，后面我们以氢原子（$Z'=1$）为例进行讨论，对于固定值 $n_l=2$，代入式（2-13）可得

$$\sigma = R_{\infty}\left(\frac{1}{2^2}-\frac{1}{n_u^2}\right),\ n_u = 3,4,5,6,\cdots \tag{2-15}$$

该表达式给出了氢原子的巴尔莫谱，将 R_{∞} 定义为氢原子的里德伯常数 R_H；通过式（2-14）将电子质量 m_e 换算成它和原子核的折合质量 $\mu = m_e/(1+m_e/M)$，就可算出 R_H 了。这种极小的 R_{∞} 修正解释了氢原子核相对于电子的有限质量，并使预测结果与实验结果完全一致。

除了巴尔莫谱之外，玻尔理论还给出了其他系列的氢原子谱系：

$n_l = 1$，$n_u = 2$，3，4，…　莱曼系（紫外）

$n_l = 2$，$n_u = 3$，4，5，…　巴尔莫系（可见）

$n_l = 3$，$n_u = 4$，5，6，…　帕申系（近红外）

$n_l = 4$，$n_u = 5$，6，7，…　布拉克特系（红外）

$n_l = 5$，$n_u = 6$，7，8，…　普丰德系（远红外）

玻尔理论的成功令人印象深刻，这是因为在玻尔理论之前，除了巴尔莫系和帕申系外，其他谱系并不为人所知。后来，实验证实了其他谱系的存在。

对于其他单电子系统，如 He^+、Li^{++} 等，玻尔理论的预测也同样吻合得很好，这些单电子系统与氢原子有类似的频谱，但波数更大些，正如方程（2-13）所给出的那样。

2.1.3　线吸收

前面讨论涉及的是辐射发射的频谱（发射频谱），下面将讨论吸收光谱中辐射的吸收。根据玻尔理论，很容易理解这种光谱。原子和离子仅能吸收具有一定波长或能量的辐射。根据方程（2-2），对频率为 ν_{ul} 的辐射的吸收，能够使原子的能级从它的较低激发态能级 E_l 提高到较高的能级 E_u。根据波数 σ，方程（2-2）可重写为

$$\sigma = \frac{1}{\lambda} = \frac{E_u - E_l}{hc} \tag{2-16}$$

在室温下，几乎所有原子都处于基态，因此吸收仅能在这种能态下发生。也就是说，在室温下对氢原子来说，只有莱曼系在吸收中出现。由于吸收仅在一个能态（基态）上出现，吸收谱比发射谱的谱线要少很多。

2.1.4　弗兰克-赫兹（Franck-Hertz）实验

1914 年，由弗兰克和赫兹完成的一个基本实验毫无疑问地证明了玻尔理论的正确性。实验装置如图 2-3 所示，由带有热发射阴极的放电管、栅极和阳极构成。管内充有压强约为 0.1 Pa（10^{-3} Torr）的汞（Hg）蒸气。在阴极和栅极之间变化的电压会使朝向栅极的热发射电子加速。阳极相对于栅极为负偏压（0.5 V）。

当电子向栅极运动时会与汞原子发生碰撞，但是，这种碰撞是可忽略能量交换的弹性碰撞，同时，电子的能量维持在低于汞原子第一激发态能级的能量。能量超过 0.5 eV 的电子能够克服阳极的负偏压而被阳极收集。随着栅极电压的增大，越来越多的电子到达阳极，直到栅极的电压接近汞原子的第一激发态电压（4.9 V）。此时，一些电子会与汞原子

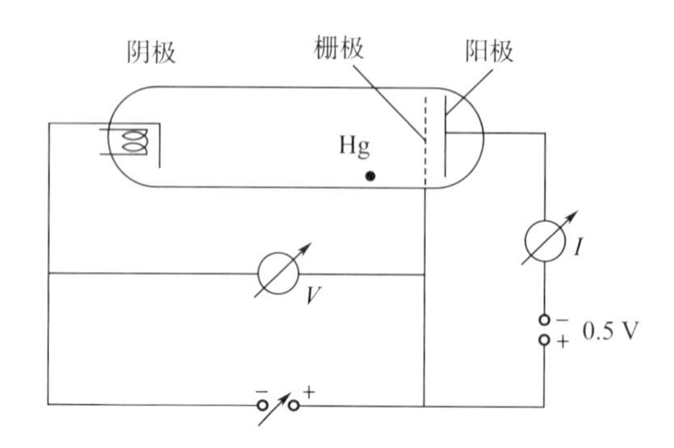

图 2-3　弗兰克-赫兹实验装置原理图

发生弹性碰撞，使这些电子的能量低于 0.5 eV，也就是说，这些电子将被阳极所排斥，导致由阳极收集的电子电流明显减小。

如图 2-4 所示，由弗兰克和赫兹所做的测量证实了这种现象。通过进一步增加栅极电压，电子会被再次加速，直到栅极电压达到 2×4.9=9.8 V 时，发生第二次弹性碰撞，同时阳极收集到的电流相应下降。聚集电流的第三次下降在 3×4.9=14.7 V 处（如图 2-4 所示），对应于电子与汞原子之间的第三次弹性碰撞。根据玻尔的假设，被激发的汞原子应该发射特定波长的光子而返回到基态

$$\lambda = \frac{hc}{\Delta E} = 253.7 \text{ nm} \tag{2-17}$$

式中，$\Delta E = 4.9$ eV，ΔE 表示汞原子的第一激发态与其基态之间的能量差。弗兰克和赫兹通过使用光谱仪观察阴极和栅极之间的空间所发射的光，发现了 253.7 nm 波长的单一谱线。对玻尔理论的这项证实后来扩展到原子的更高激发态。

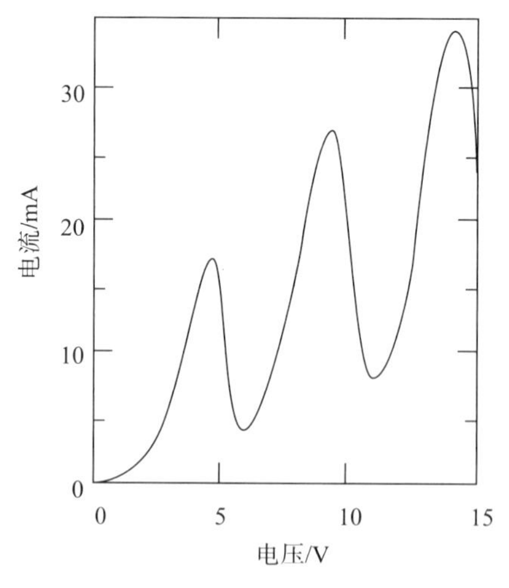

图 2-4　弗兰克-赫兹实验结果

2.2　氢原子及其本征函数

2.2.1　薛定谔（Schrödinger）方程

描述波传播的基本方程可写为

$$\nabla^2\Psi-\frac{1}{u^2}\frac{\partial^2\Psi}{\partial t^2}=0 \tag{2-18}$$

式中　∇^2——拉普拉斯算子；

Ψ——波函数；

u——波的相速度。

方程（2-18）的最后一项是波函数对时间的二阶导数。在笛卡儿坐标系中，算子 ∇^2 可表示为

$$\nabla^2=\frac{\partial^2}{\partial x^2}+\frac{\partial^2}{\partial y^2}+\frac{\partial^2}{\partial z^2} \tag{2-19}$$

对宏观系统成立的方程（2-18）将会转换为一个适用于微观系统（原子尺度）的方程（薛定谔方程）。在这个转换中，必须引入量子力学概念，如物质的波长（德布罗意波长）。根据德布罗意波长

$$\lambda=\frac{h}{mv} \tag{2-20}$$

式中　h——普朗克常数；

m——粒子的质量；

v——粒子的速度。

波的相速度可以表示为

$$u=\lambda\nu=\frac{h\nu}{mv} \tag{2-21}$$

方程（2-21）中的分子不仅表示光子的能量，根据德布罗意假设，它还表示任意粒子的能量 E 。由于一个粒子的总能量包括动能和势能，我们可以将动能写为

$$\frac{1}{2}mv^2=E-V_p \tag{2-22}$$

或

$$m^2v^2=2m(E-V_p) \tag{2-23}$$

将方程（2-23）代入方程（2-21），得到

$$u=\frac{h\nu}{[2m(E-V_p)]^{1/2}} \tag{2-24}$$

将方程（2-24）代入方程（2-18）中，得到

$$\nabla^2\Psi-\frac{2m(E-V_p)}{h^2\nu^2}\frac{\partial^2\Psi}{\partial t^2}=0 \tag{2-25}$$

通常，波函数 Ψ 是位置和时间的函数，即 $\Psi=\Psi(x,y,z,t)$ 。波函数也可表示为振幅 ψ 与一个时间周期函数的乘积

$$\Psi(x,y,z,t)=\psi(x,y,z)\exp(-2\pi\mathrm{i}\nu t) \tag{2-26}$$

式中，$\mathrm{i}=\sqrt{-1}$ 为虚数单位。

将方程（2-26）代入方程（2-25）中，得到著名的薛定谔方程

$$\nabla^2\psi-\frac{8\pi^2 m}{h^2}(E-V_p)\psi=0 \tag{2-27}$$

该方程是描述稳态原子系统特性的均匀二阶偏微分方程。

2.2.2 薛定谔方程的解

如果一个原子系统的势能 $V_p(x,y,z)$ 被指定，则可以根据被称为本征函数的 $\psi(x,y,z)$ ，得到薛定谔方程的解，其中 $\psi(x,y,z)$ 是系统边界条件的结果。出现在本征函数中的参数是量子数。

薛定谔方程的解也定义了原子系统可能存在的能态，将其称为本征值。如前所述，对于一个原子系统，本征值只能是量子化的值。

薛定谔方程的解的数学形式十分广泛，即使对最简单的原子系统也是如此。通常，根据问题的几何特征来选择适当的坐标系统。例如，对于氢（H）原子，由于势能仅取决于 r ，应采用球坐标系统 (r,θ,ϕ) 。将方程（2-7）给出的 V_p 值代入方程（2-27）中，氢原子的薛定谔方程在球坐标中可写为

$$\frac{\partial^2\psi}{\partial r^2}+\frac{2\partial\psi}{r\partial r}-\frac{1}{r^2}\left[\frac{1}{\sin\theta}\frac{\partial}{\partial\theta}\left(\sin\theta\frac{\partial\psi}{\partial\theta}\right)+\frac{1}{\sin^2\theta}\frac{\partial^2\psi}{\partial\phi^2}\right]+\frac{8\pi^2 m_e}{h^2}\left(E+\frac{e^2}{4\pi\varepsilon_0 r}\right)\Psi=0 \tag{2-28}$$

解这种类型的偏微分方程习惯上采用分类变量法。在解方程的过程中，假设方程（2-28）的解可以表示为三个函数 (R,Θ,Φ) 的乘积，其中每个函数仅取决于单一变量，即

$$\psi(r,\theta,\phi)=R(r)\cdot\Theta(\theta)\cdot\Phi(\phi) \tag{2-29}$$

将方程（2-29）代入方程（2-28），带有变量 r、θ 和 ϕ 的偏微分方程转换为三个常微分方程

$$\frac{\mathrm{d}^2R}{\mathrm{d}r^2}+\frac{2\mathrm{d}R}{r\mathrm{d}r}+\frac{8\pi^2 m_e}{h^2}\left(E+\frac{e^2}{4\pi\varepsilon_0 r}-\frac{A}{r^2}\right)R=0 \tag{2-30}$$

$$\frac{1}{\sin\theta}\frac{\mathrm{d}}{\mathrm{d}\theta}\left(\sin\theta\frac{\mathrm{d}\Theta}{\mathrm{d}\theta}\right)+\left(A-\frac{m^2}{\sin^2\theta}\right)\Theta=0 \tag{2-31}$$

$$\frac{\mathrm{d}^2\Phi}{\mathrm{d}\phi^2}+m^2\Phi=0 \tag{2-32}$$

式中，A 和 m^2 为分离常数。

数学上的考虑表明：

微分方程 $R(r)$ 仅有离散解，其中量子数 l 取 0 和 $n-1$ 之间的整数值，即

$$0 \leqslant l \leqslant n-1 \tag{2-33}$$

微分方程 $\Theta(\theta)$ 的解对于取值范围在 0 到 $\pm l$ 之间的量子数 m 的离散值是成立的，即

$$m=0, \pm 1, \pm 2, \cdots, \pm l$$

微分方程 $\Phi(\phi)$ 的解仅对上述定义的 n 和 l 的量子数成立。

仅取决于 n、l 和 m 的解 $\psi(r, \theta, \phi)$ 被称为氢原子的本征函数。非标准化的通解可表示为

$$\psi(\rho,\theta,\phi)=\rho^{l} \cdot u_{n-l-1}(\rho) \exp(-\rho/2) P_{l}^{(m)}(\cos\theta) \exp(\mathrm{i}m\phi) \tag{2-34}$$

式中，$\rho=\dfrac{2r}{r_1 n}$，$P_{l}^{(m)}(\cos\theta)$ 是根据罗德里格斯（Rodrigues）公式计算的 l 阶的多项式，u_{n-l-1} 是一个 $n-l-1$ 阶的多项式。

该方程提供了氢原子的稳定能态下的电子行为的完整描述。

2.2.3　量子数

如同我们上节所看到的，氢原子的本征函数和能态可由 n、l、m_l 三个量子数表征，且有

$$n \geqslant l+1 \text{ 和 } 0 \leqslant |m_l| \leqslant l \tag{2-35}$$

为了避免与粒子质量的表达混淆，习惯上将量子数 m 加一个下标 l 。

在上述计算中没有涉及 s ——电子自旋的第 4 个量子数。根据泡利（Pauli）不相容原理，原子中的两个电子能态是不可能完全相同的。如果两个电子的 n、l、m_l 都是相同的，则 s 必须不同。自旋量子数 s 仅能够采用两个值

$$s=\pm\frac{1}{2} \tag{2-36}$$

氢原子的能量本征值方程由量子数 m_l 和 l 所控制。对于每一个 l，有 $2l+1$ 个不同的本征函数。由于 $l \leqslant n-1$，对于给定的能态，本征函数的总数为

$$\sum_{l=0}^{n-1}(2l+1)=n^2 \tag{2-37}$$

结果表明，对于任一能态，本征函数不止一个，这一特性称为简并。不考虑电子自旋时，氢原子的能量本征值是以 (n^2-1) 倍衰减的。当包含电子自旋时，由于存在两种可能的电子自旋方向，每个能态的本征函数的数量将是不考虑自旋情况下数目的两倍。

2.2.4　概率分布

在讨论量子数不同组合情况下的概率分布之前，需要理解量子数的物理概念：

n ——主量子数，用于描述原子系统的能态。

l ——电子的角动量量子数，通常称为方位角量子数，用于描述电子轨道形状。

m_l ——磁量子数，用于描述电子轨道的方向。

s ——自旋量子数，根据电子自旋的方向，指定值为 $\pm\dfrac{1}{2}$ 。

仅考虑波函数的 r 依赖性，可以构造一个概率分布函数 P

$$dP = |\psi^2| d\tau = R^2 \cdot 4\pi r^2 dr \tag{2-38}$$

而 $P = 4\pi r^2 R^2$ 是概率密度。图 2-5 给出了在相对比例下 n 和 l 不同组合情况下的这种概率密度分布的例子。

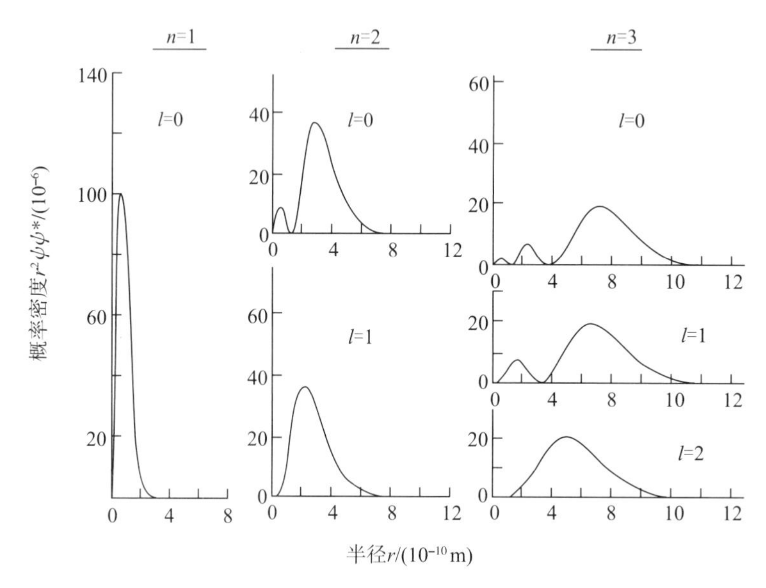

图 2-5 用于发现氢原子内电子的概率密度分布的示例

正如我们前面讨论的那样，氢原子中可能的电子态是由四个量子数(n，l，m_l，s) 为一组来表征的。在这组中的前两个量子数对于描述电子态是特别有意义的。第二个量子数 (l) 的值习惯上使用字母来指定，例如：

$$l = 0 \rightarrow s$$
$$l = 1 \rightarrow p$$
$$l = 2 \rightarrow d$$
$$l = 3 \rightarrow f$$
$$l = 4 \rightarrow g$$
$$l = 5 \rightarrow h$$
$$\vdots$$

从 $l=3(f)$ 开始，按字母顺序依次指定。前三个字符是从更复杂的碱金属原子的光谱特征导出的，它们表示了四种特征光谱系列，分别是尖谱系(s)、主系(p)、漫射系(d) 和贝格曼（Bergmann）系（f）。碱金属原子与氢原子有着重要的相似性。如同本章后面将要给出的，碱金属原子的内部电子层是完全充满的，而最外层仅有一个电子。作为一级近似，这样的原子可以用单电子系统来处理。

第一量子数和第二量子数的不同组合所使用的一些符号示例如下

$$\left.\begin{matrix} n=1 \\ l=0 \end{matrix}\right\} 1s\ 电子 \qquad \left.\begin{matrix} n=4 \\ l=0 \end{matrix}\right\} 4s\ 电子$$

$$\left.\begin{matrix} n=2 \\ l=0 \end{matrix}\right\} 2s\ 电子 \qquad \left.\begin{matrix} n=4 \\ l=1 \end{matrix}\right\} 4p\ 电子$$

$$\left.\begin{matrix} n=2 \\ l=1 \end{matrix}\right\} 2p\ 电子 \qquad \left.\begin{matrix} n=4 \\ l=2 \end{matrix}\right\} 4d\ 电子$$

$$\left.\begin{matrix} n=3 \\ l=0 \end{matrix}\right\} 3s\ 电子 \qquad \left.\begin{matrix} n=4 \\ l=3 \end{matrix}\right\} 4f\ 电子$$

$$\left.\begin{matrix} n=3 \\ l=1 \end{matrix}\right\} 3p\ 电子 \qquad \vdots$$

$$\left.\begin{matrix} n=3 \\ l=2 \end{matrix}\right\} 3d\ 电子 \qquad \vdots$$

通过考虑弹性球振动模式，可以得到氢原子电子态的波动力学的有趣图像，如图 2－6 所示。

2.3 更复杂原子的结构

2.3.1 原子结构

通常，一个原子的原子核中可以有 Z' 个质子，则总核电荷为 $+Z'e$ 。此外，原子核还包含一定数量的中子，中子与质子一起构成原子核的质量。由于原子是电中性的，围绕原子核的电子总电量必须是 $-Z'e$ 。

在原子质量单位中，原子的原子核质量用原子符号后面的上标来表示，而核电荷用原子符号前面的下标来表示，例如

$${}_1H^1, {}_2He^4, {}_3Li^6, {}_{18}Ar^{40}, {}_{22}Ti^{48}, {}_{82}Pb^{207}$$

同位素具有相同的核电荷，但在原子核内的中子数不同。典型同位素对的例子是${}_3Li^6$和${}_3Li^7$、${}_{92}U^{235}$和${}_{92}U^{238}$。元素的化学性质由围绕原子核的电子排列决定，而不是由原子核质量决定的，也就是说，同位素不能通过化学性质进行区分。

在更复杂原子的原子模型中，假设电子是分层排列的。电子态的前两个量子数定义了电子层，如下所示：

$$\begin{matrix} n= & 1 & 2 & 3 & 4 \\ 主层： & K & L & M & N \\ l= & 0 & 1 & 2 & 3 \\ 子层： & s & p & d & f \end{matrix}$$

上述定义描述了原子结构的轮廓，表 2－1 给出了前 4 个电子层的结构示意。在每个子层中的电子数，由电子态名称后面的上标示出（表 2－1 最后一列）。

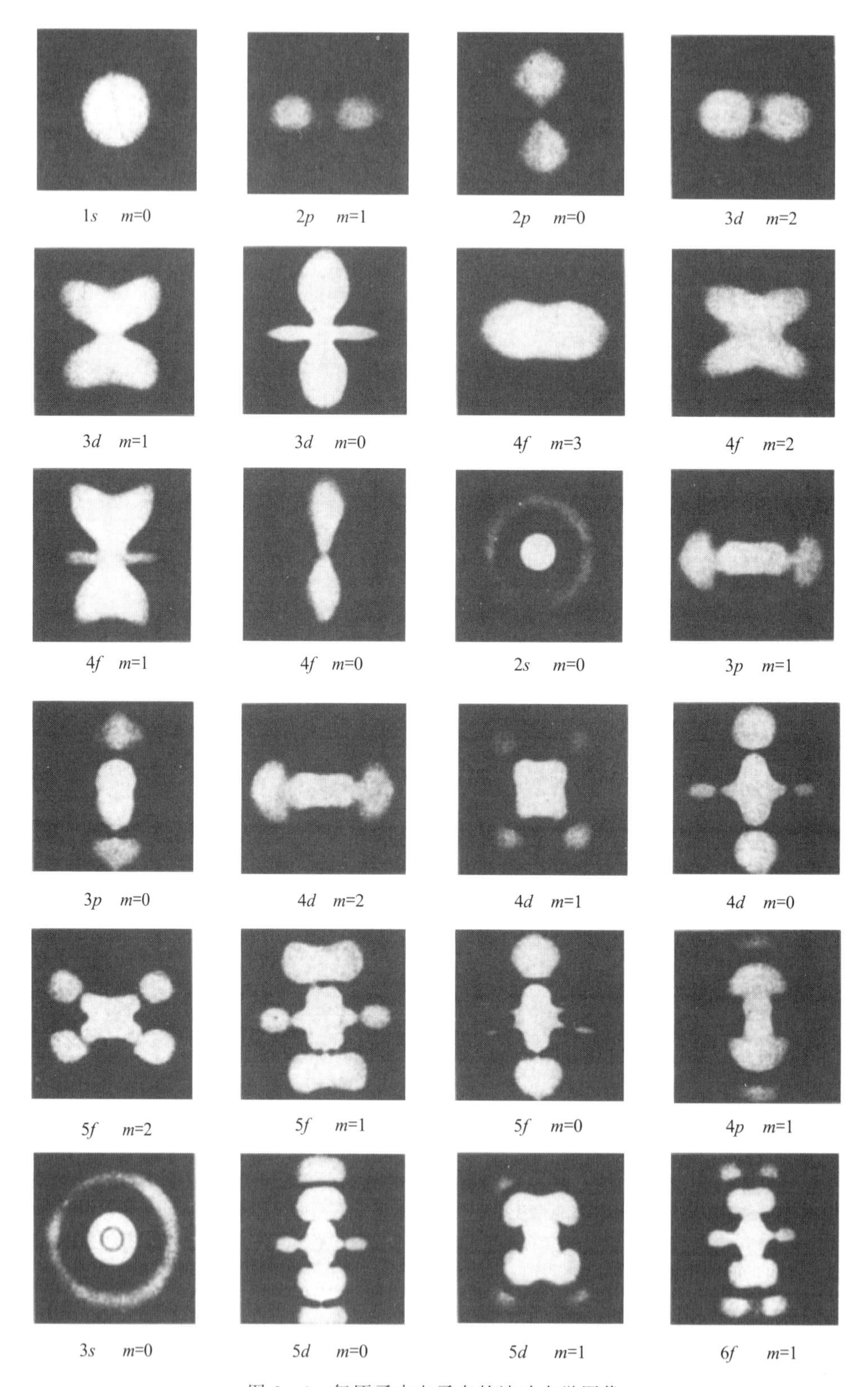

图 2-6　氢原子中电子态的波动力学图像

引自 W. Finkelnburg，Structure of Matter（Berlin：Springer-Verlag，1964）

表 2-1　原子结构示意

层	n	l	电子名称	子层电子数	层中总电子数	所有层的排列
K	1	0	$1s$	2	2	$1s^2$
L	2	0	$2s$	2	8	$2s^2 2p^6$
	2	0	$2p$	6		
M	3	0	$3s$	2	18	$3s^2 3p^6 3d^{10}$
	3	1	$3p$	6		
	3	2	$3d$	10		
N	4	0	$4s$	2	32	$4s^2 4p^6 4d^{10} 4f^{14}$
	4	1	$4p$	6		
	4	2	$4d$	10		
	4	3	$4f$	14		

使用上述示意，可以建立元素的电子结构表（见表 2-2）。表 2-2 大概描述了直至完整 $4s$ 层的电子结构。

钾（K）属于一种不规则的元素，它在 $3d$ 子层还不完整的情况下就开始了新的一层。这种不规则的特征已经通过分光镜观测和能量分析得到证实。对于铜（Cu），观测到了相反的现象：两个电子进入到了 $3d$ 子层，在 $4s$ 子层仅留下一个电子。在整个元素电子排列中会出现几次这种不规则的情况。

从表 2-2 中可以推导出各种元素的电子排列，例如铜的电子排列为 $1s^2 2s^2 2p^6 3s^2 3p^6 3d^{10} 4s^1$。

原子的电子排列知识非常重要，这是因为原子的化学性质主要由它们的电子排列所决定。例如，碱金属元素（Li、Na、K、Ru、Cs）都有一个最外层电子，它们的化学性质具有很强的相似性。

表 2-2　元素的电子结构

Z'	元素	子层中的电子数									
		$1s$	$2s$	$2p$	$3s$	$3p$	$3d$	$4s$	$4p$	$4d$	$4f$
1	H	1									
2	He	2									
3	Li	2	1								
4	Be	2	2								
5	B	2	2	1							
6	C	2	2	2							
⋮	⋮	⋮	⋮	⋮							
10	Ne	2	2	6							
11	Na	2	2	6	1						
12	Mg	2	2	6	2						

续表

Z'	元素	子层中的电子数									
		$1s$	$2s$	$2p$	$3s$	$3p$	$3d$	$4s$	$4p$	$4d$	$4f$
13	Al	2	2	6	2	1					
⋮	⋮	⋮	⋮	⋮	⋮						
18	Ar	2	2	6	2	6					
19	K	2	2	6	2	6		1			
20	Ca	2	2	6	2	6		2			
21	Sc	2	2	6	2	6	1	2			
⋮	⋮	⋮	⋮	⋮	⋮	⋮	⋮	⋮			
28	Ni	2	2	6	2	6	8	2			
29	Cu	2	2	6	2	6	10	1			
30	Zn	2	2	6	2	6	10	2			
⋮	⋮	⋮	⋮	⋮	⋮	⋮	⋮	⋮			

2.3.2 原子的电子态

2.3.2.1 动量

与原子的能级类似，原子的角动量也假设仅有离散能级值。在波动力学中，角动量用 $\boldsymbol{l}$ 来表示。对于一个束缚电子，$\boldsymbol{l}$ 的大小为 $\sqrt{l(l+1)}\cdot h$ ，其中，l 为方位角动量数。因此，一个 d 电子（$l=2$）有 $\sqrt{6}$ 个单位的角动量，这里角动量的单位为 $\hbar$。类似的，一个 $5p$ 的电子［在第五层（O 层）中的一个电子］有 $\sqrt{2}$ 个单位的角动量。

具有相同 n 和 l 值的电子称为等效电子。在一个子层中等效电子的数目（r）以上标的形式标注于子层的右边：nl^r 。因此，$6d^2$ 表示在第六层（P）有两个电子，它们各自都有 $\sqrt{6}$ 个单位的角动量。

根据经典场论，在磁场或电场 $\boldsymbol{F}$ 中，一个原子的角动量矢量 $\boldsymbol{l}$ 可以用以场方向为轴的锥形来表示，且有一个如图 2-7（a）所示的常量分量 m_l 。量子理论仅容许存在 m_l 的离散值（在 $-l$ ～$+l$ 之间），如图 2-7（b）所示。量子数 l 可以是 0～ $n-1$ 之间的所有整数值。

还有一个量子数是与电子自旋相关的量子数 s（不要与 $l=0$ 所确定的子层符号混淆）。量子数 s 只能取两个值，即 $s=\pm 1/2$。因此，在第一层（$n=1$，$l=0$，$m_l=0$，$s=\pm 1/2$）只能有两个 s 电子（$l=0$）；在第二层（$n=2$）可以包含两个 s 电子（$n=2$，$l=0$，$m_l=0$，$s=\pm 1/2$）和 6 个 p 电子（$n=2$，$l=1$，$m_l=-1$，0，1，$s=\pm 1/2$）；以此类推。

由于每个电子都以角动量量子数 l 、自旋量子数 s 为表征量，可以将这两个独立的量子数相加后描述总的角动量 $\boldsymbol{j}=\boldsymbol{l}+\boldsymbol{s}$ 。总角动量量子数 $j=l\pm 1/2$ 与总角动量 $\sqrt{j(j+1)}\cdot\hbar$ 相关。当施加磁场时，电子轨道的总角动量矢量在磁场中可有 $(2j+1)$ 个不同方向，即

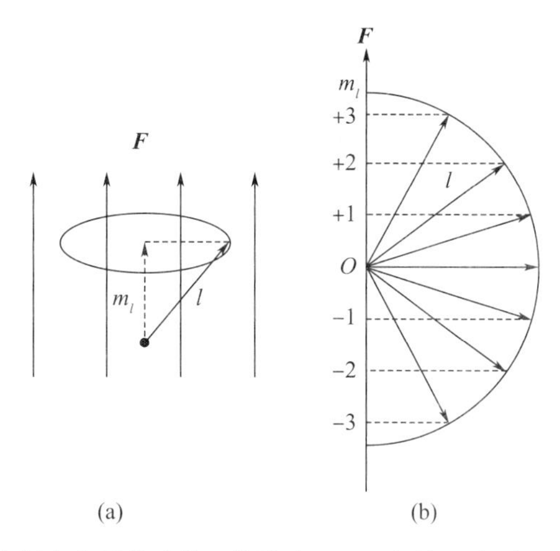

图2-7 (a) 在磁场或电场中电子角动量 $\boldsymbol{l}$ 的进动；(b) 在场 $\boldsymbol{F}$ 中对 $l=3$ 条件下 $\boldsymbol{l}$ 的空间量子化

$m_j=j$，$(j-1)$，…，$-(j-1)$，$-j$。

2.3.2.2 能量跃迁

如2.1.1节所述，电子从一个能级跃迁到另一个能级与电磁辐射的发射和吸收相关，即

$$h\nu_{\mathrm{ul}}=E_{\mathrm{u}}-E_{\mathrm{l}}$$

只有某些能级之间的跃迁是容许的。所容许的跃迁由基于观察到的原子光谱的选择规则确定。

原子的最低能态是基态，其他能态（在这些能态中电子仍然被粒子束缚着）是电子的激发态。它们的寿命通常很短（$10^{-8}\sim10^{-6}$ s）。谐振激发态是一种特殊的激发态，在这种激发态下，辐射跃迁到基态的概率非常大（在这种激发态下的电子寿命非常短，约为 10^{-8} s。谐振态是第一激发态，因此，这种激发态可以出现在发射中也可出现在吸收中。具有谐振态下跃迁相应能量的光子，会以非常高的效率被处于基态下的粒子吸收。

辐射再激发或电子激发会导致电子跃迁到某一能级，跃迁规则禁止从这个能级上辐射跃迁到较低能级。这种能态称为亚稳态，其寿命比谐振跃迁的寿命会长几个数量级，只有通过与其他粒子碰撞或辐射能量吸收，这种能态才能够被再激发。因此，这种粒子可以充当能量贮存器。

当一个或多个电子完全脱离一个粒子时，该粒子处于电离态。电子通过电离过程逸出是维持放电的关键。电离能取决于原子序数 Z'。对于惰性气体（He，Ne，Ar，…），在每层都含有泡利原理所容许的最大电子数（满填充层）的情况下，移出一个束缚的电子比其他元素需要更高的能量。原子序数 Z'（主量子数 n）越大，屏蔽原子核正电荷的场满填充层数量就越多。因此，从氙（Xe）中移出一个电子要比从氪（Kr）中移出一个电子更容易。氦（He）的电离能为24.5 eV，氪（Kr）为14 eV，而氙（Xe）为13 eV（见表2-3）。

表 2-3　一些原子的电子态数据

Z	元素	原子质量/(10^{-3} kg)	电离能/eV	第一激发态的能量与排列		亚稳态的能量与排列		亚稳态的辐射寿命/s
				eV	—	eV	—	
1	H	1.008	13.659	10.198	$2p\ ^2P^0_{1/2}$	10.198	$2s\ ^2S_{1/2}$	0.12
				10.198	$2p\ ^2P^0_{3/2}$			
2	He	4.004	24.481	21.216	$2p\ ^1P^0_1$	19.818	$2s\ ^3S_1$	0.019 7
						20.614	$2s\ ^1S_0$	9 000
3	Li	6.941	5.391	1.848	$2p\ ^2P^0_{1/2}$	—	—	—
				1.848	$2p\ ^2P^0_{3/2}$			
7	N	14.007	14.534	10.335	$3s\ ^4P_{1/2}$	2.384	$2p^3\ ^2D_{3/2}$	61 200
				10.329	$3s\ ^4P_{3/2}$	2.384	$2p^3\ ^2D_{5/2}$	144 000
				10.325	$3s\ ^4P_{5/2}$	3.575	$2p^3 2P^0_{1/2}$	40
						3.575	$2p^3 2P^0_{3/2}$	166
8	O	15.999	13.618	9.521	$3s\ ^3S^0_1$	0.020	$2p^4\ ^3P_1$	—
—	—	—	—	—	—	0.028	$2p^4\ ^3P_0$	—
—	—	—	—	—	—	1.967	$2p^4\ ^1D_2$	110～147
—	—	—	—	—	—	4.189	$2p^4\ ^1S_0$	0.76～0.90
—	—	—	—	—	—	9.146	$3s\ ^5S^0_2$	—
10	Ne	20.183	21.564	16.847	$3s^1P^0_1$	16.618	$4s\ ^3P_2$	0.8～430
	—	—	—	18.380	$3p\ ^3S_1$	16.670	$3s\ ^3P_1$	
						16.714	$4s\ ^3P_0$	0.8～24.8
11	Na	22.99	5.139	2.102	$3p\ ^2P^0_{1/2}$	—	—	—
				2.104	$3p\ ^2P^0_{3/2}$	—	—	—
				3.191	$4p\ ^2S_{1/2}$	—	—	—
17	Cl	35.453	12.967	9.202	$4s\ ^2P_{3/2}$	0.109	$3p^5\ ^2P^0_{1/2}$	81
				9.281	$4s\ ^2P_{1/2}$	8.421	$4s\ ^4P_{5/2}$	—
						8.987	$4s\ ^4P_{3/2}$	—
						9.029	$4s\ ^4P_{1/2}$	—
18	Ar	39.944	15.755	11.623	$5s\ ^2P^0_1$	11.548	$4s\ ^2P^0_0$	1.3～55.9
				11.821	$5s\ ^2P^0_3$	11.723	$4s\ ^2P^0_2$	1.3～44.9
19	K	—	4.341	1.609	$4p\ ^2P^0_{1/2}$	—	—	—
				1.616	$4p\ ^2P^0_{3/2}$	—	—	—
36	Kr	83.80	13.999	10.03	$5s\ ^3P^0_1$	9.91	$5s\ ^3P_2$	1.85
				10.64	$5s\ ^1P^0_1$	10.56	$5s\ ^3P_0$	0.49～1.0
				10.30	$5p\ ^3S_1$			

碱金属（从 Li 到 Fr）具有最低的电离能，这是因为内部满填充层电子的屏蔽作用，使施加在最外层单一电子的束缚能较低。碱金属的化学性质很活泼，因此也被称为正电性

元素。

从碱金属到邻近具有满填充层元素之间电离势的增加是渐进的。通常，第一激发态（谐振态）的能级遵循类似于电离能随 Z' 或 n 变化的规律（见表 2-3）。

负离子的形成是中性原子通过吸附一个附加电子实现的。当然，对于仅需要一个电子就能形成满填充层的元素（如 F，它在 L 层有 7 个电子，而 Ne 有 8 个电子），由于原子核和电荷产生的场作用，很容易吸附一个附加的电子。因此，卤素元素（从 F 到 At）是最强的负电性元素。从一个满填充层失去两个电子的元素（如氧 O）也有电子吸附的倾向。表 2-4 列出了不同原子的电子亲和力。

表 2-4　不同原子的电子亲和力

离子的构成	eV
$H^-(1s^2)$	0.746
H^-（从 $2s^2$ 态跃迁至 $2s$ 态）	0.434
H^-（从 $2s^2$ 态跃迁至 $2s2p$ 态）	0.460
C^-	1.249
O^-	1.466
F^-	3.448
Cl^-	3.612
NO^-	0.911
O_2^-	0.438
OH^-	1.830

2.3.3　电子构型的命名

描述原子的能级跃迁通常采用的命名方式，与有效产生光谱的电子之间的耦合性质相关。由于满填充原子层的内核具有零角动量，因此仅有部分填充外层的电子需要考虑。然而，我们的确需要考虑激发一个如氩这样具有满填充层的原子，使电子移出满填充层，变为不满填充层。

电子之间是通过耦合力进行相互作用的，耦合力源自：

1）电子之间的静电排斥；

2）由电子的自旋和轨道运动引起的磁场；

3）电子自旋引起的交换力（这些力仅在量子力学理论下可理解）。

原子能级和电子能级的跃迁概率都取决于这些相互作用的性质与程度。

原子的势能由在各自轨道的电子的能量所决定。每个单独的电子 i 可以赋予一个轨道量子数 l_i 和一个自旋量子数 s_i（$s_i=\pm 1/2$）。各种类型的相互作用可以用 $L-S$ 耦合或 $j-j$ 耦合来解释[1]。当与电子之间的静电和交换相互作用相比，每个电子的轨道角动量与自旋角动量之间的磁相互作用起主导作用时，$j-j$ 耦合出现，这通常是核电荷 Z' 增加时出现的情况。这种情况可用于中间耦合（如同在惰性气体中的情况）。

2.3.3.1　$L-S$ 耦合

在 $L-S$ 耦合中，各电子的轨道角动量是自身强耦合的。因此，总的轨道角动量 $\boldsymbol{L}$ 是各电子轨道角动量 $\boldsymbol{l}_i$ 的合成。轨道角动量 $\boldsymbol{L}$ 的大小为 $\sqrt{L(L+1)}\cdot\hbar$，其中 L 是相关量子数。

由于各电子的自旋 $(\boldsymbol{s}_i)_i$ 可以认为是强耦合，总的自旋角动量 $\boldsymbol{S}$ 是各电子自旋角动量 $\boldsymbol{s}_i$ 的合成。自旋角动量 $\boldsymbol{S}$ 的大小为 $\sqrt{S(S+1)}\cdot\hbar$，其中 S 是相关量子数[1]。

在 $L-S$ 耦合中，总轨道角动量 $\boldsymbol{L}$ 和总自旋角动量 $\boldsymbol{S}$ 是通过弱磁力耦合的，以量子数 J 为特征的总角动量 $\boldsymbol{J}$ 可表示为

$$\boldsymbol{J}=\boldsymbol{L}+\boldsymbol{S} \tag{2-39}$$

对应于量子数 J，总角动量 $\boldsymbol{J}$ 的大小为 $\sqrt{J(J+1)}\cdot\hbar$，其中 J 的取值范围是

$$\begin{aligned}&\text{当 } S<L \text{ 时}, J=L+S, L+S-1, L+S-2, \cdots, L-S\\&\text{当 } S>L \text{ 时}, J=L+S, L+S-1, L+S-2, \cdots, S-L\end{aligned} \tag{2-40}$$

在第一种情况（$S<L$）下，有 $2S+1$ 个可能的 J 取值；而在第二种情况下，有 $2L+1$ 个可能的 J 取值；$2S+1$ 为多重数。给定的 L 值与对应的多重数一起定义了一个光谱项。在给定的光谱项中给定一个 J 就定义了一个光谱级，而谱线源自光谱级之间的跃迁。多重谱线构成了给定项的所有可能的级。

（1）L 值的标识

对总角动量量子数采用的标识方法，与单个电子轨道角动量的标识方法类似，只是将小写字母改为大写字母。总的轨道角动量标识是 $L=0$，1，2，3，4，…，分别对应 S，P，D，F，G… 能级。

（2）项的标识

项的定义是 L 值加多重数。项的标识方式是，在 L 值标识上以左上标的方式添加一个多重数（$2S+1$）。例如，如果 $S=1/2$，$L=2$，则多重数 $2S+1=2$，对应于 $L=2$ 的标识为 D，因此，该项用 ^2D 作为标识。

（3）级的标识

对于一个给定项和一个给定 J 所对应的级，其标识方法是将 J 作为右下标加到项的标识上。以上述 $S=1/2$ 和 $L=2$ 为例，根据方程（2-40），有两个可能的 J 值，即 $J=5/2$ 和 $J=3/2$。D 项对应的两个级标识为 $^2D_{5/2}$ 和 $^2D_{3/2}$，图形表示如图 2-8 所示。在电场或磁场出现的时候，可能会分裂为 $2J+1$ 种状态。正如在 6.2.4 节将讨论的，$2J+1$ 通常与级的统计权重有关，这对于推导谱线辐射强度或计算配分函数很重要。

（4）宇称性的标识

宇称性的奇偶性取决于 $\sum_i l_i$ 具有奇数值还是偶数值。表达式 $\sum_i l_i$ 表示原子中的电子角动量量子数之和。对于满填充层，总电子数为偶数，具有宇称性。因此，只需要对部分填充层的电子来分析 $\sum_i l_i$。

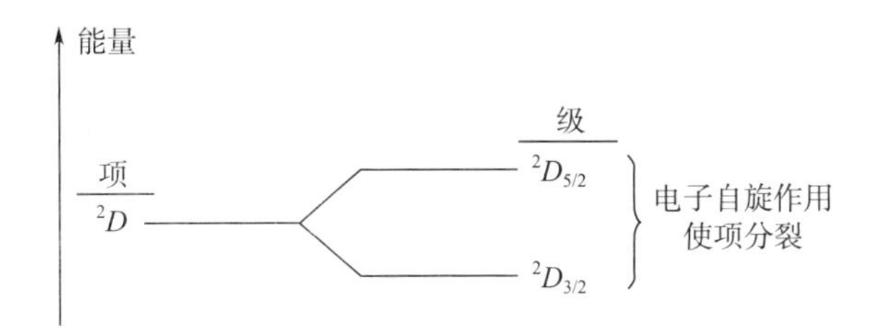

图 2-8　^2D 项通过电子自旋分裂为两个级

奇宇称性通过在项的符号右边以上标“o”的形式来标识，即 $^2P^o$，而偶宇称性以略去右上标的“o”来标识。

(5) 例子

根据上述定义，铜原子的基态标识为

$$1s^2 2s^2 2p^6 3s^2 3p^6 3d^{10} 4s\,(^2S_{1/2})$$

由于 $3p$ 之前的层对于光谱构成没有明显作用，这个标识通常会缩简为

$$3d^{10} 4s\,(^2S_{1/2})$$

由于 $3d$ 之前包括 $3d$ 层在内都是满填充的，对总角动量和合成自旋有贡献的只有外 s 层的电子。从 $L=0$ 和 $S=1/2$ 得到多重数 $2S+1=2$，因此，项的标识为 $^2S_{1/2}$。

根据前面的讨论，$4s$ 层的电子激发到如 $4p$ 或 $5d$ 这样的其他轨道，会分别构成 $^2p^o$ 和 ^2D 项。$^2p^o$ 项会分裂为两个级 $^2P^o_{1/2}$ 和 $^2P^o_{3/2}$，而 ^2D 项分裂为 $^2D_{5/2}$ 和 $^2D_{3/2}$。

另一种情况，如果铜的 $3d$ 层一个电子被激发，可以得到 $3d^9 4snx$ 的排列，式中的 $n>4$，而 x 对应于 s，p，d，f，…。原子核当前存在一个 1/2 的剩余自旋，该自旋能够与 $4s$ 层及 nx 层电子的 1/2 自旋耦合，形成总的合成自旋

$$S=1/2+1/2+1/2=3/2\,;\qquad 2S+1=4$$

或

$$S=1/2+1/2-1/2=1/2\,;\qquad 2S+1=2$$

对应的多重数是 4 和 2，分别称为四重数和二重数。

(6) 光谱级的能量

束缚电子的能量随主量子数 n 的增加而增加，通常也随角动量量子数 l 的增加而增加。一般来说，对于基态的项会适当地采用一些简单的规则（这些规则不一定适用更高的排列情况）。

1) 在能量图中，三重项低于单重项（对于更高的 S，能量小）

2) 一个具有同样 L 和 S 多重数的 $J+1$ 级与 J 级之间的项值差别正比于 $J+1$，如在 $^3P_{2,1,0}$ 多重数情况下，$^3P_2$ 与 $^3P_1$ 之间的项差别是 $^3P_1$ 与 $^3P_0$ 之间的项差别的两倍。

作为例子，Moore[4-6] 表列出了一些原子和离子对应光谱项在不同激发态下的能量。

(7) $L-S$ 耦合情况下双极辐射的选择原则

任意两个项值之间辐射的发射与吸收跃迁概率由相应矩阵元素的平方所确定（见本章末尾常用书目中作者为 Cohen - Tannoudiji 的书）。提供一种简单的规则（选择规则）来表

明是否允许或禁止电子双极跃迁是可能的。在严格的 $L-S$ 耦合情况下，这些原则是：

1）宇称性必须改变。

2）多重数必须保持不变，即禁止存在互组谱线。

3）J 必须取值 ± 1 或 0，但从 $J=0$ 到 $J=0$ 的跃迁是不容许的。

4）L 必须取值 ± 1 或 0，但从 $L=0$ 到 $L=0$ 的跃迁是不容许的。

现在我们来分析一下铜原子外层 $4s$ 的电子激发到 $4p$ 或 $5d$ 轨道的情况。正如我们已经看到的，这种情况会分别形成 ${}^2p^{\circ}$ 和 ${}^2D$ 项。${}^2p^{\circ}$ 项会分裂为两个级 ${}^2P^{\circ}_{1/2}$ 和 ${}^2P^{\circ}_{3/2}$，而 ${}^2D$ 项分裂为 ${}^2D_{5/2}$ 和 ${}^2D_{3/2}$。根据上述选择原则，会产生3种可能的跃迁，如图2-9（a）所示。如果双重跃迁牵涉到 S 项，则仅有两种跃迁是可能的，如图2-9（b）所示。在两个四重项之间的最大跃迁数为9，如图2-9（c）所示。

2.3.3.2　$j-j$ 耦合

随着 Z' 的增加和相应最外围电子之间距离的增加，电子之间的耦合（$L-S$ 耦合）减小。自旋-轨道的相互作用占主导，导致对于重组元和惰性气体之间的 $j-j$ 耦合。

$\boldsymbol{s}_i$ 和 $\boldsymbol{l}_i$ 之间的耦合形成了第 i 个束缚电子的总角动量 $\boldsymbol{j}_i$，$\boldsymbol{j}_i=\boldsymbol{l}_i+\boldsymbol{s}_i$，所有单个电子的总角动量 $\boldsymbol{j}_i$ 合并形成一个总角动量 $\boldsymbol{J}$。

$j-j$ 和 $L-S$ 两种标识之间的关联非常简单，下面将用氦（He）原子来说明与 s、p 电子排列有关的项

$$s,p\left|\begin{array}{ll} l_1=0 & s_1=1/2 \\ l_2=1 & s_2=1/2 \end{array}\right.$$

在 $L-S$ 耦合中，对 $L=1$ 和 $S=1$ 或 $S=0$，有 ${}^3P_{2,1,0}$ 或 ${}^1P_1$。对于 $j-j$ 耦合

$$(l_1,s_1)=j_1=1/2$$

$$(l_2,s_2)=j_2=3/2,1/2$$

对应两个项

$$(1/2,1/2)\quad 或 \quad J=1,0$$

$$(1/2,3/2)\quad 或 \quad J=2,1$$

采用下面的方法，通过相互对应的两类耦合可得到4个项

$$\left.\begin{array}{r} {}^1P_1\cdots J=1 \\ {}^3P_2\cdots J=2 \end{array}\right|(1/2,3/2)$$

$$\left.\begin{array}{r} {}^3P_1\cdots J=1 \\ {}^3P_0\cdots J=0 \end{array}\right|(1/2,3/2)$$

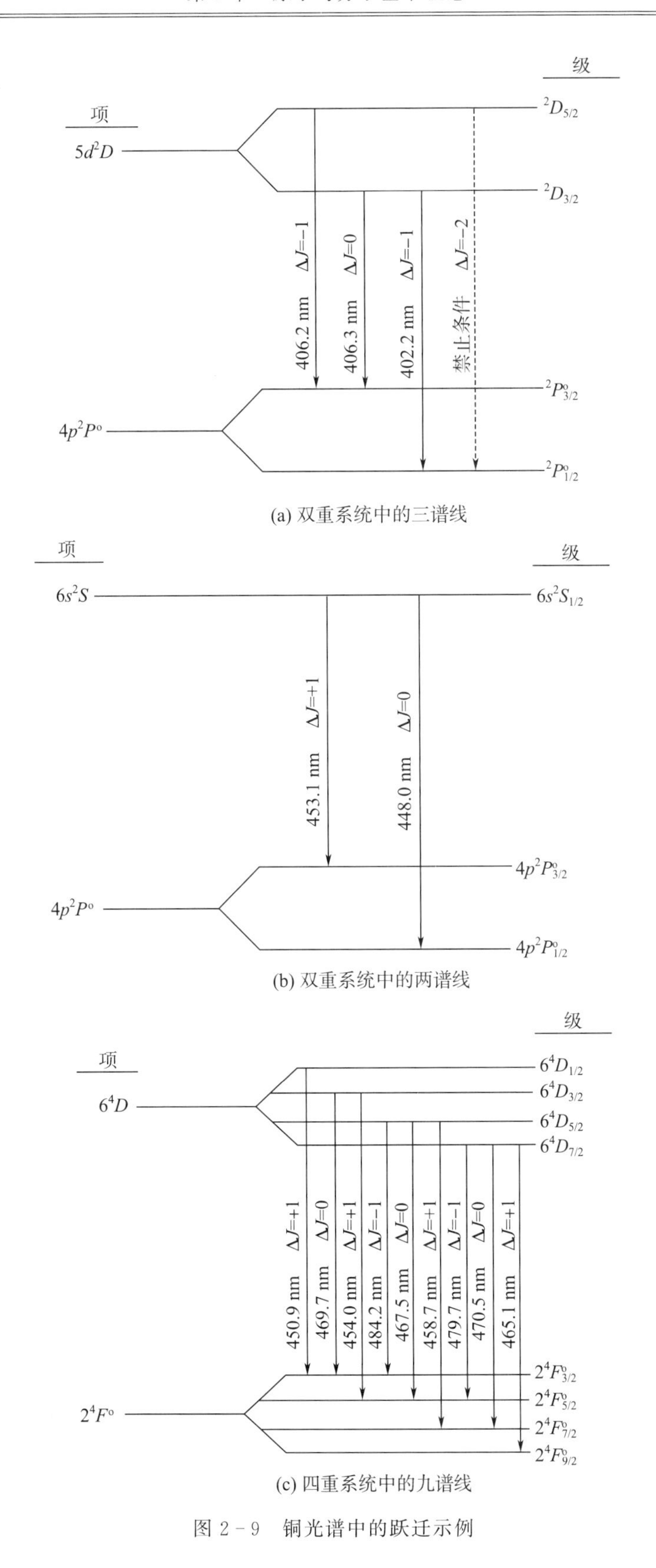

(a) 双重系统中的三谱线

(b) 双重系统中的两谱线

(c) 四重系统中的九谱线

图 2-9　铜光谱中的跃迁示例

2.4 双原子分子的激发态

当一个粒子由一个以上原子组成时，与原子所遇到的问题相比，对其能态的确定变成一个相当复杂的问题。本节中以下讨论仅限于对双原子分子的讨论。

2.4.1 能态

图2-10给出了双原子分子的图示，在该图中，每个原子（X和Y）都被电子云所环绕，两个原子与外部连接，共享电子轨道。例如，在氢气（H_2）分子中两个氢（H）原子被两个共享的电子产生的力结合到一起，这两个电子围绕两个原子核在一个像三维的8字的轨道上运动。静电力的平衡使得两个原子中心之间保持一个有限的距离 r 。但是，原子可以在依赖于 r 的力场中围绕一个平衡的核间距离振动。这个“哑铃”形的核也可围绕与核间轴正交的两个轴旋转。因此，除了X和Y原子的电子激发态之外，还可能存在振动和转动激发态。薛定谔方程的解表明只允许存在不相关的能级，采用讨论原子时的做法，对每个电子的、振动的和转动的激发态定义量子数。由于静电力随 r 变化，也由于必须确定每个电子轨道的势能，因而这个解会比原子的解复杂得多。这个解给出的结果对于基态和激发态势能的选择非常敏感。

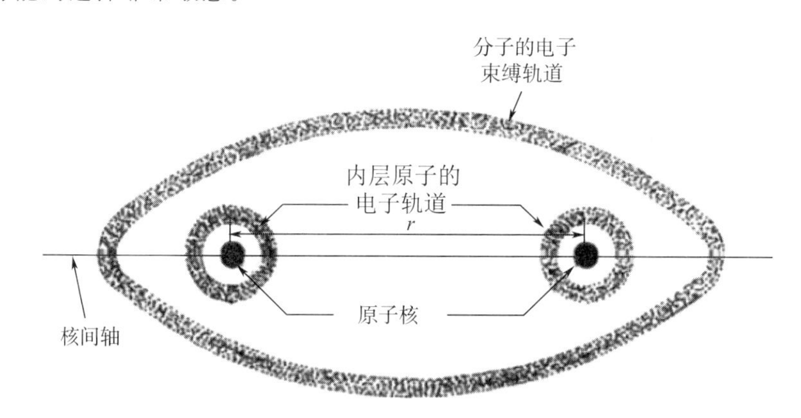

图2-10 双原子分子的图示

作为例子，图2-11给出了双原子分子的典型能级图，近似于莫尔斯电势

$$V(r)=D_e\{1-\exp[-a(r-r_e)]\}^2 \tag{2-41}$$

式中 a ——关于特定分子态的常数；

r_e ——原子核之间的平衡距离。

D_e 是核的平衡位置（$r=r_e$）与自由原子（$r=\infty$）之间的能量差。常常称为相对最小能量的离解能（这个能量不是真正的离解能量，离解能量表达式为 $D_0=D_e-\frac{1}{2}h\nu_0$；静止状态下，振动量子数 $v=0$，而分子的振动能量不是0而是 $\frac{1}{2}h\nu_0$，式中，ν_0 为距离为 r_e 的两个质点经典振动的振动频率)。势能曲线的 $r > r_e$ 部分对应于吸引势能，$r < r_e$ 部分对应于排斥势能。需要指出的是，除了振动量子数 v 很小的情况，振动是不对称的，如同曲线 $\bar{r} = f(v)$ 通过经典振动振幅曲线中间时的情况（如图 2－11 所示）。

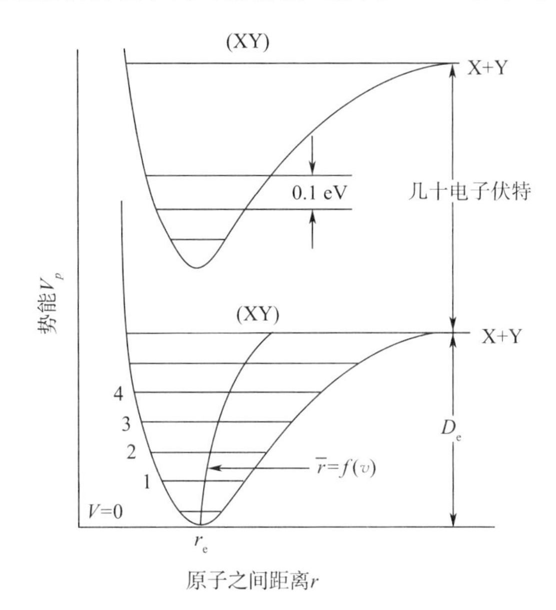

图 2－11　处于基态和激发态的双原子分子 XY 的势能图

考虑所涉及的各类量子数［电子的、振动的（v）和转动的（J）］，当各种激发态模式（电子、振动、转动）考虑为相互独立[2]时［玻恩-奥本海默（Born－Oppenheimer）近似］，波方程在这种最简单情况下的解，给出了分子的能量本征值（莫尔斯电势）

$$E = E_e + \frac{ha}{\pi}\sqrt{\frac{D_e}{2\mu}}\left(v + \frac{1}{2}\right) + \frac{h^2}{8\pi^2\mu r_e^2}J(J+1) \tag{2-42}$$

式中第一项表示无相互作用电子的能量，第二项包含振动能量，假设为简谐振动（对于振动级接近莫尔斯电势底部的情况假设是合理的，在这个区域内可用抛物线近似，如图 2－11 所示），第三项是分子转动能量（采用无耦合的刚性旋转近似）。在这个表达式中，μ 是分子的约化质量。

如前所述，光谱能量与 $1/\lambda$ 成正比，因此习惯上采用 cm^{-1}（E/hc）为单位来表达。采用经典表达方法（见 Herzberg[2]），由于 $G(v) = \omega_e \cdot (v + 1/2)$ 、$T(e) = \frac{E_e}{hc}$ 、$F(J) = B_e \cdot J(J+1)$，方程（2－42）变为

$$T = T(e) + G(v) + F(J)$$

其中

$$\omega_e = \frac{a}{c\pi}\sqrt{\frac{D_e}{2\mu}} \quad 和 \quad B_e = \frac{h}{8\pi^2\mu c r_e^2} \tag{2-43}$$

ω_e 对应于简谐振动时的振动项，B_e 为静态下（两个原子核之间距离 r_e 为平衡距离，转动惯量为 $I = \mu r_e^2$）分子的转动常数。

不同能量模式之间的差异（如图2-11所示）非常明显：电子激发态之间在几个电子伏特量级，振动能级之间近似0.1 eV，转动能级之间近似0.01 eV。

表达式（2-42）对于解薛定谔方程来说过于简化，这是因为还必须要考虑以下问题：

1）实际分子的振动非简谐程度（莫尔斯电势用简单的抛物线代替）；

2）在较强振动态下内原子核之间距离变化导致的转动修正；

3）高能量转动时内原子核之间距离增加引起的离心修正；

4）自旋。

考虑这些影响后会得到更复杂的能量表达式。我们将通过分子的动量描述来讨论这些表达式。

2.4.2 双原子分子电子态的分类

分子中电子与原子核的运动、合成的旋转甚至各电子的自旋都不是相互独立的。很明显，由于原子核和电子的运动都会产生电流，而电流会产生磁场。因为自旋的本质特性是它的磁矩，因此，可以预料一定会存在相互作用。在分子的动量描述中几个相关的矢量为：

1）轨道电子的角动量 $\boldsymbol{L}$ ；

2）自旋电子角动量 $\boldsymbol{S}$ ；

3）原子核转动角动量 $\boldsymbol{N}$（指向内核的轴线方向）。

2.4.2.1 轨道角动量

双原子分子中，核电荷在内核轴线方向建立了一个强电场，围绕该轴的角动量 $\boldsymbol{L}$ 具有常分量 $M_L \cdot h$ ，其中 M_L 可以假设仅取值为 L ，$L-1$，…，$-L$ 。与处于磁场中的情况不同，逆转电场中所有电子的运动方向并不改变系统的能量仅会将 M_L 改为 $-M_L$ 。因此，能量仅是 M_L 的函数，通常，由于导致这种分裂的电场非常强，具有不同 M_L 的能态，能量差异很大。因此，电子态依据 M_L 进行分类，记为 Λ 。相应角动量矢量 $\boldsymbol{\Lambda}$ 表示沿着内核轴线方向的电子角动量（如图2-12所示）。

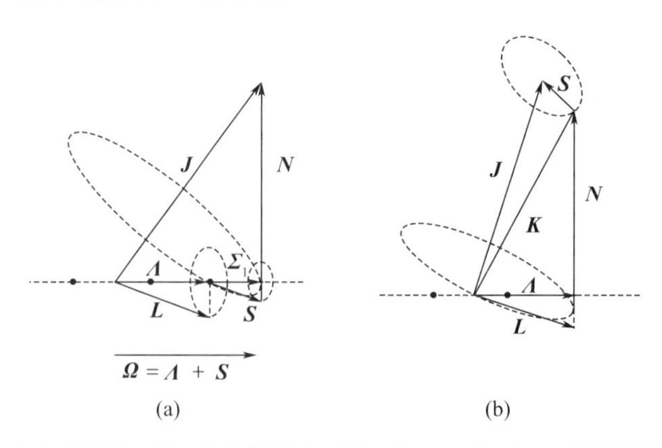

图2-12　在情况（a）和情况（b）的洪德耦合（Hund's coupling）中同核分子的角动量矢量合成

分子的能态根据它的 Λ 值来标识，见表 2－5。

表 2－5　分子的能态标识

Λ	0	1	2	3
能态	Σ	Π	Δ	Θ

当相同分子不同的电子态具有相同的 Λ 值时，用希腊字母（Σ，Π，Δ，Θ，…）前加大写罗马字母来标识。电子能级的基态用 X 来标识，其他按能量增加的顺序用 A，B，C，… 来表示。由于同样能量情况下，M_L 有两个值 $+\Lambda$ 和 $-\Lambda$，能态 Π，Δ，Θ，… 是二重简并的。

2.4.2.2　自旋

每个电子的自旋合成形成总自旋动量 $\boldsymbol{S}$，相应的量子数 S 可以是整数也可以是分数，这取决于总电子数是偶数还是奇数。在 Σ 能态下，$\boldsymbol{S}$ 不受电场的影响，$\boldsymbol{S}$ 在空间中是固定的且分子不转动。另外，如果 $\Lambda \neq 0$，在内核轴线方向会存在一个内部磁场，起到形成电子运动轨道的作用。这个磁场导致内核轴线具有常分量 $M_s \cdot (\hbar)$ 的 $\boldsymbol{S}$ 运动（如图 2－12 所示）。对于分子，M_s 用 Σ（这与 $\Lambda=0$ 所对应的 Σ 不一样）来表示，量子理论允许值 $\Sigma=S$，$S-1$，…，$-S$，即 $2S+1$ 个值。电子态的多样性用 Λ 值符号的希腊字母左上标（对应于 $2S+1$）来标注。例如，$B^3\pi$ 表示 $\Lambda=1$ 和 $S=1$ 情况下 B 的电子激发态。相比之下，对于 Σ 态（$\Lambda=0$），$M_s=0$，即使自旋量子数 $S\neq 0$ 也是如此。在这种情况下，即使给定了 $2S+1$ 的值，得到的还是一种零自旋能级态，例如，在 N_2^+ 的 $^2\Sigma$ 态的情况。

2.4.2.3　电子的总角动量

相对内核轴的总电子角动量 $\boldsymbol{\Omega}$ 通过 $\boldsymbol{\Lambda}$ 和 $\boldsymbol{\Sigma}$ 相加得到［如图 2－12（a）所示］。因为 $\boldsymbol{\Lambda}$ 和 $\boldsymbol{\Sigma}$ 是共线的（沿着两核的连接线），可以采用代数相加，因此，量子数 Ω 为

$$\Omega = |\Lambda + \Sigma| \tag{2-44}$$

在 $\Lambda \neq 0$ 条件下，有 $2S+1$ 个不同的 Ω 值，对应于构成分子能态那些不同的能量。对于多重态，电子能量可以写为

$$T_e = T_0 + A \cdot \boldsymbol{\Lambda} \cdot \boldsymbol{\Sigma} \tag{2-45}$$

式中，T_0 是忽略自旋时的项值，对于给定的多重态 Λ 是常数。

2.4.2.4　旋转分子的角动量

根据经典力学，双原子分子围绕一个刚性电子云旋转形成相对于垂直内核轴线和通过引力中心的两个轴的等效转动惯量 I_B。相对于内核轴的转动惯量 I_A 远小于 I_B，但是，由于电子旋转比重粒子快得多，相应的角动量与 $\boldsymbol{J}$ 处于同量级。总的角动量是垂直于内核轴的角动量之和（记为 $\boldsymbol{N}$），总的电子角动量沿 $\boldsymbol{\Omega}$ 轴方向［如图 2－12（a）所示］。量子力学表明，$\boldsymbol{J}$ 是量子化的，即

$$|\boldsymbol{J}| = \sqrt{J(J+1)} \cdot \hbar \tag{2-46}$$

转动量子数 J 只可以取整数（0，1，2，…）

因此，转动的能级由下式给出

$$F(J)=B_e \cdot J \cdot (J+1)+(A-B_e)\Lambda^2 \tag{2-47}$$

其中

$$B_e=\frac{h}{8\pi^2 cI_B}=\frac{h}{8\pi^2 \mu c r_e^2}, A=\frac{h}{8\pi^2 cI_A} \tag{2-48}$$

式中 c ——光速。

需要注意的是，由于 I_A 的值小，有 $A > B_e$。

2.4.2.5 转动与电子运动的耦合

在实际分子中，转动振动与电子跃迁同时出现，相应相互作用的影响对分子的能态来说非常重要。振动与电子跃迁之间的相互作用可根据相互作用势 $V(r)$ 来确定，因此，转动与电子跃迁之间的相互作用需要仔细考察。

当然，最简单的情况是 S 和 Λ 为零（这种情况是 Σ 态，该态下核旋转角动量 $\boldsymbol{N}$ 与总角动量 J 相同），这种情况对应于简单的刚性旋转体。其他情况由洪德（Hund）分类为（a）、（b）和（c）情况和中间情况。这里仅简要讨论（a）、（b）情况。

（1）洪德情况（a）

这种情况下，矢量 $\boldsymbol{S}$ 和 $\boldsymbol{\Lambda}$ 之间是强相互作用的。$\boldsymbol{S}$ 与内核轴强烈地耦合在一起，在 $\boldsymbol{S}$ 的轴向分量被量子化的方式下（Σ 取 $2S+1$ 个值），以恒定角度绕其转动。$\boldsymbol{\Omega}$ 有定义且与两核转动（不是核自旋）角动量 $\boldsymbol{N}$ 矢量合成为分子的合成角动量［如图 2-12（a）所示］，即

$$\boldsymbol{J}=\boldsymbol{\Omega}+\boldsymbol{N} \tag{2-49}$$

$\boldsymbol{J}$ 的大小不变，且具有一个固定方向，$\boldsymbol{N}$ 和 $\boldsymbol{\Omega}$（以及内核轴本身）围绕该方向进动，与相对于内核轴的 $\boldsymbol{L}$ 和 $\boldsymbol{S}$ 进动相比，这个进动要缓慢很多。

对于给定的 Ω，J 取值为

$$J=\Omega,\Omega+1,\Omega+2,\cdots$$

$J<\Omega$ 的情况不存在。

（2）洪德情况（b）

与情况（a）相同，$\boldsymbol{L}$ 围绕分子的内核轴快速转动，$\boldsymbol{\Lambda}$ 是量子化的，但是，在这种情况下，与 $\boldsymbol{\Lambda}$ 相关的磁场很弱，使得 $\boldsymbol{\Lambda}$ 与 $\boldsymbol{S}$ 之间的相互作用小于分子自旋的旋转效应。因此，$\boldsymbol{S}$ 不再与轴耦合，$\boldsymbol{\Sigma}$ 不存在，$\boldsymbol{\Omega}$ 是无定义的。

分别平行和垂直内核轴线的 $\boldsymbol{\Lambda}$ 和原子核轨道角动量 $\boldsymbol{N}$ 形成一个合成矢量 $\boldsymbol{K}$

$$\boldsymbol{K}=\boldsymbol{\Lambda}+\boldsymbol{N} \tag{2-50}$$

$\boldsymbol{\Lambda}$ 和 $\boldsymbol{N}$ 围绕该矢量方向进动［如图 2-12（b）所示］。

对应量子数 K 为常数，可取值为

$$K=\Lambda,\Lambda+1,\Lambda+2,\cdots$$

$\boldsymbol{K}$ 与合成自旋 $\boldsymbol{S}$ 构成总角动量 $\boldsymbol{J}$，$\boldsymbol{J}$ 有一个固定的方向，$\boldsymbol{K}$ 和 $\boldsymbol{S}$ 围绕它进动，进动速度比分

子旋转要缓慢

$$\boldsymbol{J}=\boldsymbol{K}+\boldsymbol{S} \tag{2-51}$$

给定 K 值的条件下，J 的取值可以是

$$J=K+S, K+S-1, \cdots, (K-S)$$

因此，每个 K 能级是由 $2S+1$ 个子能级构成。图 2－12（b）标出了这些矢量的状态。

耦合情况取决于分子的激发，特别是转动激发。一旦 J 充分增加，通常远小于 $\boldsymbol{S}$ 绕 $\boldsymbol{\Lambda}$ 进动速度［情况（a）］的分子转动速度，将会变得与之相当，在这种情况下，转动的影响占主导［情况（b）］。例如，Shemansky 和 Jones[7] 认为，只要 $A/B_e \gg J$ 就应该属于洪德情况（a）。

2.4.3　分子光谱的概述

正如在玻恩-奥本海默近似中［见方程（2－42）］已经表述过的，总能量可以用电子能、振动能和转动能之和［$T=T_e+G_e(v)+F_v(J)$］表示。

电子能量由方程（2－45）给出，其中包括自旋与电子角动量的耦合。

振动能量取决于相互作用势能（如图 2－11 所示），在简谐振荡这种简化情况下，相互作用势能简化为抛物线［$V(r)=f\cdot(r-r_e)^2$］。对于实际情况，三次方项甚至四次方项都需要加到这个表达式中。在这种情况下，薛定谔方程的解变为

$$G(v)=\omega_e\left(v+\frac{1}{2}\right)-\omega_e x_e\left(v+\frac{1}{2}\right)^2+\omega_e y_e\left(v+\frac{1}{2}\right)^3+\cdots \tag{2-52}$$

式中，$\omega_e y_e \ll \omega_e x_e \ll \omega_e$。

x_e、y_e 的值（对于每种电子态为常数）可以查阅到，例如，在 Herzberg[2] 的文献中就可查到。

转动能量需要进行修正，这种修正不仅需要考虑原子核角动量（与内核轴线垂直）与电子角动量（如图 2－12 所示）相互作用，还需要考虑转动与振动之间的相互作用。在振动过程中，内核之间距离发生变化，因而转动惯量和转动常数 B_e 也是变化的。由于振动周期远小于转动周期，在考虑振动态时，B_e 通常采用平均值，B_v 写为

$$B_v=B_e-\alpha_e\left(v+\frac{1}{2}\right) \tag{2-53}$$

式中，α_e 为常数，（对于给定电子态）远小于 B_e（见 Herzberg[2]）。从详细的量子力学方程可最后得到

$$F(J)=B_vJ(J+1)-D_vJ^2(J+1)^2+(A-B_v)\Lambda^2 \tag{2-54}$$

其中

$$D_v=D_e-\beta_e\left(v+\frac{1}{2}\right) \tag{2-55}$$

和

$$D_e=\frac{4B_e^3}{\omega_e^2} \tag{2-56}$$

表2-6给出了所选定分子的各种激发态能量值。

表2-6　选定分子的电子态数据

分子	分子量/(10^{-3} kg)	热离解能/eV	基态			亚稳态			一级电离		离解电离	
			配分	E_v/eV	E_r/eV	配分	E_e/eV	τ_m/eV	能量/eV	电离态	能量/eV	电离态
H_2	2.02	4.588	${}^1\Sigma_g^+$	0.545	1.50E−2	$C^3\Pi_u$	11.87	1.02−1.76	15.426	H_2^+	18.0	H^+
H_2^+	2.02	2.648	${}^2\Sigma_g^+$	0.285	7.40E−3	—	—	—	—	—	—	—
H_2O	18.02	9.509	—	0.198	1.00E−3	—	—	—	13.0	H_2O^+	18.7	OH^+
N_2	28.01	9.756	${}^1\Sigma_g^+$	0.293	4.98E−4	$A^3\Sigma_u^+$	6.224	1.36	15.58	N_2^+	23.4	N^+
						$a^1\Sigma_u^-$	8.400	0.017−0.5				
						$a^1\Pi_g$	8.590	—				

受激发分子的光谱发射由电子能级、振动能级和转动能级引起的光谱带组成。谱带中的每条谱线都对应于一个转动能级间的跃迁，振动能级之间的跃迁决定谱带的结构，电子的激发决定能级图中势能曲线可能的位置。

分子跃迁准则的细节相当复杂，因此，这里将仅讨论主要的准则，分子光谱的复杂性将用相对简单的例子来证明。

对应于两个电子态（辐射或吸收）之间跃迁的谱线波数由下式给出

$$\sigma = (T'_e - T''_e) + (G' - G'') + (F' - F'') \tag{2-57}$$

式中，单撇字符对应高能态，双撇字符对应低能态。高能态和低能态由跃迁准则确定。

电子项之间（$\Delta\Lambda = \Lambda' - \Lambda''$）和电子能级之间的跃迁选择准则是：对于自旋，$\Delta\Lambda = 0$，$\pm 1$，$\Delta\Omega = 0$，$\pm 1$ 和 $\Delta\Sigma = 0$；对于对称特性（见Herzberg[2]），也有同样的一些准则。对于振动跃迁，没有选择准则。

由于从 $J = 0$ 到 $J = 0$ 或从 $\Omega = 0$ 到 $\Omega = 0$ 的跃迁是不允许的，转动跃迁 $\Delta J = J' - J''$ 的选择准则为 $\Delta J = 0$，± 1。$\Delta J = 0$ 的谱线系列称为 Q 分支，$\Delta J = -1$ 的系列为负分支或 P 分支。

谱带表示一次电子跃迁和一次特定的振动跃迁 v 的所有谱线（Q、R、P 分支下的谱线）。

2.4.4　N_2^+（1−）谱

作为一个例子，我们来考虑 N_2^+ 的（1−）系统这种简单的情况。在热等离子体中，当氮气作为等离子体气体或在大气压下等离子体喷流工作期间夹带氮气的时候，这种情况常常会遇到[8]。在这个系统中，N_2^+ 的电子激发态 $B^2\Sigma_u^+$ 和基态 $X^2\Sigma_g^+$ 之间会发生跃迁。

2.4.4.1　转动结构

由于高能态和低能态都是 Σ 能态，洪德（Hund）规则（b）总是适用的。由于 $\Lambda = 0$

和 $\Sigma=0$，自旋矢量 $\boldsymbol{S}$ 与内核轴完全不耦合且不定义 $\boldsymbol{\Omega}$ 。在这种情况下，$S=1/2$，可以得到

$$J=K\pm 1/2$$

K 的跃迁准则要求 $\Delta K=\pm 1$，对于 Σ 能态不允许 $\Delta K=0$。对于给定的 K ，两个子能级 J 之间的间隔与连续转动能级的间隔相比，通常是非常小的。如果忽略子能级，每个谱带将由 P 分支（$\Delta K=-1$）和 R 分支（$\Delta K=+1$）构成。在方程（2－57）中采用简化公式（2－54）并将 K' 写为 K'' 的函数（以下将记为 K ），可以得到

$$\sigma_P(K)=\sigma'_0-(B'_{v'}-B''_{v''})K+(B'_{v'}-B''_{v''}-D'_{v'}+D''_{v''})K^2+\cdots \quad (2-58)$$

和

$$\sigma_R(K)=\sigma'_0+(2B'_{v'}-4D'_{v'})+(3B'_{v'}-B''_{v''}-12D'_{v'})K+ (B'_{v'}-B''_{v''}-13D'_{v'}+D''_{v''})K^2+\cdots \quad (2-59)$$

式中，σ'_0 是 $J'=J''=0$ 时的波数。

选择准则 $\Delta K=\pm 1$ 在 P 分支（$\Delta K=-1$）的最小值时得到 $K=1$，在 R 分支（$\Delta K=+1$）时得到 $K=0$（如图 2－13 所示）。在这种情况下，公式（2－58）和公式（2－59）表明在 $\sigma=\sigma_0$ 位置上无谱线。

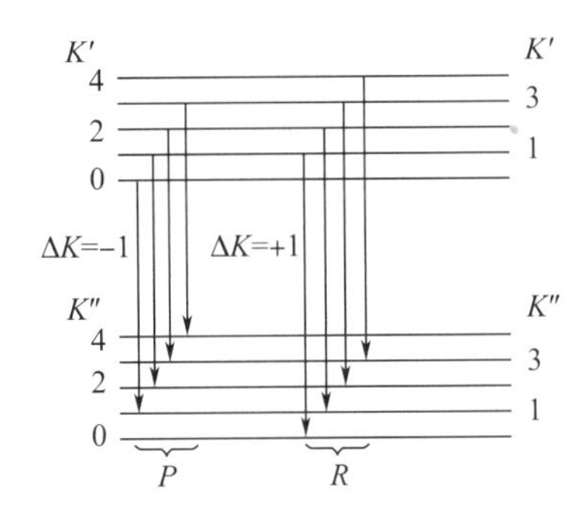

图 2－13　N_2^+ ［（1－）跃迁］的 $B^2\Sigma_u^+\rightarrow X^2\Sigma_g^+$ 跃迁的 P 与 R 分支转动跃迁

事实上，如果考虑谱带的精细结构（ J 谱线的间隔），则谱带的结构就更复杂：每个谱带（ P 和 R ）被分成三个分支，这是因为根据值 ΔJ 每条谱线被分隔到三个分量中（如图 2－14 所示）。然而，在 P 分支中的三条 J 谱线和 R 分支中的三条 J 谱线之间的波长差异小于 0.1 Å，除非使用极高分辨率单色仪（分辨力大于 200 000），在光谱中只能观测到一条谱线。在下面的讨论中，我们仅考虑从 P 分支到 R 分支的谱线，分别对应于 $\Delta K=-1$ 和 $\Delta K=+1$，忽略 ΔJ 。

N_2^+ 系统相应的系数值见表 2－7。如果每个分支以波数为横坐标、K 值为纵坐标绘制曲线，可以得到福特雷脱抛物线，如图 2－15 所示的 N_2^+（1－）跃迁，根据 $B'_{v'}$ 和 $B''_{v''}$ 的值（忽略 D_v 项）可以得到两条曲线。

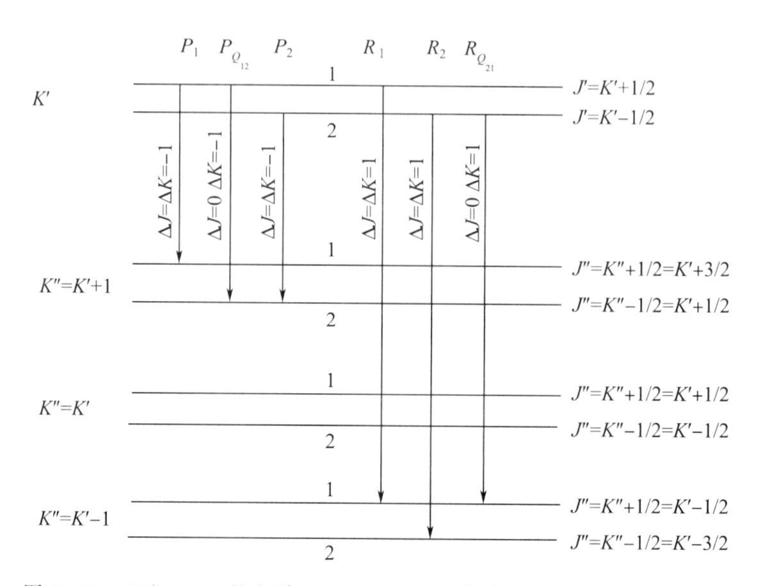

图2-14　N_2^+(1−)的主谱（$\Delta K=\Delta J$）和分支（$\Delta K\neq\Delta J$）转动跃迁

表2-7　N_2^+的$B^2\Sigma_u^+$与$X^2\Sigma_g^+$的电子、振动和转动常数

状态	T_e/cm^{-1}	ω_e/cm^{-1}	$\omega_e x_e$/cm^{-1}	$\omega_e y_e$/cm^{-1}	B_e/cm^{-1}	α_e/cm^{-1}	D_e/cm^{-1}	β_e/cm^{-1}	r_e/cm^{-1}	σ_∞/cm^{-1}
$B^2\Sigma_u^+$	25 461.5	2 419.84	23.19	−0.537 5	2.083	0.019 5	—	—	0.107 5	B　X 25 566.0
$X^2\Sigma_g^+$	0	2 207.19	16.14	−0.040 0	1.932 8	0.020 8	5.75×10^{-6}	0.29×10^{-6}	0.111 8	—

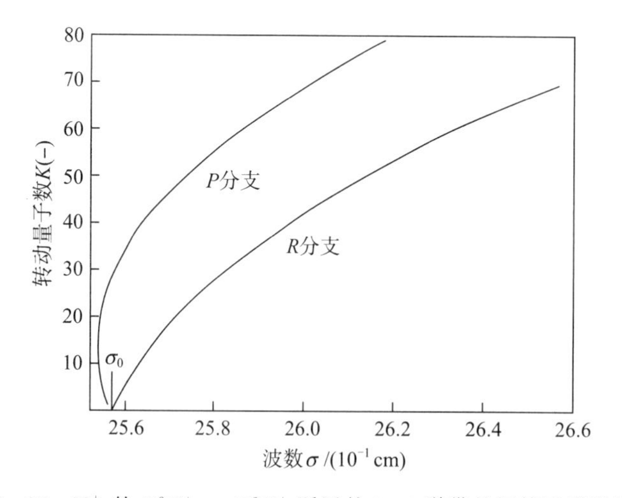

图2-15　N_2^+的$B^2\Sigma_u^+\to X^2\Sigma_g^+$跃迁的0-0谱带的福特雷脱抛物线

由于K^2中的平方项，同一分支的一些谱线汇集到一起形成一个谱带头，在谱带头处仅可发现相同分支的谱线。在N_2^+0-0(1−)跃迁情况下，P分支的前26条谱线构成的谱带头如图2-16所示。谱带头的第1个峰是前17条谱线的积分。当然，只有当波数大于σ_0'时（如图2-15所示）才能发现R谱线，且R分支对应于P分支中$K_P>26$的谱线。由于采用单色仪的频散记录图 2-16 中的光谱以及 P 分支与 R 分支的两条邻近谱线之间的微小波长差（小于 0.2 Å），对应于 $K_P=K_R+27$ 的谱线与对应于 K_R 的 R 谱线几乎是重叠的，两者的谱线合成一条独特的谱线，有时称其为全局谱线或总谱线。这就是图 2-16 中波长小于 391.0 nm 的谱线用两个 K 数表示的原因，一个是源自 P 分支的谱线，另一个是源自 R 分支的谱线。图 2-16（基于实验结果）也表明了谱线强度的交替。这种交替的出现由包含核自旋[3]在内的转动统计权重导致，它对于对称（标记为 s）能级和反对称（标记为 a）能级是不同的（见 Herzberg[2]的对称性）

$$g_s=\frac{I+1}{2I+1},\quad g_a=\frac{I}{2I+1}$$

式中　I——自旋矢量量子数。

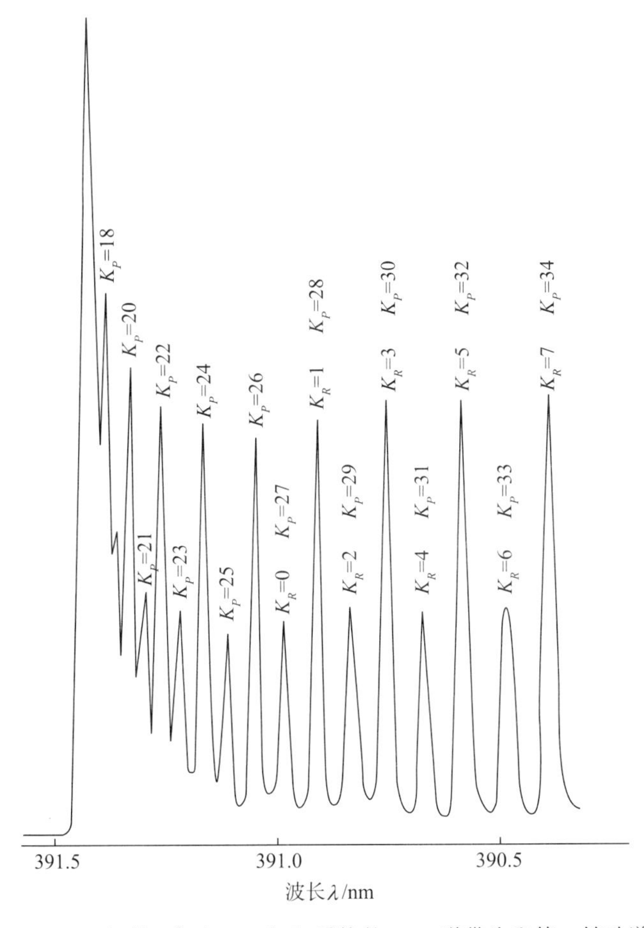

图 2-16　N_2^+ 的 $B^2\Sigma_u^+ \rightarrow X^2\Sigma_g^+$ 系统的 0-0 谱带头和第一转动谱线

在 N_2^+ 的 (1−) 光谱中，$I=1$，对应于初始态 K' 的奇数值对称能级为它们的强度乘以 2/3，而对应于偶数值时为强度乘以 1/3。因此，在谱线标记（$K=K''$）情况下，K_P 或 K_R 为偶数时的谱线（对应 $K'=K\pm1$，K' 是奇数）强度将是 K 为奇数（对应 $K'=K\pm1$，K' 则是偶数）时的谱线强度的两倍。因此，偶数 K_P 的谱线强度是奇数 K_P 的谱线强度的两倍，这种情况在图 2－16 中当 $K_P<27$ 时可以清楚地看到（仅给出 K_P 谱线）。偶数 K_R 的全局谱线与奇数 K_P 的谱线是层叠的，出现某种补偿。但是在 $K_P=K_R+27$ 及后面，与 $2K+1$ 正比的 K_P 强度（见 6.2.4 节）决定了 K_R 的强度，偶数 K_P 的全局谱线强度高于奇数 K_P 的谱线强度。

2.4.4.2 振动结构

如果我们只考虑 $J=0$ 的能级之间跃迁，同时采用近似表达式 $F(J)=B_vJ(J+1)$，则振动结构为

$$\sigma'_0=T'_e-T''_e+G'(v')-G''(v'')=\sigma'_e+\sigma'_v \tag{2-60}$$

应用式（2－52）和 $\Delta v=v'-v''$（Δv 为常数，被称为一个序列），$\sigma=\sigma'_0-\sigma''_0$ 可以表示为

$$\begin{aligned}\sigma=\sigma_{00}+\omega'_0\Delta v-\omega'_0x'_0(\Delta v)^2-\\(\omega''_0-\omega'_0+2\omega'_0x'_0\Delta v)v''-(\omega'_0x'_0-\omega''_0x''_0)v''^2\cdots\end{aligned} \tag{2-61}$$

式中，σ_{00} 为高电子态能级 $v'=0$ 与低电子态能级 $v''=0$ 之间发生跃迁的波数，不论 Δv 的值是多少，在 v' 和 v'' 两个能级之间的所有跃迁都是允许的。

对于给定的电子态系统，都可以采用表的形式（Deslandre 表）将每个谱带的波长表示为 v' 和 v'' 的函数，其方法是每个 v'' 谱带的串（progression）以水平方向排列，每个 v' 谱带的串按垂直方向排列。从表 2－7 摘录到表 2－8（Deslandre 表）中的数据，给出了 N_2^+ 的 $B^2\Sigma_u^+\rightarrow X^2\Sigma_g^+$ 系统给定跃迁（$v'-v''=2$，1，0，－1，－2，－3）的谱带头的波长和零谱线（$K'=K''=0$）的波数。可以看出[2]，位于表的主对角线（从左上角到右下角）或平行主对角线的谱带在波长上通常是接近的，用 Δv 等于常数表示的那些谱带被称为序列。除 $\omega''_0x''_0=\omega'_0x'_0$ 外，一个序列的谱带跟随一个串，该串为 v'' 的二次函数。

表 2－8 N_2^+ 的 $B^2\Sigma_u^+\rightarrow X^2\Sigma_g^+$ 的谱带的 Deslandre 表

v' \ v''	0	1	2	3	4	5	6	7	8	9	10
0	(25 566) 391.44	(23 391) 427.81	(21 249) 470.92	(19 140) 522.83	(17 064) 586.47						
1	(27 937) 358.21	(25 763) 388.43	(23 620) 423.65	(21 511) 465.18	(19 435) 514.88	(17 392)					
2	(30 256)	(28 081) 356.39	(25 939) 385.79	(23 830) 419.91	(21 754) 459.97	(19.711) 507.66	565.31				
3	(32 517)	(30 342) 329.87	(28 200) 354.89	(26 091) 383.54	(42 014) 416.68	(21 972) 455.41	(19 962) 501.27	(17 987) 556.41			
4		(32 537)	(30 395) 329.34	(28 286) 353.83	(26 210) 381.81	(24 167) 414.05	(22 158) 451.59	(20 182) 495.79			
5			(32 518)	(30 409)	(28 332) 353.26	(26 290)	(24 280) 412.10	(22 305) 449.03	(20 364) 491.32	(18 457) 542.08	(16 584)

续表

v' \ v''	0	1	2	3	4	5	6	7	8	9	10
6				(32 449)	(30 373)	(28 330)	(26 321)	(24 345) 411.09	(22 404) 446.66	(20 497) 488.17	(18 624) 532.73
7					(32 320)	(30 278)	(28 268)	(26 293)		(22 445) (445.93)	(20 572) 486.44
8						(32 121)	(30 112)	(28 137)	(26 195)		(22 416) 446.66
9							(31 839)	(29 864)	(27 922)	(26 015)	
10								(31 460)	(29 519)	(27 612)	(25 739)

* 括号中的数字的单位为 cm^{-1}，其余为 nm。

图 2-17 给出了 N_2^+(1−) 系统在 8 000 K 下一些振动跃迁的相对强度（任意单位）。在单色仪入口缝隙的一个大开口处获得的直流氮等离子体喷流光谱，代表了如图 2-16 所示的转动谱线的积分。高温下光谱的复杂性源自谱带的剧烈发展（分子的振动结构被激发到 $J=100\sim120$）。例如，对于（1−）的 0-0 跃迁，该谱带 $K_P>49$ 的转动谱线与 1-1 的谱线是重叠的（0-0 谱带的详细光谱如图 2-18 所示）。因此，对分子光谱的解释有些困难，根据这些光谱来预估转动和振动温度时，需要特别谨慎。

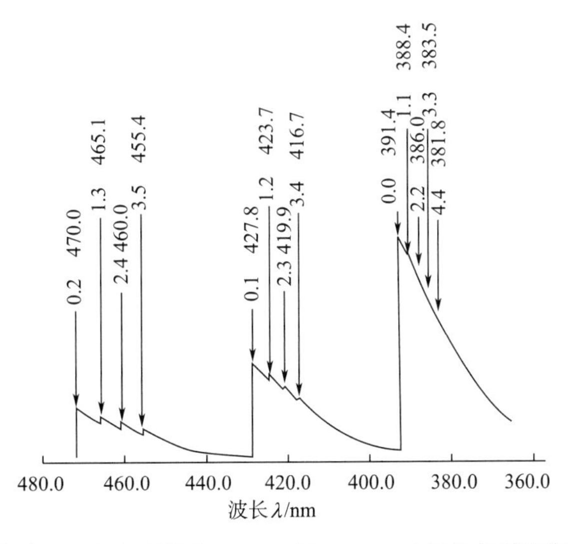

图 2-17　N_2^+ 的 $B^2\Sigma_u^+ \rightarrow X^2\Sigma_g^+$ 系统在 470 nm 至 370 nm 之间的各谱带位置（任意强度大小）

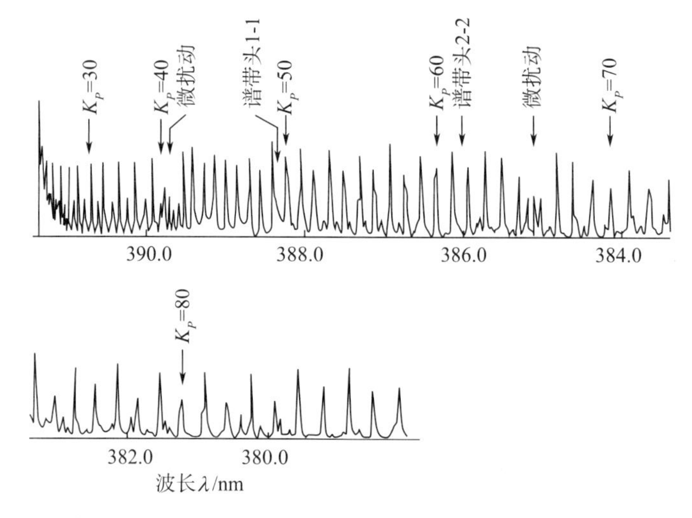

图 2-18　N_2^+ 的 $B^2\Sigma_u^+ \to X^2\Sigma_g^+$ 系统的 0-0、1-1、2-2 振动跃迁的详细结构

符号表

a	常数
A	分离常数
a_p	系数
B_e	静态下双原子分子的转动常数（cm^{-1}）
c	光速（2.998×10^8 m/s）
D_e	双原子分子与自由原子的原子核平衡位置之间的能量差（cm^{-1}）
e	基本电荷（电子电荷为-1.6×10^{-19} As）
E	能量（eV 或cm^{-1}）
g	统计权重
h	普朗克常数（$\approx6.6\times10^{-34}$ Ws^2）
$\hbar$	$=h/2\pi$，约化的普朗克常数
I	转动惯量或自旋矢量量子数
i	虚数单位（$=\sqrt{-1}$）
$\boldsymbol{J}$	总角动量
J	相关量子数
K	$\boldsymbol{K}=\boldsymbol{\Lambda}+\boldsymbol{N}$
k	玻耳兹曼常数［$k=1.38\times10^{-23}$J/（K·粒子）］
$\boldsymbol{L}$	总轨道角动量
L	相关量子数
l	角动量量子数

m	粒子的质量（或分离常数）（kg）
M	原子的质量（kg）
m_e	电子质量（9.11×10^{-31} kg）
m_l	磁量子数
$\mathbf{N}$	双原子分子的原子核的转动角动量
n	主量子数
$P_l^{(m)}$	m 阶 l 次多项式
$P(r)$	概率密度函数
r	径向坐标
$R(r)$	波函数的径向部分
R_∞	里德伯（Rydberg）常数
r_1	第一玻尔（Bohr）轨道（基态）半径（m）
$\mathbf{S}$	总自旋角动量
S	相关量子数
s	自旋量子数
t	时间（s）
$T(e)$	双原子分子等价电子能量（cm^{-1}）
T_e	电子温度（K）
T_h	重粒子温度（K）
T_K	动能（J）
u	波的相速度
$u(\rho)$	多项式
v	振动量子数
v_e	电子速度（m/s）
V_p	势能（J）
X	基态下原子化学组元符号
X^*	激发态下原子化学组元符号
XY	基态下双原子分子
XY^*	激发态下双原子分子
x	坐标
y	坐标
z	坐标
Z'	原子核中的质子数
Z	原子核中的质子与中子数

希腊字母符号表

∇	拉普拉斯（Laplace）算子
ε_0	介电常数[$=8.86\times10^{-12}$ As/(Vm)]
θ	柱坐标
λ	波长（nm）
λ_n	参数（$=E_1/E_n$）
λ_{ul}	从高能级u向低能级l跃迁所对应的波长（nm）
Λ	相关量子数
$\boldsymbol{\Lambda}$	角动量
μ	折合质量（kg）
ν	频率（s^{-1}）
ρ	约化坐标
σ	波数（cm^{-1}）
σ_e	电导率（$ohm^{-1}m^{-1}$）
ϕ	柱坐标
ψ	波函数振幅
ψ^*	共轭复波函数
Ψ	波函数
ω_e	振动为简谐振动时的振动项（cm^{-1}）
$\boldsymbol{\Omega}$	$\boldsymbol{\Omega}=\boldsymbol{\Lambda}+\boldsymbol{S}$

下标符号

u	较高能级
l	较低能级
n	与主量子数相关
∞	无限质量（或无穷距离）

常 用 书 目

[1] Bashkin, S. and J. Stoner Jr., eds., Atomic Energy Level and Grotrian Diagrams, Amsterdam: North - Holland, 1978.

[2] Cohen - Tannoudiji, C., B. Diu, and F. Laloë, Quantum Mechanics, Volume 1, New York: Wiley, 1977.

[3] Condon, E. U. and G. H. Shortley, The Theory of Atomie Spectra, Cambridge: Cambridge University Press, 1959.

[4] Delcroix, J. L., Physique des plasmas, Paris: Monographic Dunod, 1966.

[5] Finkelnburg, W., Structure of Matter, Berlin: Springer - Verlag, 1964.

[6] Handbook of Chemistry and Physics, 49th Cleveland, Ohio: Chemical Rubber Co., 1968.

[7] Kuhn, H. G., Atomie Spectra, New York: Academic Press, 1962.

[8] Messiah, A., Quantum Mechanics, Volumes 1 and 2, Amsterdam: North - Holland, 1958.

[9] Morrison, M. N., T. L. Estle, and N. F. Lane, Quantum States of Atoms, Molecules, and Solids, Englewood Cliffs, N. J.: Prentice - Hall, 1976.

[10] Schiff, L. I., Quantum Mechanics, New York: McGraw - HiII, 1968.

参考文献

[1] G. Herzberg, Atomic Spectra and Atomic Structure (New York: Dover Publications, 1944).

[2] G. Herzberg, Spectra of Diatomic Molecules (New York: D. van Nostrand, 1959).

[3] P. Fauchais, K. Lapworth, and J. M. Baronnet, "First Report on Measurement of Temperature and Concentration of Excited Species in Optically Thin Plasmas" (IUPAC Subcommittee on Plasma Chemistry, P. Fauchais, ed., Limoges, France: Limoges University, 1980).

[4] C. E. Moore, Atomic Energy Levels, NBS Circular 467, 1 (1949).

[5] C. E. Moore, Atomic Energy Levels, NBS Circular 467, 2 (1952).

[6] C. E. Moore, Atomic Energy Levels, NBS Circular 467, 3 (1958).

[7] D. E. Shemansky and A. V. Jones, Planet. Space Sci. 16 (1968): 1115.

[8] J. M. Baronnet, "Étude comparative de méthodes de mesure de la température de rotation-vibration de la molécule N_2^+ dans un plasma d'azote produit par un générateur à arc," Thèse de 3eme cycle (Université de Limoges, France, 1971).

第3章　动力学理论

3.1　粒子和碰撞

等离子体中的粒子可以分为六种基本类型：

1）自由电子（用 e 表示）；

2）基态的原子和分子（用 X 表示）；

3）激发态的原子和分子（通常用 X^* 表示）；

4）正离子（原子离子 X^+，X^{++}，X^{+++}，…，或者分子离子，如 X_2^+）；

5）负离子：这里主要指由一个电子贴近具有几乎完整电子层的中性原子和分子时形成的负离子；

6）光子：无质量，速度等于光速。

当两个相距很远（距离为 d）的粒子相互靠近时，它们开始相互作用，如果在相互作用的过程中出现了一些可以测量（原则上）的变化，则认为两个粒子发生了碰撞。根据经典力学模型，可将真实的粒子看作不带任何电子结构的刚性球体，因此只有当粒子间发生物理接触时才认为其发生了碰撞。事实上，由于粒子的电子结构，在发生物理接触前它们就可以通过电子层形变（例如极化）产生的引力（对于雷纳德-琼斯势，引力约为 d^{-7}）而相互作用。当两个粒子的外电子层开始相互渗透时，由于原子核带正电，两个粒子之间会产生强烈的排斥力（对于雷纳德-琼斯势，排斥力约为 d^{-13}）。两个粒子之间的相互作用势通常包含长程相吸和短程相斥两部分：中性粒子的相互作用，比如在雷纳德-琼斯势描述中属于短程相互作用（如图 3-1 所示）；相反，由于带电粒子之间的库仑力正比于距离的平方（约为 d^{-2}），因此，带电粒子的相互作用属于长程相互作用。

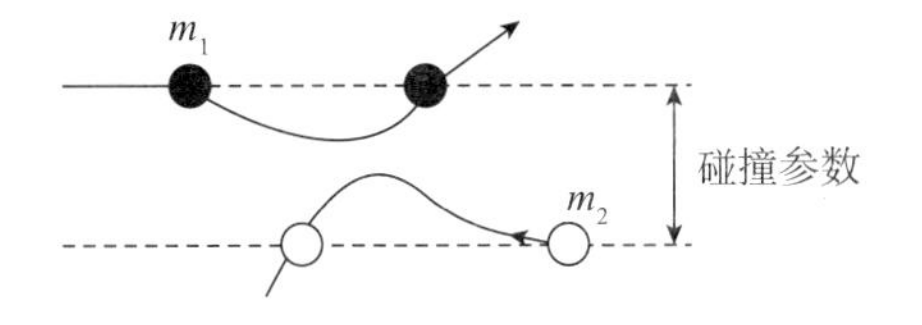

图 3-1　重粒子之间碰撞过程示意图

粒子的相互作用或碰撞会导致各自轨迹的偏转，其中碰撞定义为产生的偏转大于特定的最小值。碰撞后，粒子的动能和/或势能发生改变，能量变化是区分弹性碰撞和非弹性碰撞的基本依据。

弹性碰撞的总动能守恒。在常温条件下，中性气体中几乎所有的碰撞都是弹性的。在弹性碰撞过程中，从质量为 m 的粒子传递到质量为 M 的粒子，在所有角度上平均的能量

分数 K 可表示为

$$K=\frac{2mM}{(m+M)^2}=\frac{2m}{M}\text{，其中 } m \ll M \tag{3-1}$$

对于电子-原子碰撞，这种形式的能量传递几乎可以忽略。相比之下，当向热等离子体中注入冷气体时，几次碰撞就足够使冷气体中原子和分子（重粒子）的平均动能（或温度）发生明显改变，而电子动能（或电子温度）几乎不受影响（需要数千次碰撞）。

非弹性碰撞的动能不守恒，需将粒子的内能变化作为修正项。通常情况下，激发、电离、复合、电荷转移、粘附、解析和离解等过程都属于典型的非弹性碰撞。

如果 ΔE_{total} 表示碰撞过程中总动能变化，那么 $\Delta E_{\text{total}}<0$ 表示一个粒子的部分动能转化为另一个粒子的内能；而 $\Delta E_{\text{total}}>0$ 表示一个粒子中的内能转化为另一个粒子的动能（超弹性碰撞）。

3.2 碰撞截面和碰撞频率

请读者参考文献［Delcroix（1966），Fowler（1956），Landau 和 Lifshitz（1967），及 Reif（1988）］获取更详细的信息。

3.2.1 碰撞概率

假设 t 时刻无碰撞的粒子以相对速度（$\mathbf{V}=\boldsymbol{v}_1-\boldsymbol{v}_2$）运动，其碰撞概率用 $P(t)$ 表示（此时，$P(0)=1$，$P(\infty)=0$）。

在 t 到 $t+\mathrm{d}t$ 之间发生一次碰撞的概率用 $w\cdot\mathrm{d}t$ 表示，因此 w 也是一个粒子在单位时间内发生一次碰撞的概率，即通常所说的碰撞率。

我们通常假设 w 与粒子过去发生的行为无关，即与粒子是否发生过碰撞无关，并假设在 w^{-1} 的时间尺度内速度 $\mathbf{V}$ 不发生明显的变化，则

$$P(t+\mathrm{d}t)=P(t)(1-w\mathrm{d}t) \tag{3-2}$$

因此

$$\frac{1}{P}\frac{\mathrm{d}P}{\mathrm{d}t}=-w \tag{3-3}$$

或者

$$P=C\exp(-\int_0^t w(t')\mathrm{d}t') \tag{3-4}$$

如果 w 不随 $\mathbf{V}$ 变化，那么

$$P=C\exp(-wt) \tag{3-5}$$

且由于 $P(0)=1$，C 必须等于1，因此

$$P=\exp(-wt) \tag{3-6}$$

如果 $P^*(t)\mathrm{d}t$ 代表一个粒子在 t 时刻没有发生碰撞，在 t 到 $t+\mathrm{d}t$ 时间段内发生一次

碰撞的概率可表示为

$$P^*(t)\mathrm{d}t = \exp(-wt)w\mathrm{d}t \tag{3-7}$$

归一化 $P^*(t)\mathrm{d}t$（假设一个粒子在某一时刻一定发生碰撞）为

$$\int_0^\infty P^*(t)\mathrm{d}t = \int_0^\infty \exp(-wt)w\mathrm{d}t = \int_0^\infty \exp(-y)\,\mathrm{d}y = 1 \tag{3-8}$$

两次碰撞之间的平均时间（即碰撞时间或弛豫时间）可表示为

$$\tau = \bar{t} = \int_0^\infty t\,P^*(t)\mathrm{d}t \tag{3-9}$$

$$\tau = \int_0^\infty \exp(-wt)tw\mathrm{d}t \tag{3-10}$$

$$\tau = \frac{1}{w} \tag{3-11}$$

在3.2.4节中可用上述公式推导平均自由程（mfp）的表达式。

3.2.2　碰撞截面

对于质量为 m_i、m_j，位置矢量为$\boldsymbol{r}_i$、$\boldsymbol{r}_j$，速度为 $\boldsymbol{v}_i$、$\boldsymbol{v}_j$ 的两个粒子，如果以 j 粒子的位置为参考坐标系原点，则两个粒子的运动可由它们的相对位置 $\boldsymbol{R}_{ij} = \boldsymbol{r}_i - \boldsymbol{r}_j$ 和相对速度 $\mathbf{V}_{ij} = \boldsymbol{v}_i - \boldsymbol{v}_j$ 来描述。在这个参考坐标系中，可以将 j 粒子看作静止的靶心，如图3-2(a)所示，而单位面积和时间内 i 粒子的均匀通量（F_i）以速度 $\mathbf{V}_{ij}$ 向靶心运动，那么单位时间内将有数量为 $\mathrm{d}N_i$ 的 i 粒子，以 $\mathbf{V}'_{ij}$ 到 $\mathbf{V}'_{ij} + \mathrm{d}\mathbf{V}'_{ij}$ 区间内的速度被散射。如图3-2(b)所示，在距靶心一定距离沿散射光束 θ、φ 方向定义立体角元 $\mathrm{d}\Omega'$，如果碰撞为非弹性的，那么能量是守恒的，则 $|\mathbf{V}'| = |\mathbf{V}|$，$\mathrm{d}N_i$ 与入射通量 F_i 和立体角元成正比

$$\mathrm{d}N_i = F_i \cdot \sigma(\mathbf{V}_{ij}, \theta, \varphi)\mathrm{d}\Omega' \tag{3-12}$$

其中，$\sigma(\mathbf{V}_{ij}, \theta, \varphi)$ 就是所谓的微分散射截面。由于 F_i 表示单位面积、单位时间内的通量，因此，$\sigma(\mathbf{V}_{ij}, \theta, \varphi)$ 指的是单位立体角所覆盖的散射截面。

将公式（3-12）对所有立体角元积分可得单位时间内 i 粒子在所有散射方向的粒子数 N_i

$$N_i = \int_{\Omega'} F_i \sigma_{ij}\,\mathrm{d}\Omega' = F_i \sigma_0(V_{ij}) \tag{3-13}$$

其中

$$\sigma_0(V_{ij}) = \int_{\Omega'} \sigma(\mathbf{V}_{ij}, \theta, \varphi)\,\mathrm{d}\Omega' \tag{3-14}$$

$\sigma_0(V_{ij})$ 是总的散射截面，单位是平方米（m^2），与两种粒子的相对运动速度大小相关。

通常，微分散射截面也可表示为

$$\sigma_{ij}(\mathbf{V}_{ij}, \theta, \varphi)\,\mathrm{d}\Omega' = p_{ij}(\mathbf{V}_{ij}, \theta, \varphi)\sigma_{ij}(V_{ij})\,\mathrm{d}\Omega' \tag{3-15}$$

其中，$p_{ij}(V_{ij}, \theta, \varphi)$ 是比例系数，由于

$$\sigma_0(V_{ij}) = \int_0^\pi \int_0^{2\pi} \sigma_{ij}(\mathbf{V}_{ij}, \theta)\,\sin\theta\,\mathrm{d}\theta\,\mathrm{d}\varphi \tag{3-16}$$

如果与方位角 φ 无关，可得

$$\sigma_0(V_{ij}) = 2\pi\int_0^{\pi}\sigma_{ij}(\mathbf{V}_{ij},\theta)\sin\theta\,\mathrm{d}\theta \tag{3-17}$$

对于输运现象而言，计算微分散射截面是首要步骤，其中，平均散射是一个重要参数。

总碰撞截面 $\sigma_0(V_{ij})$ 可以解释为场粒子对入射粒子束呈现的有效几何阻挡区域，如图3－2（a）所示，因此对于刚性、球形粒子

$$\sigma_0 = \pi\ (r_i + r_j)^2 \tag{3-18}$$

对于两个相同的粒子，可简化为

$$\sigma_0 = 4\pi r_i^2 \tag{3-19}$$

虽然原子没有任何明确定义的大小，但是对于与一定范围或距离外的原子的相互作用，将半径 r 与原子相关联仍然是有用的。在玻尔的简单模型中，$r = n^2 r_1/Z'$，其中 n 是主量子数，r_1 是第一玻尔轨道的半径，Z' 是原子核的电荷。对于氢，$r_1 = 0.529\times10^{-10}$ m，如果我们使用半径为 r_1 的球面所示的面积作为总截面数量级的估计值，我们得到

$$\sigma_0 = 4\pi\times(5.3\times10^{-11})^2 = 3.53\times10^{-20}\ \mathrm{m}^2 \tag{3-20}$$

因此，取决于所考虑的原子，第一近似表示总碰撞截面 σ_0 从 10^{-20} m^2 到 10^{-19} m^2 的变化范围。玻尔半径通常只给出 σ_0 的正确数量级。σ_0 的精确数值通常大于 $4\pi r_1^2$。

总横截面的这种定义无需区分可能发生的碰撞类型。实际上，它表示弹性和所有其他相关非弹性碰撞横截面的平均值。当然，σ_0 还取决于目标粒子 j 和碰撞粒子 i 的相对速度 $\mathbf{V}_{ij}$ 。同样确定的是，对于非弹性碰撞，如果碰撞粒子的相对动能不超过阈值能量，即相应激发态的能量，σ_0 将为零。例如，对于H原子的第一激发态，该值为10.2 eV；对于N原子，为10.34 eV；对于O原子，为9.15 eV；对于Ar原子，为11.5 eV。另一方面，如果相对速度非常大，则相互作用的时间变短并且发生碰撞的概率会降低。

3.2.3　碰撞频率和散射截面

碰撞频率或碰撞率定义为 τ^{-1}（见3.2.1节），即碰撞平均时间的倒数，反过来又与总横截面有关。如果 n_i 是 i 粒子的密度，它们在位于体积 d^3r 中的任何一个 j 粒子上的相对入射通量由下式［如图3－2（c）所示］给出

$$F_i = \frac{n_i(\overline{V}_{ij}\cdot\mathrm{d}t\cdot\mathrm{d}A)}{\mathrm{d}t\cdot\mathrm{d}A} = n_i\overline{V}_{ij} \tag{3-21}$$

其中，$\overline{V}_{ij}$ 是平均相对速度，其将在3.5.5节中定义。这部分入射粒子 $n_i\overline{V}_{ij}\sigma_0$ 在单位时间内被一个目标粒子向所有可能的方向散射。由体积 d^3r 中的所有 j 粒子散射的 i 粒子总数由下式给出

$$(n_i\overline{V}_{ij}\sigma_0)(n_j\,\mathrm{d}^3r) \tag{3-22}$$

将此值除以 d^3r 中 i 粒子的数量 $n_i\,\mathrm{d}^3r$，可得出此类型中一个粒子的单位时间的碰撞概率或碰撞频率 $\nu = \tau^{-1}$（见3.2.1节）

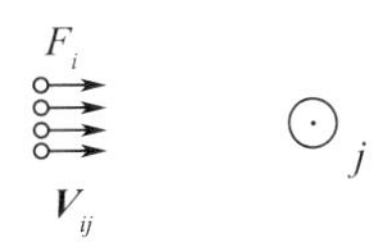

(a) 以静止的目标粒子j为参考系的散射过程

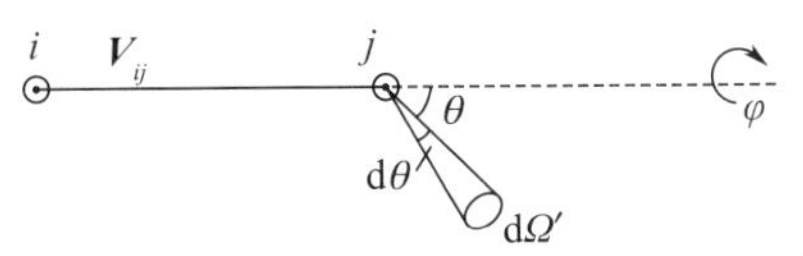

(b) 半径为r_i和r_j的两个刚体球的碰撞过程

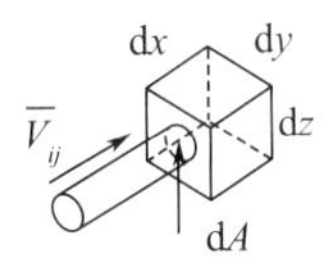

(c) 被j粒子散射的i粒子的入射通量

图 3－2　散射过程、碰撞过程和入射通量

$$\tau_{ij}^{-1}=\nu_{ij}=\overline{V}_{ij}\sigma_{ij}^{0}n_j \tag{3-23}$$

该碰撞概率可以通过增大目标粒子 j 的密度、相对粒子速度（例如，电子对重粒子）和总散射截面来增大。

3.2.4　平均自由程

平均自由程（mfp）l_{ij} 是 i 粒子在与 j 粒子在两次连续碰撞之间经过的平均路径长度。在时间 τ_{ij} 中，i 粒子的运动距离为 $\tau_{ij}\cdot\overline{v}_i$，其中 $\overline{v}_i$ 是 i 粒子的平均速度（见 3.5.4 节），因此

$$l_{ij}=\frac{\overline{v}_i}{\overline{V}_{ij}}\cdot\frac{1}{n_j\sigma_0} \tag{3-24}$$

例如，如果考虑电子 i 和重粒子 j 之间的碰撞，$\overline{V}_{ij}=\overline{v}_i-\overline{v}_j\approx\overline{v}_i$，则

$$l_e=\frac{1}{n\sigma_0} \tag{3-25}$$

其中，n 是中性粒子的数密度（忽略离子密度）。

在这些计算中，假设 τ_{ij}、l_{ij} 和 σ_0 与 V_{ij} 无关，但在 3.5.5 节中考虑了它们之间的相互关系。此时，$\overline{v}_i/\overline{V}_{ij}=1/\sqrt{2}$。对于不同 j 组分的混合物，i 粒子（例如，电子）的平均自由程定义为

$$l_i=\frac{1}{\sqrt{2}\sum_j n_j\sigma_0\overline{V}_{ij}} \tag{3-26}$$

在常压下计算冷气体中平均自由程 l 是有用的。由于在 0 ℃和 10^5 Pa 下气体中的分子密度为 $n=2.69\times10^{25}\ \mathrm{m^{-3}}$，$\sigma=10^{-19}\ \mathrm{m^2}$，可得到

$$l = \frac{1}{n\sigma} = 3.7 \times 10^{-7}\,\mathrm{m} \tag{3-27}$$

在理想气体（见 von Engel[1]）中，100 Pa $< p <$ 10 MPa，人们普遍认为

$$l \sim T/p \tag{3-28}$$

当 $T<$600 K 时，公式为

$$l(T) = \frac{l_{300}}{1 + C/T} \tag{3-29}$$

但是在非常高的温度下的气体，例如热等离子体，公式为

$$l(T) = \mathrm{const} \cdot T^{5/4} \tag{3-30}$$

为了获得平均自由路径的分布，考虑一组 N_0 粒子，最初它们以速度 v 在气体中运动。令 $N(x)$ 为到达点 x 而没有经历任何碰撞的粒子数，则 $\mathrm{d}N = N(x) \cdot \mathrm{d}w$ 为在点 x 和 $x+\mathrm{d}x$ 之间发生碰撞并且将离开初始粒子组的粒子数。因此，$\mathrm{d}w = n \cdot \sigma \cdot \mathrm{d}x$ 如式（3-11）和式（3-23）所示

$$P(x) = \frac{N(x)}{N_0} = \exp(-n\sigma x) = \exp(-x/l) \tag{3-31}$$

其中，$P(x)$ 是自由程超过距离 x 的概率，即，37%的自由程长度短于 l，63%超过 l。

3.2.5 碰撞过程中的总有效截面 $Q_i(v)$

碰撞的结果可定义为单位路径长度中 i 粒子与 j 粒子的碰撞次数

$$Q_i = n_j \sigma_{ij} = \frac{1}{l_{ij}} (m^{-1}) \tag{3-32}$$

值得注意的是，由于在式（3-32）中存在密度为 n_j 的粒子，那么计算 Q_i 所用到的压强和温度则需要特别指定。通常 Q_i 也被称为每单位体积内的有效横截面积，压强指定为 133 Pa（1 Torr）。所有碰撞的总有效截面是特定类型碰撞的特定截面的总和

$$Q = \sum_i Q_i \tag{3-33}$$

3.3 弹性碰撞的基本过程

电子的相互作用过程是等离子体中最常见的过程。因此，我们将特别关注与电子的相互作用。

微分截面的概念非常重要，因为当能量大于 1eV 时，电子不会被气体分子各向同性地散射。相反，它们更倾向于前向的散射方向。在较轻的气体中，这些特殊现象在相对较小的电子能量范围内更明显（在 H_2 中高达 6 eV，在 He 中高达 15 eV），但在较重的气体中，只有在能量高达 800 eV 时，才能观察到它们。

总截面 σ_0 通常会随着入射电子能量的变化而变化，如图 3-3（a）所示，并显示了元素周期表中同一列原子相同的一般行为。对于 1 eV 以下的惰性气体，由于衍射效应（拉

姆绍尔效应，见 Present[2]），其横截面非常小。对于能量超过 20 eV 的电子，横截面单调减小。具有这种能量的电子在放电时可从电场中获得越来越多的能量，同时也可通过碰撞（逃逸电子）释放越来越少的能量。

图 3－3（b）显示了某些双原子分子的总截面的特性。

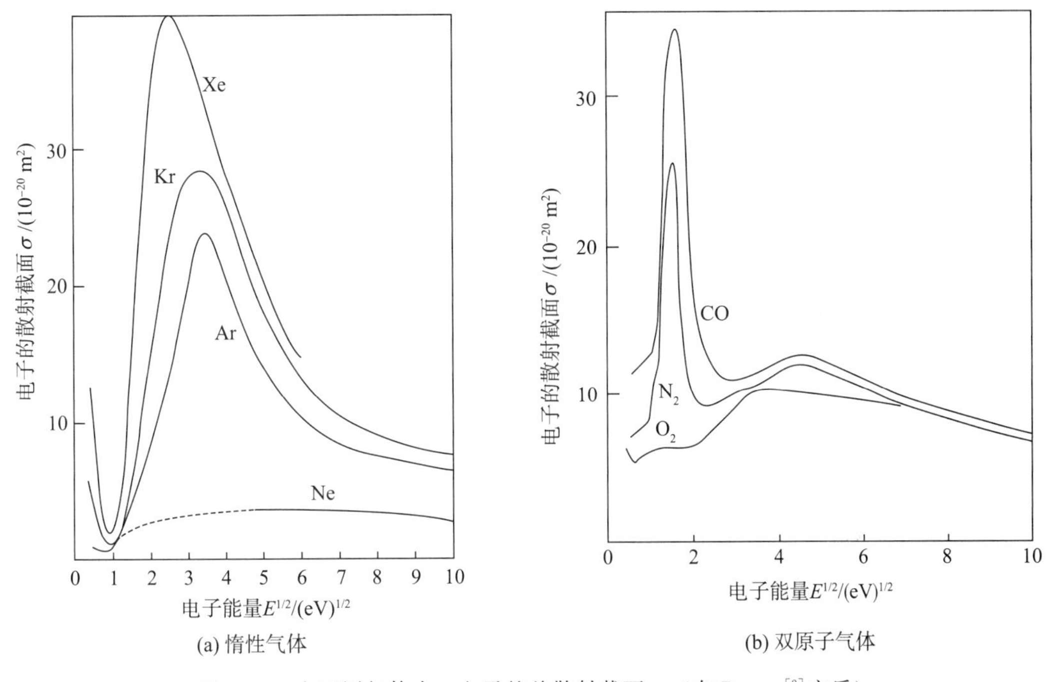

图 3－3　在不同气体中，电子的总散射截面 σ_0（在 Brown[2] 之后）

3.4　非弹性碰撞的基本过程

非弹性碰撞属于下一章气体电子学部分的内容，但它的一些基本特征将在本节中讨论。在每次碰撞期间，碰撞粒子的大部分动能和/或内能将被交换或转换成其他形式的能量（内能，化学能）。

实际上，非弹性碰撞过程有许多类型（超过 200 个）。然而，在本书中，我们只讨论那些对热等离子体特别重要的碰撞过程。关于其他类型的非弹性碰撞的更多细节，可参见文献［Massey 和 Burhop（1969），Massey（1969），Massey（1971），以及 Massey 和 Gilbody（1974）］。

3.4.1　激发

前面曾提到，当基态的 X 型原子或分子在碰撞过程中（与电子或重粒子）或通过吸收光子吸收足够的能量后，其中一个束缚电子将达到更高的能级，这个原子或分子被认为处于激发态，用 X^* 表示。在下面的讨论中，下标 i 表示化学物质种类，s 表示 i 组分的激发态指数。

3.4.1.1　光子激发

光子的激发过程可表示为

$$X + h\nu \rightarrow X^*$$

如果入射光子的能量 $h\nu$ 至少等于较高态（E_u）和较低态（E_l）之间的能量差（$E_u - E_l = E^*$），则光子可以产生激发态。该过程发生的概率取决于控制逆过程的选择规则。因此，通过吸收辐射不能从基态激发至亚稳态（通过释放辐射电子，也不能从亚稳态恢复到基态）。光激发的截面通常非常小（$<10^{-22}\ m^2$）。基态最可能出现光激发（反向过程产生共振线），且这种现象可同时引起辐射捕获。有关更多信息，请参阅文献［Mitchner 和 Kruger（1973）］。

3.2.1.2　电子碰撞激发

如果电子的能量大于高低状态之间的能量差 E^*，则电子将产生激发态

$$X + e(E_1) \rightarrow X^* + e(E_2),E_1 - E_2 > E^*$$

在这种类型的碰撞中，围绕质心的线性动量和角动量必须保持守恒。因此，原子在其初始状态和最终状态之间的角动量差值 $\Delta J(J = L + S)$，必须通过碰撞期间角动量 ΔP 的变化来平衡，即

$$\Delta P = \hbar \Delta J \tag{3-34}$$

因此，如果电子的能量恰好等于高低状态之间的能量差，则激发的概率将变得非常小，因为在碰撞之后电子必须保持静止状态。σ 的最大值（σ_{max} 约为 $10^{-20}\ m^2$）接近增加的电子能量，其是单线态-单线态允许跃迁的能隙的几倍。在单线态-三线态（禁戒）跃迁中，总自旋数 S 从 0 变为 1，因此其中一个电子必须使其自旋矢量反转。对于大多数原子，只有当原子中的电子被具有正确旋转方向的撞击电子取代时，才会发生该过程。此时，σ 随着电子能量的增加而迅速增大，并且最大值超出能量阈值，高达几个电子伏特。图 3-4 显示了一个典型的激发曲面的曲线。σ 在达到最大值后，对于允许跃迁，开始以 $(\log E)/E$ 减小，对于禁戒跃迁，则以（$1/E$）更快的速度减小。

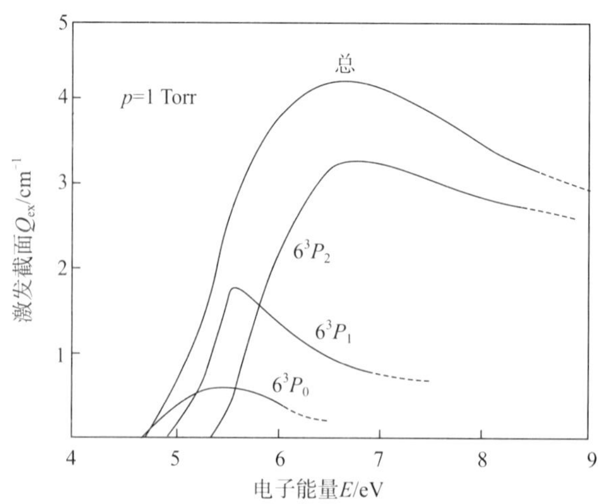

图 3-4　通过电子撞击（$p=1$ Torr）（在 Francis[4] 之后）计算从初始状态 7^3S_1 激发汞原子的有效截面 Q_{ex}

对于分子（300 K时旋转能量差是几个10^{-3} eV），自由电子与束缚电子的永久四极矩之间的相互作用（对于某几种类型的分子）将激发更高的旋转态（四极矩满足选择规则$\Delta J = \pm 2$）。通常，σ_{rot}随着能量急剧增大。

振动横截面（假设电子的能量足够，$\varepsilon_{vib} > 0.1$ eV）通常比旋转横截面大得多。

3.4.1.3　原子或离子的碰撞激发

原子可以通过与快原子或离子的碰撞来激发，但达到σ_{max}所需的能量比电子的相应能量高两个数量级。因此，这个过程在热等离子体中并不重要（见Francis[4]和McDaniel[5]）。

3.4.2　电离

当r型原子或分子吸收了足够的能量（E_1）并释放其一个外部电子时，称该粒子被电离。电离可以通过吸收光子以及电子、重粒子的碰撞而发生。

3.4.2.1　光电离

在下面的讨论中，光子能量将限于其光学范围。对于基态中的原子或分子的电离，光子能量$h\nu$必须大于或等于E_1（对于$h\nu + X \rightarrow X^+ + e$过程，$h\nu > E_1$）。人们发现，就入射光子的波长而言

$$\lambda_i < \frac{1\,240}{E_1}(\text{nm}) \tag{3-35}$$

其中，E_1的单位为eV。对于碱金属元素，λ_i必须在200～300 nm之间，对于惰性气体，λ_i则小于50 nm。随着光子能量增加，相应的横截面从阈值（E_1）处的0急剧增大到约10^{-21} m^2，然后随着其他电子的离开而逐步变化。

已经被激发的原子也可以被光电离

$$h\nu + X^* \rightarrow X^+ + e$$

光子的能量$h\nu$必须满足条件

$$h\nu \geqslant E_1 - E^*$$

3.4.2.2　电子碰撞电离

对于处于基态的粒子，当电子的能量超过粒子的电离能时，将发生电子碰撞电离，即

$$X + e(E_1) \rightarrow X^+ + e(E_2) + e, E_1 > E_1$$

图3-5显示了用于各种原子和分子电离的有效电子碰撞截面。一旦超过阈值能量，碰撞截面迅速增加。σ（Q_i为10～20 cm^{-1}，$p = 133$ Pa）的最大值约为10^{-20} m^2，对于大多数气体，一般对应于100 eV左右的电子能量（碱金属除外，它们约为20 eV）。

高能电子可以引起原子的双电离。例如，$E > 80$ eV的电子可导致氦的双电离

$$e + He \rightarrow He^{++} + 3e$$

由于在这里考虑的热等离子体中实际上不存在这种量级的电子能量，所以这些过程将被忽略。

电子和分子之间的碰撞可能会产生分子离子，例如

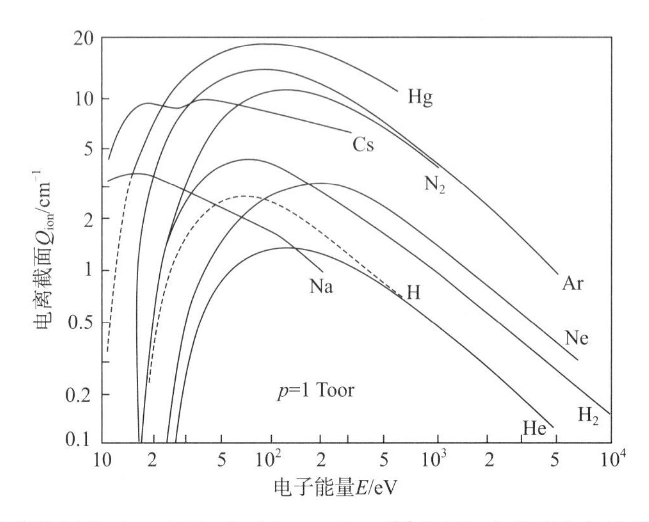

图 3－5　在选定气体（$p=1$ Torr）（在 von Engel[4]之后）中碰撞电离的有效截面 Q_{ion}

$$H_2 + e \rightarrow H_2^+ + 2e$$

以及离解电离

$$H_2 + e \rightarrow H^+ + H + 2e$$

对于氢分子，σ_{max} 在两个过程中以大致相同的能量出现，但是离解电离的 σ_{max} 值比形成分子离子的值小一个数量级。

3.4.2.3　原子或分子的碰撞电离

如果假设质量为 m_2 的目标粒子处于静止状态，则入射粒子（质量为 m_1）必须至少具有由下式给出的动能 E_s（阈值）

$$E_s = \frac{m_1 + m_2}{m_2} E_1 \tag{3-36}$$

上式源于动量和能量守恒。通常 E_s 远远高于 E_1 。一般来说，通过能量阈值后的横截面的增量是低于电子的，并且 σ_{max} 发生在 keV 能量范围内。同样，这样的粒子超出了本书的考虑范围。

对于亚稳态原子，激发原子之间的碰撞也可发生电离，即

$$X^m + X^m \rightarrow X_2^+ + e$$

$$X^m + X^m \rightarrow X^+ + X + e$$

第一个过程的概率应该远小于第二个过程的概率[5]。

3.4.3　第二类非弹性碰撞

第二类碰撞是指一个粒子的内能（激发能）转移到另一个粒子的碰撞。碰撞粒子的激发能可以作为动能传递给所得粒子，或者它可以引起接收粒子的激发或电离。在电离的情况下，大部分过剩的能量被脱离粒子的电子带走。通常认为，当能量差（ΔE）大且碰撞粒子的速度小时，该过程的截面很小。

3.4.3.1　复合电离

分子离子的产生过程如下

$$X^* + X \rightarrow X_2^+ + e$$

需满足能量条件

$$E^* \geqslant E_b$$

其中，E_b 是 X_2^+ 的复合能。

3.4.3.2　激发态原子的电子碰撞电离

$$e(E_1) + X^* \rightarrow X^+ + e + e(E_2)$$

当 $E_1 \geqslant E_I - E^*$ 时，可以发生此过程。由于常规激发态的寿命短，在该过程中涉及的受激原子通常是亚稳态原子。

3.4.3.3　电荷交换过程

在这类过程中，碰撞前后都存在电离状态

$$X^+ + Y \rightarrow X + Y^+$$

但不产生自由电子。如果 X＝Y，则存在所谓的共振现象，并且碰撞概率呈现最大值。在这种情况下，电荷交换过程，特别是当其中一个是快粒子（电场中的离子被加速，下标 f）而另一个是慢粒子（下标 s）时，可以写为

$$X_f^+ + X_s \rightarrow X_f^* + X_s^+$$

3.4.3.4　潘宁效应

低压放电中通过用激发态能量 $E_m \geqslant E_I$ 的亚稳态粒子使其他粒子电离的过程叫潘宁效应。典型的例子是 Ne^3P_2 的亚稳态原子（E_m ＝16.53 eV）对氩（E_I ＝15.76 eV）的电离。在这种情况下，由于 ΔE ＝0.77 eV 很小，电离的可能性很大（每次碰撞几乎统一），且亚稳态的长寿命进一步提高了电离效率。

例如，尽管 He－Ne 和 Ar－Kr 不具有必要的复合能级，但 Ne－Ar 和 He－Ar 混合物表现出了潘宁效应，见表 3－1。

表 3－1　四种原子的第一亚稳态能量和电离能数据

原子	第一亚稳态 E_m/ eV	电离能 E_i/ eV
氦	19.8	24.6
氖	16.6	21.6
氩	11.5	15.7
氪	9.9	14

3.5　分布函数

我们刚才讨论的数量与单个粒子在撞击时的相对速度（能量）有关。但是为了在宏观尺度上描述等离子体，必须对微观性质进行平均，因此，需要知道粒子的速度分布。有关

详细信息，读者可以参考文献［Fowler（1956），Hirschfelder（1954），Landau 和 Lifshitz（1967），Mayer 和 Mayer（1940），Munster（1969）和 Reif（1988）］。

3.5.1 定义

速度分布函数 $f(\boldsymbol{v},\ \boldsymbol{r},\ t)$ 通常取决于速度（速度矢量 $\boldsymbol{v}$ 在速度空间的分量）、时间和空间坐标（位置矢量 $\boldsymbol{r}$ 的分量）。t 时刻，在体积元 $\mathrm{d}x\ \mathrm{d}y\ \mathrm{d}z$（为方便起见，用 $\mathrm{d}\boldsymbol{r}$ 表示）内并且具有 $\boldsymbol{v}$ 至 $\boldsymbol{v}+\mathrm{d}\boldsymbol{v}$ 范围内的速度的粒子数由下式给出

$$\mathrm{d}^6 N = f(\boldsymbol{v},\boldsymbol{r},t)\cdot \mathrm{d}\boldsymbol{v}\cdot \mathrm{d}\boldsymbol{r} \tag{3-37}$$

总粒子数密度 $n(\boldsymbol{r},\ t)$ 在速度空间上的积分则由下式给出

$$n(\boldsymbol{r},t) = \int f(\boldsymbol{v},\boldsymbol{r},t)\cdot \mathrm{d}\boldsymbol{v} \tag{3-38}$$

由于 $f(\boldsymbol{v},\ \boldsymbol{r},\ t)$ 中指数项的存在，在大多数情况下，可以对在 $-\infty$ 和 $+\infty$ 之间变化的速度矢量进行积分。

分布函数按要求归一化

$$\int_{-\infty}^{+\infty} f_n(\boldsymbol{v},\boldsymbol{r},t)\,\mathrm{d}\boldsymbol{v} = 1 \tag{3-39}$$

与 t 无关的分布函数 $f(\boldsymbol{v},\ \boldsymbol{r})$ 可以用来描述稳态特征；与 $\boldsymbol{r}$ 无关的函数 $f(\boldsymbol{v},\ t)$ 用来描述均匀分布函数；当 $f(\boldsymbol{v},\ \boldsymbol{r},\ t)$ 取决于 $\boldsymbol{r}$ 、t 且 $|\boldsymbol{v}|=v$（$\boldsymbol{v}$ 的绝对值不依赖方向）时，存在各向同性分布；对于各向同性分布，速度在 v 和 $v+\mathrm{d}v$ 之间的粒子可以表示为

$$4\pi v^2 f(v,\boldsymbol{r},t)\,\mathrm{d}v \tag{3-40}$$

其中，$4\pi v^2\mathrm{d}v$ 是速度空间中半径 v 和 $v+\mathrm{d}v$ 之间的球体的体积。

3.5.2 粒子通量

i 粒子的速度分布函数可给出部分电离气体的基本动力学描述，而该气体中的粒子通量可能是由于粒子的随机运动造成的。然而，除非存在能够产生净粒子通量的梯度，否则没有任何组分粒子具有的净通量。

根据 t 时刻的位置 $\boldsymbol{r}$ 和速度 $\boldsymbol{v}$ 的粒子特性，可描述函数 $\chi(\boldsymbol{r},\ \boldsymbol{v},\ t)$ 的平均值

$$\langle \chi(\boldsymbol{r},t)\rangle = \frac{1}{n(\boldsymbol{r},t)}\int_{-\infty}^{+\infty} f(\boldsymbol{r},\boldsymbol{v},t)\chi(\boldsymbol{r},\boldsymbol{v},t)\mathrm{d}\boldsymbol{v} \tag{3-41}$$

其中，n 是单位体积粒子的平均数密度，见式（3-38）。

体积 $\mathrm{d}r$ 中粒子的平均速度为

$$\langle \boldsymbol{v}(\boldsymbol{r},t)\rangle = \frac{1}{n(\boldsymbol{r},t)}\int_{-\infty}^{+\infty} \boldsymbol{v} f(\boldsymbol{r},\boldsymbol{v},t)\mathrm{d}\boldsymbol{v} \tag{3-42}$$

该平均速度由 $\boldsymbol{v}_g$ 表示，在一些参考文献的实验室框架中被称为粒子流体（或平均）速度。

对于以碰撞为主的气体，相对于文献中的实验室参考系，在局域参考系中考虑粒子速度更方便，该参考系随着流体 $\boldsymbol{v}_g(\boldsymbol{r},\ t)$ 的平均质量速度（重心）移动。因此，引入了所

谓的本动速度

$$\boldsymbol{U}=\boldsymbol{v}-\boldsymbol{v}_g(\boldsymbol{r},t) \tag{3-43}$$

如果气体只有单一化学组分（见第 7 章），则

$$\langle \boldsymbol{U}\rangle=\langle \boldsymbol{v}-\boldsymbol{v}_g\rangle=0 \tag{3-44}$$

对输运现象而言，通量的概念非常重要，它是由各种量的通量的计算确定的。比如，一个面元 dA（其法线为 $\boldsymbol{n}$）将整个空间划分为两个区域：（＋）位于 $\boldsymbol{n}$ 侧，（－）位于 $\boldsymbol{n}$ 另一侧（如图 3－6 所示）。例如，该表面可以 $\boldsymbol{v}_g(\boldsymbol{r},t)$ 的平均速度运动。一般来说，本动速度 $\boldsymbol{U}$ 要比 $\boldsymbol{v}_g$ 大得多，因此粒子将以不同的物理特性 $\chi(\boldsymbol{r},\boldsymbol{v},t)$ 从两个方向穿越 dA。我们将 χ 中沿法向通过 dA 的通量 $F_n(\boldsymbol{r},t)$ 定义为单位时间、从指定表面的（－）侧到（＋）侧的单位面积内 χ 的总和。

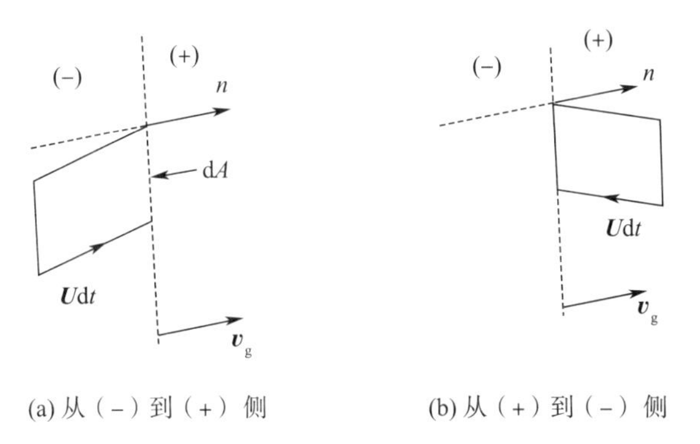

(a) 从（－）到（＋）侧　　(b) 从（＋）到（－）侧

图 3－6　穿过面元 dA 的粒子在时间 dt 内以气体速度 v_g 运动

如果 $U_n=\boldsymbol{n}\cdot\boldsymbol{U}>0$，则粒子将从（－）到（＋）侧通过 d$A$，并且在时间 d$t$ 内通过 dA 的粒子的数量对应于包含在底面 dA 和长度 $\boldsymbol{U}$dt 的圆柱体中的粒子以及相应的 $|\boldsymbol{n}\cdot\boldsymbol{U}\mathrm{d}t|$ 的高度。这个圆筒包含

$$f(\boldsymbol{r},\boldsymbol{v},t)\mathrm{d}\boldsymbol{v}\,|\boldsymbol{n}\cdot\boldsymbol{U}\mathrm{d}t|\,\mathrm{d}A \tag{3-45}$$

个粒子，且其中每一个粒子都具有输运特征 χ。当 $\boldsymbol{n}\cdot\boldsymbol{U}>0$ 时，对所有速度进行积分，得到从（－）到（＋）侧通过 dA 的 χ 的总量

$$F_n^+=\int_{\boldsymbol{n}\cdot\boldsymbol{U}>0}f(\boldsymbol{r},\boldsymbol{v},t\,|\boldsymbol{n}\cdot\boldsymbol{U}|\chi(\boldsymbol{r},\boldsymbol{v},t)\mathrm{d}\boldsymbol{v} \tag{3-46}$$

同样地，当 $\boldsymbol{n}\cdot\boldsymbol{U}<0$ 时，对于从（＋）到（－）侧运动的粒子，有

$$F_n^-=\int_{\boldsymbol{n}\cdot\boldsymbol{U}<0}f(\boldsymbol{r},\boldsymbol{v},t)\,|\boldsymbol{n}\cdot\boldsymbol{U}|\chi(\boldsymbol{r},\boldsymbol{v},t)\mathrm{d}\boldsymbol{v} \tag{3-47}$$

单位面积、单位时间的总通量 F_n 为

$$F_n=F_n^+-F_n^-=\int_v f\boldsymbol{n}\cdot\boldsymbol{U}\chi\,\mathrm{d}\boldsymbol{v} \tag{3-48}$$

其中，必须在所有可能的速度上进行积分。该表达式是确定气体输运特征的关键公式。

3.5.3 玻耳兹曼方程

分布函数可由玻耳兹曼方程导出。玻耳兹曼方程代表相空间中的粒子平衡方程，其中相空间是由每个粒子的位置（x，y，z）和速度（v_x，v_y，v_z）坐标定义的六维空间。

根据粒子通过上述六维空间体积元 $\mathrm{d}x\,\mathrm{d}y\,\mathrm{d}z$ 的通量，可以获得粒子进入体积元 $\mathrm{d}\boldsymbol{r}$ 的净通量。为简单起见，下面将假设粒子属于同一类。速度在 $\boldsymbol{v}$ 和 $\boldsymbol{v}+\mathrm{d}\boldsymbol{v}$ 之间，从位置 x 穿越 y、z 平面的粒子可表示为

$$v_x f\,\mathrm{d}\boldsymbol{v}\mathrm{d}y\mathrm{d}z \tag{3-49}$$

其中，v_x 表示在位置 x 处沿 x 方向的速度分量。

以类似的方式，在 x 方向 $x+\mathrm{d}x$ 位置通过的粒子为

$$v_x f\,\mathrm{d}\boldsymbol{v}\mathrm{d}y\mathrm{d}z+\frac{\partial}{\partial x}(v_x f\,\mathrm{d}\boldsymbol{v}\mathrm{d}y\mathrm{d}z)\mathrm{d}x \tag{3-50}$$

$\mathrm{d}\boldsymbol{r}$ 两个面上与 x 垂直的净通量则为

$$v_x f\,\mathrm{d}\boldsymbol{v}\mathrm{d}y\mathrm{d}z-\left[v_x f\,\mathrm{d}\boldsymbol{v}\mathrm{d}y\mathrm{d}z+\frac{\partial}{\partial x}(v_x f\,\mathrm{d}\boldsymbol{v}\mathrm{d}y\mathrm{d}z)\,\mathrm{d}x\right]=-\frac{\partial}{\partial x}\,(v_x f)\mathrm{d}x\,\mathrm{d}\boldsymbol{v}\mathrm{d}y\mathrm{d}z \tag{3-51}$$

计算 $\mathrm{d}\boldsymbol{r}$ 的所有六个面，净流入是

$$-\boldsymbol{\nabla}_r(\boldsymbol{v}\cdot f)\mathrm{d}\boldsymbol{v}\mathrm{d}\boldsymbol{r} \tag{3-52}$$

在笛卡儿坐标系中，引入发散算子 $\boldsymbol{\nabla}_r$

$$\boldsymbol{\nabla}_r\boldsymbol{W}=\frac{\partial W}{\partial x}+\frac{\partial W}{\partial y}+\frac{\partial W}{\partial z} \tag{3-53}$$

由作用在粒子上的外力 $\boldsymbol{F}$ 引起的加速效应也可以应用类似的论证。因此，我们必须考虑速度空间中体积元 $\mathrm{d}\boldsymbol{v}$ 的面上的粒子通量。在该速度空间中，考虑 x 方向加速度 $\frac{\boldsymbol{F}_x}{m}$ 的微分通量

$$-\frac{F_x}{m}f\,\mathrm{d}\boldsymbol{r}\mathrm{d}v_y\mathrm{d}v_z \tag{3-54}$$

和总通量

$$-\boldsymbol{\nabla}_v\left(\frac{\boldsymbol{F}}{m}f\right)\mathrm{d}\boldsymbol{r}\mathrm{d}\boldsymbol{v} \tag{3-55}$$

式中　$\boldsymbol{\nabla}_v$——笛卡儿坐标系中速度的发散算子。

类似地，在控制体积中随时间变化的粒子数密度导致的净通量

$$\frac{\partial f}{\partial t} \tag{3-56}$$

还必须考虑在内。一般来说，等离子体含有许多不同组分的粒子，因此每个组分都必须按照式（3-52）和式（3-55）计算，且还必须考虑不同组分之间的化学反应。

如果 C_{ij} 是控制体积内组分 i 与 j 粒子碰撞导致的净增加率，则 i 粒子的玻耳兹曼方程

可表示为

$$\frac{\partial}{\partial t}f_i+\nabla_r(\boldsymbol{v}_i f_i)+\nabla_v\left(\frac{\boldsymbol{F}_i}{m_i}f_i\right)=\sum_j C_{ij} \tag{3-57}$$

由于粒子速度 $\boldsymbol{v}$ 与空间坐标 $\boldsymbol{r}$ 无关

$$\nabla_r(\boldsymbol{v}f)=\boldsymbol{v}\ \nabla_r f \tag{3-58}$$

在等离子体中，力 $\boldsymbol{F}_i$ 是垂直于 $\boldsymbol{v}$ 的电场力（与 $\boldsymbol{v}$ 无关）或磁力，因此

$$\nabla_v \boldsymbol{F}_i=0 \tag{3-59}$$

式（3－57）左边的最后一项可以写成

$$\frac{\boldsymbol{F}_i}{m_i}\ \nabla_v f_i \tag{3-60}$$

由此得到的 i 粒子的玻耳兹曼方程为

$$\frac{\partial}{\partial t}(f_i)+\boldsymbol{v}_i\ \nabla_r f_i+\frac{\boldsymbol{F}_i}{m_i}\ \nabla_v f_i=\sum_j C_{ij} \tag{3-61}$$

确定玻耳兹曼方程右侧的碰撞项可能是非常复杂的：

1）对于中性粒子之间或中性粒子与带电粒子之间的弹性碰撞，如果我们仅考虑平均自由程比粒子直径大的相互碰撞，则碰撞项的评估相当简单。

2）对于带电粒子之间的弹性碰撞，库仑势的长程特性使得我们需要引入库仑势屏蔽（“截止”电位）的概念。只有以这种方式，才可以将带电粒子相互作用视为二体碰撞。

3）对于非弹性碰撞（化学反应），情况就变得更复杂。

这些计算的发展超出了本书的范围，感兴趣的读者可参考文献［Mitchner 和 Kruger（1973）或 Hirschfelder（1954）］。这些问题与输运现象有关，也将在第7章中讨论。

3.5.4 麦克斯韦分布

如果我们认为等离子体处于完全平衡状态，则分布函数是稳定的、均匀的和各向同性的，并且在绝对温度 T 下、随机方向上、速度位于 v 与 $v+\mathrm{d}v$ 之间的粒子数 $\mathrm{d}N$ 是

$$\frac{\mathrm{d}N(v)}{N}=f^0(v)\,\mathrm{d}v=\frac{4\pi v^2\,\mathrm{d}v}{\left(\frac{2\pi kT}{m}\right)^{3/2}}\exp(-\frac{mv^2}{2kT}) \tag{3-62}$$

式中 m ——粒子的质量；

k ——玻耳兹曼常数（$k=1.38\ 10^{-23}$ J/ K）。

$f^0(v)$ 称为麦克斯韦-玻耳兹曼分布函数。

动量（$p=mv$）的分布可以写成

$$\frac{\mathrm{d}N(p)}{N}=f^0(p)\,\mathrm{d}p=\frac{4\pi p^2\,\mathrm{d}p}{(2\pi mkT)^{3/2}}\exp(-\frac{p^2}{2mkT}) \tag{3-63}$$

分布函数还有其他两种表达形式。能量分布函数遵循 $p^2/2m=E$

$$\frac{\mathrm{d}N(E)}{N}=f^0(E)\,\mathrm{d}E=\frac{2E^{1/2}\,\mathrm{d}E}{\pi^{1/2}(kT)^{3/2}}\exp\left(-\frac{E}{kT}\right) \tag{3-64}$$

代入无量纲量 $u=E/kT$，简化形式的能量分布函数为

$$\frac{\mathrm{d}N(u)}{N}=f^{0}(u)\,\mathrm{d}u=\frac{2u^{1/2}}{\pi^{1/2}}\exp(-u)\,\mathrm{d}u \tag{3-65}$$

最可几速度 $v_{\max}$ 由下式给出

$$v_{\max}=\left(\frac{2kT}{m}\right)^{1/2} \tag{3-66}$$

对应的能量值为

$$E_{\max}=\frac{kT}{2} \tag{3-67}$$

平均速度 $\boldsymbol{v}$ 为

$$\boldsymbol{v}=\langle v\rangle=\frac{\int_{0}^{\infty}f(v)\,v\,\mathrm{d}v}{\int_{0}^{\infty}f(v)\,\mathrm{d}v}=\frac{2}{\pi^{1/2}}v_{\max}=\left(\frac{8kT}{\pi m}\right)^{1/2} \tag{3-68}$$

均方速度或有效速度为

$$\overline{v^{2}}=\frac{\int_{0}^{\infty}f(v)\,v^{2}\,\mathrm{d}v}{\int_{0}^{\infty}f(v)\,\mathrm{d}v}=\frac{3kT}{m} \tag{3-69}$$

根据麦克斯韦分布，方程（3-69）可用于定义温度。

该麦克斯韦分布通常用粒子的平均能量 $\left(\bar{E}=\frac{1}{2}m\,\overline{v^{2}}\right)$ 表示。将方程（3-64）中能量用单位 eV 表示，得到

$$f(E)=2.073\,\bar{E}^{-3/2}E^{1/2}\exp\left(-\frac{1.5E}{\bar{E}}\right) \tag{3-70}$$

其中，$\bar{E}$ 是以 eV 表示的能量的平均值。图 3-7 显示了当 $\bar{E}$ 分别为 1 eV、2 eV 和 3 eV 时的分布函数。考虑到激发和电离需要相当高的粒子能量（15.7 eV 用于电离氩），只有麦克斯韦分布中的一小部分（5×10^{-10}）平均能量为 1 eV 的粒子具有足够的能量来电离基态的氩原子。

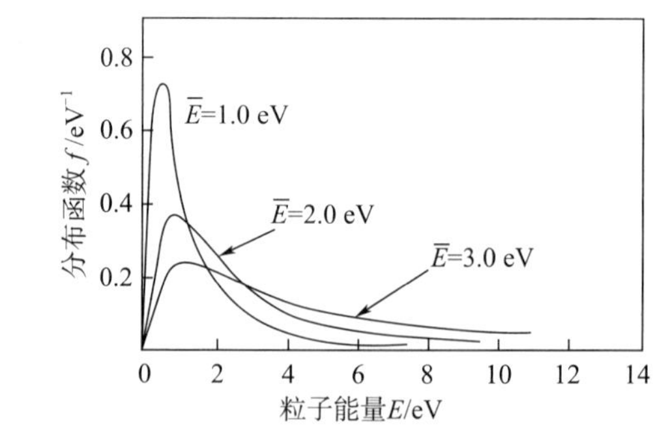

图 3-7　粒子的不同平均动能 $\bar{E}$ 的麦克斯韦-玻耳兹曼分布

必须强调的是，所有前述分布函数中涉及的等式都采用实验室坐标系。为了表示质心坐标系中的分布函数，将使用相同的方程，但用折合质量 μ 代替 m 。折合质量为

$$\frac{1}{\mu}=\sum_{i}\frac{1}{m_i} \tag{3-71}$$

对于等离子体中的电子，由于 $m_e \ll m_{heavy}$ ，实验室和质心坐标系的分布函数实际上是相同的。然而，对于重粒子，从实验室坐标系到质心坐标系的改变会引起相当大的变化。尤其值得注意的是，当考虑重粒子之间的化学反应时，必须使用质心坐标系中的分布函数。

3.5.5　粒子群中的碰撞概率和平均自由程

在粒子群中，必须使用碰撞概率和自由程的平均值。可通过假设 i 粒子的平均速度、平均相对速度 $\overline{V}_{ij}$ 和与 V_{ij} 无关的总截面，确定平均碰撞概率（见 3.2.3 节）。然后，对分布函数进行平均进一步精确计算结果。相对于速度为 $\boldsymbol{v}_j$ 的 j 粒子，i 粒子的相对通量可表示为

$$f(\boldsymbol{v}_i)\,d^3 v_i \mathbf{V}_{ij} \tag{3-72}$$

将方程（3-72）乘以微分截面 $\sigma(V_{ij}, \theta, \varphi)$ 并在所有立体角 $\mathrm{d}\Omega'$ 上积分，得到体积 $\mathrm{d}^3 r$ 中被单个 j 粒子散射的所有粒子总数。 然后，将所有散射 j 粒子在 $\mathrm{d}^3 r$ 中积分，并除以体积 $\mathrm{d}^3 r$ 中速度为 v_i 的粒子数，得到的碰撞频率如下

$$\tau^{-1}(\boldsymbol{v}_i)=\frac{\int_{v_j}\int_{\Omega'} f(\boldsymbol{v}_i)\,\mathrm{d}\boldsymbol{v}_i \mathbf{V}_{ij}\sigma(V_{ij},\theta,\varphi)\,\mathrm{d}\Omega' f(v_j)\,\mathrm{d}\boldsymbol{v}_j\,\mathrm{d}\boldsymbol{r}}{f(\boldsymbol{v}_i)\,\mathrm{d}\boldsymbol{v}_i\,\mathrm{d}\boldsymbol{r}} \tag{3-73}$$

或

$$\tau^{-1}(\boldsymbol{v}_i)=\left(\int_{v_j}\int_{\Omega'}\mathbf{V}_{ij}\sigma(V_{ij},\theta,\varphi)f(\boldsymbol{v}_j)\,\mathrm{d}\Omega'\mathrm{d}\boldsymbol{v}_j\right) \tag{3-74}$$

相同的计算方法可得到平均自由程

$$l=\frac{\int_{v_j}\boldsymbol{v}_i f(\boldsymbol{v}_i)\,\mathrm{d}\boldsymbol{v}_i}{\tau^{-1}(\boldsymbol{v}_i)} \tag{3-75}$$

然而，当假设 $\sigma_0(\overline{V}_{ij})$ 为常数时，从式（3-24）可以导出与式（3-75）结果相同甚至更简单的计算公式

$$\mathbf{V}_{ij}=\boldsymbol{v}_i-\boldsymbol{v}_j \tag{3-76}$$

$$V_{ij}^2=v_i^2+v_j^2-2\boldsymbol{v}_i\cdot\boldsymbol{v}_j \tag{3-77}$$

$$\overline{V_{ij}^2}=\overline{v_i^2}+\overline{v_j^2}+0 \tag{3-78}$$

由于粒子的随机运动导致 $\overline{v_i v_j}=0$。因此，公式（3-78）变为

$$\overline{V_{ij}^2}=\overline{v_i^2+v_j^2} \tag{3-79}$$

忽略均方根和均值之间相对较小的差异，可以写为

$$\overline{V}_{ij} \sim \sqrt{\overline{v}_i^2 + \overline{v}_j^2} \tag{3-80}$$

假设粒子是相同的（重粒子组分碰撞），那么

$$\overline{V}_{ij} = \sqrt{2}\ \overline{v}_i \tag{3-81}$$

最后

$$l_{ij} = \frac{1}{\sqrt{2} n_j \sigma_{ij}} \tag{3-82}$$

有趣的是，这种简化的计算给出的结果与式（3-75）同样精确。

3.6 反应速率

3.6.1 二组分反应

让我们考虑一个简单的反应，如离解复合反应

$$AB + e \underset{r}{\overset{d}{\rightleftharpoons}} A + B^-$$

可简化为

$$1 + 2 \underset{r}{\overset{d}{\rightleftharpoons}} 3 + 4$$

上方 d 和下方 r 分别代表直接反应（d）和逆反应（r）。

设 $\boldsymbol{v}_{12}$ 为电子相对于分子 AB 的相对速度，$\sigma_{12}(\boldsymbol{v}_{12})$ 为离解复合反应的截面。电子（2）与密度为 n_1 的分子 AB（1）碰撞的概率 w'_{12} 由下式给出（见 3.2.3 节）

$$w'_{12}\mathrm{d}t = n_1(\boldsymbol{v}_1)\sigma_{12}(\boldsymbol{v}_{12})\boldsymbol{v}_{12}\mathrm{d}t \tag{3-83}$$

当电子密度为 $n_2(\boldsymbol{v}_2)$ 时，单位时间碰撞的概率（w_{12}）变为

$$w_{12} = n_1(\boldsymbol{v}_1)n_2(\boldsymbol{v}_2)\boldsymbol{v}_{12}\sigma_{12}(\boldsymbol{v}_{12}) = k_{12}(\boldsymbol{v}_{12}) \tag{3-84}$$

$k_{12}(\boldsymbol{v}_{12})$ 为直接碰撞率或反应速率。然而，通常相对速度 $\boldsymbol{v}_{12}$ 不是恒定的，因为电子（2）和分子（1）分别具有速度分布函数 f_2 和 f_1。因此，必须通过对分布函数求平均值来计算 k_{12}，此时总反应速率变为

$$k_{12} = n_1 n_2 \int_{-\infty}^{+\infty}\int_{-\infty}^{+\infty} \boldsymbol{v}_{12}\sigma_{12}(\boldsymbol{v}_{12}) f(\boldsymbol{v}_1) f(\boldsymbol{v}_2)\mathrm{d}\boldsymbol{v}_1\mathrm{d}\boldsymbol{v}_2 \tag{3-85}$$

其中，n_1 和 n_2 是化学组分 1 和 2 的总数密度，f_1 和 f_2 是相应的归一化分布函数，通常写为

$$n_1 \cdot n_2 \cdot \bar{k}_{12} = \langle \sigma_{12}(\boldsymbol{v}_{12})\boldsymbol{v}_{12} \rangle \cdot n_1 \cdot n_2 \tag{3-86}$$

例如，如果 f_1^0 和 f_2^0 是相同温度的麦克斯韦分布（或相同的平均动能），则反应系数可写为

$$\bar{k}_{12} = \frac{n_1 n_2 (m_1 m_2)^{\frac{3}{2}}}{(2kT)^3}\int_0^{+\infty}\int_0^{+\infty} \exp\left(-\frac{m_1 v_1^2 + m_2 v_2^2}{2kT}\right) v_{12}\sigma(v_{12})\,\mathrm{d}^3 v_1 \mathrm{d}^3 v_2 \tag{3-87}$$

其中，$\mathrm{d}^3 v$ 表示 $\mathrm{d}v_x \mathrm{d}v_y \mathrm{d}v_z$。

使用质心 $\boldsymbol{r}_i$ 的位置矢量的坐标与相应的速度

$$\boldsymbol{c}=\frac{m_1\boldsymbol{v}_1+m_2\boldsymbol{v}_2}{m_1+m_2} \tag{3-88}$$

令相对速度 $\boldsymbol{v}_{12}=\boldsymbol{v}_1-\boldsymbol{v}_2$，在球面坐标中表示 d^3v_{12}

$$\mathrm{d}^3v_{12}=v_{12}^2\mathrm{d}v_{12}\mathrm{d}\Omega_v \tag{3-89}$$

其中，$\mathrm{d}\Omega_v$ 表示由 v_{12} 方向定义的无穷小立体角，在整个空间上积分得到（如果是各向同性 $\mathrm{d}\Omega_v=4\pi$）

$$\bar{k}_{12}=\frac{(4\pi)^2\ (m_1m_2)^{\frac{3}{2}}}{(2\pi kT)^3}\int_0^{\infty}c^2\exp\left[-(m_1+m_2)c^2/(2kT)\right]\mathrm{d}\boldsymbol{c}\times\int_0^{\infty}v_{12}^3\exp\left[-\frac{m_{12}v_{12}^2}{2kT}\right]\sigma_{12}(v_{12})\,\mathrm{d}\boldsymbol{v}_{12} \tag{3-90}$$

利用公式

$$f_2^0\int_0^{\infty}y^2\exp(-y^2)\,\mathrm{d}y=\sqrt{\pi}/4$$

最后可得

$$\bar{k}_{12}=\frac{4}{\sqrt{\pi}}\left(\frac{m_{12}}{2kT}\right)^{3/2}\int_0^{\infty}x\exp(-x)\sigma_{12}\left(\sqrt{\frac{2kT}{m_{12}}x}\right)\mathrm{d}x \tag{3-91}$$

其中

$$x=m_{12}v_{12}^2/(2kT)$$

该表达式明确表明反应速率基本上是一个取决于气体的热力学状态的宏观量。在 $\bar{k}_{12}$ 的表达式中，在所有速度（从零到无穷大）上进行了积分，然而，大多数过程都具有能量阈值，因此必须仅从相应的阈值速度到无穷大进行积分。

单位时间碰撞的概率对应于组分 A 和 B^- 的产生速率，因此，这种反应的质量反应定律可以写成

$$\bar{k}_{12}n_{AB}n_e=\frac{\mathrm{d}n_A}{\mathrm{d}t}=\frac{\mathrm{d}n_{B^-}}{\mathrm{d}t} \tag{3-92}$$

通常情况下，对于直接反应，反应系数 $\bar{k}_{12}=k_d$

$$AB+e\xrightarrow{\mathrm{d}}A+B^-$$

对于逆反应，系数 $\bar{k}_{34}=k_r$

$$A+B^-\xrightarrow{\mathrm{d}}AB+e$$

上述系数的不同是由于 σ_{12} 不等于 σ_{34} 并且电子相对于分子 AB 的相对速度 $\boldsymbol{v}_{12}$ 高于粒子 A 相对于粒子 B^- 的相对速度 $\boldsymbol{v}_{34}$ 。但是，如果热力学平衡占优势，则在 k_d 和 k_r 之间存在微观上的可逆性关系。

通常，反应速率系数 k 以 m^3s^{-1}表示。对于原子之间的碰撞（例如，在 300 K 服从麦克斯韦分布的 Ar）我们有

$$\sigma_{12}\sim5.52\times10^{-19}\ \mathrm{m}^2\ \text{和}\ v_{12}\approx4\times10^2\ \mathrm{ms}^{-1}$$

因此

$$k \approx 2.2 \times 10^{-16}\ \mathrm{m^3 s^{-1}}$$

人们发现，在 $k \sim 10^{-17}\ \mathrm{m^3 s^{-1}} = 10^{-11}\ \mathrm{cm^3 s^{-1}}$ 的概率量级，会发生反应（近似地，低于 $10^{-17}\ \mathrm{m^3 s^{-1}}$ 的值可以忽略）。

3.6.2 三组分反应

即使在相对较低的压强下，三组分反应也是很重要的。典型的三组分反应可以写成

$$\mathrm{A+B+M \longrightarrow AB+M'}$$

第三个组分不参与反应；它只是吸收了多余的能量（$E'_M > E_M$）。粒子 A，B 和 M 的分布函数分别为 f_1、f_2、f_3，且速度分别为 $\boldsymbol{v}_1$、$\boldsymbol{v}_2$、$\boldsymbol{v}_3$，则

$$\frac{\mathrm{d}n_{AB}}{\mathrm{d}t} = \iiint k(\boldsymbol{v}_1, \boldsymbol{v}_2, \boldsymbol{v}_3)\, f_1\, f_2\, f_3\, \mathrm{d}\boldsymbol{v}_1 \mathrm{d}\boldsymbol{v}_2 \mathrm{d}\boldsymbol{v}_3 \tag{3-93}$$

其中，k 是以 $\mathrm{m^6 s^{-1}}$ 表示的微分反应速率，即

$$k(\boldsymbol{v}_1, \boldsymbol{v}_2, \boldsymbol{v}_3) = \sigma_{12} \boldsymbol{v}_{12} V_{12,3} \tag{3-94}$$

在该表达式中，$V_{12,3}$ 是中间化合物与第三组分的相互作用体积。

反应速率常数为

$$\bar{k} = \langle k(\boldsymbol{v}_1, \boldsymbol{v}_2, \boldsymbol{v}_3) \rangle \tag{3-95}$$

典型的平均值为

$$\sigma_{12} \boldsymbol{v}_{12} \approx 10^{-17}\ \mathrm{m^3 s^{-1}}, V_{12,3} \approx (10^{-9})^3\ \mathrm{m^3}$$

$$k \approx 10^{-44}\ \mathrm{m^6 s^{-1}} = 10^{-32}\mathrm{cm^6 s^{-1}}$$

3.6.3 复合

复合被定义为在相遇过程中粒子的相互附着，例如，在正离子和电子之间或在正离子和负离子之间。如前所示，复合过程通常用系数 k 描述，如速率方程所给出的系数描述了二组分碰撞期间电荷的重新分配。这里将考虑三个最重要的热等离子体复合过程。

3.6.3.1 辐射复合

$$X^+ + e \rightarrow X^* + h\nu_0 \rightarrow X + h\nu_1 + h\nu_0$$

其中

$$h\nu_0 = E_i - E^* + \frac{1}{2} m_e v_e^2$$

其反向过程是光电离，在热等离子体中不可忽视。在热力学平衡条件下，光电离和光复合之间会存在微平衡，即高概率的光电离也会导致高概率的光复合发生。

3.6.3.2 离解复合

在该过程中，部分中和能量用于离解过程。电子被捕获到非辐射排斥状态 $(XY)_i^*$，然后离解

$$(XY)^{+}+e \rightarrow (XY)_{i}^{*} \rightarrow X^{*}+Y^{*} \rightarrow X+Y+h\nu_{1}+h\nu_{2}$$

该过程是当有分子离子存在时最有效的复合过程之一。复合系数随着气体分子密度的增加而增大，达到最大值后，在超过一个大气压的压强下减小。最大值约为 $10^{-13}\ m^{3}s^{-1}$ 。

3.6.3.3　三组分复合

在较高的压强下，第三个组分 Y（可以是中性粒子或电子）失去部分中和能量

$$X^{+}+e+Y \rightarrow X^{*}+Y$$

第三个粒子 Y 通常是慢电子，因为其逆过程由电子撞击电离

$$e_{\text{fast}}+X \rightarrow X^{+}+e+e_{\text{slow}}$$

的概率很高。这些复合反应的反应速率系数 k 由 α 表示，定义为

$$\frac{dn^{+}}{dt}=\frac{dn_{e}}{dt}=-\alpha n^{+} n_{e} \sim -\alpha n_{e}^{2} \tag{3-96}$$

对于准中性等离子体（注意 α 用于双组分反应，用 $m^{3}s^{-1}$表示）。

在粒子服从麦克斯韦分布的情况下，电子的 $\boldsymbol{v}_{e}$ 远大于离子的速度，因此相对于电子而言可认为离子是静止的。有了这个假设，α 为

$$\alpha=\frac{h}{\pi}\left(\frac{m_{e}}{2kT}\right)^{3/2}\int_{0}^{\infty}\sigma_{12}(u)f^{0}(u)u^{1/2}du \tag{3-97}$$

其中，$u=E/kT$ ，$f^{0}du$ 由式（3-65）给出。

由于电子高速运动，电子-离子复合效率通常低于离子-离子的复合效率。辐射复合是通过将自由电子捕获到达到辐射发射水平的原子，具有在 10^{-18} 和 $10^{-19}\ m^{3}\ s^{-1}$ 之间的系数。这个过程对于热等离子体的发光部分是非常重要的。如果等离子体中存在高浓度的分子离子，则离解复合由于其较大的复合系数而变得非常重要，大约为 $10^{-13}\ m^{3}\ s^{-1}$ 量级。

符号表

$\boldsymbol{c}$	双粒子的质心速度（m/s）
E_{f}	双粒子的结合能（eV）
E_{I}	原子的电离能（eV）
E_{m}	亚稳态能量（eV 或 cm^{-1}）
E^{*}	激发态能量（eV 或 cm^{-1}）
$f^{0}(v)$	绝对速度的麦克斯韦分布函数
$f(\boldsymbol{r},\boldsymbol{v},t)$	矢量位置 $\boldsymbol{r}$ 顶端，在时间 t 处体积元 $dx\,dy\,dz$ 内的速度分布函数
$f_{n}(\boldsymbol{r},\boldsymbol{v},t)$	归一化分布函数
$\boldsymbol{F}_{i}$	作用于 i 粒子的外力（电场或磁场）
F_{n}^{+}	单位时间单位面积，从指定表面的（−）侧到（+）侧的垂直于 $\boldsymbol{n}$ 、速度为 $\boldsymbol{v}_{g}$ 的粒子的通量 $\chi(\boldsymbol{r},\boldsymbol{v},t)$

F_n^-	单位时间单位面积，从指定表面的（＋）侧到（－）侧的垂直于 $\boldsymbol{n}$ 、速度为 $\boldsymbol{v}_g$ 的粒子的通量 $\chi(\boldsymbol{r},\ \boldsymbol{v},\ t)$
h	普朗克常数（6.6×10^{-34} W s^2）
k	玻耳兹曼常数［1.38×10^{-23} J/(K·粒子)］
$\bar{k}_{12}(\boldsymbol{v}_{12})$	平均直接二组分碰撞速率或反应速率（m^3 s^{-1}）
$\bar{k}(\boldsymbol{v}_1,\ \boldsymbol{v}_2,\ \boldsymbol{v}_3)$	平均直接三组分碰撞速率（m^6 s^{-1}）
K	通过弹性碰撞从质量为 m 的粒子到质量为 M 的粒子在所有角度上平均的能量分数
l_{ij}	两次连续碰撞之间的 i 粒子与 j 粒子的平均路径长度（或平均自由程，mfp）(m)
l_i	不同化学组分的混合物中 i 粒子的平均自由程（m）
m	粒子质量（kg）
M	粒子质量（kg）
n	主量子数
$\boldsymbol{n}$	曲面 dA 的法向
n_i	化学组分 i 粒子的数密度（m^{-3}）
p	动量的绝对值
$\boldsymbol{p}$	动量矢量
$p_{ij}(V_{ij},\ \theta,\ \varphi)$	定义微分截面的比率因子
$P(t)$	无碰撞条件下，存在以相对速度 $\mathbf{V}(\mathbf{V}=\boldsymbol{v}_1-\boldsymbol{v}_2)$ 运动 t 时间的粒子的概率
$P^*(t)\mathrm{d}t$	t 时刻无碰撞的粒子，在 t 到 $t+\mathrm{d}t$ 时间段内发生一次碰撞的概率
Q_i	碰撞过程的总有效截面（cm^{-1}）
$\boldsymbol{U}$	粒子的本动速度（$\boldsymbol{U}=\boldsymbol{v}-\boldsymbol{v}_g$），其中，$\boldsymbol{v}$ 是粒子速度，$\boldsymbol{v}_g$ 是气体速度
U_n	本动速度的法向分量（$U_n=\boldsymbol{U}\cdot\boldsymbol{n}$）
v	速度的绝对值
v_m	最可几速度
$\boldsymbol{v}$	平均速度
$\boldsymbol{v}_i$	化学组分 i 粒子的速度（m/s）
$\boldsymbol{v}_g$	平均速度是指相对于某些实验室参考系的流体（或平均）速度
$\mathbf{V}_{ij}$	化学组分 i 和 j 的粒子的相对速度（$\mathbf{V}_{ij}=\boldsymbol{v}_i-\boldsymbol{v}_j$）
$\mathbf{V}$	碰撞前，1 和 2 类粒子的相对速度
$\mathbf{V}'$	碰撞后，1 和 2 类粒子的相对速度

$w \cdot dt$	粒子在 t 和 $t+dt$ 时间段内发生一次碰撞的概率，w 也称为碰撞率
X	基态下化学组分符号
X^*	激发态下化学组分符号
X^m	亚稳态下化学组分符号
X^+	第一电离态下化学组分符号
X^{++}	处于二次电离态下化学组分符号
X_2	基态下由两个 X 原子组成的分子符号
X_2^+	游离分子符号
Z'	原子核中的质子数

希腊符号

α	复合反应速率系数（$m^3\ s^{-1}$）
ΔE	两个激发态之间的能量差
θ	球坐标中的角度
λ_i	光子电离的最大入射波长（nm）
ν_{ij}	i 和 j 两种粒子之间的碰撞频率（s^{-1}）
$\sigma_0(V_{ij})$	总散射截面（m^2）
$\sigma_{ij}(\mathbf{V}_{ij},\ \theta,\ \varphi)$	微分散射截面
τ_{ij}	两次碰撞间的平均时间（在 i 和 j 两种粒子之间）或碰撞时间或弛豫时间（s）
φ	球坐标中的方位角
$\chi(\boldsymbol{r},\ \boldsymbol{v},\ t)$	位置 $\boldsymbol{r}$ 、速度 $\boldsymbol{v}$ 和时间 t 的函数
Ω	立体角（ster）

常用书目

[1] Delcroix, J. L., Physique des Plasmas, Vols. 1 and 2, Paris: Dunod, 1966.

[2] Fowler, G., Statistical Thermodynamics, Cambridge: Cambridge University Press, 1956.

[3] Hirschfelder, J. D., Molecular Theory of Gases and Liquids, New York: Wiley, 1954.

[4] Landau, L. and E. Lifshitz, Physique Statistique, Moscow: Mir, 1967.

[5] Mayer, J. E. and G. M. Mayer, Statistical Mechanics, New York: Wiley, 1940.

[6] Massey, H. S. W. and E. H. S. Burhop, Electronic and Ionic Impact Phenomena. Collisions of Electrons with Atoms, Oxford: Clarendon Press, 1969.

[7] Massey, H. S. W., Electronic and Ionic Impact Phenomena. Electron Collisions with Molecules - Photoionization, Oxford: Clarendon Press, 1969.

[8] Massey, H. S. W., Electronic and Ionic Impact Phenomena. Slow Collisions of Heavy Particles, Oxford: Clarendon Press, 1971.

[9] Massey, H. S. W. and H. B. Gilbody, Electronic and Ionic Impact Phenomena. Recombination and Fast Collisions of Heavy Particles, Oxford: Clarendon Press, 1974.

[10] Mitchner, M. and C. H. Kruger Jr., Partially Ionized Gases, New York: Wiley, 1973.

[11] Munster, A., Statistical Thermodynamics, Vol. 1, Berlin: Springer - Verlag, New York: Academic Press, 1969.

[12] Reif, F., Fundamentals of Statistical and Thermal Physics, New York: McGraw - Hill, 1988.

参考文献

[1] A. von Engel, Ionized Gases (Oxford: Clarendon Press, 1965).

[2] S. C. Brown, Basic Data of Plasma Physics (Cambridge, Mass.: MIT Press, 1959).

[3] R. D. Present, Kinetic Theory of Gases (New York: McGraw-Hill, 1958).

[4] G. Francis, Ionization Phenomena in Gases (London: Butterworth, 1960).

[5] E. W. McDaniel, Collision Phenomena in Ionized Gases (New York: Wiley, 1964).

第4章　气体电子学的基本原理

自第二次世界大战以来，气体电子学得到了很大的发展，对该学科的全面论述已超出本书的范围。关于气体电子学方面的深入讨论，读者可参阅在这个领域中的一些经典著作(见参考书目)。

4.1　带电粒子的生成

本节将涉及等离子体中各种电离过程的微观描述。关于3.5节中所描述的分布函数对电离过程的集中讨论将留在4.4节中进行。

正如第1章所讨论的，放电是生成气态等离子体最普遍采用的方法。为了维持稳态的放电，必须以与消失速率相同的生成速率来产生带电粒子。

一般来说，带电粒子由负电粒子和正电粒子组成。前者包括电子和负离子，后者仅为正离子。在本书中，负离子不起主要作用，因此，在本节中将忽略负离子。

带电粒子可以通过气体中的电离过程产生或带电粒子脱离禁锢壁面或从电极表面逃逸而产生。例如，电子从电极上释放是维持直流或交流放电的关键。

以下讨论仅局限于气体电离。在等离子体组分（电子、离子、中性粒子、光子）中的相互作用可以导致一系列不同的电离过程。在等离子体中所有可能的相互作用中，二元相互作用具有非常高的概率，二元相互作用因而特别重要。

通常，电离定义为一个或多个电子从中性粒子或离子中脱离（分别为一次电离或多次电离）。这种电离总是产生自由电子和正离子。电离过程可以通过简单的接触发生（直接电离），也可通过一系列接触及能量交换过程发生（间接电离），后者通常以中能态为特征。

4.1.1　直接电离

在重粒子中通过光子、电子轰击或碰撞而直接电离已经在3.4.2节中进行了讨论。应该强调的是，这些电离过程涉及的是最初处于基态的粒子。无论是电离过程性质还是等离子体组元之间任何其他的接触，都由质量守恒、电荷守恒、动量守恒和能量守恒等定律所支配。通过应用守恒定律，我们可以在给定的等离子体中选出最重要的电离过程。例如，正如我们在3.4.2节中所看到的，重粒子之间的碰撞电离在实际应用中是可以忽略的，这是因为所需的粒子能量已超出本书所涵盖等离子体所遇到的。

4.1.2　间接电离

如前所述，间接电离意味着中能态主导着实际的电离过程。这种能态（例如激发态）

可以由3.4.1节中所描述的过程产生。至少需要两步生成带电粒子（连带电离，由电子、光子、激发态原子对已处于激发态原子作用引起的电离，由潘宁效应引起的电离）的间接电离典型粒子已经在3.4.3节中进行了讨论。同样，所有这些过程也都受守恒定律所支配。

4.2　带电粒子的减少

有很多可能使带电粒子从等离子体中消失的过程存在。这里仅讨论本书中对所考虑的等离子体重要的那些过程。

通常，带电粒子减少可由以下原因导致：

1）直流或交流放电情况下的电场作用使之漂移到电极；

2）扩散到周围的壁面并随后复合；

3）体复合。

在这里不考虑电子附着形成负离子的过程。

正离子漂移到阴极会引起离子在阴极上的中和作用，漂移到阳极的电子会被阳极的金属晶格所吸收。带电粒子的漂移及由于粒子密度梯度引起的带电粒子的扩散将分别在4.3.1节和4.3.2节中进行更详细的讨论。

在体复合过程中，一个电子将被正离子捕获，在这个过程中会释放电离能（E_I）和碰撞电子的动能（$\frac{1}{2}m_\mathrm{e}v_\mathrm{e}^2$），即

$$e+\mathrm{X}^+\rightarrow \mathrm{X}+\left(E_\mathrm{I}+\frac{1}{2}m_\mathrm{e}v_\mathrm{e}^2\right)$$

可能的复合机制取决于守恒定律约束下这种能量的释放。例如，这种能量不能由重新组合后的中性粒子承担，因为这将违反动量守恒定律。在本书中，有三种复合机制值得关注：辐射复合、三组分复合和离解复合。这些过程已在3.6.3中进行了讨论。

4.3　带电粒子的运动

4.3.1　在电场中的漂移

本节首先从微观描述带电粒子在没有任何其他作用力情况下在均匀电场中的运动。首先建立一个带电粒子在粒子集合中的平均行为，然后推导出相应宏观关系（如迁移率、电导率，这将在本节讨论）。

根据牛顿第二定律，带电粒子在电场中会受到电场力驱动而加速，对于电子，其表现形式为

$$m_\mathrm{e}\frac{\mathrm{d}\boldsymbol{u}_\mathrm{e}}{\mathrm{d}t}=-e\boldsymbol{E}\tag{4-1}$$

式中　$\boldsymbol{u}_\mathrm{e}$——电子漂移速度；

m_e ——电子质量；

$\boldsymbol{E}$ ——电场强度。

在电场中的正离子满足类似的方程

$$M\frac{\mathrm{d}\boldsymbol{u}_i}{\mathrm{d}t}=-e\boldsymbol{E} \tag{4-2}$$

式中 $\boldsymbol{u}_i$ ——离子漂移速度；

M ——离子质量。

为了简化，假设离子带一个正电荷。由于方程（4-1）和方程（4-2）类似，以下推导仅考虑电子的情况。对于离子的最终表达式的推导留给读者来完成。

假设电场强度为常值，对方程（4-1）积分，可以得到

$$\boldsymbol{u}_e=\boldsymbol{u}_{e0}-\frac{e\boldsymbol{E}}{m_e}t \tag{4-3}$$

式中 $\boldsymbol{u}_{e0}$ ——电场起作用时刻的电子初始速度。

方程（4-3）表明，电子的漂移速度随时间是线性增加的。但是，由于其会与等离子体中其他粒子发生碰撞，这种增加是有限的（这里的分析仅考虑弹性碰撞，该假设与等离子体中弹性碰撞占主导地位的事实是相符的）。

如果我们假设一个任意选择的自由电子的自由飞行时间为 τ_e，对方程（4-3）积分得到该电子在时间 τ_e 内所飞行的距离 $\boldsymbol{s}_e$

$$\boldsymbol{s}_e=\boldsymbol{u}_{e0}\cdot\tau_e-\frac{e\boldsymbol{E}}{2m_e}\tau_e^2 \tag{4-4}$$

在下面的讨论中，我们将考虑一个电子的平均行为而不是一个任意选择的电子行为。因为在典型的等离子体中，单位体积内有大量的电子（$n_e>10^{20}\ \mathrm{m}^{-3}$），为确定这种平均行为，需要应用统计定律。由于电子的初始速度是随机分布的，方程（4-4）右边第一项将消失，即 $\overline{\boldsymbol{u}_{e0}\cdot\tau_e}=0$。如前所述（见 3.2.4 节），平均自由程或平均飞行时间服从以下统计分布

$$\bar{\tau}_e=\int_0^\infty\frac{\tau_e}{\bar{\tau}_e}\exp(-\tau_e/\bar{\tau}_e)\,\mathrm{d}\tau_e \tag{4-5}$$

将方程（4-5）代入方程（4-4）中进行平均，可以得到

$$\bar{\boldsymbol{s}}_e=-\frac{e\boldsymbol{E}}{2m_e}\int_0^\infty\frac{\tau_e^2}{\bar{\tau}_e}\exp(-\tau_e/\bar{\tau}_e)\,\mathrm{d}\tau_e=-\frac{e\boldsymbol{E}}{m_e}\bar{\tau}_e^2 \tag{4-6}$$

对应的平均漂移速度（通常表示为 $\boldsymbol{v}_d^e$）变为

$$\boldsymbol{v}_d^e=\bar{\boldsymbol{u}}_e-\frac{e\boldsymbol{E}}{m_e}\bar{\tau}_e \tag{4-7}$$

将关系式

$$\bar{\tau}_e=l_e/\boldsymbol{v}_e \tag{4-8}$$

代入方程（4-7）中，可以得到

$$\bar{\boldsymbol{u}}_e=-\frac{el_e}{m_e\boldsymbol{v}_e}\boldsymbol{E}=-\mu_e\boldsymbol{E} \tag{4-9}$$

式中，μ_e 为电子迁移率，由下式确定

$$\mu_e = \frac{el_e}{m_e \bar{v}_e} \tag{4-10}$$

对于离子漂移速度可以导出类似的表达式

$$\bar{\boldsymbol{u}}_i = -\mu_i \boldsymbol{E} \tag{4-11}$$

及

$$\mu_i = \frac{el_i}{M\bar{v}_i} \tag{4-12}$$

式中　l_i——离子的平均自由程；

$\bar{v}_i$——离子的平均热运动速度。

对带电粒子的漂移速度和它们的随机（热运动）速度作一个量级的比较是很有意义的。在这个比较中，我们考虑在一个大气压下、高强度电弧（焊接电弧）靠近阳极处的区域，指定以下参数（量级）：$T \approx 10^4$ K，$l_e \simeq l_i \simeq 10^{-6}$ m，$E = 5 \times 10^2$ V/m，$m_e = 9.1 \times 10^{-31}$ kg，$M = 6.8 \times 10^{-26}$ kg 。离子和电子的漂移速度与热运动速度为

电子

$$\bar{v}_e = \left(\frac{8kT}{\pi m_e}\right)^{1/2} \simeq 10^6 \text{ m/s 和 } |\bar{\boldsymbol{u}}_e| = \frac{el_e}{m_e \bar{v}_e} E \simeq 10^2 \text{ m/s}$$

离子

$$\bar{v}_i = \left(\frac{8kT}{\pi M}\right)^{1/2} \simeq 10^3 \text{ m/s 和 } |\bar{\boldsymbol{u}}_i| = \frac{el_i}{M\bar{v}_i} E \simeq 1 \text{ m/s}$$

结果表明，漂移速度要比相应热运动速度小几个数量级。基于这些结果，我们可以看到，带电粒子的运动类似于炎热夏天在微风中漂移的一群苍蝇的运动。

在等离子体中，受外加电场影响，电子和离子向相反方向漂移，这种漂移增大了电流密度

$$\boldsymbol{j} = \boldsymbol{j}_i + \boldsymbol{j}_e = e(n_i \bar{\boldsymbol{u}}_i - n_e \bar{\boldsymbol{u}}_e) = e(n_i \mu_i + n_e \mu_e) \boldsymbol{E} \tag{4-13}$$

式中　n_i，n_e——分别为离子密度和电子密度。

由于电场是电子和离子电流的唯一驱动力，因此，欧姆定律可以写为以下简单形式

$$\boldsymbol{j} = \sigma_e \boldsymbol{E} \tag{4-14}$$

将方程（4－13）与方程（4－14）比较，可以得到一个电导率的简单表达式

$$\sigma_e = e(n_i \mu_i + n_e \mu_e) \tag{4-15}$$

由于 $n_i = n_e$（单电荷离子）和 $\mu_i \ll \mu_e$ ，这个表达式还可以进一步简化。简化之后的方程（4－15）变为

$$\sigma_e = e n_e \mu_e \tag{4-16}$$

与 μ_e 相比，忽略 μ_i 的理由可以从方程（4－10）和方程（4－12）得出。比率

$$\frac{\mu_i}{\mu_e} = \frac{l_i}{l_e} \frac{m_e}{M} \frac{\bar{v}_e}{\bar{v}_i} \tag{4-17}$$

将关系式

$$\frac{\bar{v}_e}{\bar{v}_i}=\left(\frac{M}{m_e}\right)^{1/2} \tag{4-18}$$

代入得到

$$\frac{\mu_i}{\mu_e}=\frac{l_i}{l_e}\left(\frac{m_e}{M}\right)^{1/2} \tag{4-19}$$

在等离子体中由于 $l_i<l_e$，对于氢来说 $(M/m_e)^{1/2}$ 已超过40，因此，与 μ_e 相比，忽略 μ_i 的确是合理的。

在这种简化形式中，方程（4-18）仅在等离子体中动态平衡（$T_e=T_h$）条件下才成立。

在推导电子迁移率方程（4-10）时，采用了一些隐含的简化假设，包括：

1）假设等离子体的电离度很低（$\xi\ll 1$），这意味着库仑（Coulomb）相互作用是忽略的，也就是说，仅考虑电子与中性粒子之间的碰撞；

2）忽略了速度分布函数的平均；

3）忽略了电中性的局部不平衡。

通过平均速度分布函数，方程（4-10）变为

$$\mu_e=\frac{2}{\pi}\frac{el_e}{m_e\bar{v}_e} \tag{4-20}$$

去除所有简化假设，Gvosdover[1] 导出了较为复杂的表达式

$$\mu_e=\frac{e}{\sqrt{\pi k m_e T}\left(\frac{1}{l_k}+\frac{n_e e^4}{\gamma_e\ (kT)^2}\right)} \tag{4-21}$$

其中

$$\gamma_e=\frac{2}{\frac{\pi}{2}\ln\left(\frac{3kT}{2e^2 n_e^{1/3}}\right)}$$

l_k 为与拉姆绍尔截面相关的平均自由程。

对于低电离度的等离子体（$\xi\ll 1$），方程（4-21）简化为

$$\mu_e=\frac{el_e}{(\pi k m_e T)^{1/2}}=\frac{2\sqrt{2}}{\pi}\frac{el_e}{m_e\bar{v}_e} \tag{4-22}$$

除了 $\sqrt{2}$ 外，方程（4-22）与方程（4-20）完全相同。

通常，带电粒子的迁移率是该粒子动能的函数。反过来，粒子能够获取的动能可通过电场和平均自由程来确定。例如，一个粒子在两次碰撞之间能够获取的最大动能为

$$T_k=el_eE \tag{4-23}$$

式中，l_e 与 E 是相互平行的。由于 $l_e\sim 1/p$，见方程（3-28），电子的迁移率变为 E/p 的函数

$$\mu_e=f(E/p)$$

图4-1给出了电子迁移率与 E/p 的函数关系图。

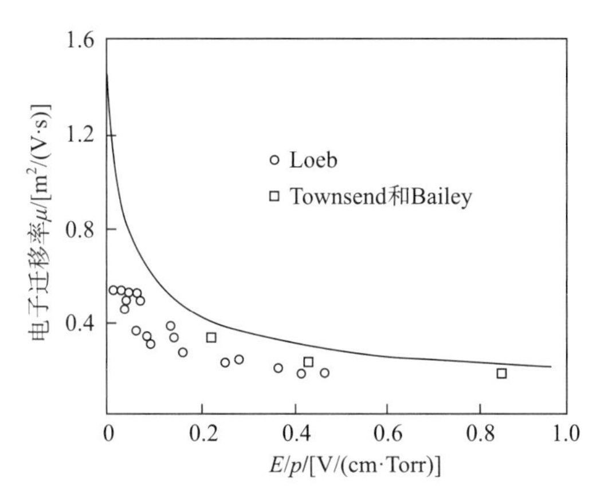

图4-1　氢的电子迁移率随 E/p 变化曲线

根据方程（4-12），离子的迁移率与离子的质量有关，因此有

$$\mu_i = f(E/p, M)$$

图4-2给出了不同离子的迁移率。

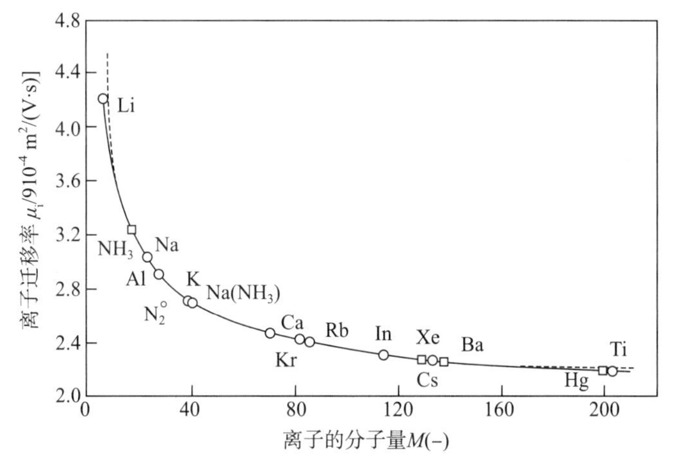

图4-2　离子迁移率随分子量变化曲线

4.3.2　带电粒子的扩散

在本节中，我们将考虑由于密度梯度引起的等离子体带电粒子的扩散和由于电子与离子之间迁移率差别大引起的双极扩散。

一般扩散可以通过斐克定律（Fick's law）来描述

$$\boldsymbol{j}_k = -D_k \mathrm{grad} n_k \tag{4-24}$$

式中　$\boldsymbol{j}_k$ ——k 型带电粒子的通量（$\mathrm{m^{-2}s^{-1}}$）；

D_k ——该类粒子的扩散系数；

n_k ——该类粒子的数密度。

由扩散引起的带电粒子的运动导致电子的电流密度为

$$\boldsymbol{j}_{\mathrm{e}}=eD_{\mathrm{e}}\mathrm{grad}n_{\mathrm{e}} \tag{4-25}$$

相应离子的电流密度可表示为

$$\boldsymbol{j}_{\mathrm{i}}=-eD_{\mathrm{i}}\mathrm{grad}n_{\mathrm{i}} \tag{4-26}$$

式中　D_{e}，D_{i} ——分别为电子和离子的自扩散系数。

这些扩散系数与气体动力学参数相关

$$D_k=\frac{l_k\overline{v}_k}{3} \tag{4-27}$$

这个表达式由气体动力学理论导出（见7.2.1节）。在动力学平衡（见4.4.3节）条件下，电子与离子扩散系数之比为

$$\frac{D_{\mathrm{e}}}{D_{\mathrm{i}}}=\frac{l_{\mathrm{e}}\overline{v}_{\mathrm{e}}}{l_{\mathrm{i}}\overline{v}_{\mathrm{i}}}=\frac{l_{\mathrm{e}}}{l_{\mathrm{i}}}\sqrt{\frac{M}{m}}=\frac{\mu_{\mathrm{e}}}{\mu_{\mathrm{i}}} \tag{4-28}$$

这个关系式将在本节的后面用到。

带电粒子的密度梯度在接近等离子体容器壁面处非常陡峭。一维情况下等离子体在壁面附近的密度梯度如图4-3所示。在壁面附近电子与离子的密度梯度将驱动电子与离子相对壁面流动，但由于电子的迁移率较大，电子通量最初会超过离子通量。由于假设壁面为绝缘体（无净电流），壁面会处于负电位，产生一个指向壁面的电场 E_x（如图4-3所示）。这个电场随后会平衡电子与离子的流动（电子变缓而离子加速），因此，稳态情况下，电子和离子以同样的速度接近壁面且在与壁面撞击时复合。这个过程称为双极扩散。这种情况下，壁面充当三组分复合的第三个碰撞参与者。

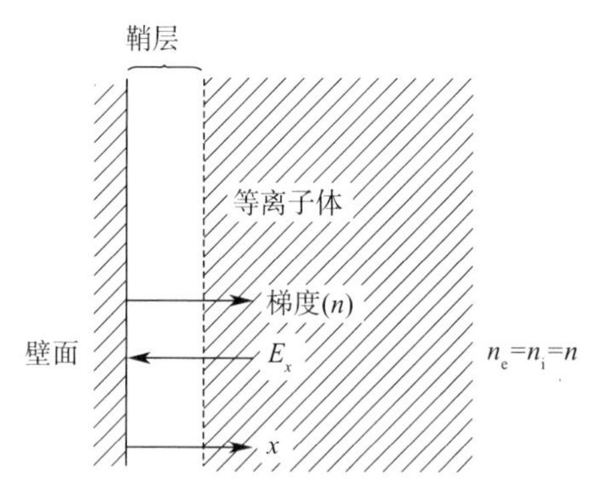

图4-3　一维情况下壁面附近的等离子体

在这种情况下，合并的电子与离子电流可写为

$$j=j_{\mathrm{e}}+j_{\mathrm{i}}=e(n_{\mathrm{i}}\mu_{\mathrm{i}}+n_{\mathrm{e}}\mu_{\mathrm{e}})E_x+e(D_{\mathrm{e}}-D_{\mathrm{i}})\frac{\mathrm{d}n}{\mathrm{d}x}=0 \tag{4-29}$$

由于没有流向绝缘壁面的净电流，方程（4-29）可以用来确定引起双极扩散的电场

$$E_x = -\frac{D_e - D_i}{n_i\mu_i + n_e\mu_e}\frac{dn}{dx} \tag{4-30}$$

为了简化，可以假设等离子体中仅包含一种电离组分（$n_e = n_i = n$），方程（4－30）简化为

$$E_x = -\frac{D_e - D_i}{\mu_i + \mu_e}\frac{1}{n}\frac{dn}{dx} \tag{4-31}$$

将方程（4－31）、方程（4－25）和方程（4－26）用于特定的一维情况，可以得到单位面积、单位时间到达壁面的带电粒子数

$$\frac{j_e}{e} = -\frac{j_i}{e} = -\frac{D_e\mu_i - D_i\mu_e}{\mu_i + \mu_e}\frac{dn}{dx} = D_a\frac{dn}{dx} \tag{4-32}$$

式中　D_a——双极扩散系数。

由于 $\mu_i \ll \mu_e$（见 4.3.1 节），双极扩散系数简化为

$$D_a = D_i + \frac{\mu_i}{\mu_e}D_e \tag{4-33}$$

使用符合动力学平衡条件的方程（4－28），可以得到

$$D_a = 2D_i \tag{4-34}$$

这个关系式表明，在动力学平衡占主导的等离子体中，如果没有电子，离子的扩散速度会增加一倍。在通过带电粒子的扩散进行热交换变得很重要的情况下，这个结果具有非常重要的意义。

正如我们前面所指出的，双极扩散在容器壁面附近形成陡峭的粒子密度梯度机制中起到重要作用。在这样的机制中，带电粒子的密度分布受双极扩散过程所控制。在低压放电（辉光放电）下，双极扩散系数较大，带电粒子减少常常受控于等离子体容器壁面的双极扩散。

通常，带电粒子连续方程可写为

$$\frac{\partial n_k}{\partial t} + \mathrm{div}\boldsymbol{I}_k = S_k \tag{4-35}$$

式中　S_k——描述 k 型带电粒子体积净生成量的源项。

写出关于电子的连续方程并假设电子的生成源项与电子密度成正比（即 $S_e = \nu_i n_e$，ν_i 为净电离系数），结果为

$$\frac{\partial n_e}{\partial t} + \mathrm{div}\boldsymbol{I}_e = \nu_i n_e \tag{4-36}$$

在稳态条件下并仅考虑由于双极扩散引起的电子流动（$\boldsymbol{I}_e = -D_a\mathrm{grad}n_e$），方程（4－36）简化为

$$\nabla n_e + \frac{\nu_i}{D_a}n_e = 0 \tag{4-37}$$

式中　∇——拉普拉斯算子。

作为例子，针对含有一对无限长、相距为 L 的平行板的放电容器，对方程（4－37）进行求解。对于这种一维情况，方程（4－37）变为

$$\frac{\mathrm{d}^2 n_e}{\mathrm{d}x^2} + \frac{\nu_i}{D_a} n_e = 0 \tag{4-38}$$

边界条件

$$n_e = 0 \quad 当\ x = \pm \frac{L}{2}\ 时 \tag{4-39}$$

$$\frac{\mathrm{d}n_e}{\mathrm{d}x} = 0 \quad 当\ x = 0\ 时 \tag{4-40}$$

方程（4-38）具有解

$$n_e = n_e(0) \cos \sqrt{\frac{\nu_i}{D_a}} \cdot x \tag{4-41}$$

式中　$n_e(0)$ —— $x=0$ 处的电子密度。

第一边界条件要求

$$n_e(0) \cos \sqrt{\frac{\nu_i}{D_a}} \cdot \frac{L}{2} = 0$$

或

$$\sqrt{\frac{\nu_i}{D_a}} \cdot \frac{L}{2} = (2k+1)\frac{\pi}{2}, \quad k = 0, 1, 2, \cdots \tag{4-42}$$

方程（4-38）仅有以整数 k 为特征的本征值解。我们仅考虑 $k=0$ 情况下的基础模式或基础本征值

$$\frac{\nu_i}{D_a}\left(\frac{L}{2}\right)^2 = \left(\frac{\pi}{2}\right)^2$$

或

$$\frac{\nu_i}{D_a} = \left(\frac{\pi}{L}\right)^2 = \frac{1}{\Lambda^2} \tag{4-43}$$

式中　Λ ——特征扩散长度，该量仅为几何特征的函数。

对于半径为 R 的无限长圆柱体，相应的特征扩散长度为

$$\frac{1}{\Lambda^2} = \left(\frac{2.405}{R}\right)^2 \tag{4-44}$$

而与方程（4-37）所对应的解为贝塞尔（Bessel）函数。

对于一个半径为 R、有限长度为 L 的圆柱体，可以由一对无限长平行板和一个无限长圆柱相交而成，相应的特征扩散长度为

$$\frac{1}{\Lambda^2} = \left(\frac{2.405}{R}\right)^2 + \left(\frac{\pi}{L}\right)^2 \tag{4-45}$$

更为复杂构型的特征扩散长度可以类似地用这种相交的方法来确定。

4.3.3　带电粒子在磁场中的运动

在本节中将简要讨论带电粒子在均匀、稳恒磁场中的运动。对于涉及非均匀或时变磁场的更为复杂情况，读者可以查阅该学科相关的教科书[2-6]。

4.3.3.1　无碰撞

如果带电粒子质量为 m ，电量为 q ，在均匀、感应强度为 $\boldsymbol{B}$ 的均匀磁场中运动的速度为 $\boldsymbol{v}$ ，则粒子受力为

$$\boldsymbol{F}=m\frac{\mathrm{d}\boldsymbol{v}}{\mathrm{d}t}=q(\boldsymbol{v}\times\boldsymbol{B}) \tag{4-46}$$

用 $\boldsymbol{v}$（点积）乘方程（4－46），可以得到

$$\frac{\mathrm{d}}{\mathrm{d}t}\left(\frac{1}{2}mv^2\right)=q\boldsymbol{v}\cdot(\boldsymbol{v}\times\boldsymbol{B})=q(\boldsymbol{v}\times\boldsymbol{v})\cdot\boldsymbol{B}=0 \tag{4-47}$$

这表明粒子的动能保持为常数。根据方程（4－46），由于对粒子加速的力 $\boldsymbol{F}$ 垂直于速度 $\boldsymbol{v}$ ，得到这个结果也就不足为奇了。

一般情况下，粒子的速度可以分解为平行和垂直磁感应强度 $\boldsymbol{B}$ 的分量，即

$$\boldsymbol{v}=\boldsymbol{v}_\perp+\boldsymbol{v}_\parallel \tag{4-48}$$

因此

$$m\frac{\mathrm{d}}{\mathrm{d}t}(\boldsymbol{v}_\perp+\boldsymbol{v}_\parallel)=q(\boldsymbol{v}_\perp\times\boldsymbol{B})+q(\boldsymbol{v}_\parallel\times\boldsymbol{B}) \tag{4-49}$$

或

$$\left.\begin{aligned}m\frac{\mathrm{d}\boldsymbol{v}_\perp}{\mathrm{d}t}&=q(\boldsymbol{v}_\perp\times\boldsymbol{B})\\ m\frac{\mathrm{d}\boldsymbol{v}_\parallel}{\mathrm{d}t}&=q(\boldsymbol{v}_\parallel\times\boldsymbol{B})=0\end{aligned}\right\} \tag{4-50}$$

根据方程（4－50）第二部分，$\boldsymbol{v}_\parallel$ 为常数。

从

$$\frac{1}{2}mv^2=\frac{1}{2}m(\boldsymbol{v}_\perp{}^2+\boldsymbol{v}_\parallel{}^2)=\text{常数} \tag{4-51}$$

可以得到 $v_\perp^2$ 也必须为常数（或 $v_\perp=|\boldsymbol{v}_\perp|=$常数）。

可以很容易看出，方程（4－50）的第一部分描述了粒子绕着一个中心点的圆周运动。叠加在这个旋转运动之上的是一个沿磁感应强度方向的匀速（$\boldsymbol{v}_\parallel$）线性运动，该运动不受磁感应强度影响。$\boldsymbol{v}_\perp$ 与 $\boldsymbol{v}_\parallel$ 叠加将形成如图 4－4 所示的螺旋运动。

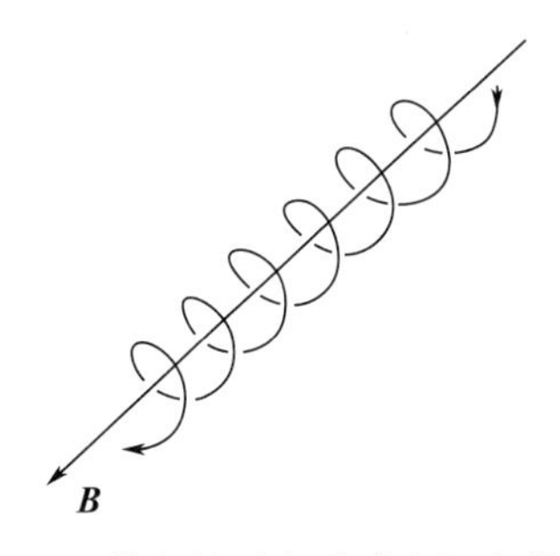

图 4－4　带电粒子在磁感应场中的运动

对于圆周运动，作用于带电粒子的向心力与磁感应力相平衡，即

$$\frac{mv_{\perp}^{2}}{r_{\mathrm{L}}}=q(v_{\perp}\cdot B) \tag{4-52}$$

式中 r_{L}——圆周运动的拉莫尔（Larmor）半径。

从方程（4-52）可以得到

$$r_{\mathrm{L}}=\frac{mv_{\perp}}{qB} \tag{4-53}$$

其旋转频率，也称为拉莫尔频率或回旋频率，为

$$\omega=\frac{v_{\perp}}{r_{\mathrm{L}}}=\frac{qB}{m} \tag{4-54}$$

由于电荷 q 可以是正的也可以是负的，因此圆周运动的方向也会随之改变。

考虑一个电子和一个正氩离子（单一电荷）的例子，两者都具有对应温度为 1 eV 的热运动速度（$v_{\perp}$），在磁感应强度 $B=1$ T 的磁场中运动。根据方程（4-54）和方程（4-53），得到电子和离子的拉莫尔频率与拉莫尔半径的值分别为

$$\omega_{\mathrm{e}}=\frac{eB}{m_{\mathrm{e}}}=-1.75\times10^{11}\ \mathrm{s}^{-1},\ \omega_{\mathrm{i}}=\frac{eB}{m_{\mathrm{i}}}=2.4\times10^{6}\ \mathrm{s}^{-1}$$

$$r_{\mathrm{L,e}}=\frac{v_{\perp,\mathrm{e}}}{\omega_{\mathrm{e}}}=3.1\times10^{-6}\ \mathrm{m},\ r_{\mathrm{L,i}}=\frac{v_{\perp,\mathrm{i}}}{\omega_{\mathrm{i}}}=8.4\times10^{-4}\ \mathrm{m}$$

由于在一个大气压下具有约 1 eV 温度的热等离子体中电子的平均自由程 l_{e} 与电子的拉莫尔半径在同一数量级，而离子的平均自由程 l_{i} 远小于离子的拉莫尔半径，因此使得带电粒子（特别是离子）的螺旋路径会被碰撞所阻断。

当电场与磁场同时存在时，带电粒子将处于洛伦兹力（Lorentz force）的作用下

$$\boldsymbol{F}=m\frac{\mathrm{d}\boldsymbol{v}}{\mathrm{d}t}=q(\boldsymbol{E}+\boldsymbol{v}\times\boldsymbol{B}) \tag{4-55}$$

这个方程适用于均匀稳恒场。将此方程分解为平行磁场分量和垂直磁场分量，有

$$m\frac{\mathrm{d}\boldsymbol{v}_{\parallel}}{\mathrm{d}t}=q\boldsymbol{E}_{\parallel} \tag{4-56}$$

和

$$m\frac{\mathrm{d}\boldsymbol{v}_{\perp}}{\mathrm{d}t}=q(\boldsymbol{E}_{\perp}+\boldsymbol{v}_{\perp}\times\boldsymbol{B}) \tag{4-57}$$

方程（4-56）描述了平行于 $\boldsymbol{B}$ 方向上的恒加速度。方程（4-57）中的电场分量引起了同时垂直于磁场和 $\boldsymbol{E}_{\perp}$ 方向上的粒子漂移速度。图 4-5 显示了有指向 x 方向磁场时正负带电粒子的运动情况。根据方程（4-53），带正电的粒子在 z 方向上被加速，导致在速度增加的同时，也增加了轨道的曲率半径。在轨道曲线顶点之外，粒子沿着对称的路径以减速状态向下运动，在向底部转折点运动过程中减小了轨道的曲率半径。如图 4-5 所示，这个循环会周期性重复。

正如我们已经指出的，在这种情况下，带电粒子会以一定的速度 $\boldsymbol{v}_{\mathrm{D}}$、在垂直于 $\boldsymbol{E}$ 和 $\boldsymbol{B}$ 的方向上进行漂移，其中，$\boldsymbol{v}_{\mathrm{D}}\sim\boldsymbol{E}_{\perp}\times\boldsymbol{B}$。选择 $\boldsymbol{v}_{\mathrm{D}}$ 为

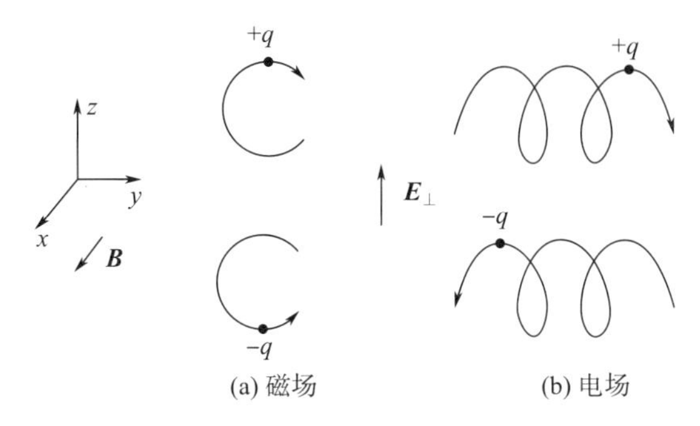

图 4-5　正负带电粒子在指向 x 轴方向磁场和电场中的运动

$$\boldsymbol{v}_{\mathrm{D}}=\frac{\boldsymbol{E}_{\perp}\times\boldsymbol{B}}{B^{2}} \tag{4-58}$$

可以看出，方程（4-57）变为与描述带电粒子围绕磁感应线回旋运动的方程（4-46）具有相同的形式。由于

$$\boldsymbol{v}_{\perp}=\boldsymbol{v}_{\mathrm{D}}+\boldsymbol{u} \tag{4-59}$$

方程（4-57）简化为

$$m\frac{\mathrm{d}\boldsymbol{u}}{\mathrm{d}t}=q(\boldsymbol{u}\times\boldsymbol{B}) \tag{4-60}$$

这是因为

$$(\boldsymbol{v}_{\mathrm{D}}\times\boldsymbol{B})=\frac{\boldsymbol{E}_{\perp}\times\boldsymbol{B}}{B^{2}}\times\boldsymbol{B}=\frac{\boldsymbol{B}\cdot(\boldsymbol{E}_{\perp}\cdot\boldsymbol{B}-\boldsymbol{E}_{\perp}\cdot(\boldsymbol{B}\cdot\boldsymbol{B}))}{B^{2}}=-\boldsymbol{E}_{\perp} \tag{4-61}$$

（$\boldsymbol{E}_{\perp}$ 定义为垂直于 $\boldsymbol{B}$）和

$$m\frac{\mathrm{d}}{\mathrm{d}t}(\boldsymbol{v}_{\mathrm{D}}+\boldsymbol{u})=m\frac{\mathrm{d}\boldsymbol{u}}{\mathrm{d}t} \tag{4-62}$$

这个结果表明，在某一坐标系统中以速度 $\boldsymbol{v}_{\mathrm{D}}$ 运动的粒子仅受磁场的影响，正如前面所述，其结果是围绕 yz 平面上一个中心点的圆周运动（如图 4-5 所示）。叠加的恒定漂移速度 $\boldsymbol{v}_{\mathrm{D}}$ 使之构成一条螺旋线，如图 4-5 所示。

如果电场和磁场相互垂直（即 $\boldsymbol{E}_{\parallel}=0$），带电粒子在这种交叉场中的运动将保持在垂直于 $\boldsymbol{B}$ 方向的平面内。如果 $\boldsymbol{E}_{\parallel}\neq 0$，如方程（4-56）所描述的，将会存在平行于磁场的附加漂移运动。如果电场 $\boldsymbol{E}$ 和磁场 $\boldsymbol{B}$ 相互平行（$\boldsymbol{E}_{\perp}=0$），将不存在垂直于 $\boldsymbol{B}$ 的漂移运动（$\boldsymbol{v}_{\mathrm{D}}=0$），但粒子会有一个平行于 $\boldsymbol{B}$ 方向的恒加速度。图 4-6 所示的是正离子和电子在平行场中的运动。

4.3.3.2　有碰撞

上节所讨论的情况一般不适用于碰撞占优势的热等离子体。带电粒子与等离子体中其他组分之间的碰撞会导致前面所讨论的粒子轨道的强烈扰动。然而，在两次碰撞之间，各带电粒子还是根据施加到它们上的 $\boldsymbol{E}$ 和 $\boldsymbol{B}$ 进行漂移运动。

单个带电粒子行为的微观细节图像并不能代表全部。一旦有 $\boldsymbol{E}$ 和 $\boldsymbol{B}$ 施加到等离子体上

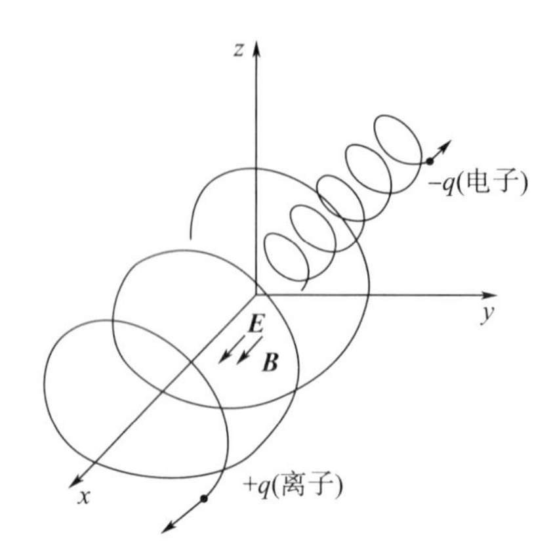

图 4－6 正离子和电子在指向 x 方向平行场中的运动

就会产生感应电流，而反过来，感应电流也会与所施加的场相互作用。

作为一个例子，我们来考虑图 4－7 所示意的旋转对称稳态电弧的情况。所应用的电场产生密度为 $\boldsymbol{j}$ 的电流，电流将产生一个自感应磁场 $\boldsymbol{B}$ 。自感应磁场与电流相互作用会产生一个磁体力

$$\boldsymbol{F}=\boldsymbol{j}\times\boldsymbol{B} \tag{4-63}$$

这个作用力施加到电弧柱上的影响解析描述需要用到动量方程和连续方程。忽略粘性作用，这些方程可以写为

$$\rho\frac{\mathrm{d}\boldsymbol{v}}{\mathrm{d}t}+\mathrm{grad}p=\boldsymbol{j}\times\boldsymbol{B} \tag{4-64}$$

$$\mathrm{div}(\rho\boldsymbol{v})=0 \tag{4-65}$$

式中 ρ ——等离子体密度；

$\boldsymbol{v}$ ——等离子体速度矢量；

p ——压强。

通常，对载流等离子体柱起到压缩作用（pinch effect）的力 $\boldsymbol{j}\times\boldsymbol{B}$ 可能会形成压力梯度和（或）加速等离子体。方程（4－65）确定了磁体力哪部分被用于等离子体的加速作用。对于一个旋转对称的电弧，电弧中产生的径向压力梯度及导致的超压可以表示为

$$\Delta p(r)=\int_r^R j(r)B(r)\,\mathrm{d}r \tag{4-66}$$

这里，R 是电弧外边缘的直径。

由于

$$\mathrm{rot}\boldsymbol{B}=\mu_0\boldsymbol{j} \tag{4-67}$$

可以得到

$$B(r)=\frac{\mu_0}{r}\int_r^R jr\,\mathrm{d}r \tag{4-68}$$

其中

$$\mu_0 = 1.26 \times 10^{-6}\ \mathrm{Hy/m}$$

式中　μ_0——磁导率常数。

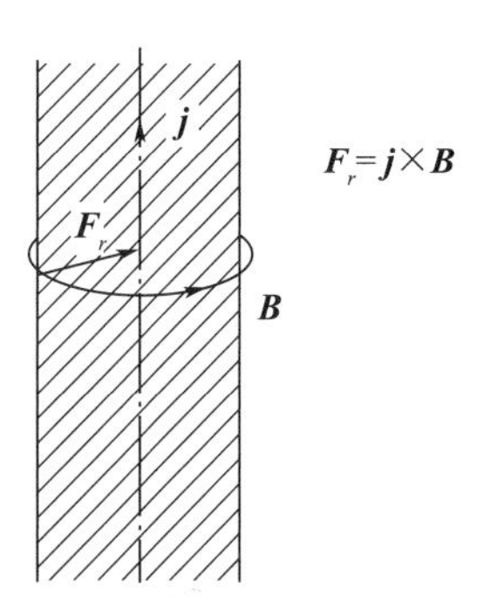

图 4-7　旋转对称电弧中电流密度 **j** 的自感应磁场 **B** 的生成及导致的磁体力

如果电流密度分布 $j(r)$ 已知，就可以计算得到 $p(r)$ 。假设在整个截面上为均匀的电流分布（一阶模式）

$$j = \frac{I}{\pi R^2} \tag{4-69}$$

式中　I——电弧总电流。

$\Delta p(r)$ 可以通过合并方程（4-66）、方程（4-68）和方程（4-69）得到

$$\Delta p(r) = \frac{\mu_0 I j}{4\pi}\left(1 - \frac{r^2}{R^2}\right) \tag{4-70}$$

也就是说，电弧中的超压与总的电弧电流和电流密度乘积成正比。

超压对于不变直径的电弧来说并不是很重要，典型超压在高电流电弧（$I < 10^3$ A）中占总压力 1%量级。但是，在有电弧通道收缩的情况下，超压就变得重要了。在第 1 章中已提到了由此产生的等离子体流。

4.4　热激发与电离

在这节中，我们假设只有粒子的热能对于激发和电离或对于粒子之间任何类型能量交换起作用。

对一个粒子集（大量粒子）赋予一个温度，意味着粒子的速度或粒子的能量服从一种特殊的分布，称为麦克斯韦-玻耳兹曼（Maxwell-Boltzmann）分布。在所有可接受的分布中，麦克斯韦-玻耳兹曼分布代表了最可能的分布。

麦克斯韦-玻耳兹曼分布的一个重要特征表现在速度以及动能分布函数中。粒子的动能出现在指数项中，即

$$\exp\left(-\frac{\text{动能}}{KT}\right)$$

玻耳兹曼证明了其他形式的能量（势能、化学能等）可以替换这个表达式中的动能（这种形式的表达式通常称为玻耳兹曼分布）。

下面一节将表述如何推导出玻耳兹曼分布。

4.4.1 玻耳兹曼分布

本节将仅介绍玻耳兹曼分布推导的基本知识。更详细的讨论读者可参阅 Lee 等人[7]。

假设一个系统中含有 N 个不可分辨的粒子（例如，在均匀气体中），总能量为 E 。能量在粒子中的分布可表示为

$$N_1, N_2, N_3, N_4, \cdots, N_i; \quad N = \sum_k N_k$$

$$E_1, E_2, E_3, E_4, \cdots, E_i; \quad N = \sum_k N_k E_k$$

当然，还有很多方式可使能量分布在 N 个粒子中，但问题是，这种可能性的方式有多少种?

我们知道，N 个对象（粒子）可以有 $N!$ 种排列方式，但是由于 N_1 个粒子有相同的能量 E_1，这些重复的必须通过除以 $N_1!$ 排除掉。同样有 N_2 个粒子具有相同的能量 E_2，也需要采用同样的方式处理，以此类推。最终的表达式可以写为

$$W = \frac{N!}{N_1!\ N_2!\ \cdots N_i!} = \frac{N!}{\prod_i N_i!} \tag{4-71}$$

式中，W 为热力学概率，它通常是一个很大的数。

在确定热力学概率时，假设每一种能量 E_k 对应于单一的能态，也就是说，在这种简单的分析中，排除了简并能态存在的可能性。如同第2章所述的氢（H）原子情况，属于单一能态的特征函数不止一个。量子力学中的简并性没有包含在导致方程（4-71）结果这种简单的统计中。使用量子统计原理（玻色-爱因斯坦统计法），可以考虑这种简并性，从而得到一个修正的热力学概率

$$W = \prod_k \frac{(g_k + N_k - 1)!}{(g_k - 1)!\ N_k!} \tag{4-72}$$

式中，g_k 为能态 E_k 的多样性（简并性）。这一点对方程（4-72）的统计性解释是有用的。

为了简化，这里只考虑单原子气体。在一个由 N 个原子组成的系统中，每个原子的位置和动量可以用一组6个坐标（笛卡儿坐标）(x, y, z, p_x, p_y, p_z）来描述，其中前3个为原子的位置，后3个为原子的动量（$p = mv$，m 是原子的质量）。

通过确定被称为相空间的六维空间（x, y, z, p_x, p_y, p_z），每个原子的状态可以根据它的位置和动量用相空间中的一个点（相点）来描述。

相空间可以分割为小的体积元

$$H = \mathrm{d}x\,\mathrm{d}y\,\mathrm{d}z\,\mathrm{d}p_x\,\mathrm{d}p_y\,\mathrm{d}p_z \tag{4-73}$$

其编号为1到 k 。这些单元必须保持足够大，使每个单元的相点数足够大（这个要求对于统计定律的应用是必须的）。

在给定的时刻，原子的位置与动量分布可以转换为相空间中的相点分布，如 N_1 相点落入单元1，N_2 相点落入单元2，…，N_k 相点落入单元 k ，这里

$$\sum N_k = N \tag{4-74}$$

这种分布被称为系统的宏观态（macrostate）。宏观态仅仅确定每个单元中的相点数，而不确定单元中的独立坐标。相反，微观态（microstate）通过完整地指定单元中全部相点的 6 个坐标来描述。很明显，一个确定的宏观态（每单元中的相点数）可以对应大量不同的微观态。

到目前为止，对于确定相空间中单个相点位置的精度方面似乎没有限制。但是，量子理论施加了这样的限制。根据海森堡（Heisenberg）的测不准原理，物理中任何具有作用维度（能量乘以时间）的量只能以 h 的倍数变化，即

$$\mathrm{d}p_x \mathrm{d}x \approx h\ ,\ \mathrm{d}p_y \mathrm{d}y \approx h\ ,\ \mathrm{d}p_z \mathrm{d}z \approx h$$

或

$$\mathrm{d}x \cdot \mathrm{d}y \cdot \mathrm{d}z \cdot \mathrm{d}p_x \cdot \mathrm{d}p_y \cdot \mathrm{d}p_z \approx h^3 \tag{4-75}$$

因此，在相空间中的体积元绝不会小于 h^3，也就是说，H 具有最小尺度

$$H_{\min} = h^3 \tag{4-76}$$

这种最小尺度称为间隔（g）。由于每个单元都必须包含大量的相点，一般情况下，一个单元将由多个间隔组成

$$g = \frac{H}{h^3} \gg 1 \tag{4-77}$$

尽管一个单元中的某个间隔的位置仍然可以通过一组 6 个坐标来确定，但不可能确定一个间隔中某个相点的坐标。这就是海森堡测不准原理的直接结果。

量子统计中的微观态通过明确单元中间隔的完整坐标来确定，而在这些间隔中，仅能够明确相点数目（不能明确它们的坐标）。

由于气体中的原子不断地运动且相互之间发生碰撞，相空间中相点的运动将会产生类似的行为，反映了实际空间中的这种运动和动量变化。因此，微观态会不断变化，于是出现了一个问题，是否存在任何首选的微观态？统计力学的一个基本假说指出，所有微观态都是等概率的，也就是说，经过足够长的时间周期，任何一种微观态出现的频率都与其他微观态是一样的。

乍一看，这个假说似乎不合理。例如，考虑一种可能的微观态，在这个微观态中，聚集在实际空间的小体积元中所有粒子都具有相同的动量。这种情况是完全不可能的。另外一种微观态是通过具有随机分布动量矢量的普通空间中原子的随机分布来确定的。这种微观态似乎比前一种微观态的可能性要大很多。尽管这两个微观态的描述很不相同，一旦两种微观态根据间隔的坐标完全确定，且在间隔中的相点已被定位，则两个微观态是同等可能的。微观态的完整描述使得它们具有同等可能。

作为一个例子，让我们考虑由 3 个骰子（白、黑、红）的面值表示的微观状态。一种可能的微观态是掷出三个 6 的面值，这种事件的概率是 $p_1 = 1/6^3$。另外一种可能的微观态是面值为 1、3、6。使用这些骰子，可以通过 6 种可能的方法得到指定的面值。对应的概

率为 $p_2'=6/6^3$，比第一种情况的概率要大很多。但是，由于描述不完整，第二种情况并不是一个微观态。完整的描述应该包括每个骰子的颜色及其面值。例如，白-1、黑-3、红-6 是一个完整的描述，得到这种面值的概率与第一种情况的概率相同，即 $p_2=1/6^3=p_1$。因此，两种微观态的完整描述表明它们是等概率的。

正如前面所指出的那样，很多微观态可表示为一个特定的宏观态。另外，由于相空间中相点的运动，宏观态也可变化。出现频率大的宏观态将具有大量相关的微观态。

与给定宏观态相关的微观态数目称为热力学概率（W），它通常是一个很大的数。热力学概率接近最大值的状态（这个特殊的宏观态具有最大微观态数）也是最大熵（$S=k\ln W$）的状态，因此也表示为平衡态。

为了确定玻耳兹曼分布（最可能的分布），必须找到 W 或 $\ln W$ 接近最大值的条件［见方程（4-72）］。在统计描述中，方程（4-72）中的 g_k 表示在单元 k 中的间隔数。

由于 N 和 N_k 都是大数，通过引入大数因子近似值可以简化方程（4-72）

$$\ln(x!)=\sum_{i=1}^{x}\ln i \tag{4-78}$$

如果 x 是一个非常大的数，式中的求和可以用一个积分近似表示

$$\ln(x!)=\sum_{i=1}^{x}\ln i\approx\int_1^x \ln i\cdot \mathrm{d}i=x\cdot\ln x-x+1 \tag{4-79}$$

该式被称为斯特令（Stirling）近似。

由于 x 是一个大数，方程（4-79）中最后部分的 1 与其他项相比可以忽略，因此

$$\ln(x!)=x(\ln x-1) \tag{4-80}$$

由于

$$\ln W=\sum_k[\ln(g_k+N_k-1)!-\ln(g_k-1)!-\ln N_k!] \tag{4-81}$$

与 N_k 和 g_k 相比，应用斯特令近似并且忽略式中的 1，可以得到

$$\ln W=\sum_k[(g_k+N_k)\ln(g_k+N_k)-g_k\ln g_k-N_k\ln N_k] \tag{4-82}$$

在相点向周围漂移的情况下，N_k 将会不断变化，W 和 $\ln W$ 也会变化。如果 $\ln W$ 的变化随着 N_k 变化而消失，则热力学概率将接近一个最大值

$$\delta(\ln W)=\sum_k[\ln(g_k+N_k^0)-\ln N_k^0]\delta N_k=0 \tag{4-83}$$

$$\sum_k\ln\left(\frac{g_k+N_k^0}{N_k^0}\right)\delta N_k=0 \tag{4-84}$$

式中　N_k^0——热力学平衡状态下子单元 k 内的相点数。

方程（4-84）中的量 N_k 并不是相互独立的，这是因为

$$N=\sum_k N_k=\text{常数}$$

及

$$\delta N=\sum_k\delta N_k=0 \tag{4-85}$$

此外，不管在相空间中的相点是如何分布的，系统的总能量应保持为常数，即

$$E_{总} = \sum_k N_k E_k = 常数 \tag{4-86}$$

及

$$\delta E_{总} = \sum_k E_k \delta N_k = 0 \tag{4-87}$$

从数学的角度来看，方程（4－84）、方程（4－85）和方程（4－87）表示带有附加条件的变分问题，附加条件是指系统的恒定粒子总数和恒定总能量。

这个问题可以采用拉格朗日（Lagrange）待定因子法求解。将方程（4－85）乘以（$-\ln B$）、方程（4－87）乘以（$-\beta$），然后将这些结果加到方程（4－84）中，得到

$$\sum_k \left[\ln\left(\frac{N_k^0 + g_k}{N_k^0}\right) - \ln B - \beta E_k \right] \delta N_k = 0 \tag{4-88}$$

在这个方程中，δN_k 是相互独立的，也就是说它们是可以任意选择的。因此

$$\ln\left(\frac{N_k^0 + g_k}{N_k^0}\right) = \ln B - \beta E_k$$

或

$$\frac{N_k^0}{g_k} = \frac{1}{B\exp(\mu E_k) - 1} \tag{4-89}$$

最后一个方程就是玻色-爱因斯坦（Bose－Einstein）分布函数表达式。

麦克斯韦-玻耳兹曼统计可以认为是更基本的量子统计中一个特例。麦克斯韦-玻耳兹曼统计以 $N_k^0 \ll g_k$ 为特征，即对于麦克斯韦-玻耳兹曼统计，相空间中的许多间隔是空的。在这种假设下，方程（4－89）简化为

$$\frac{N_k^0}{g_k} = \frac{1}{B\exp(\beta E_k)} \tag{4-90}$$

式中，$B \gg 1$，N_k^0 表示相点在相空间（麦克斯韦-玻耳兹曼分布）中最可能的（平衡）分布。由于这里只考虑平衡分布，可以将上标（0）去掉。常数 B 可以通过下式得到

$$N = \sum_k N_k = \frac{1}{B} \sum_k g_k \exp(-\beta E_k)$$

或

$$\frac{1}{B} = \frac{N}{\sum_k g_k \exp(-\beta E_k)} \tag{4-91}$$

这个方程的分母称为配分函数或所有态之和

$$Q = \sum g_k \exp(-\beta E_k) \tag{4-92}$$

将方程（4－91）和方程（4－92）代入方程（4－90）中，得到麦克斯韦-玻耳兹曼分布的最终形式

$$\frac{N_k}{N} = \frac{g_k}{Q} \exp(-E_k / kT) \tag{4-93}$$

式中，$\beta = 1/kT$ 可以根据热力学第二定律导出。

在推导麦克斯韦-玻耳兹曼分布时，并没有对能量 E_k 做什么限定，也就是说，E_k 可以是任意形式的能量（动能、化学势能等，包括这些能量的组合）。在下节中，将考虑 E_k 为化学能与动能之和的特殊情况。如果 E_k 仅代表粒子的动能，则方程（4-93）转化为分子能量或速度的麦克斯韦分布表达式。

方程（4-93）可用粒子密度除以系统的体积来表示

$$\frac{n_k}{n}=\frac{g_k}{Q}\exp(-E_k/kT) \tag{4-94}$$

如果方程中 n_k 代表量子态 k 下被激发的原子数密度，g_k 为它们的统计权重，E_k 为这种激发态的能量（基态下的能量 $E_1=0$），Q 为这种原子的配分函数，$n=\sum_k n_k$ 为包含激发态和非激发态在内的总原子数密度，则方程（4-94）描述了激发态的玻耳兹曼分布。

方程（4-94）可以通过增加一项附加的下标 r 而推广到 r 次电离的情况

$$\frac{n_{r,k}}{n_r}=\frac{g_{r,k}}{Q_r}\exp(-E_{r,k}/kT) \tag{4-95}$$

其中

$$Q_r=\sum g_{r,k}\exp(-E_{r,k}/kT)$$

$$n_r=\sum_k n_{r,k}$$

式中 $n_{r,k}$——量子态 k 下 r 次电离原子的数密度；

$g_{r,k}$——相对应的统计权重；

$E_{r,k}$——相对应的能量；

Q_r——r 次电离原子的配分函数；

n_r——r 次电离原子的数密度，而不管它们是否处于激发态。

在热力学平衡状态下，由方程（4-95）所描述的激发态粒子数目服从玻耳兹曼分布。这个事实是热等离子体研究中所关心的问题之一，热等离子体中粒子接近于热力学平衡态或局部热力学平衡态。因此，这种玻耳兹曼分布将在本书中被广泛应用。

4.4.2 Saha 平衡

Eggert 基于热力学原理独立推导出了描述热电离的方程，该方程现在被称为 Saha 方程。

由于与高能电子碰撞产生的电离是热等离子体中最重要的电离过程，我们将考虑中性原子 A 的一种碰撞

$$e_{快}+\mathrm{A}=\mathrm{A}^{+}+e_{慢}+e$$

在这个过程中，被释放的电子能量可以写为

$$E_1+\frac{1}{2m_e}(p_x^2+p_y^2+p_z^2) \tag{4-96}$$

第一项 E_1 表示电子与相关正离子之间的势能（电离能），第二项表示被释放电子的动能。如果 d^6n_e 是单元 $H=\mathrm{d}x\,\mathrm{d}y\,\mathrm{d}z\,\mathrm{d}p_x\,\mathrm{d}p_y\,\mathrm{d}p_z$ 内通过电离释放的电子数密度，则每个间隔内的

电子数为

$$\frac{d^6 n_e}{g_k} = \frac{d^6 n_e \cdot h^3}{H} \tag{4-97}$$

如果用 n_0 表示处于基态下的中性原子数密度，根据玻耳兹曼原理有

$$\left(\frac{d^6 n_e \cdot h^3}{H}\right) / n_0 \sim \exp\left\{-\frac{1}{kT}\left[E_I + \frac{1}{2m_e}(p_x^2 + p_y^2 + p_z^2)\right]\right\} \tag{4-98}$$

方程（4－98）没有考虑简并性效应。通过对整个体积和所有可能的动量进行积分得到

$$\frac{n_e}{n_0} \sim \frac{\Delta V}{h^3}\exp\left(\frac{-E_I}{kT}\right)\iiint_{-\infty}^{+\infty}\exp\left[\frac{-1}{2m_e kT}(p_x^2 + p_y^2 + p_z^2)\right]dp_x dp_y dp_z \tag{4-99}$$

由于

$$\int_{-\infty}^{+\infty}\exp\left(\frac{-1}{2m_e kT}p_x^2\right)dp_x = (2\pi m_e kT)^{1/2} \tag{4-100}$$

以及通过 p_y 和 p_z 的其他两个积分得到的与方程（4－100）具有同样结果，可以得到

$$\frac{n_e}{n_0} \sim \frac{\Delta V\ (2\pi m_e kT)^{3/2}}{h^3}\exp\left(\frac{-E_I}{kT}\right) \tag{4-101}$$

电子是在产生同样数目正离子的电离过程中得到的，因此，ΔV 是这样选择的，即释放了电子的离子将落入这个体积元中，也就是说，$\Delta V \cdot n_i = 1$，式中的 n_i 为离子密度。不考虑简并性，该表达式变为

$$\frac{n_e n_i}{n_0} \sim \left(\frac{2\pi m_e kT}{h^2}\right)^{3/2}\exp(-E_I/kT) \tag{4-102}$$

对于 r 次电离的原子并考虑简并性，得到更具有一般意义的表达式

$$\frac{n_e n_{r+1,0}}{n_{r,0}} = \frac{g_e g_{r+1,0}}{g_{r,0}}\left(\frac{2\pi m_e kT}{h^2}\right)^{3/2}\exp\left(\frac{-E_{r+1}}{kT}\right) \tag{4-103}$$

式中，E_{r+1} 表示一个从 r 次电离的原子变为一个 $(r+1)$ 次电离的原子所需要的能量。电子的统计权重是 2（由于有两个可能的自旋取向）。方程（4－103）称为 Saha 方程。考虑 r 次电离和 $(r+1)$ 次电离的原子（不仅仅是处于基态的原子）的总数，有

$$n_r = \sum_k n_{r,k} \text{ 和 } n_{r+1} = \sum_k n_{r+1,k}$$

可以得到另外一种形式的 Saha 方程

$$\frac{n_e n_{r+1}}{n_r} = \frac{2Q_{r+1}}{Q_r}\left(\frac{2\pi m_e kT}{h^2}\right)^{3/2}\exp\left(\frac{-E_{r+1}}{kT}\right) \tag{4-104}$$

式中，$Q_r = \sum g_{r,k}\exp(-E_{r,k}/kT)$，$Q_{r+1}$ 表达式与此类似。对于一次电离，根据上式重写 Saha 方程，可以得出

$$\frac{n_e n_i}{n} = \frac{2Q_i}{Q_0}\left(\frac{2\pi m_e kT}{h^2}\right)^{3/2}\exp(-E_I/kT) \tag{4-105}$$

式中，n 表示所有中性粒子的密度而不论它们是否处于其激发能级。由于 $p_e = n_e kT$ 表示电子气体的分压，则方程（4－103）和方程（4－104）可以表示为

$$\frac{n_{r+1,0}}{n_{r,0}}p_{e}=\frac{2g_{r+1,0}}{g_{r,0}}\frac{(2\pi m_{e})^{3/2}(kT)^{5/2}}{h^{3}}\exp(-E_{r+1}/kT) \tag{4-106}$$

$$\frac{n_{r+1}}{n_{r}}p_{e}=\frac{2Q_{r+1}}{Q_{r}}\frac{(2\pi m_{e})^{3/2}(kT)^{5/2}}{h^{3}}\exp(-E_{r+1}/kT) \tag{4-107}$$

方程（4－106）和方程（4－107）适用于等离子体中其他电离组分。

下面考虑一次电离情况，即

$$\frac{n_{e}n_{i}}{n}=\frac{2Q_{i}}{Q_{0}}\left(\frac{2\pi m_{e}kT}{h^{2}}\right)^{3/2}\exp(-E_{1}/kT) \tag{4-108}$$

并且令 $\bar{n}=n_{e}+n=n_{i}+n$ 。如果 ξ 为气体中被电离的原子部分，由于 $n_{i}=n_{e}$ ，可以得到

$$\xi=\frac{n_{e}}{n_{e}+n}=\frac{n_{i}}{n_{i}+n} \tag{4-109}$$

其中

$$n_{e}=\xi\bar{n}\ ,\ n_{i}=\xi\bar{n}\ ,\ n=(1-\xi)\bar{n}$$

应用道尔顿（Dalton）定律，$p=(n_{e}+n+n_{i})kT$ ，Saha 方程变为

$$\frac{\xi^{2}}{1-\xi^{2}}=\frac{2Q_{i}}{Q_{0}}\frac{(2\pi m_{e})^{3/2}(kT)^{5/2}}{h^{3}p}\exp(-E_{1}/kT) \tag{4-110}$$

其中

$$\xi=\xi(T,p,E_{1})\ ,\ Q_{r}=\sum_{s}g_{r,s}\exp(-E_{r,s}/kT)$$

由于受电场或磁场影响，等离子体中的电离水平会略有降低，需要对上面刚刚讨论的 Saha 方程进行一点修正。这里我们仅考虑电场的影响。等离子体中的带电粒子会产生微观电场，该电场会扩展能级，特别是较高能级，从而消除了简并现象。因此，在较高能级上的重叠，导致电离势降低 δE_{i} ，如图 4－8 所示。配分函数中的求和也会受到电离能减小的影响，这是因为在这个求和式中仅包含分立的能级。对于中等温度水平，在下面的求和中仅考虑前两或三项就足够了

$$Q_{r}=\sum_{k}g_{r,k}\exp(-E_{r,k}/kT) \tag{4-111}$$

对于氢或类似氢的元素，Unsöld 发现电离势的降低可表示为

$$\delta E_{i}=7\times10^{-9}n_{e}^{1/3} \tag{4-112}$$

式中，当 n 的量纲为［m^{-3}］时，δE_{i} 的单位是 eV。

在以下条件下，让我们来考虑氢的例子

$$T=2\ 000\,[\mathrm{K}]\ ,n_{e}=2\times10^{17}\,[\mathrm{cm}^{-3}]\ ,p=1\,[\mathrm{atm}]$$

在这种条件下，电离势降低 δE_{i} 约为 0.4 [eV] 。

对于所选择的一些气体和蒸气，电离度作为温度的函数如图 4－9 所示。用简化的电离能 E_{r+1}^{*} 可以将方程（4－104）重写为

$$\frac{n_{r+1}}{n_{r}}p_{e}=\frac{2Q_{r+1}}{Q_{r}}\left(\frac{2\pi m_{e}}{h^{3}}\right)^{3/2}(kT)^{5/2}\exp(-E_{r+1}^{*}/kT) \tag{4-113}$$

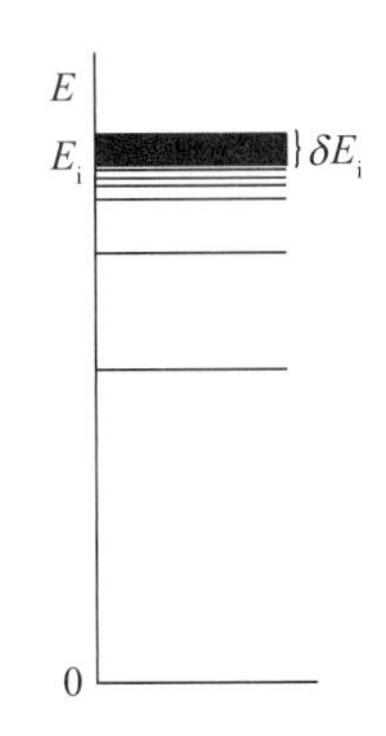

图 4-8 电离势降低 δE_i

将常数用近似值替换，可以得到实用形式的 Saha 方程

$$\log_{10}\left(\frac{n_{r+1}}{n_r}p_e\right)=-E_{r+1}^*\frac{5\,040}{T}+\frac{5}{2}\log T+\log_{10}\left(\frac{Q_{r+1}}{Q_r}\right)-0.48 \tag{4-114}$$

式中，E_{r+1}^* 的单位为 eV，p_e 的单位为 J/cm^3，n 的单位 cm^{-3}。

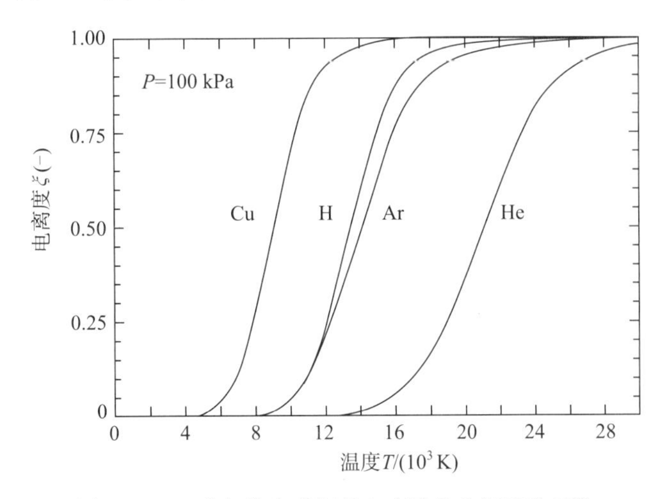

图 4-9 一些气体和蒸气的电离度作为温度的函数

4.4.3 完全热平衡（CTE）

首先考虑完全热平衡（CTE）态是有用的，即使这种状态在实验室条件下难以实现。为简化起见，假设等离子体由单原子气体或单原子气体混合物生成。

在一个均匀、各向同性等离子体中，如果动力学平衡、化学平衡且各已知的等离子体特性都是温度的单值函数，则等离子体处于完全热平衡（CTE）态。反过来，等离子体中所有组分的温度及其可能的化学反应温度都必须是相同的。更明确地说，必须满足下列条件：

1）等离子体中每个组分 r 的粒子，包括电子，其速度分布函数必须服从麦克斯韦-玻耳兹曼分布

$$f(v_r)=\frac{4v_r^2}{\sqrt{\pi}\left(\frac{2kT}{m_r}\right)^{3/2}}\exp\left(-\frac{m_r v_r^2}{kT}\right) \tag{4-115}$$

式中　v_r ——组分 r 的粒子速度；

m_r ——组分 r 的质量；

T ——组分 r 的温度。

每一种组分 r 的温度都是相同的，且均应与等离子体温度相同。

2）每一种组分 r 的激发态数密度必须服从玻耳兹曼分布

$$n_{r,k}=n_r\frac{g_{r,k}}{Q_r}\exp(-E_{r,k}/kT) \tag{4-116}$$

式中　n_r ——组分 r 的离子总的数密度；

Q_r ——组分 r 的配分函数；

$E_{r,k}$ ——第 k 个量子态的能量；

$g_{r,k}$ ——这种能态的统计权重，激发温度 T 以显式的形式出现在指数中，同时以隐式方式包含在配分函数 Q_r 中，激发温度与等离子体温度相同。

3）粒子密度（包括中性组分、电子和离子）由 Saha 方程来描述，Saha 方程可被认为是质量作用定律

$$\frac{n_e n_{r+1}}{n_r}=\frac{2Q_{r+1}}{Q_r}\frac{(2\pi m_e kT)^{3/2}}{h^3}\exp(-E_{r+1}/kT) \tag{4-117}$$

式中，E_{r+1} 表示一个从 r 次电离的原子生成（$r+1$）次电离的原子所需要的能量（电离能），方程中的电离温度 T 与等离子体温度相同。在 Saha 方程中不考虑电离势的降低。

4）电磁辐射场是普朗克（Planck）函数所描述的黑体辐射场

$$B_\nu^0=\frac{2h\nu^3}{c^2}\frac{1}{e^{h\nu/kT}-1} \tag{4-118}$$

式中　ν ——频率；

h ——普朗克常数；

c ——光速。

黑体辐射的温度同样与等离子体温度相同。

适用于方程（4-115）～方程（4-118）所描述的理想模型的等离子体必须处于一个假想的空腔内，它的壁面维持于等离子体温度或等离子体体积必须足够大使得该体积的中心（处于 CTE）不会感觉到边界的存在。这样，等离子体就能够被自身温度的黑体辐射所穿透。当然，实际的等离子体会偏离这种理想的条件。例如，由于相对于宽波长范围，大多数等离子体是光学薄的，因而所观测到的等离子体辐射会远小于黑体辐射。因此，一个气态辐射体的辐射温度会略微偏离等离子体组分的动力学温度或已经表述过的激发温度和电离温度。除了辐射损失外，等离子体还会承受传导、对流、扩散所引起的不可逆的能量损失，这也会破坏热力学平衡。因此，实验室的等离子体以及一些自然界等离子体都不能处于完全热平衡态。下面几节将讨论完全热平衡态的偏离和局部热平衡（LTE）态相关概念。

4.4.4 局部热平衡（LTE）概念

以下的讨论将限制在光学薄等离子体的情况，光学薄等离子体是实验室电弧或射频等离子体通常比较接近的情况。与 CTE 相比，在光学薄等离子体中的 LTE 不要求其辐射场与 LTE 温度的黑体辐射强度相近，但是要求碰撞过程（不是辐射过程）控制等离子体中的跃迁与反应，在碰撞过程中具有微观可逆性。换句话说，要求每个碰撞过程与其逆过程之间的细节是平衡的。各个碰撞速率方程的稳态解将产生与处于完全热平衡下的系统相同的能量分布，除了稀薄辐射外。局部热平衡还要求等离子体特性（温度、密度、热导率等）的局部梯度足够小，使得等离子体中的粒子从某一点到另一点的扩散有足够的时间达到平衡，即扩散时间与平衡时间为同一数量级或者更高。从平衡时间和粒子速度出发，可以推导出一个在等离子体特性梯度小的区域（如电弧中心）内较小平衡长度。因此，就空间变化而言，这样区域内更可能处于局部热平衡。源自非平衡等离子体源中心的重粒子扩散和谐振辐射有助于减小在源外围的有效平衡距离。

基于接近局部热平衡态的等离子体，在下面的几小节将系统地讨论关于 LTE 的重要假设。

4.4.4.1 动力学平衡

在一个大密度、多碰撞、高温的等离子体中，假设每种组元（电子气、离子气或中性气体）都服从麦克斯韦分布（除了接近壁面和电极的区域外）是一种可靠的假设。但是，对于不同组分来说，麦克斯韦分布中所定义的温度是不同的。下面我们将讨论这种导致双温度描述的情况。

例如，输送到电弧中的电能是以下面这种方式耗散的：具有高迁移率的电子从电场中获取能量并通过碰撞将部分能量传递给等离子体中的重组分。由于这种从电子到重粒子的连续能量流动必须在两种组分之间有“温度梯度”，也就是说，$T_e > T_h$。这里 T_e 为电子温度，T_h 为重粒子温度，并假设离子气和中性气体温度是相同的。

在以这种方式定义的双流体等离子体模型中，可以存在两个完全不同的温度 T_e 和 T_h。T_e 和 T_h 相互偏离的程度取决于两种组分之间的热耦合。忽略非弹性碰撞，假设由弹性碰撞所交换的能量等于电子从电场 E 中获得的能量，两种温度之间的差别能够通过能量平衡导出

$$\frac{3}{2}k(T_e - T_h)(2m_e/m_h) = eEv_d^e\tau_e \tag{4-119}$$

方程左边表示从一个质量为 m_e 的电子传递到质量为 m_h 的重粒子的能量部分［见方程（3-1）］。在方程右边，v_d^e 表示电子的漂移速度，定义为

$$\boldsymbol{v}_d^e = \mu_e \boldsymbol{E} \tag{4-120}$$

τ_e 为电子与重粒子两次碰撞之间的平均时间。应用方程（4-22）并令

$$\tau_e = \frac{l_e}{\bar{v}_e} \tag{4-121}$$

式中，$\bar{v}_e$ 为电子的平均热运动速度，可以得到

$$\frac{T_e - T_h}{T_e} = \frac{\pi m_h}{24 m_e} \frac{(l_e e E)^2}{(k T_e)^2} \tag{4-122}$$

对于氢来说，$\frac{\pi m_h}{24 m_e}$ 为243，电子沿着某个平均自由程方向获得的（定向的）能量（$l_e eE$）与电子的平均热运动能量（kT_e）相比是小量。等离子体组分在低场强、高压（$l_e \sim 1/p$）和高温下更容易达到动力学平衡。对场强和压力的需求通常可用参数 E/p 来概括。在以高电子温度、低重组分温度为特征的辉光放电中，假设 E/p 的值在 10^5 V/(m·Pa) 量级，而在典型的热电弧中，E/p 的值在 10^{-2} V/(m·Pa) 量级。在低压下可能会出现明显的偏离动力学平衡态。图1-3给出了压强降低时电弧的电子温度和气体温度是如何分离的。对于 $E=1\ 300$ V/m、$l_e=3\times10^{-6}$ m、$m_{Ar}/m_e=7\times10^4$、$T_e=30\times10^3$ K 的大气压下高强度氩弧，T_e 和 T_h 之间的偏离在1%量级（Finkelnburg 和 Maecker，1956）。

4.4.4.2 激发平衡

为了建立激发平衡的准则，必须考虑到导致激发和退激发的各种可能的过程。为简化起见，这里仅关心最重要（碰撞和辐射的激发与退激发）的机制（见3.4节和3.6节）：

1）激发：电子碰撞、光吸收；

2）退激发：第二类碰撞、光发射。

在完全热平衡（CTE）态下，微观可逆性对所有过程都必须成立，即上述中电子碰撞导致的激发必须与称为第二类碰撞的逆过程相平衡，由光吸收过程导致的激发必须与光发射过程相平衡，其中光发射过程包括自发辐射和诱导辐射。此外，激发态的总体也必须服从玻耳兹曼分布。

辐射过程的微观可逆性只有在等离子体辐射场接近于黑体辐射强度 B_ν^0 时才成立。但是，实际的等离子体通常在大部分频谱范围内是光学薄的，以致于激发平衡态似乎是不可能存在的。幸运的是，如果碰撞过程占主导地位，则光吸收与光发射相平衡不是必须条件，仅要求其和必须相等。因为当碰撞起主导作用时，光子对激发态原子的贡献几乎可以忽略，激发过程接近于局部热平衡态。

4.4.4.3 电离平衡

对于电离平衡，也仅考虑导致电离和复合的最主要机制。

1）电离：电子碰撞、光吸收；

2）复合：三体复合、光复合。

在有空腔辐射时的完全热平衡（CTE）态下，存在碰撞过程和辐射过程的微观可逆性，并且粒子密度能够用Saha方程来描述。没有空腔辐射时，光致电离的数目几乎可以忽略，这种情况下仅要求所涉及的所有过程总体上是平衡的（而不是微观可逆性成立）。光复合是不可忽略的，特别是在低电子密度情况下更是如此。其余三个基本过程的频率仅是电子密度的函数，导致（对于一定的电子密度）这些基本过程的频率数量级相同。在实际电子密度与预测电子密度［根据方程（4-117）］的结果之间有明显的偏离。只有电子

密度足够大时，Saha 方程才能给出准确的预测值。当电子密度较小时，必须使用仅考虑由电子撞击电离与光复合的电晕放电公式。例如，大气压下低强度电弧的粒子浓度必须使用这个公式计算。在高密度电弧、射频放电及等离子体喷流的外边缘，也会出现 Saha 方程预测的电子密度与真实电子密度之间的明显偏离。

总的来说，当下面条件都同时满足时，在一个稳态的、光学薄的等离子体中存在局部热平衡（CTE）态：

1）构成等离子体的各组分均服从麦克斯韦分布；

2）E/p 足够小且温度足够高，因而有 $T_e = T_h$；

3）碰撞是激发（玻耳兹曼分布）和电离（Saha 平衡）的主导机制；

4）等离子体特性的空间变化足够小。

4.4.5　局部热平衡的偏离

除了 LTE（基于 Saha 电离平衡）和电晕平衡两种极端情况之外，这两种限定性情况之间的条件也是有意义的。在这个范围内，三体复合以及辐射复合与退激发也很重要。在过去的 25 年中，有大量关于辐射-碰撞过程、LTE 及偏离 LTE 方面研究的报道。直到 1966 年，这些研究结果被总结到两本关于等离子体诊断的书中［Huddlestone 和 Leonard（1965）以及 Lochte - Holtgreven（1968）］。Drawin（1970）对 LTE 有效性条件进行了全面的回顾，包括完全局部热平衡（CLTE）和部分局部热平衡（PLTE）。这两者的区别与可能偏离理想玻耳兹曼分布的激发态能级数量有关。在光学薄等离子体情况下，相对于基态而言，处于较低激发态能级的数量趋向于减少。这种情况被称为 PLTE，前提是满足 LTE 的其他条件。在光学薄等离子体中，CLTE 所要求的电子密度 n_e 应足够大于不太严格的 PLTE 所要求的电子密度。

Griem（1964）对光学薄、各向同性等离子体建立了 CLTE 存在性准则

$$n_e \geqslant 9 \times 10^{23} \left(\frac{E_{21}}{E_{H^+}}\right)^3 \left(\frac{kT}{E_{H^+}}\right) (\mathrm{m}^{-3}) \tag{4-123}$$

式中　E_{21} ——基态到第一激发态能级之间的能隙；

E_{H^+} ——氢原子的电离能，大小为 13.58 eV；

T ——等离子体温度。

这个准则表明 CLTE 所要求的电子密度对最关键的第一激发态能量的敏感性。

很明显，在低电子密度区域，如壁面附近的等离子体区或在电弧的边缘及实验室规模的所有类型的低密度等离子体，将会出现偏离 CLTE 甚至偏离 PLTE 的情况。

很多年以来，在大气压下高电流电弧中 CLTE 的存在性一直没有被质疑，直至最近才在这种电弧中发现了 CLTE 的偏离问题。已经证明，在 300～400 A 电流的自由燃烧氩弧的中心部位，要接近 CLTE 状态，压强必须达到约 300 kPa。这个条件对应于中心的电子密度约为 $10^{24}\ \mathrm{m}^{-3}$。在这种电弧的外部区域，电子密度会显著降低到 $10^{24}\ \mathrm{m}^{-3}$ 以下，偏离 CLTE 的情况仍然存在。

近年来大量的分析及实验研究证明，高强度电弧中的 LTE（CLTE 或 PLTE）是一种

例外而不是准则。一些研究结果表明，除了处于较低能级的数量少以外，偏离 LTE 也常常归因于等离子体的强梯度和相关的扩散效应。在 Huddlestone 和 Leonard（1965）、Griem（1964）、Lochte - Holtgreven（1968）以及 Mitchner 和 Kruger（1973）的书中，对 LTE 和偏离 LTE 问题有更详细的讨论。

4.5 等离子体态的严格定义

正如第1章所指出的，由电子、离子和中性粒子以气态形式混合的等离子体总体上是电中性的。但是，这种等离子体的电中性仅适用于足够大体积的等离子体，即 $V > \lambda_D^3$，式中，λ_D 为德拜长度（Debye length），它是等离子体中的特征长度，德拜长度将在下节中进行讨论。

尽管等离子体可以在一级近似下处理为电中性，但在二级近似下必须考虑电中性的偏离问题，然而，这种偏离仅限于德拜长度量级的距离。

4.5.1 等离子体中的德拜长度

正离子被负离子电屏蔽（反之亦然）的概念是德拜和休克尔在1923年针对强电解液首次提出的。但是，这个概念也适用于气态的等离子体。

由于作用于带电粒子之间的库伦力，平均来说，一个正离子周围不止一个电子围绕，这种围绕的电子云对正离子电荷提供了一种有效的屏蔽。在正离子附近的负电荷聚集相当于一个净负的空间电荷，也就是说，在电子云尺度上出现了电中性的偏离，这个净负的空间被称为德拜球。在自然界德拜球是动态的且相互之间有重叠。

下面将针对电子密度 $n_e = n_i$（仅有单一的电离组分）的均匀等离子体，推导出德拜球尺度（或德拜长度）的表达式。在推导过程中，假设平衡的离子密度分布 $n_i = n_{i,0}$ 不被形成围绕正离子的电子云所影响，电子云中的电子构成了一种动态平衡以维持它们的麦克斯韦-玻耳兹曼分布，同时也不会出现与正离子复合的情况（势能 $eV \ll kT_e$）。

泊松（Poisson）方程描述了由负空间电荷所形成的电场，即

$$\mathrm{div}\boldsymbol{E} = \frac{1}{\varepsilon_0}\rho_{el} \tag{4-124}$$

其中

$$\boldsymbol{E} = -\mathrm{grad}V$$

$$\rho_{el} = e(n_i - n_e)$$

式中 $\boldsymbol{E}$ ——电场强度；

ε_0——介电常数；

ρ_{el} ——带电空间电荷。

在前面提出的假设下，空间电荷可以表示为

$$\rho_{el} = e\left[n_{i,0} - n_{e,0}\exp(eV/kT_e)\right] \tag{4-125}$$

式中，$n_{i,0}=n_{e,0}$，$n_{i,0}$ 和 $n_{e,0}$ 分别表示未扰动的电子分布和离子分布。

由于 $eV \ll kT_e$，下面的近似是成立的

$$\exp(eV/kT_e) \approx 1 + eV/kT_e \tag{4-126}$$

在这个近似下，方程（4－124）可写为

$$\nabla V = \frac{e}{\varepsilon_0} n_{e,0} \frac{eV}{kT_e}$$

或

$$\nabla V - \frac{1}{\lambda_D^2} V = 0 \tag{4-127}$$

其中

$$\lambda_D = (\varepsilon_0 k T_e / e^2 n_{e,0})^{1/2}$$

式中　∇——拉普拉斯算子；

λ_D——德拜长度。

引入球坐标系，我们发现由于球对称，有

$$\frac{d^2V}{dr^2} + \frac{2}{r}\frac{dV}{dr} - \frac{1}{\lambda_D^2} V = 0 \tag{4-128}$$

该微分方程的解为

$$V = A \cdot \frac{1}{r}\exp(-r/\lambda_D) + B \cdot \frac{1}{r}\exp(r/\lambda_D) \tag{4-129}$$

边界条件可以指定为

$$V = 0，当 r \to \infty 时$$

$$V = \frac{e}{4\pi\varepsilon_0}，当 r \to 0 时$$

采用上述边界条件，解的最终形式可写为

$$V = \frac{e}{4\pi\varepsilon_0 r}\exp(-r/\lambda_D) \tag{4-130}$$

方程（4－130）右边第一项描述了一个点电荷的库伦势，第二项表示对围绕该电荷的电子云的作用，屏蔽正离子的电势如图 4－10 所示。可以证明 $n_e\lambda_D^3 \gg 1$，即在半径为 λ_D 的德拜球内（为了简化，德拜球用 λ_D^3 来表示而不用 $\frac{4}{3}\pi\lambda_D^3$ 来表示）存在大量的电子

$$(n_e\lambda_D^3)^{2/3} = n_e^{\frac{2}{3}}\lambda_D^2 = n_e^{\frac{2}{3}} \frac{\varepsilon_0 k T_e}{e^2 n_e} = \frac{kT_e}{\frac{e^2}{\varepsilon_0} n_e^{\frac{1}{3}}} = \frac{动能}{势能} \gg 1 \tag{4-131}$$

定义 $\bar{d}$ 为带电粒子之间的平均距离（$\bar{d} = n_e^{-1/3}$），则项 $\frac{e^2}{\varepsilon_0 \bar{d}}$ 表示带电粒子之间的平均势能。由于德拜长度的推导是基于电子的动能远大于它们的势能的假设，因此方程（4－131）证实 $(n_e\lambda_D)^3 \gg 1$ 是成立的。

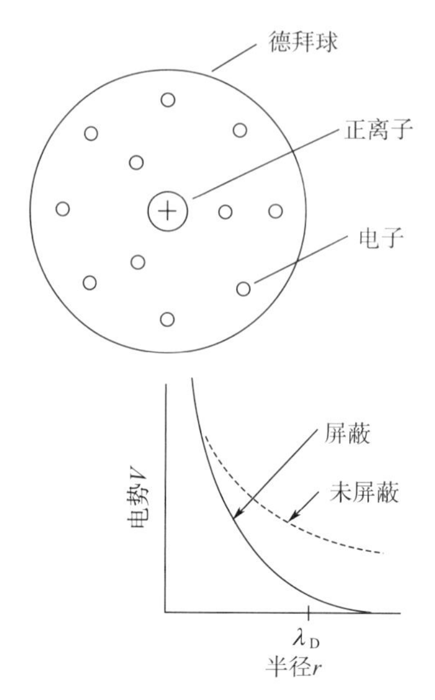

图 4－10　德拜球以及屏蔽与未屏蔽库伦势的变化

4.5.2　等离子体的特征长度

在这里，建立等离子体中特征长度的层次结构是有用的。

朗道参数是一个特征长度，在这个长度上相遇的电子和离子之间的势能和动能是平衡的，即

$$\frac{e^2}{4\pi\varepsilon_0 r_{\min}}=\frac{3}{2}kT_e$$

或

$$r_{\min}=\frac{e^2}{6\pi\varepsilon_0 kT_e} \tag{4-132}$$

这是等离子体中最小的特征长度，该特征长度仅取决于电子温度。当电子温度 $T_e=10^4$ K 时，这个特征长度近似为 10 Å，即接近原子尺度。离子和电子之间库伦相互作用的碰撞截面与朗道参数有直接关系

$$\sigma_{i-e}\sim\pi r_{\min}^2=\pi\left(\frac{e^2}{6\pi\varepsilon_0 kT_e}\right)^2 \tag{4-133}$$

当 $T_e=10^4$ K 时，这个碰撞截面在 10^{-18} m^2 量级。

另一个特征长度是前面已经提到的带电粒子之间的平均距离 $\bar{d}=n_e^{-1/3}$ 。当电子密度为 10^{22} m^{-3}时，这个距离约为 5×10^{-8} m。德拜长度作为等离子体中的一个重要特征长度，在前面已经讨论过了，根据表 4－1 可知，在 $T_e=10^4$ K、$n_e=10^{22}$ m^{-3} 的条件下，德拜长度近似为 7×10^{-8}m。

表 4-1　等离子体中典型的德拜长度值（单位为 m）

T_e /K \ n_e /m^{-3}	10^{16}	10^{18}	10^{20}	10^{22}	10^{24}
10^4	6.9×10^{-5}	6.9×10^{-6}	6.9×10^{-7}	6.9×10^{-8}	6.9×10^{-9}
10^5	2.2×10^{-4}	2.2×10^{-5}	2.2×10^{-6}	2.2×10^{-7}	2.2×10^{-8}
10^6	6.9×10^{-4}	6.9×10^{-5}	6.9×10^{-6}	6.9×10^{-7}	6.9×10^{-8}

其他特征长度参数是电子和离子的平均自由程和等离子体自身尺度。在前面所采用的条件下，平均自由程在 10^{-6} m 量级。对于大气压下的氩等离子体，各特征长度随温度的变化如图 4-11 所示。

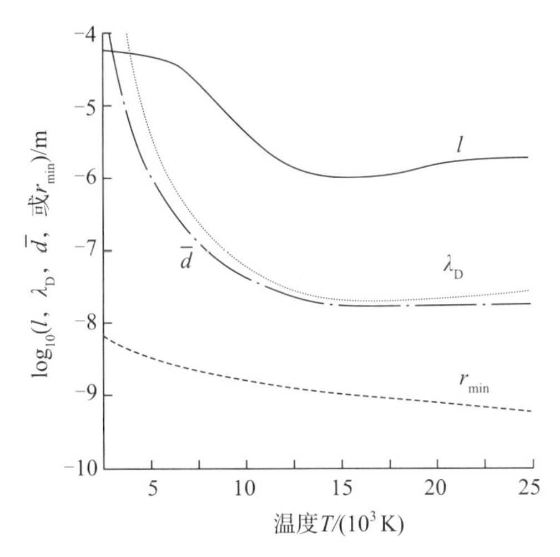

图 4-11　大气压下氩等离子体的平均自由程 l 、德拜长度 λ_D 、
带电粒子平均距离 $\bar{d}$ 、朗道参数 r_{min} 随温度的变化[8]

如果等离子体特征尺度 L 满足 $L \gg l$ ，则等离子体以碰撞为主，反之为无碰撞等离子体，其中 $L < l$ 。本书中所讨论的所有等离子体均为碰撞等离子体。

4.6　准中性

如果净空间电荷较小，则在等离子体中准中性成立，这是因为与德拜长度相比体积较大，即

$$|n_i - n_e| \ll n_e, n_i (= n_c) \tag{4-134}$$

与以前一样，假设 n_e、n_i、n_c 为无扰动的等离子体密度，其中，$n_e = n_i = n_c$ 。

任何偏离准中性的情况都会受到电荷分离产生的电场的反作用，从而呈现出恢复准中性的趋势。

作为一个例子，让我们来计算电子密度 $n_e = 5\times10^{22}$ m^{-3} 的等离子体中，由于电荷很小的分离（$\Delta x = 10^{-10}$ m）所产生的电场。应用一维形式的泊松方程，可以得到

$$\left|\frac{\mathrm{d}E}{\mathrm{d}x}\right| = \frac{e}{\varepsilon_0} n_e$$

或

$$|E| = \frac{e}{\varepsilon_0} n_e \cdot \Delta x \approx 9 \times 10^4 \ \mathrm{V/m} \tag{4-135}$$

这个结果清楚地表明，由于电荷分离所引起的强电场作用，在稠密等离子体中分离电荷是非常困难的。下面我们将考虑等离子体特性的陡峭梯度引起的扩散和磁场作为电荷分离的可能机制。

4.6.1 扩散引起的带电粒子分离

如前所述，等离子体中带电粒子的扩散以双极扩散为主导。受库伦力相互作用的带电粒子不能独立扩散，除非扩散的驱动力足以克服库伦力作用。如方程（4-135）所示，对于低电子密度（带电粒子之间平均距离大）和对应库伦力小的情况，这个过程就变得很容易。正如在4.3.2节中所看到的，源于双极扩散的电场可以表示为

$$\boldsymbol{E} = -\frac{D_e}{\mu_e}\frac{1}{n_e}\mathrm{grad}n_e \tag{4-136}$$

应用爱因斯坦（Einstein）关系式

$$\frac{D_e}{\mu_e} = \frac{kT_e}{e} \tag{4-137}$$

方程（4-136）变为

$$\boldsymbol{E} = -\frac{kT_e}{e}\mathrm{grad}(\ln n_e) \tag{4-138}$$

为对方程（4-138）进一步估算，对于低电子密度n_e情况，需要一个大气压条件下形式为$n_e = f(T_e)$的关系式。这个关系式就是下面将要用到的科伦纳（Corona）方程

$$n_e \sim \exp(-E_r/kT_e)$$

使用这个关系式，方程（4-138）变为

$$\boldsymbol{E} = -\frac{E_r}{e}\frac{\mathrm{grad}T_e}{T_e}$$

或

$$\mathrm{div}\boldsymbol{E} = -\frac{E_r}{e}\mathrm{div}[\mathrm{grad}(\ln T_e)] \tag{4-139}$$

由于

$$\frac{|n_i - n_e|}{n_e} = \frac{|\varepsilon_0 \mathrm{div}\boldsymbol{E}|}{en_e} = \frac{\varepsilon_0 E_r}{n_e e^2}\mathrm{div}[\mathrm{grad}(\ln T_e)] \ll 1 \tag{4-140}$$

对于方程（4-140）中，$\mathrm{div}[\mathrm{grad}(\ln T_e)] = 10^6 \ \mathrm{m}^{-2}$，且典型电离能$E_r = 10$ eV的情况，当电子密度$n_e > 10^{15} \ \mathrm{m}^{-3}$时，准中性仍然成立。当电子密度$n_e < 10^{15} \ \mathrm{m}^{-3}$时，只要存在较大的电子密度梯度，就能够产生由扩散导致的带电粒子分离。

4.6.2　磁场引起的带电粒子分离

从原理上讲，因为垂直带电粒子轨道分量的磁场会产生前面所讨论过的洛伦兹力（见 4.3.3 节），而洛伦兹力对于正负带电粒子的作用方向相反，所以在等离子体中应用外加磁场或自身感应磁场，使得带电粒子分离是可能的。

在下面的讨论中，将考虑旋转对称电弧中自感应磁场作为一种可能的带电粒子分离的源。

假设无扰动等离子体以 $n_e = n_i = n_c$ 为特征。因此，准中性条件可表示为

$$\frac{|n_e - n_i|}{n_c} = \frac{\varepsilon_0 \mathrm{div}\boldsymbol{E}_r}{en_c} \ll 1 \tag{4-141}$$

式中　$\boldsymbol{E}_r$ ——指向半径方向上的感应电场。

这个电场以相反的方向驱动电子和正离子，同时建立一个与磁体力 $\boldsymbol{F}_r$ 相平衡的力

$$\boldsymbol{F}_r = en_e\boldsymbol{E}_r = \boldsymbol{j} \times \boldsymbol{B} \tag{4-142}$$

式中　$\boldsymbol{j}$ ——维持电弧的电流密度；

　　$\boldsymbol{B}$ ——自感应的磁感应强度。

从方程（4-142）出发，可以导出

$$\mathrm{div}\boldsymbol{E}_r = \frac{1}{en_e}\mathrm{div}(\boldsymbol{j} \times \boldsymbol{B}) \tag{4-143}$$

由于 $\boldsymbol{j} = \boldsymbol{j}_e + \boldsymbol{j}_i \approx \boldsymbol{j}_e = en_e\boldsymbol{u}_e$，可以得到

$$\mathrm{div}\boldsymbol{E}_r = \mathrm{div}(\boldsymbol{u}_e \times \boldsymbol{B}) \tag{4-144}$$

式中　$\boldsymbol{u}_e$ ——电子漂移速度。

由于 $\mathrm{div}(\boldsymbol{u}_e \times \boldsymbol{B}) = \boldsymbol{u}_e \cdot \mathrm{rot}\boldsymbol{B} - \boldsymbol{B} \cdot \mathrm{rot}\boldsymbol{u}_e$，而 $\mathrm{rot}\boldsymbol{u}_e = 0$，方程（4-144）变为

$$\mathrm{div}\boldsymbol{E}_r = \boldsymbol{u}_e \cdot \mathrm{rot}\boldsymbol{B} \tag{4-145}$$

对于稳恒电流，麦克斯韦方程之一为

$$\mathrm{rot}\boldsymbol{B} = \mu_0\boldsymbol{j} \tag{4-146}$$

因而有

$$\mathrm{div}\boldsymbol{E}_r = \mu_0 en_e u_e^2 \tag{4-147}$$

将方程（4-147）引入方程（4-141）中，得到

$$\frac{|n_e - n_i|}{n_e} = \varepsilon_0\mu_0 u_e^2 \tag{4-148}$$

（$\varepsilon_0 = 8.86 \times 10^{-12}$ As/Vm，$\mu_0 = 1.256 \times 10^{-6}$ Vs/Am，$\varepsilon_0\mu_0 = 1/c^2$，式中 c 为光速）。最后，准中性条件由下式确定

$$\frac{|n_e - n_i|}{n_c} = \frac{u_e^2}{c^2} \ll 1 \tag{4-149}$$

从这个条件可以看出，要形成宏观的带电粒子分离现象，电子的漂移速度必须要接近光速。对于这里感兴趣的热等离子体，$u_e \ll c$（见 4.3.1 节），也就是说，自感应磁场不会造

成带电粒子的分离。在外加磁场情况下，可以证明在热等离子体中分离带电粒子需要很强的磁场。

4.7 等离子体鞘层

如前几节所述，等离子体总是趋于维持电中性。根据定义，热等离子体是以相对高带电粒子密度为特征的，因此，趋于电中性对于热等离子体更是如此。等离子体中电荷不平衡被限于德拜长度量级区域之内。在固体或液体边界附近存在一个电荷不平衡的区域，称之为鞘层。例如，在等离子体容器壁面、电极、等离子体内埋探针上都发现有鞘层。等离子体在壁面上通过鞘层来满足边界条件，鞘层有时也被称为电边界层，用于固相或液相等离子体中的电传导的转换。

在等离子体容器壁面的典型热边界层中，在覆盖表面的热边界层底部鞘层厚度要比含有多个平均自由程厚度的热边界层厚度小几个数量级。通过考察德拜长度的大小可明显地看到这个事实

$$\lambda_D = \left(\frac{\varepsilon_0 k T_e}{e^2 n_e}\right)^{1/2} = 69.1\left(\frac{T_e}{n_e}\right)^{1/2} \tag{4-150}$$

如果 n_e 的单位为 m^{-3}，T_e 的单位为 K，则上式以 m 为单位给出德拜长度的数值。典型的数值已列入表 4-1 中。在本书重点讨论的热等离子体中，德拜长度在 10^{-8}～10^{-7} m 范围内，而在这样的等离子体中平均自由程在 10^{-6}～10^{-5} m 范围内。这个值证实了前面关于鞘层厚度与热边界层厚度之间比较给出的说法。

对于一个浮动电位的壁面（无净电流），由于电子具有较大的迁移率，初始时刻它们会以高于正离子的速度接近壁面，从而为壁面充负电。因此，由于正离子被壁面吸引而电子被壁面排斥，在鞘层中形成了一个净正空间电荷。这种情况的示意图如图 4-12 所示，图中给出了鞘层中的净正空间电荷。

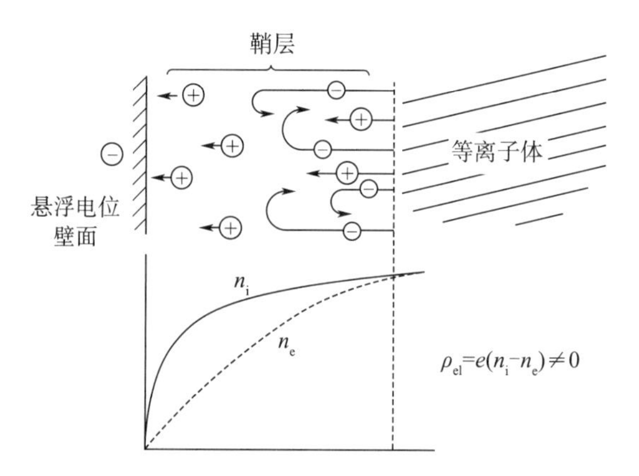

图 4-12　正空间电荷与带电粒子在鞘层内的运动

在悬浮壁面或偏负壁面（这种情况与在壁前面形成负空间电荷所对应的偏正壁面相

似）的假设下，计算平面壁附近的鞘层电位分布。为了简化，将假设为一维情况（壁面长度远大于鞘层厚度）。

使用泊松方程

$$\Delta V = -\frac{\rho_{el}}{\varepsilon_0} \tag{4-151}$$

对于一维情况，有

$$\frac{d^2V}{dy^2} = -\frac{e}{\varepsilon_0}(n_i - n_e) \tag{4-152}$$

式中　y ——垂直于壁面的坐标。

在鞘层内部，$V < 0$，带电粒子密度可表示为

$$n_e = n_{e0}\exp\left(\frac{eV}{kT}\right)$$

$$n_i = n_{i0}\exp\left(\frac{-eV}{kT}\right) \tag{4-153}$$

其中

$$n_{e0} = n_{i0}$$

式中　n_{e0}，n_{i0} ——未扰动情况下等离子体中带电粒子密度。

方程（4－153）中的第二部分是近似成立的，即假设了鞘层中正离子也服从玻耳兹曼分布。这个近似只有在 $kT \gg eV$ 时才成立。基于这个假设，空间电荷密度可表示为

$$\rho_{el} = en_{e0}\left[1 - \frac{eV}{kT} - \left(1 + \frac{eV}{kT}\right)\right] = -2n_{e0}\frac{eV}{kT} \tag{4-154}$$

将方程（4－154）代入方程（4－152）中，得到

$$\frac{d^2V}{dy^2} - \frac{1}{\lambda_D^2}V = 0 \tag{4-155}$$

其中

$$\lambda_D = \left(\frac{\varepsilon_0 kT}{n_{e0}e^2}\right)^{1/2}$$

在 $y = 0$ 处 $V = V_0$ 的边界条件下，方程（4－155）的解为

$$V = V_0\exp(-\sqrt{2}y/\lambda_D) \tag{4-156}$$

式中　V_0——假设的壁面悬浮电位或壁面的偏负电位。

图 4－13 给出了这个结果的示意图。

鞘层厚度与德拜长度的量级相同。由于鞘层中的指数电位变化，鞘层边缘的定义具有一定的任意性。不同文献认为鞘层的边缘在 1 倍德拜长度到 10 倍德拜长度范围之间。

由于总是假设空间电荷与壁面电位符号相反，因此这个壁面电位有效地“屏蔽”了等离子体，即施加到等离子体上的任何电子干扰仅在鞘层厚度上（$\sim \lambda_D$）能够感觉到。这个事实在电探针作为等离子体诊断手段的应用中非常重要。

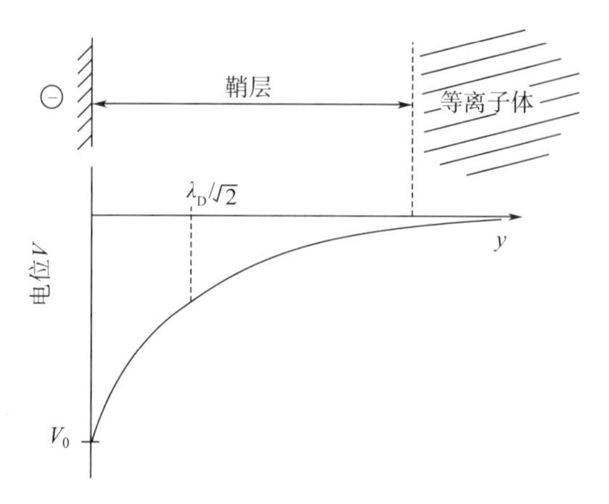

图4-13　鞘层内电位变化

符号表

$\boldsymbol{B}$	磁感应强度（Vs/m^2）
B_ν^0	黑体辐射强度［$J/(ster \cdot m^2)$］
c	光速（$c=3\times10^8$ m/s）
D_a	双极扩散系数（m^2/s）
D_e	电子扩散系数（m^2/s）
D_i	离子扩散系数（m^2/s）
e	电子电荷（1.6×10^{-19} As）
$\boldsymbol{E}$	电场（V/m）
$\boldsymbol{E}_r$	径向电场（V/m）
E_{r+1}^*	电离能的减小量$=E_{r+1}-\delta E_{r+1}$（eV）
E_1	电离能（eV）
E_{H^+}	氢原子电离能（13.6 eV）
$E_{r,k}$	组元r在激发态k的化学能（cm^{-1}）
$f(v)$	麦克斯韦分布（s/m）
$\boldsymbol{F}_r$	径向力（N）
g	在相空间体积元$dx\cdot dy\cdot dz\cdot dp_x\cdot dp_y\cdot dp_z$中的分隔数（$h^3$）
g_k	激发态k的统计权重
$g_{r,k}$	在激发态k下r次电离粒子的统计权重
h	普朗克常数（6.6×10^{-34} Ws^2）
H	相空间中的体积元：$dx\cdot dy\cdot dz\cdot dp_x\cdot dp_y\cdot dp_z$
I	电弧电流（A）
j	电流密度（A/m^2）

j_e	电子流密度（A/m²）
j_i	离子流密度（A/m²）
$\boldsymbol{j}_k$	k 型粒子流量（$m^{-2}s^{-1}$）
k	玻耳兹曼常数（1.38×10^{-23} J/K）
l_e	电子的平均自由程（m）
l_i	离子的平均自由程（m）
m_e	电子质量（9.11×10^{-31} kg）
M	离子质量（kg）
n_e	电子密度（m^{-3}）
$n_{r,k}$	处于激发态 k 下 r 次电离粒子数密度（m^{-3}）
N_k	处于激发态 k 下的粒子数
p	总压（Pa）
p_x	动量分量（$p_x=mv_x$）
p_y	动量分量（$p_y=mv_y$）
p_z	动量分量（$p_z=mv_z$）
q	电子电荷（As）
Q_r	化学组元 r 的配分函数
r_L	圆周运动的拉莫尔半径［$r_L=mv_\perp/(qB)$］（m）
r_{min}	朗道参数（m）
R	电弧半径（m）
$\boldsymbol{s}_e$	在 τ_e 时间间隔内电子的运动距离（m）
S_k	源项［见方程（4－35）］（$m^{-3}s^{-1}$）
t	时间（s）
T	温度（K）
T_e	电子温度（K）
T_h	重粒子温度（K）
T_k	两次碰撞之间电子获取的最大动能（J）
$\boldsymbol{u}_e$	电子漂移速度（m/s）
$\overline{\boldsymbol{u}}_e$	平均电子漂移速度（m/s）
$\boldsymbol{u}_i$	离子漂移速度（m/s）
$\overline{\boldsymbol{u}}_i$	平均离子漂移速度（m/s）
$\boldsymbol{v}$	粒子速度（m/s）
$\boldsymbol{v}_e$	电子速度（m/s）
$\overline{v}_e$	平均电子速度（m/s）
$\overline{v}_i$	平均离子速度（m/s）
$\boldsymbol{v}_d^e$	平均电子漂移速度（m/s）

$\boldsymbol{v}_D$	在磁场和电场中电子漂移速度（m/s）
$v_\parallel$	平行磁场方向的带电粒子速度分量（m/s）
$v_\perp$	垂直磁场方向的带电粒子速度分量（m/s）
V	电位（V）
W	热力学概率
x	位置坐标（m）
X	化学组分
X^+	单电离化学组分
y	位置坐标（m）
z	位置坐标（m）

希腊字母符号表

β	拉格朗日乘子（$\beta=1/kT$）(J^{-1})
δE_i	电离势降低（eV）
δN	粒子数变化
$\Delta p(r)$	压强沿等离子体半径变化（Pa）
ε_0	介电常数（$\varepsilon_0=8.86\times10^{-12}$ As/Vm）
γ_e	Gvosdover 参数
λ_D	德拜长度（m）
Λ	特征扩散长度（m）
μ_e	电子迁移率[m^2/(V·s)]
μ_i	离子迁移率[m^2/(V·s)]
μ_0	磁导率常数（$\mu_0=1.26\times10^{-6}$ Hy/m）
ν_i	静电离系数
ξ	气体中电离原子的比率
ρ	质量密度（kg/m^3）
ρ_{el}	空间电荷（C/m^3）
σ_e	电导率（$ohm^{-1}m^{-1}$）
τ_e	电子平均自由飞行时间（s）
ω_e	拉莫尔频率（s^{-1}）
∇	拉普拉斯算子

常用书目

[1] Drawin, H. W., "Spectroscopic Measurement of High Temperatures (A Review)," High Temp. High Pressures 2 (1970) 359.

[2] Finkelnburg, W. and H. Maecker, "Elektrische Bögen und thermisches Plasma," in Encyclopedia of Physics, S. Flügge, ed., Vol. 22, Berlin: Springer-Verlag, 1956, p. 254.

[3] Griem, H. R., Plasma Spectroscopy, New York: McGraw-Hill, 1964.

[4] Hirsh, M. N. and H. J. Oskam, eds., Gaseous Electronics, Vol. 1, Electrical Discharges, New York: Academic Press, 1978.

[5] Huddlestone, R. H. and S. L. Leonard (eds.), Plasma Diagnostic Techniques, New York: Academic Press, 1965.

[6] Lee, J. F., F. W. Sears, and D. L. Turcotte, Statistical Thermodynamics, 2nd ed., Reading, Mass.: Addison-Wesley, 1973.

[7] Lochte-Holtgreven, W. (ed.), Plasma Diagnostics, Amsterdam: North-Holland, 1968.

[8] Loeb, L. B., Basic Processes of Gaseous Electronics, Berkeley and Los Angeles: University of Califomia Press, 1961.

[9] Massey, H. S. and E. H. Burhop, Electronic and Ionic Impact Phenomena, Vol. 1, 2nd ed., Oxford: Clarendon Press, 1969.

[10] Massey, H. S., Electronic and Ionic Impact Phenomena, Vol. 2, 2nd ed., Oxford: Clarendon Press, 1969.

[11] Massey, H. S., Electronic and Ionic Impact Phenomena, Vol. 3, 2nd ed., Oxford: Clarendon Press, 1971.

[12] Massey, H. S. and H. B. Gilbody, Electronic and Ionic Impact Phenomena, Vol. 4, 2nd ed., Oxford: Clarendon Press, 1974.

[13] Mitchner, M. and C. H. Kruger Jr., Partially Ionized Gases, New York: Wiley, 1973.

参 考 文 献

[1] S. D. Gvosdover, Phys. Z. Sov. 12 (1937): 164.

[2] M. Mitchner and C. H. Kruger, Jr., Partially Ionized Gases (New York: Wiley, 1973).

[3] A. B. Cambel, Plasma Physics and Magnetofluid Mechanics (New York: McGraw - Hill, 1963).

[4] W. P. Allis, "Motion of Ions and Electrons," in Encyclopedia of Physics, Vol. 21 (Springer - Verlag, Berlin, 1956): 383.

[5] G. Schmidt, Physics of High Temperature Plasmas, 2nd ed. (New York: Academic Press, 1979).

[6] M. A. Uman, Introduction to Plasma Physics (New York: McGraw - Hill, 1964).

[7] J. F. Lee, F. W. Sears, and D. L. Turcotte, Statistical Thermodynamics, 2nd ed. (Reading, Mass: Addison - Wesley, 1973).

[8] C. Delalondre, "Modélisation aérothermodynamique d'arcs électroniques à forte intensité avec prise en compte du déséquilibre thermodynamique local et du transfert thermique à la cathode," These (Université de Rouen, 1990).

第 5 章　等离子体方程的推导

与前述各章考虑粒子的微观行为相比，本章将处理各种等离子体组分（电子，离子，中性粒子）在外部力及内部力的影响下宏观尺度上运动的问题①。

这种处理限定于热等离子体，这种等离子体可以很方便地通过电弧和高功率射频放电产生，其温度是最重要的参数。因而，等离子体方程的推导（对于电流、质量、热流等）将基于热力学与不可逆过程热力学。虽然遗留了系数（例如，摩擦系数或扩散系数）绝对值开放的问题，这一特别的方法为控制此类等离子体行为的各种效应的探索提供了直接的方法。这些值将由动力学理论推导出来。

5.1　定义

等离子体由 k 种组分混合而成。等离子体中的化学反应、粒子密度与温度梯度，以及等离子体组分的宏观速度都是允许存在的。

质心速度 $\boldsymbol{v}_g$ 如下式

$$\rho \boldsymbol{v}_g = \sum_k \rho_k \boldsymbol{v}_k \tag{5-1}$$

其中

$$\rho = \sum_k \rho_k$$

式中　ρ_k，$\boldsymbol{v}_k$ ——分别表示每个组分的质量密度和速度。

质量浓度由下式给出

$$c_k = \frac{\rho_k}{\rho}, \text{其中} \sum c_k = 1 \tag{5-2}$$

相对于质心组分 k 的质量流量是

$$\boldsymbol{I}_k = \rho_k (\boldsymbol{v}_k - \boldsymbol{v}_g) \tag{5-3}$$

并有 $\sum_k \boldsymbol{I}_k = 0$。

5.2　守恒方程

5.2.1　质量守恒

质量守恒方程有四种形式；其中两个适用于单一组分，另外两个适用于整个混合物

① 本章的材料主要来自 W·芬克恩堡和 H·梅克尔对《电弧与热等离子体》一书的综合处理[1]。

$$\frac{\partial \rho_k}{\partial t} + \mathrm{div}(\rho_k \boldsymbol{v}_k) = \Gamma_k \tag{5-4}$$

$$\rho \frac{\mathrm{d}c_k}{\mathrm{d}t} + \mathrm{div}(\boldsymbol{I}_k) = \Gamma_k \tag{5-5}$$

$$\frac{\partial \rho}{\partial t} + \mathrm{div}(\rho \boldsymbol{v}_g) = 0 \tag{5-6}$$

$$\frac{\mathrm{d}\rho}{\mathrm{d}t} + \rho(\mathrm{div}\boldsymbol{v}_g) = 0 \tag{5-7}$$

其中，Γ_k 表示组分k 的粒子生成速率［单位：kg/($\mathrm{m}^3 \cdot \mathrm{s}$)］。式（5－6）由式（5－4）对所有组分求和，并考虑 $\sum_k \Gamma_k = 0$ 而得到。应用式（5－2）、式（5－3）和式（5－6）及下面这个导数方程

$$\frac{\mathrm{d}}{\mathrm{d}t} = \frac{\partial}{\partial t} + (\boldsymbol{v}_g \cdot \mathrm{grad})$$

式（5－5）可简化为式（5－4）。最后的式（5－7）也可以通过引入上述导数方程验证。

5.2.2　动量守恒

只有外力能够改变重心。因而，总混合物的动量方程，仅包括外力，见表5－1。

表5－1　总混合物的动量方程

	力	力/单位质量
重力	$m_k \boldsymbol{g}$	$\boldsymbol{g}$
电力	$e_k \boldsymbol{E}$	$\frac{e_k \boldsymbol{E}}{m_k}$
磁力	$e_k(\boldsymbol{v}_k \times \boldsymbol{B})$	$\frac{e_k}{m_k}(\boldsymbol{v}_k \times \boldsymbol{B})$
压力	$\frac{m_k}{\rho_k}\mathrm{grad}p_k$	$\frac{1}{\rho_k}\mathrm{grad}p_k$

这些例子中，m_k 表示组分k 的质量，e_k 表示组分k 的电荷，p_k 表示组分k 的压强，$\boldsymbol{g}$ 是重力加速度，$\boldsymbol{E}$ 是电场强度，$\boldsymbol{B}$ 是磁感应强度。

整体的动量方程与流体动力学方程相同，可假设具有如下形式

$$\rho \frac{\mathrm{d}\boldsymbol{v}_g}{\mathrm{d}t} = -\mathrm{grad}p + \sum_k \rho_k \boldsymbol{F}_k \tag{5-8}$$

每种组分对应的方程不能由式（5－8）导出，这是因为，除外力之外，它们还包含内力，如各组分间摩擦力。

5.2.3　能量守恒

我们假设给定系统的总能量由动能和热能组成。用 $\boldsymbol{v}_g$ 乘以式（5－8），可以得到动能

$$\frac{1}{2}\rho \frac{\mathrm{d}}{\mathrm{d}t}v_g^2 = -\boldsymbol{v}_g \cdot \mathrm{grad}p + \boldsymbol{v}_g \cdot \sum_k \rho_k \boldsymbol{F}_k \tag{5-9}$$

根据热力学第一定律，于是有

$$\delta q = \mathrm{d}u_g + p\,\mathrm{d}v_0 \tag{5-10}$$

其中，q 和 u_g 分别表示单位质量的热能和内能，$v_0 = 1/\rho$ 是比体积。式（5－10）可以写为

$$\rho\frac{\delta q}{\mathrm{d}t} = \rho\frac{\mathrm{d}u_g}{\mathrm{d}t} + p\,\mathrm{div}\boldsymbol{v}_g \tag{5-11}$$

因为根据式（5－7）

$$\rho\frac{\mathrm{d}v_0}{\mathrm{d}t} = -\frac{1}{\rho}\frac{\mathrm{d}\rho}{\mathrm{d}t} = \mathrm{div}\boldsymbol{v}_g$$

式（5－11）的右侧表示内能的变化加上压缩功的变化。一般而言，这种变化由净热流和内发热产生而引起。因而，式（5－11）可以写为如下能量平衡的形式

$$\rho\frac{\mathrm{d}u_g}{\mathrm{d}t} + p\,\mathrm{div}\boldsymbol{v}_g = -\mathrm{div}\boldsymbol{q} + \sum_k \boldsymbol{F}_k\boldsymbol{I}_k \tag{5-12}$$

热流矢量 $\boldsymbol{q}$ 包含无质量流动的热传导以及由质量流动携带的热。势能通过摩擦转化为热能，由式（5－12）中最后一项表示。通过式（5－9）和式（5－12）相加，可以得到总能量方程

$$\rho\frac{\mathrm{d}}{\mathrm{d}t}\left(\frac{\boldsymbol{v}_g}{2} + u_g\right) = -\mathrm{div}(p\boldsymbol{v}_g + \boldsymbol{q}) + \sum_k \boldsymbol{F}_k\rho_k\boldsymbol{v}_k \tag{5-13}$$

该方程具有平衡方程的典型形式：总能量的变化＝能量流动的散度＋能量源项。

5.2.4　熵平衡

对于熵也可以建立类似的平衡方程。这一推导有助于获得质量流和热流信息。

结合热力学第一、第二定律，可以得到

$$\frac{\delta q}{\mathrm{d}t} = \frac{\mathrm{d}u_g}{\mathrm{d}t} + p\frac{\mathrm{d}v_0}{\mathrm{d}t} = T\frac{\mathrm{d}s_g}{\mathrm{d}t} + \sum_k \mu_k\frac{\mathrm{d}c_k}{\mathrm{d}t} \tag{5-14}$$

式中　s_g ——每单位质量的熵；

μ_k ——组分 k 的化学势。

结合式（5－11）、式（5－12）和式（5－14），可以得到

$$T\frac{\mathrm{d}s_g}{\mathrm{d}t} + \rho\sum_k \mu_k\frac{\mathrm{d}c_k}{\mathrm{d}t} = -\mathrm{div}\boldsymbol{q} + \sum_k \boldsymbol{F}_k\boldsymbol{I}_k \tag{5-15}$$

使用式（5－5），式（5－15）的第二项可以转换为

$$\rho\sum_k \mu_k\frac{\mathrm{d}c_k}{\mathrm{d}t} = -\sum_k \mathrm{div}\boldsymbol{I}_k + \sum_k \mu_k\Gamma_k$$

或

$$\rho\frac{\mathrm{d}s_g}{\mathrm{d}t} = \frac{1}{T}\sum_k \mu_k\,\mathrm{div}\boldsymbol{I}_k - \frac{1}{T}\sum_k \mu_k\Gamma_k - \frac{1}{T}\mathrm{div}\boldsymbol{q} + \frac{1}{T}\sum_k \boldsymbol{F}_k\boldsymbol{I}_k \tag{5-16}$$

重排式（5－16）以得到典型平衡方程的形式，即，熵的变化＝熵流的散度＋熵源项

$$\rho\frac{\mathrm{d}s_g}{\mathrm{d}t}=-\mathrm{div}\left(\frac{\boldsymbol{q}-\sum\mu_k\boldsymbol{I}_k}{T}\right)+\frac{-\boldsymbol{q}\dfrac{\mathrm{grad}T}{T}+\sum\boldsymbol{I}_k\left(\boldsymbol{F}_k-T\mathrm{grad}\dfrac{\mu_k}{T}\right)-\sum\mu_k\Gamma_k}{T} \tag{5-17}$$

原方程中的各项需要进一步解释。为此，我们将研究一些简单的例子。

对能量与熵平衡方程中的各项的解释，首先要考虑

$$\boldsymbol{I}_k\boldsymbol{F}_k=\boldsymbol{F}_k\rho_k(\boldsymbol{v}_k-\boldsymbol{v}_g)$$

式中　$\boldsymbol{F}_k\rho_k\boldsymbol{v}_k$ ——力 $\boldsymbol{F}_k$ 所做的功（每单位体积与单位时间）；

$\boldsymbol{F}_k\rho_k\boldsymbol{v}_g$ ——加速质心所必需的功（每单位体积与单位时间）。

这两项的差是转化为热（每单位体积与单位时间）的功。

用如下例子作进一步的说明：

1）$\boldsymbol{F}_k=-\dfrac{e}{m_e}\boldsymbol{E}$ 为电场力（每单位质量）；

2）$\boldsymbol{I}_k=-\dfrac{m_e}{e}\boldsymbol{j}_e$ 为与电子流动有关的质量流量（每单位面积与单位时间）；

3）$\boldsymbol{F}_k\boldsymbol{I}_k=\boldsymbol{j}_e\boldsymbol{E}$ 为耗散的焦耳热（每单位体积与单位时间）。

$-T\mathrm{grad}(\mu_k/T)$ 这一项必须也是具有如下特征的机械力：当乘以流动矢量 $\boldsymbol{I}_k$ 时，其可用转变为热的摩擦功描述。下一项，$(\boldsymbol{q}\mathrm{grad}T)/T$，不会分解为质量流和力。然而，对于 $(\mathrm{grad}T)/T$ 这一项，广义上讲，也可认为其是一个驱动力。因而乘积 $(\boldsymbol{q}\mathrm{grad}T)/T$ 也代表产生热的项。

所有在方程（5-17）最后一项分子中出现的项都恰当地被称为“能量耗散”项。当除以 T 时，这些项表示熵产生（每单位体积与单位时间），根据热力学第二定律，其必须大于等于0。

$\mu_k\Gamma_k$ 这一项包含了组元 k 的化学亲和力。在化学平衡态时，该项消失。但当偏离化学平衡态时（例如，当等离子体的化学组分不能随温度变化，如在“冻结流”中时），该项是存在的。这类化学平衡态的偏离可能在区分等离子体和邻近壁面的热边界层中出现，如图5-1所示。在这种条件下，由于密度和/或温度梯度的陡变所致的电子扩散速度如此之快，以致于弛豫过程无法跟上——化学过程似乎“被冻结”。由于达到化学平衡时，$\mu_k\Gamma_k\rightarrow 0$，因此这一项对于描述弛豫现象很有用。

如前所示，热流矢量 $\boldsymbol{q}$ 由纯热传导（无质量流）以及质量流携带的热流构成。该热流由 $\sum\mu_k\boldsymbol{I}_k$ 这一项简化，该项表示发生化学反应的那部分能量流。化学势 μ_k 常被解释为导致化学反应发生的驱动力的量度。

本节的最后一部分，将考虑每个组分的动量方程。假设存在两个内力（摩擦和热扩散），对双组分混合物给出该方程；这导致在两个动量方程中都产生两个额外项

$$\rho_1\frac{\mathrm{d}\boldsymbol{v}_1}{\mathrm{d}t}+n_1n_2\varepsilon_{12}(\boldsymbol{v}_1-\boldsymbol{v}_2)=\boldsymbol{F}_1\rho_1-\mathrm{grad}p_1-\rho_1y_1\frac{\mathrm{grad}T}{T} \tag{5-18}$$

$$\rho_2 \frac{\mathrm{d}\boldsymbol{v}_2}{\mathrm{d}t}+n_1 n_2 \varepsilon_{21}(\boldsymbol{v}_2-\boldsymbol{v}_1)=\boldsymbol{F}_2\rho_2-\mathrm{grad}p_2-\rho_2 y_2 \frac{\mathrm{grad}T}{T} \tag{5-19}$$

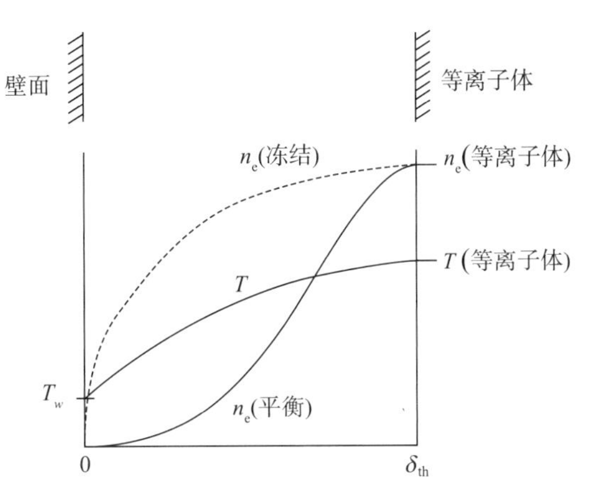

图 5－1　等离子体壁面边界层中偏离化学平衡态

这些方程中，假设摩擦与双组分间的相对速度成正比。组分 1 与组分 2 的粒子密度分别为 n_1 和 n_2，ε_{12} 和 ε_{21} 均表示摩擦系数。式（5－18）和式（5－19）右侧的最后一项为扩散力，系数 y_1 和 y_2 决定力的大小。

如果公式中的最后一项仅写为双组分形式，式（5－18）和式（5－19）应与式（5－8）相同。由于

$$\rho_1 \frac{\mathrm{d}\boldsymbol{v}}{\mathrm{d}t}+\rho_2 \frac{\mathrm{d}\boldsymbol{v}_2}{\mathrm{d}t}=\rho \frac{\mathrm{d}\boldsymbol{v}_g}{\mathrm{d}t}$$

根据式（5－1），当存在以下情况时，方程相同的条件就满足

$$\varepsilon_{12}=\varepsilon_{21} \text{ 且 } \rho_1 y_1=-\rho_2 y_2$$

摩擦力只在双组分间起作用，故不能改变质心。因此，$\varepsilon_{12}=\varepsilon_{21}$ 一定有效。类似论证适用于热扩散力，有 $\rho_1 y_1=-\rho_2 y_2$。

我们现在推导与质心相关的单个质量流的表达式。通过对双组分混合物组合式（5－1）和式（5－3），可以发现

$$\boldsymbol{I}_1=-\boldsymbol{I}_2=\frac{\rho_1\rho_2}{\rho}(\boldsymbol{v}_1-\boldsymbol{v}_2) \tag{5-20}$$

由式（5－18）减去式（5－19），得到

$$\boldsymbol{v}_1-\boldsymbol{v}_2=\frac{\rho_1\rho_2}{\rho}\frac{1}{n_1 n_2\varepsilon_{12}}\left[\boldsymbol{F}_1-\boldsymbol{F}_2-\frac{\mathrm{d}\boldsymbol{v}_1}{\mathrm{d}t}+\frac{\mathrm{d}\boldsymbol{v}_2}{\mathrm{d}t}-\frac{1}{\rho_1}\mathrm{grad}p_1+\frac{1}{\rho_2}\mathrm{grad}p_2-(y_1-y_2)\frac{\mathrm{grad}T}{T}\right] \tag{5-21}$$

最后，将式（5－21）代入式（5－20）得到

$$\boldsymbol{I}_1=\left(\frac{\rho_1\rho_2}{\rho}\right)^2\frac{1}{n_1 n_2\varepsilon_{12}}\left[\boldsymbol{F}_1-\boldsymbol{F}_2-\frac{\mathrm{d}\boldsymbol{v}_1}{\mathrm{d}t}+\frac{\mathrm{d}\boldsymbol{v}_2}{\mathrm{d}t}-\frac{1}{\rho_1}\mathrm{grad}p_1+\frac{1}{\rho_2}\mathrm{grad}p_2-(y_1-y_2)\frac{\mathrm{grad}T}{T}\right] \tag{5-22}$$

这个公式将会在后面用到。

5.3 翁萨格互易关系与一些现象学定理

在上一节中，我们给出了能以以下形式表示的熵产生 E_s

$$E_s = \frac{\sum \text{“流量”} \times \text{“力”}}{T}$$

流量与引起这些流量的驱动力间的关系，在采用一级近似时，可假设是线性的。这是在电传导和热传导以及扩散中常用的方法。

欧姆定律：$\boldsymbol{j} = -\sigma_e \mathrm{grad}V$

傅里叶定律：$\boldsymbol{q} = -\kappa \mathrm{grad}T$

斐克定律：$\boldsymbol{S} = -D \mathrm{grad}n$

随后将讨论这一方法的理由。在上述给出的关系中，可将电势 V 、温度 T 、数密度 n 视为驱动力。系数 σ_e 、κ 和 D 分别表示电导率、热导率和扩散系数。

同一方法也可以用于通量取决于几个驱动力的更复杂条件。

现在，我们考虑双组分混合物，假设其中每个组分的流量都取决于三种不同的驱动力。这形成了如下现象学方程组

$$\boldsymbol{I}_1 = L_{11}\boldsymbol{X}_1 + L_{11}\boldsymbol{X}_2 + L_{1u}\boldsymbol{X}_u \tag{5-23}$$

$$\boldsymbol{I}_2 = L_{21}\boldsymbol{X}_1 + L_{22}\boldsymbol{X}_2 + L_{2u}\boldsymbol{X}_u \tag{5-24}$$

$$\boldsymbol{q} = L_{u1}\boldsymbol{X}_1 + L_{u2}\boldsymbol{X}_2 + L_{uu}\boldsymbol{X}_u \tag{5-25}$$

方程中的 L_{kl} 、L_{ku} 、L_{ul} 表示在后续段落中确定的系数，$\boldsymbol{X}_l$ 代表驱动力。这些驱动力将由式（5－17）中熵产生项中出现的同一类型的力确定，即

$$\boldsymbol{X}_1 = \boldsymbol{F}_1 - T\mathrm{grad}\frac{\mu_1}{T}$$

$$\boldsymbol{X}_2 = \boldsymbol{F}_2 - T\mathrm{grad}\frac{\mu_2}{T}$$

$$\boldsymbol{X}_u = -\frac{1}{T}\mathrm{grad}T$$

如 Enskog[2] 的气体动力学计算所示，这些线性近似要求状态参数在一个平均自由程长度内部显著变化。选择温度 T_i 作为 i 型粒子的状态参数，这一要求可以表示为

$$\lambda_i \cdot |\mathrm{grad}T_i| \ll T_i$$

式中　λ_i —— i 型粒子的平均自由程。

类似关系适用于其他状态参数。

由 $\sum\limits_{k=1} \boldsymbol{F}_k = 0$，可得

$$\sum_k L_{kl} = 0 \text{ 和 } \sum_k L_{ku} = 0 \tag{5-26}$$

此外，由统计动力学[3]推导出的翁萨格互易定理需要保持以下关系

$$(L_{kl})=(L_{lk}) \text{和} (L_{ku})=(L_{uk}) \tag{5-27}$$

即，系数矩阵是对称的。然而，仅仅当力 $\boldsymbol{X}_k$ 和流量 $\boldsymbol{I}_k$ 乘积除以 T 表示熵产生项时，这一关系才成立。因此，力是根据式（5－17）的最后一项进行选取的。

由式（5－26）和式（5－27），可得

$$\sum_l L_{kl}=0 \text{ 和 } \sum_l L_{ul}=0$$

由该结果，我们可以笼统地写出

$$\boldsymbol{F}_k=\sum_{l=1}^{n-1} L_{kl}(\boldsymbol{X}_l-\boldsymbol{X}_u)+L_{ku}\boldsymbol{X}_u \tag{5-28}$$

及

$$\boldsymbol{q}=\sum_{l=1}^{n-1} L_{ul}(\boldsymbol{X}_l-\boldsymbol{X}_u)+L_{uu}\boldsymbol{X}_u \tag{5-29}$$

如果将该结果用于双组分混合物，式（5－28）和式（5－29）可简化为

$$\boldsymbol{I}_1=-\boldsymbol{I}_2=L_{11}(\boldsymbol{X}_1-\boldsymbol{X}_2)+L_{1u}\boldsymbol{X}_u \tag{5-30}$$

及

$$\boldsymbol{q}=L_{1u}(\boldsymbol{X}_1-\boldsymbol{X}_2)+L_{uu}\boldsymbol{X}_u \tag{5-31}$$

回到之前引入的力的确认，我们可以看到

$$\boldsymbol{X}_1-\boldsymbol{X}_2=\boldsymbol{F}_1-\boldsymbol{F}_2-T\mathrm{grad}\frac{\mu_1-\mu_2}{T}$$

其中，μ_k 表示吉布斯化学势，可以表示为

$$\mu_k=u_{g,k}+pv_{0,k}-Ts_{g,k}=h_{g,k}-Ts_{g,k} \tag{5-32}$$

（u、s 和 v 以每单位质量表示）。

组分 k 的比体积 $v_{0,k}$ 可以表示为

$$v_{0,k}=\frac{p_k}{p}\frac{1}{\rho_k} \text{ 和 } pv_{0,k}=\frac{p_k}{\rho_k}=\frac{kT}{m_k} \tag{5-33}$$

式中　k ——玻耳兹曼常数。

统计力学提供了组分 k 熵值的一个表达式

$$s_{g,k}=\frac{u_{g,k}}{T}+\frac{k}{m_k}\ln Q_k \tag{5-34}$$

其中，Q_k 是组分 k 的配分函数。仅考虑粒子的平动能（连续能量分布），我们有

$$Q_k=\frac{e_n}{n_k}\left(\frac{2\pi m_k kT}{h^2}\right)^{3/2} \tag{5-35}$$

该公式中，$e_n=2.718$ 为自然对数的底，h 是普朗克常数。

$$\ln Q_k=1-\ln p_k+\frac{5}{2}\ln T+\ln C \tag{5-36}$$

在式（5－36）中，假设所有常数都合并到单独项 $\ln C$ 中。将式（5－33）、式（5－34）及式（5－36）代入到式（5－32）中，我们可以得到

$$\frac{\mu_k}{T}=\frac{k}{m_k}\left(\ln p_k-\frac{5}{2}\ln T-\ln C\right)$$

及

$$\mathrm{grad}\frac{\mu_k}{T}=\frac{k}{m_k}\left(\frac{1}{p_k}\mathrm{grad}p_k-\frac{5}{2}\frac{\mathrm{grad}T}{T}\right)$$

最终

$$-T\mathrm{grad}\frac{\mu_k}{T}=h_{g,k}\frac{\mathrm{grad}T}{T}-\frac{1}{\rho_k}\mathrm{grad}p_k \tag{5-37}$$

通过引入摩尔分数 $x_k=p_k/p$，我们可以写出

$$\frac{kT}{m_k}\mathrm{grad}(\ln p_k)=\frac{kT}{m_k}[\mathrm{grad}(\ln p)+\mathrm{grad}(\ln x_k)]=v_{0,k}\mathrm{grad}p+\frac{kT}{m_k x_k}\mathrm{grad}x_k \tag{5-38}$$

对于双组分混合物情形，式（5－38）的右侧变为

$$v_{0,1}\mathrm{grad}p+\frac{kT}{\bar{m}c_1}\mathrm{grad}c_1$$

其中，$x_1=c_1m_2/\bar{m}$，$\bar{m}=c_1m_2+c_2m_1$，$\mathrm{d}x_1/\mathrm{d}c_1=m_1m_2/\bar{m}^2$。

因而，对于双组分混合物，可以给出式（5－37）的两种替换形式

$$-T\mathrm{grad}\frac{\mu_1}{T}=h_{g,1}\frac{\mathrm{grad}T}{T}-\frac{1}{\rho_1}\mathrm{grad}p_1 \tag{5-39}$$

或

$$-T\mathrm{grad}\frac{\mu_1}{T}=h_{g,1}\frac{\mathrm{grad}T}{T}-v_{0,1}\mathrm{grad}p+\frac{kT}{\bar{m}c_1}\mathrm{grad}c_1 \tag{5-40}$$

将式（5－39）代入到式（5－23）和式（5－24）中，我们得到

$$\boldsymbol{I}_1=-\boldsymbol{I}_2=L_{11}\left[\boldsymbol{F}_1-\boldsymbol{F}_2-\frac{1}{\rho_1}\mathrm{grad}p_1+\frac{1}{\rho_2}\mathrm{grad}p_2\right]+L_{11}(h_1-h_2)\frac{\mathrm{grad}T}{T}-L_{1u}\frac{\mathrm{grad}T}{T} \tag{5-41}$$

或者，以其他形式［使用式（5－40）］，我们得到

$$\boldsymbol{I}_1=-\boldsymbol{I}_2=L_{11}\left[\boldsymbol{F}_1-\boldsymbol{F}_2-(v_{0,1}-v_{0,2})\mathrm{grad}p-\frac{kT}{\bar{m}c_1c_2}\mathrm{grad}c_1\right]+ L_{11}(h_1-h_2)\frac{\mathrm{grad}T}{T}-L_{1u}\frac{\mathrm{grad}T}{T} \tag{5-42}$$

$$\boldsymbol{q}=L_{1u}\left[\boldsymbol{F}_1-\boldsymbol{F}_2-\frac{1}{\rho_1}\mathrm{grad}p_1+\frac{1}{\rho_2}\mathrm{grad}p_2\right]+L_{1u}(h_{g,1}-h_{g,2})\frac{\mathrm{grad}T}{T}-L_{uu}\frac{\mathrm{grad}T}{T} \tag{5-43}$$

$\boldsymbol{q}$ 的一种替代表达式可以通过用式（5－42）中括号中的项替换式（5－43）中相应的项得到。

式（5－41）和式（5－42）分别表明与式（5－21）和式（5－22）的相似性。

5.4　转变热和能流

假设没有温度梯度，但仍存在其他力，则质量流 $\boldsymbol{I}_1=-\boldsymbol{I}_2\neq 0$，以及热流 $\boldsymbol{q}\neq 0$。由于两个质量流方向相反、数值相等，它们必须携带不同大小的能量。

我们假设 $\boldsymbol{I}_1$ 携带定义为 q^*（每单位质量流 $\boldsymbol{I}_1$）的过平衡能量，称之为转变热。

根据这一定义，有

$$q^*\boldsymbol{I}_1=\boldsymbol{q},\quad q^*<0 \tag{5-44}$$

及

$$q^*=\frac{\boldsymbol{q}}{I_1}=\frac{L_{1u}}{L_{11}} \tag{5-45}$$

式（5-45）是基于假设 $\mathrm{grad}T=0$ 的结果。式（5-45）容许消掉一个系数，因而式（5-42）可重写为

$$\boldsymbol{I}_1=-\boldsymbol{I}_2=L_{11}\left[\boldsymbol{F}_1-\boldsymbol{F}_2-(v_{0,1}-v_{0,2})\,\mathrm{grad}p-\frac{kT}{\bar{m}c_1c_2}\mathrm{grad}c_1-(q^*-h_{g,1}+h_{g,2})\frac{\mathrm{grad}T}{T}\right] \tag{5-46}$$

或另一种形式

$$\boldsymbol{I}_1=-\boldsymbol{I}_2=L_{11}\left[\boldsymbol{F}_1-\boldsymbol{F}_2-\frac{1}{\rho_1}\mathrm{grad}p_1+\frac{1}{\rho_2}\mathrm{grad}p_2-(q^*-h_{g,1}+h_{g,2})\frac{\mathrm{grad}T}{T}\right] \tag{5-47}$$

现在，我们比较式（5-47）和式（5-22）。如果以下条件成立，这两个方程将相同

$$L_{11}=\left(\frac{\rho_1\rho_2}{\rho}\right)^2\frac{1}{n_1n_2\varepsilon_{12}} \tag{5-48}$$

$$y_1-y_2=q^*-h_{g,1}+h_{g,2} \tag{5-49}$$

以及

$$\frac{\mathrm{d}\boldsymbol{v}_1}{\mathrm{d}t}=\frac{\mathrm{d}\boldsymbol{v}_2}{\mathrm{d}t} \tag{5-50}$$

使用式（5-45）将 L_{1u} 从式（5-43）中消掉，并应用式（5-41），得到很有意义的热流表达式

$$\boldsymbol{q}=q^*\boldsymbol{I}_1-[L_{uu}-L_{11}q^{*2}]\frac{\mathrm{grad}T}{T} \tag{5-51}$$

右侧的第一项表示由质量流携带的能量，第二项描述仅由热传导所致的能流，并可恰当地定义为

$$\boldsymbol{q}_{I=0}=-[L_{uu}-L_{11}q^{*2}]\frac{\mathrm{grad}T}{T} \tag{5-52}$$

如果假设我们有暴露于温度梯度的两种气体的均匀混合流（所有其他“力”都将消失），式（5-43）可简化为

$$\boldsymbol{q}_T = -\left[L_{uu} - q^* L_{11}(h_{g,1} - h_{g,2})\right] \frac{\mathrm{grad}T}{T} \tag{5-53}$$

热流 $\boldsymbol{q}_T$ 单一地由温度梯度驱动，但是，这也引起了质量流

$$\boldsymbol{I}_{\mathrm{TD}} = -L_{11}(q^* - h_{g,1} + h_{g,2}) \frac{\mathrm{grad}T}{T} \tag{5-54}$$

基于之前的假设，式（5-54）可由式（5-41）或式（5-42）导出。质量流 $\boldsymbol{I}_{\mathrm{TD}}$ 是由于热扩散产生的。根据之前的论证，质量流携带热流为

$$\boldsymbol{q}_{\mathrm{TD}} = \boldsymbol{I}_{\mathrm{TD}} q^* = -L_{11} q^* (q^* - h_{g,1} + h_{g,2}) \frac{\mathrm{grad}T}{T} \tag{5-55}$$

$\boldsymbol{q}_{\mathrm{TD}}$ 表示由于热扩散所致的热流。由于热流 $\boldsymbol{q}_{\mathrm{T}}$ 包含热扩散的贡献以及纯热传导的贡献，必须满足以下关系

$$\boldsymbol{q}_{\mathrm{T}} - \boldsymbol{q}_{\mathrm{TD}} = \boldsymbol{q}_{I=0} = -(L_{uu} - L_{11} q^{*2}) \frac{\mathrm{grad}T}{T} \tag{5-56}$$

这与式（5-52）相同。

在所列条件下，温度梯度最初会产生扩散质量流，而扩散质量流又会建立浓度梯度，这一浓度梯度随之导致产生与由热扩散引起的扩散相反的常规扩散。建立稳态条件之后，实质上，$\boldsymbol{I}_{\mathrm{TD}}$ 和 $\boldsymbol{q}_{\mathrm{TD}}$ 都减小了，并且只通过热传导进行热转换。假设在一维条件下，这种情况如图5-2所示，对于这一例子，我们发现

$$\boldsymbol{q}_{\mathrm{T}} \approx \boldsymbol{q}_{I=0} = -\kappa_{I=0} \mathrm{grad}T$$

在稳态条件下热导率的测量主要得到的 $\kappa_{I=0}$，而计算则得到由下式定义的 κ

$$\boldsymbol{q}_{\mathrm{T}} = -\kappa \, \mathrm{grad}T$$

除了非常轻的粒子（特别是对于电子）之外，这两个值之间的差异通常非常小。

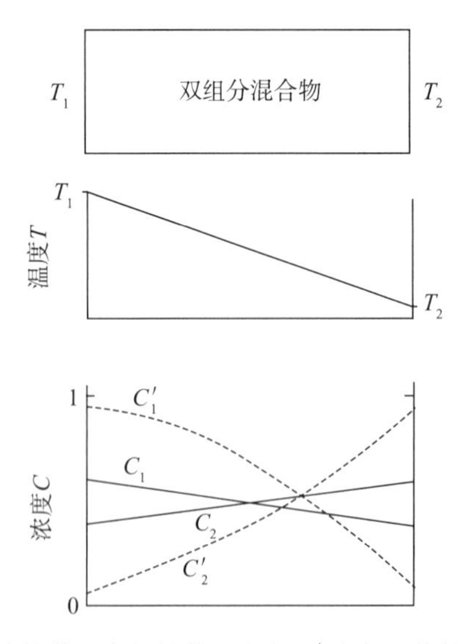

图5-2　双组混分合物中的热扩散和常规扩散。浓度 C_i' 应归于热扩散，浓度 C_i 应归于常规扩散

5.5　化学反应气体中的扩散与能流

现在，将上节讨论的结果与 Enskog[2] 和 Waldmann[4] 根据动力学理论得到的方程进行比较。

我们将考虑双组分混合物，并假设没有外力和压力梯度。对于这一特定情形，质量流方程和热流方程具有以下形式

$$\boldsymbol{I}_1 = -\rho D \operatorname{grad} c_1 - \alpha \rho D c_1 c_2 \frac{\operatorname{grad} T}{T} \tag{5-57}$$

及

$$\boldsymbol{q} = -\rho D \left(\frac{\alpha k T}{\bar{m}} + h_{g,1} - h_{g,2} \right) \operatorname{grad} c_1 - \kappa \operatorname{grad} T \tag{5-58}$$

或另一种替换形式

$$\boldsymbol{q} = \left(\frac{\alpha k T}{\bar{m}} + h_{g,1} - h_{g,2} \right) \boldsymbol{I}_1 - \kappa_{I=0} \operatorname{grad} T \tag{5-59}$$

式中　D ——双组分扩散系数；

α ——热扩散因子；

κ ——热导率（包括热扩散的贡献）；

$\kappa_{I=0}$ ——无质量流的正常热导率。

比较式（5-46）和式（5-57）的第一项，两个系数间可有如下关系

$$L_{11} \frac{kT}{\bar{m} c_1 c_2} = \rho D \tag{5-60}$$

或

$$L_{11} = \frac{\rho D \bar{m} c_1 c_2}{kT}$$

使用前面推导的式（5-48）中的 L_{11} 表达式，可得摩擦系数的表达式为

$$\varepsilon_{12} = \frac{kT}{D(n_1 + n_2)} \tag{5-61}$$

比较式（5-46）和式（5-57）中第二项，有

$$L_{11}(q^* - h_{g,1} + h_{g,2}) = \alpha \rho D c_1 c_2$$

或

$$q^* - h_{g,1} + h_{g,2} = \frac{\alpha k T}{\bar{m}} = y_1 - y_2 \tag{5-62}$$

最后一个公式与式（5-49）相同。

将式（5-57）代入式（5-59），我们可以得到

$$\boldsymbol{q} = -\rho D q^* \operatorname{grad} c_1 - q^* \alpha \rho D c_1 c_2 \frac{\operatorname{grad} T}{T} - \kappa_{I=0} \operatorname{grad} T \tag{5-63}$$

最后两项可合并成项（$-\kappa \operatorname{grad} T$），其中

$$\kappa = \kappa_{I=0} + q^* \alpha \rho D c_1 c_2 \frac{1}{T} \tag{5-64}$$

将之前预估的系数代入式（5－46），并引入式（5－43）的另一种形式，给出最终表达式

$$\boldsymbol{I}_1 = \boldsymbol{I}_2 = \frac{\rho D \bar{m} c_1 c_2}{kT}\left[\boldsymbol{F}_1 - \boldsymbol{F}_2 - (v_{0,1} - v_{0,2})\,\mathrm{grad}p - \frac{kT}{\bar{m} c_1 c_2}\mathrm{grad}c_1 - \frac{\alpha kT}{\bar{m}}\frac{\mathrm{grad}T}{T}\right] \tag{5-65}$$

并有

$$\boldsymbol{q} = \rho D \frac{\bar{m}}{kT} c_1 c_2 \left(\frac{\alpha kT}{\bar{m}} + h_{g,1} - h_{g,2}\right)\left[\boldsymbol{F}_1 - \boldsymbol{F}_2 - (v_{0,1} - v_{0,2})\,\mathrm{grad}p - \frac{kT}{\bar{m} c_1 c_2}\mathrm{grad}c_1\right] - \kappa\,\mathrm{grad}T \tag{5-66}$$

最后一个公式可以替代的形式写为

$$\boldsymbol{q} = \left(\frac{\alpha kT}{\bar{m}} + h_{g,1} - h_{g,2}\right)\boldsymbol{I}_1 - \kappa_{I=0}\,\mathrm{grad}T \tag{5-67}$$

在式（5－65）和式（5－66）中，以下“力”项可交换为

$$(v_{0,1} - v_{0,2})\,\mathrm{grad}p - \frac{kT}{\bar{m} c_1 c_2}\mathrm{grad}c_1 = \frac{1}{\rho_1}\mathrm{grad}p_1 - \frac{1}{\rho_2}\mathrm{grad}p_2 \tag{5-68}$$

最后，系数 y_1 和 y_2 可由式（5－49）和式（5－62）计算

$$y_1 = \frac{\alpha kT}{\bar{m}} c_2 \text{ 和 } y_2 = -\frac{\alpha kT}{\bar{m}} c_1 \tag{5-69}$$

既然已经确定了各个系数，可将最终的公式应用到下节中的化学反应。

5.6 化学反应气体中质量流与能流的例子

我们假设双组分混合物中稳态占主导（$\partial/\partial t = 0$），并假设没有外力（以便 $\boldsymbol{v}_g = 0$）。双组分混合物的假设要求为

$$\mathrm{div}\boldsymbol{I}_1 = \Gamma_1 \text{ 和 } \mathrm{div}\boldsymbol{I}_2 = \Gamma_2$$

这意味着质量流的源为对应的质量产生项。由于 $\boldsymbol{I}_1 = -\boldsymbol{I}_2$，其伴有 $\Gamma_1 + \Gamma_2 = 0$。

我们假设双组分混合物由氮分子和氮原子组成。如果温度足够高，这种混合物是可以维持的。这可能通过在等离子体焰炬中加热氮来实现。我们还假设由等离子体焰炬发出的等离子体射流限制于圆管中，在 $(\mathrm{grad}T)_r \neq 0$ 处，除轴向外（如图 5－3 所示），出现旋转对称的温度剖面。由于等离子体射流中原子浓度为温度的函数，将存在流向较冷区域的 N 原子连续扩散流，其中这些原子将重组为分子，由于较冷区域 N_2 分子较高的浓度，在相反方向存在一个分子流，以使得

$$\mathrm{div}\boldsymbol{I}_a = -\mathrm{div}\boldsymbol{I}_m \text{ 和 } \quad \Gamma_a = -\Gamma_m$$

此处，下标 a 指原子，m 指分子。原子的焓为

$$h_a = \frac{5kT}{2m_a} + E_a + \frac{1}{2}\frac{D_0}{m_a} \tag{5-70}$$

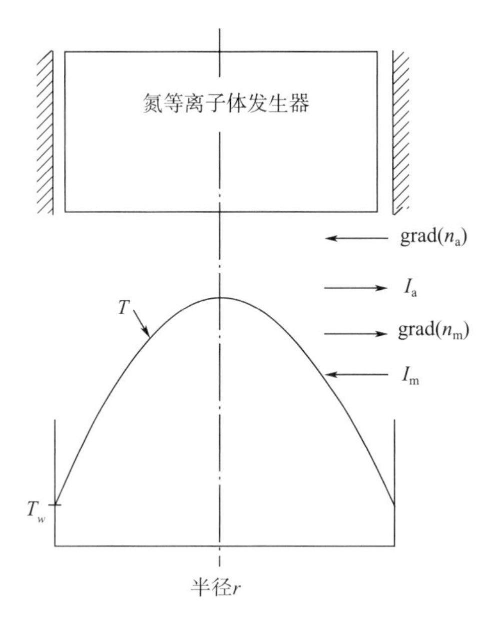

图 5-3　圆柱形氮气等离子体射流中的温度分布与梯度（a=原子，m=分子）

式中　m_a ——一个 N 原子的质量；

E_a ——每单位质量的电子激发能；

D_0——离解能。

假设每个原子一半的离解能为潜能，则相应的由分子携带的焓为

$$h_m = \frac{5kT}{2m_m} + E_m \tag{5-71}$$

其中

$$m_m = 2m_a$$

式中　m_m ——一个 N_2 分子的质量；

E_m ——每单位质量的激发能，包括电子激发以及振动和转动激发。

结合式（5-70）和式（5-71），可得出

$$h_a - h_m = \frac{1}{2m_a}\left(\frac{5}{2}kT + D_0\right) + E_a - E_m$$

根据式（5-57），对应的质量流量为

$$\boldsymbol{I}_a = -\boldsymbol{I}_m = -\rho D\,\mathrm{grad}c_a - \alpha\rho D c_a c_m \frac{\mathrm{grad}T}{T} \tag{5-72}$$

或（假设化学平衡），根据

$$\mathrm{grad}c_a = \frac{\partial c_a}{\partial T}\mathrm{grad}T \tag{5-73}$$

我们有

$$\boldsymbol{I}_a = -\left(\rho D\,\frac{\partial c_a}{\partial T} + \alpha\rho D c_a c_m\,\frac{1}{T}\right)\mathrm{grad}T$$

热流由下式给出

$$\boldsymbol{q}=\left[\frac{\alpha kT}{\bar{m}}+\frac{1}{2m_{\mathrm{a}}}\left(\frac{5}{2}kT+D_{0}\right)+E_{\mathrm{a}}-E_{\mathrm{m}}\right]\boldsymbol{I}_{\mathrm{a}}-\boldsymbol{\kappa}_{I=0}\operatorname{grad}T \tag{5-74}$$

或以另一种形式给出

$$\boldsymbol{q}=-\left[\left(\frac{\alpha kT}{\bar{m}}+\frac{5kT}{4m_{\mathrm{a}}}+\frac{D_{0}}{2m_{\mathrm{a}}}+E_{\mathrm{a}}-E_{\mathrm{m}}\right)\rho D\left(\frac{\partial c_{\mathrm{a}}}{\partial T}+\alpha c_{\mathrm{a}}c_{\mathrm{m}}/T\right)+\boldsymbol{\kappa}_{I=0}\right]\operatorname{grad}T \tag{5-75}$$

最后一个表达式中括号内的表达式可以视为 $\tilde{\kappa}$ ，于是有

$$\boldsymbol{q}=-\tilde{\kappa}\operatorname{grad}T \tag{5-76}$$

$\tilde{\kappa}$ 的值包括常规扩散、热扩散、互扩散焓（或转变热）的贡献，以及纯热传导。由式（5-75）可见，正如热扩散与互扩散焓那样，扩散和互扩散焓是相互关联的，即，式（5-75）对应的项是不能分离的。

在下一节中，已推导出的双组分混合物方程将应用于有代表性的双组分混合物典型情况的完全电离等离子体。

5.7　完全电离等离子体的输运方程

我们假设等离子体仅由电子和正离子组成。该假设至少在一段时间内排除了复合效应。为了简化，假设质量为 m_{i} 的离子仅有一个电荷（$+e$）。电子质量与电荷分别用 m_{e} 和 $-e$ 表示。

离子和电子的质量流由式（5-3）导出

$$\boldsymbol{I}_{\mathrm{i}}=n_{\mathrm{i}}m_{\mathrm{i}}(\boldsymbol{v}_{\mathrm{i}}-\boldsymbol{v}_{g})$$

或

$$\frac{e}{m_{\mathrm{i}}}\boldsymbol{I}_{\mathrm{i}}=en_{\mathrm{i}}(\boldsymbol{v}_{\mathrm{i}}-\boldsymbol{v}_{g}) \tag{5-77}$$

因而

$$\frac{e}{m_{\mathrm{e}}}\boldsymbol{I}_{\mathrm{e}}=en_{\mathrm{e}}(\boldsymbol{v}_{\mathrm{e}}-\boldsymbol{v}_{g}) \tag{5-78}$$

总电流密度可写为

$$\boldsymbol{j}=\boldsymbol{j}_{\mathrm{i}}-\boldsymbol{j}_{\mathrm{e}}$$

或

$$\boldsymbol{j}=en_{\mathrm{i}}\boldsymbol{v}_{\mathrm{i}}-en_{\mathrm{e}}\boldsymbol{v}_{\mathrm{e}} \tag{5-79}$$

将式（5-77）和式（5-78）代入到式（5-79）中，并令 $\boldsymbol{I}_{\mathrm{i}}=-\boldsymbol{I}_{\mathrm{e}}$ ，可以得到

$$\boldsymbol{j}=-e\left(\frac{1}{m_{\mathrm{i}}}+\frac{1}{m_{\mathrm{e}}}\right)\boldsymbol{I}_{\mathrm{e}}+e(n_{\mathrm{i}}-n_{\mathrm{e}})\boldsymbol{v}_{g} \tag{5-80}$$

该式最后一项包含净空间电荷

$$e(n_{\mathrm{i}}-n_{\mathrm{e}})=\rho_{\mathrm{el}} \tag{5-81}$$

对离子和电子应用质量守恒方程（5-4），可得到

$$\frac{\partial n_i}{\partial t}=-\operatorname{div}(n_i\boldsymbol{v}_i) \tag{5-82}$$

以及

$$\frac{\partial n_e}{\partial t}=-\operatorname{div}(n_e\boldsymbol{v}_e) \tag{5-83}$$

在式（5-82）乘以 e 、式（5-83）乘以 $-e$ 后，将两式合并，得到电流守恒方程

$$\frac{\partial \rho_{el}}{\partial t}+\operatorname{div}\boldsymbol{j}=0 \tag{5-84}$$

为获得电流密度的详细表达式，之前推导得到的质量流表达式，即式（5-47），将用于电子流。将该表达式代入式（5-80）中得到

$$\boldsymbol{j}=-e\left(\frac{1}{m_i}+\frac{1}{m_e}\right)L_{11}\left[\boldsymbol{F}_e-\boldsymbol{F}_i-\frac{1}{\rho_e}\operatorname{grad}p_e+\frac{1}{\rho_i}\operatorname{grad}p_i-(q^*-h_e+h_i)\frac{\operatorname{grad}T}{T}\right] \tag{5-85}$$

对于本节所关注的等离子体密度，不能存在净空间电荷，不包含等离子体鞘层（$\rho_{el}=0$）。后面将说明，对于带电粒子密度小于 $10^{14}\ cm^{-3}$ 的稀薄等离子体，净空间电荷将变得重要。

通过一步步地导入对等离子体行为起重要作用的外力，将进一步修改式（5-85）。

5.7.1 电场中的等离子体

此时，电场是作用于带电粒子上的唯一外力，即，$\operatorname{grad}p_e=\operatorname{grad}p_i=\operatorname{grad}T=0$，于是

$$\boldsymbol{F}_e=-\frac{e}{m_e}\boldsymbol{E}\ \text{和}\ \boldsymbol{F}_i=\frac{e}{m_i}\boldsymbol{E} \tag{5-86}$$

将式（5-86）代入式（5-85）中，我们得到

$$\boldsymbol{j}=e\left(\frac{1}{m_i}+\frac{1}{m_e}\right)L_{11}\left[e\left(\frac{1}{m_i}+\frac{1}{m_e}\right)\boldsymbol{E}\right]$$

或

$$\boldsymbol{j}=e^2\left(\frac{m_i+m_e}{m_im_e}\right)^2L_{11}\boldsymbol{E} \tag{5-87}$$

如果等离子体仅仅处于电场中，欧姆定律可以写为

$$\boldsymbol{j}=\sigma_e\boldsymbol{E}$$

于是

$$\sigma_e=e^2\left(\frac{m_i+m_e}{m_im_e}\right)^2L_{11} \tag{5-88}$$

5.7.2 电场及磁感应强度为 B 的任意方向磁场中的等离子体

在这一条件下，相应的作用在电子和离子上的力可以写为

$$\boldsymbol{F}_e=-\frac{e}{m_e}\boldsymbol{E}-\frac{e}{m_e}(\boldsymbol{v}_e\times\boldsymbol{B})\ \text{和}\ \boldsymbol{F}_i=\frac{e}{m_i}\boldsymbol{E}+\frac{e}{m_i}(\boldsymbol{v}_i\times\boldsymbol{B}) \tag{5-89}$$

将式（5－89）代入到式（5－85）中，得到

$$\boldsymbol{j}=\sigma_{e}\left[\boldsymbol{E}+\frac{m_{i}m_{e}}{m_{e}(m_{i}+m_{e})}\boldsymbol{v}_{e}\times\boldsymbol{B}+\frac{m_{i}m_{e}}{m_{i}(m_{i}+m_{e})}\boldsymbol{v}_{i}\times\boldsymbol{B}\right]$$

由于 $m_e \ll m_i$ ，电流密度的表达式可以简化为

$$\boldsymbol{j}=\sigma_{e}\left[\boldsymbol{E}+\boldsymbol{v}_{e}\times\boldsymbol{B}+\frac{m_{e}}{m_{i}}(\boldsymbol{v}_{i}\times\boldsymbol{B})\right] \tag{5-90}$$

电子和离子的漂移速度可用式（5－79）和式（5－1）所给出的质心速度定义，由式（5－90）进行预估

$$\rho_{i}\boldsymbol{v}_{i}+\rho_{e}\boldsymbol{v}_{e}=\rho_{L}\boldsymbol{v}_{g} \tag{5-91}$$

其中

$$\rho_{L}=\rho_{i}+\rho_{e}$$

将式（5－79）乘以 m_i/e ，并将其与式（5－91）相加，得到

$$\boldsymbol{v}_{e}(n_{e}m_{e}+n_{e}m_{i})=\rho_{L}\boldsymbol{v}_{g}-\frac{m_{i}}{e}\boldsymbol{j} \tag{5-92}$$

或

$$\boldsymbol{v}_{e}=\boldsymbol{v}_{g}-\frac{m_{i}}{e\rho_{L}}\boldsymbol{j}\text{ 和 }\boldsymbol{v}_{i}=\boldsymbol{v}_{e}+\frac{m_{e}}{e\rho_{L}}\boldsymbol{j} \tag{5-93}$$

其中，$n_e=n_i$ 。

使用式（5－91）和式（5－93）消掉式（5－90）中的电子和离子速度，得到

$$\boldsymbol{j}=\sigma_{e}\left[\boldsymbol{E}+\left(\boldsymbol{v}_{g}\times\boldsymbol{B}-\frac{m_{i}}{\rho_{L}e}\boldsymbol{j}\times\boldsymbol{B}\right)+\frac{m_{e}}{m_{i}}\left(\boldsymbol{v}_{g}\times\boldsymbol{B}-\frac{m_{e}}{\rho_{L}e}\boldsymbol{j}\times\boldsymbol{B}\right)\right] \tag{5-94}$$

与之前几项相比，该式最后一项可以忽略，于是有

$$\boldsymbol{j}=\sigma_{e}\left[\boldsymbol{E}+\boldsymbol{v}_{g}\times\boldsymbol{B}-\frac{1}{en_{L}}\boldsymbol{j}\times\boldsymbol{B}\right] \tag{5-95}$$

其中

$$n_{L}=n_{e}=n_{i}$$

由于除电场外还存在磁场，欧姆定律中出现两个额外项。$\boldsymbol{v}_g \times \boldsymbol{B}$ 这一项表示由质心运动所产生的感应场，只有当 $\boldsymbol{v}_g$ 和 $\boldsymbol{B}$ 平行时，这一项才会消失。最后一项表示由于电流与所施加磁场间相互作用所产生的反作用场。

等离子体的牵连运动可以由施加磁场产生，从动量方程可以很容易地看出

$$\rho\frac{\mathrm{d}\boldsymbol{v}_{g}}{\mathrm{d}t}=-\mathrm{grad}p+\boldsymbol{j}\times\boldsymbol{B} \tag{5-96}$$

磁场与电流的相互作用产生等离子体的加速度和/或建立起压力梯度。可以想象有两个极端情形：自由等离子体流与完全阻塞流。第一种情形下，不能建立压力梯度，即，式（5－96）右侧第一项消失。第二种情形下，等离子体的初始加速度完全停止；此时，洛伦兹力由压力梯度平衡。

可以通过施加磁场初始化等离子体的加速度。然而，存在一个由式（5－95）最后一

项表示的反作用力。只要趋于减小电流密度的这一项完全停止其电流流动，等离子体就达到其最终速度。这一情形下方程

$$\boldsymbol{E}=-\boldsymbol{v}_{g}\times\boldsymbol{B} \tag{5-97}$$

决定了最终速度的大小。这一情形与无负载（零电流）运行中的感应电机相似。

如果等离子体的加速度受到阻止，将形成压力梯度，需要修改式（5-95）

$$\boldsymbol{j}=\sigma_{e}\left[\boldsymbol{E}+\boldsymbol{v}_{g}\times\boldsymbol{B}-\frac{1}{en_{L}}\boldsymbol{j}\times\boldsymbol{B}+\frac{m_{e}m_{i}}{e(m_{i}+m_{e})}\left(\frac{1}{\rho_{e}}\mathrm{grad}p_{e}-\frac{1}{\rho_{i}}\mathrm{grad}p_{i}\right)\right] \tag{5-98}$$

由于 $m_{i}\gg m_{e}$，该方程的最后一项简化为 $(1/en_{L})\,\mathrm{grad}p_{e}$。根据 $\mathrm{grad}p=\mathrm{grad}p_{e}+\mathrm{grad}p_{i}=2\mathrm{grad}p_{e}$ 和动量方程（5-96），可以替换式（5-98）的最后两项，并给出

$$\boldsymbol{j}=\sigma_{e}\left[\boldsymbol{E}+\boldsymbol{v}_{g}\times\boldsymbol{B}-\frac{1}{en_{L}}\left(\frac{1}{2}\mathrm{grad}p+\rho\frac{\mathrm{d}\boldsymbol{v}_{g}}{\mathrm{d}t}\right)\right] \tag{5-99}$$

除该方程中包含的“力”外，可能还有同样能够驱动电流的温度梯度。该电流由 j_{T} 表示［见式（5-85）］

$$\boldsymbol{j}_{T}=e\left(\frac{1}{m_{i}}+\frac{1}{m_{e}}\right)L_{11}(q^{*}-h_{e}+h_{i})\frac{\mathrm{grad}T}{T} \tag{5-100}$$

其替换形式为

$$\boldsymbol{j}_{T}=\sigma_{e}\frac{\alpha k}{2e}\mathrm{grad}T \tag{5-101}$$

其中，$q^{*}-h_{e}+h_{i}=\alpha kT/\bar{m}$，$\bar{m}=2m_{e}$。

相比于其他驱动源，由热扩散驱动的电流一般较小。但是在电极附近，可以假设 $\mathrm{grad}T$ 具有较大的值，相应的驱动力可达到几个伏特。

除前面讨论的力外，其他力（如重力、离心力或惯性力）也可以对电流流动有贡献。对于实验室等离子体而言，重力并不起主要作用，惯性力也如此。

应当指出的是，假设出现在电流方程中的电导率 σ_{e} 为标量。但是当存在强磁场时，就不再是这样了。在这种情况下，电导率变成张量，它假设不同的值平行且垂直于磁场方向。

最后，考虑完全电离等离子体中的能流。对完全电离等离子体应用式（5-67），得到

$$\boldsymbol{q}=-\left(\frac{\alpha kT}{\bar{m}}+h_{e}-h_{i}\right)\frac{m_{e}m_{i}}{e(m_{i}+m_{e})}\boldsymbol{j}-\kappa_{I=0}\mathrm{grad}T \tag{5-102}$$

或者，如果 $m_{e}\ll m_{i}$，并且

$$h_{e}=\frac{5}{2}\frac{kT}{m_{e}}\text{ 和 }h_{i}=\frac{5}{2}\frac{kT}{m_{i}}+\frac{E_{i}}{m_{i}}$$

其中，E_{i} 为电离能，我们有

$$\boldsymbol{q}=-\frac{kT}{2e}\left[\alpha+5-\frac{m_{e}}{m_{i}}\left(5+\frac{2E_{i}}{kT}\right)\right]\boldsymbol{j}-\kappa_{I=0}\mathrm{grad}T \tag{5-103}$$

该方程的第一项表示由电流携带的能量，第二项描述纯热传导。与 $(\alpha+5)$ 相比，括号中

的项可以忽略。电流密度 $\boldsymbol{j}$ 可从式（5－99）中得到。

通过构建 $\mathrm{div}\boldsymbol{q}$ ，可从式（5－103）中得到一个有趣的结论

$$\mathrm{div}\boldsymbol{q}=-\boldsymbol{j}\ \frac{\partial f(T)}{\partial T}\mathrm{grad}T-\mathrm{div}(\kappa_{I=0}\mathrm{grad}T) \tag{5-104}$$

其中

$$f(T)=\frac{kT}{2e}\left[\alpha+5-\frac{m_{\mathrm{e}}}{m_{\mathrm{i}}}\left(\frac{2E_{\mathrm{i}}}{kT}+5\right)\right]$$

如果 $\mathrm{grad}T$ 与 $\boldsymbol{j}$ 不相互垂直，则标量积 $\boldsymbol{j}\cdot\mathrm{grad}T\neq 0$，即，在此情形下，$\mathrm{grad}T$ 代表能量源项。这种情况普遍存在，例如，在边界层内电极在放电时受到剂量的影响[5-7]。

在之前导出的电流和能流方程中，必须确定系数（σ_{e}、$\kappa_I=0$ 和 α）。下一节包含了这些系数的表达式。

5.8　输运系数的确定

从玻耳兹曼输运方程的解（见第3章）中，斯皮策推导出完全电离等离子体中输运性质的表达式

$$\sigma_{\mathrm{e}}=\frac{2m_{\mathrm{e}}v_{\mathrm{e}}^3}{e^2Z\ln q}\left(\frac{2}{3\pi}\right)^{3/2}\gamma_E \tag{5-105}$$

$$\alpha=3\ \frac{\gamma_T}{\gamma_E} \tag{5-106}$$

$$\kappa_{I=0}=\frac{20m_{\mathrm{e}}^2kv_{\mathrm{e}}^5}{3e^4Z\ln q}\left(\frac{2}{3\pi}\right)^{3/2}\delta_T\left(1-\frac{3}{5}\ \frac{\delta_E\ \gamma_T}{\delta_T\ \gamma_E}\right) \tag{5-107}$$

其中

$$v_{\mathrm{e}}^2=\frac{3kT}{m_{\mathrm{e}}},\ q=\frac{kT}{e^2Z\,n_{\mathrm{i}}^{1/3}}\ \text{及}\ Z=\sum\frac{n_zz^2}{n_{\mathrm{e}}}$$

表示平均离子电荷。

此外，这四个输运系数（δ_T、δ_E、γ_T 和γ_E）是平均离子电荷的函数。可从表5－2中找到这些系数的值。

表5－2　输运系数的值

	$Z=1$	$Z=2$
γ_E	0.581 6	0.683 3
γ_T	0.272 7	0.413 1
δ_E	0.465 2	0.578 7
δ_T	0.225 2	0.356 3

忽略式（5－105）和式（5－106）中对数项的次要影响，强调以下条件很重要

$$\sigma_{\mathrm{e}}\sim v_{\mathrm{e}}^3\sim T^{3/2}\ \text{及}\ \kappa_{I=0}\sim v_{\mathrm{e}}^5\sim T^{5/2}$$

电导率和热导率都由自由电子控制，考虑到等离子体中自由电子的高迁移率，这是一个并

不令人意外的结果。

对于 $Z=1$，我们可以看到

$$\frac{\kappa_{I=0}}{\sigma_e}=2\frac{k^2}{e^2}T$$

这是对纯金属推导出的一种关系。很显然，金属（“固态等离子体”）与完全电离气体等离子体之间存在密切关系。

在考虑了典型双组分混合物（完全电离等离子体）之后，应该将这一论述拓展到三组分混合物，这一论述一般可以应用到任意由中性粒子、离子和电子组成的混合物。最终的方程会跟双组分混合物推导出的方程相似，但更复杂。这些方程的推导可以在其他地方找到[1]。

符号表

$\boldsymbol{B}$	磁感应强度（Vs/m^2）
C	常数，方程（5-36）
c_k	组元 k 的质量分数
D	扩散系数（m^2/s）
D_0	离解能（J）
$\boldsymbol{E}$	电场强度（V/m）
E_a	电子激发能（J）
E_s	熵产生[$W/(m^3 \cdot K)$]
e_k	组元 k 的电荷（As）
e_n	自然对数的底（$e_n=2.718$）
$\boldsymbol{F}_k$	作用在组元 k 上的体积力
$\boldsymbol{g}$	重力加速度（m/s^2）
h	普朗克常数（6.6×10^{-34} W s^2）
h_g	焓（J/kg）
$\boldsymbol{I}_k$	相对于质心组元 k 的质量流量[$kg/(m^2 \cdot s)$]
$\boldsymbol{j}_e$	电子电流密度（A/m^2）
k	玻耳兹曼常数（1.38×10^{-23} J/K）
L_{kl}, L_{ku}, L_{ul}	式（5-23）、式（5-24）和式（5-25）中的翁萨格系数
m_e	电子质量（9.11×10^{-31} kg）
m_k	组元 k 的质量（kg）
n	粒子数密度（m^{-3}）

p_k	组元 k 的偏压（Pa）
Q_k	组元 k 的配分函数
q^*	转变热（J/kg）
q	与环境的热交换（J/kg）
$\boldsymbol{q}$	热流（W/m^2）
$\boldsymbol{S}$	扩散流量（$m^{-2}s^{-1}$）
s_g	熵［J/(kg·K)］
t	时间（s）
T	绝对温度（K）
u_g	内能（J/kg）
V	电势（V）
$\boldsymbol{v}_g$	质心速度（m/s）
$\boldsymbol{v}_k$	组元 k 的速度（m/s）
v_0	比体积（m^3/kg）
$\boldsymbol{X}_l$	驱动力（N）
x_k	组元 k 的摩尔分数
y_k	组元 k 的热扩散系数（J/kg）
Z	平均离子电荷

希腊符号

α	热扩散因子
δ_E, δ_T, γ_E, γ_T	式（5－105）～式（5－107）中的斯皮策（Spitzer）系数
ε_{ij}	组元 i 和 j 间的摩擦系数
Γ_k	组元 k 的粒子生成速率［$kg/(m^3 \cdot s)$］
κ	热导率［W/(m·K)］
λ_i	i 型粒子的平均自由程（m）
μ_k	组元 k 的化学势（J/kg）
ρ	混合物的质量密度（kg/m^3）
ρ_k	组元 k 的质量密度（kg/m^3）
σ_e	电导率（$\Omega^{-1}m^{-1}$）
τ	时间（s）

参考文献

[1] W. Finkelnburg and H. Maecker, "Electric Arcs and Thermal Plasmas," in Handbook of Physics, Vol. 22 (S. Flügge, ed.), (Berlin: Springer - Verlag, 1950): 254.

[2] D. Enskog, Dissertation (University of Uppsala, Sweden, 1917).

[3] L. Onsager, Phys. Rev. 37 (1931): 405; Phys. Rev. 38 (1993): 2265.

[4] L. Waldmann, Z. Naturforschung, 4a (1949): 105; Z. Naturforschung, 5a (1950): 322.

[5] K. C. Hsu, K. Etemadi, and E. Pfender, J. Appl. Phys. 54 (1983): 1293.

[6] H. A. Dinulescu, and E. Pfender, J. Appl. Phys. 51 (1980): 3149.

[7] N. A. Sanders, and E. Pfender, J. Appl. Phys. 55 (1984): 714.

第6章 热力学特性

6.1 简介

当氮气（室温和室压下的 N_2 分子）等气体被持续加热时，气体分子首先通过吸热反应 $N_2 \Leftrightarrow 2N - E_N^D$ 发生离解，其中，E_N^D 是离解能。在更高温度下，开始通过吸热反应 $N \Leftrightarrow N^+ + e - E_{N^+}^I$ 发生电离，其中，$E_{N^+}^I$ 是一级电离能。根据 $N^+ \Leftrightarrow N^{++} + e - E_{N^{++}}^I$（二级电离），温度进一步升高将使 N^+ 离子再次失去一个电子。

气体组成（我们的研究对象为 N_2、N、N^+、e 的摩尔分数）对它的温度具有强烈的依赖性，是电能耗散和主要出现在等离子体边缘热损失之间的能量平衡结果。在这种复杂的混合气体中，存在着电离、离解和复合反应之间的动力学平衡过程，其总能量取决于不同粒子的能量（冻结能）和化学反应能量（反应能）。因此，热力学性质参数（焓、熵、比热等）与等离子体组成具有强相关性。通过计算吉布斯自由能（在给定的温度和压强下）的最小值可以获得等离子体组成，这样就把计算过程转换成了计算气体现有不同气体组元化学势的过程。高温（$T>6\ 000$ K）时，只能采用统计力学方法（见 4.4 节），通过配分函数来计算这些化学势，配分函数与等离子体中不同化学组元的内能水平有关（能量可以通过光谱确定）。本章首先讨论完全热力学平衡（CTE）条件下等离子体的热力学函数和配分函数之间的关系并计算配分函数。在这个方程框架下，提出计算等离子体组成的不同方法，然后计算其热力学性质。然而，正如在 4.4 节叙述的，即使假设等离子体中心处于 CTE 状态，在热等离子体边缘或羽流中也不可能是这种状态，在这些区域可以定义两个温度（电子温度和重粒子温度）。本章的最后一部分将要计算双温度等离子体的组成和热力学性质。

6.2 CTE 的热力学函数

6.2.1 标注

为表示任意化学组元的热力学函数，最简单的标注是使用化学符号作为研究的热力学函数的下角标。例如，对于氮，它包括 K（$K=6$）种组元，分别用下标为 N_2（氮气）、N（氮原子）、N^+ 和 N^{++}（原子离子）、N_2^+（分子离子）和 e（电子）来表示。

如果我们有一种室温下由三种或四种化学组元组成的混合气体，那么当其变成等离子体时，其化学组元的种类将变得非常多（几乎有 20 至 50 种之多）。如果需要通过计算得到该混合气体的组成，上述对纯氮元素的符号定义方法就不再适用。因此，常常使用数字下标来表示化学组元的分类。

为了获得标注与化学组元之间的线性关系，使用从 1 到 K（总组元数）的单索引 i 进行标注。例如

$$1=\mathrm{e},2=\mathrm{N},3=\mathrm{N}^{+},4=\mathrm{N}^{++},5=\mathrm{N}_2,6=\mathrm{N}_2^{+}$$

根据这些组元的特定行为，把索引 1 或索引 K 分配给电子，但是通常把索引 1 分配给电子。

激发态的能级表［例如，Moore（1949，1952，1958）］通常用增加的数值［如图 6－1（a）所示］表示，因此用二级标注足够表示激发态能量。在后文中，我们使用 $E_{i,s}$ 表示第 i 种氮组元位于 s 激发态时的能量；使用 $E_{i,0}$ 表示基态的能量。因此，把要研究的总组元数分成不同的能级

$$N_i=\sum_s N_{i,s} \tag{6-1}$$

式中，对所有可能的激发态求和，也包括基态。类似的思路也适用于双原子分子能级，如图 6－1（b）所示。

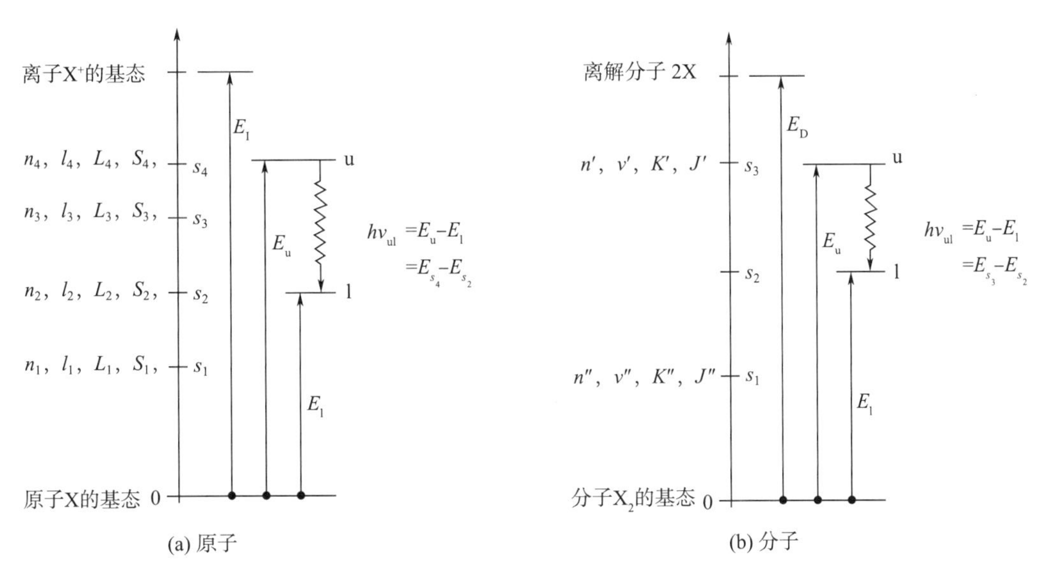

图 6－1　能量示意图

通过这些标识，我们可以使用合适的矩阵记法来表示计算过程中的化学反应。然而，为了使不熟悉等离子体的读者能够快速地熟悉等离子体的大部分性质，我们以氮元素为例来进行讲解；使用化学标识对相关的化学组元进行分类，若有必要使用下标 s 表示激发态。当仅给出化学标识时，意味着要考虑化学组元的所有特性而无论其是否处于激发态。

6.2.2　配分函数

玻耳兹曼关系式给出了在能量为 $E_{i,s}$ 的 s 量子态下 i 组元的粒子数目（见 4.4.1 节）

$$\frac{N_{i,s}}{N_i}=\frac{g_{i,s}\exp[-E_{i,s}/(kT)]}{\sum_s g_{i,s}\exp[-E_{i,s}/(kT)]} \tag{6-2}$$

式中　$g_{i,s}$——s 量子态下的统计权重（即与能级 s 有关的波函数的数量）。

对于 i 组元粒子来说，方程（6－2）中的分母叫做原子或分子的内部配分函数 $Q_i^{\text{int}}(T)$

$$Q_i^{\text{int}}(T)=\sum_s^{s^*} g_{i,s}\exp[-E_{i,s}/(kT)] \tag{6-3}$$

该量是无量纲的，求和是对从 s 到 s^* 所有可能的状态进行，根据单原子和双原子分子实际情况而确定。

通常［Mayer 和 Mayer（1966）］，对于给定 i 粒子来说，有两类能量必须要考虑：平动能（动能）和与自由度有关的能量。对于原子来说，自由度包括束缚电子的激发能量，对于分子来说，自由度还包括分子的转动能和原子核间的振动能（见2.4节），另外，还有与束缚共享电子的激发能量相关的能量。

如果假设粒子的平动动能和内能是相互独立的（$E_{i,s}=E_{i,k}^{\text{trans}}+E_{i,j}^{\text{int}}$），则配分函数可以由动能函数和内能函数相乘得到，即

$$Q_i=Q_i^{\text{tr}}Q_i^{\text{int}}=\left(\frac{2\pi m_i kT}{h^2}\right)^{3/2}VQ_i^{\text{int}}=\frac{V}{\Lambda_i^3}Q_i^{\text{int}} \tag{6-4}$$

式中　m_i——化学组元 i 的质量；

V——等离子体的体积；

Λ_i——热德布罗意长度。

$$\Lambda_i=\left(\frac{h^2}{2\pi m_i kT_i}\right)^{1/2} \tag{6-5}$$

在玻耳兹曼假设下，这些方程才是成立的［了解更详细的信息见4.4.1节和 Landau 和 Lifschitz（1967）］。这意味着，可处于量子态的数目必须大于粒子的数目，即两种粒子同时在相同量子态下的概率非常小。换句话说，必须满足条件

$$\left(\frac{2\pi m_i kT}{h^2}\right)^{3/2}V/N\gg 1 \tag{6-6}$$

注意，麦克斯韦-玻耳兹曼分布是玻色-爱因斯坦和费米-狄拉克量子分布的极限情况。

6.2.3　热力学函数

6.2.3.1　理想气体

玻耳兹曼的统计处理可以采用所研究系统的配分函数来描述热力学函数。例如，根据 Mayer 和 Mayer（1966），相对于参考能量 F_0，亥姆霍兹（Helmholtz）自由能 F 可以表达为

$$F-F_0=-kT\ln Q_{\text{total}} \tag{6-7}$$

式中　Q_{total}——所研究的热力学系统中所有粒子的配分函数。

假设系统的总能量是不同粒子（非相互作用的粒子）的能量之和，可以发现

$$Q_{\text{total}} = \frac{\prod_i Q_i^{N_i}}{\prod_i N_i!} \tag{6-8}$$

式中　Q_i ——化学组元 i 中单个粒子的配分函数；

N_i ——系统中组元 i 的粒子总数，且 $\prod_i = \prod_{i=1}^{i=K}$ 。

使用方程（6-7）、方程（6-8）和斯特林公式（$\ln N! = N\ln N - N$），F 可以用下式计算

$$F - F_0 = -\sum_i N_i kT \ln(e_n Q_i / N_i) \tag{6-9}$$

式中　e_n ——自然对数的底（2.718 281 8），且 $\sum_i = \sum_{i=1}^{K}$ 。

然而，若使式（6-8）成立，则内部相关联的能级必须具有相同的参考基准，例如对于自由原子，基准为最低量子态（基态）。

方程（6-9）[方程（6-6）成立的前提下该公式有效，即无量子效应] 的右边部分是温度和体积或压强的函数。如果已知激发态（以及等离子体组分）的能量和简并，则可以很容易地确定右侧。

以氮为例，在温度为 T 和压强为 p 的条件下，当仅考虑 N_2、N、N^+、e 组元时，我们可以得到以下方程。最初的混合物为 $T=0$ K、$p=1$ atm（自由能 F_0）条件下的 1 mol 的 N_2

$$F - F_0 = kT\left[N_{N_2}\ln\left(\frac{e_n Q_{N_2}}{N_{N_2}}\right) + N_N \ln\left(\frac{e_n Q_N}{N_N}\right) + N_{N^+}\ln\left(\frac{e_n Q_{N^+}}{N_{N^+}}\right) + N_e \ln\left(\frac{e_n Q_e}{N_e}\right)\right] \tag{6-10}$$

因此，可以通过对等离子体中存在的各种粒子的配分函数来计算所有其他热力学函数。例如，p 可以用下式表示

$$p = -\left(\frac{\partial F}{\partial V}\right)_{T,N_i} = \sum_i N_i kT\left(\frac{\partial \ln Q_i}{\partial V}\right)_{T,N_i} \tag{6-11}$$

内能用下式表示

$$E - E_0 = T^2\left[\frac{\partial\left(\dfrac{F}{T}\right)}{\partial T}\right]_{V,N_i} = \sum_i N_i\left[3kT/2 + kT^2\left(\frac{\ln Q_i^{\text{int}}}{\partial V}\right)_{T,N_i}\right] \tag{6-12}$$

6.2.3.2　德拜修正

当温度升高时，带电组元的密度就会增大，且在长程库仑作用下会产生相互作用能量，这部分能量必须添加到理想气体的热力学函数计算中。

应用德拜模型[1] [见 Mayer 和 Mayer（1966）]，F 如下式所示

$$F - F_0 = -\sum_i N_i kT\ln(e_n Q_i/N_i) - \frac{kTV}{12\pi\lambda_D^3} \tag{6-13}$$

其中

$$\lambda_{\mathrm{D}}=\left(\frac{\varepsilon_0 kTV}{e^2\sum_{i=1}^{K}Z_i^2N_i}\right)^{1/2} \tag{6-14}$$

式中　ε_0——真空介电常数；

Z_i——组元 i 的离子电荷数（例如，$Z_i=1$ 表示 N^+，$Z_i=-1$ 表示 e，$Z_i=1$ 表示 N_2^+，$Z_i=0$ 表示 N 和 N_2。

在氮等离子体中包括 N_2、N_2^+、N、N^+、e

$$\sum_{i=1}^{K}Z_i^2N_i=N_{\mathrm{N}^+}+N_{\mathrm{e}}+N_{\mathrm{N}_2^+}$$

高温气体主要包括 N^+、N^{++}、e

$$\sum_{i=1}^{K}Z_i^2N_i=N_{\mathrm{N}^+}+4N_{\mathrm{N}^{++}}+N_{\mathrm{e}}$$

这个库仑场也修正了 p

$$p=\frac{N_ikT}{V}-\frac{kT}{24\pi\lambda_{\mathrm{D}}^3} \tag{6-15}$$

吉布斯自由能变为下式

$$G-G_0=pV+F-F_0=-\sum N_ikT\ln(Q_i/N_i)-\frac{kTV}{8\pi\lambda_{\mathrm{D}}^3} \tag{6-16}$$

在带电粒子密度最高值情况下，德拜修正最大。对于 N_2、Ar、H_2、O_2 来说，它们具有类似的电离势，在常压下，电子密度最大值出现在 14 000～15 000 K 之间（具体见图 6-2 到图 6-6 和 6.3.3.4 节），且在更高的温度下，电子密度几乎保持恒定。因此，在这个温度范围内德拜修正最大。

在大部分情况下，这些修正量非常小（小于 2%或 3%）。因此，不需要德拜修正，就能计算出组成，然后再去评估热力学函数的相应修正（参数 λ_{D} 取决于 N_i）。表 6-1 列出了在 0.2、1 和 5 个大气压下，空气等离子体焓的德拜修正量。

表 6-1　空气焓值的德拜修正和维里修正

压强/kPa	温度/K	理想气体值/(J/kg)	德拜修正	维里修正	真实气体值/(J/kg)
20	1 000	0.754 0E+06	−0.00%	+0.00%	0.754 0E+06
	2 000	0.198 0E+07	+0.00%	+0.00%	0.198 0E+07
	3 000	0.421 2E+07	+0.00%	+0.00%	0.421 2E+07
	4 000	0.799 5E+07	−0.00%	+0.00%	0.799 5E+07
	5 000	0.107 3E+08	+0.00%	+0.00%	0.107 3E+08
	6 000	0.189 2E+08	+0.00%	−0.00%	0.189 2E+08
	7 000	0.335 5E+08	+0.00%	+0.00%	0.335 5E+08
	8 000	0.408 9E+08	+0.01%	+0.00%	0.409 0E+08
	9 000	0.455 5E+08	+0.06%	+0.00%	0.455 8E+08
	10 000	0.533 3E+08	+0.24%	+0.00%	0.534 6E+08

续表

压强/kPa	温度/K	理想气体值/(J/kg)	德拜修正	维里修正	真实气体值/(J/kg)
	11 000	0.690 4E+08	+0.60%	+0.00%	0.694 5E+08
	12 000	0.970 5E+08	+0.85%	−0.00%	0.978 8E+08
	13 000	0.131 0E+09	+0.54%	+0.00%	0.131 7E+09
	14 000	0.154 2E+09	+0.09%	+0.00%	0.154 4E+09
	15 000	0.165 2E+09	+0.12%	−0.00%	0.165 1E+09
100	1 000	0.754 0E+06	+0.00%	+0.01%	0.754 1E+06
	2 000	0.197 7E+07	+0.00%	+0.00%	0.197 7E+07
	3 000	0.377 2E+07	+0.00%	+0.00%	0.377 2E+07
	4 000	0.738 6E+07	−0.00%	+0.00%	0.738 6E+07
	5 000	0.996 5E+07	+0.00%	+0.00%	0.996 5E+07
	6 000	0.146 6E+08	+0.00%	+0.00%	0.146 6E+08
	7 000	0.257 5E+08	+0.00%	−0.00%	0.257 5E+08
	8 000	0.375 1E+08	+0.01%	−0.00%	0.375 1E+08
	9 000	0.434 2E+08	+0.05%	+0.00%	0.434 4E+08
	10 000	0.486 1E+08	+0.19%	+0.00%	0.487 0E+08
	11 000	0.570 5E+08	+0.55%	+0.00%	0.573 6E+08
	12 000	0.724 6E+08	+1.17%	−0.00%	0.733 1E+08
	13 000	0.979 0E+08	+1.58%	+0.00%	0.994 4E+08
	14 000	0.129 1E+09	+1.11%	+0.00%	0.130 5E+09
	15 000	0.153 2E+09	+0.28%	+0.00%	0.153 7E+09
500	1 000	0.754 0E+06	−0.00%	+0.03%	0.754 2E+06
	2 000	0.197 5E+07	+0.00%	+0.02%	0.197 6E+07
	3 000	0.355 5E+07	−0.00%	+0.01%	0.355 6E+07
	4 000	0.649 2E+07	−0.00%	+0.00%	0.649 2E+07
	5 000	0.938 6E+07	−0.00%	+0.00%	0.938 6E+07
	6 000	0.124 9E+08	+0.00%	+0.00%	0.124 9E+08
	7 000	0.190 8E+08	+0.00%	+0.00%	0.190 9E+08
	8 000	0.302 8E+08	+0.01%	−0.00%	0.302 9E+08
	9 000	0.399 2E+08	+0.04%	+0.00%	0.399 3E+08
	10 000	0.456 8E+08	+0.14%	+0.00%	0.457 4E+08
	11 000	0.512 5E+08	+0.44%	+0.00%	0.514 8E+08
	12 000	0.596 6E+08	+1.11%	+0.00%	0.603 2E+08
	13 000	0.737 5E+08	+2.14%	−0.00%	0.753 3E+08
	14 000	0.959 2E+08	+2.90%	−0.00%	0.987 0E+08
	15 000	0.124 2E+09	+2.37%	+0.00%	0.127 1E+09

6.2.3.3 维里修正

当两个原子相互靠近的时候，围绕着原子核的电子层之间存在相互作用（如图3-1所示），相互作用势（例如，2.4.1节中的莫尔斯电势）决定了它们的行为。当两个原子距离非常近（达到埃米级）的时候，它们之间的相互作用势变成了排斥力。如果平均自由程大于它们的起始作用距离，则粒子偏转会导致与经典模型预估结果非常接近的平均轨迹。假设 l_{ij} 是 i 粒子接近 j 粒子时的平均自由程，只有当它小于粒子的距离 d_{ij} 的时候相互作用势 V_{ij} 才起作用。只要满足式（6-17），就不必进行维里修正

$$l_{ij} \gg d_{ij} \tag{6-17}$$

式中 d_{ij} ——两个粒子彼此之间开始排斥的距离。

如果方程（6-17）不适用所有的碰撞组元，则理想气体定律应做如下修正

$$\frac{pV}{NkT} = 1 + B(T)\frac{N}{V} \tag{6-18}$$

其中，$N = \sum_{i=1}^{K} N_i$ 和 $B(T)$ 是第二维里系数，可以使用如下相互作用势 V_{ij} 计算得到

$$B(T) = \sum_{i,j}^{K,K} \frac{N_i N_j}{N^2} B_{ij}(T) \tag{6-19}$$

其中

$$B_{ij}(T) = -2\pi\int_0^{\infty}\left[\exp\left(\frac{V_{ij}(r)}{kT}\right) - 1\right] r^2 \mathrm{d}r \tag{6-20}$$

需要注意的是，这里的计算有点类似于碰撞积分（见7.3.4节）。在大部分情况下，对用于热等离子体的常规压强（20 kPa到500 kPa），维里修正可以忽略，如表6-1中所列出的。当然，对于最大的密度，也就是最低的温度，维里修正系数也最大。

6.2.4 配分函数的计算

6.2.4.1 平动配分函数

为了计算热力学函数，需要获得比值 Q_i/N_i［如方程（6-9）所示］。对于平移自由度，其期望值如下式所示

$$\frac{Q_i^{\mathrm{tr}}}{N_i} = \left(\frac{2\pi m_j kT}{h^2}\right)^{3/2} \cdot \frac{V}{N_i} = \Lambda_i^{-3} \cdot \frac{V}{N_i} \tag{6-21}$$

式中 Λ_i ——热德布罗意长度；

$\frac{Q_i^{\mathrm{tr}}}{N_i}$ ——取决于组元 N_i 的计算结果，而如同将要说明的（见6.3节），组元可采用下式直接计算

$$\frac{Q_i^{\mathrm{tr}}}{V} = \Lambda_i^{-3} = 2.777\,21 \times 10^{66}\ (m_i T)^{3/2}\text{（其中，}m_i\text{ 的单位为 kg，}T\text{ 的单位为 K）} \tag{6-22}$$

6.2.4.2　内部配分函数的限制

计算组元的第二项是内部配分函数。

（1）原子的内部配分函数

对于原子来说，该函数仅仅包含由方程（6-3）给出的电子激发态。尽管这个公式看起来非常简单，但是它的计算却非常困难[1]：1）它的统计权重和能级必须通过薛定谔（Schrödinger）方程的计算得到。对于复杂的能级系统，很难获得精确解。2）方程（6-3）中的求和必须针对所有可能的离散能态进行，这些能态仅在 $E_{i,s}$ 中存在，低于 $E_{\mathrm{I}}-\delta E_{\mathrm{I}}$，其中 δE_{I} 是电离势 E_{I} 的降低。

当束缚电子能量接近 $E_{\mathrm{I}}-\delta E_{\mathrm{I}}$（见 4.4.2 节和图 4-8）时，束缚电子将不再被束缚。从实际观点来看，主要问题之一就是 δE_{I} 取决于等离子体的成分，严格的计算必须采用迭代过程。

然而，正如 Fauchais 等人[2-4]证明的，关于配分函数中止符 s^* 的各种理论对于热力学性质给出了相同的值，因此，使用 Gurvich[5] 理论作为第一近似方法去计算 δE_{I} 通常来说足够了。虽然该理论还不够严谨，但是它提出了 s^* 是 T 和 p 的函数，且与主量子数 n 相关

$$n^{*2}r_1=Z_{\mathrm{eff}}^{-1}\left(\frac{3V}{4\pi N}\right)^{1/3}=Z_{\mathrm{eff}}^{-1}\left(\frac{3kT}{4\pi p}\right)^{1/3}=1.488\ 48\times 10^{-8}Z_{\mathrm{eff}}^{-1}\left(\frac{T}{p}\right)^{1/3} \tag{6-23}$$

式中，p 的单位是 Pa，T 的单位是 K，Z_{eff} 是有效电荷，对所考虑粒子采用电离级加 1 方式表示：1 表示为中性原子，2 为 N^+ 类离子，3 为 N^{++} 类离子，以此类推。

在这种情况下，对于给定的 T 和 p，n^* 可以通过直接计算得到。然而[6]，需要注意的是，在主要组元的构成保持在 5%以内相同的条件下，不同理论计算得到的 n^* 值，其误差可能达到 120%。这种情况只有将相同极限理论用于等离子体中所有组元的配分函数计算时才会出现。根据所使用的极限理论，对于最小组元（其摩尔分数小于 0.001），其误差仍可能很大（可达 40%），但是这样的误差不影响等离子体的一般行为。

（2）分子的内部配分函数

对于分子来说，其内部配分函数可以写为

$$Q_{\mathrm{int}}=\left[\sum_{\mathrm{e}}g_{\mathrm{e}}\exp\left(\frac{-E_{\mathrm{e}}}{kT}\right)\right]\left[\sum_{\mathrm{v}}g_{\mathrm{v}}\exp\left(\frac{-E_{\mathrm{v}}(\mathrm{e})}{kT}\right)\right]\left[\sum_{\mathrm{r}}g_{\mathrm{r}}\exp\left(\frac{-E_{\mathrm{r}}(\mathrm{e},\mathrm{v})}{kT}\right)\right] \tag{6-24}$$

式中　g_{e}，g_{v}，g_{r}——分别表示电子的、振动的和转动的简并。

对于由 $2S+1$ 所标识的电子态［见 2.4.2 节和 Herzberg（1950）］，有

$$g_{\mathrm{e}}=2S+1\qquad 对于\ \Sigma\ 态(\Lambda=0) \tag{6-25}$$

$$g_{\mathrm{e}}=2(2S+1)\qquad 对于\ \Pi、\Delta、\Phi\ 态(\Lambda\neq 0) \tag{6-26}$$

而对于量子数为 v 的振动态，有

$$g_{\mathrm{v}}=1 \tag{6-27}$$

对于由量子数 J 所描述的转动态，有

$$g_r = 2J + 1 \tag{6-28}$$

方程（6－24）中的求和必须是有限的（如当达到 v 的离解极限时[7]）。

不同的方法会产生相似的结果（对于氮来说小于3%），除非它的基态是多重态的（例如，O_2^+ 或 NO），在这样的情况下必须使用有限性方法。

分子配分函数计算的主要问题通常出现在多个激发态发生相互作用的复杂计算中［见Mayer和Mayer（1966）］。

6.2.4.3　数据库

原子的数据可以从类似于C. E. Moore（1949，1952，1958）的光谱数据表中获得。这些表首先根据 $L-S$ 或 $j-j$ 耦合给出光谱能级的名称（见2.3.3节），接下来以 cm^{-1} 为单位给出其能量值［在方程（6－3）中，玻耳兹曼常数必须修正为 $k/hc=0.695$］。

简并 g 通过 $(2J+1)$ 计算得到，这里的 J 是谱级的角动量。

谱级总数的计算取决于每一个能级的温度和能量。例如，当 $T<10\,000$ K时，$Q_{Ar}^{+}=4+2\exp(-2\,060.4/T)$。然而，一旦温度 T 升高，谱级数目急剧增大，极限理论在确定数目的过程中起重要作用。虽然，表格为主量子数 n 的低值提供了几乎全部的能级，但是当 n 增大时，还是有越来越多的能级丢失。

因此，对于轨道和角动量采用一定的选择准则来推断能级的丢失是必要的。等电子族（例如CuⅠ 和OⅢ①）也是有帮助的[6,8]。例如，可以通过对比OⅢ 排列能级和CuⅠ 排列能级的曲线来减少丢失的能级。

一般来说，这些方法仍然不足以确定所有能级，需要通过不同的经验方法来确定丢失的能级（例如，见Drellishak[8]或Capitelli et al[9]）。

另外一个问题出现是因为在计算配分函数时必须考虑的状态数非常大（如当氮原子数目 $n=12$ 时，状态数为1 032）。实际上，根据所考虑的原子，当具有相似激发态能级的状态数目大于5～8时，就需要重新进行分组（即使使用高速计算机）。例如，Veits等人[10]建议将具有统计权重等于各独立统计权重之和以及激发态能量等于单个能量加权平均的状态合并到一个单独能级 E_m 中。然而，在以下情况误差会减小：

1）E_m/kT 很小。在这种情况下，只有能级彼此非常靠近时才能重新分组（通常，能量差别很大的低能级是不能重新分组的）。

2）与1相比，E_m/kT 非常大。在这种情况下，具有很宽范围 kT 能量的能级可以重新分组。

6.3　完全热力学平衡中的等离子体组成

从热力学角度来看，化学系统既可以用温度和压强来表征，也可以用温度和体积来表征。在第一种情况下，当吉布斯（Gibbs）自由能最小时达到平衡态，在第二种情况下则

① 在光谱标注法中，CuⅠ 对应铜原子，CuⅡ 对应铜的第一个离子，CuⅢ 对应铜的第二个离子，以此类推。

是当亥姆霍兹自由能最小时达到平衡态。对等离子体来说，习惯上使用温度和压强作为其状态参数，因此本节将研究吉布斯自由能 G 。

考虑最小吉布斯自由能下的系统，即 $(\mathrm{d}G)_{p,T}=0$，我们可以得到能够计算平衡组成的质量反应定律。我们将首先讨论等离子体气体在完全热力学平衡状态下的行为。然而，当将等离子体用于加热复杂混合物时，尤其包含凝聚相的情况下，可能会出现用最小化方法找到理想解的计算问题。

6.3.1　平衡关系

假设等离子体中含有 K 种组元，但是没有凝聚相，令 N_i 为温度为 T 和压强为 p 下组元 i 的粒子总数，则吉布斯自由能 G 如下式

$$G(T,p)=\sum_{i=1}^{K}\mu_i N_i+G^0(T,p) \tag{6-29}$$

式中，$G^0(T,p)$ 仅取决于 T 和 p ，与组成无关，化学势 μ_i 由下式定义

$$\mu_i=\left(\frac{\partial G}{\partial N_i}\right)_{T,p,N_{j\neq i}}=-kT\ln(Q_i/N_i)+E_{0i}^0 \tag{6-30}$$

式中，E_{0i}^0 是绝对参考能量，绝对参考能量是将不同化学组元 i 的内连能级作为相同能级的参考量引入的。

对于给定 T 和 p 的孤立系统，趋于平衡态用 $\mathrm{d}G<0$ 来描述，当 $(\mathrm{d}G)_{p,T}=0$ 时达到平衡。G 的推导公式为

$$\sum_{i=1}^{K}(\mu_i\mathrm{d}N_i+N_i\mathrm{d}\mu_i)=0 \tag{6-31}$$

根据吉布斯-杜亥姆关系［Fowler 和 Guggenheim（1956）］

$$\sum_i N_i\mathrm{d}\mu_i=0\text{，因而有 }\mathrm{d}G=\sum_i\mu_i\mathrm{d}N_i=0 \tag{6-32}$$

接下来的问题是寻找满足方程（6－32）同时由化学元素守恒与道尔顿定律所约束的 N_i 值。

在高温等离子体中出现的大量组元大大增加了符号系统的重要性。在后续讨论中，将使用氮的计算来说明简单符号系统的问题（见 6.2.1 节）。

当在 p_0 下将 $n'^0_{N_2}$ 摩尔的双原子氮气加热到 T_0 时，可以获得由 N_2、N_2^+、N、N^+、N^{++} 和 e 组成的混合物，如下列化学平衡关系所描述

$$n'^0_{N_2}N_2(T_0,p_0)\rightarrow n'_{N_2}N_2+n'_{N_2^+}N_2^++n'_NN+n'_{N^+}N^++n'_{N^{++}}N^{++}+n'_e e\quad(\text{在 }T\text{ 和 }p\text{ 条件下}) \tag{6-33}$$

式中，n'_x 是化学组元 x 在 T 和 p 下的摩尔数 N_x/N_{av}（N_{av} 为阿伏加德罗常数）。所有化学物质都是以氮原子与电子为基本组元的组合，与其他组元的关系可用下面的反应式表示：

1）两个原子组成一个分子的化学反应式：$N_2\Leftrightarrow 2N$ ；

2）分子离子生成的化学反应式：$N_2\Leftrightarrow N_2^++e$ ；

3）原子离子生成的化学反应式：$N\Leftrightarrow N^++e$ 和 $N^+\Leftrightarrow N^{++}+e$ 。

6.3.1.1　元素守恒

无论高温下等离子体组成如何，基本组元的摩尔数是守恒的［此处与（N，e）相同］。室温下，1 mol 双原子氮气分子（即，2 mol 氮原子，$n'^{0}_{N_2}=1$ 和 $n'^{0}_{N}=2$），可以写为

$$n'_{N}+n'_{N^+}+n'_{N^{++}}+2n'_{N_2}+2n'_{N_2^+}=2 \tag{6-34}$$

高温下，2 mol 氮原子（对应室温下 1 mol 的氮气）在 N_2、N_2^+、N、N^+、N^{++} 之间共享。

由于电子源自于离子，等离子体在整体上是电中性的

$$n'_{e}=n'_{N^+}+2n'_{N^{++}}+n'_{N_2^+} \tag{6-35}$$

6.3.1.2　道尔顿定律

道尔顿定律表达式为

$$p=\sum_i p_i \tag{6-36}$$

式中，p_i 是相关组元的分压，或根据总数密度 n_T 有

$$n_T=p/(kT) \tag{6-37}$$

6.3.2　质量作用定律

根据热力学，平衡态对应于 $(dG)_{p,T}=0$。使用我们之前的算例和对 N_2^+ 和 N^{++}（当 $T<18\,000$ K 时，$n'_{N_2^+}$ 小于 10^{-4}，$n'_{N^{++}}$ 可以忽略）的估算，可以得到

$$dG=\mu_e\cdot dN_e+\mu_N\cdot dN_N+\mu_{N^+}\cdot dN_{N^+}+\mu_{N_2}\cdot dN_{N_2} \tag{6-38}$$

氮原子来自于氮气的离解反应，同时也有部分通过电离过程（$N^+=N-e$）转化成氮离子 N^+。因此 dN_N 可以分解成两部分：$dN_{N,1}$ 表示氮气分子离解为氮原子，$dN_{N,2}$ 表示电离作用下氮原子的减少，dG 可以写为下式

$$dG=\mu_e\cdot dN_e+\mu_N\cdot dN_{N,2}+\mu_{N^+}\cdot dN_{N^+}+\mu_{N_2}\cdot dN_{N_2}+\mu_N\cdot dN_{N,1} \tag{6-39}$$

离解反应的范特霍夫定律如下

$$-\frac{dN_{N_2}}{1}=\frac{dN_{N,1}}{2}=d\eta_N \tag{6-40}$$

化学反应 $N_2\leftrightarrow 2N$ 的 N 生成速率 $(d\eta_N)$ 与反应计量系数成正比，对于生成的组元（N）前面加正号，在离解组元（N_2）前面加负号。

类似地，离解过程方程式为

$$-\frac{dN_{N,2}}{1}=\frac{dN_{N^+}}{1}=\frac{dN_e}{1}=d\eta_{N^+} \tag{6-41}$$

因此方程（6-39）变为

$$dG=(\mu_e+\mu_{N^+}-\mu_N)\,d\eta_{N^+}+(2\mu_N-\mu_{N_2})\,d\eta_N \tag{6-42}$$

方程（6-42）生成了以下两个平衡条件表达式

$$\mu_e + \mu_{N^+} - \mu_N = 0 \tag{6-43}$$

和

$$2\mu_N - \mu_{N_2} = 0 \tag{6-44}$$

为了从方程（6-43）和方程（6-44）中导出质量作用定律，首先用 kT/p_i 替换 V/N_i，并将公式 Q_i/N_i 写为

$$Q_i/N_i = kTQ_i^{\text{int}}(T)\Lambda_i^{-3}p_i^{-1} \tag{6-45}$$

式中，Λ_i 已经在前述内容中引入［见方程（6-5）］且仅取决于 TQ_i^{int}，当使用古尔维奇的极限理论时（或任何其他与电离组元密度有关的理论），TQ_i^{int} 取决于 T 和 p［见方程（6-23）］。注意这里的分压 p_i 由下式给出

$$p_i = \frac{N_i}{N_T}p \tag{6-46}$$

其中

$$N_T = \sum_{i=1}^{K} N_i \quad \left(\sum_{i=1}^{K} p_i = p\right) \tag{6-47}$$

方程（6-30）可以写为

$$\mu_i = \mu_i^0(T) + kT\ln p_i \tag{6-48}$$

其中

$$\mu_i^0 = -kT\ln[\Lambda_i^{-3}kTQ_i^{\text{int}}(T)] + E_{0i}^0 \tag{6-49}$$

这里的上角标 0 表示 μ_i^0 仅仅与温度有关。

根据方程（6-43）、方程（6-44）和方程（6-48），可以得到

$$K_p(\mathrm{N}) = \frac{p_{\mathrm{N}}^2}{p_{\mathrm{N}_2}} = \exp\left[-\frac{1}{kT}(2\mu_{\mathrm{N}}^0 - \mu_{\mathrm{N}_2}^0)\right] \tag{6-50}$$

和

$$K_p(\mathrm{N}^+) = \frac{p_{\mathrm{N}^+} \cdot p_{e^-}}{p_{\mathrm{N}}} = \exp\left[-\frac{1}{kT}(\mu_{\mathrm{N}^+}^0 + \mu_e^0 - \mu_{\mathrm{N}}^0)\right] \tag{6-51}$$

式中　$K_p(\mathrm{N})$，$K_p(\mathrm{N}^+)$ ——分别表示离解和电离的分压平衡常数。

这些分压常数也可根据粒子密度 $n_i = N_i/V$ 来计算。根据方程（6-46）可以得到

$$K_p(\mathrm{N}) = \frac{(N_{\mathrm{N}}/N_T)^2}{N_{\mathrm{N}_2}/N_T} \cdot p = \frac{(N_{\mathrm{N}})^2}{N_{\mathrm{N}_2}}\frac{p}{N_T} = \frac{(N_{\mathrm{N}})^2}{N_{\mathrm{N}_2}}\frac{kT}{V}$$

或

$$K_p(\mathrm{N}) = \frac{n_{\mathrm{N}}^2}{n_{\mathrm{N}_2}} \cdot kT = K_c(\mathrm{N}) \cdot kT \tag{6-52}$$

如果方程（6-50）和方程（6-51）中的 μ_i^0 用方程（6-49）中的表达式替换，则离解平衡常数变为

$$K_p(\mathrm{N}) = \frac{(Q_{\mathrm{N}}^{\text{int}} \cdot \Lambda_{\mathrm{N}}^{-3} \cdot kT)^2}{Q^{\text{int}} \cdot \Lambda_{\mathrm{N}_2}^{-3} \cdot kT}\exp\left(-\frac{2E_{0\mathrm{N}}^0 - E_{0\mathrm{N}_2}^0}{kT}\right) \tag{6-53}$$

指数项 $2E^0_{0N}-E^0_{0N_2}$ 表示 N 的生成能（换句话说，N_2 的离解能）。考虑如图 2-11 所示的典型莫尔斯电势，该能量可以用下式表示

$$2E^0_{0N}-E^0_{0N_2}=D_e-hv/2 \tag{6-54}$$

式中，D_e 是原子核平衡位置（$r=r_e$）和自由原子（$r=\infty$）之间的能差，而 $\frac{h\nu}{2}=\frac{1}{2}\omega_e$ 为静止状态下的分子振动能（见 2.4.1 节）。

对于电离，由于 $m_N\approx m_{N^+}$

$$K_p(N^+)=2kT(Q^{int}_{N^+}/Q^{int}_N)\Lambda_e^{-3}\exp\left(-\frac{E^0_{0N^+}+E^0_{0e}-E^0_{0N}}{kT}\right) \tag{6-55}$$

方程（6-55）中的数字 2 对应于电子的内配分函数，$E^0_{0N^+}+E^0_{0e}-E^0_{0N}$ 是氮原子的电离能。为了计算等离子体内带电粒子间的相互作用，必须使用电离能的降低 δE_{N^+} 进行修正（见 6.2.4.2 节和 4.4.2 节）。因此，$E^0_{0N^+}+E^0_{0e}-E^0_{0N}=E_{N^+}-\delta E_{N^+}$

不同气体的电离能 E_I 通过表的形式给出（见表 2-3）。能量降低量 δE_{N^+} 以德秤-休克尔模型［见 Mayer 和 Mayer（1966）］为基础，通过带电粒子之间的库仑作用的计算获得。该模型如下

$$\delta E_{N^+}=\frac{e^2}{4\pi\varepsilon_0}\cdot\frac{e}{(\varepsilon_0 k)^{1/2}}\left[(n_e+n_{N^+})/T\right]^{1/2} \tag{6-56}$$

和

$$\delta E_{N^+}=3.343\,24\times10^{-28}\left[(n_e+n_{N^+})/T\right]^{1/2} \tag{6-57}$$

如果存在 N^{++} 和 N^{+++} 这样的多电子离子，其密度就不再是单纯的 n_e 和 n_{N^+} 相加，而是乘以它们有效电荷数的平方再相加：$n_e+n_{N^+}+4n_{N^{++}}+9n_{N^{+++}}$。

方程（6-55）是 Saha-Eggert 方程（见 4.4.4 节，在这里它是由热力学原理推导出来的）。

需要注意的是，当用 $K_p(N^+)$ 除以 kT 后可以得到

$$K_c=\frac{n_{N^+}\cdot n_e}{n_N}$$

这时，方程（6-55）和方程（4-108）是相同的。

6.3.3 等离子体组成计算

6.3.3.1 基于平衡常数的 NASA 方法

在特定的 T 和 p 下，等离子体组成可以通过求解方程（6-32）［$(dG)_{p,T}=0$］同时依据化学元素守恒［方程（6-34）］和电中性原理［方程（6-35）］得到。由于等离子体包含多达 40 多种组元，不可能通过封闭的形式求解这样的非线性方程系统，因此，必须使用数值方法进行求解。在 Storey 和 Van Zeggeren[11] 的专著以及 Bourdin[12] 的论文中有关于这些数值方法的综述。

Brinckley 的方法[13,14]可能是最早的方法，也是合理化处理复杂化学平衡的起源。该

方法可求解方程（6-34）、方程（6-35）、方程（6-36）、方程（6-50）和方程（6-51）这样的系统，采所用的是与更适用方法获得的方程相类似的求解方法。这种方法的一个实例就是由 Huff 等人[15]提出的 NASA 方法，在这里将对此进行简单的介绍。

特别需要注意的是，这些方法中的导数是计算得到的，在这个过程中，可能会出现由德拜修正和维里修正的非线性所导致的问题。该困难可以通过这种方法来克服，即根据在第 k 步得到的密度，在 $k+1$ 步计算其修正，且为了简化，假设这些修正对所有导数都是常数[16,17]。

在给定的温度和压强下，Huff 等人[15]提出的 NASA 方法的第一步是给出每种类型的粒子（在我们的例子中，包括电子、氮原子、氮离子和氮气分子）数目和总粒子数目 $N_T(N_T=\sum_{i=1}^{K}N_i)$ 的初始假设。当然，这些假设的值不太可能满足质量作用定律，如平衡常数方程（6-50）和方程（6-51）、守恒方程（6-34）和方程（6-35）、道尔顿定律方程（6-36），因此该方法接下来要做的就是在初始假设的基础上进行改进。

用 Δg 代表质量作用定律的误差。这些误差用对数坐标来表示，以描述组成中的急剧变化。当一个新组元出现或消失时，温度发生几百开尔文的变化，其组元就会发生数量级的变化。如果从方程（6-50）和方程（6-51）给出的平衡常数来表示为粒子数的函数出发，则对于离解过程有

$$\Delta g(\mathrm{N})=2\ln\frac{N_{\mathrm{N}}}{N}-\ln\frac{N_{\mathrm{N}_2}}{N_T}+\ln p-\ln K_p(\mathrm{N}) \tag{6-58}$$

对于电离过程有

$$\Delta g(\mathrm{N}^+)=\ln\frac{N_{\mathrm{N}}^+}{N_T}+\ln\frac{N_{\mathrm{e}}}{N_T}-\ln\frac{N_{\mathrm{N}}}{N_T}-\ln p-\ln K_p(\mathrm{N}^+) \tag{6-59}$$

式中　N_{N}，N_{N^+}，N_{e}，N_{N_2}，N_T ——估测值；

K_p ——给定 T 和 p 下的理论值。

令 Δa 表示元素守恒定律下的差值［方程（6-34）和方程（6-35）］。这里，该定律是用粒子数除以 N_T 来表示的。

对于氮元素守恒可以得到

$$\Delta a(\mathrm{N})=\frac{N_{\mathrm{N}}}{N_T}+\frac{2N_{\mathrm{N2}}}{N_T}+\frac{N_{\mathrm{N}^+}}{N_T}-\frac{2N_{\mathrm{av}}}{N_T} \tag{6-60}$$

对于电中性有

$$\Delta a(\mathrm{e})=\frac{N_{\mathrm{e}}}{N_T}-\frac{N_{\mathrm{N}^+}}{N_T} \tag{6-61}$$

最后，用 Δp 表示真实压强 p 和分压总和之间的差值，该值从估测值推导出

$$\Delta p=\left(\frac{N_{\mathrm{e}}}{N_T}+\frac{N_{\mathrm{N}}}{N_T}+\frac{N_{\mathrm{N}^+}}{N_T}+\frac{N_{\mathrm{N2}}}{N_T}\right)\cdot p-p \tag{6-62}$$

当 $\Delta g=\Delta a=\Delta p=0$ 时可以达到平衡态。方程（6-58）至方程（6-62）的最经典解由这些方程的一阶线性化解构成，用于获得粒子数修正初始值。通过这些修正值可以给出

Δg、Δa、Δp 的新值。当达到预期精度时该迭代过程停止。最终，完成了偏导数的计算，且假设在一阶近似下系统 $F(\mathrm{X})=0$ 与下式等价

$$-F(\mathrm{X})=J(\mathrm{X})\cdot \mathrm{dX} \tag{6-63}$$

式中 $J(X)$ —— F 的雅可比行列式和 dX 的修正值。

然而，对组元 i 的粒子数不应该采用线性化而应该使用对数修正。例如，对于 Δg，其修正可以写为

$$-\Delta g(\mathrm{N})=2\mathrm{d}(\ln N_{\mathrm{N}})-\mathrm{d}(\ln N_{\mathrm{N_2}})-\mathrm{d}(\ln N_T) \tag{6-64}$$

和

$$-\Delta g(\mathrm{N^+})=\mathrm{d}(\ln N_{\mathrm{N}}^{+})+\mathrm{d}(\ln N_{\mathrm{e}})-\mathrm{d}(\ln N_{\mathrm{N}})-\mathrm{d}(\ln N_T) \tag{6-65}$$

因此，使用方程（6-64）和方程（6-65）将 $\mathrm{d}(\ln N_{\mathrm{N_2}})$ 和 $\mathrm{d}(\ln N_{\mathrm{N^+}})$ 表示为 $\mathrm{d}(\ln N_{\mathrm{N}})$ 和 $\mathrm{d}(\ln N_{\mathrm{e}})$ 的函数是可能的。如前所述，N_{N} 和 N_{e} 是用来表示其他组元（束缚组元）的基本自由组元。通过将 $\mathrm{d}(\ln N_{\mathrm{N_2}})$ 和 $\mathrm{d}(\ln N_{\mathrm{N^+}})$ 的表达式引入到采用 Δa 和 Δp 得到的类似表达式中，则可以得到一个线性方程系统，使得可以把 $\mathrm{d}(\ln N_{\mathrm{N}})$ 和 $\mathrm{d}(\ln N_{\mathrm{e}})$ 作为数值系数的函数和 Δg、Δa、Δp 的函数进行计算。$\mathrm{d}(\ln N_{\mathrm{N}})$ 和 $\mathrm{d}(\ln N_{\mathrm{e}})$ 的值也可以用于计算新的粒子数 $[\ln N_{\mathrm{N}}+\mathrm{d}(\ln N_{\mathrm{N}})]$，进而对 Δg、Δa、Δp 进行修正。这个迭代过程一直重复进行直到收敛。一旦知道了粒子数，那么可以很容易地计算等离子体体积（例如，使用理想气体关系式：$pV=N_T kT$）且最终计算不同组元的密度。

6.3.3.2 优化方法

以 White，Johnson 和 Dantzig[16]提出的优化方法［使用 G 的最小值来考虑方程（6-34）至方程（6-36）中的约束］为例，其最大的优点就是不用定义自由和束缚组元。不幸的是，他们的方法的缺点就是需要计算所有的未知数，包括拉格朗日因子。然而，不需要对化学反应途径做假设且自动满足方差准则的事实，是多相等离子体的一个巨大的优势，而为了满足多相等离子体中方差准则，质量作用定律有时要人为地去消除某些相[17,18]。此外，尽管引入了拉格朗日因子，但其收敛形式比使用质量作用定律获得的线性系统收敛形式更有效。用于等离子体的该方法的详细描述参见文献［19-21］。

6.3.3.3 数据库

吉布斯自由能和/或化学势可以通过标准热力学表[22-25]或通过配分函数来计算。然而，对于复杂混合气体，不论是表格还是配分函数，其所需要的数据量都是非常大的，最好的方法是用多项式来表示数据。

NASA[24]或 Barin 和 Knacker[25]给出的数据表就是采用多项式形式；否则就必须使用最小二乘法[26]对以下形式的多项式进行拟合

$$h(x)=r(x)\left[b+p(x)\int g(x)h_0(x)\mathrm{d}x\right] \tag{6-66}$$

例如，对应于

$$g(x)=1/T,\quad p(x)=1,\quad b=0\quad r(x)=1$$

熵 $S=h(T)$ 和比热 $c_p=h_0(T)$ 之间的关系为

$$S(T)-S(T_0)=\int_{T_0}^{T}\frac{c_p(T)}{T}\mathrm{d}T \tag{6-67}$$

其还可以表示为

$$\frac{c_p}{R}=\frac{a_1}{T^2}+\frac{a_2}{T}+a_3+a_4T+a_5T^2+a_6T^3+a_7T^4 \tag{6-68}$$

由此可以得到令人满意的结果[12]。

遗憾的是，这些表达式仅对给定的温度区间有效。在大部分表格中，热力学函数数据的温度上限是 5 000 K 或 6 000 K，因此有必要通过配分函数来进行计算（见 6.2.4 节）。当配分函数计算完成后，可以用如下以温度为自变量的多项式函数形式来表达[12,24]

$$Q_{\mathrm{int}}=a_1+a_2T+a_3T^2+a_4T^3+a_5T^4+a_6T^5+a_7T^6 \tag{6-69}$$

对于 $\partial\ln Q_i/\partial T$ 和 $\partial^2\ln Q_i/\partial T^2$ 的计算来说，这种多项式的导数计算比任何直接计算要容易得多（这些值对于确定焓和比热是必须的）。通过多项式求导得到的结果与直接计算得到的数据吻合得非常好（误差小于 3%）。

另外一个重要的问题是配分函数及其导数的精度，两者对计算过程所使用的极限理论非常敏感（见 6.2.4.2）[4]。然而，当使用一种极限理论计算等离子体的所有组元时，得到的组元和热力学性质与用其他极限理论[3,4]得到的相差不大（对主要组元，小于 4%）。这是由于极限理论起重要作用时（例如，在 $T>13\ 000$ K 下的氩原子），所考虑组元的密度已经很小（如图 6-2 所示）。需要指出的是，使用不同的极限理论计算不同的等离子体组元时可能会对组元和热力学性质引入明显的误差（可达 30%），如果可能的话，在高温（$T>8\ 000$ K）下使用表时，只使用来自一个数据源的数据是很重要的。

6.3.3.4　简单等离子体气体的组成

首先我们将讨论等离子体发生器中普遍使用的气体：氩气、氮气、氢气、氦气和氧气（见 Fauchais 等[2-4]、Drellishak[8]、Capitelli 等[9]和 Pateyron 等[17,18,27]）。

氩气和氦气最简单。对于大气压下温度小于 35 000 K 的氩气，必须考虑以下组元：

$$1\ \mathrm{mol\ Ar}(T_0,p_0)\rightarrow n'_{\mathrm{Ar}}\mathrm{Ar}+n'_{\mathrm{Ar^+}}\mathrm{Ar^+}+n'_{\mathrm{Ar^{++}}}\mathrm{Ar^{++}}+n'_{\mathrm{Ar^{+++}}}\mathrm{Ar^{+++}}+n'_{\mathrm{e}}e^-\quad(T,p)$$

对应于三个相继的电离阶段 $\mathrm{Ar}\Leftrightarrow\mathrm{Ar^+}+e$、$\mathrm{Ar^+}\Leftrightarrow\mathrm{Ar^{++}}+e$、$\mathrm{Ar^{++}}\Leftrightarrow\mathrm{Ar^{+++}}+e$，需要三个平衡常数。

图 6-2 给出了大气压条件下，从室温开始，氩等离子体平衡组成随着温度的变化。随着温度升高，由于持续的电离，氩原子的粒子数密度（N_{Ar}/V）单调减小，这个过程在大约 15 000 K 时结束。随着温度继续升高，伴随着 $\mathrm{Ar^{++}}$ 的出现，$\mathrm{Ar^+}$ 的密度稳定地减小，而电子密度几乎保持常数。在给定压强下总粒子密度 n_T 随温度升高而减小（在理想气体中 $n_T=p/kT$）。如果是在更高的温度下计算，可以看到，在 19 000 K 时，$\mathrm{Ar^{+++}}$ 密度可达 10^{15} 。

图 6-2 表明了一个重要结果：粒子密度随温度陡变。例如，当温度从 4 000 K 升高到 10 000 K 时，n_e 的数值发生 5 个数量级的变化，而当 $T>15\ 000$ K 时，其值几乎保持不变。

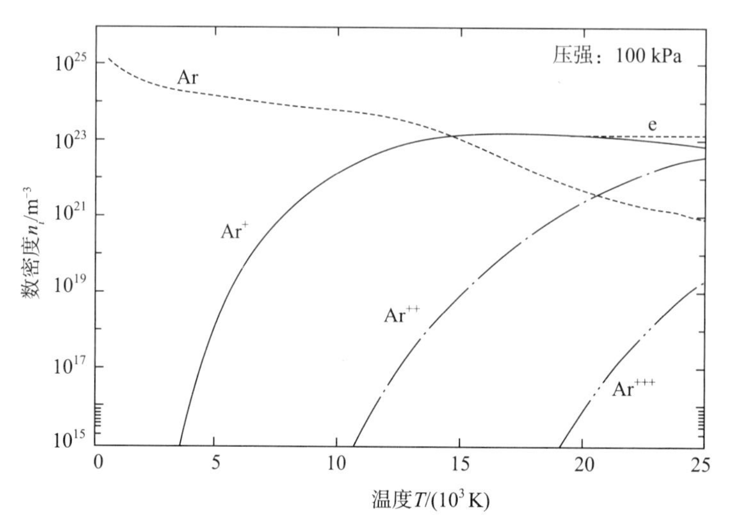

图 6-2　大气压下氩等离子体（从室温下 1 mol Ar 开始）组成（组元数密度）随温度变化[8]

值得注意的是，当 $T<15\ 000$ K 时，氩原子和 Ar^{+} 离子是唯有的重组元，Ar^{++} 和 Ar^{+++} 几乎可以忽略。而温度在 20 000 K 至 30 000 K 时，只需要考虑 Ar^{+} 和 Ar^{++} 。如前所述，这种陡变将导致与组元选择相关的重要计算问题，通过所选择的组元来表示其他组元。例如，当 $T<1\ 5000$ K 时，选择 Ar 和 e 作为自由组元是足够的。然而，当 $T>15\ 000$ K 时，因为需要计算来自氩组元的 Ar^{+} 和 Ar^{++} ，而氩组元浓度却是可忽略的，所以其精度和迭代收敛性就非常差。最新的计算机代码包含了在不同温度和压强下基本组元的自动变化。

如图 6-3 所示，氦的结果与氩相似，除了 He^{+} 最大值出现在 25 000 K 而不是氩原子的 15 000 K，这是由于氦的电离能更高（氦的能量为 24.6 eV，氩为 15.7 eV；见表 2-3）。在温度为 22 500 K 时，He^{+} 的密度开始超过 He 原子。

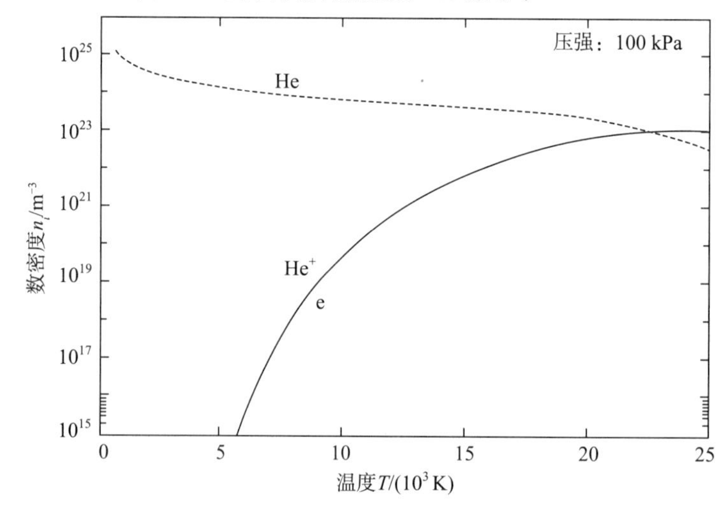

图 6-3　大气压下氦等离子体（从室温下 1 mol He 开始）组成（组元数密度）随温度变化[37]

除了必须首先离解外，氮的结果也与氩原子类似（如图 6－4 所示）。大约在 7 500 K 时，N 原子浓度达到最大值，在更高温度下，由于 N^+ 离子的出现，N 原子的浓度降低。需要注意的是，氮的电离能（15.5 eV）与氩相差不大，N^+ 和 Ar^+ 的最大浓度在相同的温度出现。当温度为 25 000 K 时，N^{++} 摩尔分数仅为 0.1。氧（图 6－5）和氢（图 6－6）也有类似的结果。O^+ 和 H^+ 的最大值同样出现在 15 000 K 附近，表明它们具有相近的电离能。然而，氢开始离解的温度要低于氧，而两者的离解温度都要低于氮。分别出现在 3 500 K、4 300 K 和 7 500 K 处 H、O 和 N 的最大粒子密度直接与相应分子的离解能（4.48 eV、5.08 eV 和 9.786 eV）相关。N^- 和 O^- 的密度可以忽略。

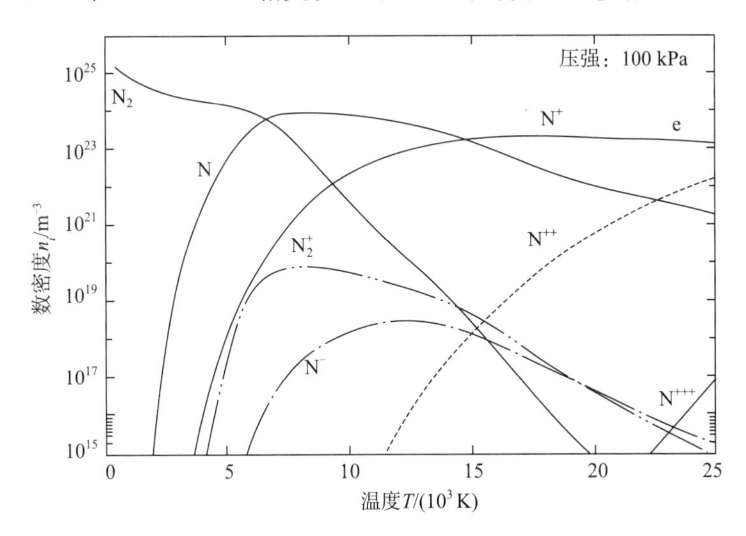

图 6－4　大气压下氮等离子体（从室温下 1 mol N_2 开始）组成（组元数密度）随温度变化[8]

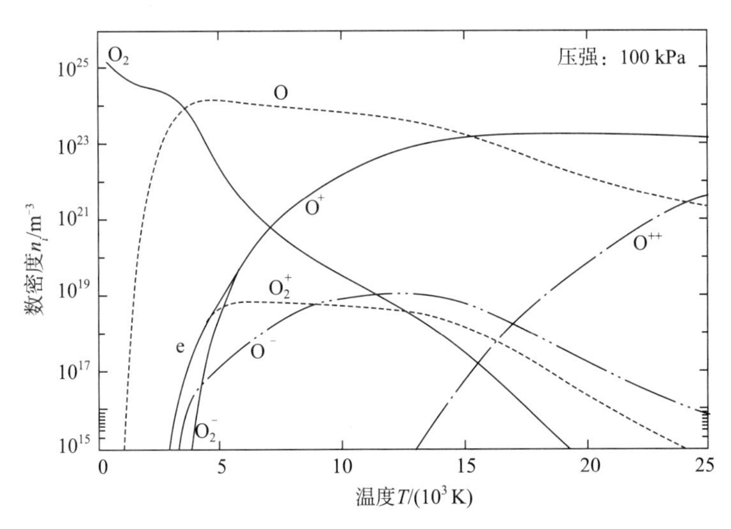

图 6－5　大气压下氧等离子体（从室温下 1 mol O_2 开始）组成（组元数密度）随温度变化[27]

根据 Lesinski 和 Boulos[28] 整理和 Pateyron 等[27] 计算的数据，图 6－7 给出了不同等离子体气体的比体积（$1/\rho$）随温度变化。该图描述了热等离子体一个非常重要的现象：

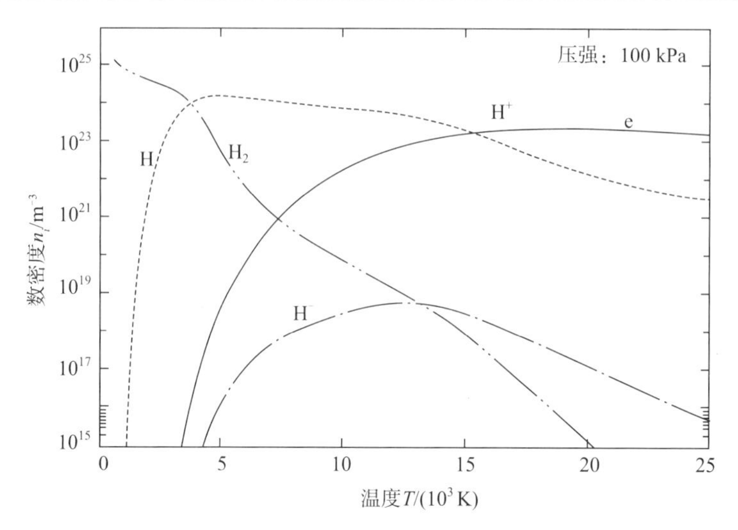

图 6-6　大气压下氢等离子体（从室温下 1 mol H_2 开始）组成（组元数密度）随温度变化[27]

在 8 000～10 000 K 时的气体比质量，比 1 000～2 000 K 时的气体比质量要小。例如，氩气的 $\rho_{2\,000}/\rho_{10\,000}$ 是 5.1、氮气是 10.2、氧气是 10.4。这些温度变化也表明，在喷涂射流喷口处围绕热等离子体核的冷气流的动量是不可忽略的，即使等离子体的速度很大（氮为1 500 m/s）。图 6-7 中使用的数据也表明不同作者得到的结果一致性很好。

6.3.3.5　复杂混合物的组成

（1）空气等离子体

空气等离子体比任何单气体等离子体都要复杂，如果在大气压、温度不超过15 000 K 的条件下进行计算，则包含的组元有

$$e, N, O, Ar, N^+, O^+, Ar^+, N_2, N_2^+, O2, O_2^+, NO, NO^+, NO_2, N_2O$$

这里，空气为室温下氮、氧和氩的混合气体，忽略其他组元。图 6-8 给出了大气压下组元密度随温度的变化。对于空气等离子体（无水蒸气的干燥空气），6 000 K 以下主要离子为 NO^+，当温度超过 9 000 K 时主要离子为 N^+ 和 O^+。

图 6-9 也给出了组元密度随温度变化，但该图中的压强为 500 kPa。可以看到，N_2 和 O_2 的离解出现在较高温度下（2 000 K 以上）。获得的 NO 具有更大的密度，但这发生在温度高出几百开尔文的情况下，自然所有的密度较高。在 20 kPa 时，在较低的温度下发生离解，所有的密度较低（如图 6-10 所示）。

（2）Ar-H_2 混合气体

这种混合气体在等离子体喷涂中很常见，尤其是有理想热转换需求时，如陶瓷喷涂。在大部分情况下，氢的体积分数为 15%～30%。图 6-11 给出了氢体积分数为 20%的 Ar-H_2 混合物中组元密度随温度变化（大气压条件下）。由于 Ar 和 H_2 之间没有化学反应，它们与纯气体（如图 6-2 所示的 Ar 和图 6-6 所示的 H_2）的变化趋势保持相同：H_2 的离解温度与纯 H_2 相同，离子和电子来自于 Ar 和 H 物质的电离。因此，同带电组元密度相关的等离子体电特性，对纯 Ar、纯 H_2 或由这些气体组成的任何混合气体（氢的体积

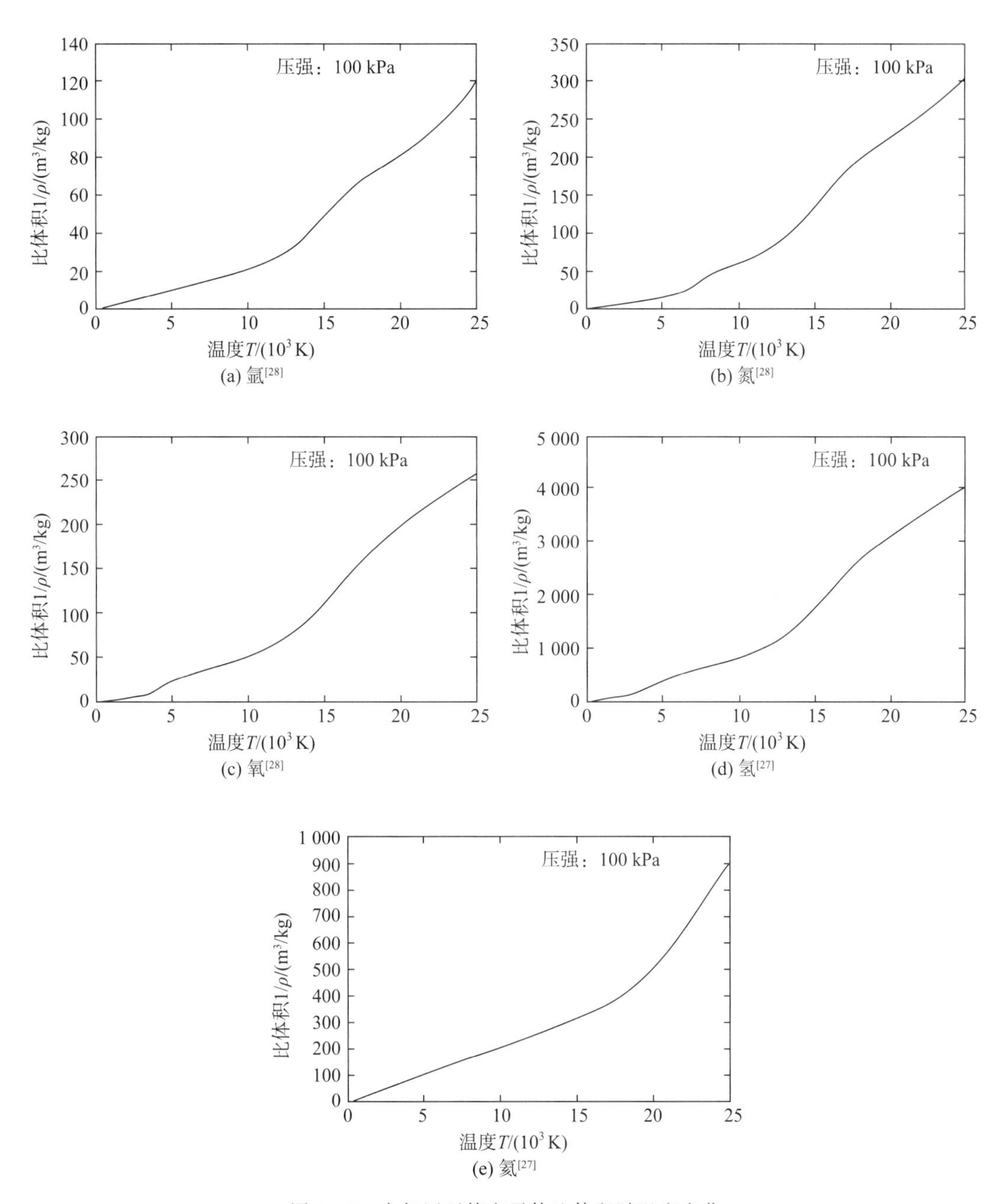

图 6 - 7　大气压下等离子体比体积随温度变化

分数高达 60%；见 7.6.1 节）来说，几乎相同。然而，正如后面将要讨论的（见 7.5.2 节），这种混合气体的热传导率将因氢的离解而急剧增大。

（3）Ar - He 混合气体

和 Ar - H_2 混合气体一样，这种混合气体中的两种气体（Ar 和 He）之间依然没有化学反应。图 6 - 12（a）给出了由体积分数为 40%的 Ar 和 60%的 He 组成的混合气体，其组元密度随温度变化过程；图 6 - 12（b）给出了由体积分数为 20%的 Ar 和 80%的 He 组成的混合气体，其组元密度随温度变化过程。两种纯气体（见图 6－2 的 Ar 和图 6－3 的 He）的一般趋势与混合物气体相同。需要注意的是，即使混合物中含有 80%的 He，在温度低于14 000 K 时其离子和电子也主要来自 Ar。因此，等离子体的电特性由这种温度下的 Ar 确定。只有当 He 的体积分数超过 90%后，混合物等离子体的行为才与 He 等离子体相似，而 He 等离子体需要自持温度高于 12 000 K（Ar 为 7 000 K）。在高温（$T>$ 20 000 K）下，He^{+} 的密度仅仅是 Ar^{++} 密度的 3～4 倍。

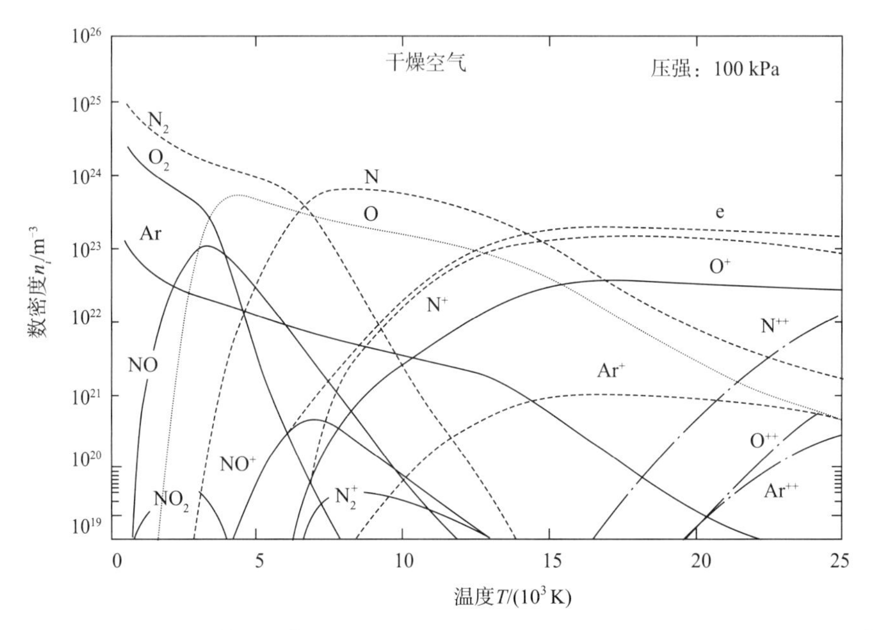

图 6－8 大气压下空气等离子体（从室温 1 mol 开始）组成（组元数密度）随温度变化[27]

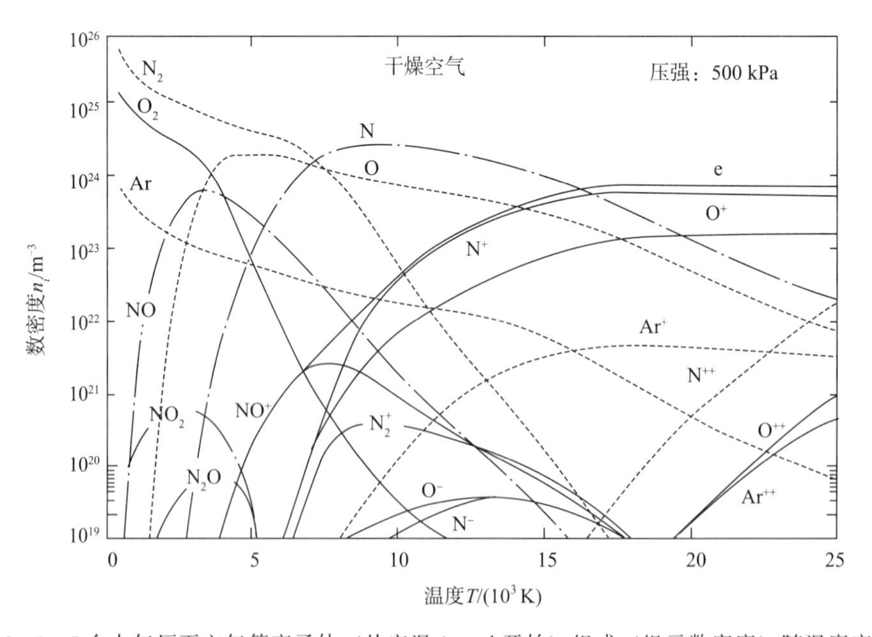

图 6－9 5 个大气压下空气等离子体（从室温 1 mol 开始）组成（组元数密度）随温度变化

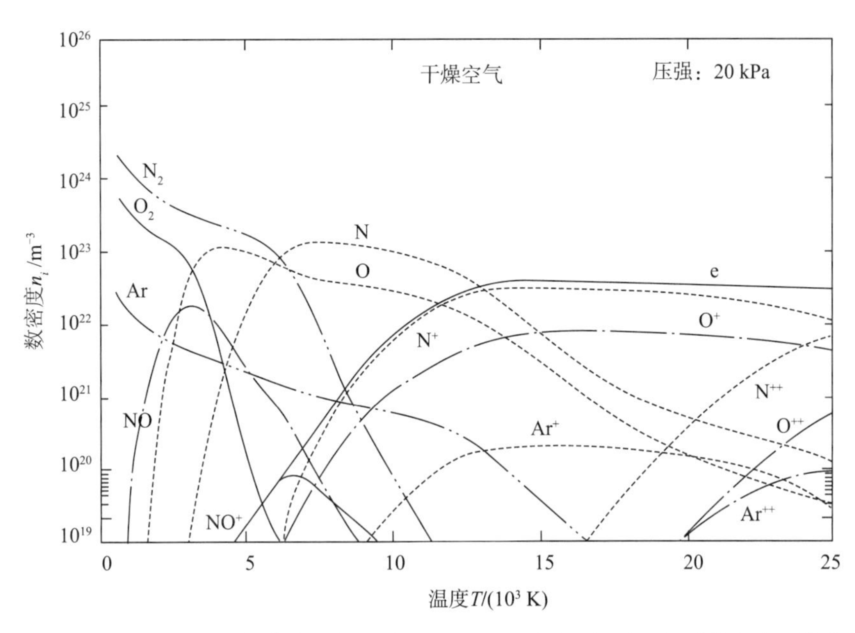

图 6－10　0.2 个大气压下空气等离子体（从室温 1 mol 开始）组成（组元数密度）随温度变化

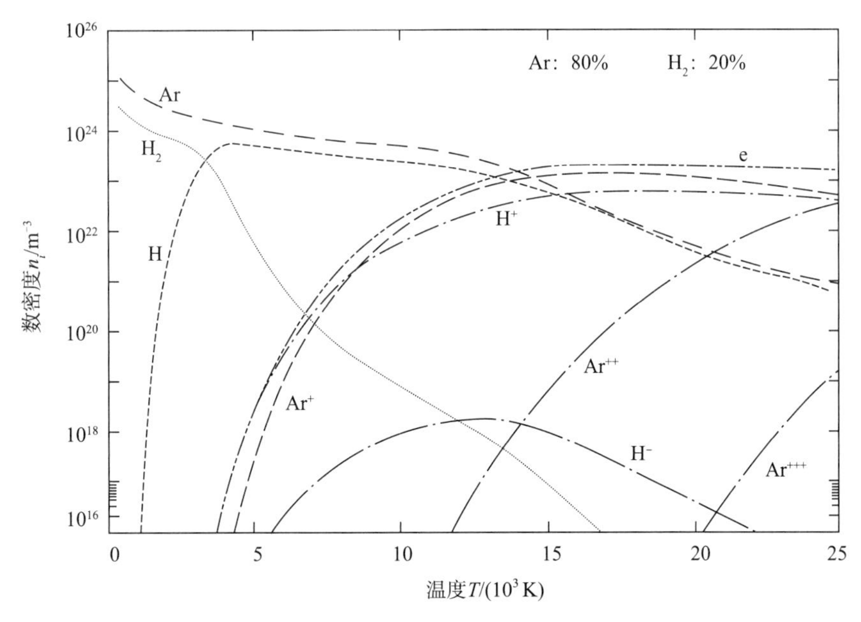

图 6－11　大气压下 Ar－H_2（20%）等离子体组成（组元数密度）随温度变化[29]

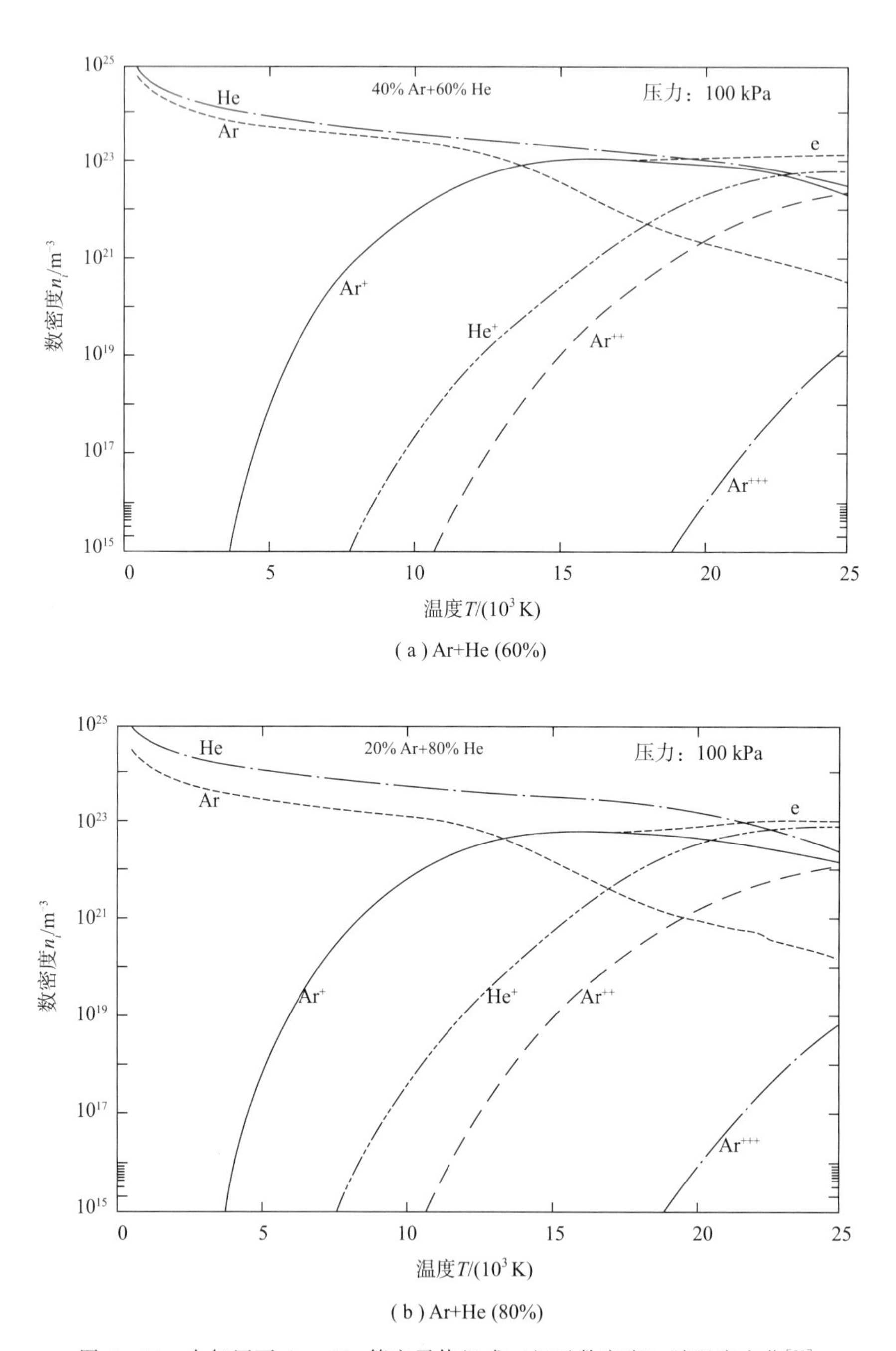

图 6-12　大气压下 Ar-H_2 等离子体组成（组元数密度）随温度变化[29]

6.4　CTE 状态下的等离子体热力学特性

6.4.1　常压下的比热

定义

$$c_p = \left(\frac{\partial h_g}{\partial T}\right)_p \tag{6-70}$$

式中，h_g 是比焓，定义为

$$h_g = \frac{\sum_{i=1}^{K} x_i H_i}{\sum_{i=1}^{K} x_i M_i} \tag{6-71}$$

其单位为 kJ/kg，c_p 的单位为 kJ/kg K。

在方程（6－71）中，M_i、H_i、x_i 分别表示化学组元 i 的摩尔质量、摩尔焓、摩尔分数，其中 $x_i = N_i / N_T$。需要注意的是，该表达式假设等离子体特性与零混合焓的理想气体一样。

例如，对于含有 e、N、N^+，N_2 的氮混合气体

$$h_g = (x_e H_e + x_N H_N + x_{N^+} H_{N^+} + x_{N_2} H_{N_2}) \cdot \frac{1}{m_g} \tag{6-72}$$

其中

$$m_g = \sum_{i=1}^{K} x_i M_i \tag{6-73}$$

混合物的总质量由下式给出

$$m_g = x_e M_e + x_N M_N + x_{N^+} M_{N^+} + x_{N_2} M_{N_2} \tag{6-74}$$

方程（6－71）对温度 T 的偏导数由下式给出

$$c_p = \frac{1}{m_g} \sum_{i=1}^{K} x_i c_{pi} + \sum_{i=1}^{K} x_i (H_i - M_i \cdot h_g) \left(\frac{\partial \ln x_i}{\partial T}\right)_p \tag{6-75}$$

该式通常写为

$$c_p = c_p^{\mathrm{f}} + c_p^{\mathrm{r}} \tag{6-76}$$

对于氮，c_p^{f} 和 c_p^{r} 分别由下式给出

$$c_p^{\mathrm{f}} = \frac{1}{m_g} (x_e c_{pe} + x_N c_{pN} + x_{N^+} c_{pN^+} + x_{N_2} c_{pN_2}) \tag{6-77}$$

$$\begin{aligned} c_p^{\mathrm{r}} = {} & x_e (H_e - M_e \cdot h_g) \left(\frac{\partial \ln x_e}{\partial T}\right)_p + x_N (H_N - M_N \cdot h_g) \left(\frac{\partial \ln x_N}{\partial T}\right)_p + \\ & x_{N^+} (H_{N^+} - M_{N^+} \cdot h_g) \left(\frac{\partial \ln x_{N^+}}{\partial T}\right)_p + \\ & x_{N_2} (H_{N_2} - M_{N_2} \cdot h_g) \left(\frac{\partial \ln x_{N_2}}{\partial T}\right)_p \end{aligned} \tag{6-78}$$

第一项 c_p^{f} 表示系统中所有不同组元 i 贡献的总和，被称为冻结比热，对应于无化学反应的混合气体。第二项 c_p^{r} 是反应比热，与给定温度下的化学反应有关。正如将在后面讨论的，它的影响常常在等离子体中占主导地位。

一旦完成等离子体组元计算，冻结项的获取就相对容易，因为 c_{pi} 通常可在表中查到，也可以通过配分函数的二阶导数计算得到。

反应项的计算比较复杂，这是因为在计算 $(\partial \ln x_i/\partial T)_p$ 时，除了需要使用平衡常数，还要应用守恒定律。

将范特霍夫（van't Hoff）定律应用于氮等离子体中，有

$$\left(\frac{\partial \ln K_p(\mathrm{N})}{\partial T}\right)_p = \frac{2H_{\mathrm{N}} - H_{\mathrm{N_2}}}{RT^2} = \frac{H_{\mathrm{N}}^{\mathrm{D}}}{RT^2} \tag{6-79}$$

和

$$\left(\frac{\partial \ln K_p(\mathrm{N^+})}{\partial T}\right)_p = \frac{H_{\mathrm{N^+}} + H_{\mathrm{e}} - H_{\mathrm{N}}}{RT^2} = \frac{H_{\mathrm{N^+}}^{\mathrm{I}}}{RT^2} \tag{6-80}$$

式中　$H_{\mathrm{N}}^{\mathrm{D}}$，$H_{\mathrm{N^+}}^{\mathrm{I}}$ ——分别表示离解和一级电离反应的摩尔焓变化（单位：kJ/mol）。

在方程（6-80）中忽略了电离势的降低。

在方程（6-53）和方程（6-55）中，质量作用定律可以写成如下摩尔分数的函数

$$\ln K_p(\mathrm{N}) = 2\ln x_{\mathrm{N}} - \ln x_{\mathrm{N_2}} + \ln p \tag{6-81}$$

和

$$\ln K_p(\mathrm{N^+}) = \ln x_{\mathrm{N^+}} + \ln x_{\mathrm{e}} - \ln x_{\mathrm{N}} + \ln p \tag{6-82}$$

对这些方程进行求导，并代入范特霍夫定律［见方程（6-40）和方程（6-41）］，得到

$$\frac{H_{\mathrm{N}}^{\mathrm{D}}}{RT^2} = 2\left(\frac{\partial \ln x_{\mathrm{N}}}{\partial T}\right)_p - \left(\frac{\partial \ln x_{\mathrm{N_2}}}{\partial T}\right)_p \tag{6-83}$$

和

$$\frac{H_{\mathrm{N^+}}^{\mathrm{I}}}{RT^2} = \left(\frac{\partial \ln x_{\mathrm{N^+}}}{\partial T}\right)_p + \left(\frac{\partial \ln x_{\mathrm{e}}}{\partial T}\right)_p - \left(\frac{\partial \ln x_{\mathrm{N}}}{\partial T}\right)_p \tag{6-84}$$

从这些方程可以看出，$(\partial \ln x_{\mathrm{N_2}}/\partial T)_p$ 和 $(\partial \ln x_{\mathrm{N^+}}/\partial T)_p$ 可以表示为 $(\partial \ln x_{\mathrm{N}}/\partial T)_p$ 和 $(\partial \ln x_{\mathrm{e}}/\partial T)_p$ 的函数。

最终，根据氮元素守恒方程（6-34）和电中性方程（6-35），使得能够计算作为 $H_{\mathrm{N^+}}^{\mathrm{I}}$、$H_{\mathrm{N}}^{\mathrm{D}}$ 函数的 x_{N} 和 x_{e} 导数和摩尔分数，进而获得反应比热。

热等离子体的重要特性之一就是热力学特性对温度的非线性变化，正如常压下比热随温度的变化所清晰表明的。图6-13显示了大气压条件下氮等离子体的冻结比热和总比热随温度的变化。冻结比热近似线性变化，总比热 c_p 出现了三个峰，分别对应着7 600 K的离解、14 500 K的一次电离和接近30 000 K的二次电离。这些峰清楚地显示了离解和电离极大值的位置。

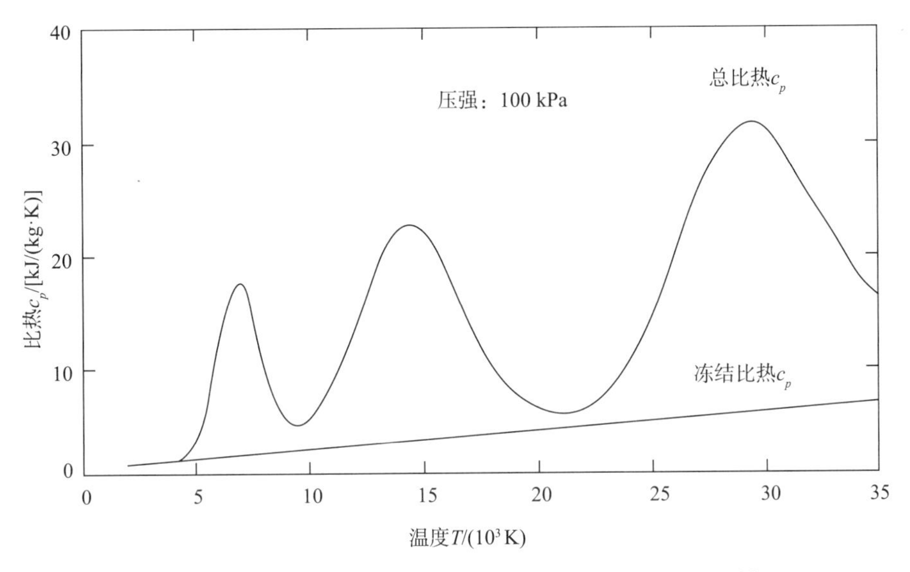

图 6－13　常压下（100 kPa）氮等离子体比热随温度变化[8]

在极大值位置，反应比热几乎比冻结比热高出一个数量级。图 6－14 显示了 Ar、He、N_2 和 H_2 的总比热。很明显，氢的热容是最大的。

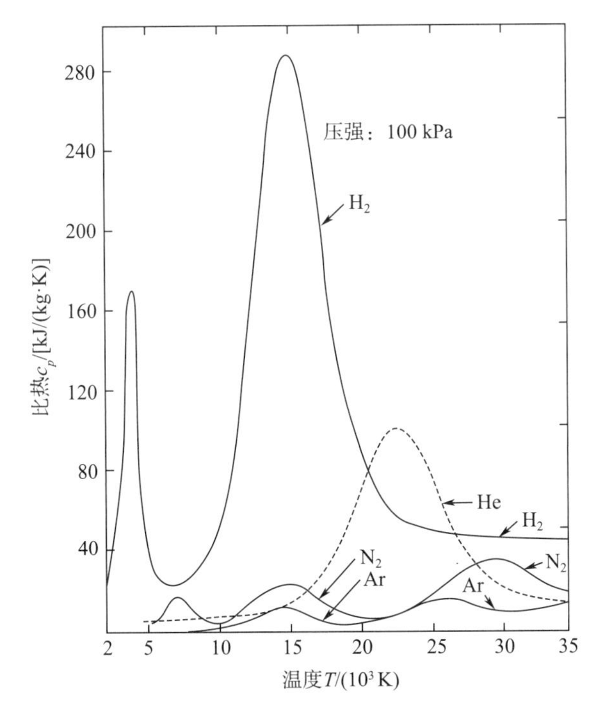

图 6－14　常压下（100 kPa）多种等离子体（H_2、N_2、Ar、He）的比热随温度变化[8]

图 6－15 显示了空气在 500 kPa、100 kPa 和 20 kPa 时比热随温度的变化。可以看出随着压强的增加，相继出现的尖峰依次对应氧离解、氮离解，且在高温时氮和氧的电离出

现漂移，其最大值影响等离子体的组成（如图6-8～图6-10所示）。随着压强的增大，尖峰的最大值减小。

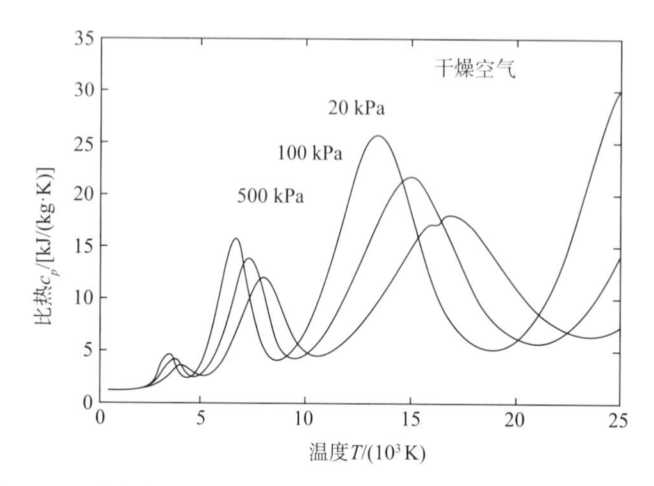

图6-15 空气在20 kPa、100 kPa和500 kPa时比热随温度变化[27]

6.4.2 焓和熵

这些函数可以通过直接计算［见方程（6-71）］或通过对c_p进行积分得到

$$h_g - h_g^0 = \int_0^T c_p(T)\mathrm{d}T \tag{6-85}$$

式中 h_g——在T和p条件下的混合气体总焓；

h_g^0——在参考状态$T=0$ K和$p=1$ atm条件下的总焓。

总熵S可以用下式表示

$$S = \int_0^T \frac{c_p(T)}{T}\mathrm{d}T \tag{6-86}$$

当c_p数据来自于表格时，采用c_p的积分。当采用配分函数进行计算时，焓可以通过方程（6-71）得到，且通过数值导数得出的c_p要比通过方程（6-77）和方程（6-78）简单。

这些函数也可以通过直接引入冻结焓和熵、反应焓和熵进行计算，正如下面的例子中所表示的：

在T_0和p_0条件下，1 mol的N_2在T和p条件下的组成为

$$N_2 \rightarrow n'_{N_2}N_2 + n'_N N + n'_{N^+}N^+ + n'_e e^-$$

式中 n'——摩尔数（$n'=N/N_{av}$）。

氮元素守恒表达式为

$$2 = 2n'_{N_2} + n'_N + n'_{N^+}$$

电中性表达式为

$$n'_{N^+} = n'_e$$

仅有的反应为：

1）离解反应$N_2 \rightarrow 2N$对应的焓变化为$2H_N - H_{N_2} = H_N^D$；

2）电离反应 $N \rightarrow N^+ + e^-$ 对应的焓变化为 $H_{N^+} + H_{e^-} - H_N = H^I_{N^+}$ 。

在 T 和 P 条件下的总焓为

$$H = n'_{N_2} H_{N_2} + n'_N H_N + n'_{N^+} H_{N^+} + n'_e H_e$$

而在 T_0 和 p_0 条件下总焓是 $H^0_{N_2}$ 。

因此，生成等离子体的焓变化为 $\Delta H = H - H^0_{N_2}$ 。

根据氮守恒和电中性，H 可以写为下式

$$\begin{aligned}\Delta H &= H_{N_2} - H^0_{N_2} + n'_N H_N - \frac{n'_N}{2} H_{N_2} + n'_{N^+}\left(H_{N^+} + H_e - \frac{H_{N_2}}{2}\right) \\ &= \Delta H_{N_2} + \frac{n'_N}{2} H^D_N + n'_{N^+}(H_{N^+} + H_e - H_N) + \frac{n'_{N^+}}{2} H^D_N \\ &= \Delta H_{N_2} + \left(\frac{n'_N}{2} + \frac{n'_{N^+}}{2}\right) H^D_N + n'_{N^+} H^I_{N^+}\end{aligned} \tag{6-87}$$

第一项表示在温度从 T_0 升高到 T 的过程中，N_2 被加热至无化学反应（没有离解和电离）发生时的冻结焓。后两项分别表示由于离解 H^D_N 和电离 $H^I_{N^+}$ 而产生的反应焓。

从这个方程可以清楚地看到，由于反应项的存在，二元混合气体的总焓通常不是两个独立气体焓的简单相加。对熵的计算也类似。

图 6-16 表明，大气压下多种等离子体气体（N_2、H_2、O_2、Ar 和 He）的比焓是温度的函数。焓的阶跃性变化本质上是由反应热（离解和电离）导致的。H_2 的高焓正是源自于它质量小。在图 6-16 中最大温度处，He 还没有开始电离；因此，尽管它质量小，但是它的焓要小于 H_2，但大于 Ar。该图说明了使用等离子体的重要经济意义，在等离子体中，能量供给与气体无关，而温度也不是由化学反应（如火焰）决定的。特别是，在使用温度为 3 000 K 的氧气-燃料火焰加热一个物体使其温度达到 2 500 K 的过程中，仅有它能量的 20%被利用，其余部分不得不通过热交换的形式来回收。如果使用 10 000 K 的氮等离子体来达到同一目的，则可能要回收气体中近 95%的有效能量。

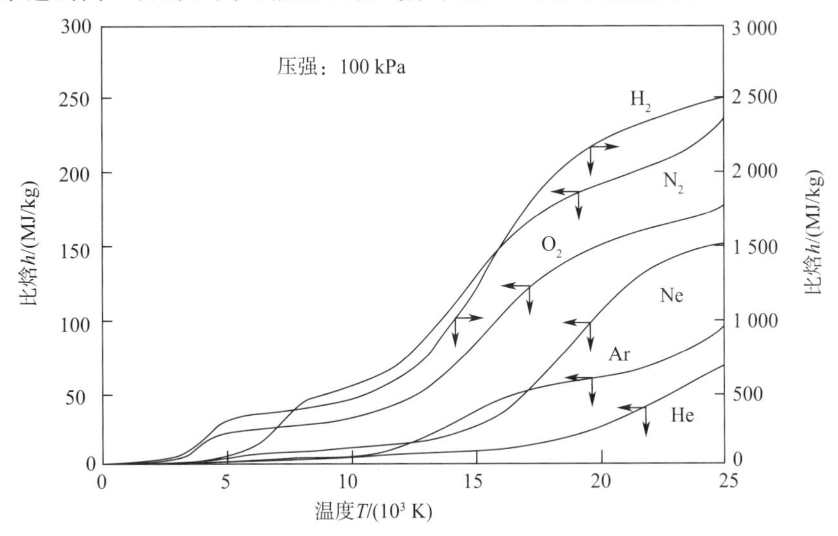

图 6-16　大气压下多种气体比焓随温度的变化[27]

图 6-17 给出了在压强分别为 20 kPa、100 kPa 和 500 kPa 条件下，压强对空气等离子体的影响。在给定的温度下，由于离解和电离温度较低，气体的比焓随着压强的减小而增大；离解或电离气体需要大量的能量，因此，当温度超过电离水平的离解温度时其能量含量更大。

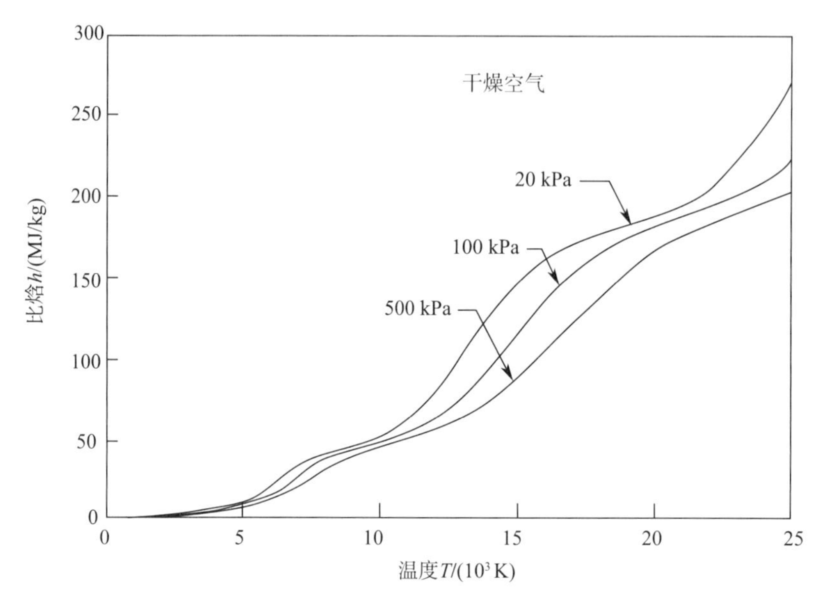

图 6-17　在 20 kPa、100 kPa 和 500 kPa 下气体比焓随温度的变化[27]

图 6-18 和图 6-19 分别显示了 Ar 和 H_2、Ar 和 He 的混合气体的焓值变化。从图 6-18 可以看出，向 Ar 中添加 H_2 提高了混合气体的焓，尤其是在离解和一次电离反应发生的时候，但由于 Ar 的质量比 H_2 大，因此当 H_2 的体积分数小于 30%时，混合气体焓

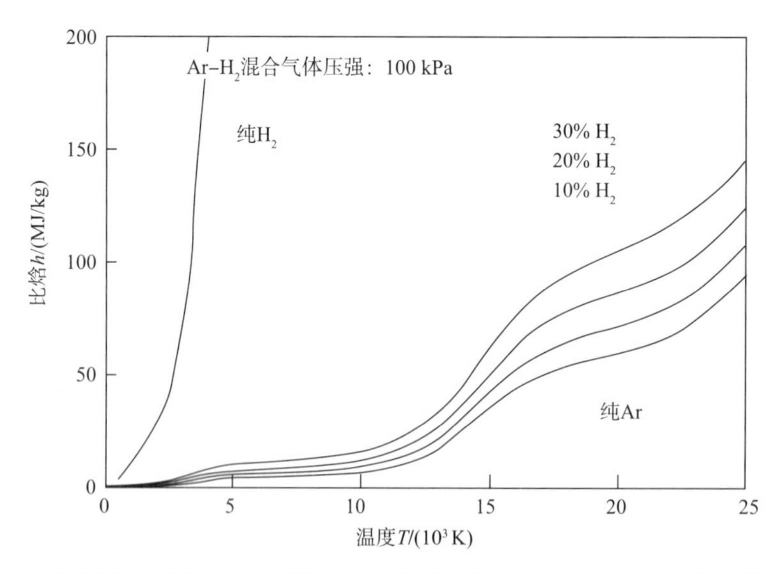

图 6-18　大气压下不同 Ar-H_2 混合气体（体积分数）比焓（MJ/kg）随温度的变化[29]

的增加不像纯 H_2 那样剧烈。图 6－19 显示了当温度高于 17 000 K 时，添加 He 可以剧烈地改变 Ar 的焓，但由于 He 的质量小于 Ar，因此当 He 的体积分数超过 70％时，修正值对 He 的含量非常敏感。在 12 000～14 000 K 的温度范围内，含有 80％ He 或 30％ H_2 的混合气体的焓是纯 Ar 等离子体焓的两倍。

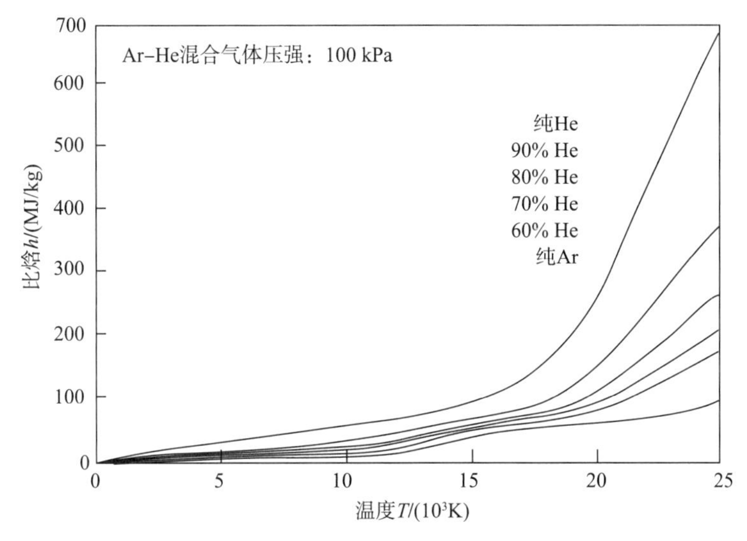

图 6－19　大气压下不同 Ar－He 混合气体（体积分数）比焓（MJ/kg）随温度的变化[29]

图 6－20 表明，空气等离子体的熵也具有同样的特征。然而，在这种情况下（根据熵对压强的对数依赖关系），熵随着压强的减小而增大的现象几乎与离解或电离反应无关。图中熵的急剧变化是由离解和电离现象造成的。

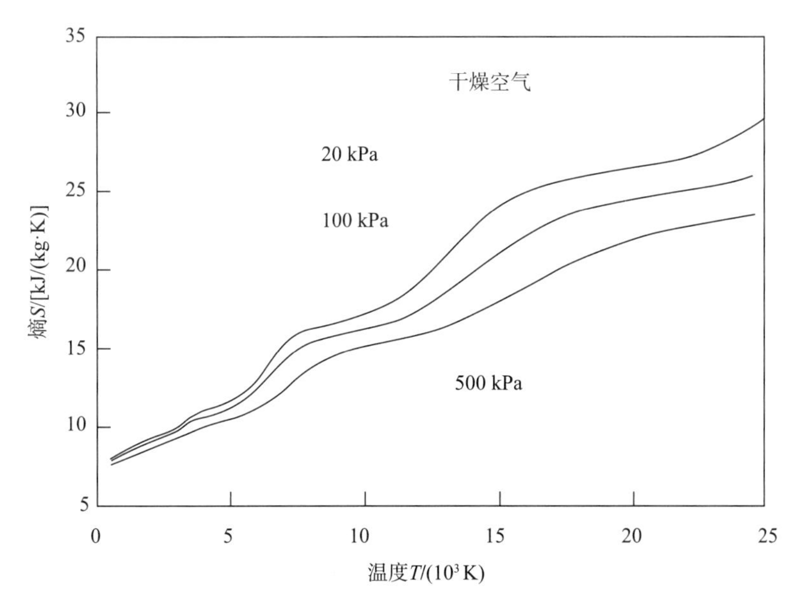

图 6－20　在 20 kPa、100 kPa 和 500 kPa 下空气比熵（KJ/kg K）随温度的变化[27]

6.5 双温等离子体的组成和热力学特性

到目前为止，上面的讨论均假设离子、中性粒子和电子具有麦克斯韦分布，在这些粒子之间碰撞次数足够多，使重粒子和轻粒子之间的能量均衡。这样的假设导致重粒子和轻粒子具有同一个温度（以粒子的平均动能定义：$\frac{1}{2}\overline{mv_i^2}=\frac{3}{2}kT_i$）。

然而，如果压强减小或电场强度增大（例如，大气压下电弧电极附近）和当存在较大梯度时（靠近冷壁或当冷气进入等离子体时），平衡就不再存在。在4.4.4节中，方程（4－122）表明，在两次碰撞之间当电子通过碰撞获得的能量（$l_e eE$）与热能（kT_e）相比不可忽略时，电子的温度 T_e 与重粒子的温度 T_h 不同。大气压下，在等离子体热核中心处，T_e 和 T_h 差值小于2%［（见方程（4－122）］，因此平衡占主导地位。低压下（约1 kPa），l_e 急剧增大，甚至在喷流的热核处，T_e将增大到 T_h 的两倍。

我们必须明白，在建立方程（4－122）时，靠近壁面和电极的区域是被排除在外的。在这些区域，边界层对应大约100平均自由程。重粒子到达壁面时，几乎与壁面具有相同的温度，而电子仅仅丢失百分之几的动能，保持几乎与平衡区域相同的温度。

此外，当冷气喷射到等离子体以后，很难获得平衡态。重粒子之间的能量交换非常快，但是电子与重粒子之间的热量交换却需要很长的距离（平均自由程的1 000～10 000倍）[33]。

6.5.1 组成

假设 p 为常数，则总压可以用下式表示

$$p+\delta p=p_1+\sum_{i=2}^{K}p_i \tag{6-88}$$

式中，δp 是由于静电作用而产生的压强修正项，对于非平衡区域不可忽略［见6.2.3.2节和方程（6－15）］，下角标1表示电子。方程（6－88）可以写成下式

$$p+\delta p=n_1kT_e+\sum_{i=2}^{K}n_ikT_h \tag{6-89}$$

引入参数 $\theta=T_e/T_h$ ，上式可以修改为

$$\frac{\theta(p+\delta p)}{kT_e}=\theta n_1+\sum_{i=2}^{K}n_i \tag{6-90}$$

和

$$\delta p=\frac{kT_e}{24\pi\lambda_D^3}=2.147\times10^{-24}\left(\frac{T_e}{\lambda_D^3}\right)\quad(\text{Pa}) \tag{6-91}$$

式中　λ_D——德拜长度。

对于仅含有 N_2 、N、N^+ 和 e 的氮等离子体中的所有重组元，通过引入电子温度 T_e 、电子密度、重粒子温度对德拜长度进行修正。由于 $n_{N^+}=n_e$ ，修正后得到

$$\lambda_D^{-2}=\left(\frac{e^2}{\varepsilon_0k}\right)\left(\frac{n_e}{T_e}+\frac{n_{N^+}}{T_h}\right)\text{ 或 }\lambda_D^2=\left(\frac{\varepsilon_0kT_e}{e^2n_e}\right)\frac{1}{(1+T_e/T_h)}$$

6.5.1.1　配分函数的假设

对双温度等离子体组成的计算取决于（该工作由 Potapov 完成[30]）吉布斯自由焓，它的变化又取决于配分函数。配分函数自身也是电子和重粒子温度的函数。对于原子及其离子，只要与电离有关，通常假设[31]

$$Q_{\text{int}}(T_{\text{h}},T_{\text{e}})\approx Q_{\text{int}}(T_{\text{e}}) \tag{6-92}$$

这一假设看起来是合理的，这是因为高温下配分函数计算的主要贡献者是高激发态能级（它的贡献权值为 $2n^2$，n 是主量子数），其激发温度接近于电子温度。

对于离解反应（例如，$N_2\rightarrow 2N$）或复合反应（例如，$N+O\Leftrightarrow NO$），则有

$$Q_{\text{int}}(T_{\text{e}},T_{\text{h}})\approx Q_{\text{int}}(T_{\text{h}}) \tag{6-93}$$

这类反应主要是由重粒子之间的碰撞引起的。分子离子也是如此。以下两个原因可证明该理论是正确的：1）对于温度接近于动力学温度（重粒子温度）的分子（仅有很少的电子激发态）来说，振动-转动能级是 Q_{int} 的主要贡献；转动和平动的弛豫时间为 $10^{-9}\sim10^{-12}$ s 量级；2）在电子激发态能级被完全填充为 Q_{int} 提供明显贡献以前，分子离解是有效的。

电子和重粒子的化学势［见方程（6-48）和方程（6-49）］分别为

$$\mu_1=\mu_1^0+kT_{\text{e}}\ln(p_1/p) \tag{6-94}$$

和

$$\mu_i=\mu_i^0+kT_{\text{h}}\ln(p_i/p) \tag{6-95}$$

因此，用配分函数的对应值取代 μ_1^0［见方程（6-49）］[30-32]，并考虑元素守恒方程［方程（6-34）和方程（6-35）］，上式可以写为

$$\mu_1=kT_{\text{e}}\ln\left[\frac{kT_{\text{e}}}{p}\left(\frac{2\pi m_{\text{e}}kT_{\text{e}}}{h^2}\right)^{3/2}\right]-kT_{\text{e}}\ln2+kT_{\text{e}}\ln\left(\frac{p_1}{p}\right)+E_{01}^0 \tag{6-96}$$

在方程（6-96）中 ln2 代表 $\ln Q_{\text{e}}$（电子的 Q_{e} 为 2）。对于原子及其离子，有

$$\mu_i=-kT_{\text{h}}\ln\left[\frac{kT_{\text{h}}}{p}\left(\frac{2\pi m_ikT_i}{h^2}\right)^{3/2}\right]-kT_{\text{h}}\ln Q_{\text{int}}^i(T_{\text{h}})+kT_{\text{h}}\ln\left(\frac{p_i}{p}\right)+E_{0i}^0 \tag{6-97}$$

6.5.1.2　方程式

以氮元素为例进行计算。在平衡态下，考虑以下组元：e，N，N^+，N_2，N_2^+。图 6-4 表明，当 $T<15\,000$ K 时，N_2^+ 离子是存在的，但其摩尔分数很小（在 10^{-4} 至 10^{-6} 之间），主要的离子是 N^+（甚至即使 N_2^+ 具有最大值时，N^+ 密度比其都要超过一个数量级以上）。然而，对于相同的电子温度（例如，当温度为 15 000 K 时，如果比率 $\theta=3$，则 $T_{\text{h}}=5\,000$ K），N_2 的离解主要由重粒子间的碰撞控制，其离解率小，而电子能量很高。由于在 $T_{\text{h}}=5\,000$ K 时等离子体中的主要组元为 N_2，高能电子使 N_2 失去一个电子的概率大，而使 N 失去一个电子的概率小，且其 N 的数量也少，因此在这种条件下，主要离子是 N_2^+。

在满足 $(\mathrm{d}G)_{p,T}=0$、氮元素守恒方程［方程（6-34）］和电中性方程［方程（6-35）］的条件下，可以获得平衡态下的组元。在 6.3.1 节中，CTE 条件下的质量作用定律为

$$dG=(2\mu_{N}-\mu_{N_2})\,d\eta_{N}+(\mu_{N^+}+\mu_{e}-\mu_{N})\,d\eta_{N^+}+(\mu_{N_2^+}+\mu_{e}-\mu_{N_2})\,d\eta_{N_2^+} \tag{6-98}$$

式中，$d\eta_{N}$、$d\eta_{N^+}$、$d\eta_{N_2^+}$ 分别表示 $N(N_2\Leftrightarrow 2N)$、N^+ $(N^+ + e\Leftrightarrow N)$、$N_2^+(N_2^+ + e\Leftrightarrow N_2)$ 的生成率。

根据方程（6－96）和方程（6－97），离解方程为

$$K_p(N)=\frac{p_N^2}{p_{N_2}}=\frac{\left[Q_{int}^{N}(T_e)\left(\frac{2\pi m_N kT}{h^2}\right)^{3/2}kT_h\right]^2}{Q_{int}^{N_2}(T_h)\left(\frac{2\pi m_{N_2}kT}{h^2}\right)^{3/2}kT_h}\exp\left(-\frac{2E_{0N}^0-E_{0N_2}^0}{kT}\right) \tag{6-99}$$

在 CTE 条件下结果也是同样的。正如在 6.5.1.1 节中所强调的，由于离解是重粒子之间的碰撞引起的，因此这是一个预料中的结果。

对于氮原子离子的形成，将方程（6－96）和方程（6－97）代入到 $\mu_{N^+}+\mu_e-\mu_N=0$ 中，得到

$$\begin{aligned}&-kT_h\ln\left(\frac{kT_h}{p}Q_{N^+}^{tr}(T_h)\right)-kT_e\ln Q_{N^+}^{int}(T_e)+kT_h\ln\left(\frac{p_{N^+}}{p}\right)+E_{0N^+}^0\\&-kT_e\ln\left(\frac{kT_e}{p}Q_e^{tr}(T_e)\right)-kT_e\ln 2+kT_e\ln\left(\frac{p_e}{p}\right)+E_{0e}^0\\&+kT_h\ln\left(\frac{kT_h}{p}Q_N^{tr}(T_h)\right)+kT_h\ln Q_N^{int}(T_e)\\&-kT_h\ln\left(\frac{p_N}{p}\right)-E_{0N}^0-\delta E_{N^+}=0\end{aligned}$$

因此，最后得到

$$K_p(N^+)=p_e\left(\frac{p_{N^+}}{p_N}\right)^{1/\theta}=kT_e\left(\frac{2\pi m_e kT_e}{h^2}\right)^{3/2}2\left(\frac{Q_{N^+}^{int}(T_e)}{Q_N^{int}(T_e)}\right)\times\exp\left(-\frac{E_{N^+}^{I}-\delta E_{N^+}}{kT_e}\right) \tag{6-100}$$

式中 $E_{N^+}^{I}$ ——反应 $(N\Leftrightarrow N^+ + e)$ 的电离势；

δE_{N^+} ——电离势的降低量。

类似地，对于氮分子离子

$$K_p(N_2^+)=p_e\left(\frac{p_{N_2^+}}{p_{N_2}}\right)^{1/\theta}=kT_e\left(\frac{2\pi m_e kT_e}{h^2}\right)^{3/2}2\left(\frac{Q_{N_2^+}^{int}(T_h)}{Q_{N_2}^{int}(T_h)}\right)^{1/\theta}\times\exp\left(-\frac{E_{N_2^+}^{I}-\delta E_{N_2^+}}{kT_h}\right) \tag{6-101}$$

式中 $E_{N_2^+}^{I}$ ——反应 $(N_2\Leftrightarrow N_2^+ + e)$ 的电离势；

$\delta E_{N_2^+}$ ——电离势的降低量。

在方程（6－101）中，假设 $m_{N_2}\approx m_{N_2^+}$ 以及分子离子与分子离解之间的主要差别是配分函数比的指数 $1/\theta$。

一旦 $\theta=T_e/T_h$ 给定，就可以使用与用于平衡态的 NASA 法完全相同的方式（见 6.3.3.1 节）进行等离子体组元的计算，所使用的新平衡常数可通过方程（6－99）～方程

(6-101) 得到。

为了使计算时间合理，最好使配分函数的计算不依赖带电粒子（取决于最终的计算结果）和在初始冷混合气体中的摩尔比。可以采用仅取决于压强和温度的 Gurvich 极限方法。这种方法可以将配分函数存贮为 T_e、T_h、p 的多项式形式。

6.5.1.3　例子：$Ar-H_2$ 等离子体的组成

考虑以下组元：e，H，Ar，H^+，Ar^+，H_2^+[31]。计算常压条件下，温度以 500 K 间隔从 5 000 K 到 15 000 K 变化过程中的等离子体组成。完成的计算是 $n_{H_2}^0/n_{Ar}^0$ 以 25%的间隔从纯 H_2 变化到纯 Ar 的 5 种状态。对于平衡态下的纯氧气 ($\theta=1$)，Capitelli 等人[9]给出的结果与 Fauchais 等人[3]给出的结果相比，误差小于 2%。对于纯 Ar，图 6-21 给出了 $\theta=1$，2，3，6 条件下 n_{Ar} 和 $n_{Ar^+}=n_e$ 的数密度随电子温度 T_e 的变化。该图中仅在 T_e/T_h 小于 3 时严格有效，但是为了获得在更强非平衡条件下将会如何的概念，已经将结果扩展到了 $\theta=6$。首先需要注意的是，电子密度曲线在温度为 14 000 K 附近有交叉（Hsu 和 Pfender[33]），其次还要注意，在温度为 5 000 K 时，$n_{Ar}(\theta)=\theta\cdot n_{Ar}(1)$，其中 $n_{Ar}(1)$ 是平衡态下氩原子数密度。

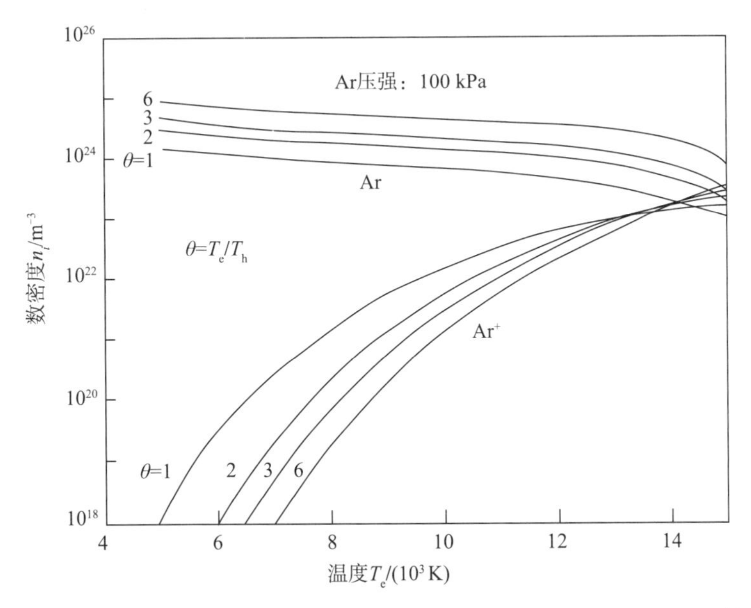

图 6-21　大气压下温度比率 $\theta=T_e/T_h=1$，2，3，6 时双温度等离子体中 Ar 和 Ar^+ 数密度随电子温度的变化[31]

上述第二点反映了低电子密度随 θ 而减小的事实。图 6-22 (a)、(b)、(c) 强调了 3 mol H_2 和 1 mol Ar 组成的混合气体中，θ ($\theta=1$，2，3) 对其组成的影响。可以看出，当 θ 从 1 增加到 3 时，H^+ 和 H 逐渐减少。例如，当 $T_e=15\ 000$ K 且 $\theta=1$ 时，其主要组元为 Ar、Ar^+、H、H^+、e，而当 $\theta=3$ 时，其主要组元为 Ar、H_2、H_2^+、H^+、H、e。当 $\theta=3$、$T_h=5\ 000$ K 时，仅取决于重粒子温度的 H_2 离解过程刚刚完成。在 $\theta=1$ 时，主要的离子是 H^+（H 比 Ar 具有稍微低些的电离势），而在 $\theta=3$ 时，主要的离子是 H_2^+。

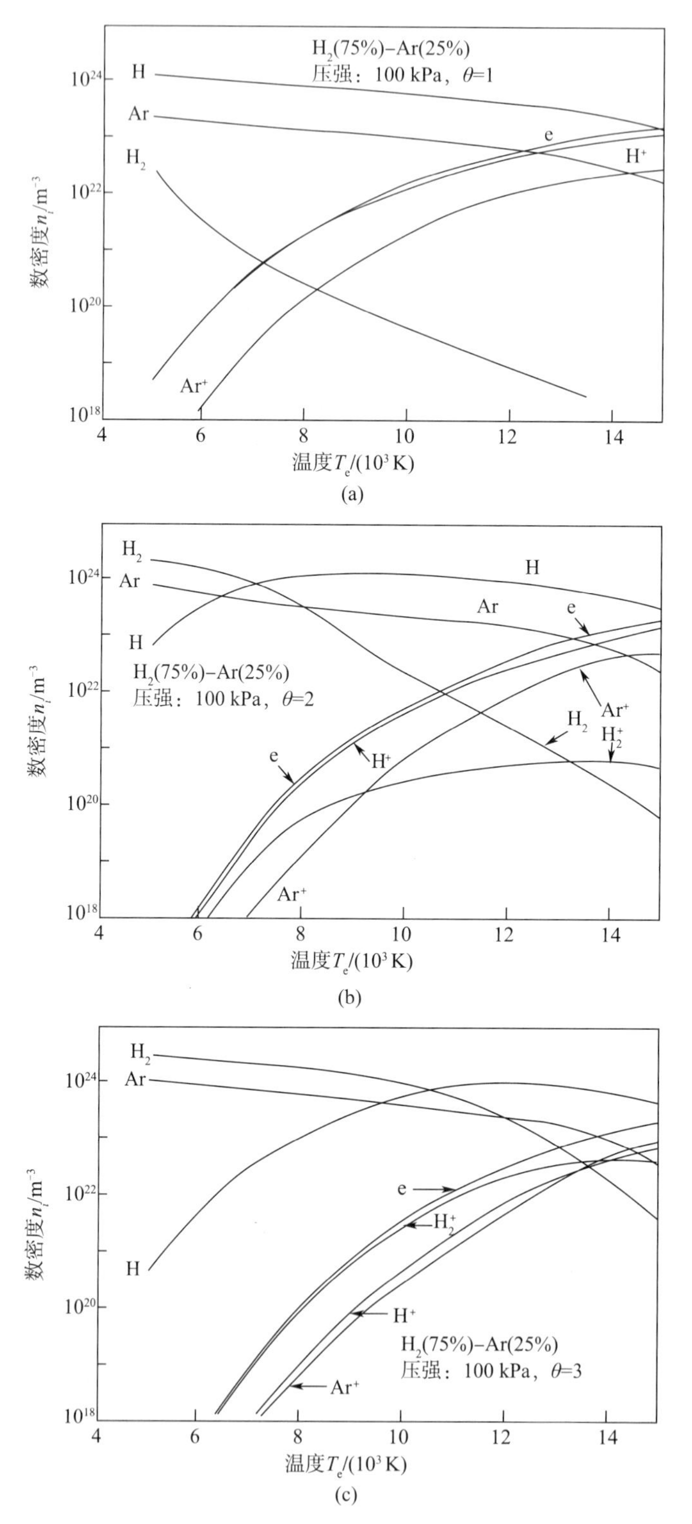

图 6-22　大气压下温度比率 $\theta = T_e/T_h = 1, 2, 3$ 时氩和氢混合等离子体（氢的摩尔分数为 75%）中组元数密度随电子温度的变化[23]

该模型的局限性如下。前面的方法仅仅对弱非平衡有效。为了严格起见，这种计算应该使用一个动力学模型，例如 Richley 和 Tuma[34] 开发的模型。该模型涉及通过说明 i 组元化学反应的反应速率 $d\eta_i$ 与反应速率系数 k_i^d 和 k_i^r 的关系来寻求稳态（反应速率系数的上标分别表示正向和逆向）。采用该方法的主要问题是寻找 k_i^d 和 k_i^r 的数值，并确保没有反应被忽略。当通过文献获得了 k_i^d 或 k_i^r 中的一个数据时，就可以通过平衡常数 K_i ($k_i^d/k_i^r = K_i$) 计算出另一个。如果已知反应截面，反应速度也可以根据反应截面来计算。Aubreton[32] 利用这一方法计算了 24 种不同反应中 Ar - H_2 等离子体的组成，并与前面方法的结果进行了比较。他发现，在 $\theta = 3$ 之前，这两种方法的结果是相似的。对于偏离平衡更大的状态，主要的区别来自于以下反应：

1）低密度（$n_e < 10^{18}\ m^{-3}$）　$e + H_2^+ \rightarrow 2H$

2）高密度（$n_e > 10^{20}\ m^{-3}$）　$2e + H \rightarrow H^- + e$ 和 $H^- + H^+ \rightarrow 2H$

这些反应在平衡状态导出的方法中没有考虑进去。

6.5.2 热力学特性

一旦得到了等离子体的组成，就可以根据配分函数计算它的热力学性质。然后可以使用在给定温度比率 θ 下计算得到的数密度，根据相应的温度（T_e 或 T_h）来计算它们的导数。

图 6 - 23 显示了在多种温度比率 θ 下，1 mol 纯氢的焓随电子温度 T_e 的对数变化。当 $\theta = 1$ 时，由于离解而导致焓的变化没有表现出来，这是因为离解过程发生在 3 000 K 至 4 500 K 的温度区间。然而，当 $\theta = 2$ 时，这种焓的变化发生在同样的重粒子温度范围，即电子温度在 6 000 K 至 8 000 K 范围内，当 $\theta = 3$ 时，焓的变化开始于 12 000 K。当 $\theta = 4$ 时，焓的增加起始于 12 000 K，这对应着由于 H_2 电离而生成的 H_2^+。

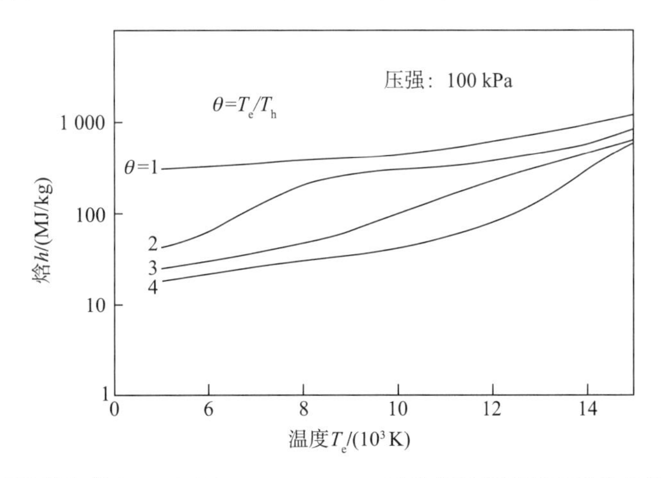

图 6 - 23　大气压下温度比率 $\theta = T_e/T_h = 1, 2, 3, 4$ 时纯氢双温度等离子体的焓随电子温度的变化

符号表

$B_{ij}(T)$	与 i 粒子和 j 粒子反应有关的第二维里系数
$B(T)$	第二维里系数
c_p	定压比热［kJ/(kg·K)］
c_p^{r}	定压反应比热［kJ/(kg·K)］
c_p^{f}	定压冻结比热［kJ/(kg·K)］
d_{ij}	考虑 i 粒子和 j 粒子之间的相互作用距离（m）
d_{η_i}	i 组元的生成速率
D_{e}	双原子分子内核平衡位置与自由原子之间的能级差（eV）
e_n	自然对数的底：2.718 281 8
$E_{i,s}$	化学组元 i 在 s 激发态下的能量（cm^{-1}）
E_{0i}^0	化学组元 i 在基态跃迁到绝对参考状态的能量
E_{e}	给定粒子的电子能量（eV 或 cm^{-1}）
$E_{\mathrm{v}}(\mathrm{e})$	给定粒子在电子态 e 下的振动能（eV 或 cm^{-1}）
$E_{\mathrm{r}}(\mathrm{e},\mathrm{v})$	给定粒子在电子态 e 和振动状态 v 下的转动能（eV 或 cm^{-1}）
$E_{\mathrm{X}}^{\mathrm{D}}$	双原子分子 X_2 的离解能（eV）
$E_{\mathrm{X}^+}^{\mathrm{I}}$	原子 X 的电离能（eV）
F	亥姆霍兹自由能（J）
$g_{i,s}$	化学组元 i 在激发态 s 下的统计权重
g_{v}	振动统计权重
g_{r}	转动统计权重
g_{e}	电子统计权重
G	吉布斯自由焓（J）
h	普朗克常数（6.6×10^{-34} Ws^2）
h_g	气体的比焓（kJ/kg）
H_i	化学组元 i 的摩尔焓（J/mole）
$H_{\mathrm{X}}^{\mathrm{D}}$	分子 X_2 的离解焓（J）
$H_{\mathrm{X}}^{\mathrm{I}}$	分子 X_2 的电离焓（J）
i	化学组元的标识
k	玻耳兹曼常数（1.38×10^{-23}J/K part）
$K_c(\mathrm{X})$	生成 X 的平衡常数
$K_p(\mathrm{X}^+)$	X 电离过程中分压平衡常数
$K_p(\mathrm{X})$	X_2 离解过程中分压平衡常数
l_{ij}	i 粒子和 j 粒子之间碰撞的平均自由程（m）

m_i	化学组元 i 粒子的质量（kg）
M_i	化学组元 i 的原子质量（kg）
n	主量子数
n^*	配分函数计算过程中主量子数 n 的最大值
n_i	任意激发态下组元 i 的数密度（m^{-3}）
$n_{i,s}$	激发态 s 下组元 i 的数密度（m^{-3}）
n'_i	任意激发态下组元 i 的摩尔数
n_T	总的数密度（$n_T = p/kT$）（m^{-3}）
N_i	所有激发态下化学组元 i 的总粒子数目
$N_{i,s}$	激发态 s 下化学组元 i 的粒子数目
p	气体的压强（Pa）
p_i	化学组元 i 的分压（Pa）
Q_i	化学组元 i 的配分函数
Q_i^{tr}	化学组元 i 的平动配分函数
Q_i^{int}	化学组元 i 的内部配分函数
Q_{total}	气体的总配分函数（$Q_{total} = \prod_i Q_i^{N_i} / \prod_i N_i!$）
s	激发态标识
s^*	配分函数计算过程中激发态 s 最大值
S	气体的熵［kJ/(kg·K)］
T	平衡温度
T_h	重组元温度
T_e	电子温度
V	气体或等离子体的体积（m^{-3}）
V_{ij}	i 粒子和 j 粒子之间的内部反应势
x_i	化学组元 i 的摩尔分数
Z_i	化学组元 i 的有效电荷（$Z_i=0$ 是原子或分子，$Z_i=1$ 是一阶离子，以此类推）

希腊符号

$\delta E_{X^+}^1$	离子 X^+ 生成过程中电离电势降低（eV）
δp	压强的降低（Pa）
ΔH	热力学状态从参考态变化到温度为 T 和压强为 p 下状态发生的焓变（J）
ε_0	真空电容率（As/Vm）
λ_D	德拜长度（m）
Λ_i	化学组元 i 的德布罗意波长（m）
μ_i	化学组元 i 的化学势（J/part）

μ_i^0	化学组元 i 的部分化学势，仅取于温度（J/part）
ν	振动频率（s^{-1}）
ω_e	分子静止时的振动能（E/hc）
θ	电子温度与重粒子温度的比率

常用书目

[1] Fowler，F. H.，and E. A. Guggenheim，Statistical Thermodynamics，Cambridge：University Press，1956.

[2] Herzberg，G.，Molecular Spectra and Molecular Structure I. Spectra of Diatomic Molecules，New York：Van Nostrand，1950.

[3] Huber，K. P.，and G. Herzberg，Constants of Diatomic Molecules，Litton Educational Publishing，1979.

[4] Landau，L. and E. Lifschitz，Physique Statistique. Moscow：Mir，1967.

[5] Mayer，J. E. and G. M. Mayer，Statistical Mechanics (11th ed.)，New York：Wiley，1966.

[6] Moore，C. E.，Atomic Energy Levels，NBS Circular 467，Vol 1 (1949)，Vol. 2 (1952)，Vol. 3 (1958).

[7] Münster，A.，Statistical Thermodynamics，Vol. 1，Berlin：Springer - Verlag；New York：Academic Press，1969.

[8] Wilson，A. H，Thermodynamics and Statistical Mechanics，Cambridge：University Press，1957.

参 考 文 献

[1] H. W. Drawin, "Thermodynamic Properties of the Equilibrium and Nonequilibrium States of Plasmas," in Reactions under Plasma Conditions, M. Venugopalan, ed. (New York: Wiley Interscience, 1972).

[2] P. Fauchais, Rey. Int. Hautes Temp. Réfract. 6 (1969): 77.

[3] P. Fauchais, A. Vasseur, and N. Manson, Rev. Int. Hautes Temp. Réfract. 6 (1969): 5.

[4] P. Fauchais, J. M. Baronnet, and S. Bayard, Rev. Int. Hautes Temp. Réfract. 12 (1975): 221.

[5] L. V. Gurvich and V. A. Kvlividze, Zh. Fiz. Khim. 35 (1961): 1672.

[6] P. Fauchais, "Etude des propriétés thermodynamiques des plasmas produits par un générateur à arc", Thèse de Doctorat d'Etat (Université de Poitiers, 1962).

[7] B. J. McBride and S. Gordon, Fortran IV Program for Calculation of Thermodynamic Data (NASA TN-D-4097, 1967).

[8] K. S. Drellishak, "Partition Functions and Thermodynamic Properties of High Temperature Gases," Ph. D. Thesis (Northwestern University, Illinois, 1963).

[9] M. Capitelli, E. Ficocelli, and E. Molinari, "Equilibrium Compositions and Thermodynamic Properties of Mixed Plasmas I, He-N_2, Ar-N_2 and Xe-Ne Plasmas at One Atmosphere between 5 000 K and 35 000 K," Internal Report (University of Bari, Italy 1969).

[10] I. V. Veits, L. V. Gurvich, and N. P. Rtischeva, Zh. Fiz. Khim. 32 (1958): 2532.

[11] S. H. Storey and F. Van Zeggeren, The Computation of Chemical Equilibria (Cambridge: University Press, 1970).

[12] E. Bourdin, "Contribution à l'étude théorique et expérimentale des nitrures et oxynitrures par réaction de jets de plasma d'azote avec des poudres d'aluminium, de silicium et de leurs oxyde," Thèse 3ème cycle (Université de Limoges, France, March 1976).

[13] S. R. Brinckley, J. Chem. Phys. 14 (1946): 9.

[14] S. R. Brinkley, J. Chem. Phys. 34 (1947) 2.

[15] V. N. Huff, S. Gordon, and F. V. Zeleznick, "A general method for automatic computation of equilibrium compositions and theoretical rocket performance of propellants." NASA TN D-132 Oct. 1959.

[16] S. M. White, S. Johnson, and G. B. Dantzig, J. Chem, Phys. 28 (1958): 5.

[17] B. Pateyron, J. Aubreton, M. F. Ekhinger, and G. Delluc, Paper delivered at the Second Symposium on Critical Evaluation and Prediction of Phase Equilibrium in Multicomponent Systems (Paris, 11-12 Sept. 1985).

[18] B. Pateyron, J. Aubreton, M. F. Elchinger, and G. Delluc, Paper delivered at the First Codata Symposium on Chemical Thermodynamic and Thermophysical Properties. Data Base (Paris, 9-10 Sept. 1985).

[19] J. Amouroux, Ann. Chimie 3 (1978): 59.

[20] P. Sutre, and J. P. Malenge, Entropie 40 (1968): 285.

[21] J. F. Coudert, "Contribution à l'étude des oxydes d'azote par chalumeau à plasma," Thèse de 3ème cycle (Université de Limoges, France, Juin 1978).

[22] V. P. Glouchko, "Propriétés thermodynamiques des corps purs" (Moscow: Mir, 1962) .

[23] JANAF, thermochemical data compiled and calculated by the Dow Chemical Company, Thermal Laboratory, Midland, Michigan (1971).

[24] S. Gordon, and B. J. McBride, Thermodata, NASA SP 273.

[25] I. Barin, and O. Knacke, Thermochemical Properties of Inorganic Substances (Berlin and New York: Springer - Verlag, 1973 and 1977).

[26] F. J. Zeleznick, and S. Gordon, Simultaneous Least Squares Approximation of a Function and its First Integrals with Applications to Thermodynamic Data, Can. J. Phys. 44, 877 (1966).

[27] B. Pateyron, J. Aubreton, M. F. Elchinger, G. Delluc, and P. Fauchais, "Thermodynamic and Transport Properties of N_2, O_2, H_2, Ar, He and their Mixtures," Internal Report, Laboratoire Céramiques Nouvelles URA 320 CNRS, University of Limoges, France (1986).

[28] J. Lesinski, and M. Boulos, "Thermodynamic and Transport Properties of Argon, Nitrogen and Oxygen at Atmospheric Pressure over the Temperature Range 300～30 000 K," Internal Report, University of Sherbrooke, Quebec, CN (May 1984).

[29] B. Pateyron, M. F. Elchinger, C. Delluc, and P. Fauchais, "Thermodynamic and Transport Properties of Ar - H_2 and Ar - He Plasma Gases for Spraying at Atmospheric Pressure——Part 1: Properties of the Mixture," Plasma Chemistry, Plasma Processing (submitted).

[30] A. V. Potapov, High Temp. 4 (1966): 48.

[31] C. Bonnefoi, "Contributìon à l'étude des méthodes de résolution de l'équation de Boltzmann dans un plasma à deux températures: exemple le mélange argon hydrogène," Thèse de Doctorat d'Etat (University of Limoges, France, 1983).

[32] J. Aubreton, "Etude des propriétés thermodynamiques et de transport dans les plasmas thermiques à l'équilibre et hors équilibre thermodynamique. Applications aux plasmas de mélange Ar - H_2, Ar - O_2," Thèse de Doctorat d'Etat (University of Limoges, France, Feb 22, 1985).

[33] K. C. Hsu, and E. Pfender, "Calculation of Thermodynamic and Transport Properties of a Two - Temperature Argon Plasma," Proceedings of the Fifth Int. Symp. on Plasma Chemistry, Vol. 1, (Heriot - Watt Univ. , Edinburgh, Scotland, 1981): 144.

[34] E. Richley and D. T. Tuma, J. Appl. Phys. 53 (1982): 8537.

第 7 章　输运特性

7.1　定义

考虑处于非平衡稳态中在某一方向具有恒定流量的气体（例如，在两个平板之间，将其中一个平板加热到 T_1，另一个加热到 T_2，且 $T_1 > T_2$）。能量从温度为 T_1 的平板传递到温度为 T_2 的平板。气体中的温度梯度是驱动力，在该过程中输运物理量是能量。

在大多数输运过程中，通量与驱动力具有如下线性关系［Child（1974），Hirschfelder 等人（1964）］

$$通量 = 系数 \times 驱动力 \tag{7-1}$$

通常，这种力不会特别大。该关系称为唯象定律（如同电子学中的欧姆定律），并且在一般情况下，相应的输运系数与 χ 通量密度有关

$$J_\chi = \chi\ 通量密度 = \chi\ 单位面积和单元时间内输运净量$$

式中，χ 可能是粒子数（n）、横向动量（mv_x）、能量 $\left(\frac{3}{2}kT\right)$ 或者电荷（Ze），分别对应于以下系数。

扩散系数（D）的单位为 m^2/s，表示为

$$\boldsymbol{J}_n = -D\mathrm{grad}n \tag{7-2}$$

粘度（μ）的单位为 kg/(m·s)，表示为

$$\frac{\boldsymbol{F}_x}{A} = \boldsymbol{J}_{px} = -\mu\frac{\mathrm{d}v_x}{\mathrm{d}z} \tag{7-3}$$

热导率（κ）的单位为 W/(m·K)，表示为

$$\boldsymbol{J}_\mathrm{E} = -\kappa\,\mathrm{grad}T \tag{7-4}$$

电导率（σ_e）的单位为 $(\Omega\cdot m)^{-1}$ 或 mho/m，表示为

$$\boldsymbol{J}_e = -\sigma_e\mathrm{grad}V \tag{7-5}$$

其中，$-\mathrm{grad}V = \boldsymbol{E}$ 表示电场。

本章将讨论当存在梯度时，发生在等离子体中的输运现象。

气体粒子输运系数的计算非常复杂，即使在理想气体相当简单的情况下。因此，开发非常简单的近似方法是非常有价值的，这可使人们对基本机理有物理上的认识。实际上，我们经常发现，这种简单的近似能够获得对所有重要参数的正确依赖性（例如压强或者温度），即使数值有时与严格计算的结果相差高达 50%。

因此，本章的第 1 部分将讨论用于计算输运特性的最简单的模型，即基本动力学理

论。第 2 部分将给出更加严格的讨论这些现象的准则，第 3 部分将给出严格计算的结果。

7.2　输运系数的简单推导

在气体中，粒子之间通过碰撞相互影响。如果气体最初没有处于平衡状态，那么分布函数可以通过求解玻耳兹曼方程得到（见 3.5.3 节），但是这些碰撞会导致麦克斯韦-玻耳兹曼速度分布占优的最终平衡态。7.3 节将给出通过玻耳兹曼方程计算输运系数的准则，但是仅适用于稀薄气体（$p<1$ MPa），由于以下假设，这些准则相对简单［Mitchner 和 Kruger (1973)，Reif (1988)］：

1）由于气体足够稀薄，因此仅需考虑两个粒子之间的碰撞；

2）平均自由程 l 远大于分子之间力的作用距离，因此两个粒子在相遇之前初始状态的相对距离为 l 量级，这个距离足够大，以至于它们的初始速度不太可能存在相关性。(这就是分子混沌假设)。在本节中，我们将使用一个更严格的假设：在两次碰撞之间，粒子以它们的平均随机速度 $\bar{v}$ 运动。

7.2.1　自扩散系数

考虑一个具有粒子密度梯度（相对于化学势梯度）的系统。粒子以速度 $\bar{v}$ 自由运动，在碰撞前其平均自由程为 l 。假设梯度沿着 z 方向，碰撞点位置为 z ，那么粒子在局部化学势 $\mu(z)$ 和局部浓度 $n(z)$ 处达到局部平衡。设 l_z 为平均自由程的 z 分量。

考虑 z 处的一个平面，穿过该平面正向的粒子通量密度为 $n(z-l_z)\cdot\bar{v}_z/2$，负向的粒子通量密度为 $-n(z+l_z)\cdot\bar{v}_z/2$，其中，$\bar{v}_z$ 为 z 方向上粒子的平均随机速度。在这些公式中，$n(z-l_z)$ 表示 $z-l_z$ 处的粒子密度；引入因子 1/2 是因为，当一个粒子离开某一位置时，沿着正向（或者负向）的概率为 1/2。净粒子通量密度是在半球上所有方向的平均值

$$J_{nz}=[n(z-l_z)-n(z+l_z)]\cdot\bar{v}_z/2=-\frac{\mathrm{d}n}{\mathrm{d}z}\bar{v}_z\cdot l_z \tag{7-6}$$

由于 n 及其导数已经是平均值，这意味着必须在半球表面计算 $\bar{v}_z l_z$ 的平均值，这是因为所有正负向都是等可能的。采用球坐标系 θ ，φ（l_z 和 $\bar{v}_z$ 的值分别为 $l_z=l\cos\theta$ 和 $\bar{v}_z=\bar{v}\cos\theta$），表面积元素为 $2\pi\sin\theta\,\mathrm{d}\theta$ ，因此有

$$\langle v_z l_z\rangle=\bar{v}l\,\frac{2\pi\int_0^{\pi/2}\cos^2\theta\sin\theta\,\mathrm{d}\theta}{2\pi}=\bar{v}l/3 \tag{7-7}$$

从而

$$J_{nz}=-\bar{v}l\,\frac{\mathrm{d}n}{\mathrm{d}z}/3=-D\,\frac{\mathrm{d}n}{\mathrm{d}z} \tag{7-8}$$

最终得到

$$D=\bar{v}l/3 \tag{7-9}$$

对于麦克斯韦分布［见式（3-68）］，$\bar{v}$ 由下式给出

$$\bar{v}=\left(\frac{8kT}{m\pi}\right)^{1/2} \tag{7-10}$$

基于第1个假设［见式（3-82）］，有

$$l=\frac{1}{\sqrt{2}\,n\sigma_0} \tag{7-11}$$

式中 σ_0——总碰撞截面；

n——粒子密度。

对于理想气体，$n=p/kT$，则自扩散系数为

$$D=\frac{2}{3\sqrt{\pi}}\cdot\frac{1}{\sigma_0 p}\sqrt{\frac{(kT)^3}{m}} \tag{7-12}$$

这是一个关于压强和温度的函数；在理想条件下，最轻的气体具有最大值。利用式（7-12）可以得到，在室温和大气压下，N_2 的自扩散系数 D 的量级为 5×10^{-5} m^2/s，在 273 K 和 1 atm 条件下测量值为 1.85×10^{-5} m^2/s。考虑到这一简单计算的粗糙特性，理论与实验之间的一致性相当令人满意。

7.2.2 粘度

当流体的局部宏观速度为 $\boldsymbol{u}$ 时，很明显，平均微观速度 $\bar{v}$ 在一个小的体积单元 d$\boldsymbol{r}$(d$\boldsymbol{r}$ $=\mathrm{d}x\,\mathrm{d}y\,\mathrm{d}z$) 内不会消失，且其均值为 $\boldsymbol{u}$，因此

$$u_x=\langle v_x\rangle \tag{7-13}$$

y 和 z 方向也类似。因此，动量 $m\boldsymbol{v}$ 的输运得以建立，这是因为分子从距离 l 处的点到达另外一点的平均速度是在最后的碰撞中获得的。由于气体（或者液体）的粘度，该动量的输运会引起内部摩擦。考虑一个 $u_y=u_z=0$ 的流场，$u_x(z)$ 仅沿着 z 方向变化。在 z 平面上，必须要有应力（单位面积上的力）σ_{zx} 使速度较快的流体（例如，在 z 平面上方）减速，并使速度较慢的流体层加速。这种力是这样产生的：来自下方的分子，其速度的 x 分量小于 z 分量；类似地，分子的反向通量带有动量，其 x 分量大于 z 分量；动量的变化等于 x 方向的力（或者单位面积上的压力）。基于对自扩散的分析，并假设粒子密度为 n，可以得到

$$\begin{aligned}\sigma_{zx}&=\frac{1}{2}n\bar{v}_z m\left[u_x(z-l_z)-u_x(z+l_z)\right]\\&=-nm\frac{\partial u_x}{\partial z}\overline{v_z l_z}\end{aligned} \tag{7-14}$$

并且，利用之前计算的 $\overline{v_z l_z}$ 的值

$$\sigma_{zx}=-nml\bar{v}\frac{\partial u_x}{\partial z}/3 \tag{7-15}$$

根据定义，粘度 μ 与 σ_{zx} 的关系为

$$\sigma_{zx}=-\mu\frac{\partial u_x}{\partial z} \tag{7-16}$$

最后

$$\mu = nml\bar{v}/3 \tag{7-17}$$

将 l 和 $\bar{v}$ 的值替换后［见式（7－10）和式（7－11）］，可以得到

$$\mu = \frac{2}{3\sqrt{\pi}}\frac{\sqrt{mkT}}{\sigma_0} \tag{7-18}$$

在这种过于简化的理论中，μ 独立于压强。μ 独立于压强的明显矛盾可以解释如下：如果在某一体积内的粒子数量翻倍，那么将动量从一个平板输运到另一个平板的粒子数量就会变为原来的两倍，但是每个粒子的平均自由程也减半了，因此它只能有效地输运其动量的一半，所以净动量传递率没有发生变化。μ 取决于温度和质量的平方根。但是，必须清醒地认识到 σ_0 不取决于质量，因此 μ 并不是严格地与 $\sqrt{m}$ 呈正比。当温度大于室温时，μ 的值最初由中性分子之间的相互作用控制（对于双原子分子），然后当离解发生时，μ 的值由中性原子控制，在更高的温度由带电粒子控制。实际上，当与电离相关时（在大气压下，对于 Ar、N_2、H_2、O_2，温度高于 10 000 K；对于 He，温度高于 17 000 K），μ 随着温度的升高而减小（见图 7－1 中关于 Ar、He、H_2 和 N_2 的数据）。由于气体的电离作用，粘度减小，使相距较远的粒子间形成库仑力。当带电粒子密度增加时，带电粒子的迁移率减小；在动量的输运过程中，这种相应减小不能用式（7－18）解释，并且动力学理论严格限于短程相互作用。

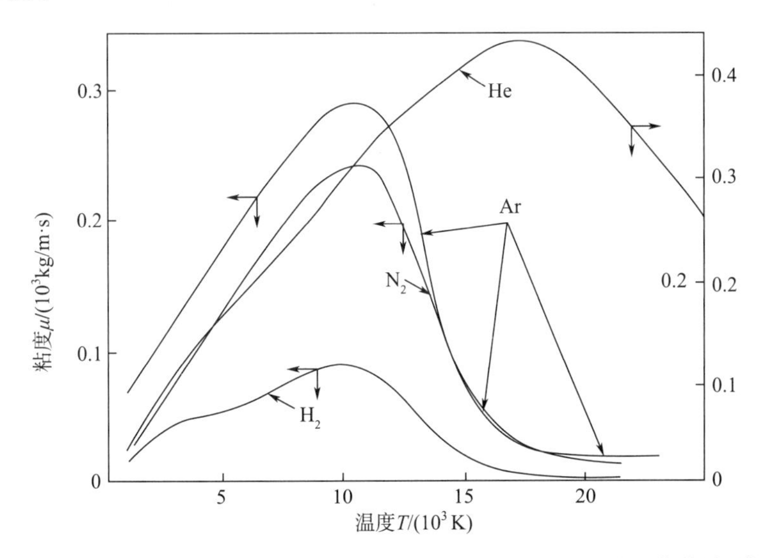

图 7－1　大气压下多种气体（H_2，N_2，Ar，He）的粘度与温度的依赖关系[1,2]

比较自扩散系数［见式（7－12）］与粘度［见式（7－18）］，可得到

$$\frac{D}{\mu} = \frac{1}{nm} = \frac{1}{\rho} \tag{7-19}$$

式中　ρ ——气体的质量密度。

实验发现，$(\rho D/\mu)$ 在 1.3 到 1.5 之间，而过于简化的理论给出的值为 1。

7.2.3 热导率

如果 q_z 表示由 z 方向上温度梯度引起的热通量，热导率 κ 定义为

$$q_z = -\kappa \frac{\partial T}{\partial z} \tag{7-20}$$

如果 $\bar{e}$ 表示粒子动能的平均值，q_z 由穿过单元平面 dA 的无碰撞粒子能流决定。采用类似于粘度的分析方法，可以得到热导率的表达式

$$\begin{aligned} q_z &= \frac{1}{2} \cdot n \cdot \bar{v}_z \cdot [\bar{e}(z - l_z) - \bar{e}(z + l_z)] \\ &= -\frac{1}{2} \cdot n \cdot \bar{v}_z \cdot 2 \cdot l_z \cdot \frac{\partial \bar{e}}{\partial T} \cdot \frac{\partial T}{\partial z} \end{aligned} \tag{7-21}$$

$$q_z = -n \cdot \bar{v}_z \cdot l_z \cdot c_v \cdot \frac{\partial T}{\partial z} = -\frac{1}{3} \cdot n \cdot \bar{v} \cdot c_v \cdot l \cdot \frac{\partial T}{\partial z}$$

然后

$$k = \frac{1}{3} n \bar{v} c_v l \tag{7-22}$$

或者，用式（7-10）和式（7-11）代替 l 和 $\bar{v}$，可以得到

$$\kappa = \frac{2}{3} \frac{c_v}{\sigma_0} \sqrt{\frac{kT}{m\pi}} \tag{7-23}$$

在这一过于简化的理论中，热导率 κ 与压强无关，仅与温度的平方根有关。与压强无关的原因可以通过类似于粘度的论述进行解释（见7.2.2节）。但是，即使 c_v 是常数（即仅考虑粒子的动能），热导率随温度的增加变化要比式（7-23）所描述得快，因此，必须开发另一个理论。此外，当 c_v 随温度的变化（如图6-14所示）与热导率随温度的变化可比拟时（如图7-2所示，对于大气压下氮等离子体由参考文献［1］和［2］可以得到上述结论），能够发现热导率出现峰值的温度与 c_v 类似，尽管这些峰值与 c_v 的峰值并不成比例。该矛盾出现在过于简单的计算中，假设系统是冻结的（无化学反应）。但是，在一个真实的等离子体中，离解、电离以及化学反应是不能被忽略的，它们形成补充的热传递，例如，在低温区域，由于温度梯度的存在，会导致原子复合。基于上述分析，需要引入反应热导率 κ_R，其计算与动力学热导率有很大的不同。

最后，需要强调的是，这一过于简化的动力学理论仅能够给出单原子气体的输运特性。虽然粘度方程给我们提供了多原子气体的切实可行的第一近似值，但是热导率无法提供，这是因为处于高激发态的多原子分子或者即使单原子气体的内部自由度，对热传输起很大作用。1913年，Eucken[3]提出了一个十分简单且直观的理论，通过引入一个常数因子，将式（7-23）的适用范围扩展到多原子气体。Manson 和 Monchick[4]随后通过更精确的 Chapman - Enskog 理论［见 Hirschfelder 等人（1964）以及 Chapman 和 Cowling（1952）］验证了 Eucken 的理论，尤其是对激发态的贡献。热导率 κ 是以下三项之和：κ_{tr} 为粒子平移的结果（考虑将其视为硬球模型），κ_R 为化学反应的结果（离解、电离、纯化

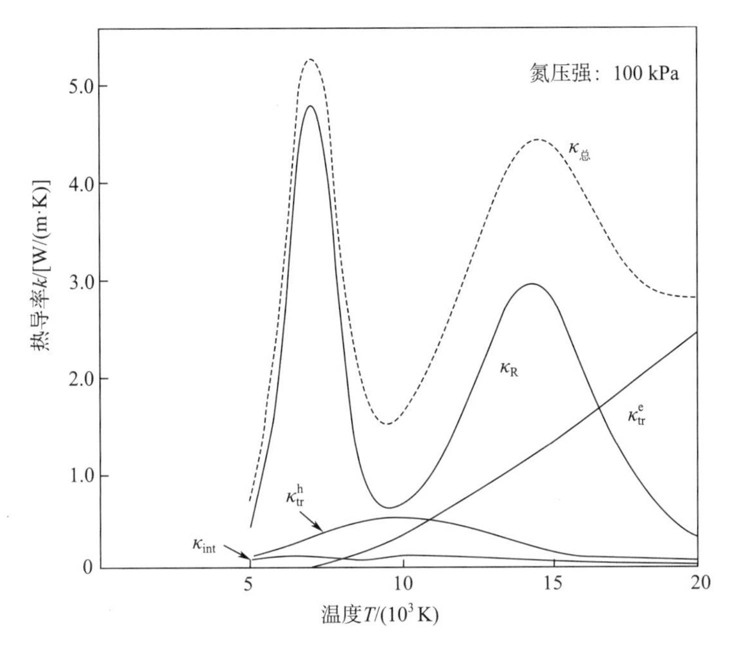

图 7 - 2　大气压下氮等离子体不同组分热导率与温度的依赖关系[1,2]

学反应)，以及 κ_{int} 为内部自由度的结果

$$\kappa = \kappa_{tr} + \kappa_R + \kappa_{int} \tag{7-24}$$

其中，κ_{tr} 通常分解为重粒子的 κ_{tr}^h 和电子的 κ_{tr}^e（如图 7 - 2 所示)。这些项将稍后讨论（见 7.3.5.3 节、7.4 节和 7.5 节)

7.2.4　电导率

4.3 节给出了电导率，考虑了电荷载体和电荷迁移性 μ_e（忽略了离子运动)，第 4 章建立的公式为

$$\sigma_e = en_e\mu_e$$

其中

$$\mu_e = \frac{el_e}{\sqrt{\pi kTm_e}}$$

利用式（7 - 11）中 l_e 的表达式，可以得到

$$\sigma_e = \frac{n_e e^2}{\sqrt{2\pi Tm_e}\, n_a \sigma_{en}} \tag{7-25}$$

式中　n_a ——中性粒子数密度；

σ_{en} ——电子-中性粒子碰撞截面。

此处，假设电子和离子密度相对于中性粒子较小，因此，在与中性粒子碰撞过程中，电子的平均自由程 l_e［见方程（7 - 11）］占主要因素。

这一过于简单的表达式清楚地表明，σ_e 主要取决于电子密度，几乎随温度以指数级变化（如6.3.3.4节所述）。这就是为什么σ_e在低于6 000 K常规等离子体气体（Ar，H_2，N_2，…）中可以忽略的原因，如图7-3所示；氦原子的σ_e仅在$T>13\ 000$ K时，可以达到明显的数值，这是因为He的高电离势（如图6-3所示，给出了He等离子体的n_e随T的变化）。

金属的电离势越低，在低温下电子密度越大，因此，向等离子体气体中添加金属蒸气能够明显地影响σ_e，如图7-18所示的带有铜蒸气的Ar等离子体。

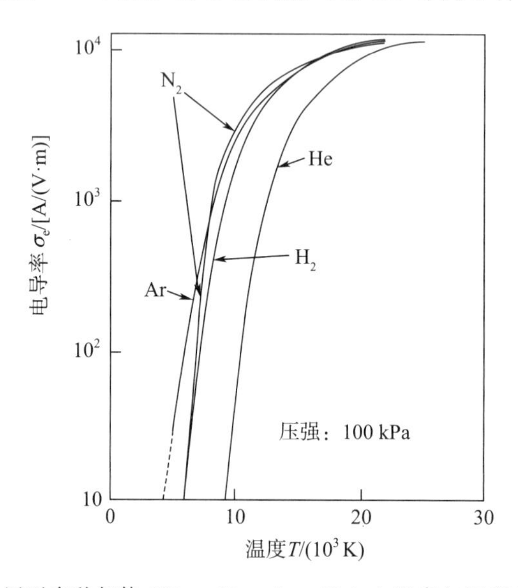

图7-3　大气压下多种气体（H_2，N_2，Ar，He）电导率与温度的依赖关系[1,2]

7.3　由玻耳兹曼方程推导输运系数

前边所述的简化处理方法（动力学理论）还有很多不足之处。它假设了粒子输运速度为它们的平均随机速度，该速度远大于流体速度；它没有详细地处理碰撞过程，并且忽略了粒子碰撞前后的相关性，即速度持续性影响。它也没有考虑到粒子速度分布。此外，它假设了流体中仅有单一化学组分，实际上，存在很多化学组分。因此，该问题必须建立更加严格的公式。但是，由于该项工作是非常复杂的任务，在本书的研究中，仅仅给出该处理方法的主要参考。对这一研究不感兴趣的读者可以直接进入7.5节，7.5节给出了计算输运系数的一些算例。

更加精确计算（考虑速度分布）所有组分通量（质量、动量和能量）的方程可以通过以平均流体速度移动的一个参考面dA得到。

7.3.1　基本方程

在3.5.2节中，通过包含单一化学组分的分布函数$f(\boldsymbol{r},\boldsymbol{v},t)$定义了平均值。当考虑多种组分时，与化学组分$i$相关的任意函数$\chi_i(\boldsymbol{r},\boldsymbol{v},t)$的平均值定义为

$$\bar{\chi}_i = \frac{\int \chi_i f_i \mathrm{d}\boldsymbol{v}_i}{\int f_i \mathrm{d}\boldsymbol{v}_i} = \langle \chi_i \rangle \tag{7-26}$$

如 3.5.2 节所示，积分是对所有可能的速度分量的值进行计算。

通过定义，组分 i 的数密度为

$$n_i = \int f_i \mathrm{d}\boldsymbol{v}_i \tag{7-27}$$

并且，$\bar{\chi}_i$ 可以写为

$$\bar{\chi}_i = (1/n_i) \int \chi_i f_i \mathrm{d}\boldsymbol{v}_i \tag{7-28}$$

平均流体速度或者宏观速度可定义为

$$\rho \boldsymbol{v}_0 = \sum_{i=1}^{K} m_i n_i \langle \boldsymbol{v}_i \rangle \tag{7-29}$$

其中，$\langle \boldsymbol{v}_i \rangle$ 表示组分 i 的平均速度［通过式（7-26）定义，$\chi_i = v_i$］，质量密度定义为

$$\rho = \sum_{i=1}^{K} n_i m_i \tag{7-30}$$

可以清楚地看到，$\boldsymbol{v}_0$ 仅仅是位置和时间的函数，而与速度 $\boldsymbol{v}_i$ 无关。

粒子速度 U_i 与流体速度 v_0 的关系为

$$\boldsymbol{U}_i = \boldsymbol{v}_i - \boldsymbol{v}_0 \tag{7-31}$$

式中　$\boldsymbol{U}_i$——本动速度。

与我们为独特化学组分（见 3.5.2 节）建立的结果不同的是，$\langle \boldsymbol{U}_i \rangle \neq 0$，以及与式（3-44）的等效关系为

$$\sum_{i=1}^{K} n_i m_i \langle \boldsymbol{U}_i \rangle = 0 \tag{7-32}$$

这就允许我们定义化学组分 i 的扩散速度，即 i 粒子相对于气体质量平均速度的流速

$$\boldsymbol{U}_i(r,t) = \langle \boldsymbol{v}_i - \boldsymbol{v}_0 \rangle \tag{7-33}$$

显然，它也是本动速度的平均值

$$\langle \boldsymbol{U}_i \rangle = (1/n_i) \int \boldsymbol{U}_i f_i \mathrm{d}\boldsymbol{v}_i \tag{7-34}$$

如果通过求解玻耳兹曼方程能够得到分布函数 f_i，那么就能够计算所有变量。

如 3.5.3 节所示，单一化学组分 i 的玻耳兹曼方程为

$$\mathbb{D} f_i = \mathbb{D}_c f \tag{7-35}$$

式中　$\mathbb{D}$——算子。

$$\mathbb{D} = \frac{\partial}{\partial t} + \boldsymbol{v}_i \, \boldsymbol{\nabla}_r + \frac{\boldsymbol{F}_i}{m_i} \, \boldsymbol{\nabla}_v \tag{7-36}$$

$\boldsymbol{\nabla}_v$ 表示速度分量的梯度，如 $\partial/\partial v_x$、$\partial/\partial v_y$、$\partial/\partial v_z$，而 $\boldsymbol{\nabla}_r$ 对应于 $\partial/\partial x$、$\partial/\partial y$、$\partial/\partial z$，$\mathbb{D}_c f$ 表示碰撞项（在 3.5.3 节中写为 $\sum_j c_{ij}$）。

由于碰撞是能够计算分布函数的关键点，因此必须首先定义碰撞的输运系数、偏向角以及横截面［见 Child (1974)］。

第1个假设是粒子的内部自由度不受弹性碰撞影响。粒子之间的相互作用仅取决于它们的相对位置和速度。

两个碰撞粒子，1和2，初始速度分别为 $\boldsymbol{v}_1$ 和 $\boldsymbol{v}_2$，因此它们的相对速度为 $\mathbf{V}=\boldsymbol{v}_1-\boldsymbol{v}_2$。在碰撞之后，它们的速度分别为 $\boldsymbol{v}_1'$ 和 $\boldsymbol{v}_2'$，相对速度为 $\mathbf{V}_i'=\boldsymbol{v}_1'-\boldsymbol{v}_2'$。

总动量的守恒允许坐标系的变化，因为这种变化意味着质心速度 $\boldsymbol{c}$ 与时间无关，所以可以将质心的移动作为参考框架进行开发。

假设在弹性碰撞中两个对撞粒子的总动能在碰撞中未发生变化，则 $V^2=V'^2$。由此可知，$|V|=|V'|$，碰撞的影响仅改变 $\mathbf{V}$ 的方向，而不改变大小。

在相对于质心的参照系中，位置矢量 $\boldsymbol{r}_1^*$ 和 $\boldsymbol{r}_2^*$ 具有相反的方向，并且二者之间大小的比值是固定的，进而能够简单地说明两个粒子的运动能够简化为简单的单粒子问题，粒子2可以看作是碰撞目标。散射过程看起来是折合质量为 $\mu_m=m_1m_2/(m_1+m_2)$ 且速度为 $\mathbf{V}$ 粒子的运动，如图7-4所示，如果它们没有相互作用，碰撞参数 b 定义为粒子最接近距离。

因此，碰撞过程可以用最终相对速度 $\mathbf{V}'$ 相对于碰撞前相对速度 $\mathbf{V}$ 的极化角 θ' 和方位角 φ' 来描述。

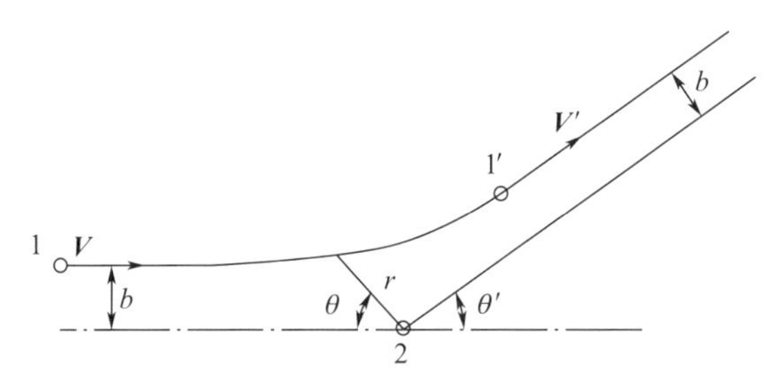

图7-4　散射过程示意图

图7-4中，粒子1的质量为 μ_m，速度为 $\mathbf{V}$，其可以通过极化坐标系 (r, θ) 描述，原点为粒子2的位置 $\boldsymbol{r}=\boldsymbol{r}_1^*-\boldsymbol{r}_2^*$。通过运动方程，可以说明为

$$\boldsymbol{r}\times\mathbf{V}=\boldsymbol{K} \tag{7-37}$$

该式表明 $\mathbf{V}$ 和 $\boldsymbol{r}$ 定义的平面平行于自身运动（与固定的矢量 $\boldsymbol{K}$ 正交）。

作用在粒子上的力是二者之间距离的函数。采用相互作用的势能 $V(r)$ 比相互作用力更加方便

$$\boldsymbol{F}(r)=-\frac{\mathrm{d}V(r)}{\mathrm{d}r} \tag{7-38}$$

偏向角 θ' 就可以定义为

$$\theta'=\pi-2\int_{r_m}^{\infty}\frac{\mathrm{d}r}{\sqrt{r^4/b^2-r^2-2r^4V(r)/(\mu_m g_{12}^2 b^2)}} \tag{7-39}$$

式中，r_m 表示最接近距离，由 $\mathrm{d}r/\mathrm{d}\theta=0$ 以及 $g_{12}=|\mathbf{V}|=|\boldsymbol{v}_1-\boldsymbol{v}_2|$ 定义。

θ' 不是一个可观察的量，因为不可能在分子尺度上单独列出一个特定的影响参数。可

观察量为散射截面积 σ'，在相互作用势能 $V(r)$ 已知的情况下，它能够通过分子束实验或者通过 θ' 计算得到。

在经典力学中，具有初始速度为 $\boldsymbol{v}_1$ 和 $\boldsymbol{v}_2$ 的粒子在相对运动时会在多个角度 θ' 和 φ' 上散射。这些角度是 b 的函数，并且散射过程必须通过统计项进行描述，考虑碰撞前粒子分布 f_1 和 f_2 以及碰撞后粒子分布 f'_1 和 f'_2。这是根据 σ' 完成的，在最终速度 $\boldsymbol{v}'_1$ 和 $\boldsymbol{v}'_1+\mathrm{d}\boldsymbol{v}'_1$ 之间以及 $\boldsymbol{v}'_2$ 和 $\boldsymbol{v}'_2+\mathrm{d}\boldsymbol{v}'_2$ 之间散射之后，σ' 定义 $\sigma'(\boldsymbol{v}_1,\ \boldsymbol{v}_2\rightarrow\boldsymbol{v}'_1,\ \boldsymbol{v}'_2)\mathrm{d}v'_1\mathrm{d}\boldsymbol{v}'_2$ 为单位时间出现的粒子数量（粒子 1 的单位通量以相对粒子 2 的速度 $\boldsymbol{V}$ 入射）。根据动量和能量守恒，$\boldsymbol{v}'_1$ 和 $\boldsymbol{v}'_2$ 必须具有常数质心速度，并且 $|\boldsymbol{V}|=|\boldsymbol{V}'|$。如果这些条件没有完全满足，那么 $\sigma'=0$。

在推导玻耳兹曼方程的过程中，σ' 的对称性十分重要，在以下条件中 σ' 是不变量：

1）逆碰撞（逆速度）；

2）空间反演（$\boldsymbol{r}\rightarrow-\boldsymbol{r}$），尤其是“反”碰撞（初始和最终状态的原始碰撞发生了交换）。

引入一个更加简单，但是对称性较差的变量，微分散射截面积（见 3.2.2 节）：$\sigma(\boldsymbol{V}')\mathrm{d}\Omega'$ 是单位时间内发生散射的粒子数量，并且最终相对速度 $\boldsymbol{V}'$ 的方向由关于 θ' 和 φ' 的立体角 $\mathrm{d}\Omega'$ 给出。

通过这些条件，可以得到

$$\sigma(\boldsymbol{V}')\mathrm{d}\Omega'=\int_{c'}\int_{\boldsymbol{V}'}\sigma'(\boldsymbol{v}_1,\boldsymbol{v}_2\rightarrow\boldsymbol{v}'_1,\boldsymbol{v}'_2)\mathrm{d}\boldsymbol{v}'_1\mathrm{d}\boldsymbol{v}'_2 \tag{7-40}$$

式中，$\boldsymbol{c}'$ 表示碰撞后质心的速度。对所有 $\boldsymbol{c}'$ 和 $\boldsymbol{V}'$ 的值进行积分。

当考虑入射束内碰撞参数在 b 和 $b+\mathrm{d}b$ 范围内的所有粒子时，$\sigma(\boldsymbol{V}')$ 通常被定义为 $\sigma(\theta',\ \varphi')$，这样可以简单地与碰撞参数 b 联系起来。如果 ϕ 是相对速度为 $\boldsymbol{V}$ 的入射粒子通量，碰撞次数为 $\phi\cdot2\pi b\mathrm{d}b$，散射粒子数量为 $\phi\sigma(\boldsymbol{V},\ \theta)2\pi\sin\theta'\mathrm{d}\theta'$（假设散射关于 φ' 对称，积分系数为 2π），可以得到

$$\sigma(\boldsymbol{V},\theta')=\left|\frac{b}{\sin\theta'}\cdot\frac{\mathrm{d}b}{\mathrm{d}\theta'}\right| \tag{7-41}$$

采用绝对值是因为在实验中，σ 是用原子或分子喷射的交叉光束测量的，由于扩散发生在各个方向，所以不可能区分正、负偏向角。

总的弹性碰撞截面定义为

$$\begin{aligned}Q(V)&=\int_0^{2\pi}\int_0^{2\pi}\sigma'(\theta',\varphi',V)\sin\theta'\mathrm{d}\theta'\mathrm{d}\varphi'\\&=2\pi\int_0^{\pi}\sigma'(\theta',V)\sin\theta'\mathrm{d}\theta'\end{aligned} \tag{7-42}$$

基于这些条件，对于单一化学组分，并不难得到碰撞项 $\mathbb{D}_c f$，它可以通过下列三重积分得到（在目标粒子所有可能的速度 $\boldsymbol{v}_2$ 和碰撞后粒子 1 和粒子 2 所有可能的速度 $\boldsymbol{v}'_1$ 和 $\boldsymbol{v}'_2$ 上积分）

$$\mathbb{D}_c f=\int_{v_2}\int_{v'_2}\int_{v'_1}(f'_2f'_1-f_1f_2)\boldsymbol{V}\sigma'(\boldsymbol{v}_1,\boldsymbol{v}_2\rightarrow\boldsymbol{v}'_1,\boldsymbol{v}'_2)\mathrm{d}\boldsymbol{v}'_1\mathrm{d}\boldsymbol{v}'_2\mathrm{d}\boldsymbol{v}_2 \tag{7-43}$$

式中　f_1，f_2——碰撞前碰撞粒子的分布函数；

f'_1，f'_2——碰撞后碰撞粒子的分布函数。

如果利用 $\sigma(\Omega')$ ［见式（7－40）］替换 σ'，可以得到

$$\mathbb{D}_c f = \int_{v_2}\int_{\Omega'}(f'_2 f'_1 - f_1 f_2)V\sigma' \mathrm{d}\Omega' \mathrm{d}\boldsymbol{v}_2 \tag{7-44}$$

然而，$\mathbb{D}_c f$ 项导致求解玻耳兹曼微积分方程中所有的困难。

需要指出的是，碰撞项表达式已经建立（见 3.5.3 节），它假设了在自由飞行时间量级的时间间隔上，即在分子间作用力距离量级上的空间间隔，f 不会发生明显的变化。对于带电粒子，屏蔽库仑势能用来保持这个假设与实际偏差带不太远，同时考虑了它们长距离相互作用势能。

当考虑 K 个不同的化学组分（电子和重粒子）时，K 个组分必须要有相应的 K 个方程。例如，化学组分 i 的方程为

$$\mathbb{D} f_i = \sum_{j=1}^{K}(f'_i f'_j - f_i f_j)\boldsymbol{V}_{ij}\sigma_{ij}\mathrm{d}v_j \mathrm{d}\Omega = \mathbb{D}_c f_i \tag{7-45}$$

K 个玻耳兹曼方程的解给出 K 个分布函数，进而可以计算多种特性（例如宏观特性）的平均值和通量。

7.3.2 通量

如 3.5.2 节所定义，穿过法向为 $\boldsymbol{n}$ 的面元，并且沿着流动方向以平均速度 $\boldsymbol{v}_0$ 移动的 χ_i（对于化学组分 i）总通量为

$$\boldsymbol{J}_i = \int \chi_i f_i \boldsymbol{U}'_i \boldsymbol{n} \mathrm{d}\boldsymbol{U}_i \tag{7-46}$$

7.1 节给出的不同的通量是关于输运质量、动量以及能量的。

当 $\chi_i = m_i$ 时，可以得到

$$\boldsymbol{J}_i = m_i \int f_i \boldsymbol{U}_i \mathrm{d}\boldsymbol{U}_i = n_i m_i \langle \boldsymbol{U}_i \rangle \tag{7-47}$$

式中　$\boldsymbol{J}_i$——质量通量矢量；

$\langle \boldsymbol{U}_i \rangle$——平均本动速度［见式（7－34）］。

令 $\chi_i = m_i U_{ix}$，U_{ix} 表示本动速度 $\boldsymbol{U}_i$ 在 x 方向上的分量，可以得到

$$J_{ix} = m_i \int U_{ix}\boldsymbol{U}_i f_i \mathrm{d}\boldsymbol{U}_i = n_i m_i \langle U_{ix} \cdot \boldsymbol{U}_i \rangle \tag{7-48}$$

这是与输运动量 χ 分量（相对于 $\boldsymbol{v}_0$）有关的通量矢量。该矢量包括的分量正比于 $U_{ix} \cdot U_{ix}$、$U_{ix} \cdot U_{iy}$ 以及 $U_{ix} \cdot U_{iz}$。类似地，通过 y 和 z 方向上的动量分量，可以得到相应方向的通量矢量，与动量转换有关的量共有三个通量矢量。对应于局部压强，三个矢量的分量形成了一个对称的二阶张量 $\overline{\overline{p}}_i$，定义如下

$$\overline{\overline{p}}_i = n_i m_i \langle \boldsymbol{U}_i \cdot \boldsymbol{U}_i \rangle \tag{7-49}$$

它表示通过气体的动量通量。

当 $\chi_i = m_i U_i^2/2$ 时，可以得到

$$\boldsymbol{q}_i = m_i \left(\int U_i^2 \cdot \boldsymbol{U}_i f_i \mathrm{d}\boldsymbol{U}_i \right)/2 = m_i n_i \langle U_i^2 \cdot \boldsymbol{U}_i \rangle /2 \tag{7-50}$$

式中　$\boldsymbol{q}_i$ ——与组分 i 粒子输运的动能相关的通量矢量。

在 K 个分量上的矢量和给出了热通量矢量 $\boldsymbol{q}$ ，q_x 、q_y 和 q_z 分别表示动能通量在 x 、y 和 z 方向上的分量。

已知 f 后，通过质量通量矢量、压强张量以及热通量矢量 $\boldsymbol{q}$ 的计算，能够确定输运系数。因此，主要问题就是确定 f。

在不确定分布函数 f_i 形式的情况下，连续性、运动以及能量平衡的基本动力学方程可通过玻耳兹曼方程推导得到。对于第 i 个分量，用玻耳兹曼方程（7-45）乘以与第 i 个组分相关的 χ_i 并且在 $\boldsymbol{v}_i$ 上积分［见 Hirschfelder 等人（1964）］。这一系列新的方程称为输运方程。

因此可以证明，如果 χ_i 是 m_i 、$m_i\boldsymbol{U}_i$ 或者 $\frac{1}{2}m_i\boldsymbol{U}_i^2$ ，则右边的积分，即与碰撞相关的积分消失，得到与均值相关的纳维-斯托克斯（Navier - Stokes）方程。

7.3.3　分布函数的计算

本节将概要说明计算过程。

7.3.3.1　平衡等离子体

首先通过玻耳兹曼方程进行了平衡等离子体的输运系数理论研究。然后考虑高温以及激发粒子[6]和离子[7]的存在，对结果进行了修正［Hirschfelder 等人（1964），Chapman 和 Cowling（1952）以及参考文献［5］。

通过引入扰动参数 ξ 得到玻耳兹曼方程一系列的解，在该方法中碰撞频率能够以任意方式改变，而不影响特定碰撞的相对次数。玻耳兹曼方程可以写为

$$\mathbb{D}f_i = \frac{1}{\xi}\,\mathbb{D}_c f_i \tag{7-51}$$

式中，$1/\xi$ 表示碰撞频率（正比于 σ ，见 3.2.3 节）。（如果 ξ 很小，碰撞会非常频繁，气体在局部平衡状态下表现为连续介质，并且在任何地方均保持该状态）。分布函数的展开如下

$$f_i = f_i(0) + \xi f_i(1) + \xi^2 f_i(2) + \cdots \tag{7-52}$$

式中，$f_i(0)$ 是通过假设仅与碰撞有关的玻耳兹曼方程右边在达到平衡时必须为零得到的。基于玻耳兹曼方程的 H -理论，可以得到［Hirschfelder 等人（1964）］

$$f_i(0) = n_i\left(\frac{m_i}{2kT}\right)^{3/2}\exp\left(-\frac{m_iU_i^2}{2kT}\right) \tag{7-53}$$

这是对应于特定温度 T 下本动速度 $\boldsymbol{U}_i$ 的麦克斯韦分布［ $f_i(0)$ 也经常表示为 f_i^0 ］。

在恩斯科格的一阶近似中，$f_i(1)$ 可以写为

$$f_i(1) = f_i(0) \cdot \phi_i \tag{7-54}$$

式中　ϕ_i ——扰动函数（$\phi_i \leqslant 1$）。

通过组分密度、平均流体速度、温度及其空间导数，扰动函数 ϕ_i 取决于空间和时间［见式（7-56）和式（7-57）］；ϕ_i 的空间导数是线性的。ϕ_i 表达式中的系数可以展开为

Sonine 多项式的有限序列[8-13]。最终结果，如输运系数，可表示为被称为等级积分的复杂量的函数，它们本身就是描述不同碰撞相互作用势能的函数（通过碰撞积分）。

7.3.3.2 双温等离子体

当等离子体不处于平衡状态时，也就是说，电子温度 T_e 不等于重粒子温度 T_h（二者之比为 $\theta = T_e/T_h$），必须开发新的动力学模型，Devoto[14] 和 Chmieleski[15] 完成了该项工作。尽管基于严格的数学模型，但是，Chmieleski 的方法使相互作用势能的积分难以进行，并且无法得到数值结果。Bonnefoi[16] 利用 Devoto 的方法，提出了一种完成计算输运特性的双温度模型。该方法的优势在于它给出了双温度等离子体的通用解，当 $\theta = 1$ 时平衡是极限情况。

Devoto[11] 为了强调电子或重粒子速度分布函数趋近于麦克斯韦分布，对于电子-电子以及重粒子-重粒子的碰撞，在玻耳兹曼方程的右侧引入了（如平衡情况）一个因子 $1/\xi$，假设了这两类粒子处于不同温度下的准平衡。

因此，方程（7-45）可分为两种类型的方程，其中 $j=1$ 对应于电子：

1）对于电子而言，左边等于 $\mathbb{D}f_1$ 减去重粒子之间碰撞的碰撞积分，右边为电子之间与碰撞相关的碰撞积分乘以 $1/\xi$。

2）对于每个类型的重粒子而言，左边等于 $\mathbb{D}f_i(i=2, \cdots, K)$，减去电子和重粒子碰撞的碰撞积分，右边等于与重粒子的所有组分与重组分 i 之间的碰撞相关的碰撞积分乘以 $1/\xi$。

在平衡情况下，这些方程的解可写为

$$f_i = f_i^0(1+\phi_i) \tag{7-55}$$

式中 f_i^0 ——组分 i 的麦克斯韦分布。

这些分布均涉及电子 $\left(\dfrac{3}{2}kT_e = \dfrac{1}{2}\overline{m_1 U_1^2}\right)$ 和重粒子 $\left(\dfrac{3}{2}kT_h = \dfrac{1}{2}\overline{m_1 U_1^2},\ i \neq 1\right)$。在上述表达式中，$T_e$ 表示电子温度，T_h 表示所有重粒子的温度（分子、原子和离子）。

考虑到比值 $m_1/m_i\,(i \neq 1)$ 的值较小，并且提供的 $T_e/T_h = \theta$ 并不是很大（$\theta \leqslant 3$），Devoto[14] 指出，ϕ_i 与 $\mathbb{D}f_i^0$ 有关，积分取决于 ϕ_i 和 f_i^0。利用输运方程，Devoto[14] 和 Bonnefoi[16] 给出了 ϕ_i 的复杂表达式

$$\phi_1 = \boldsymbol{A}_1 \cdot \boldsymbol{\nabla}\ln T_e - \overleftrightarrow{B}_1 : \boldsymbol{\nabla} v_0 + \boldsymbol{C}_1 \cdot \boldsymbol{d}_1' + D_1 \boldsymbol{Q}_1^0 \tag{7-56}$$

对于重粒子

$$\phi_i = +\boldsymbol{A}_i \cdot \boldsymbol{\nabla}\ln T_h - \overleftrightarrow{B}_1 : \boldsymbol{\nabla} v_0 + \sum_{j=1}^{K} \boldsymbol{C}_i^j \cdot \boldsymbol{d}_j' + D_i \cdot \boldsymbol{Q}_i^0 \tag{7-57}$$

在这些方程中，$\boldsymbol{A}_i\,(i=1, \cdots, K)$，$\boldsymbol{C}_1$ 以及 $\boldsymbol{C}_i^j$ 是矢量，$\overleftrightarrow{B}_1\,(i=1, \cdots, K)$ 是二阶张量，$D_i\,(i=1, \cdots, K)$ 为标量，Q_i^0 的复杂表达式如下

$$\boldsymbol{Q}_i^0 = \sum_{\substack{j=1 \\ j \neq i}}^{N} \int\int\int \frac{1}{2} m_i (V_i'^2 - V_i^2) f_i^0 f_j^0 V \sigma_{ij}\, \mathrm{d}\Omega\, \mathrm{d}\boldsymbol{v}_i\ \mathrm{d}\boldsymbol{v}_j \tag{7-58}$$

式中 $\boldsymbol{\nabla}\ln T$，$\boldsymbol{\nabla} v_0$——分别为温度和流动速度的空间导数［见式（7-29）］。

Q_i^0 是基于碰撞前后相对速度矢量平方差的复杂积分，$\boldsymbol{d}_i'$ 是由 Bonnefoi[16]引入的扩散力

$$\boldsymbol{d}_i' = \frac{n_i m_i}{\rho} \sum_{j=1}^{K} n_j \boldsymbol{F}_j - n_i \boldsymbol{F}_j - n_i m_i \frac{\nabla p}{\rho} + \nabla p_i \tag{7-59}$$

式中　$\boldsymbol{F}_i / m_i$ ——化学组分 i 的加速度［见玻耳兹曼方程式（7-35）和式（7-36）］。

求和项 $\sum_{i=1}^{K} n_i m_i = \rho$ 表明

$$\sum_{i=1}^{K} \boldsymbol{d}_i' = \sum_{i=1}^{K} \nabla p_i - \nabla p = \nabla \left(\sum_{i=1}^{K} p_i - p \right) \tag{7-60}$$

并且，根据与分压有关的道尔顿定律

$$\sum_{i=1}^{K} \boldsymbol{d}_i' = 0 \tag{7-61}$$

这种扩散力的定义与不能得到式（7-61）结果的 Devoto 定义不同，但是它经常被应用于非平衡等离子体中。

双温度气体方程（7-61）给出了由分压决定的扩散力，而在平衡情况下密度梯度是主要因素（这种情况下 $p_i / p = n_i / n$）。

通过通量矢量计算输运系数时不涉及未知量 D_1 和 D_i（在通量矢量中，由于参数是奇数，因此包括 D_1 和 D_i 的积分为零）。

7.3.4　相互作用势能和碰撞积分

在式（7-56）和式（7-57）中，ϕ_1 和 ϕ_i 的表达式可确定新的待定系数 **A**、**B** 以及 **C**[16]。正如 Chapman 和 Cowling（1952）在平衡计算中所假设的那样，这些系数可以展开成 Sonine 多项式 $S_m^n(x)$ 的有限序列。例如，当考虑电子时

$$\mathbf{A}_1 = A_1 (\mathbf{W}_1^2) \mathbf{W}_1 \tag{7-62}$$

有

$$\boldsymbol{W}_1 = \left(\frac{m_1}{2kT_e} \right)^{3/2} \boldsymbol{U}_1 \tag{7-63}$$

以及

$$A_1 (\mathbf{W}_1^2) = \sum_{p=0}^{l-1} a_{1p}(l) S_{3/2}^{p} (\mathbf{W}_1^2) \tag{7-64}$$

式中，l 为展开的自由度；对于一阶近似，$l = 1$，… 。

基于计算的类型，式（7-64）展开为第二和第四近似之间。

新的待定系数，即 $\mathbf{A}_i$ 的 $a_{ip}(l)$、$\mathbf{B}_i$ 的 $b_{ip}(l)$ 以及 $\boldsymbol{C}_i$ 的 $c_{ip}(l)$ 是线性方程组的解，该线性方程组的系数记为 q_{ij}^{ls}，它们是取决于被称为等级积分的非常复杂的表达式。在这些等级积分中，$\overline{Q}_{ij}^{ls}$ 取决于：

1）i 粒子和 j 粒子之间的碰撞（或相互作用势）；

2）系数 a、b、c 的扩展自由度 l；

3）Sonine 多项式类型。

$\overline{Q}_{ij}^{ls}$ 可以写为如下形式

$$\overline{Q}_{ij}^{ls}=\sigma_{ij}\overline{\Omega}_{ij}^{ls} \tag{7-65}$$

式中　σ_{ij} ——将粒子视为硬球时的横截面积。

$$\sigma_{ij}=\pi\left[(d_i+d_j)/2\right]^2 \tag{7-66}$$

式中，d_i、d_j 表示对撞粒子的直径；$\overline{\Omega}_{ij}^{ls}$ 是由 Hirschfelder 等人（1964）定义的碰撞积分 Ω_{ij}^{ls} 的简化碰撞积分

$$\Omega_{ij}^{ls}=\left(\frac{kT}{2\pi\mu_{ij}}\right)^{1/2}\int_0^{\infty}\exp(-\gamma_{ij}^2)\cdot\gamma_{ij}^{2s+1}Q_{ij}^{l}(g_{ij})\,\mathrm{d}\gamma_{ij} \tag{7-67}$$

其中

$$\gamma_{ij}=\frac{\mu_{ij}g_{ij}^2}{2kT},\mu_{ij}=\frac{m_i m_j}{m_i+m_j} \tag{7-68}$$

式中，$g_{ij}=|\boldsymbol{v}_i-\boldsymbol{v}_j|$，$g_{ij}$ 为对撞粒子相对速度的绝对值；Q_{ij}^{l} 为量子碰撞截面。

为什么是量子碰撞截面？经典理论中最基本的缺陷是不能精确定义粒子轨迹，主要是因为其内在的不确定性。碰撞参数在不确定度 Δb 内描述，仅当动量的横向分量的不确定度为 $\Delta p_{\perp}\sim\hbar/\Delta b$ 时可以接受（$\hbar=h/2\pi$，h 为普朗克常数）。因此，不确定度

$$\Delta\theta=\frac{\Delta p_{\perp}}{mV}=\frac{\hbar}{mV\Delta b} \tag{7-69}$$

出现在运动入射方向，并且在最终的散射角度上产生相等的不确定度。该不确定度问题的解决方法是引入波函数，并且它的干涉模式取代了定义良好的经典轨迹极限偏转（见 7.3.1 节）。这一波函数的散射幅度和微分横截面积之间的精确关系可以通过比较入射通量和给定立体角 $\mathrm{d}\Omega$ 的散射通量的比率得到。具有势能 $V(r)$ 的弹性散射情况下，波函数可以展开为勒让德函数。基于自由度 l，加权后的横截面积为

$$Q^l(\mathbf{V})=2\pi\int_0^{\pi}\sigma(\theta',\mathbf{V})\cdot(1-\cos^l\theta')\sin\theta'\mathrm{d}\theta' \tag{7-70}$$

或者，基于碰撞参数

$$Q^l(\mathbf{V})=2\pi\int_0^{\pi}(1-\cos^l\theta')\,b\,\mathrm{d}b \tag{7-71}$$

已经强调过，这些碰撞横截面取决于相互作用势能 $V(r)$。

从实践的角度来看，碰撞积分的计算如下：

1）如果输运横截面 Q^l 已知（通过实验或者理论），式（7-67）可以利用数值方法积分。这通常适用于电子和中性粒子之间的碰撞。

2）如果碰撞的相互作用势能已知（Q^l 通过散射角 θ' 与其直接相关），$\overline{\Omega}^{l,s}$ 的确定需要借助列表的帮助。在文献中可以找到大多数有用的势能碰撞积分的计算或者列表，如 Gorse[1] 和 Aubreton[17]，以及 Aubreton 和 Fauchais[18]。当相互作用涉及不同的激发态时，每个激发态具有自己的势能、碰撞积分，每个势能独立计算，平均碰撞积分定义如下

$$\overline{\Omega}^{l,s}=\frac{\sum_k g_k\overline{\Omega}_k^{l,s}}{\sum_k g_k} \tag{7-72}$$

式中　g_k ——势能 k 的统计加权。

7.3.5 输运特性

7.3.5.1 热扩散和普通扩散

对于电子，扩散速度定义如下［见式（7-34）］

$$\langle \boldsymbol{U}_1 \rangle = 1/n_1 \cdot \int \boldsymbol{U}_1 \cdot f_1 \cdot \mathrm{d}\boldsymbol{U}_1 = 1/n_1 \cdot \int \boldsymbol{U}_1 \cdot f_1^0 \cdot \phi_1 \cdot \mathrm{d}\boldsymbol{U}_1 \tag{7-73}$$

经过一些计算，可以写为

$$\langle \boldsymbol{U}_1 \rangle = \frac{1}{n_1 k T_e} D_{11}(1) \boldsymbol{d}_1' - \left(\frac{D_{1T}(1)}{n_1 m_1 T_e} \right) \boldsymbol{\nabla} T_e \tag{7-74}$$

式中，$\boldsymbol{d}_1'$ 表示扩散力［见式（7-59）］，$D_{1T}(1)$ 和 $D_{11}(1)$ 分别表示热扩散和普通扩散系数，定义如下

$$D_{1T} = \frac{n_1 m_1}{2} \left(\frac{2kT_e}{m_1} \right)^{1/2} a_{10}(1) \tag{7-75}$$

以及

$$D_{11} = \frac{n_1 k T_e}{2} \left(\frac{2kT_e}{m_1} \right)^{1/2} c_{10}(1) \tag{7-76}$$

这两个变量都可以表示为 q_{11} 系数的函数（见7.3.4节）。所有作为碰撞积分的函数的相应表达式都能在Bonnefoi[16]的文献中找到。

重粒子的扩散速度表达式与式（7-74）电子扩散速度的表达式类似，只是将下标1替换为下标 i。

利用与 $\boldsymbol{C}_i(W_i)$ 和 $\boldsymbol{A}_i(W_i)$ 的Sonine展开类似的计算方法［见式（7-57）］，可以得到包括热扩散系数 D_{iT} 与普通扩散系数 D_{ij} 的 $\langle \boldsymbol{U}_i \rangle$ 的表达式。

这些系数的表达式（非常复杂的决定因素）可以在Bonnefoi[16]的文献中找到。

这些表达式可以让我们定义普通扩散系数的一阶近似，如下

$$D_{ij} = \frac{2.638 \times 10^{-7}}{p} \frac{T^{3/2}}{\overline{\Omega}_{ij}^{1,1}} \left(\frac{m_i + m_j}{2 m_i m_j} \right)^{1/2} \tag{7-77}$$

式中，D_{ij} 的单位为 $\mathrm{m^2/s}$，p 的单位为atm，$\overline{\Omega}_{ij}^{1,1}$ 的单位为 $\mathrm{\mathring{A}^2}$。

这些表达式解释了为什么将 $\overline{\Omega}_{ij}^{1,1}$ 称为扩散碰撞积分。当然，式（7-77）表明，D_{ij} 随着压强的减小而变大［这也可以在过于简单的表达式（7-12）中发现］。通常，$\overline{\Omega}_{ij}^{1,1}$ 随着温度减小，因此，D_{ij} 的值随着温度增大。

7.3.5.2 电导率

根据定义，电子对电流通量的贡献为［Hirschfelder等人（1964）］

$$\boldsymbol{J}_1 = -e n_1 \langle \boldsymbol{U}_1 \rangle \tag{7-78}$$

考虑式（7-74）和式（7-59）以及电中性，假设最终表达式中电导率是电场 $\boldsymbol{E}$ 的系数［在式（7-59）中，力写为 $\boldsymbol{F}_i = eZ_i'\boldsymbol{E}$，其中 eZ_i' 表示 i 粒子的电荷］，有如下形式

$$\sigma_e(1) = \frac{e^2 n_1}{kT_e} D_{11}(1) \tag{7-79}$$

由于在理想的近似中，可以忽略离子的贡献［Hirschfelder 等人（1964）］，因此，$\sigma_e(1)$ 为气体混合物的总电导率。

对于 Sonine 展开的第四项，σ_e 表示为

$$\sigma_e(4)=\frac{e^2 n_1}{kT_e}D_{11}(4) \tag{7-80}$$

$$=1.85926\times10^{-15}\frac{n_1}{T_e}D_{11}(4) \tag{7-81}$$

Bonnefoi[16]文献给出了 $\sigma_e(4)$ 的计算表达式。需要注意的是，当计算限制在一阶近似时（Devoto[10]说明至少需要三阶近似），有

$$\sigma_e(1)=\frac{3e^2\sqrt{\pi}}{8\sqrt{m_e kT_e}}\frac{n_1}{\sum_{j=2}^{K}n_j\overline{Q}_{ij}^{11}} \tag{7-82}$$

其中，$\overline{Q}_{ij}^{11}$ 与碰撞积分有关［见式（7-65）］。同样注意到，该表达式与由动力学理论得到的简单形式类似［见式（7-25），其中 $n_e=n_1$］，除了系数以及 $n\sigma_{en}$ 被替换为 $\sum_{j=2}^{K}n_j\overline{Q}_{ij}^{11}$。如果式（7-82）过于简单，就能够看出发展的一般趋势。在所有温度下（如图7-3所示），σ_e 本质上受电子密度控制，它随着温度迅速增大，对于 Ar、N_2、H_2 和 O_2 等离子体，$T>6\,000$ K，当 $T>14\,000$ K 时，达到准平衡态。首先，中性粒子碰撞起着重要作用：例如在 Ar 等离子体中，$\overline{Q}_{eAr}^{11}$ 随着温度[17]的变化增加较慢，n_{Ar} 减小得更快，进而 σ_e 随着温度 T 升高更快。当 $T>9\,000\sim10\,000$ K 时，必须考虑 Ar^+，并且当 $\overline{Q}_{eAr^+}^{(1,1)}$ 减小时，n_{Ar^+} 随着温度 T 变化而增大。

7.3.5.3　平移热导率

平移热导率与弹性碰撞有关。根据定义，电子的热通量矢量可以写为

$$\boldsymbol{q}_1=\frac{m_1}{e}\int\boldsymbol{U}_1\cdot U_1^2\cdot f_1^0\phi_1\,\mathrm{d}\boldsymbol{U}_1 \tag{7-83}$$

电子的热导率 κ_1（也可以写为 κ_{tr}^{e}）定义为 $-\boldsymbol{\nabla}T_e$ 的系数。相应的表达式在 Bonnefoi[16]的文献中给出。

当 κ_1 限制在二阶近似时，复杂的表达式为

$$\kappa_1(2)=\frac{75}{8}n_1^2k\left(\frac{2\pi kT_e}{m_1}\right)\frac{1}{q_1^{11}} \tag{7-84}$$

其中

$$q_1^{11}=8\sqrt{2}n_1^2\overline{Q}_{11}^{2;2}+8n_1\sum_j n_j\left(\frac{25}{4}Q_{1j}^{1;1}-15\overline{Q}_{1j}^{1;2}+12\overline{Q}_{1j}^{1;3}\right) \tag{7-85}$$

这里，$\overline{Q}_{1j}^{ls}$ 与碰撞积分有关［见式（7-65）］。但是，对于大气压下的 Ar、H_2、O_2、N_2 等离子体及其混合态，当 $T<7\,000$ K 时可以忽略 $\kappa_1(4)$（如图7-2所示，再次说明了 n_e 的重要性），并且随着温度升高（至少达到20 000 K）稳定增大。

通过类似的分析可以得到，重粒子热通量矢量表达式为

$$\boldsymbol{q}'=\frac{5}{2}\cdot kT_{\mathrm{h}}\sum_{j=2}^{K}n_j\langle\boldsymbol{U}_j\rangle-\kappa^{*\prime}\ \boldsymbol{\nabla}T_{\mathrm{h}}-\sum_{k=2}^{K}\frac{D_{kT}(l)}{n_k m_k}\boldsymbol{d}'_1 \tag{7-86}$$

其中

$$\kappa^{*\prime}=-\frac{5k}{4}\sum_{j=2}^{K}n_j\left(\frac{2kT_{\mathrm{h}}}{m_j}\right)^{1/2}a_{j1}(1) \tag{7-87}$$

根据 Muckenfus 和 Curtis[19] 的研究工作，与式（7－86）中热扩散系数成比例的项包括 $-\boldsymbol{\nabla}T_{\mathrm{h}}$ 新的系数，将该系数与 $\kappa^{*\prime}$ 相加后，就得到真正的重粒子平移热导率 κ'。值得注意的是，$\kappa'(1)$ 可以由式（7－87）推导得到[16]，其中插入到 $A_i(W_i)$ 的展开序列中就足够了。

重粒子的热导率系数［Sonine 展开到四阶 $\kappa'(4)$］可以在 Bonnefoi[16] 的文献中找到。当然，双温度等离子体式（7－86）必须在 T_{h} 下计算。该表达式非常依赖电子，Devoto[10] 的研究表明，Sonine 展开到二阶就足够了。图 7－2 给出了大气压下氮等离子体 $\kappa_{\mathrm{tr}}^{\mathrm{h}}$ 的变化：$\kappa_{\mathrm{tr}}^{\mathrm{h}}$ 慢慢升高至 8 000 K，在稳定后，缓慢降低，但仍高于 11 000 K，与慢慢地被氮离子取代的氮原子的变化相同（见图 7－2 中给出的 $\kappa_{\mathrm{tr}}^{\mathrm{e}}$ 相应的变化）。

7.3.5.4　粘度

从电子的压强张量表达式出发［Hirschfelder 等人（1964）］，采用 Chapman 和 Cowling（1952）的理论，电子的粘度 μ_1 可以写为[16]

$$\mu_1=\frac{1}{15}\frac{m_1^2}{2kT_{\mathrm{e}}}\int f_1^0U_1^4B_1(\boldsymbol{W}_1)\cdot\mathrm{d}\boldsymbol{U} \tag{7-88}$$

其中

$$\overleftrightarrow{B}_1=B_1(\boldsymbol{W}_1)\cdot\boldsymbol{W}_1\cdot\boldsymbol{W}_1$$

式中　$B_1(\boldsymbol{W}_1)$ ——二阶张量的系数。

在 Bonnefoi[16] 的文献中可以找到对电子粘度表达式的推导。

在大多数情况下，可以忽略电子粘度[10]，仅考虑重粒子的粘度。但是在重粒子粘度的表达式中，需要考虑电子的碰撞。对于完全电离的气体，忽略电子粘度可以使重粒子粘度计算结果发生 2%的改变[10,11]。

从压强张量表达式出发，采用变分法［Hirschfelder 等人（1964）］，重粒子粘度 $\mu'(4)$（Sonine 四阶展开）可以得到与平衡等离子体类似的表达式。此处，下脚标 1 表示电子，区分于下标 i 和 j。双温度等离子体的计算必须在 T_{h} 下。相应的表达式可以在 Bonnefoi[16] 的论文中找到。

由这些表达式可以得到纯气体的粘度为

$$\mu_i(1)=\frac{5}{16\sqrt{\pi}}\frac{\sqrt{mkT_{\mathrm{h}}}}{\overline{Q}_{ii}^{22}} \tag{7-89}$$

与动力学公式［见式（7－18）］类似（除了常数），σ_0 被 $\overline{Q}_{ii}^{22}$ 取代。这就是与式（7－65）有关的 $\overline{Q}_{ij}^{22}$ 碰撞积分通常被称为粘度积分的原因。图 7－1 给出了大气压下不同等离子体气体的粘度变化。首先，中性分子控制 μ_i 的值，它的贡献可以从式（7－89）中看出，然后离解后变为中性原子，最终变成带电粒子。可以看出，当与电离有关时（对于 Ar、N_2、H_2、O_2 为 10 000 K，He 为 17 000 K），μ 随着温度的升高而减小。由于带电粒子间相对长距离的库仑力，它们的迁移率随着增大的带电粒子密度而减小，从而导致带电粒子的粘度随着相应碰撞积分的增大而减小。

7.4 其他输运机理对热导率的贡献

7.4.1 反应的贡献

到现在为止，我们假设系统为冻结状态，换言之，组分之间的化学反应（离解、电离等）可以忽略。

实际上存在这些反应，我们假设离解发生在 T_h 处（主要是由于重粒子的碰撞），电离发生在 T_e 处（主要是由于电子的碰撞）。当在低温区发生复合时，这两种类型的反应导致额外的热转移。注意到，这两种反应都是因为在十分之几个大气压至一个大气压条件下，电弧或射频放电等离子体中温度梯度的存在（进而导致成分梯度）。因此需要引入一个新的系数 κ_R，称为反应热导率。离解和电离可能同时发生，尽管温度存在差异，但是不可能将新的热导率看作电子或者重粒子热导率的修正项。它必须基于整个混合物，作为一个系数进行处理。

Butler 和 Brokaw[20] 研究了单温度气体（平衡条件）中的 κ_R 的表达式，Meador 和 Stanton[21] 将其扩展到电离气体中。Butler 和 Brokaw 的方法采用的是平衡条件下严格的表达式，对于双温度等离子体无意义，不可能扩展为双温度等离子体表达式。

为了研究双温度等离子体的计算，引入反应热通量矢量［Hirschfelder 等人（1964）］

$$\boldsymbol{q}_R = \sum_{i=1}^{K} n_i' H_i \langle \boldsymbol{U}_i \rangle \tag{7-90}$$

式中 H_i ——摩尔焓；

n_i' ——摩尔数；

$\langle \boldsymbol{U}_i \rangle$ ——组分 i 的扩散速度。

采用分压代替密度，$\boldsymbol{q}_R$ 可以写为[16]

$$\boldsymbol{q}_R = \sum_{i=1}^{K} H_i \langle \boldsymbol{W}_i' \rangle \tag{7-91}$$

其中

$$\langle \boldsymbol{W}_i' \rangle = \frac{p_i}{RT_i} \langle \boldsymbol{U}_i \rangle \tag{7-92}$$

R 表示理想气体常数，当 $i=1$ 时，$T_i = T_e$，当 $i \neq 1$ 时，$T_i = T_h$。

由于 $\theta = T_e/T_i$，重粒子和电子的温度梯度相关，$\boldsymbol{q}_R$ 可以写为

$$\boldsymbol{q}_R = -\kappa_R \, \nabla T_e \tag{7-93}$$

或者

$$\kappa_R \nabla T_e = -\sum_{i=1}^{K} H_i \langle \boldsymbol{W}_i' \rangle \tag{7-94}$$

因此，一旦温度梯度的函数 $\langle \boldsymbol{W}_i' \rangle$ 已知，就可以对 κ_R 进行计算。

在 T_0 和 p_0 条件下，以 1 mol N_2 为例，考虑其在 T 和 p 条件下具有以下组分：

i	1	2	3	4
组分	e	N	N^+	N_2

必须考虑两个反应：

1）离解反应：$N_2 \rightleftharpoons 2N$，相应的焓变化为 $H_N^D = 2H_N - H_{N_2}$；

2）电离反应：$N \rightleftharpoons N^+ + e^-$，其中 $H_{N^+}^I = H_{N^+} + H_e - H_N$。

还有氮守恒（$2N_{N_2} + N_N + N_{N^+} = 2N_{av}$），以及电中性（$N_{N^+} = N_e$）。

如果气体混合物处于平衡态，无论自由或者束缚，任意自由组分的总通量必须为零，也就是说，对氮等离子体而言

$$2\langle \boldsymbol{W}_{N_2}' \rangle + \langle \boldsymbol{W}_N' \rangle + \langle \boldsymbol{W}_{N^+}' \rangle = 0 \tag{7-95}$$

以及

$$\langle \boldsymbol{W}_{N^+}' \rangle = \langle \boldsymbol{W}_E' \rangle \tag{7-96}$$

在式（7-94）中利用式（7-95）与式（7-96），可以容易地得到

$$\kappa_R \nabla T_e = \langle \boldsymbol{W}_{N_2}' \rangle H_N^D + \langle \boldsymbol{W}_e' \rangle H_{N^+}^I \tag{7-97}$$

可见，为了得到 κ_R 需要计算 $\langle \boldsymbol{W}_{N_2}' \rangle$ 和 $\langle \boldsymbol{W}_e' \rangle$。

利用扩散力［见式（7-59）和式（7-60）］的定义，以及二元扩散系数 $D_{ij}(1)$［见式（7-77）］，忽略热扩散，引入摩尔分数 $x_i(x_i = n_i/n_T)$，就能够建立重粒子的 $\langle \boldsymbol{W}_i' \rangle$ 与压强梯度的关系[17,23]。

接下来的问题就是，建立压强梯度与用于表征热导率的温度梯度之间的关系。这可以通过平衡常数的微分完成［式（6-50）与式（6-51）定义的双温度模型］。例如，考虑氮等离子体，式（6-50）的微分有

$$\frac{\mathrm{d}\ln K_p}{\mathrm{d}T_h}\frac{\mathrm{d}T_h}{\mathrm{d}T_e} \nabla T_e = 2\nabla \ln p_N - \nabla \ln p_{N_2} \tag{7-98}$$

根据范特霍夫定律，式（7-98）可以写为

$$2\nabla \ln p_N - \nabla \ln p_{N_2} = \frac{H_N^D}{RT_h^2} \cdot \frac{1}{\theta} \cdot \nabla T_e = \frac{H_N^D}{RT_e^2}\theta \nabla T_e \tag{7-99}$$

然后，就能得到 $\langle \boldsymbol{W}_i' \rangle$ 和 ∇T_e 的关系[16,22]

$$\kappa_R = \frac{\theta}{RT_e^2}\frac{\Delta_1}{\Delta} \tag{7-100}$$

其中

$$\Delta_1 = \begin{vmatrix} 0 & n_{N^+} H_{N^+}^I & n_{N_2} H_N^D \\ H_{N^+}^I & A_{N^+,N^+} & A_{N^+,N_2} \\ H_N^D & A_{N_2,N^+} & A_{N_2,N_2} \end{vmatrix} \tag{7-101}$$

以及

$$\Delta = \begin{vmatrix} A_{N^+,N^+} & A_{N^+,N_2} \\ A_{N_2,N^+} & A_{N_2,N_2} \end{vmatrix} \tag{7-102}$$

给出 A 系数的表达式超出了本书讨论的范围。在双温度等离子体中，Δ 的表达式相对于平衡等离子体情况并不简单[22]，每种特定混合中它的计算需要根据上述讨论进行。更多的细节，读者可以阅读文献［16］和［22］。

图7－2表明，当温度接近离解或者电离温度时，反应项 κ_R 相对于N的其他贡献的重要程度。

7.4.2 内能的贡献

由式（7－17）和式（7－22）可以得到低温情况下

$$\frac{\mu c_v}{\kappa} = 1 \tag{7-103}$$

或者，Chapman 和 Cowling（1952）给出的更加精确的公式

$$\frac{\mu c_v}{\kappa} = \frac{1}{c} \quad (c = 2.5) \tag{7-104}$$

实验表明，式（7－104）不适用于多原子气体。

1913年，Eucken[3]提出了一种简单直观的理论，将单原子气体的有效性扩展到多原子气体方程。他提到，内自由度对输运动量的贡献很小，但是在热导率中起重要作用，尤其是在高温下。

因此，他提出，$c_v = c_v^{tr} + c_v^{i}$（c_v^{i} 源于内部运动），并得出结论：因子 c 只能用于 c_v^{tr} 而不是 c_v^{i}。通过一些计算，得到

$$\frac{\mu c_v}{\kappa} = \frac{1}{f}, f = \frac{1}{4}(9\gamma - 5) \tag{7-105}$$

其中

$$\gamma = c_p / c_v$$

当然，对于单原子气体，$\gamma = 5/3$，$f = c = 2.5$。

Mason 等人[5]重新审视了 Eucken 的理论，并且将该理论扩展到了内自由度［Hirschfelder 等人（1964）］。

为了计算激发态的内部热通量矢量，Hirschfelder 等人（1964）假设处于激发态 s 中的重粒子组分 i 可认为是不同的化学组分 i 和 s。他们假设，在激发态 s 中 i 粒子的所有贡献在温度 T_h 下服从麦克斯韦分布，压强和场梯度为零，并且粒子间势能相等（没有热扩散）。在组分 i 的激发态 s 之间的碰撞可看作是化学反应，正如前面章节所述，对组分 i，有

$$(\kappa_{int})_i \nabla T_h = \frac{p_i}{RT_h} \sum_{j=1}^{J} x_j H_j \langle \boldsymbol{U}_j \rangle \tag{7-106}$$

式中 j——组分 i 不同的激发态，总共有 J 种；

H_j——对应于激发态 j 的摩尔焓。

经过一些计算［见参考文献［16］以及 Hirschfelder 等人（1964）］，可以得到

$$(\kappa_{\text{int}})_i = n_i k D_{ii}(1) - \left(\frac{c_{pi}}{R} - \frac{5}{2}\right) \tag{7-107}$$

式中　c_{pi} ——恒定压强下组分 i 的摩尔比热；

$D_{ii}(1)$ ——自扩散系数。

然后，根据 Hirschfelder 等人（1964），计算可以扩展到重粒子混合的情况，如下式所示

$$\kappa_{\text{int}} = \sum_{j=2}^{K} \frac{x_i(\kappa_{\text{int}})_i}{\sum\limits_{j=2} x_j D_{ii}(1)/D_{ij}(1)} \tag{7-108}$$

图 7－2 给出了大气压下氮等离子体中 κ_{int} 对总热导率的贡献；它的贡献并不是非常重要。

7.5　CTE 中简单气体和复杂气体混合物的输运系数

如前所述，在分布函数已知的情况下，如果不同基本碰撞的相互作用势能或横截面也知道，那么就可以计算出输运系数。但是，这些计算的准确性远小于热力学性质的准确性，这是因为测量碰撞横截面的实验难度很大，并且分布函数的确定具有不确定性。涉及计算准确性的另一个问题就是，需要考虑输运特性中 Sonine 多项式采用的阶数，也就是输运特性表达式的项数。Deveto[10] 给出了关于准确性的大部分的讨论，这些讨论与他对氩的计算有关：

1）在计算粘度时，通常忽略电子的贡献（小于 1%）。重粒子一阶和二阶近似之间的差异小于 0.1%（如图 7－5 所示，将差异表示为百分比）。当忽略电子时，重粒子的计算可以用一阶近似也可以用二阶近似。

2）对于平移热导率，三阶和四阶近似之间的差异小于 0.1%（用于电子和重粒子）。电子采用三阶近似，重粒子采用二阶近似与三阶近似的差异小于 0.9%。

3）对于电导率，Devoto 也证明采用三阶近似通常是足够的。

大多数作者在计算输运系数时常采用以下近似：

1）粘度：仅考虑重粒子一阶和二阶近似；

2）热导率：通常采用三阶近似；

3）电导率：三阶或者四阶近似（大多数情况为三阶近似）。

7.5.1　简单气体的例子

用于等离子体中常见简单气体（H_2、N_2、Ar 和 He）的特性的研究结果对于理解等离子体和凝聚态粒子之间热和动量输运具有重要意义。在以下例子中，所有结果均在大气压下获得。

7.5.1.1　粘度

粘度系数建立了流动方向的摩擦力和法向速度梯度的比例关系。根据 Chapman－Enskog 的方法［见 Chapman 和 Cowling（1952）］，计算这些系数需要压强张量的一阶近似。

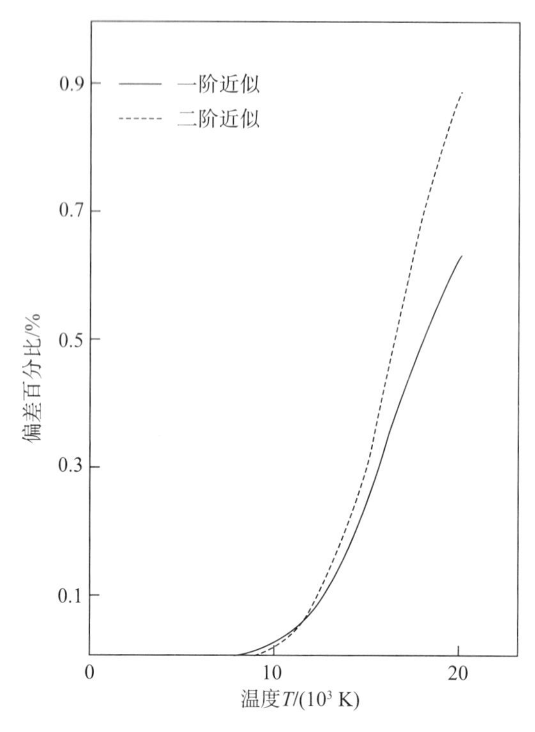

图 7-5 忽略电子分布，利用一阶和二阶近似计算得到的 Ar 粘度数据[11]

如图 7-1 所示，Ar、He、H_2、N_2 的粘度差异很大。作为一阶近似［见式（7-89）］，μ 正比于质量和温度乘积的平方根，反比于 $\overline{Q}_{ij}^{22}$ 碰撞积分，至少对于带电粒子，摩尔分数小于 1%。这可以通过比较 Ar 和 He 的值说明：尽管实际上，$m_{\mathrm{Ar}}/m_{\mathrm{He}} \simeq 10$，当温度达到 10 000 K 时，He 的粘度几乎等于 Ar 的粘度，这是因为 $\overline{Q}_{\mathrm{Ar\text{-}Ar}}^{22}/\overline{Q}_{\mathrm{He\text{-}He}}^{22}$ 接近于 $\sqrt{10}$ 。当然，当 T 达到 10 000 K 时，电离起作用后（如图 6-2 所示），长距离库仑力导致较低的动量输运使带电粒子迁移率减小[23]，因此 Ar 的粘度开始减小。由于 He 具有更高的电离势能，因此上述减小直到 $T \approx 17\,000$ K 时才能观察到（如图 6-3 所示）。在达到这两个最大值点过程中，由于 $\overline{Q}_{ij}^{22}$ 随温度缓慢减小，μ 随着 $\sqrt{T}$ 的变化是很好的一阶近似。对于双原子气体，离解导致 $\mu(T)$ 的倾斜，正如 H_2 的行为表现的那样（如图 6-6 和图 7-1 所示），当温度为 3 500 K 时，碰撞积分的变化改变了倾斜角从（H_2-H_2 到 H-H），相应地由 H_2 的 $\sqrt{2}$ 变为 H 的 1。与 Ar 类似，由于带电组分的存在，H_2 的 μ 在 11 000 K 时开始减小。

在 10 000 K 温度下，等离子体粘度的典型范围在 $0.03\times10^{-3}\sim0.33\times10^{-3}$ kg/(m·s) 之间。最大值接近室温下相同气体的 10 倍。这种差异在一定程度上解释了将冷气体与等离子体混合或者将固体颗粒引入到温度在 5 000～10 000 K 之间的热等离子体流中的难度。需要注意的是，在计算碰撞积分时相互作用势能的选择在计算粘度时起着非常重要的作用，如图 7-6 所示的氩气（基于 Lesinski 和 Boulos[24]）。由于大多数作者对带电粒子之间的相互作用采用相同的计算，所以该一致性在温度大于 12 000 K 时更好。

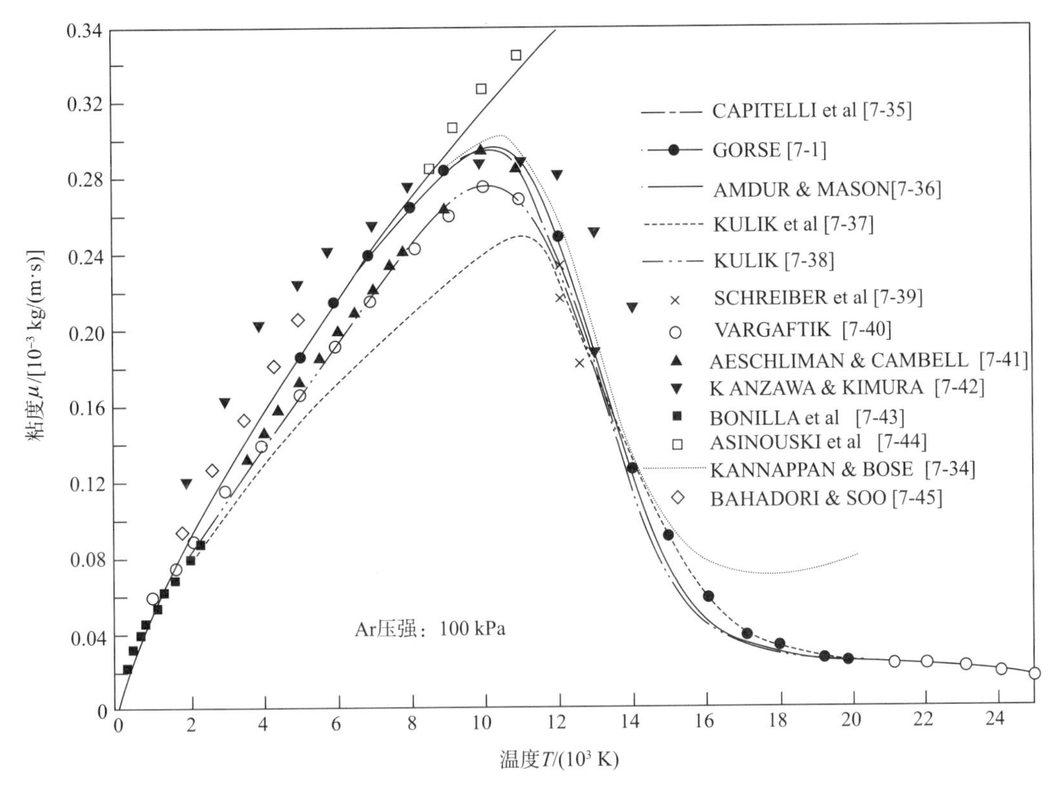

图 7－6　多位作者在大气压下计算的 Ar 的粘度与温度的依赖关系[24]

7.5.1.2　电导率

在电场存在（例如电弧或者 RF 放电）或者温度、压强、浓度梯度等其他驱动力作用下，等离子体中电子输运形成了电流。

图 7－3 给出了 He、Ar、N_2、H_2 在大气压下电导率 σ_e 随温度的变化。在二次电离发生前，电导率随温度急剧增大，并达到极限值 10 000 $(\Omega m)^{-1}$。电离对电导率的影响是显著的：当气体充分电离时，等离子体导电作用明显［式（7－25）和式（7－80）表明，σ_e 正比于电子密度 n_e，即等离子体的电离自由度］。Ar、N_2、H_2 具有相近的电离能，因此在相同温度下具有几乎相同的电导率（σ_e）。例如，在 10 000 K 时，这三种气体的 σ_e 约为 2 000 $(\Omega m)^{-1}$，而由于 He 的电离能较高，因而电导率的值很小，$\sigma_e = 500(\Omega m)^{-1}$。

7.5.1.3　热导率

热导率对热等离子体最重要。它控制着射频放电边缘电弧中的能量损失，从而控制放电行为以及与固体材料或飞行中微粒之间的热传递。平移热导率（见 7.3.5.3 节）可以写为两项之和，一项源于电子（κ_{tr}^{e}），另一项源于重粒子（κ_{tr}^{h}）。如 6.3.3 节关于平衡组分讨论所描述的，在较高温度下，等离子体气体处于离解和电离态。离解和电离现象对能量输运有很大的贡献，在这些现象发生的温度下，相应的 κ_R 具有很大的值。在高温下，由于每种组分具有内部能量分量（由于振动、旋转以及电子激发），能量是通过第二种类型的非弹性碰撞传递的。内部热导率考虑了该效应（见7.4.2节）。总的热导率被认为是这三者的贡献：$\kappa = \kappa_{tr} + \kappa_R + \kappa_{int}$ 。由于从平衡角度详细研究了氮，下面以氮为例，说明这三项的贡献。

图7－2表明，对于氮，中性粒子的平移和内部导电性对总的热导率只有很小的贡献。很显然，主要贡献是反应，它表现出对应于离解和电离的两个最大值。当温度大于10 000 K，电子的平移热导率变得重要。有趣的是，通过比较图7－2和图7－7，可以发现Ar的热导率是温度的函数。Ar在低温（$T < 10\ 000$ K）时没有离解，中性组分的平移运动的贡献是最为明显的。当温度为10 000 K时，由于Ar发生明显电离，反应贡献与电子贡献变得重要（如图6－2所示）。在非常高的温度下，第一次电离完成后，电子的平移热导率是热输运的主因，直到二次电离发生。

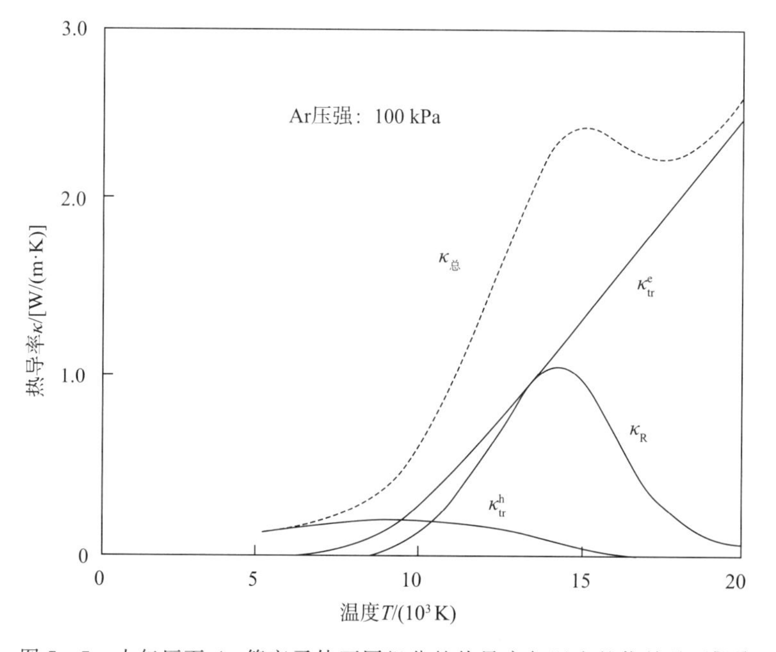

图7－7　大气压下Ar等离子体不同组分的热导率与温度的依赖关系[1,2]

已经发表了大量关于热等离子体条件下气体的热力学和输运特性的数据。IUPAC等离子体化学分委员会[2]以及Lesinski和Boulos[24]回顾了进展报告。读者使用这些数据时必须格外小心，尤其是输运特性，这是因为碰撞积分的计算依据并不是非常明确，有可能导致结果具有很大的不确定性。例如，图7－8给出了这些不确定性对氢热导率的H－H相互作用势能的影响。相互作用势能的不确定性可以导致平移热导率误差因子为2。相同的不确定性也有可能在其他输运特性中出现。图7－9和图7－10给出了Lesinski和Boulos[24]在大气压下对氩和氮的实验和理论结果的对比。由于显著的实验难度和理论数据的不确定性，输运特性计算和测量结果具有非常明显的差异。

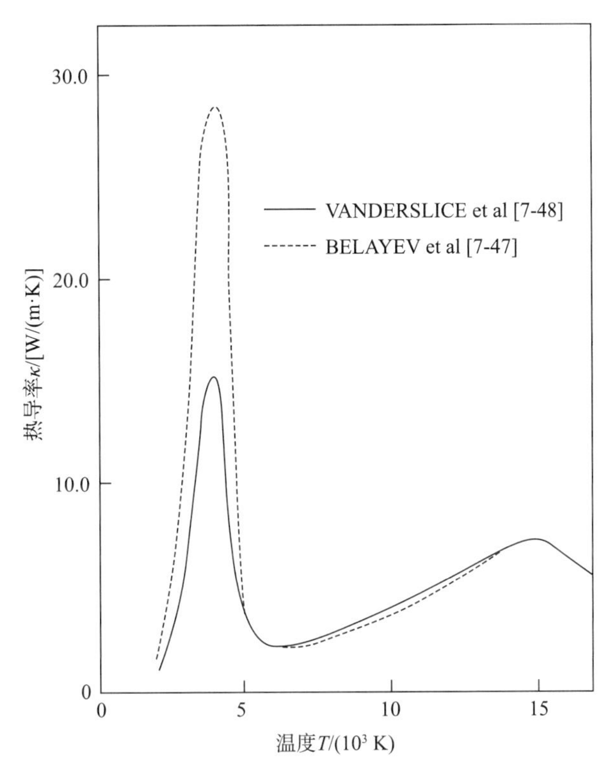

图7-8 大气压下两种不同的H-H相互作用势能值的氢等离子体热导率与温度的依赖关系[1]

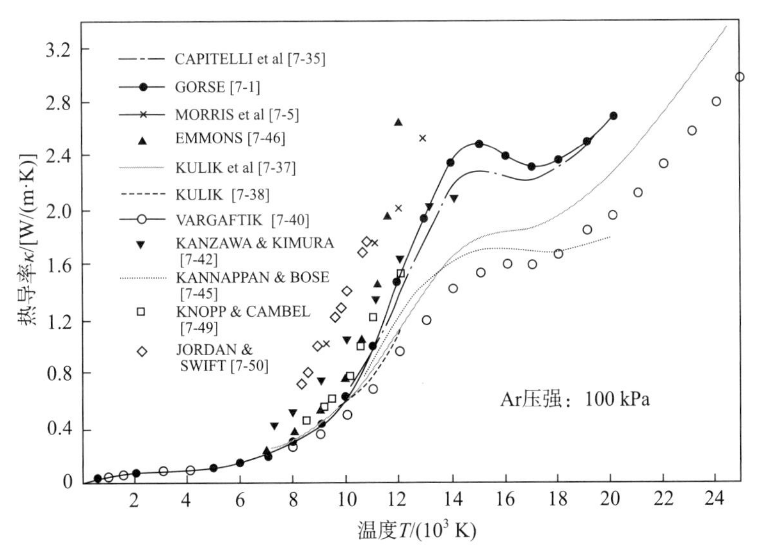

图7-9 大气压下氩等离子体热导率与温度的依赖关系

（Lesinski和Boulos[24]收集的多个作者的计算数据）

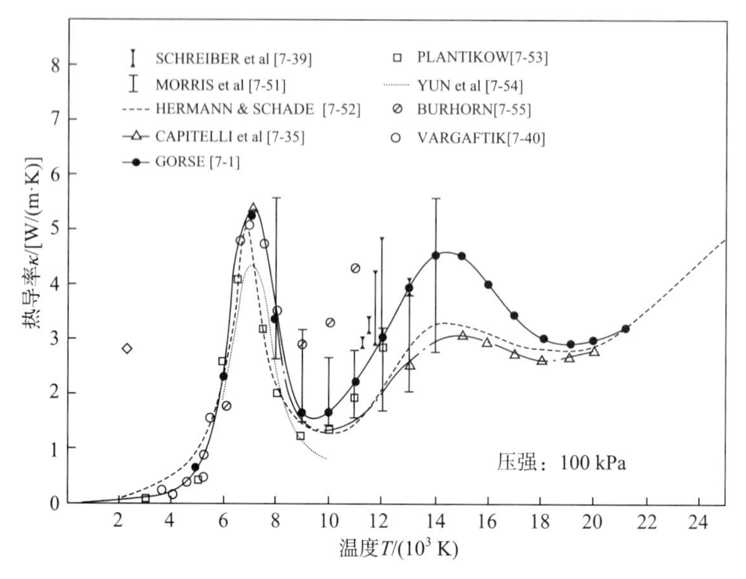

图 7－10　氮热导率与温度的依赖关系（Lesinski 和 Boulos[24] 收集的多个作者的计算数据）

7.5.2　复杂气体混合物的例子

对于复杂气体混合物，计算变得更加困难，首先是因为需要考虑的相互作用势能数量极剧增加（C_K^2 对于 K 种组分，包括电子），其次是因为缺乏关于相互作用势能的数据（当它们未知时，组分被看作是相互作用的硬球）。下面将讨论诸如空气、Ar－H_2 以及 Ar－He 混合物的输运特性。由于金属蒸气对某些输运特性有重要影响，混合物中将包括金属蒸气（例如 Ar－Cu 和空气－Cu）。考虑这些混合气体是因为空气通常用于冷电极旋涡等离子体焰炬，Ar－H_2 以及 Ar－He 主要用于等离子体喷涂，而 Ar－Cu 和空气－Cu 混合物显示了电极烧蚀对等离子体特性的影响。

7.5.2.1　粘度

由 Pateyron 等人[25-27]得到的图 7－11 给出了不同压强下（50～500 kPa）空气的粘度。μ 随温度的变化与氮非常类似（如图 7－1 所示）。斜率的微小变化是因为氧气的离解过程发生在 3 000～5 000 K，NO^+ 的形成和破坏发生在 5 000～8 000 K。$T>7\ 000$ K 时，斜率快速减小对应于氮发生离解。当温度高于 10 000 K 时，压强降低使粘度减小得更快，这与带电粒子密度的变化趋势保持一致，压强降低时，带电粒子密度增加。在当温度在 3 000～10 000 K 之间时，压强效应并不明显，压强效应与 O_2 离解、NO^+ 的形成和破坏以及 N_2 离解有直接关系。当 $T>20\ 000$ K 时，带电粒子的密度几乎是常数，粘度对于更大的带电粒子密度（也就是最高压强）接近最大值。

在大气压下 Ar－H_2 的混合物中，当 H_2 体积百分比为 40%～50%时，Ar 是决定粘度的主要因素（如图 7－12 所示）。直观地，该观点可以通过粘度的一阶近似和在 8 000 K 时式（7－89）中 $\overline{Q}_{ij}^{22}$ 的以下值说明：$\overline{Q}_{\text{Ar-Ar}}^{22}=4.8$、$\overline{Q}_{\text{H-H}}^{22}=2.16$、$\overline{Q}_{\text{Ar-H}}^{22}=3.4$。假设式（7－89）

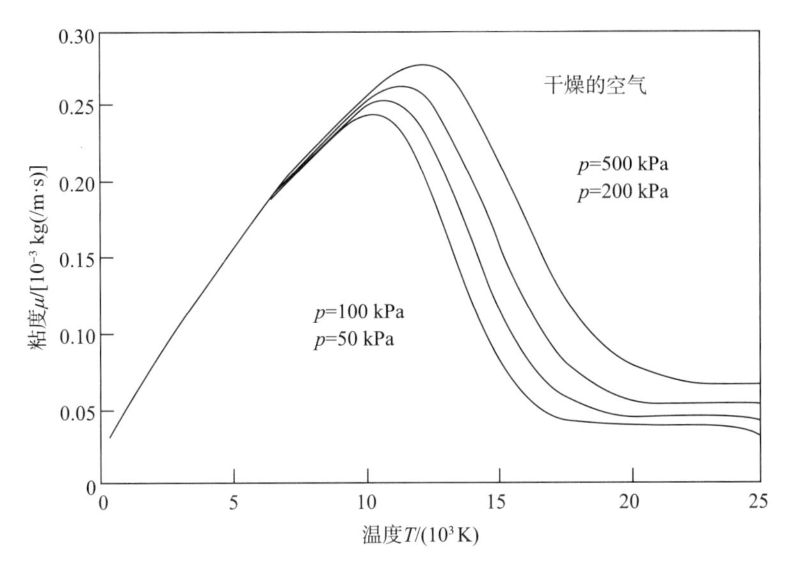

图7-11　不同压强下（20、100、200、500 kPa）空气粘度与温度的依赖关系[26]

可以用于Ar中H的扩散，其中，$m=\mu$（折合质量）可以看出，H-H和H-Ar对粘度（正比于$\sqrt{m}/\overline{Q}_{ij}^{22}$）的贡献小于Ar（只要Ar的密度大）。温度大于22 000 K时，Ar^{++}的密度增大（如图6-2所示），粘度再次减小。

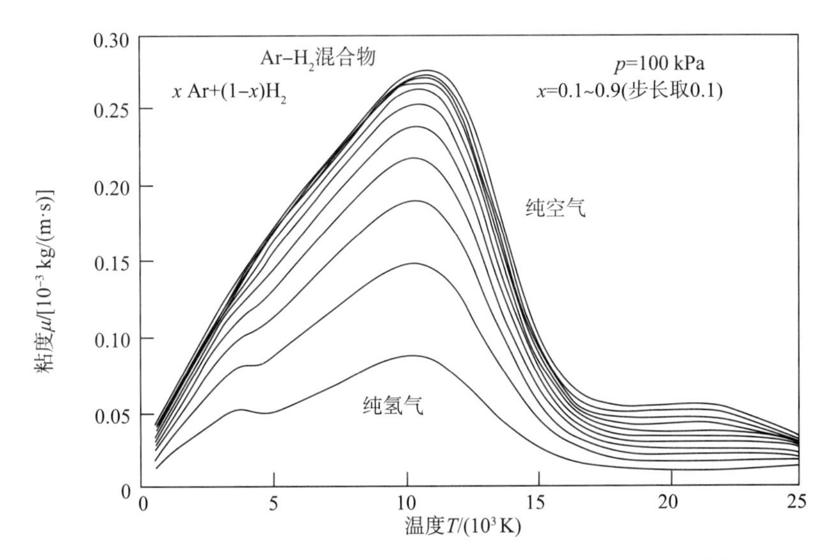

图7-12　大气压下Ar-H_2混合物粘度与温度的依赖关系[27]

相反，在8 000 K时，对于Ar-He混合物（$\overline{Q}_{\mathrm{He-He}}^{22}=1.2$、$\overline{Q}_{\mathrm{Ar-He}}^{22}=1$），这些反应的贡献，尤其是Ar-He，相对于Ar-Ar并不重要。因此，在11 000～12 000 K之间，混合物的粘度非常接近于纯的初始组分的粘度（如图7-13所示）。当温度大于10^4 K时，相对于纯氩，中性He原子的出现使混合物粘度急剧增加。温度超过2×10^4 K时，He原子的电离反应加快，粘度相应地减小。

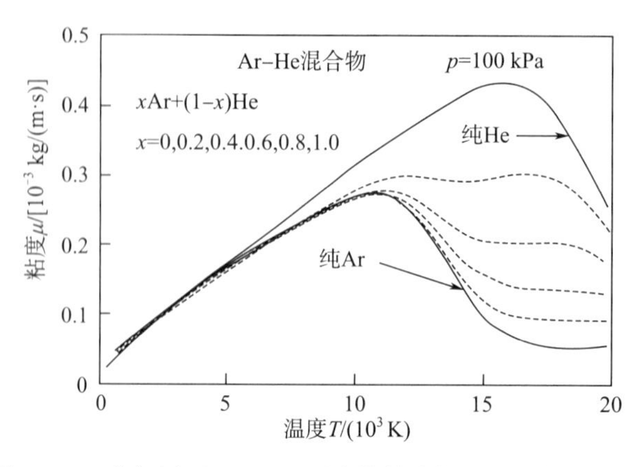

图7-13 大气压下Ar-He混合物粘度与温度的依赖关系[27]

最近，研究人员进行了计算金属蒸气（例如电极蒸气）对输运特性影响的尝试[28,29]。对于Ar-Cu混合物的情况，Mostaghimi和Pfender[28]利用Sonine一阶近似解决重粒子问题，利用六阶近似解决电子问题。假设未知势能为硬球势能。等离子体处于大气压下，温度在1 000～24 000 K之间，以及铜含量体积百分比为0.01%～5%。同时考虑了铜和氩的一次和二次电离。得出的主要结论是，对于实际应用，Cu蒸气对粘度的影响可以忽略（如图7-14所示）

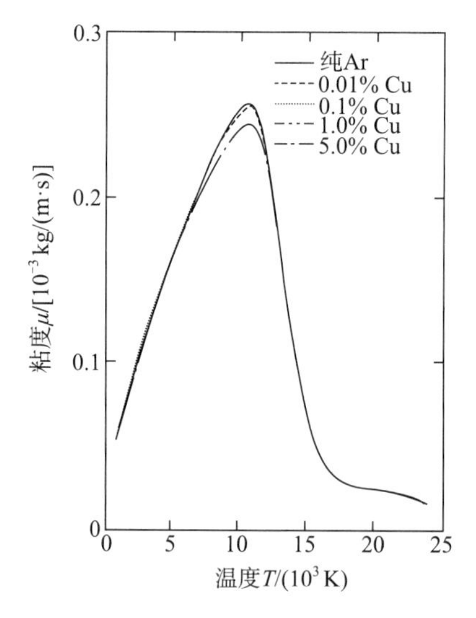

图7-14 大气压下包括一部分铜蒸气的氩等离子体的粘度与温度的依赖关系[28]

7.5.2.2 电导率

空气的电导率几乎与氮或者氧的摩尔浓度无关，这是因为这两种组分的电导率几乎相同。图7-15显示了压强的影响，给出了空气等离子体在不同压强下σ_e随温度的变化。在温度低于12 000 K情况下，当压强增大时，电离延迟且σ_e稍有减小。在更高的温度下，电子密度随着温度增大，进而σ_e也增大。

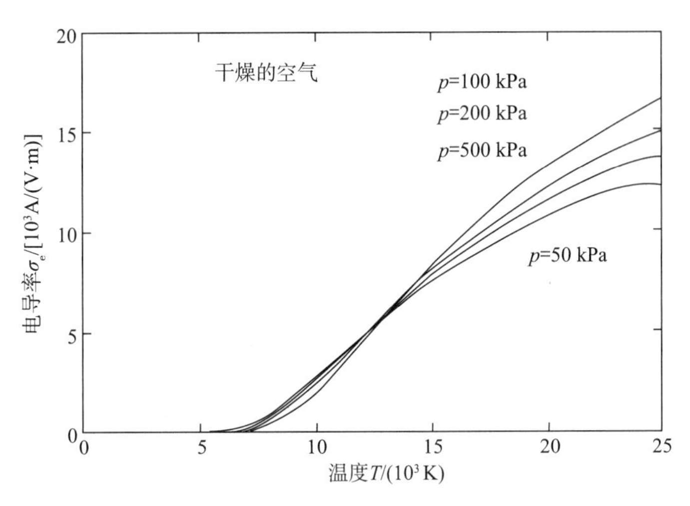

图 7－15　不同压强下（50、100、200、500 kPa）空气等离子体电导率与温度的依赖关系[26]

由于 σ_e 正比于 n_e，对于 Ar－H_2 混合物来说，无论氢的占比是多少（H_2 电离的初始温度为 1 000 K，高于 Ar），σ_e 几乎是一样的（如图 7－16 所示）。当 $T > 22\ 000$ K 时，Ar^{++} 密度的增大改变了碰撞横截面和 σ_e。对于 Ar－He 混合物（如图 7－17 所示），σ_e 几乎由 Ar 在混合物中的占比决定（直到 80 vol% He）。甚至对于 90 vol% He，温度上升至 1 3000 K 时，电导率仍然接近纯氩的电导率。

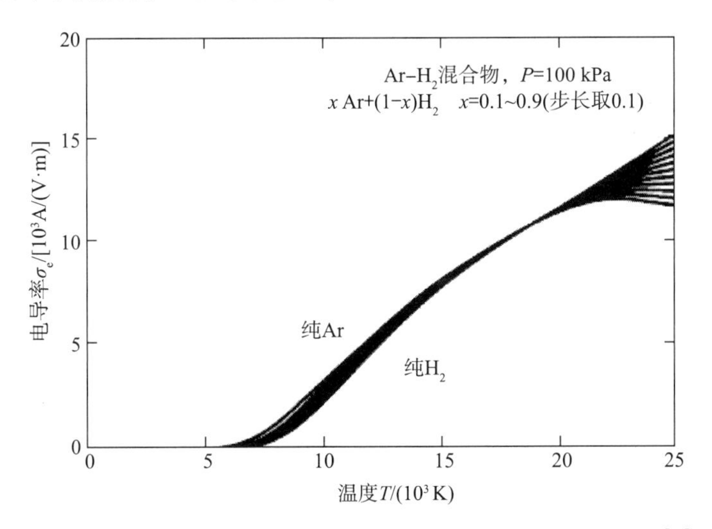

图 7－16　大气压下 Ar－H_2 等离子体电导率与温度的依赖关系[27]

当铜蒸气进入等离子体后，与粘度不同，电导率会发生很大的变化，Mostaghimi 和 Pfender[28] 通过铜体积占比为 0.01%～5%的氩等离子体说明了该现象。图 7－18 给出了相应的结果。当温度为 $T = 5\ 000$ K、Cu 占比为 1%时就能够使氩等离子体的电导率增大 28 倍。大气压下空气等离子体也能够得到类似的结果（如图 7－19 所示）。当 $T > 17\ 000$ K 时，Cu^{++} 对等离子体的电导率影响很小。

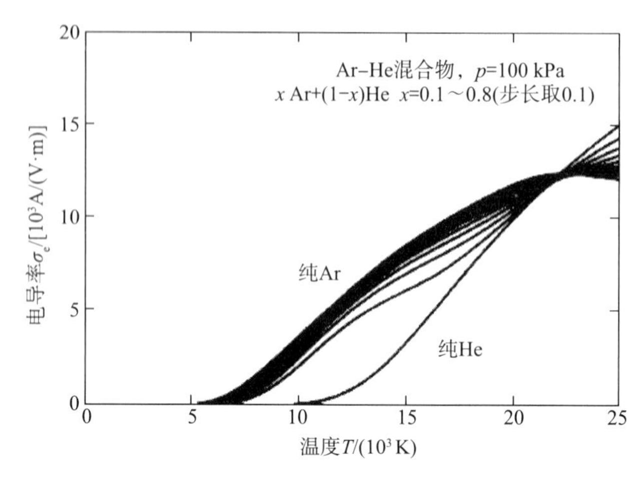

图 7-17　大气压下 Ar-He 等离子体电导率与温度的依赖关系[27]

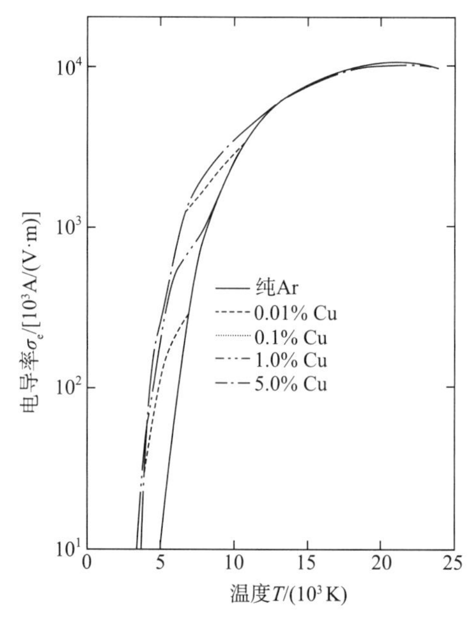

图 7-18　大气压下包括一部分铜蒸气的氩等离子体电导率与温度的依赖关系[28]

7.5.2.3　热导率

由于氧在 3 500 K 时发生离解，氮在 7 000 K 时发生离解，因此在空气中我们可能看到有两个峰。当温度为 3 500 K 时，NO 形成（小于 6%）（如图 7-20 所示）。O 和 N 的离解峰出现在几乎相同的温度。相对于纯气体，峰值被一定程度上扩宽，但是它们的大小几乎与室温下 N_2 和 O_2 的比率相同。压强更高时（高于大气压），O_2 和 N_2 离解峰移向更高的温度，并且最大值更小。电离峰同样移向更高的温度，并且其值随着压强增大略有增大。

当 H_2 加入到 Ar 后（回顾 Ar-He 混合物中 H_2 的高离解和电离峰），混合物的热导率随 H_2 体积分数增大而增大（如图 7-21 所示）。当 $T>20\ 000$ K 时，曲线合并到一起，这是因为实际上氢原子/离子组分没有变化，但是 Ar^{++} 的最大电离还没有达到。

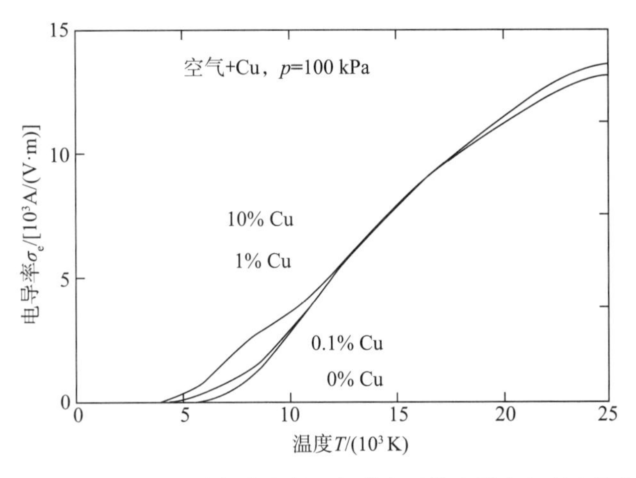

图 7-19　大气压下包括一部分铜蒸气的空气等离子体电导率与温度的依赖关系[26]

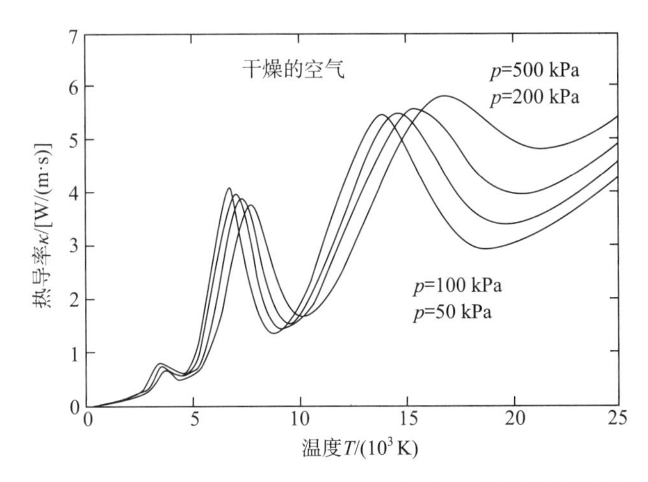

图 7-20　不同压强（50、100、200、500 kPa）下空气的热导率与温度的依赖关系[26]

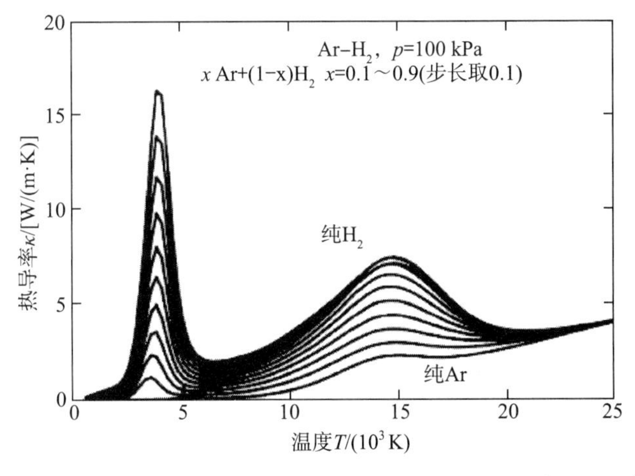

图 7-21　大气压下 $Ar-H_2$ 等离子体热导率与温度的依赖关系[27]

在 Ar－He 混合物中，同样可以看到 He 组分增加导致混合物的热导率稳定增加的现象；这种增大几乎与 He 体积分数成正比（如图 7－22 所示）。当 $T>17\,000$ K 时，He 的电离峰变得明显。Ar 在 12 000～16 000 K 之间时具有小峰。在所有混合物（Ar－H_2 和 Ar－He）中，在 H_2 或者 He 具有高体积比，且接近于 Ar 的电离温度时，纯组分具有最大的 κ 值（在 Ar－H_2 混合物中为 H_2，在 Ar－He 混合物中为 He）。

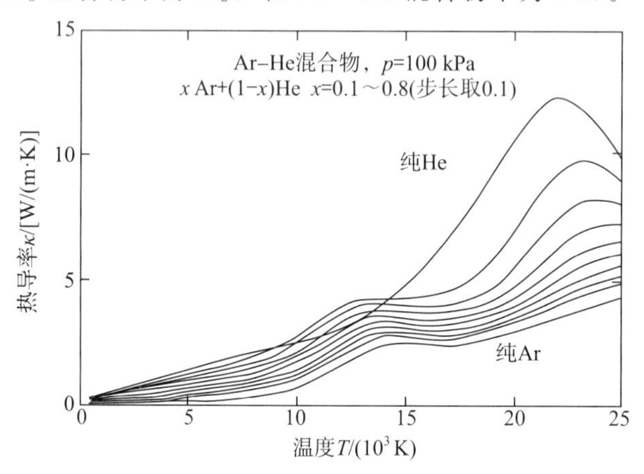

图 7－22　大气压下 Ar－He 等离子体热导率与温度的依赖关系[27]

当存在陡峭的温度梯度时，必须小心地计算平均等效热导率 $\bar{\kappa}$ 。Bourdin 等人[30] 建议采用平均积分热导率，定义为

$$\bar{\kappa}=[1/(T_p-T_s)]\int_{T_s}^{T_p}\kappa(t)\mathrm{d}t \tag{7-109}$$

式中　T_p，T_s——热输运中的温度极限。

图 7－23 显示了 Ar－H_2 混合物的 $\bar{\kappa}$ 。需要注意的是，当温度超过 4 000 K 时，将 H_2 加入到混合物中后，平均积分热导率增大。在 Ar－He 混合物中（如图 7－24 所示），平均积分热导率随温度的升高比在 Ar－H_2 混合物中更规律。当 $T>17\,000$ K 时，He 的离解使 $\bar{\kappa}$ 稍微增大。图 7－25 给出了用于等离子体喷涂的两种典型混合气体热导率的比较。它们具体为 Ar＋30％ H_2（vol）和 Ar＋60％ He（vol）。当 $T>24\,000$ K 时，由于 He 电离，有 $\bar{\kappa}(\text{Ar-He})>\bar{\kappa}(\text{Ar-H}_2)$ 。

在混合等离子体中，不同组分对热导率的贡献与温度有关（图 7－26 给出了 Ar－Cu 等离子体的数据）。当 $T<6\,000$ K 时，重粒子占据主导地位，而当 6 000 $K<T<10\,000$ K 时，Cu 蒸气中的电子对总热导率有很大的贡献。最后，当 $T>10^4$ K 时，总热导率由化学反应（电离）和电子的贡献所决定。

7.5.3　混合准则及其极限

由于精确确定气体混合物输运特性的复杂性，迫切需要建立一种用于计算给定混合气体特性的简化混合准则，使该混合气体特性作为它的组成气体和相应的纯气体特性的函数。通过忽略两种气体组分间的相互作用，并且只使用 Chapman－Enkog's 表达式的一阶近似，Wilke[31] 提出了给定混合物粘度的半经验表达式

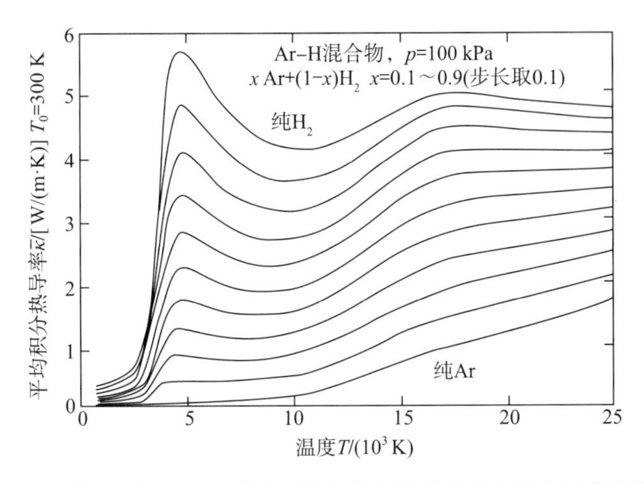

图 7-23　大气压下 Ar-H_2 等离子体平均积分热导率与温度的依赖关系[27]

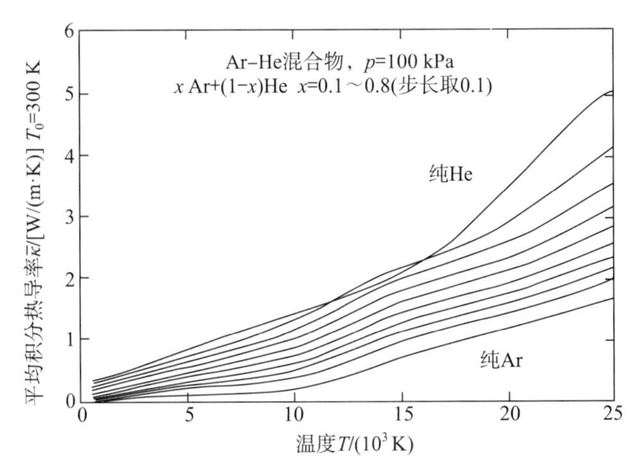

图 7-24　大气压下 Ar-He 等离子体平均积分热导率与温度的依赖关系[27]

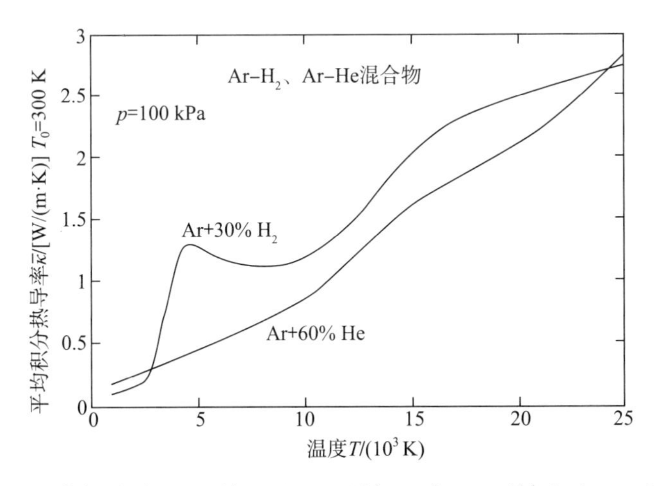

图 7-25　大气压下 70 vol% Ar+30 vol% H_2 和 40 vol% Ar+60 vol% He 混合物平均积分热导率与温度的依赖关系[27]

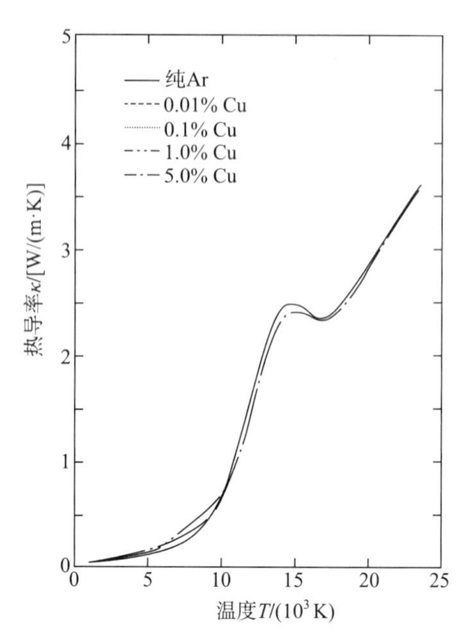

图 7-26　大气压下包括一部分铜蒸气的氩等离子体的总热导率与温度的依赖关系[28]

$$\mu_{\text{mix}} = \sum_{i=1}^{K} \left(x_i \mu_i \Big/ \sum_{j=1}^{K} x_j Z_{ij} \right) \tag{7-110}$$

其中

$$Z_{ij} = \frac{1}{\sqrt{8}} (1 + M_i / M_j)^{-1/2} \left[1 + (\mu_i / \mu_j)^{1/2} (M_j / M_i)^{1/4}\right]^2 \tag{7-111}$$

式中　K ——混合物中化学组分数量；

x_i，x_j ——组分 i 和 j 的摩尔浓度；

μ_i，μ_j ——组分 i 和 j 在混合物温度和压强下的粘度；

M_i，M_j ——组分 i 和 j 的分子量（Z_{ij} 为无量纲，当 $i=j$ 时，$Z_{ij}=1$）。

图 7-27 表明，对 Ar-H_2 混合物，精确计算结果与 Wilke 的计算结果相当吻合。对于 Ar-He 混合物（例如，20 vol% Ar-80vol% He），Wilke 的表达式或者线性插值与精确计算结果存在很大的差异（如图 7-28 所示）。考虑到忽略 $\overline{Q}_{ij}^{22}$ 值的相对重要性，尤其是在氧离子与氦原子相互作用时，可以很容易地解释这些差异。当 $T > 10^4$ K 时，简单的线性混合准则比 Wilke 表达式更糟。

当处理混合物热导率的计算时，清晰地认识 Wilke 公式［式（7-110）］同时忽略所有反应对 κ 的贡献是很重要的。因此，精确计算结果与采用混合准则得到的结果相差 60%～70%不足为奇，尤其是在接近离解和电离温度情况下更是如此。

综上所述，混合准则必须十分谨慎地用于粘度，并且不能被用于计算热导率，尤其是发生离解和电离的时候。

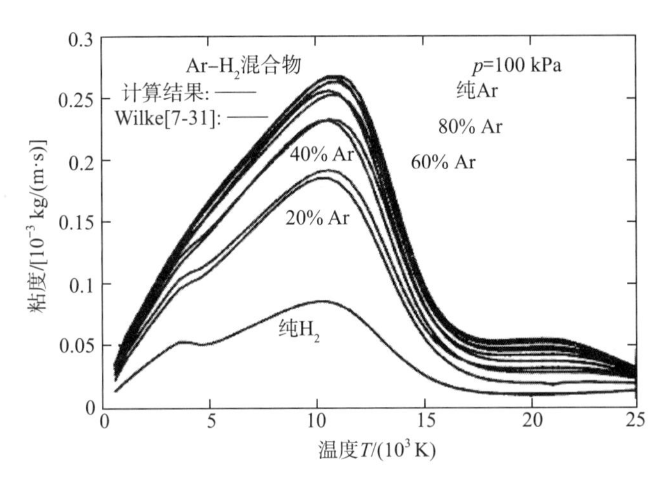

图 7-27　大气压下 Ar-H_2 混合物粘度的严格计算值（实线）与 Wilke 表达式（虚线）结果对比

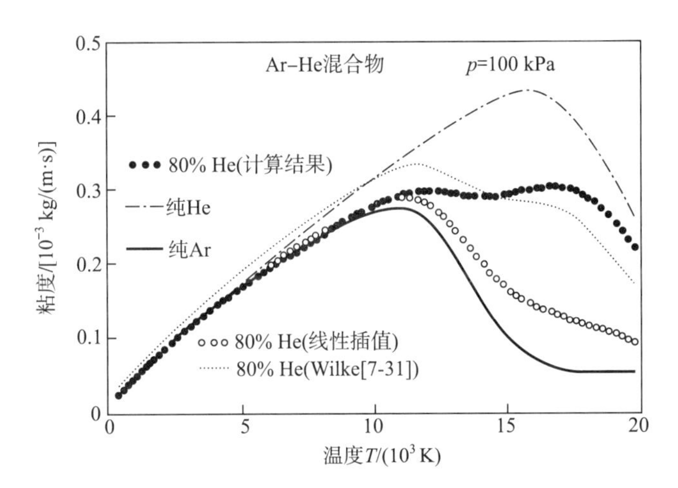

图 7-28　大气压下 Ar-He 混合物粘度的严格计算值（实线）与 Wilke 表达式（•••）或者线性插值（◦◦◦）结果对比

7.6　双温度等离子体的输运系数：以 Ar-H_2 等离子体混合物为例

如前所述，当大气压等离子体满足 LTE 条件时，等离子体喷射的边界层区域存在的陡峭温度梯度会导致偏离 LTE，尤其是加入冷气体的时候（见 4.4.4 节）。此外，当压强降低到约 25 kPa（200 Torr）时，需要考虑等离子体核心区自身的非平衡效应。

一旦确定了非平衡组分（见 6.5.1 节），就可以通过 Bonnefoi[16] 拓展的 Devoto 模型计算输运系数，该模型可用于计算平衡的碰撞积分。Bonnefoi 进行的主要改变与扩散力相关，本质上改进了扩散速度以及反应热导率，如 Aubreton[17] 所述。这些非平衡计算的主要参数是比率 $\theta = T_e/T_h$，利用 Saha-Potapov 方程进行非平衡组分的扩展计算的验证存在一个问题。Aubreton[17] 比较了 Saha-Potapov 模型计算的 Ar-H_2 等离子体组成与

Richely 和 Tuma[32]等动力学模型计算的 Ar－H_2 等离子体组成，发现当 $\theta=2\sim3$ 时，二者吻合良好。因此，在接下来的讨论中，对 Ar－H_2 等离子体，Bonnefoi[16] 和 Aubreton[17] 的结果仅限于 $\theta\leqslant3$。

图 7－29 显示了氩等离子体的粘度（利用动力学模型推导的组分进行计算）作为 T_e 的函数在不同 θ 值下的变化。曲线有一个独立于 θ 的形状，并随着 θ 增加而向下移动。这种移动是由随着 θ 增大重粒子密度减小导致的（如图 6－21 所示）；需要注意的是，密度正比于 T_h 而不是 T_e。峰值的位置（当 $\theta=1$ 时，$T_e=10\ 000$ K；当 $\theta=3$ 时，$T_e=11\ 500$ K）表示由中性粒子-中性粒子碰撞控制和由离子-离子碰撞控制的粘度的极限。这是因为 $\Omega^{1,s}$(离子-离子) $\geqslant\Omega^{1,s}$(中性粒子-中性粒子) 和 $\Omega^{1,s}$(中性粒子-离子)。对应于电离的延迟，当 θ 增大时，峰移向更高的温度。

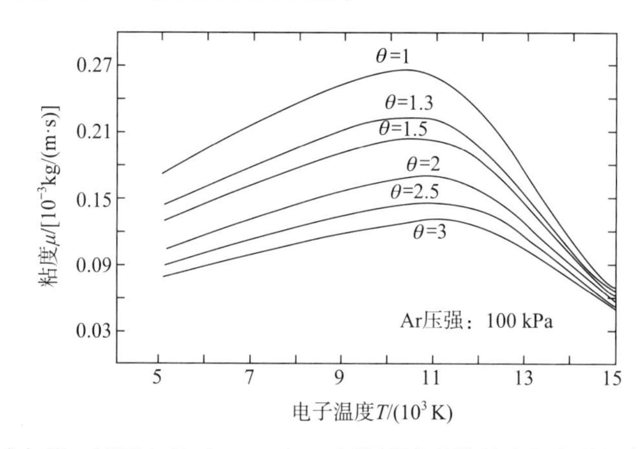

图 7－29　在大气压、不同比率（$\theta=T_e/T_h$）下氩等离子体粘度与电子温度的依赖关系[17]

在 Ar－H_2 混合物中，粘度由具有更大质量的 Ar 决定。但是，H_2 在电离延迟中起重要作用（H_2 的离解由 T_h 控制，必须在 Ar^+ 产生前完成），因此，峰移向更高的温度（图 7－30 给出了 50 vol% Ar 和 50 vol% H_2 混合物的粘度）。

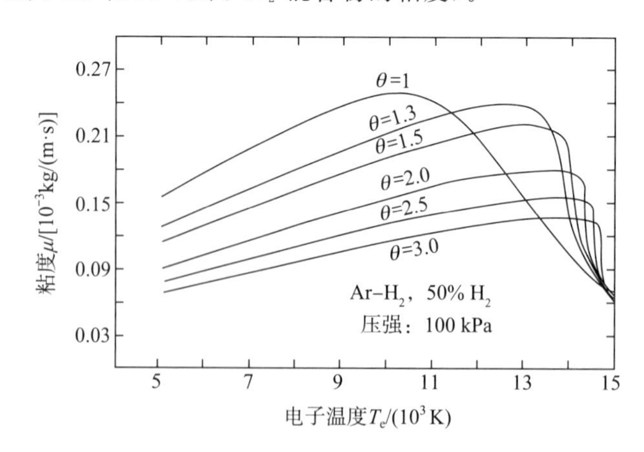

图 7－30　在大气压、不同比率（$\theta=T_e/T_h$）下氩氢等离子体（50%摩尔）粘度与电子温度的依赖关系[17]

电导率 σ_e 表现出相同的趋势（如图 7－31 所示），在 $T_e<12\ 000$ K 时，σ_e 随着 θ 的增

大而减小。然而，在大约 14 000 K 处所有曲线相交，这是因为 σ_e 与电子密度密切相关，也具有相同的特性（如图 6－21 所示）。当 θ 大、T_e 低时（低于 10 000 K），热电离很低，n_e 与 T_h 同时减小，但是当 T_e 高时，电子的直接电离将变得有可能，进而 n_e 增大。在对数坐标系下，Ar 的 σ_e 几乎独立于 θ，而对于氢，电离延迟起重要作用（如图 7－32 所示）。

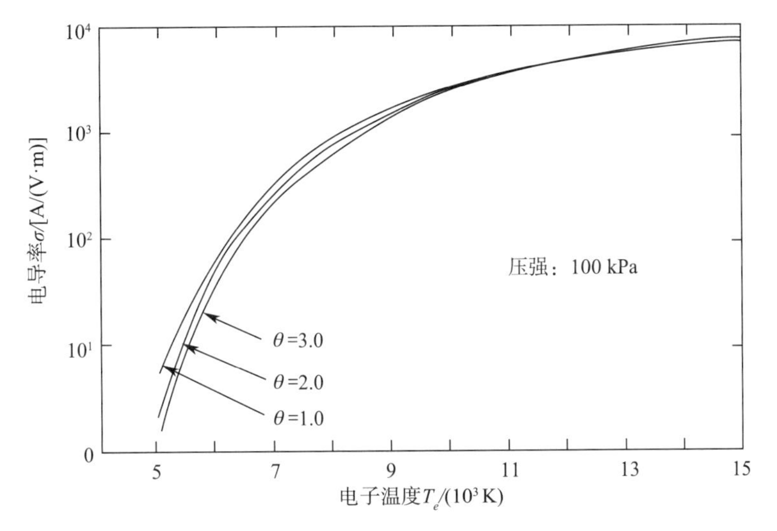

图 7－31　在大气压、不同比率（$\theta = T_e/T_h$）下氩等离子体电导率与电子温度的依赖关系[17]

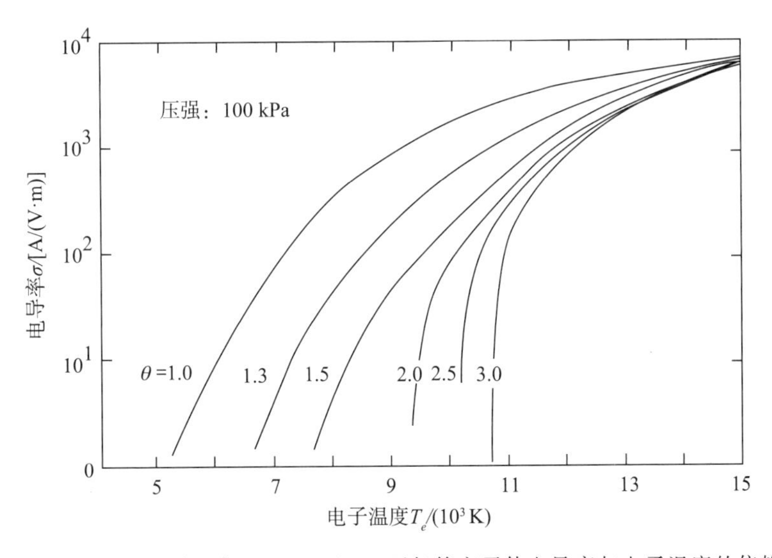

图 7－32　在大气压、不同比率（$\theta = T_e/T_h$）下氢等离子体电导率与电子温度的依赖关系[17]

在图 7－33 中，当 $\theta = 2$ 时，氢的热导率是 T_e 的函数[17]。在 3 500 K、平衡条件下出现的反应峰在 $T_e = 7\ 200$ K 处得到，对应于 $T_h = 3\ 600$ K 。重粒子的 κ_h^{tr} 小于当 $\theta = 1$ 时相同的项，但是 κ_h^{tr} 没有变化。在高温（$T_e > 12\ 000$ K）下，电离峰与平衡状态下相同。图 7－34 清楚地显示了反应热导率的这种现象；平衡态下，$T_h = T_e = 3\ 600$ K ，当 $\theta = 2$ 时，

离解峰移动到 7 200 K，当 $\theta=3$ 时，离解峰移动到 10 600 K。

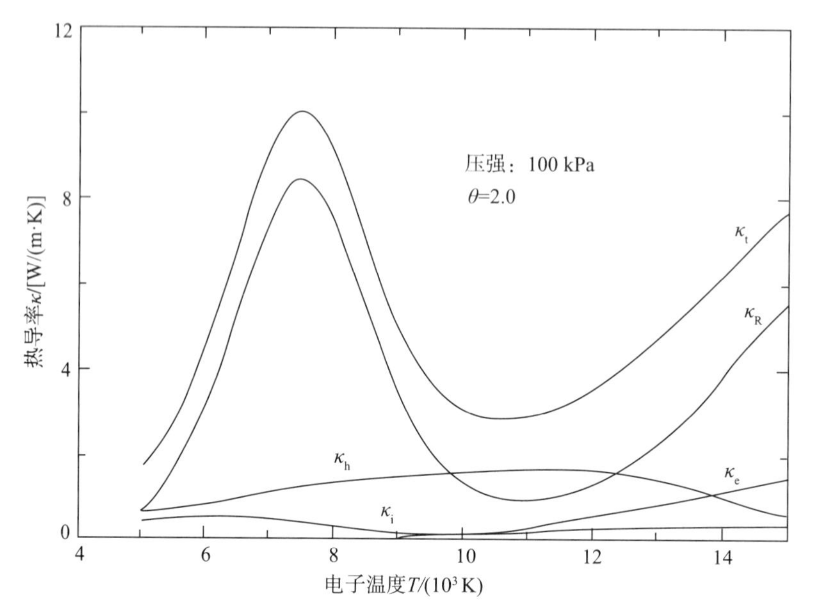

图 7-33　在大气压、给定比率（$\theta=T_e/T_h=2$）下氢等离子体不同组分热导率与电子温度的依赖关系[22]

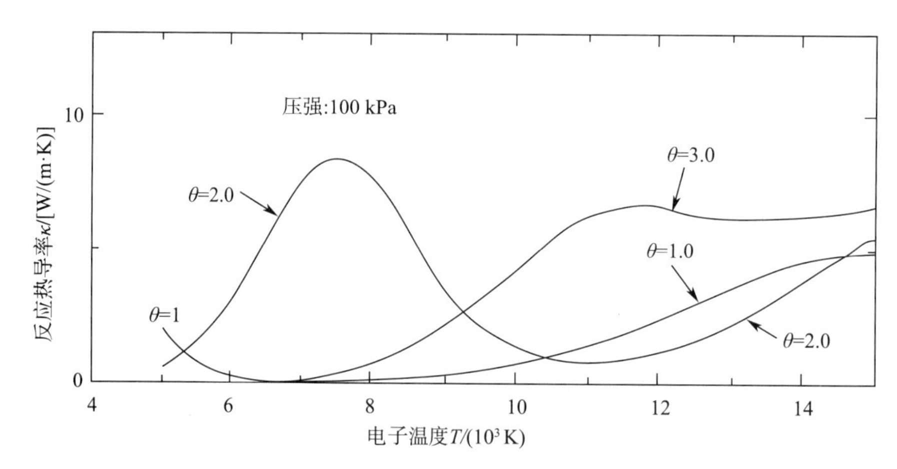

图 7-34　在大气压、不同比率（$\theta=T_e/T_h$）下氢等离子体反应热导率与电子温度的依赖关系[22]

纯氩的结果如图 7-35 所示[17]，值得注意的是，当使用 Bonnefoi 和 Aubreton 的模型与新的扩散力时，总热导率并不会随 θ 的增大而快速增大，这与 Hsu[33] 和 Kannapan[34] 不同。他们利用了 Butler 和 Brockaw[20,21] 提出的非平衡态下模型的简单表达式。表 7-1 给出了 κ 在 15 000 K 下的值［单位为 W/(m·K)］，其中，κ_R 为氩的最大值。

Aubreton 得到更多合理的结果是由于 θ/T_e^2 中的项，它出现在反应热导率表达式（7-100）中，在高温下，其值明显减小[17]。

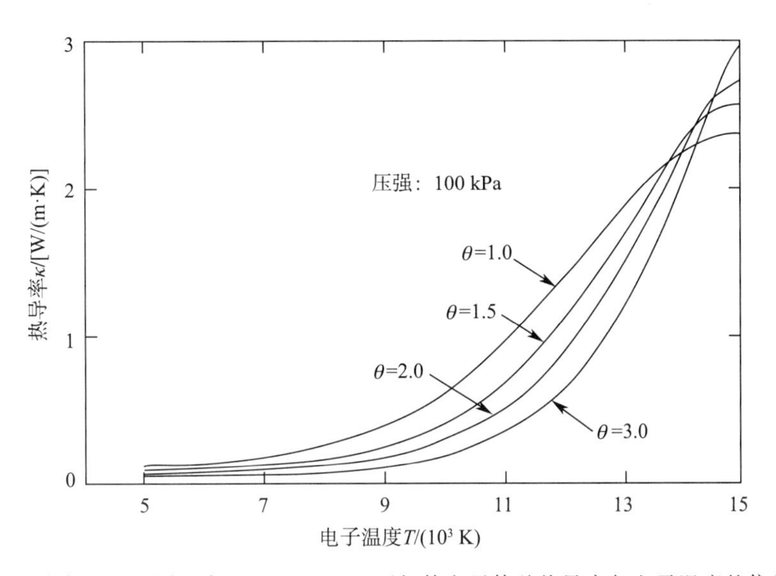

图 7-35　在大气压、不同比率（$\theta = T_e/T_h$）下氩等离子体总热导率与电子温度的依赖关系[22]

表 7-1　三种模型给出的热导率结果统计

参考文献	Kannapan[34]	Hsu[33]	Aubreton[17]
$\theta=1$	2.4	2.4	2.38
$\theta=2$	15	5	2.76
$\theta=3$	76	8	2.99
$\theta=4$	—	14	3.11

考虑 $Ar-H_2$（75 vol% H_2）混合物时（图 7-36 给出了这种混合物的总热导率），可以看到相同的现象。由于氢的摩尔数减小，不同 θ 下的离解峰强度比纯氢要小。

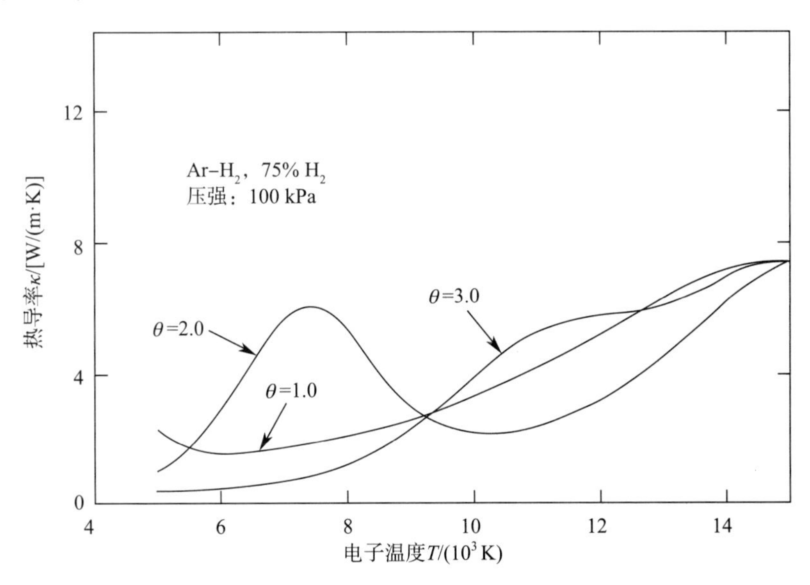

图 7-36　在大气压、不同比率（$\theta = T_e/T_h$）下 $Ar-H_2$ 混合物（25 mol% Ar-75 mol% H_2）等离子体总热导率与电子温度的依赖关系[22]

符号表

$A_{X,X}$	反应热导率计算系数
$\boldsymbol{A}_i$	计算扰动函数 ϕ_i 的矢量系数
b	碰撞参数
$\overleftrightarrow{B}_i$	计算扰动函数 ϕ_i 的二阶张量
$\boldsymbol{c}$	i 和 j 两种粒子的质心速度（m/s）
c_{pi}	恒定压强下组分 i 的摩尔比热［J/(mol·K)］
c_v	恒定体积下的比热［J/(kg·K)］
$\boldsymbol{d}_i'$	扩散力
$\mathrm{d}A$	单元面积（m^2）
$\mathrm{d}\boldsymbol{r}$	普通空间的单元体积（m^3）
$\mathrm{d}\boldsymbol{v}$	速度空间的单元体积：$\mathrm{d}\boldsymbol{v}=\mathrm{d}v_x\mathrm{d}v_y\mathrm{d}v_z$（$m^3/s^3$）
D	扩散系数（m^2/s）
D_i	计算扰动函数 ϕ_i 的标量系数
D_{ij}	组分 i 和 j 的普通扩散系数（m^2/s）
D_{iT}	热扩散系数
$\mathbb{D}_i f$	玻耳兹曼方程的左边
$\mathbb{D}_c f$	玻耳兹曼方程的右边：碰撞项
$\boldsymbol{E}$	电场（V/m）
f_i	分布函数
f_i^0	平衡态分布函数
F_x	x 方向力的分量（N）
g_{12}	相对速度（$g_{12}=\lvert\boldsymbol{v}_1-\boldsymbol{v}_2\rvert$ m/s）
h	普朗克常数（6.6×10^{-34} Ws^2）
H_i	组分 i 的摩尔焓（kJ/mole）
H_N^D	氮分子的摩尔离解焓（kJ/mol）
$H_{N^+}^I$	氮原子的摩尔电离焓（kJ/mol）
$\boldsymbol{J}_E$	能量通量（W/m^2）
$\boldsymbol{J}_n$	粒子通量（$m^{-2}\cdot s^{-1}$）
$\boldsymbol{J}_{px}$	x 方向动量通量
$\boldsymbol{J}_x$	变量 x 的通量
k	玻耳兹曼常数（1.38×10^{-23} J/K）
l	平均自由程（m）
l_z	z 方向平均自由程（m）

m_i	化学组分 i 的粒子质量（kg）
M_i	化学组分 i 的原子质量（kg）
n	数密度（粒子/m^3）
n_i	化学组分 i 的数密度（粒子/m^3）
n_i'	化学组分 i 的摩尔数
p	压强（Pa）
$\overline{\overline{p}}$	压强张量
$\boldsymbol{q}_i$	i 粒子的动能输运通量矢量（$J/m^2 s$）
$\boldsymbol{q}_R$	反应热通量矢量（$J/m^2 s$）
$\boldsymbol{q}_z$	z 方向热通量矢量（$J/m^2 s$）
q_{ij}^{ls}	等级积分
$\overline{Q}_{ij}^{ls}$	简化碰撞积分与将粒子看作硬球横截面积的乘积（m^2）
Q_{ij}^{l}	量子碰撞截面
$Q^l(\boldsymbol{v})$	勒让德函数自由度为 l 的弹性碰撞截面
$\boldsymbol{r}$	位置矢量（m）
$\boldsymbol{r}^*$	相对位置矢量（$\boldsymbol{r}^* = \boldsymbol{r}_1 - \boldsymbol{r}_2$）（m）
r_m	最接近距离（m）
R	理想气体常数［8.32 J/(K·mol)］
T	绝对温度（K）
T_e	绝对电子温度（K）
T_h	绝对重粒子温度（K）
$\boldsymbol{U}_i$	i 粒子的本动速度（$\boldsymbol{v}_i - \boldsymbol{v}_0 = \boldsymbol{U}_i$）（m/s）
$\boldsymbol{U}_{ix}$	x 方向本动速度（m/s）
$\langle \boldsymbol{U}_i \rangle$	i 粒子的扩散速度
$\boldsymbol{v}_i$	i 粒子的速度（m/s）
$\bar{v}$	平均粒子速度（m/s）
$\boldsymbol{v}_0$	平均流动速度（m/s）
$V(r)$	反应势能
$\boldsymbol{V}_{ij}$	碰撞前相对速度（$\boldsymbol{V}_{ij} = \boldsymbol{v}_i - \boldsymbol{v}_j$）（m/s）
$\boldsymbol{V}_{ij}'$	碰撞的相对速度（$\boldsymbol{V}_{ij}' = \boldsymbol{v}_i' - \boldsymbol{v}_j'$）（m/s）
$\boldsymbol{W}_i$	正比于本动速度的速度，$\boldsymbol{W}_i = (m_i/2kT_i)^{3/2}\boldsymbol{U}_i$
$\boldsymbol{W}_i'$	正比于扩散速度的速度，$\boldsymbol{W}_i' = p_i/RT_i\langle \boldsymbol{U}_i \rangle$

希腊符号

θ	球坐标系中的角度
θ	电子温度与重粒子温度的比率

θ'	偏差角
κ	热导率［W/(m·K)］
$\bar{\kappa}$	平均积分热导率 $\bar{\kappa}=1/(T_p-T_s)\int_{T_s}^{T_p}\kappa(s)\,ds$［W/(m·K)］
κ_{int}	内部热导率［W/(m·K)］
κ_R	反应热导率［W/(m·K)］
κ_{tr}	平移热导率［W/(m·K)］
$\bar{\kappa}_{tr}^{e}$	电子平移热导率［W/(m·K)］
$\bar{\kappa}_{tr}^{h}$	重粒子平移热导率［W/(m·K)］
μ	分子粘度［kg/(m·s)］
μ_e	电子迁移率［m^2/(V·s)］
μ_m	折合质量，$\mu_m=m_i m_j/(m_i+m_j)$（kg）
μ_{min}	混合物的分子粘度（Wilke 方程）
ξ	碰撞频率的倒数
ρ	质量密度（kg/m^3）
σ_e	电导率（mho/m）
σ_0	总碰撞截面（m^2）
σ_{ij}	将粒子看作硬球，i 粒子和 j 粒子之间的总碰撞截面（m^2）
σ_{en}	电子和中性粒子之间的总碰撞截面（m^2）
$\sigma'(\boldsymbol{v}_1,\boldsymbol{v}_2\rightarrow\boldsymbol{v}_1',\boldsymbol{v}_2')\,d\boldsymbol{v}_1',d\boldsymbol{v}_2'$	粒子碰撞横截面，初始速度范围为 $\boldsymbol{v}_1+d\boldsymbol{v}_1'$ 和 $\boldsymbol{c}_2+d\boldsymbol{c}_2$，最终速度（碰撞后）范围为 $\boldsymbol{v}_1'+d\boldsymbol{v}_1'$ 和 $\boldsymbol{v}_2'+d\boldsymbol{v}_2'$
$\sigma(\mathbf{V})\,d\Omega$	碰撞后形成的粒子碰撞横截面，相对速度为 $\mathbf{V}'$，立体角范围为 $d\Omega'$，包括 θ' 和 φ'
σ_{zx}	z 平面 x 方向上的压强（N/m^2）
ϕ_i	计算分布函数的扰动函数
$\chi_i(\boldsymbol{r},\ \boldsymbol{v},\ t)$	化学组分 i 的虚变量
$\langle\chi_i\rangle$	χ_i 的平均值
$\bar{\chi}_i$	χ_i 的平均值
Ω_{ij}^{ls}	i 和 j 粒子的赫希范特碰撞积分（m^2）
$\overline{\Omega}_{ij}^{ls}$	i 和 j 粒子的简化碰撞积分
$\boldsymbol{\nabla}_r$	位置梯度矢量（$\partial/\partial x,\partial/\partial y,\partial/\partial z$）
$\boldsymbol{\nabla}_v$	速度梯度矢量（$\partial/\partial v_x,\partial/\partial v_y,\partial/\partial v_z$）

常用书目

[1] Chapman, S. and T. Cowling, The Mathematical Theory of Non - Uniform Gases, New York: Cambridge University Press, 1952.

[2] Child, M. S., Molecular Collision Theory, New York: Academic Press, 1974.

[3] Hirschfelder, J. O., C. F. Curtiss, and R. B. Bird, Molecular Theory of Gases and Liquids, 2nd ed., New York: Wiley, 1964.

[4] Mitchner, M. and C. H. Kruger Jr., Partially Ionized Gases, New York: Wiley, 1973.

[5] Pauly, H., Chapter 4 in Atom Molecule Collision Theory (B. B. Bernstein, ed.), New York and London: Plenum Press, 1979.

[6] Reif, F., Fundamentals of Statistical and Thermal Physics, New York: McGraw - Hill, 1988.

参 考 文 献

[1] C. Gorse, "Contribution au calcul des propriétés de transport des plasmas des mélanges $Ar-H_2$ et $Ar-N_2$," Thèse 3e cycle (University of Limoges, France, 1975).

[2] IUPAC Subcommission on Plasma Chemistry, "Thermodynamic and Transport Properties of Pure and Mixed Thermal Plasmas at LTE," Pure Appl. Chem. 6 (1982): 1221.

[3] A. Eucken, Phys. Z. 14 (1913): 324.

[4] E. A. Mason, and L. Monchick, J. Chem. Phys. 36 (1962): 1622.

[5] E. Mason, J. T. Vanderslice, and J. M. Yos, Phys. Fluids 2 (1959): 688.

[6] C. Nyeland and E. M. Mason, Phys. Fluids 10 (1967): 985.

[7] H. Grad, in Proceedings of the 5th International Conference on Ionization Phenomena in Gases, Munich (1961).

[8] W. F. Athye, A Critical Evaluation of Methods for Calculating Transport Coefficients of Partially and Fully Ionized Gases, NASA TN, ND-2611 (1965).

[9] R. S. Devoto, Phys. Fluids 9 (1966): 1230.

[10] R. S. Devoto, Phys. Fluids 10 (1967): 2105.

[11] R. S. Devoto and C. P. Li, J. Plasma Phys. 2 (1968): 17.

[12] R. S. Devoto, AIAA J. 7 (1979): 789.

[13] R. S. Devoto, Phys. Fluids 16 (1973): 616.

[14] R. S. Devoto, "The Transport Properties of a Partially Ionized Monoatomic Gas," Ph. D. Thesis (Stanford University, 1965).

[15] R. M. Chmieleski, "Transport Properties of a Nonequilibrium Partially Ionized Gas," Ph. D. Thesis (Stanford University, 1967).

[16] C. Bonnefoi, "Contribution à l'étude des méthodes de résolution de l'équation de Boltzmann dans un plasma à deux températures: exemple le mélange $Ar-H_2$," Thèse de doctorat d'Etat (University of Limoges, France, May 1983).

[17] J. Aubreton, "Étude des propriétés thermodynamiques et de transport dans les plasmas thermiques à l'équilibre et hors équilibre thermodynamique. Applications aux plasmas de mélange $Ar-H_2$, $Ar-O_2$," Thèse de doctorat d'État (University of Limoges, France, 22 February 1985).

[18] J. Aubreton and P. Fauchais, Rev. Phys. Appl. 18 (1983): 51.

[19] C. Muckenfus and C. F. Curtiss, J. Chem. Phys. 29 (1958): 1273.

[20] J. N. Butler and R. S. Brokaw, J. Chem. Phys. 26 (1957): 1636.

[21] W. E. Meador and L. D. Stanton, Phys. Fluids 8 (1965): 1694.

[22] C. Bonnefoi, J. Aubreton, and J. M. Mexmain, Z. Naturforsch. A 40a (1085): 885.

[23] H. W. Emmons, Modern Developments in Heat Transfer (W. Ibelee, ed.) (New York: Academic Press, 1963).

[24] J. Lesinski and M. Boulos. "Thermodynamic and Transport Properties of Argon, Nitrogen and Oxygen at Atmospheric Pressure Over the Temperature Range 300 — 30,000 K," Internal Report (University of Sherbrooke, Quebec, Canada).

[25] B. Pateyron, J. Aubreton, M. F. Elchinger, G. Delluc, and P. Fauchais, "Thermodynamic and Transport Properties of N_2, O_2, H_2, Ar, He and their mixtures," Internal Report LMCTS (University of Limoges, France, 1986).

[26] B. Pateyron, M. F. Elchinger, G. Delluc, and P. Fauchais, "Thermodynamic and Transport Properties of Air and Air-Cu at Atmospheric Pressure", Internal Report, LMCTS (University of Limoges, 1990).

[27] B. Pateyron, M. F. Elchinger, G. Delluc, and P. Fauchais, "Thermodynamic and Transport Properties of Ar-H_2 and Ar-He Plasma Gases for Spraying at Atmospheric Pressure - Part 1: Properties of the Mixtures," Plasma Chemistry, Plasma Processing, submitted.

[28] J. Mostaghimi-Tehrani and E. Pfender, Plasma Chemistry, Plasma Processing 4 (2) (1984): 129.

[29] H. Wilhelmi, W. Lyhs, and E. Pfender, Plasma Chemistry, Plasma Processing 4 (4) (1984): 315.

[30] E. Bourdin, M. Boulos, and P. Fauchais, Int. J. Heat Mass Transfer 26 (1983): 567.

[31] C. R. Wilke, J. Chem. Phys. 18 (1950): 517.

[32] E. Richely and D. T. Tuma, J. Appl. Phys. 53 (1982): 8537.

[33] K. C. Hsu and E. Pfender, "Calculation of Thermodynamics and Transport Properties of a Two-Temperature Argon Plasma," Proceedings of the Fifth International Symposium on Plasma Chemistry, Vol. 1 (Heriot-Watt University, Edinburgh, 1981): 144.

[34] D. Kannappan, and T. K. Bose, Phys. Fluids 16 (1973): 491.

[35] M. Capitelli, C. Gorse, and P. Fauchais, J. Chim. Phys. 7 (1976): 755.

[36] I. Amdur and E. A. Mason, Phys. Fluids 1 (1958): 370.

[37] P. P. Kulik, I. G. Panevin, and V. I. Khvesyuk, Teplofizika Vysokikh Temperatur 1 (1963): 56.

[38] P. P. Kulik, Teplofizika Vysokikh Temperatur 9 (1971): 431.

[39] P. W. Schreiber, A. M. Hunter, and K. R. Benedetto, AIAA J. 10 (1972): 670

[40] N. B. Vargaftik, Tables on the Thermophysical Properties of Liquids and Gases (Hemisphere Publishing Corporation, Washington, London, 1975).

[41] D. P. Aeschliman and A. B. Cambell, Phys. Fluids 13 (1970): 2466.

[42] A. Kanzawa and I. Kimura, AIAA J. 5, no. 7 1315 (1967).

[43] C. F. Bonilla, S. J. Wang, and M. Weiner, "The Viscosity of Steam, Heavy-Water Vapor, and Argon at Atmospheric Pressure up to High Temperatures," Transactions of the ASME (1956): 1285.

[44] E. I. Asinovskii, E. V. Drokhanova, A. V. Kirillin, and A. N. Lagarkov, Teplofizika Vysokikh Temperatur 5 (1967): 739.

[45] M. N. Bahadori and S. L. Soo, Im. J. Heat Mass Transfer 9, 17 (1966).

[46] M. W. Emmons, Phys. Fluids 10 (1967): 1125.

[47] Y. N. Belyaev and V. B. Leonas, Teplofizika Vysokikh Temperatur 5 (1967): 1123.

[48] J. T. Vanderslice, S. Weissmann, E. A. Mason, and R. J. Fallon, Phys. Fluids 5 (1962): 155.

[49] C. F. Knopp and A. B. Cambell, Phys. Fluids 9 (1966): 989.

[50] D. L. Jordan and J. D. Swift, Im. J. Electron. 35 (1973): 595.

[51] J. C. Morris，R. P. Rudis，and J. M. Yos，Phys. Fluids 13 (1970)：608.
[52] W. Hermann and E. Schade，Z. Phys. 233 (1970)：333.
[53] U. Plantikow，Z. Phys. 237 (1970)：388.
[54] K. S. Yun，S. Weissman，and E. A. Mason，Phys. Fluids 5 (1962)：672.
[55] F. Burhorn，Zeitschrift Für Physik 155，42 (1959).

第 8 章　辐射输运

8.1　基本概念

8.1.1　定义

在 $\mathrm{d}t$ 时间间隔内，与面元表面法线 $\boldsymbol{n}$ 之间夹角为 θ 的方向上，立体角 $\mathrm{d}\Omega$（弧度）内通过面元 $\mathrm{d}S$ 的辐射，处于频率 ν 到 $\nu+\mathrm{d}\nu$ 之间的总能量为

$$\mathrm{d}E_\nu(\theta,\varphi)=I_\nu(\theta,\varphi)\,\mathrm{d}\nu\,\mathrm{d}S\cos\theta\,\mathrm{d}\Omega\,\mathrm{d}t \tag{8-1}$$

式中，$I_\nu(\theta,\varphi)$ 是与单位时间、单位面积、单位频率相关的量，称为单色辐射强度，如图 8-1 所示，通常表示为 $\mathrm{J/(ster\cdot m^2)}$（ster 为球面度，立体角单位）。通过对所有频率积分得到总辐射强度为

$$I(\theta,\varphi)=\int_0^\infty I_\nu(\theta,\varphi)\,\mathrm{d}\nu \tag{8-2}$$

这里，$I(\theta,\varphi)$ 单位为 $\mathrm{W/(ster\cdot m^2)}$。需要注意的是，$I_\nu(\theta,\varphi)$ 与 $I(\theta,\varphi)$ 的量纲是不同的。

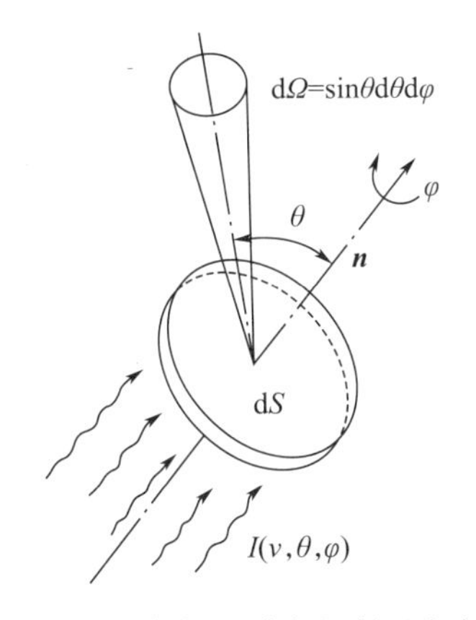

图 8-1　辐射场的单色辐射强度定义

对所有可能的 θ 角（$0\sim\pi/2$）、所有可能的 φ 角（$0\sim2\pi$）及所有频率进行积分，可以得到总辐射强度为

$$I=\iiint I_\nu(\theta,\varphi)\,\mathrm{d}\nu\,\mathrm{d}\theta\,\mathrm{d}\varphi \tag{8-3}$$

其单位为 $\mathrm{W/m^2}$。辐射强度除了表示为频率的函数外，也可表示为波长的函数。在这种情况下，由 $I_\nu\mathrm{d}\nu=I_\lambda\mathrm{d}\lambda$ 和 $\mathrm{d}\nu=-c\,\mathrm{d}\lambda/\lambda^2$，可以得到

$$I_\nu=\frac{\lambda^2}{c}I_\lambda \tag{8-4}$$

这里，（I_ν 的单位）＝（I_λ 的单位）·m·s，因此 I_λ 的单位为 W/(m^3·ster)。

由于 $\mathrm{d}\Omega = \sin\theta\,\mathrm{d}\theta\,\mathrm{d}\varphi$，从左到右通过 dS 的总辐射通量为

$$H^{+} = +\int_{\varphi=0}^{2\pi}\mathrm{d}\varphi\int_{\theta=0}^{\pi/2}\mathrm{d}\theta\int_{\nu=0}^{\infty}I_\nu(\theta,\varphi)\,\mathrm{d}\nu\cos\theta\sin\theta \tag{8-5}$$

而从右到左的辐射通量为

$$H^{-} = -\int_{\varphi=0}^{2\pi}\mathrm{d}\varphi\int_{\pi/2}^{0}\mathrm{d}\theta\int_{\nu=0}^{\infty}I_\nu(\theta,\varphi)\,\mathrm{d}\nu\cos\theta\sin\theta \tag{8-6}$$

H^{+} 和 H^{-} 均称为辐射通量，单位为 W/m^2。

对于各向同性辐射（辐射与 θ 和 φ 无关），$I_\nu(\theta,\varphi) = I_\nu$，由于所有方向的辐射相同，有

$$H^{+} = H^{-} = \pi I \tag{8-7}$$

辐射以光速 c 传输，在 dt 时间内，光子传输距离 $l = c\,\mathrm{d}t$。因此可以定义一个相应的体积元 $\mathrm{d}V = l\,\mathrm{d}S$。在各向同性辐射场这种特定情况下，光子在 0 到 4π 的所有立体角下通过体积元 dV，因此

$$u_\nu = \frac{4\pi}{c}I_\nu \tag{8-8}$$

式中，u_ν 的单位为 J·s/m^3。

将 u_ν 对所有频率进行积分可以得到总辐射强度，单位为 J/m^3。如果体积元内不是真空而是包含了折射指数为 n_r 的物质，则辐射强度必须再乘以 n_r^3。对于等离子体通常认为 $n_r = 1$。

8.1.2 黑体辐射

8.1.2.1 普朗克定律

真空中黑体辐射的频谱仅是温度的函数，由普朗克辐射定律给出。在频率区间 ν 到 $\nu+\mathrm{d}\nu$ 内，辐射场强度由下式确定

$$u_\nu^0(T)\mathrm{d}\nu = \frac{8\pi h\nu^3}{c^3}\frac{\mathrm{d}\nu}{\exp[h\nu/(kT)]-1} \tag{8-9}$$

上标 0 表示 u^0 与黑体辐射相关。

在真空中，辐射场是各向同性的，黑体辐射强度 I_ν^0 通常用 B_ν 表示，根据方程（8-8），可以得到

$$B_\nu\mathrm{d}\nu = \frac{2h\nu^3}{c^2}\frac{\mathrm{d}\nu}{\exp[h\nu/(kT)]-1} \tag{8-10}$$

根据关系式 $I_\nu\mathrm{d}\nu = I_\lambda\mathrm{d}\lambda$，可以将方程（8-9）和方程（8-10）表示为波长的函数

$$u_\lambda^0(T)\mathrm{d}\lambda = \frac{8\pi hc}{\lambda^5}\frac{\mathrm{d}\lambda}{\exp[hc/(kT\lambda)]-1} \tag{8-11}$$

$$B_\lambda\mathrm{d}\lambda = \frac{2hc^2}{\lambda^5}\frac{\mathrm{d}\lambda}{\exp[hc/(kT\lambda)]-1} \tag{8-12}$$

这里，u_λ^0 的单位为 J/m^4，B_λ 的单位为 W/(m^3 · ster)。

由于 $2hc^2=2c_1=1.190\ 9\times10^{-16}$ W · m^2 和 $hc/k=c_2=0.0143\ 86$ m · deg（所有光谱表都以 cm^{-1}为单位，c^2 以 cm deg 为单位），方程（8－12）的数值形式为

$$B_\lambda(T)=1.190\ 9\times10^{-16}\times\lambda^{-5}\frac{1}{\exp[0.014\ 386/(\lambda T)]-1} \tag{8-13}$$

这里，λ 单位为 m，T 的单位为 K。图 8－2 给出了不同温度下 $B_\lambda(T)$ 随 λ 变化曲线。

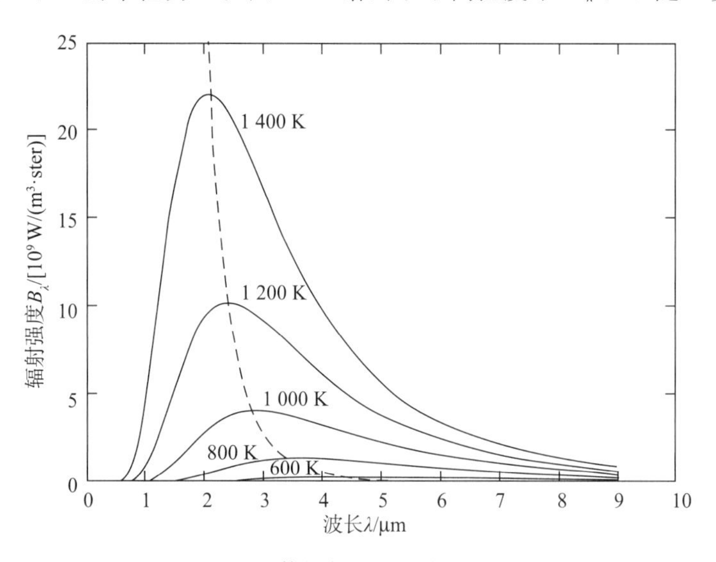

图 8－2　黑体辐射强度随波长变化曲线

8.1.2.2　维恩定律

对于给定的温度 T，普朗克公式在某一特定波长 $\lambda_{\max}$ 下给出了辐射强度的最大值 $I_{\max}$。从 $\mathrm{d}I_\lambda(T)/\mathrm{d}\lambda=0$ 可以得到一个重要的关系式

$$\lambda_{\max}T=\text{常数}=2\ 886\ \mu\text{m}\cdot\text{K} \tag{8-14}$$

该关系式被称为维恩定律。在图 8－2 中，$B_\lambda(T)$ 最大值所对应的位置用短划线画出。

8.1.2.3　斯忒藩-玻耳兹曼定律

黑体在单位时间、单位面积发射的辐射进入到 θ 方向 dΩ 立体角内的通量，可以通过普朗克辐射定律对所有频率进行积分再乘以 $\cos\theta\,\mathrm{d}\Omega$ 得到

$$\mathrm{d}H^0=\int_{\nu=0}^{\infty}B_\nu(T)\cos\theta\,\mathrm{d}\Omega\,\mathrm{d}\nu=\frac{2\pi^4k^4}{15c^2h^3}T^4\cos\theta\,\mathrm{d}\Omega \tag{8-15}$$

总辐射通量（单位时间、单位面积向半球面空间发射的辐射强度）可以通过积分得到，因此有

$$H^0=\frac{2\pi^4k^4T^4}{15c^2h^3}\int_0^{\pi/2}\cos\theta\,\mathrm{d}\Omega=\frac{2\pi^5k^4}{15c^2h^3}T^4=\sigma_sT^4 \tag{8-16}$$

这就是斯忒藩-玻耳兹曼辐射定律，其中 σ_s 的值为

$$\sigma_s=5.671\times10^{-8}(\text{W}\cdot\text{m}^{-2}\cdot\text{K}^{-4}) \tag{8-17}$$

辐射强度［见方程（8－7）］为

$$B(T)=\frac{\sigma_s}{\pi}T^4=1.805\ 13\times10^{-8}T^4 \tag{8-18}$$

对于各向同性黑体辐射，总辐射强度由下式确定

$$u^0(T)=\frac{4\sigma_s}{c}T^4\ \mathrm{J/m^3} \tag{8-19}$$

8.1.3 气体辐射

在下面的计算中，假设辐射场是各向同性的，因此有

$$I_\nu(\theta,\varphi,T)=I_\nu(T)=I_\nu \tag{8-20}$$

8.1.3.1 体发射系数

体单色发射系数是在单位时间 dt 内，体积元 dV 向立体角 $d\Omega$ 发射频率在 ν 到 $\nu+d\nu$ 区间的辐射能 dE [见 Griem (1964)]

$$\varepsilon_\nu=\frac{dE}{d\nu\, dV\, d\Omega\, dt} \tag{8-21}$$

或

$$\varepsilon_\lambda=\frac{dE}{d\lambda\, dV\, d\Omega\, dt} \tag{8-22}$$

这里，ε_ν 的单位为 $\mathrm{J/(m^3\cdot ster)}$，而 ε_λ 的单位是 $\mathrm{W/(m^4\cdot ster)}$，两者在单位上的差别源自方程 (8-4)。体积元 dV 应非常小，以致于在该体积元内所发生的吸收和受激发射过程可以忽略。

谱线的积分体发射系数 $\varepsilon_L(\lambda_0)$ 为

$$\varepsilon_L(\nu_0)=\int_{线}\varepsilon_\nu d\nu\ 或\ \varepsilon_L(\lambda_0)=\int_{线}\varepsilon_\lambda d\lambda \tag{8-23}$$

这里，ν_0 表示 $\varepsilon_L(\nu_0)$ 与以频率 $\nu_0=\nu_{ul}$ 为中心的线有关。

严格地讲，由于理论上这个中心线在无限域内，所以该积分应是对所有频率的积分。但实际上，还是要对距离积分的那条线有多远做出判断。对该积分的实际估算通常会因为来自邻线的干扰或在积分区域内连续谱辐射问题而增加其复杂性。$\varepsilon_L(\nu_0)$ 的单位 [$\mathrm{W/(m^3\cdot ster)}$] 与 $\varepsilon_L(\lambda_0)$ 的单位相同。

8.1.3.2 吸收系数

如果 I_ν 是通过一个厚度为 dx 吸收介质的某单色辐射强度，则在频率为 ν 的点处，单位长度的吸收系数 κ'_ν 由下式给出 [见 Pecker - Wimel (1967)]

$$dI_\nu=-\kappa'_\nu I_\nu dx \tag{8-24}$$

需要注意的是，在这里采用上标“′”是因为没有考虑受激发射。

κ'_ν 的单位一般为 $\mathrm{cm^{-1}}$。吸收系数通常是波长、频率为 ν 时的气体特性、辐射传播方向的函数。如果用 dI_λ 替换 dI_ν，其关系式应该是相同的

$$dI_\lambda = -\kappa'_\lambda I_\lambda dx \tag{8-25}$$

因此，$\kappa'_\lambda=\kappa'_\nu$。

通常，对气体层厚度 L 进行积分后可以得到

$$I_\nu = I_{\nu,0}\exp\left(-\int_0^L \kappa'_\nu dx\right) \tag{8-26}$$

$$= I_{\nu,0}\exp(-\tau_\nu) \tag{8-27}$$

式中　$I_{\nu,0}$——进入到气体层的辐射强度；

τ_ν——气体层的光学深度（无量纲）。

8.1.3.3　发射与吸收之间的关系式

对于辐射强度为 I_ν 的平行辐射，通过厚度单元 dx 的强度变化由单元引起的发射和吸收之差确定

$$dI_\nu = \varepsilon_\nu(x)dx - I_\nu(x)\kappa'_\nu(x)dx \tag{8-28}$$

由于边界条件 $I_\nu(0)=0$，该微分方程的解为

$$I_\nu(L) = \int_0^L \varepsilon_\nu(x)\exp\left[-\int_x^L \kappa'_\nu(t)dt\right]dx \tag{8-29}$$

均匀温度下，κ'_ν 和 ε_ν 在整个气体中为常数，方程（8-29）可简化为

$$I_\nu(L) = \frac{\varepsilon_\nu}{\kappa'_\nu}[1-\exp(-\kappa'_\nu L)] \tag{8-30}$$

比值 $\varepsilon_\nu/\kappa'_\nu$ 称为源函数 S_ν，在完全平衡条件下，可以表示为普朗克函数 $B_\nu(T)$［见方程（8-10）］。在折射指数为 n_r 的介质中，源函数可表示为

$$S_\nu = \varepsilon_r/n_r\kappa'_\nu \tag{8-31}$$

$I_\nu(L)$ 表达式有两个极限形式。一个是光学薄近似，这个近似中 $\kappa'_\nu L \ll 1$。将指数部分展开为级数后，可以得到

$$I_\nu(L) = \int_0^L \varepsilon_\nu(x)dx \tag{8-32}$$

当 $\kappa'_\nu L$ 大于 1 时，第二个极限形式出现，在同样条件下有

$$I_\nu(L) = \frac{\varepsilon_\nu}{\kappa'_\nu} = B_\nu(T) \tag{8-33}$$

式中，$B_\nu(T)$ 为普朗克单色辐射强度。这种情况与光学厚等离子体特性相对应。

8.2　等离子体的辐射机制

8.2.1　自发发射

处于较高量子态 u 的受激原子，有可能会通过发射能量为 $h\nu_{ul}$ 的光子返回到较低能态 l（如图 8-3 所示）。在没有入射辐射的情况下，在 dt 时间间隔内，脱离状态 u 的原子数与 t 时刻处于该状态下的原子个数 $N_u(t)$ 成正比，可表达为

$$dN_u(t) = -A_{ul}N_u(t)dt \tag{8-34}$$

积分得到

$$N_u(t) = N_u(0)\exp(-A_{ul}t) \tag{8-35}$$

式中　$N_u(0)$——初始 $t=0$ 时刻处于状态 u 的原子个数。

常数 A_{ul} 称为自发跃迁概率，被定义为处于状态 u 的原子在单位时间（s）通过发射频率为 ν_{ul} 光子而自发退化为状态 l 的概率。事实上，方程（8-34）也可根据其寿命 τ_{ul} 来表达，τ_{ul} 定义为从初始时状态 u 的原子个数，减少到该数除以因子 e 后的原子个数所需要的时间。需要注意到

$$\tau_{ul} = 1/A_{ul} \tag{8-36}$$

A_{ul} 的单位为 s^{-1}。A 的典型值在 $10^6 \sim 10^8\ s^{-1}$之间，最高值在原子或分子的共振态下获得（如从第一激发态到基态的跃迁）。

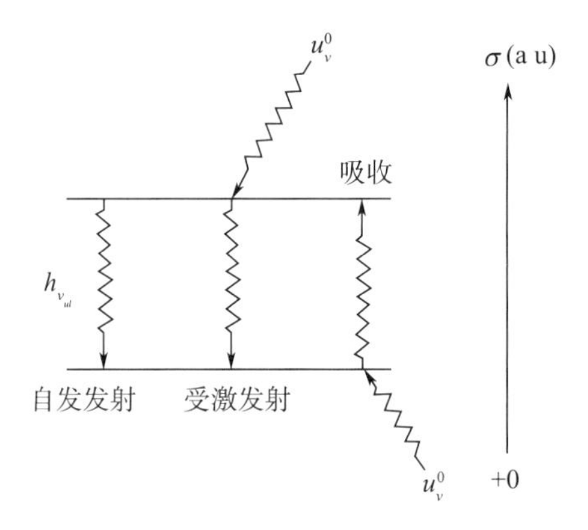

图 8-3　自发发射、受激发射和吸收

8.2.2　受激发射

受激发射或受迫发射对于激光中粒子数反转起到关键作用。当等离子体处于密度为 u_ν^0 的辐射场中时，等离子体将不仅存在自发发射，还存在受激发射。在受激发射的初始过程中，一个频率为 ν 的光子与处于较高量子态的原子或离子相互作用，将迫使该原子或离子在与入射光子相同方向上发射一个同样频率的光子。在单位体积（m^3）、单位时间（s）内，这种跃迁数与跃迁概率为 B_{ul}、辐射场强度为 u_ν 以及接近激发态的原子或离子的数密度成正比（见 8.2.4 节）。

8.2.3　吸收

考虑一个体积，其中包含方程（8-9）确定的单色辐射强度 u_ν^0 和具有吸收辐射能量 $h\nu_{ul}$ 后可从状态 l 上升到状态 u 能力的原子。在频率为 ν_{ul} 到 $\nu_{ul}+d\nu$ 范围之间、各向同性辐射 $u_\nu^0 d\nu$ 中，一个处于状态 l 的原子在单位时间吸收光量子能量 $h\nu_{ul}$ 转到 u 态的概率，正比于 u_ν^0 且可以写为 $B_{lu}u_\nu^0$（如图 8-3 所示）。需要注意的是，吸收跃迁概率的维为 B_{lu}，单位为 $m^3/(J \cdot s^2)$。

8.2.4　微观可逆原理

在任何原子团中，平衡都是动态的。在任意给定的时刻，一些原子吸收辐射而另一些原子发射辐射，研究发现，只有当每个单独的相互作用过程被其自身的逆向过程（微平衡）所平衡时，才能保持平衡。

基于动态平衡原理，考虑单个过程的细节，可以导出吸收与发射过程的关系式。若状态 l 和状态 u 之间仅考虑吸收和发射过程，则

$$u_\nu^0 B_{\mathrm{lu}} N_{\mathrm{l}} = A_{\mathrm{ul}} N_{\mathrm{u}} \tag{8-37}$$

如果原子个数服从玻耳兹曼定律［见方程（4-94）］，则

$$u_\nu^0 = \frac{A_{\mathrm{ul}}}{B_{\mathrm{lu}}} \frac{g_{\mathrm{u}}}{g_{\mathrm{l}}} \exp\left(\frac{h\nu_{\mathrm{lu}}}{kT}\right) \tag{8-38}$$

式中　g_{u}，g_{l}——状态 u 和状态 l 的统计权重。

然而，方程（8-38）并不是最终的平衡方程，这是因为在平衡中必须要包含受激发射。如前所述，受激发射正比于辐射场 u_ν^0 强度、跃迁概率 B_{ul} 和处于高量子态 u 的原子个数 (N_{u}) 。因此，对平衡状态采用细致平衡原理

$$u_\nu^0 B_{\mathrm{lu}} N_{\mathrm{l}} = A_{\mathrm{ul}} N_{\mathrm{u}} + B_{\mathrm{ul}} u_\nu^0 N_{\mathrm{u}} \tag{8-39}$$

则可得到

$$u_\nu^0 = \frac{A_{\mathrm{ul}}/B_{\mathrm{lu}}}{\dfrac{g_{\mathrm{u}}}{g_{\mathrm{l}}} \dfrac{B_{\mathrm{lu}}}{B_{\mathrm{ul}}} \exp\left(\dfrac{h\nu}{kT} - 1\right)} \tag{8-40}$$

将这个表达式与普朗克定律方程（8-9）合并，可以得到

$$g_{\mathrm{l}} B_{\mathrm{lu}} = g_{\mathrm{u}} B_{\mathrm{ul}} \tag{8-41}$$

$$A_{\mathrm{ul}} = \frac{8\pi h\nu^3}{c^3} B_{\mathrm{ul}} \tag{8-42}$$

或

$$A_{\mathrm{ul}} = \frac{1.665\ 543 \times 10^{-32}}{\lambda^3} B_{\mathrm{ul}}$$

式中，λ 的单位为 m。

跃迁概率（A_{ul}、B_{ul}、B_{lu}）称为爱因斯坦（Einstein）系数。如果其中一个系数是已知的（计算或测量），另外两个可以根据方程（8-41）和方程（8-42）导出。这些系数都与体发射系数和体吸收系数相关［见方程（8-21）和方程（8-24）］。

如果 $n_{i,u}$ 为激发到状态 u 的组元 i 的原子数密度，量子跃迁数变为 $A_{\mathrm{ul}}^i n_{i,u}$ ，因此，在各向同性等离子体中，由于谱线宽度有限［方程（8-23）］，发射系数为

$$\varepsilon_{\mathrm{L}}(\nu) = \frac{1}{4\pi} A_{\mathrm{ul}}^i n_{i,u} \nu_{\mathrm{ul}} \tag{8-43}$$

式中，$\frac{1}{4\pi}$ 与单位立体角相关。

类似地，可以将积分吸收系数引入到方程（8－28）中，对整个谱线剖面进行积分。考虑到 B_ν 和 u_ν^0 之间的关系［见方程（8－8）］，积分后的方程可以写为

$$I_\nu^t = \frac{A_{ul}}{4\pi} h\nu_{ul} n_u \mathrm{d}x + \frac{I_\nu^0}{c} h\nu_{lu} \mathrm{d}x \,(B_{ul} n_u - B_{lu} n_l) \tag{8-44}$$

这个方程中，假设强度 I_ν^0 在谱线宽度内为常数，当然，$\nu_{ul} = \nu_{lu}$ 。假设存在一个温度为 T 的玻耳兹曼分布，应用方程（8－41），可以得到

$$\frac{\mathrm{d}I_\nu^t}{\mathrm{d}x} = \frac{A_{ul}}{4\pi} n_u h\nu_{ul} - \frac{B_{lu}}{c} n_l I_\nu^0 h\nu_{ul} \left[1 - \exp\left(-\frac{h\nu_{ul}}{kT}\right)\right] \tag{8-45}$$

方程（8－45）的右边第二项为有效积分吸收项。在CTE和LTE等离子体的假设下，如果谱线的吸收剖面与受激发射剖面相同，没有自发发射，方程（8－45）就变成了与定义积分吸收系数［见方程（8－24）］等效的微分方程（Griem 1964）。

$$\kappa_L(\nu) = \frac{h\nu_{lu}}{c} B_{ul} n_l \left[1 - \exp\left(-\frac{h\nu_{ul}}{kT}\right)\right] \tag{8-46}$$

在 $\exp(h\nu_{ul}/kT) \gg 1$ 的情况下（忽略受激发射），根据方程（8－31）关于 $\varepsilon_L(\nu)$ 和 $\kappa'_L(\nu)$ 源函数的基尔霍夫（Kirchhoff）定律，方程（8－46）演化为我们所熟悉的关系式

$$\kappa'_L(\nu) = \frac{B_{lu} n_l h\nu_{ul}}{c} \tag{8-47}$$

8.2.5　激发态有效辐射寿命

在8.2.1节，激发态辐射寿命被定义为自发跃迁概率 A_{ul} 的倒数。然而，激发态u可以通过辐射发射达到初始的低能态l或通过辐射吸收构成更高能态u′（如图8－4所示），从而减少处于激发态的数量。跃迁概率之和必须等于该状态下寿命的倒数，假设忽略超弹性碰撞，则

$$\frac{1}{\tau_u} = \sum_l A_{ul} + \sum_l B_{ul} u^0(\nu_{ul}) + \sum_{u'} B_{uu'} u^0(\nu_{uu'}) \tag{8-48}$$

由于

$$\frac{A_{ul}}{B_{ul} u^0(\nu_{ul})} = \exp\left(\frac{h\nu_{ul}}{kT}\right) - 1 \tag{8-49}$$

可以得到

$$\frac{1}{\tau_u} = \sum_l A_{ul}\left\{1 + \left[\exp\left(\frac{h\nu_{ul}}{kT}\right) - 1\right]^{-1}\right\} + \sum_{u'} A_{u'u} \frac{g_{u'}}{g_u}\left[\exp\left(\frac{h\nu_{uu'}}{kT}\right) - 1\right]^{-1} \tag{8-50}$$

受激辐射的影响通过 $\exp(h\nu/kT)$ 来体现。对于 $T = 300$ K和波长为600 nm的光子，$\exp(h\nu/kT) \approx 5 \times 10^{36}$，当 $h\nu/kT \gg 1$ 时，受激辐射效应在可见光区域是微不足道的，因此

$$\frac{1}{\tau_u} = \sum_l A_{ul} \tag{8-51}$$

然而，当温度为9 000 K时，$\exp(h\nu/kT) \approx 16$，此时会严重偏离方程（8－51）。

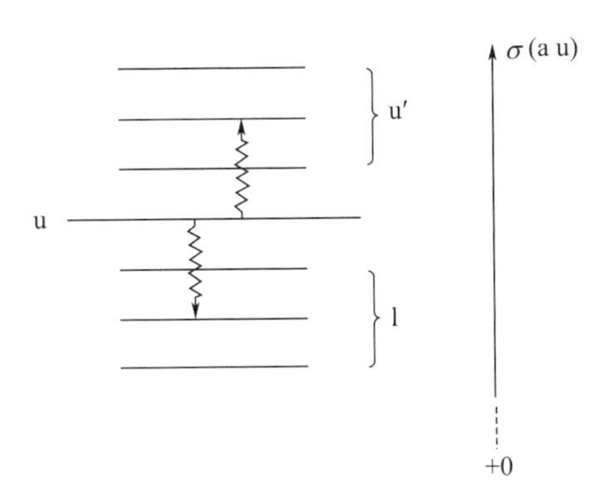

图 8-4　在能态 u 下的原子跃迁

8.3　辐射发射和吸收

8.3.1　发射辐射的分类

在等离子体中所观测到的各种频谱，可根据发射辐射的粒子和参与辐射的自由度进行分类。图 8-5［引自 Cabannes 和 Chapelle（1971）］给出了原子或离子的各类激发态以及所对应的束缚-束缚、束缚-自由、自由-自由跃迁。

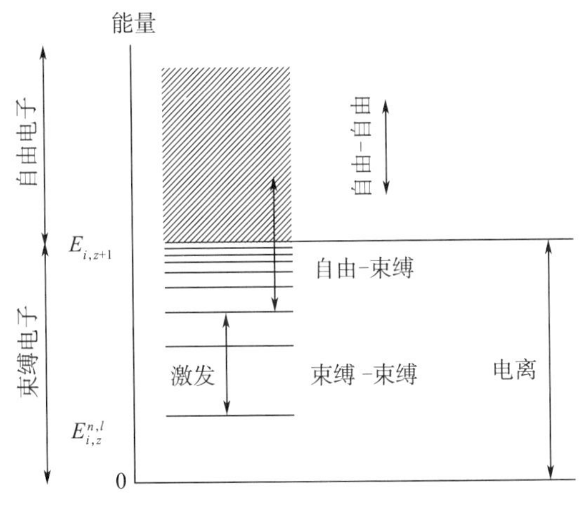

图 8-5　原子或离子的激发态能级

8.3.1.1　束缚-束缚跃迁

由于电子激发，原子和离子（H^+ 除外）发射如下谱线

$$E_u - E_l = h\nu_{ul} = \frac{hc}{\lambda_{ul}} \tag{8-52}$$

式中　u，l——分别为发生跃迁的高激发能级和低激发能级。

辐射频率 ν（或波长 λ）是原子或离子以及发射能级的独有特征。电子的运行轨道被改变，但仍被原子核束缚着，这种类型的跃迁称为“束缚-束缚”跃迁。对应的波长从红外线延伸到远紫外线。

双原子分子的频谱远比单原子频谱复杂。根据分子的能级（见2.4节），必须要考虑以下激发态：

1）几电子伏特（eV）能量的电子激发；

2）0.1 eV 量级能量的振动激发；

3）从 10^{-4}eV 到 10^{-2}eV 能量的转动激发。

图8-6［引自 Cabannes 和 Chapelle（1971）］给出了带有不同电子激发态的 CN 双原子分子的能量曲线，激发态包括基态 $X^2\Sigma^+$、第一激发态 $A^2\Pi_1$ 和第二激发态 $B^2\Sigma^+$（见关于能态命名的2.4节）

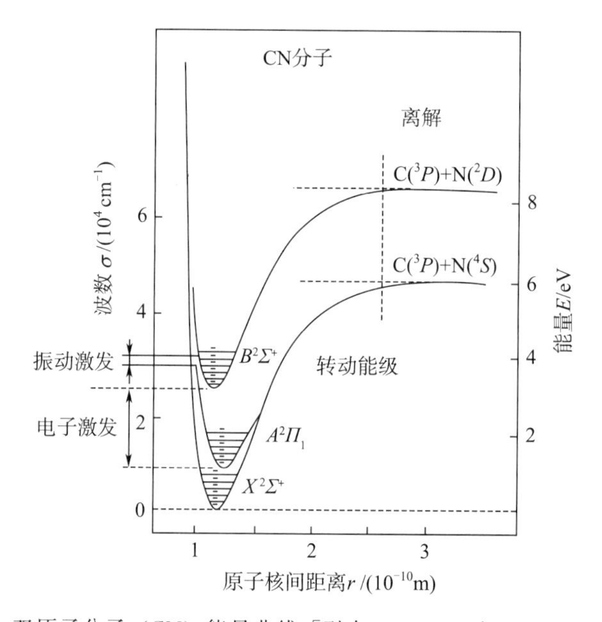

图8-6　双原子分子（CN）能量曲线［引自 Cabannes 和 Chapelle（1971）］

电子跃迁由于振动与转动效应存在而改变，这种振动与转动产生了能带系中的能带组。对原子来说，每个能带系对应于一个单独的电子跃迁。

如果能量按光谱标记法写出（见2.4.1节）

$$E = T_e + G + F \tag{8-53}$$

式中　T_e，G，F ——分别为电子项、振动项和转动项，单位为 cm^{-1}。

谱线的波数由下式给出

$$\sigma = E' - E'' = (T'_e - T''_e) + (G' - G'') + (F' - F'') \tag{8-54}$$

式中，带单撇的字符和带双撇的字符分别代表较高能态和较低能态。

对于给定的电子跃迁，表达式 $\sigma_e = T'_e - T''_e$ 是常量。

忽略转动项这个非常小的量，频率可变部分为 $(G' - G'')$，这给出了一种粗糙结构的电子跃迁，这种粗糙结构称为振动结构。由于振动量子数（ν）没有选择定则，电子跃迁会存在大量的能带。每个能带可由两个振动量子数 ν' 和 ν'' 标识。在能带系统中已观测到了一些独特的能带组。这些组被称为序列（sequence），且每个 $\Delta\nu=\nu'-\nu''$ 都是常数。在从一个电子态到另一个电子态的过程中，由于振动常数 ω_e 和 x_e（见 2.4.3 节）变化不大，能带之间的间距相对一个族而言很小，因此，当 $\Delta\nu$ 为常数时，$(G'-G'')$ 变化缓慢。图 8-7 给出了双原子分子 CN 的紫色系和红色系的序列。需要注意的是，由于序列有明显的重叠，在每个序列仅可观测到几个能带。

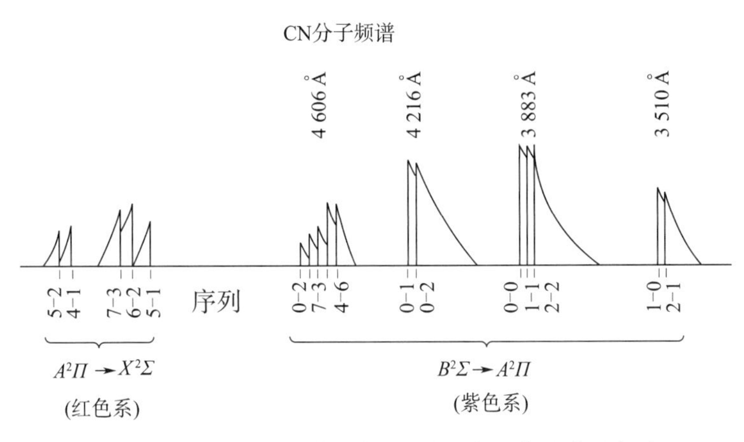

图 8-7　CN 分子频谱的紫色系与红色系中的谱示意图

由于原子核的转动运动，每个能带都具有转动结构。对于一个给定的电子能带［$(T'_e-T''_e)$ 和 $(G'-G'')$ 为常数］的相应转动谱可以通过 $(F'-F'')$ 得到。转动谱自身就非常复杂，可以根据 $\Delta J=J'-J''=0\pm1$ 的值进行分类（见 2.4.3 节）。双原子分子的电子激发生成了紫外、可见和红外区的带系。

在跃迁过程中，如果电子态没有变化，可以观测到被称为振动-转动带的红外频带（主要由于基础 X 态）。谱线的波数为

$$\sigma=(G'-G'')+(F'-F'') \tag{8-55}$$

一般情况下，只能观测到与振动量子数最低值所对应的一个或几个频带。

8.3.1.2　自由-束缚和自由-自由跃迁

(1) 自由-束缚跃迁

由于一个自由电子具有非量子化的动能，它与一个离子复合会形成连续辐射。例如，自由电子与氮离子（N^+）复合导致的自由-束缚跃迁，会形成在可见区和紫外区可观测到的连续谱。自由电子与 N^{++}、N^{+++}、N_2^+ 等的复合也会出现同样的现象。根据以下关系式，一个速率为 v_e 的电子的剩余能量将转换为辐射

$$m_e v_e^2/2+E^I_{N^+}-\delta E_{N^+}-E_{N,j}=h\nu \tag{8-56}$$

式中　$E^I_{N^+}$ ——反应 $N\rightarrow N^++e$ 所对应的电离能；

δE_{N^+} ——反应过程的能量降低值；

$E_{N,j}$ ——束缚电子的激发态 j 的能量。

在 $E_{N,j}$ 激发态中，存在着一个零速度电子被捕获所产生辐射波长的阈值

$$\Delta' E_{\mathrm{N}} = h\nu_{\min} \text{ 或 } \lambda_{\max} = \frac{hc}{\Delta' E_{\mathrm{N}}} \tag{8-57}$$

和

$$\lambda_{\max}(m) = \frac{1.98647\times10^{-25}}{\Delta' E_{\mathrm{N}}(\mathrm{J})} = \frac{1.23944\times10^{-6}}{\Delta' E_{\mathrm{N}}(\mathrm{eV})} = \frac{1.00048\times10^{2}}{\Delta' E_{\mathrm{N}}(\mathrm{cm}^{-1})} \tag{8-58}$$

其中

$$\Delta E_{\mathrm{N}} = E^{1}_{\mathrm{N}^{+}} - \delta E_{\mathrm{N}^{+}} - E_{\mathrm{N},j} \tag{8-59}$$

由于电子的能谱分布很宽，它们再次复合到能级 j 中将增大从 $\nu_{\min}$ 到 ν 之间的频谱。

电子能够被捕获而使原子处于各种可能的能态，因此，连续谱的数目与可能的能级数目是相等的。

（2）自由-自由跃迁

当自由电子在正离子的库仑场中释放它们部分动能时会出现连续谱。这种动能的损失会转换为麦克斯韦（Maxwellian distribution）分布电子的辐射。发射的能量是被称为韧致辐射的连续谱，典型的韧致辐射在红外波段。由于辐射是由动能为 $\frac{1}{2}m_{\mathrm{e}}v_{\mathrm{e}}^{2} \geqslant h\nu$ 的自由电子发出的，因此，频谱的波长取决于电子温度。当电子-原子或电子-分子相遇时，也可能会发生自由-自由跃迁。

8.3.2 谱线辐射

8.3.2.1 谱线增宽

离散辐射量子的吸收与发射意味着可以观测某一频率 ν_{ul} 的单色辐射。然而，通过光谱仪测得的单色辐射结果显示，在频率 ν_{ul} 或波长 λ_{ul} 附近谱线具有一定的宽度 δ_{ν} 或 δ_{λ} 。如果用于线性分析的光谱仪的分辨能力足够高（见第2卷），就会发现线宽与发射源的性能相关。

在低气压条件下，气体放电产生的发射谱线非常窄［Griem H.(1974)］。源中原子、离子和电子的压强和密度越大，辐射原子间的碰撞就越频繁，这种效应被称为压强增宽。当带电粒子数量达到一定规模时产生的微电场环境对分子能级能量产生扰动，进而造成跃迁过程中谱线的斯塔克增宽效应。值得注意的是，磁场也可以通过塞曼效应使离散能级能量增宽，也可以导致谱线峰值位置的移动，这称为谱线漂移。

随着气体压强逐渐减小，碰撞和斯塔克增宽也减少，线宽逐渐趋近一个与温度相关的有限值，此时谱线增宽由辐射原子自由运动产生，称为多普勒增宽效应。当多普勒线宽减小到可以忽略的程度时（通过减小辐射原子的热运动速度），只剩下原子间相互作用产生的谱线增宽，称为自然增宽。自然线宽通常比多普勒线宽要窄得多。

通常情况下，辐射和吸收的频率分布和波长分布可以用形状因子 $P(\nu-\nu_{0})$ 来描述，如下所示

$$\int_{-\infty}^{+\infty} P(\nu-\nu_{0})\,\nu = 1 \tag{8-60}$$

其中，$\nu_0=\nu_{ul}$，或者

$$\int_{-\infty}^{+\infty} P(\lambda-\lambda_0)\lambda=1$$

其中，$\lambda_0=\lambda_{ul}$。

上述关系表明，方程（8 - 43）可以写成如下形式

$$\varepsilon_L(\lambda)=\frac{hc}{4\pi\lambda_{ul}}A_{ul}^{i}n_{i,u}P(\lambda_{ul}) \tag{8-61}$$

通过谱线轮廓和谱线波长范围 δ_λ 进行积分，即可以获得谱线的积分体发射系数 $\varepsilon_L(\lambda)$，单位为 W/(ster · m^3)［不是 W/(ster · m^4)，原因在 8.1.3 节中已作说明］。式（8 - 61）可写成如下形式

$$\varepsilon_L(\lambda_{ul})=\int_{线}\varepsilon_\lambda \mathrm{d}\lambda=\frac{1}{4\pi}n_{i,u}A_{ul}^{i}\frac{hc}{\lambda_{ul}} \tag{8-62}$$

上式即为线发射系数。

图 8 - 8 显示了谱线轮廓的特征参量：2δ 为对应二分之一最大线光谱辐射强度处的谱线宽度，λ_0 为谱线中心波长，Δ 为漂移量。接下来我们将仅限于对自然增宽、多普勒增宽和斯塔克增宽以及最终的谱线轮廓进行说明。必须强调的是，在局域热平衡条件下，由基尔霍夫定律可知，发射谱线与吸收谱线形状相同。但由于在谱线宽度范围内不同位置自吸收系数不同，受此影响，发射谱线的线型在中心线处相比两翼有更大变形。

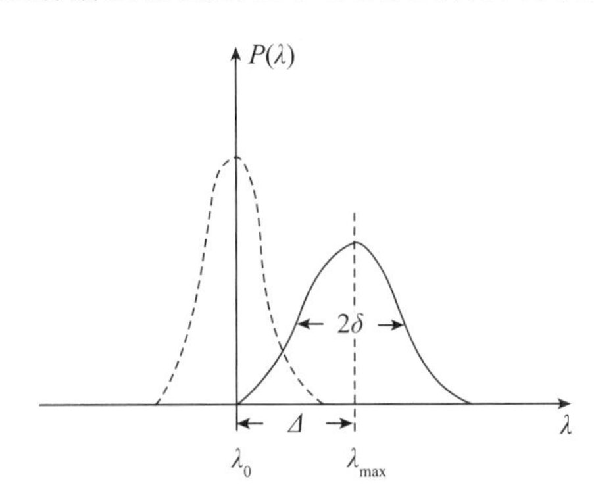

图 8 - 8　谱线轮廓与谱线漂移

（1）自然线宽

谱线增宽的基本条件是假设原子是静止不动的，并且与电场和磁场绝缘。在此条件下的谱线为洛伦兹线型

$$P_N(\lambda)=\frac{\delta}{\pi[(\lambda-\lambda_0)^2+\delta^2]} \tag{8-63}$$

通过下式获得谱线半宽

$$\delta=\delta_m+\delta_n \tag{8-64}$$

其中

$$\delta_m=\sum_{m=1}^{m-1}A_{mn}/4\pi\ ,\ \delta_n=\sum_{m=1}^{n-1}A_{nm}/4\pi$$

在大多数热等离子体的实际应用中，与斯塔克增宽和多普勒增宽相比，自然增宽是可以忽略的，在计算过程中一般作忽略处理。

（2）多普勒线宽

如果单色光源在视线方向以速度 v 移动，那么相对于静止光源所发射的频率为 ν_0 的光，其频率会出现漂移，漂移量为 $v\nu_0/c$ 。辐射源原子的随机运动导致原子产生的发射或吸收谱线增宽。如果速度分布为麦克斯韦分布，则谱线线型可用下式描述

$$P_{\mathrm{D}}(\lambda)=\frac{1}{\Delta\lambda_P\pi^{1/2}}\exp\left[-\left(\frac{\lambda-\lambda_0}{\Delta\lambda_P}\right)^2\right] \tag{8-65}$$

其中

$$\Delta\lambda_P=\lambda_0\left(\frac{2kT}{mc^2}\right)^{1/2} \tag{8-66}$$

式中　m ——发射原子的质量。

对应二分之一最大辐射能量的谱线宽度由下式给出

$$2\delta_{\mathrm{D}}=2\Delta\lambda_P(\ln 2)^{1/2}=2\lambda_0\left(\frac{2kT\ln 2}{mc^2}\right)^{1/2}=7.161\ 0^{-7}\lambda_0\sqrt{T/M} \tag{8-67}$$

式中，M 表示原子质量（单位为 g），δ_{D} 的单位与 λ_0 相同。

在热等离子体研究中，多普勒效应通常对线型增宽的贡献很小。例如，当 $T=10\ 000$ K，$p=100$ kPa 时，486.1 nm 的 H_β 谱线宽度 $2\delta_{\mathrm{D}}=3.5\times10^{-2}$ nm，而 493.5 nm 的 NⅠ谱线宽度 $2\delta_{\mathrm{D}}=9\times10^{-3}$ nm，696.5 nm 的 ArⅠ谱线宽度 $2\delta_{\mathrm{D}}=2.5\times10^{-3}$ nm。公式（8-65）依据 δ_{D} 可改写成如下形式

$$P_{\mathrm{D}}(\lambda)=\frac{(\ln 2)^{1/2}}{\delta_{\mathrm{D}}\pi^{1/2}}\exp\left[-\ln 2\left(\frac{\lambda-\lambda_0}{\delta_{\mathrm{D}}}\right)^2\right] \tag{8-68}$$

（3）斯塔克增宽

当离子化率超过1%时，斯塔克增宽效应就变得尤为重要。带电粒子以相对于发射粒子的平均速度 $\bar{v}$ 运动产生的扰动时间，可用下式表示

$$\tau_s=b/\boldsymbol{v} \tag{8-69}$$

式中　b ——碰撞系数（见7.3.4节）。

由于电子和原子速度差别巨大，因此电子碰撞时间 τ_s 相比连续碰撞时间要短，电子的线性增宽基于碰撞近似法来确定。在这一模型中，大多数时间发射系统处于非扰动，其增宽效应可依据时间离散化碰撞形式来描述。由于离子运动缓慢，其扰动在（$1/\Delta\nu$）时间内实际上为常数，因此离子的运动可以忽略不计。考虑到电场的统计分布，可通过准静态近似方法对其影响进行计算分析，计算过程中假设为斯塔克增宽效应。Griem（1974）和 Traving（1968）已经给出了斯塔克谱线半宽 $\delta_{e,i}$ 和斯塔克漂移量 $\Delta_{e,i}$，其中电子密度 n_e 是最为重要的参数。

例如，Griem（1974）通过电子密度和参数 w，d 和 α 给出了 $\delta_{e,i}$ 的表达式，根据不同的谱线、温度和电子密度列表，这些参数用如下形式表示

$$2\delta_{e,i}=2[1+1.75\times10^{-4}\ n_e^{\frac{1}{4}}\alpha(1-0.068\ n_e^{1/6}\ T_e^{1/2})]10^{17}n_e w \tag{8-70}$$

式中，$\delta_{e,i}$ 的单位为 nm，n_e 的单位为 cm^{-3}，且保证 $0.05 \leqslant 10^{-4} n_e^{1/4}$，$\alpha \leqslant 0.5$。

最终的谱线轮廓为洛伦兹线型，例如

$$P(\lambda)=\frac{1}{\pi}\frac{\delta_e}{[(\lambda-\lambda_0-\Delta_{e,i})^2+\delta_{e,i}^2]^{1/2}} \tag{8-71}$$

根据 $T=13\,200$ K，$N_e=1.05\times10^{17}$ cm^{-3}氮的谱线，N Ⅰ 谱线在 493.5 nm 处 $2\delta_{e,i}=0.269$ nm，在 746.8 nm 处 $2\delta_{e,i}=0.124$ nm。在此温度下，N Ⅰ 谱线的多普勒增宽小于斯塔克增宽的 13%，其在 493.5 nm 处 $2\delta_D=0.011$ nm，在 746.8 nm 处 $2\delta_{e,i}=0.016\,4$ nm。通常用氢原子谱线来确定电子密度（相比 T_e，$\delta_{e,i}$ 对 N_e 更为敏感）。图 8-9 表明，当 $T=10\,000$ K 时，H_α 线相对于 Ne 变宽，其谱线宽度 $2\delta_{e,i}$ 采用 Hill[1] 参数进行计算。计算结果与 Wiese[2] 和 Ehrich[3] 的实验结果吻合得非常好。

用于计算 $\delta_{e,i}$ 的参数需要仔细斟酌；尤其对于 Fe、Cu、F 和 S，其谱线半宽的计算结果与测量结果间的相对误差可以达到±30%[4,5]。

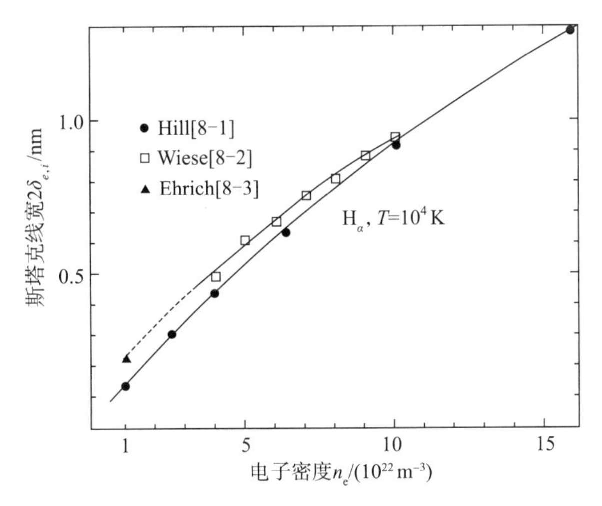

图 8-9　在 10 000 K 条件下，H_α 谱线二分之一最大辐射强度斯塔克线宽与电子密度的关系图，计算结果来源于文献［6］

（4）综合线型

对于热等离子体，谱线轮廓为多普勒（高斯分布）和斯塔克（洛伦兹分布）谱线的卷积。假设多普勒增宽和斯塔克增宽的过程相对独立，则结果为佛克特线廓，定义为

$$P(a,b)=\frac{1}{2\pi^{1/2}\delta_D}\int_{-\infty}^{+\infty}\frac{a}{\pi}\frac{\exp(-y^2)}{(b-y)^2+a^2}dy \tag{8-72}$$

其中

$$a=\frac{\delta_L}{\delta_D}(\ln 2)^{1/2} \tag{8-73}$$

$$b=\frac{(\lambda-\lambda_0-\Delta)}{\delta_D}(\ln 2) \tag{8-74}$$

式中　Δ——谱线漂移。

8.3.2.2　不考虑吸收的体光谱发射系数

当忽略吸收时，线光谱强度可根据公式（8－62）计算。假设 $n_{i,u}$ 的玻耳兹曼分布为

$$\varepsilon_{\mathrm{L}}(\lambda_{\mathrm{ul}})=\int\varepsilon_{\lambda}\mathrm{d}\lambda=\frac{1}{4\pi}n_{i}g_{i,u}\exp\left(-\frac{E_{i,u}}{kT}\right)\frac{1}{Q_{el(T)}^{i}}A_{\mathrm{ul}}^{i}\frac{hc}{\lambda_{\mathrm{ul}}}\tag{8-75}$$

式中　下标 i ——化学组元 i；

$Q_{el}^{i}(T)$ ——相应的电子配分函数。

密度 n_i 单位为 $\mathrm{m^{-3}}$，跃迁概率单位为 $\mathrm{s^{-1}}$，波长单位为 m，系数 $hc/4\pi=1.580\ 78\times10^{-26}$ 。在公式（8－75）中，温度以指数形式出现，但组元 n_i 的密度与温度密切相关，而电子配分函数 Q_{el}^{i} 却受温度影响较小。因此，当压强一定时，温度 T 以指数形式对 ε_{L} 产生影响，其影响较大，并通过调整电子密度可达到更小（排除离解不充分或电离占主导的情况）。

例如，如图8－10所示，对于 $p=10^5$ Pa 条件下的 NⅠ和 OⅠ谱线，其体发射系数 $\varepsilon_{\mathrm{L}}(\lambda)$ 为温度的函数，由图可知，当气体未完全离解时 493.5 nm 的 NⅠ谱线发射系数可以忽略不计。777.2 nm 的 OⅠ谱线发射系数也是类似情况。图 8－10 表明了一个重要的实验现象：大多数探测器（光电倍增管、光电二极管等）只能探测到 3～4 个数量级范围内的变化情况。由图 8－10 可知，通过 $\varepsilon_{\mathrm{L}}(\lambda)$ 绝对值获得的温度测量值在 8 000～16 000 K 范围内。图 8－11 给出了氩 ArⅠ（中性原子）和 ArⅡ（一级离子）谱线发射系数（根据最大线光谱辐射强度进行归一化），由图可知，中性谱线在 10 000～25 000 K 温度范围内表征明显，这主要是因为高于 25 000 K 时氩原子密度非常小。归一化发射系数是发射系数与其最大值的比值（ArⅠ和 ArⅡ的发射系数最大值大约分别出现在15 500 K 和 25 500 K 处）。根据公式（8－75），在给定温度下，某一组元 i 的原子或离子的谱线发射系数随压强增加而增加（当压强从 100 kPa 增加到 10 MPa 时，对应的发射系数约增加 2 个数量级），这主要是由密度 n_i 的变化导致。当压强增大后，谱线发射系数的极值也向高温方向移动，这主要是因为高温下气体发生离解，最大原子密度对应位置发生移动。

同样的情况也发生在双原子分子中，其谱线发射系数为[8]

$$\varepsilon_{\mathrm{L}}(\lambda_{0})=\int_{\text{线}}\varepsilon_{\lambda}\mathrm{d}\lambda=\frac{hc}{4\pi\lambda}A_{n'',v'',K'',J''}^{n',v'K',J'}n_{i}(n',v',K',J')\tag{8-76}$$

式中　$n_i(n',v',K',J')$ ——组元 i 在发射态的粒子密度；

n' ——电子项量子数；

v' ——振动项量子数；

K'，J' ——转动项量子数。

$n_i(n',v',K',J')$ 依据玻耳兹曼方程获得。图 8－12 显示了 N_2^+ 的 $B^2\sum_u^+\rightarrow X^2\sum_g^+$ 跃迁过程中 0－0、0－1 和 0－2 能带的谱线发射系数。发射系数极值与 N_2^+ 的最大密度相关（如图 6－4 所示）。

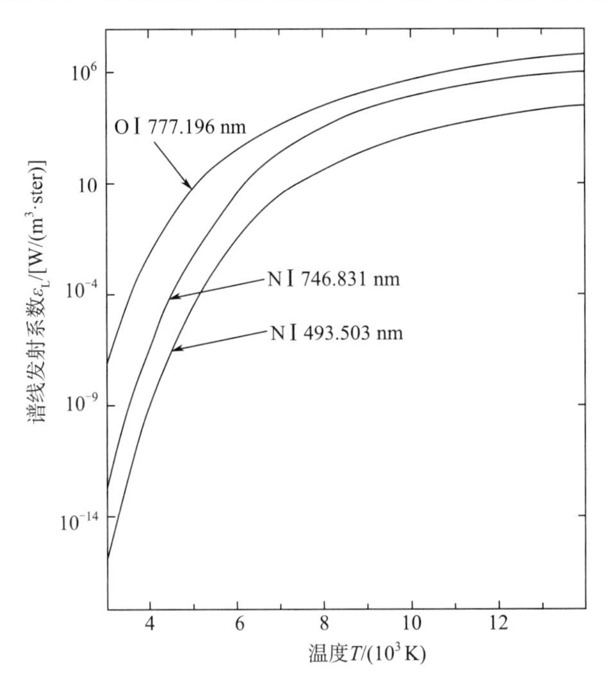

图 8-10　常压下 NⅠ谱线（493.503 nm 和 747.831 nm）和 OⅠ谱线（777.196 nm）的谱线体发射系数［W/（m³ · ster)］与温度对应关系[6]

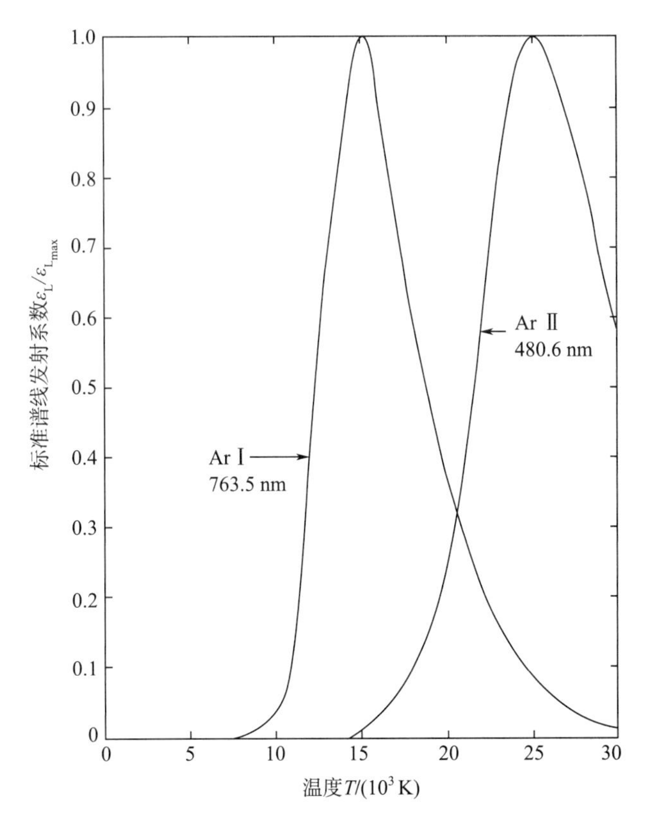

图 8-11　常压下 ArⅠ 763.5 nm 和 ArⅡ 480.6 nm 两种氩谱线相对谱线发射系数与温度的对应关系[7]

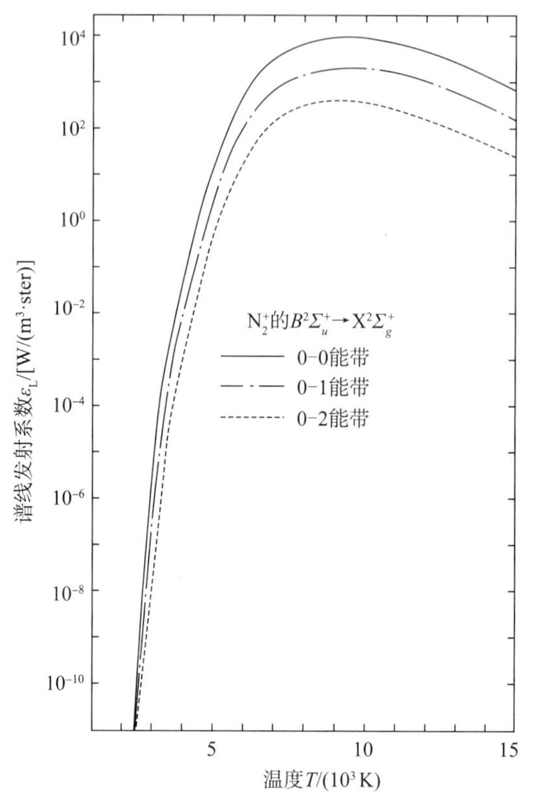

图 8-12　常压下 N_2^+ 的 $B^2\sum_u^+ \to X^2\sum_g^+$ 跃迁过程中，0-0、0-1 和 0-2 能带的绝对谱线发体射系数［W/(m³ · ster)］与温度的对应关系

8.3.3　连续辐射

8.3.3.1　一般关系

根据 Griem（1964）理论，i 粒子和电荷 ze（对于原子 $z=0$，第一离子 $z=1$）的吸收系数通过下式给出

$$\kappa_{i,z+1}(\nu, T) = \sum_{n,l} n_{i,z}^{n,l} \sigma_{i,z}^{n,l} \tag{8-77}$$

式中　$n_{i,z}^{n,l}$ ——化学组元 i 的密度；

ze ——激发态电荷，由主量子数 n 和角量子数 l 确定；

$\sigma_{i,z}^{n,l}$ ——由 Bates[9] 计算的光子 $h\nu$ 的光电离截面。

由于带电荷 ze 的原子发射或吸收对应于电子与离子的复合过程，因此发射或吸收系数用脚标 $z+1$ 进行标注。对于光学薄的等离子体，将公式（8-77）带入到公式（8-33），然后利用公式（8-10）可得到如下表达式

$$\varepsilon_{i,z+1}^{n,l} = \frac{2h\nu^3}{c^2}\left[\exp\left(\frac{h\nu}{kT}\right) - 1\right]^{-1} n_{i,z}^{n,l} \sigma_{i,z}^{n,l} \tag{8-78}$$

利用 Saha 方程（6－55），$n_{i,z}$ 可以用电子和源离子的密度进行表示，表达式如下

$$\frac{n_e n_{i,z+1}}{n_{i,z}} = 2\left(\frac{2\pi m_e kT}{h^2}\right)^{3/2} \frac{Q^{el}_{i,z+1}}{Q^{el}_{i,z}} \exp\left(-\frac{E^{I}_{i,z+1} - \delta E_{i,z+1}}{kT}\right) \tag{8-79}$$

式中　$E^{I}_{i,z+1}$ —— $X_{i,z} \leftrightarrows X_{i,z+1} + e$ 反应的一次电离能；

$\delta E_{i,z+1}$ ——电离能衰减量（见 4.4.2 节）；

$Q^{el}_{i,z}$ ——组元 i 的电子配分函数，其电荷为 ze 。

在大多数情况下离子处于基态（标注有上标 1）；利用方程（6－2）的玻耳兹曼方程描述 $n_{i,z+1}$ 与 $n^{1}_{i,z+1}$ 对应关系，有

$$\varepsilon^{n,l}_{i,z+1}(\nu) = \frac{h^4\nu^3}{c^2\ (2\pi m_e kT)^{\frac{3}{2}}} \frac{\sigma^{n,l}_{i,z} g^{n,l}_{i,z} n_e n^{1}_{i,z+1}}{g^{1}_{i,z}} \times \exp\left(\frac{E^{I}_{i,z+1} - \delta E_{i,z+1} - E^{n,l}_{i,z}}{kT}\right)\left[\exp\left(\frac{h\nu}{kT}\right) - 1\right]^{-1} \tag{8-80}$$

对于谱线发射，应特别注意公式（8－80）的单位，$\varepsilon^{n,l}_{i,z+1}(\nu)$ 单位为 J/(m³ · ster)。若 ε 为波长项，则 $\varepsilon^{n,l}_{i,z+1}(\lambda)$ 单位为 W/(m⁴ · ster)，这是因为

$$\varepsilon(\lambda) = \frac{c}{\lambda^2}\varepsilon(\nu)$$

8.3.3.2　自由-束缚跃迁

在自由-束缚跃迁情况下，组元 i 的不同原子及其电荷数为 $z+1$ 的母离子的发射用下式表示

$$\varepsilon_{fb} = \sum_{i}\sum_{z=0}^{z_{max}}\sum_{n,l}^{n_{max}} \varepsilon^{n,l}_{i,z+1} \tag{8-81}$$

在下文中 $\sum_{z=0}^{z_{max}}$ 将简写为 $\sum_{z}$ 。

求和是对所有的原子和离子、对所有与频率大于 ν_0 [对应接近零速度的捕获电子（见 8.3.1 节）] 相匹配的能态 n、l 进行的。因此

$$h\nu_0 = E^{I}_{i,z+1} - \delta E_{i,z+1} - E^{n,l}_{i,z} \tag{8-82}$$

如果所得的离子处于激发态 n'、l'，而不是其基态，那么激发态能量 $E^{n',l'}_{i,z}$ 必须叠加到电离能量 $E_{i,z+1}$ 中。公式（8－82）表明：必须根据所要计算的频率或波长来考虑量子态。除此之外，主量子数中必须重点关注 n_{max} 。根据 Griem（1964）理论，高 n 值能级类似于氢，例如

$$n^{max}_{i,z} \approx \left(\frac{(z+1)^2 E_{H^+}}{\delta E_{i,z+1}}\right)^{1/2} \tag{8-83}$$

式中　E_{H^+} ——氢的电离能。

公式（8－83）表明，电离势的降低与离散能级的限制是相同的（即它们的重合点接近电离极限）。光致电离截面的计算将采用两种不同的方法。

（1）类氢能级

对于类氢能级（高 n 值能级），由 Kramers[10] 定义并由 Gaunt[11] 进行修正的经典光致

电离截面为

$$(\sigma_{i,z}^{n,l})_{经典}=\frac{\sigma h\alpha}{3^{\frac{3}{2}}}\pi r_1^2\left(\frac{E_{H^+}}{h\nu}\right)^3\frac{(z+1)^4}{n^5}G_{i,z}^{n}(\nu) \tag{8-84}$$

其中

$$\alpha=\frac{2\pi e^2}{hc}$$

式中，$G_{i,z}^{n}$ 为冈特因子，该因子与 ν 有些相关，一般为整数；α 为精细结构参数；r_1 为玻尔（Bohr）半径［当 $n=1$ 时见公式（2-5）］。

通常采用由公式（8-85）定义的相对截面而不是 $\sigma_{i,z}^{n,l}$［见 Griem 理论（1964）］

$$\bar{G}_{i,z}^{n,l}=\frac{\sigma_{i,z}^{n,l}g_{i,z}^{n,l}}{(\sigma_{i,z}^{n,l})_{经典}g_{i,z+1}^{1}2n^2} \tag{8-85}$$

由公式（8-78）可知

$$\varepsilon_{i,z+1}^{n,l}=\left[\frac{16\alpha'^3E_{H^+}}{3^{\frac{3}{2}}\pi}\right]\frac{(z+1)^4g_{i,z+1}^{1}n_{i,z}}{Q_{i,z}}\frac{\bar{G}_{i,z}^{n,l}}{n^3}\times\left[\exp\left(\frac{h\nu}{kT}\right)-1\right]^{-1}\exp\left(-\frac{E_{i,z}^{n,l}}{kT}\right) \tag{8-86}$$

公式（8-86）右边括号内的常量等于 3.0077×10^{-26} J/ster；$\varepsilon_{fb}(\nu)$ 的计算以 J/(m^3 · ster) 为单位。

对于高量子数 n'，能级与能级之间非常接近，公式（8-81）中的求和可以用一个积分来代替。当 $\nu<(z+1)^2E_{H^+}/(hn'^2)$ 时，$\bar{G}_{i,z+1}^{n,l}=1$。依据 Cabannes 和 Chapelle 理论（1971），$\varepsilon_{fb}(\nu)$ 可改写为

$$\varepsilon_{fb}(\nu)=\left[\frac{16\pi e^6}{3c^3(6\pi m^3k)^{\frac{1}{2}}(4\pi\varepsilon_0)^3}\right]\frac{n_e}{T^{\frac{1}{2}}}\left[1-\exp\left(-\frac{h\nu}{kT}\right)\right]\sum_i\sum_{z=1}^{z_{max}}z^2n_{i,z} \tag{8-87}$$

括号内常数等于 5.44692×10^{-52} J · m^3 · K$^{1/2}$/ster。对于单个离子 ε_{fb} 正比于 n_e^2。其他的计算也可以利用 Menzel 和 Pekeris[12] 和 Peach[13] 给出的冈特因子。

（2）非氢原子与离子

对于非氢原子与离子，公式（8-80）中每一个能级 n 的光致电离截面可以通过 Burgess 和 Seaton[14] 的量子缺陷方法进行计算

$$\sigma_{i,z}^{n,l}=\frac{4\alpha'}{3}\pi r_1^2\frac{h\nu}{E_{H^+}}\frac{n_l^*}{(z+1)^4}\sum_{l'=l\pm1}C_{l'}\ |g(n_l^*,l')|^2 \tag{8-88}$$

其中，g 是文献［14］中的一个复数表达式。

n_l^* 是有效量子数，用如下形式定义

$$n_l^*=\left[\frac{(z+1)^2E_{H^+}}{E_{i,z+1}-E_{i,z}^{n,l}}\right] \tag{8-89}$$

并且

$$C_{l'}=\frac{l+1}{2l+1}, \text{如果 } l'=l+1$$
$$C_{l'}=\frac{l}{2l+1}, \text{如果 } l'=l-1 \tag{8-90}$$

Cabannes 和 Chapelle（1971）提出了一种与公式（8-87）相似的表达式

$$\varepsilon_{\mathrm{fb}}=C_1\frac{n_{\mathrm{e}}}{T^{1/2}}\left[1-\exp\left(-\frac{h\nu}{kT}\right)\right]\sum_i\sum_z(z+1)^2 n_{i,z+1}\times\frac{g^1_{i,z+1}}{Q^{\mathrm{el}}_{i,z-1}}\xi_{i,z}(\nu,T) \tag{8-91}$$

式中，ξ 为百氏因子，该因子考虑了原子电子结构的影响，并且与频率 ν 密切相关，与温度关系不大。例如，图 8-13 给出了 105 kPa、8 000 K 条件下氩等离子体的百氏因子。首个峰值出现在 $\lambda=87.6$ nm 处，此时对应氩基态的光致电离。

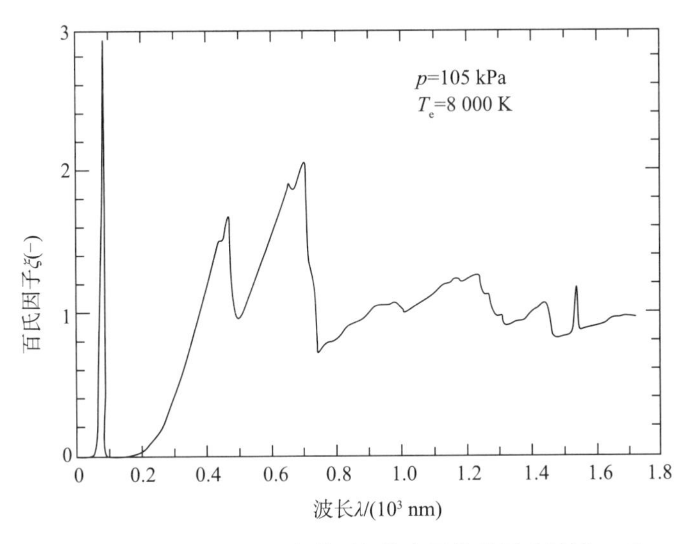

图 8-13　在 105 kPa、8 000 K 条件下氩等离子体的百氏因子 $\xi(T,\lambda)$ [24]

8.3.3.3　自由-自由跃迁

热等离子体的自由-自由跃迁可通过类氢近似法[10]进行计算。在应用公式（8-80）时需要满足以下条件

$$\sigma^{n,l}_{i,z}=(\sigma^{n,l}_{i,z})_{经典}G^{i,z}_{\mathrm{ff}}(\nu,T) \tag{8-92}$$

式中 $G^{i,z}_{\mathrm{ff}}$ 为自由-自由冈特因子，假设对于类氢反应

$$\sigma^{n,l}_{i,z}=2n^2\sigma^1_{i,z+1} \tag{8-93}$$

同时

$$E^{\mathrm{I}}_{i,z+1}-E^{n,l}_{i,z}=\frac{(z+1)E_{\mathrm{H}^+}}{n^2} \tag{8-94}$$

则有

$$\varepsilon_{\mathrm{ff}}^{e,i}=\sum_{i,z}\sum_{n}\frac{2h}{c^{2}(2\pi m_{\mathrm{e}}kT)^{\frac{3}{2}}}\frac{64\alpha'}{3^{\frac{3}{2}}}\pi r_{1}^{2}E_{\mathrm{H}^{+}}^{3}\frac{(z+1)^{2}}{n^{3}}G_{\mathrm{ff}}^{i,z}\times$$
$$n_{\mathrm{e}}n_{i,z+1}\exp\left(\frac{\dfrac{(z+1)^{2}E_{H}}{n^{2}}-\delta E_{i,z+1}}{kT}\right)\left[\exp\left(\frac{h\nu}{kT}\right)-1\right]^{-1} \tag{8-95}$$

式中，上标 e，i 表示韧致辐射主要源于离子场。

将对 n 的求和替换为对准连续区的积分，如从公式（8－83）定义的 n_1 到 $n_2=0$。对于高频区，$G_{\mathrm{ff}}^{i,z}\approx1$ 且

$$\left[\exp\left(\frac{h\nu}{kT}\right)-1\right]^{-1}\cong\exp\left(-\frac{h\nu}{kT}\right)$$

则公式（8－95）简化为如下形式

$$\varepsilon_{\mathrm{ff}}^{e,i}=C_{1}\frac{n_{\mathrm{e}}}{T^{1/2}}\exp\left(-\frac{h\nu}{kT}\right)\sum_{i,z}(z+1)^{2}n_{i,z+1}G_{\mathrm{ff}}^{i,z} \tag{8-96}$$

Karsas 和 Letter[15]将冈特因子 $G_{\mathrm{ff}}^{i,z}$ 制成表格。公式（8－96）表明：$\varepsilon_{\mathrm{ff}}$ 正比于 n_{e}^{2}（假设为单一电离等离子体），并且常压下 $\varepsilon_{\mathrm{ff}}$ 仅在 $n_{\mathrm{e}}>10^{21}\ \mathrm{m^{-3}}$（对于 Ar、$H_2$、$N_2$ 和 O_2，大约 $T>9\,000$ K）时才有重要意义。

对于低频，公式（8－95）可写成如下形式［见 Cabannes 和 Chapelle（1971）］

$$\varepsilon_{\mathrm{ff}}^{e,i}=C_{1}\frac{n_{\mathrm{e}}}{T^{1/2}}\sum_{1,z}n_{i,z}(z+1)^{2}G_{i,z}(\nu,T) \tag{8-97}$$

$$G_{i,z}(\nu,T)=\frac{\sqrt{3}}{\pi}\left[\ln\left(2.1\times10^{8}\frac{T_{\mathrm{e}}^{\frac{3}{2}}}{2\nu}\right)-\frac{5}{2}r\right] \tag{8-98}$$

式中，$\gamma=0.577$（欧拉常数）。

当电子密度小时，必须要考虑与密度 n_{a} 的中性原子之间碰撞产生的自由－自由辐射［见 Cabannes 和 Chapelle（1971）］。假设只有弹性碰撞，则

$$\varepsilon_{\mathrm{ff}}^{\mathrm{ea}}=\left[\frac{32e^{2}}{3c^{3}}\left(\frac{k}{2\pi m}\right)^{3/2}\frac{1}{4\pi\varepsilon_{0}}\right]n_{\mathrm{e}}T^{3/2}\sum_{a}n_{\mathrm{a}}G_{\mathrm{a}}(\nu,T) \tag{8-99}$$

式中，常数 C_2［公式（8－99）右侧括号内］取值为 $3.421\,3\times10^{-43}\ \mathrm{J\cdot m\cdot K^{-3/2}\cdot ster}$。密度 n_{a} 和 n_{e} 的单位为 $\mathrm{m^{-3}}$。对于中性粒子，冈特因子 $G_{\mathrm{a}}(\nu,T)$ 可由下式给出

$$G_{\mathrm{a}}(\nu,T)=\int_{x_{0}}^{\infty}\sigma_{\mathrm{ea}}(x)x^{2}\exp(-x)\mathrm{d}x \tag{8-100}$$

其中

$$x=\frac{mv^{2}}{2kT_{\mathrm{e}}},\ x_{0}=\frac{h\nu}{kT_{\mathrm{e}}}$$

式中，$\sigma_{\mathrm{ea}}(x)$ 是电子－中性原子之间的弹性碰撞截面（$\mathrm{m^2}$），是电子速度 v_{e} 的函数（相比于电子速度忽略中性原子的速度）。

通过选择 σ_{ea} 的一个常数平均值，公式（8－100）可以简化成

$$G_{\mathrm{a}}(\nu,T_{\mathrm{e}})=\bar{\sigma}_{\mathrm{ea}}\left[1+\left(1+\frac{h\nu}{kT}\right)^{2}\right]\exp\left(-\frac{h\nu}{kT}\right) \tag{8-101}$$

在高频区 $\left(\frac{h\nu}{kT_e} \gg 1\right)$

$$\varepsilon_{ff}^{ea}(\nu, T_e) = C_2 n_e T_e^{3/2} \left(\frac{h\nu}{kT}\right)^2 \exp\left(-\frac{h\nu}{kT}\right) \sum_a n_a \bar{\sigma}_{ea} \tag{8-102}$$

在低频区 $\left(\frac{h\nu}{kT_e} \ll 1\right)$

$$\varepsilon_{ff}^{ea}(\nu, T_e) = 2C_2 n_e T^{3/2} \sum_a n_a \bar{\sigma}_{ea} \tag{8-103}$$

在低温条件下，通常 ε_{ff}^{ea} 比 ε_{ff}^{ei} 更为重要。例如，常压下的氩等离子体，当 $\lambda = 300$ nm，$n_e/n_a \approx 3 \times 10^{-3}$ 时，$\varepsilon_{ff}^{ea} = \varepsilon_{ff}^{ei}$，对应温度 $T_e \approx 8\ 500$ K。

8.3.3.4　总连续辐射

总连续辐射包括自由-自由辐射［公式（8－96）或公式（8－99）］和自由-束缚辐射［公式（8－86）或公式（8－91）］。在高频区 $\left(\frac{h\nu}{kT_e} \gg 1\right)$ 连续辐射可以简化为自由-束缚辐射，而在低频区 $\left(\frac{h\nu}{kT_e} \ll 1\right)$ 连续辐射主要为自由-自由辐射。

在双温度等离子体中，高激发能级主要源于电子。连续辐射的计算表达形式应写成 T_e 而不是 T 。

8.3.3.5　其他辐射

（1）中性离子

像 H、N、O、C、Cl、S、O_2 和 C_2[16] 这样的原子或中性分子，可以从负离子中捕获自由电子，其连续辐射类似于复合过程（ε_{fb}）

$$X + e \leftrightarrows X^- + h\nu \tag{8-104}$$

$\varepsilon_{fb}^{X^-}$ 的相应表达式如下

$$\varepsilon_{fb}^{X^-} = \frac{2h\nu^3}{c^2} \exp\left(-\frac{h\nu}{kT}\right) n_{X^-} \sigma_{X^-} \tag{8-105}$$

式中　σ_{X^-} ——光附截面。

当频率低于 ν_0 时其值为 0，此时 $h\nu_0 = E_a$（E_a 为附加能量，见表 2－4）；对于负离子 n_{X^-} 借助 Saha 公式进行计算。则公式（8－105）变为

$$\varepsilon_{fb}^{x^-} = \frac{h^4}{c^2\ (2\pi mk)^{\frac{3}{2}}} \frac{n_e n_X}{T^{\frac{3}{2}}} \frac{g_{X^-}}{Q_X^{el}} \exp\left(\frac{E_a}{kT}\right) \nu^3 \exp\left(-\frac{h\nu}{kT}\right) \tag{8-106}$$

式中，g_{X^-} 为处于基态的负离子的统计权重（通常情况负离子只有一种稳定态）。例如，对于 H^-，$g_{X^-} = 1$。负离子的贡献与中性原子密度 n_{X^-} 和电子密度 n_e 成正比。处于基态的负离子的统计权重对于自由-自由辐射，甚至自由-束缚辐射都是非常重要的，对于弱电离等离子体，它正比于电子密度的平方。

（2）伪连续区

在等离子体中，由斯塔克谱线增宽效应产生的谱线相互叠加并且可以产生连续辐射。

对于氢元素来说，这种叠加影响尤为重要，由于斯塔克效应其谱线的增宽现象非常明显［见 Cabannes 和 Chapelle（1971）］。

8.3.3.6 连续辐射示例

为说明连续辐射，我们以氮等离子体辐射为例，并基于 Bayard[17] 的研究成果展开讨论。图 8-14 给出了总连续辐射系数 $\varepsilon_{cont}(0)$（实线表示），单位为［J/(m^3 · ster)］，以及在不考虑电子复合影响时，常压条件不同温度下的总连续辐射系数（虚线表示）。图中曲线强调了负离子的重要作用，尤其在 7 000～12 000 K 温度范围内，正如 Krey 和 Morris[18] 以及 Morris 和 Yos[19] 发现的那样。连续发射系数随波长的骤变对应于 $N(\varepsilon_{fb}^{N})$ 和 $N^+(\varepsilon_{fb}^{N^+})$ 激发态的复合。

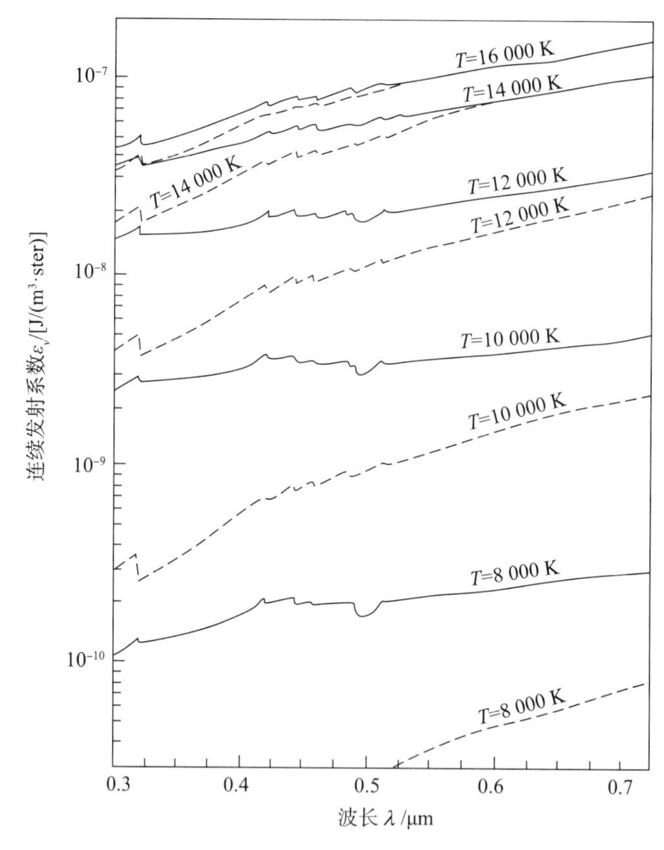

图 8-14 常压条件不同温度下，氮在 0.3～0.7 nm 波长范围内的总连续体发射系数［J/(m^3 · ster)］随波长变化（实线），及其与自由-约束发射率 ε_{fb} 差值随波长变化曲线（虚线）[17]

图 8-15 给出了当波长为 495.5 nm 时（在该波长上氮光谱的连续辐射不会叠加原子或分子光谱），原子 $\varepsilon_{\nu}^{N^+}=\varepsilon_{fb}^{N}+\varepsilon_{ff}^{N}$ 和离子 $\varepsilon_{\nu}^{N^+}=\varepsilon_{fb}^{N}+\varepsilon_{ff}^{N^+}$ 对作为温度函数的连续辐射强度的相对贡献情况。在该波段范围内，自由-自由辐射的贡献通常小于自由-约束辐射的贡献（小 3～5 倍）。随着 N 和 N^+ 密度的变化，图中曲线随之变化。低温条件（如图 8-16 所示）下，由于分子辐射影响，自由-自由辐射的贡献作用变得明显。

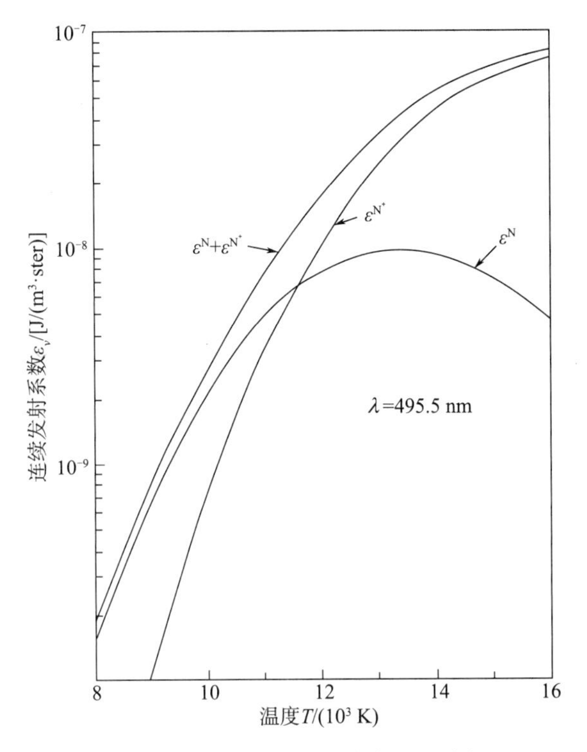

图 8-15　在 8 000～15 000 K、常压条件下，波长 495.5 nm 的连续体发射系数［J/(m³·ster)］的相对贡献[17]

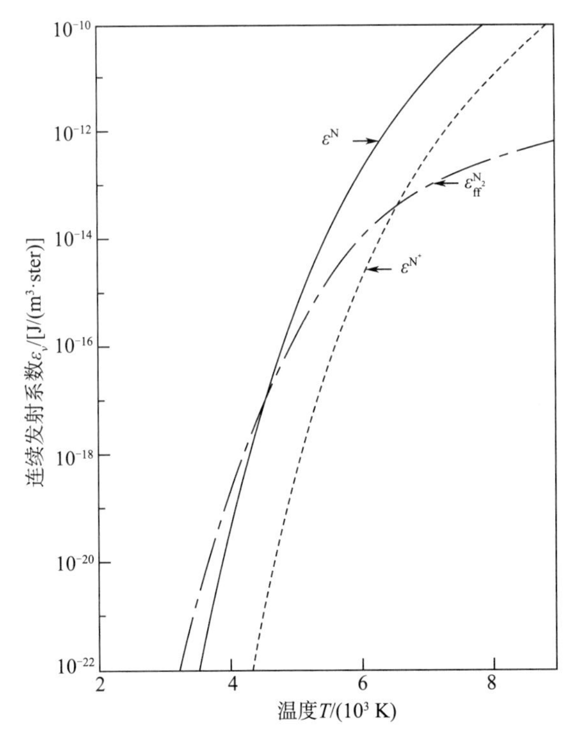

图 8-16　在 2 000～8 000 K、常压条件下，波长 495.5 nm 的连续体发射系数［J/(m³·ster)］的相对贡献[17]

值得注意的是，连续辐射随温度剧烈变化：当温度为 4 000 K 时，连续辐射强度为 10^{-20} J/(m^3 · ster)，到 16 000 K 时则变为 10^{-7} J/(m^3 · ster)（$\lambda=495.5$ nm 时，温度升高 12 000 K，连续辐射强度变为原来的 10^{13} 倍还多）。受到测量仪器动态范围的固有限制，只可能获得小温度范围内的测量结果，例如温度范围为 8 000～16 000 K；相较于等离子体热区发射辐射，由于连续辐射量微弱，要测得 8 000 K 以下的连续辐射非常困难。通过图 8 - 17 可以看到电子密度对连续辐射的重要影响，图中显示，当波长为 495.5 nm 时氮的连续辐射 $\varepsilon_{\text{cont}}(\lambda)$ 随 $n_e^2/\sqrt{T_e}$ 的变化。为克服单位带来的问题，图中曲线的单位为W/(m^4 · ster) 而不用 J/(m^3 · ster)。对应 493.5 nm 波长的转换因子 (c/λ^2) 为 $1.221\ 05\times10^{21}$

$$\varepsilon_\lambda[\text{W}/(\text{m}^4\cdot\text{ster})]=1.221\ 05\times10^{21}\varepsilon_\nu[\text{W}/(\text{m}^3\cdot\text{ster})]$$

经对比，当 $\lambda=493.5$ nm、$\delta_\lambda=0.3$ nm 、温度为 13 500 K 时，连续辐射强度仅为 1.5×10^4 W/(m^3 · ster)，这个值比相同波长、温度及谱线宽度约为 0.3 nm [3.2×10^4 W/(m^3 · ster)] 条件下所对应的谱线辐射强度要小。在大多数情况下，谱线辐射与连续辐射之间存在 1～3 个数量级的比率。

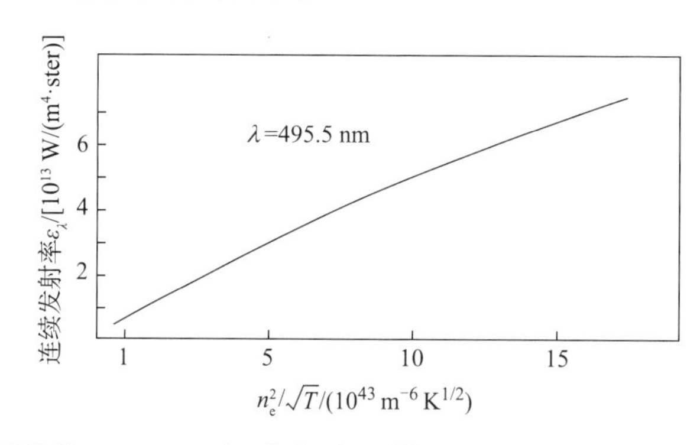

图 8 - 17　常压下波长 495.5 nm 时，作为 $n_e^2/\sqrt{T}$ 函数的氮连续体发射系数 [W/(m^4 · ster)][6]

8.3.4　等离子体的总有效辐射

如果忽略光的漫射并假设满足 LTE 态条件，则辐射传递方程（8 - 28）可写为[20]

$$\boldsymbol{n}\cdot\boldsymbol{\nabla}I_\nu(\boldsymbol{\gamma},\boldsymbol{n})=\kappa'_\nu(B_\nu-I_\nu) \tag{8-107}$$

式中　$I_\nu(\nu,\theta,\varphi)$ ——辐射场的光谱强度 [见公式（8 - 1）]；

κ'_ν ——吸收系数 [见公式（8 - 24）]；

B_ν ——黑体辐射 [见公式（8 - 10）]；

$\boldsymbol{n}$ ——辐射方向的单位矢量。

如果假设辐射为各向同性，公式（8 - 107）两边均乘以立体角元 dΩ ，然后对 Ω 求积分，则得到如下表达式[21]

$$\boldsymbol{\nabla}\cdot\boldsymbol{F}_{R\nu}=4\pi(\varepsilon_\nu-\kappa'_\nu J_\nu) \tag{8-108}$$

式中，J_ν 和 $\boldsymbol{F}_{R\nu}$ 分别为平均辐射强度和辐射通量，并通过下式定义

$$J_{\nu}=\frac{1}{4\pi}\int_{4\pi}I_{\nu}\,\mathrm{d}\Omega \tag{8-109}$$

和

$$\boldsymbol{F}_{R\nu}=\int_{4\pi}I_{\nu}\cdot\boldsymbol{n}\,\mathrm{d}\Omega \tag{8-110}$$

公式（8－108）表明，单位频率的辐射通量散度等于净发射辐射，即为总体积发射 $4\pi\varepsilon_{\nu}$ 和总体积吸收 $4\pi\kappa'_{\nu}J_{\nu}$ 之差。严格来讲，此方程实际无法求解。然而，在下面几节将要讨论的假设情况下可以得到近似解。

8.3.4.1　光学薄等离子体

如果忽略壁面的辐射或反射能量，公式（8－108）简化为

$$\boldsymbol{\nabla}\cdot\boldsymbol{F}=4\pi\int_{0}^{\infty}\kappa'_{\nu}B_{\nu}(T)\,\mathrm{d}\nu \tag{8-111}$$

遗憾的是，即使对于典型的等离子体气体，这种近似也无法适用所有谱线，尤其是共振谱线。

8.3.4.2　灰体近似法

灰体是一种吸收系数与波长无关的介质。在这种情况下可以将辐射通量公式进行简化[20]。然而，对于等离子体来说不可能把所有频率上的吸收系数均看作常数，因此，必须将光谱分为宽度为 $\Delta\nu$ 的两个或者多个频带，此时 $\kappa'_{\Delta\nu}$ 为常数[22]。然而，必须考虑 $\kappa'_{\Delta\nu}$ 随温度和压强的变化情况。对此，Siegel 和 Howell[23] 开展了大量的相关研究，并已经公开发表了研究成果。

8.3.4.3　漫射近似法

Siegel 和 Howell[23] 给出了该近似法的详细计算过程。辐射通量可以写成如下形式

$$\boldsymbol{F}_{R\nu}=-\frac{4\pi}{3\kappa'_{\nu}}\,\boldsymbol{\nabla}J_{\nu} \tag{8-112}$$

对公式（8－108）和公式（8－112）在所有频率进行积分得到

$$\boldsymbol{\nabla}\cdot\boldsymbol{F}_{\nu}=4\pi(\varepsilon_{\nu}-\kappa'_{i}J_{R}) \tag{8-113}$$

其中

$$\boldsymbol{F}_{R\nu}=-\frac{4\pi}{3\kappa'_{2}}\,\boldsymbol{\nabla}J \tag{8-114}$$

两个平均吸收系数 κ_1 和 κ_2 定义为

$$\kappa'_{1}=\frac{1}{J}\int_{0}^{\infty}J_{\nu}\kappa'_{\nu}\,\mathrm{d}\nu \tag{8-115}$$

和

$$\kappa'_{2}=\frac{1}{F_{R}}\int_{0}^{\infty}J_{\nu}\kappa'_{\nu}\,\mathrm{d}\nu \tag{8-116}$$

其中

$$J_{R}=\int_{0}^{\infty}J_{\nu}\,\mathrm{d}\nu \tag{8-117}$$

这些系数允许在某些边界条件下确定辐射传递[21]。

漫射近似法是最严格的近似方法。然而，对谱线的求解过程非常复杂[24]。公式（8-112）到公式（8-117）的求解复杂度主要源于以下原因[5]：

1）通常情况下谱线宽度非常窄，这就意味着，相对于整个光谱，计算时需要设定非常小的频率间隔。

2）根据局部温度可以进行谱线增宽，这导致组元数密度和吸收系数亦随线宽变化而变化[26]（如图8-18所示）。

3）由于谱线可以根据局部温度进行漂移，而这种漂移导致的给定频率 ν 下吸收系数的变化就无法忽略。

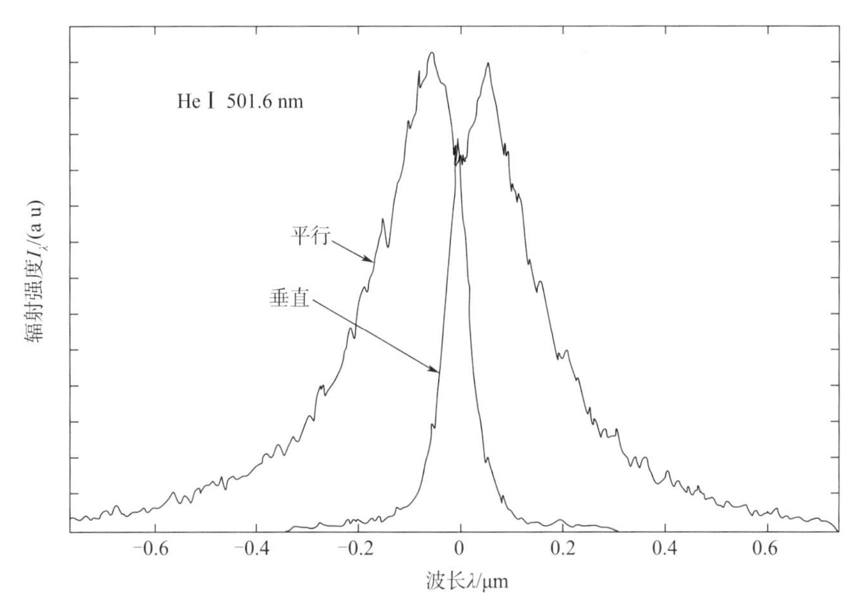

图8-18 HeⅠ波长501.6 nm线剖面垂直和平行方向测量到He放电（压强为 p=92 kPa），厚度为1 mm，长度为230 mm[26]

8.3.4.4 Lowke有效辐射系数

如果采用漫射近似法求解谱线，就必须假设等离子体温度随空间变化类似于轴距为 z、半径为 r 的等离子体喷流。在多数情况下，直流等离子体喷流或射频等离子体喷流（感应线圈下游），在距离 z 处的温度分布随射流半径 r 的变化可以描述为如下函数形式

$$\frac{T}{T_{max}}=\left(1-\frac{r}{R}\right)^n \tag{8-118}$$

式中 T_{max}——射流轴心（$r=0$）处的温度；

R——位置 z 处的射流半径；

n——指数。

利用该分布形式，并根据公式（8-112）～公式（8-117）进行有效辐射的计算是非常复杂的。正因如此，所以大多数情况下，用矩形曲线代替公式（8-118）给出的分布：

当 $r<R$ 时 $T=T_{max}$，当 $r\geqslant R$ 时 $T=0$（通常该近似足够用[5]）。现在的问题是温度为 T_{max}、半径为 R 的等温圆柱面上的辐射热传递。Lowke[25] 提出在上述条件下可以用有效发射系数 ε_E 对应来自等温圆柱面轴线上发射的等效辐射（即单位体积、单位立体角的总辐射能量辐射到圆柱轴线附近的体积元内，并穿过厚度为 R 的等温等离子体而辐射出去的那部分能量）。这里 ε_E 由下式给出

$$\varepsilon_E=\int_0^{\infty}B_\nu\kappa'_\nu G_1(\kappa'_\nu,R)\mathrm{d}\nu \tag{8-119}$$

式中　G_1——用于计算等离子体圆柱形几何参数的函数。

最近，Liebermann 和 Lowke[27] 提出，等温圆柱可以用等温球近似代替，其近似精度大于 90%。在这种情况下，公式（8-119）可以简化为

$$\varepsilon_E=\int_0^{\infty}B_\nu\kappa'_\nu\exp(-\kappa'_\nu B_\nu)\,\mathrm{d}\nu \tag{8-120}$$

（1）有效线辐射

由于一方面要考虑连续辐射原理，另一方面又要考虑谱线线型，因此，公式（8-120）面对的主要困难是要确定吸收系数 κ'_ν 随频率 ν 的变化。为进一步简化计算，必须做另一个假设：谱线独立，即，谱线重叠对线辐射传递的影响可以忽略。以此方法，每一条谱线均可独立处理。此假设引入了逃逸因子 Λ 的概念。逃逸因子 Λ 为等离子体辐射与透明等离子体辐射的比率。逃逸因子仅取决于有限的参量数。

一般情况下，公式（8-119）可以写成如下形式

$$\begin{aligned}\varepsilon_E(T)=\int_0^{\infty}&B_\nu(T)\,[\kappa'_c+\kappa'_0P(\nu)]\left[1-\exp\left(-\frac{h\nu}{kT}\right)\right]\times\\&\exp\left\{-[\kappa'_c+\kappa'_0]\left[1-\exp\left(-\frac{h\nu}{kT}\right)R\right]\right\}\mathrm{d}\nu\end{aligned} \tag{8-121}$$

式中　κ'_c——谱线附近连续谱的吸收系数；

κ'_0——谱线中心处（频率 $\nu_0=\nu_{ul}$）的吸收系数；

$P(\nu)$——描述了谱线线型［多数情况由公式（8-72）给出］。

因子 $\left[1-\exp\left(-\dfrac{h\nu}{kT}\right)\right]$ 表示受激发射。

相比于整个光谱，与中心频率 ν_0 的谱线相关的谱带 $\Delta\nu$ 非常窄，因此，普朗克函数 B_ν 和 $\exp\left(-\dfrac{h\nu}{kT}\right)$ 在这个谱带内可以认为是常数。此外，由于与连续谱有关的 ε_E 和仅由连续谱决定的 ε_E 是独立计算的，因此在公式（8-121）中不需要再考虑发射项。然而，它在谱线吸收（指数形式）中占有重要地位。因此，可以将公式（8-121）表达为如下形式

$$\begin{aligned}\varepsilon_{E\nu_0}=B_{\nu 0}&\left[1-\exp\left(-\frac{h\nu_0}{kT}\right)\right]\kappa'_0\int_0^{\infty}P(\nu)\times\\&\exp\left\{-\ [\kappa'_c+\kappa'_0P(\nu)]\left[1-\exp(-\frac{h\nu}{kT})\right]R\right\}\mathrm{d}\nu\end{aligned} \tag{8-122}$$

式中，$\varepsilon_{E\nu 0}$ 的下标 ν_0 表示其与中心频率为 ν_0 的谱线相关。

为了引入逃逸因子，必须做一个新的假设[5]：在受激发射表达式 $\left[1-\exp\left(-\frac{h\nu}{kT}\right)\right]$ 中指数部分趋近于0。该假设可以用如下两点加以证明：

1）辐射较强的谱线通常位于200 nm波长以下，此时吸收也较强。对于热等离子体中经常遇到的温度条件，$\exp\left(-\frac{h\nu}{kT}\right)$ 非常小，假设合理。

2）当 $\lambda>200$ nm时，修正受激发射更为重要，但是谱线强度较低（不再属于非共振谱线），谱线展宽更大（由于斯塔克效应）。在这种情况下，由于 $\kappa' R$ 很小，受激发射对指数的影响可以忽略，总吸收项 $\exp(-\kappa' R)$ 接近于1。

最后，在剔除受激发射系数后，如果假设连续吸收系数 κ'_c 在谱带宽度范围内为常数，则谱线有效发射系数变为

$$\varepsilon_{E\nu 0}=B_{\nu 0}(T)\left[1-\exp\left(-\frac{h\nu_0}{kT}\right)\right]\kappa'_0\exp(-\kappa'_c R)\int_0^{\infty}P(\nu)\exp[-\kappa'_0 P(\nu)R]\,\mathrm{d}\nu \tag{8-123}$$

在公式（8-123）中，积分项

$$\Lambda_{ul}=\int_0^{\infty}P(\nu)\exp[-\kappa'_0 P(\nu)R]\,\mathrm{d}\nu \tag{8-124}$$

为跃迁 ν_{ul} 的逃逸因子。该逃逸因子可以根据给出的谱线线型和已知的温度分布 $T(r,z)$ 进行计算[29,30]。例如，在这里所考虑的情况下（一个均匀温度的圆柱形等离子体），根据Essoltani[24]理论，逃逸线型如下所示：

1）对于高斯线型

$$\Lambda_{ul}^{G}=2\ln(\kappa'_0 D)\frac{1+\dfrac{\kappa'_0 D}{2+(\kappa'_0 D)^2}}{1+\kappa'_0 D\ [\pi\ln(1+\kappa'_0 D)]^{1/2}} \tag{8-125}$$

式中 κ'_0——谱线中心吸收系数；

D——等离子体圆柱体半径。

2）对于洛伦兹线型

$$\Lambda_{ul}^{L}=1.95\times\frac{1+\dfrac{\kappa'_0 D}{2+(\kappa'_0 D)^2}}{1+(\pi\kappa'_0 D)^{1/2}} \tag{8-126}$$

3）对于佛克特线型，无法计算 Λ_{ul}^{V}，而Drawin[29]推荐了一个基于以下方程的半经验方法

$$\Lambda_{ul}^{V}=\Lambda_{ul}^{G}+f(\alpha,\tau_0)\Lambda_{ul}^{L} \tag{8-127}$$

其中

$$\alpha=\frac{\delta_L}{\delta_G}=\frac{\text{洛伦兹线宽}}{\text{高斯线宽}}$$

式中 τ_0——光学深度［见公式（8-27）］；

$f(\alpha,\tau_0)$——Drawin[29]给出的函数。

利用公式（8－125）～公式（8－127）可以给出对于不同 κ_0' 和 R 的逃逸因子列表，公式（8－123）可以用于不同线型的计算。

作为光学深度 τ_0 函数的 Λ 也可以通过计算得到；例如，对于洛伦兹线型公式（8－124）可以写成如下形式

$$\Lambda_{\mathrm{ul}}=\int_{\nu}P(\nu)\exp\left(-\tau_0\frac{\delta_{\nu}^2}{\delta_{\nu}^2+(\Delta\nu)^2}\right)\mathrm{d}\nu \tag{8-128}$$

式中　δ_ν——对应二分之一最大辐射强度的谱线半宽。

对于均匀温度的圆柱面等离子体，τ_0 由下式给出

$$\tau_0=\frac{1}{\delta_\nu}\frac{h\nu_0}{\pi}B_{lh}n_lR \tag{8-129}$$

式中　B_{lh}——爱因斯坦吸收系数［见公式（8－37）］。

图 8－18 说明了等离子体厚度对谱线线型的重要影响。图中给出了 700 Torr 下线性放电获得的 501.6 nm He Ⅰ 谱线，等离子体厚度为 1 mm，长度为 230 mm。垂直于放电方向的谱线测量曲线非常窄，而沿长度方向上的测量曲线增宽且中心部分有一个突降。用如下公式计算的理论线型（图 8－18 中）与实验测量获得的线型吻合非常好

$$I(\lambda)=\frac{\varepsilon_\lambda}{\kappa_\lambda'}\left[1-\exp\left(-\kappa_\lambda' l\right)\right] \tag{8-130}$$

即使采用全部的简化假设，谱线计算仍然费时（例如，Ar－Fe 等离子体谱线计算需要计算处理 4 300 多条谱线[24]）。在多数情况下采用如下假设：

1）对于自发发射系数 A_{ul} 较小（$A_{\mathrm{ul}}<10^4\ \mathrm{s}^{-1}$）的谱线可认为是光学薄。

2）吸收系数 κ_0' 小于 0.01 cm^{-1} 的谱线可认为是光学薄。但是，由于 κ_0' 随温度变化（或者，更准确来说，是随低能级组分的密度变化），因此，在较宽的温度范围（如 6 000～20 000 K）内均要计算 κ_0'。

（2）有效连续辐射

利用公式（8－120）可计算连续辐射的有效发射，根据公式（8－47）可计算 κ_0'。图 8－19 给出了在常压、10 000 K 的条件下时，氮等离子体的 κ_ν' 随频率的变化。对三区的大致划分如下：

1）高频区（紫外或远紫外，Ⅰ区：$\nu>\nu_0$，$\nu_0=3.52\times10^{15}$ Hz）的 κ_ν' 值相当大，在 1～10 cm^{-1} 范围内变化。在这个高频区内，连续辐射主要源于自由-约束跃迁；实际上，频率 ν_0 与氮原子的基态电离能相对应：$E_{\mathrm{N}^+}^{\mathrm{I}}=h\nu_{0\mathrm{N}}$，$E_{\mathrm{N}^+}^{\mathrm{I}}=14.55$ eV。频率大于 ν_0 的光子可以导致基态光致电离

$$\mathrm{X}_g+h\nu\rightarrow\mathrm{X}^++e^-$$

由于基态粒子数量多，光致电离截面大，因此 κ_ν' 也很大。事实上，对于氮原子，可认为其基态与三个能级相对应，分别为 0 eV、0.238 eV 和 3.76 eV。后两个能级的电离能分别为 12.17 eV 和 10.79 eV，对应频率阈值分别为 $\nu_{1\mathrm{N}}=2.94\times10^{15}$ Hz 和 $\nu_{2\mathrm{N}}=2.65\times10^{15}$ Hz。

2）在Ⅱ区（$10^{14}<\nu<2.65\times10^{15}$ Hz，对应于近红外、可见光和近紫外光谱）κ_ν' 变化很小，其值介于 10^{-4}～10^{-5} cm^{-1} 之间。

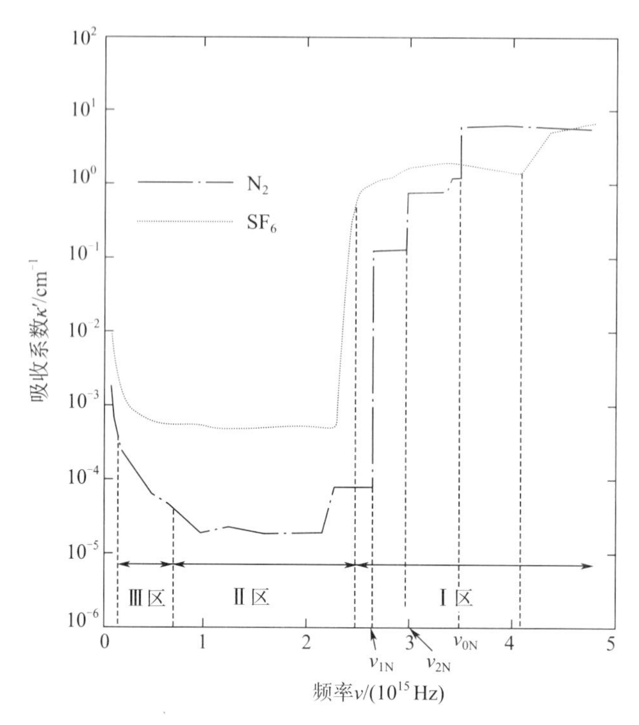

图 8-19　当 $p=100$ kPa、$T=10\ 000$ K 时，氮连续吸收系数 κ'_ν 随频率变化[5]

3）在远红外（Ⅲ区，$\nu<10^{14}$ Hz）连续辐射主要源于自由-自由辐射，当频率减小至等离子体频率时，κ'_ν 随之增加。

随着温度的升高，在每个区中 κ'_ν 的特征取决于控制 κ'_ν 的那些现象。当温度升高时，Ⅰ区的 κ'_ν 减小（基态原子很少），Ⅱ区 κ'_ν 几乎为常数，Ⅲ区的 κ'_ν 增加（随着电子密度）。随压强改变的一些变化与等离子体构成密切相关，尤其是电子和离子浓度。

8.4　结果示例

8.4.1　经典等离子体气体

8.4.1.1　氩等离子体

氩等离子体可能是被重点研究的等离子体。图 8-20 显示了总的体发射系数（$\varepsilon_T=\int_0^\infty \varepsilon_\lambda \mathrm{d}_\lambda=\int_0^\infty \varepsilon_\nu \mathrm{d}_\nu$，单位为 W/m^3）随温度的变化情况。这些由 Boulos[31] 编辑的数据适用于温度范围为 8 000～24 000 K 和光学薄等离子体，忽略共振谱线。不同来源的数据[18,32-35]相对分散，尤其是在高温区，极值间的差异可达到数量级程度。近年来，由 Wilbers 等人[39]整理的数据显示了较小的分散程度（如图 8-21 所示）。值得强调的是，图 8-21 中结果的单位为 W/(m^3 · ster)，而图 8-20 中结果单位为W/m^3。其结果与 4π 相乘得到的结果与图 8-21 中的结果一致。Yabukov[38]、Owano 等人[37]、Emmons[32] 以及 Wilbers 等人[39]将其计算扩展到了低温区（低至 5 000 K）。例如，Wilbers 等人最近给出的结果要大于 Yabukov 的结果。由 Wilbers 等人的结果可知，产生这种差异的主要原因是其光谱范围（100 nm～10^5 nm）比 Yabukov 给出的要宽。相较于 Owano 等人的结果，也是同样的原因，Owano 等人的测量范围为 250～2 500 nm。后者在小于 200 nm 范围内没有考虑共振谱线，同时也没有考虑 100～250 nm 和大于 2 500 nm 范围的连续谱发射。对于 Owano 等人的测量结果，测量值与上限之间的偏差随温度增加而增大，其原因可能是：在所忽略的波段范围内，连续谱发射的影响越来越明显。

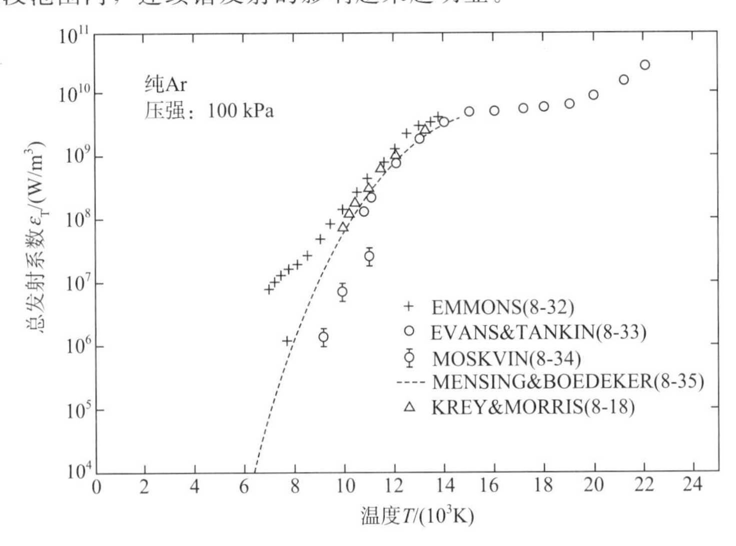

图 8-20　不同温度下氩等离子体总的体发射系数随温度的变化

（假设氩等离子体为光学薄且不考虑共振谱线）[31]

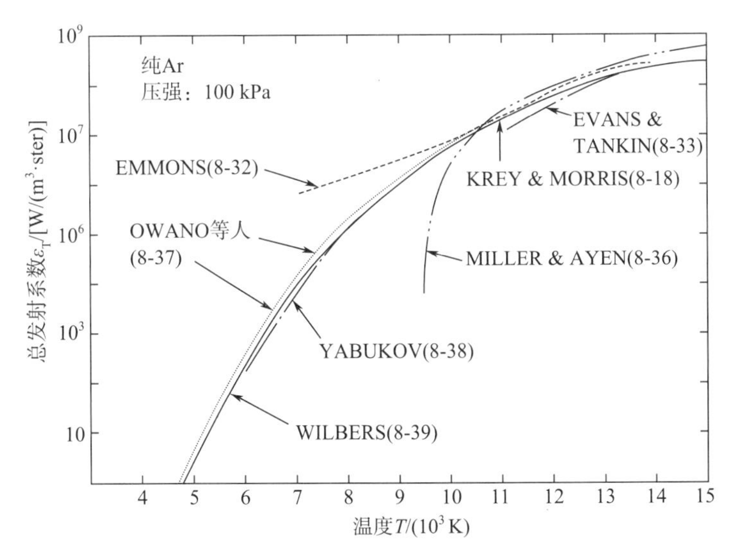

图 8-21　不同温度下氩等离子体总的体发射系数随温度的变化

（假设氩等离子体为光学薄层且不考虑共振谱线）[39]

当然，若考虑共振谱线和吸收，Essoltani[24] 得到完全不同的结果（需要指出的是，有效发射系数与总的体发射系数采用相同的单位），如图 8-22 所示。图中给出了在无吸收

（$R=0$）和有吸收（$R=1$ mm）时，常压下共振和激发态谱线随温度的变化。该图表明，在光学薄等离子体中，共振谱线是主要辐射源（其辐射强度比其他谱线高至少两个数量级）。然而，若考虑吸收，半径为1 mm的共振谱线发射就急剧降低（接近三个数量级），而其他激发态谱线辐射并未受影响。在图8-23中，Gleizes等人[28]给出的结果表明，ε_E也表现出相同的变化趋势，这里ε_E的单位不是W/m^3，而是$W/(m^3 \cdot ster)$。这里可以再次看到很强的共振谱线吸收：对于半径为2 mm的等离子体，当$T \leqslant 10\,000$ K时，其逃逸因子小于10^{-3}，当$T=15\,000$ K时，逃逸因子约为0.016。由于基态原子密度减小和斯塔克效应导致的谱线增宽，逃逸因子随温度增加而增大。如图8-22所示，其他谱线的吸收非常小。

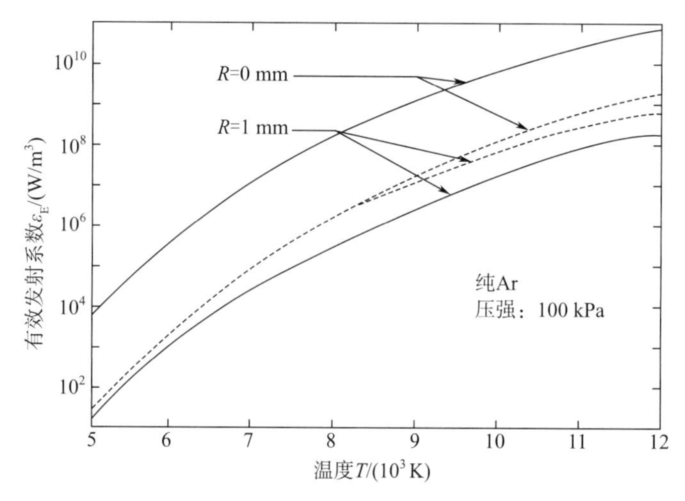

图8-22　在100 kPa条件下氩等离子体有效体发射系数随温度的变化［假设其为光学薄（$R=0$）或部分吸收（$R=1$ mm）］，共振谱线的辐射（实线）与激发态谱线（虚线）分离[24]

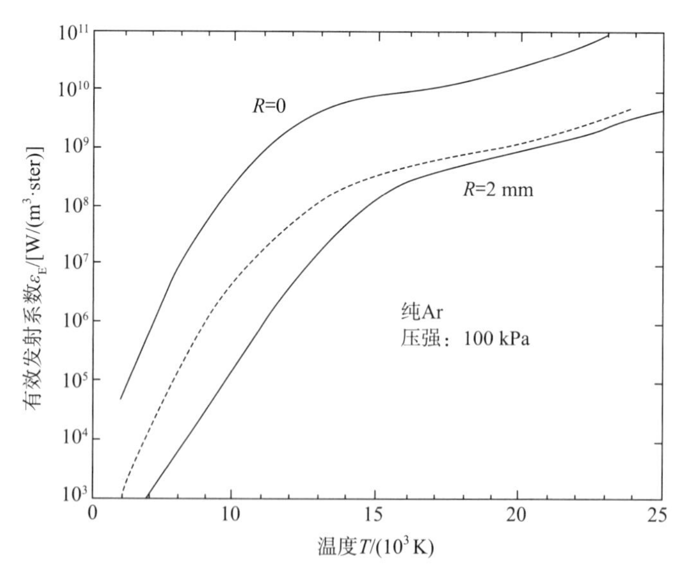

图8-23　在100 kPa下氩等离子体有效体发射系数随温度的变化［假设其为光学薄（$R=0$）或部分吸收（$R=2$ mm）］，共振谱线的辐射（实线）与激发态谱线（虚线）分离[28]

8.4.1.2　氮等离子体

由 Boulos[31] 等人给出的图 8－24 显示了不同作者[18,40-43] 获得的氮等离子体总的体发射系数结果，单位为 W/m^3，假设其为光学薄等离子体。从图中可以明显看出数据的分散情况。图 8－25 中给出了 Rahmani[5] 的计算结果与 Hermann、Schade[44] 和 Allen[45] 的计算结果以及 Ernst 等人[46] 的测试结果的对比情况。当温度达到 20 000 K 时，实验值与预测值吻合较好。

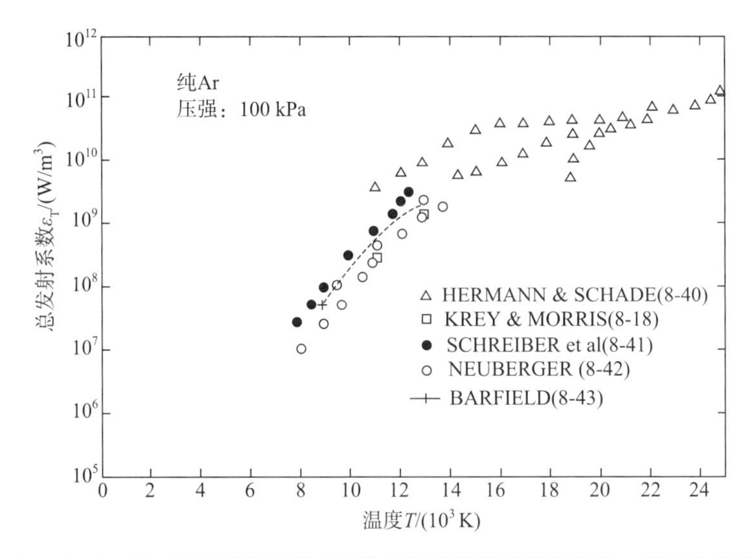

图 8－24　在 100 kPa 下氮等离子体总的体发射系数随温度的变化，假设为光学薄[31]

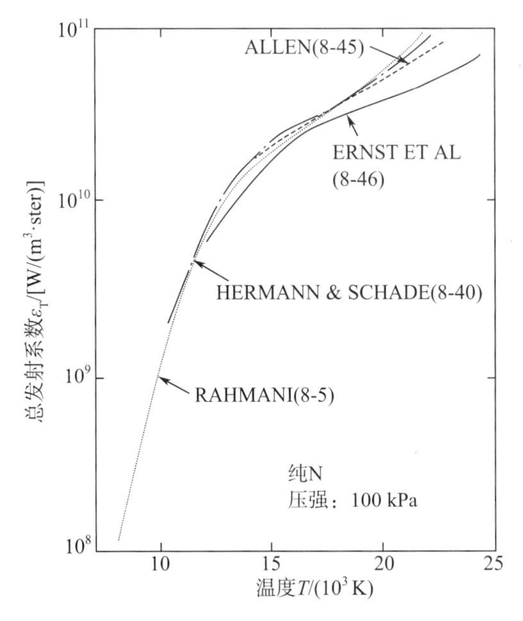

图 8－25　在 100 kPa 下氮等离子体总的体发射系数随温度的变化，假设为光学薄[5]

就像 Ar 一样，对于半径为 20 mm 的等离子体，若考虑吸收和有效发射系数，结果就大为不同，如图 8－26 所示。有意思的是，当 $T \leqslant 17\ 000$ K 时，连续辐射几乎相当于 ε_E 中的谱线有效辐射。图 8－27 给出了常压下不同半径的氮等离子体的有效发射系数随温度变化。就像我们看到的 Ar 一致，在第一个毫米的等离子体中辐射被吸收掉了（几乎 95%）。当 $T>18\ 000$ K 时，吸收变得更为重要。同样值得注意的是，当 $T>16\ 000$ K 时，ε_E 几乎变为常数，这主要是因为此时电子密度在高温区几乎为一个常量（如图 6－2 所示）。因此，斯塔克谱线宽度 δ_ν 也达到极限值，并且由于光学深度与 δ_ν 成反比［见公式（8－129）］，吸收不再变化。此外，离子谱线的斯塔克线宽小于原子谱线，原子谱线辐射（对于相同的吸收系数）被吸收得更为强烈。上述两个事实也解释了，当 $T>18\ 000$ K 时，吸收的相对增加现象。

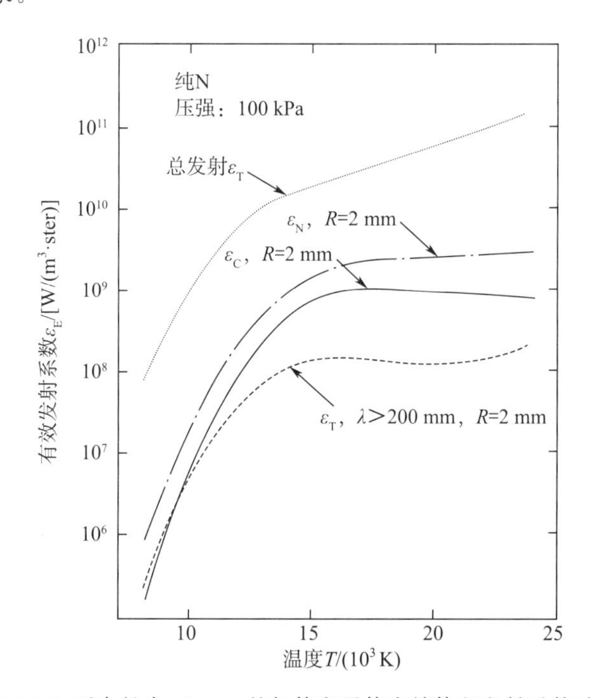

图 8－26　在 100 kPa 下半径为 20 mm 的氮等离子体有效体积发射系数随温度的变化[5]，无吸收的总发射系数、有效总发射系数、源于连续辐射的有效发射系数、波长 $\lambda>200$ nm 有效发射系数（无共振谱线）

8.4.2　金属蒸气等离子体

少量金属蒸气的存在会明显地增加热等离子体的辐射损失，并且会明显改变金属蒸发时粒子间的热传递[47]。

8.4.2.1　氩-铁等离子体

Essoltani[24]开展了本文中所介绍的计算工作。图 8－28 给出了 100 kPa 下光学薄等离子体中氩和铁总的体发射系数。虽然铁的占比很低（1 mol%），但铁的辐射要比氩强得

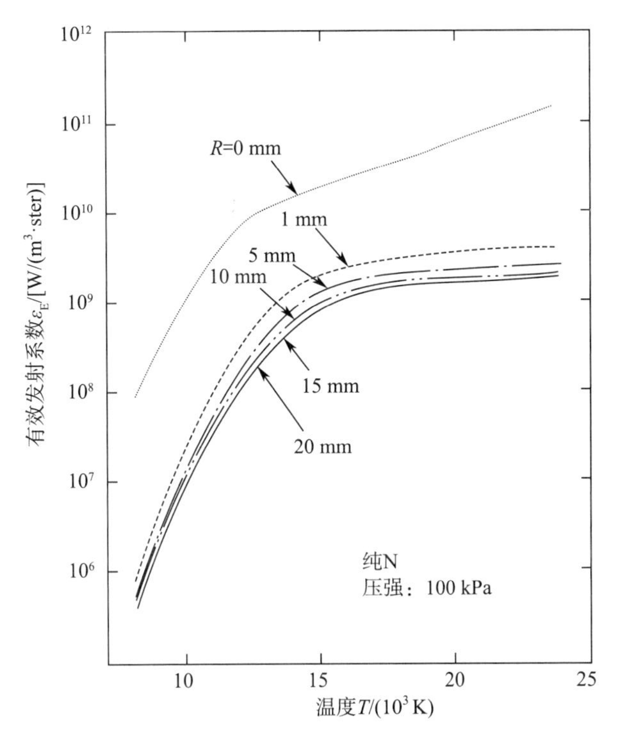

图 8-27　在 100 kPa 下不同半径的氮等离子体有效体发射系数随温度的变化[5]

多，尤其在低温区（$T \leqslant 10\ 000$ K），其原因主要有以下两个方面：

1）存在大量的铁谱线辐射（需要计算 3 226 条铁谱线，相比较下，氩只有不到 500 条谱线）。

2）铁的电离势较低（$E^1_{Fe^+}=7.9$ eV），第一激发能级的能量也很低（$E_1=0.85$ eV）。而氩相应的值分别为 15.75 eV 和 11.54 eV。当 $T>12\ 000$ K 时，氩的发射率要大于铁的发射率。

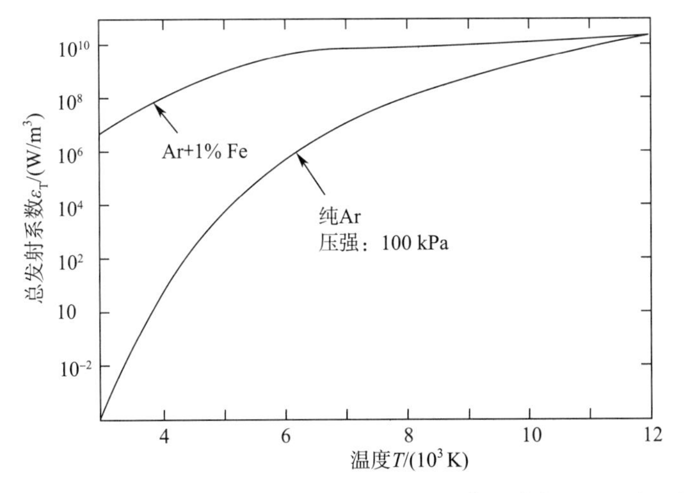

图 8-28　在 100 kPa 下，Ar-Fe 光学薄等离子体（铁占 1 mol%）总的体发射系数随温度的变化[24]

图8-29说明了铁对于总的体发射系数ε_T的重要性，图中给出了不同铁摩尔占比条件下Ar-Fe等离子体总的体发射系数随温度的变化。当温度低于7 000 K时，即使只有0.001%的铁也会导致ε_T的急剧增加（在3 000 K为8个数量级）。若考虑在不同半径、铁摩尔占比为1%的Ar-Fe等离子体的有效体发射系数ε_{EFe}（如图8-30所示），我们可以看到：

1）不考虑吸收（$R=0$），在3 000～7 000 K温度范围内ε_{EFe}随温度急剧增加，这与在该温度范围内激发能级的密度较大相关。当$T>7\ 000$ K时，由于铁的电离势较低（$E^1_{Fe^+}=7.9$ eV）产生了离子，中性原子密度减小，ε_{EFe}稍有减小。

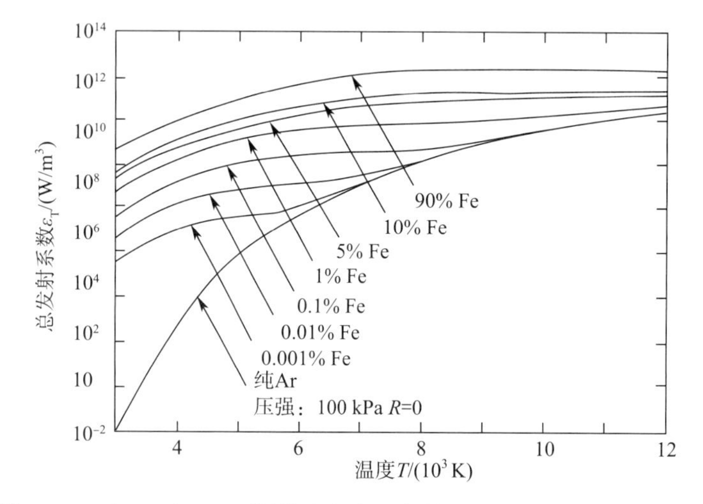

图8-29 在100 kPa、不同铁摩尔占比条件下Ar-Fe光学薄等离子体总的体发射系数随温度的变化[24]

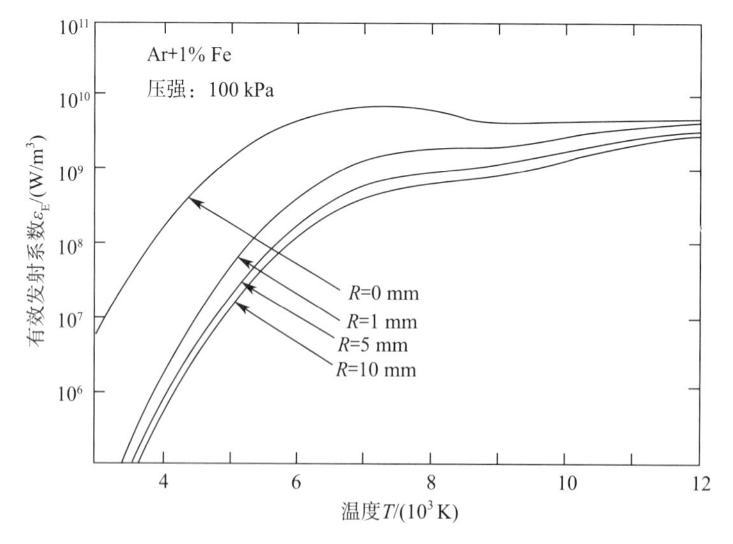

图8-30 在100 kPa下，铁摩尔占比为1%，不同半径的Ar-Fe等离子体的有效体发射系数ε_{EFe}随温度的变化[24]

2）由于共振谱线对总发射率的重要贡献，在半径为 1 mm 以内的等离子体中 ε_{EFe} 快速减小，而当半径大于 1 mm 后，其衰减变得极为缓慢。图 8－31 给出了半径为10 mm、不同铁占比等离子体的 ε_E，图 8－29 给出了光学薄等离子体的 ε_T。通过对比图 8－31 与图 8－29，可以看到氩共振谱线的吸收在整个温度范围内的作用非常明显，而铁的共振谱线主要在温度低于 9 000 K 时产生吸收。可以看出，当温度低于 10 000 K 时，即使含量很低，铁蒸气的存在可使等离子体发射明显增加。

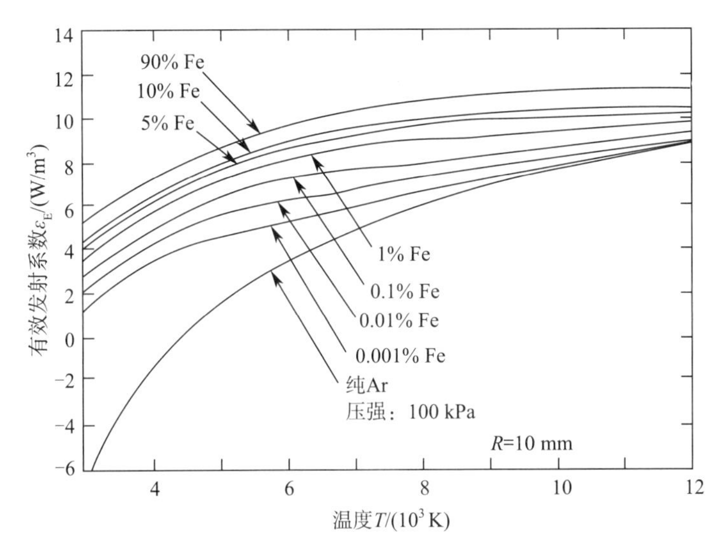

图 8－31　在 100 kPa 下，半径为 10 mm，不同铁摩尔占比的 Ar－Fe 等离子体的有效体发射系数 ε_{EFe} 随温度的变化[24]

8.4.2.2　氩-铜等离子体

Gleizes 等人[28]进行了氩-铜等离子体的计算。图 8－32 对比了含 1 mol% 铁和含 1 mol% 铜的氩等离子体的有效体发射系数；等离子体弧的半径为 10 mm。由于 Cu 谱线数量相对于 Fe 来说比较少，ε_{EFe} 比 ε_{ECu} 将近大一个数量级。值得注意的是（在 Ar－Fe 等离子体中已经强调过），在 Ar－Cu 等离子体中氩的吸收强于铜，主要是由于氩共振谱线的强吸收，尤其是在高温条件下，如图 8－33 所示。

当 Cu 占比为 1 mol%时，图 8－34 给出了等离子体厚度对发射系数的影响。与上节介绍的氩-铁等离子体相同，在低温条件下，由于存在高密度的吸收原子，氩-铜等离子体总的吸收非常强烈。同样需要注意的是，当等离子体半径大于 1～2 mm 时，ε_E 的值随等离子体半径急剧变化。最后，图 8－35 显示了铜的摩尔占比影响，图中给出了 100 kPa 下，2 mm 等离子体半径的 ε_E 随温度的变化。

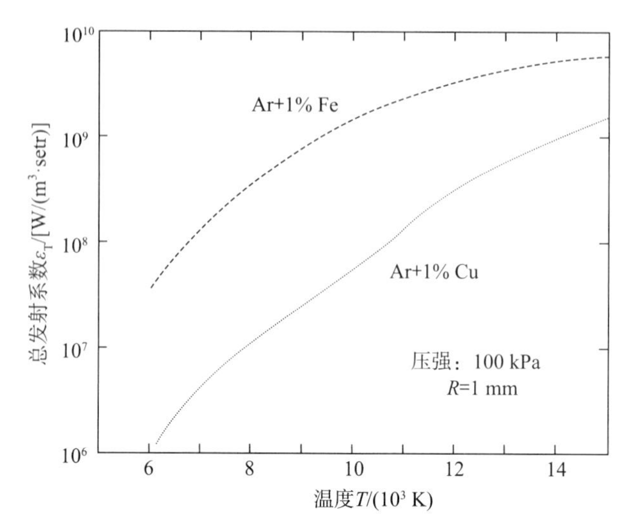

图 8-32　在 100 kPa 下，半径为 10 mm 的 Ar-Fe 和 Ar-Cu 等离子体（金属蒸气占比均为 1 mol%）总的体发射系数随温度的变化[28]

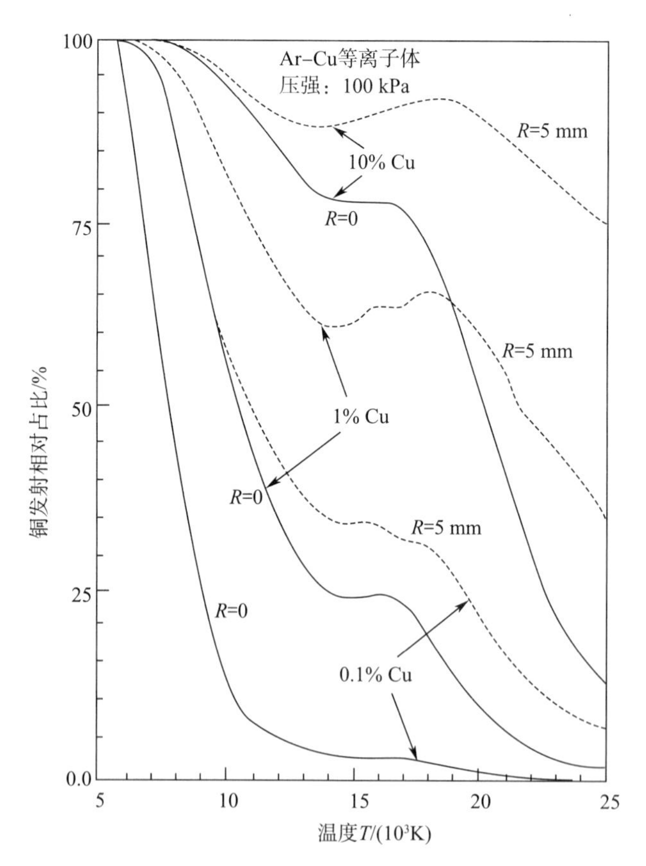

图 8-33　在 100 kPa 下，Ar-Cu 等离子体中铜发射相对占比
[实线，$R=0$（无吸收）；虚线，$R=5$ mm][28]

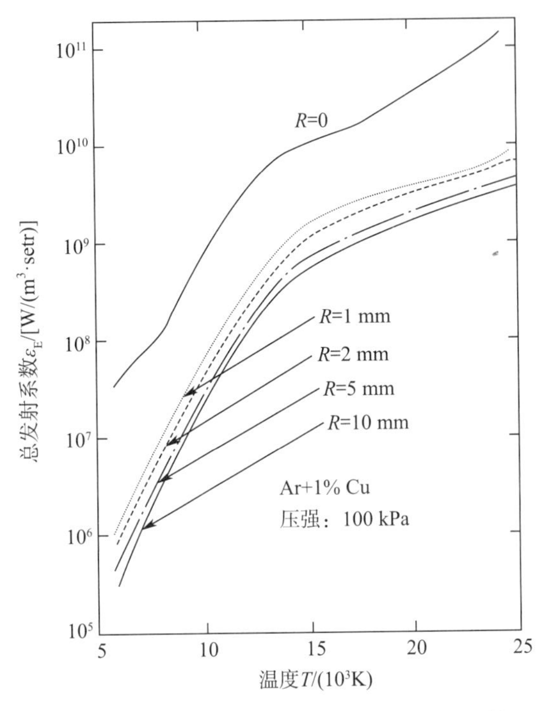

图 8-34　在 100 kPa 下，等离子体厚度对 Ar-Cu 等离子体（1 mol% Cu）有效发射系数的影响[28]

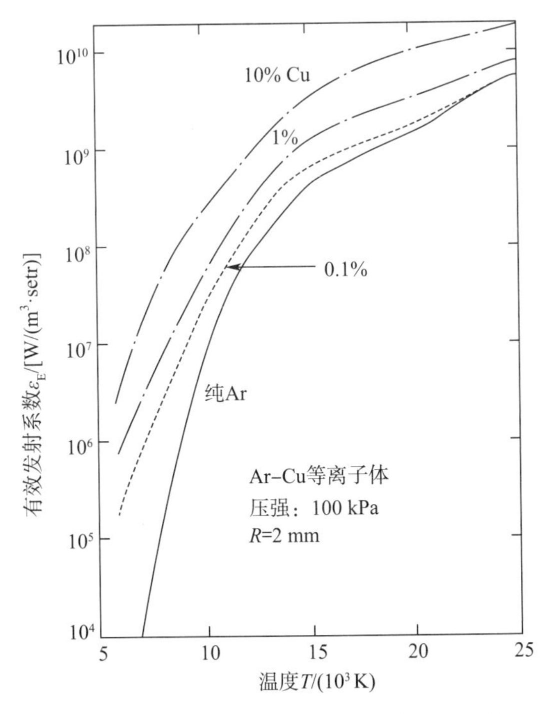

图 8-35　在 100 kPa 下，Cu 浓度对半径为 2 mm 的 Ar-Cu 等离子体有效发射系数的影响[28]

8.5 高温气体的黑体辐射

前文提到的发射系数均是基于光学薄等离子体的假设，所有辐射均出自等离子体，但在下面两种情况下该假设是不成立的。

1）共振谱线产生非常强的吸收（第一激发态与基态能级间的跃迁），其吸收系数 $\kappa'_L(\nu)$［见公式（8－47）］非常大，使得几分之一毫米厚度的层 L 就足以完全吸收[48]（也可以参见 8.4 节中的结果）。共振谱线附近的谱线，其吸收系数比共振谱线的通常要小数个数量级。对于低能级跃迁谱线，其在几毫米层内的自吸收会导致谱线强度减小 20%～50%。用这种谱线进行光谱温度测量，若不进行修正则会导致严重误差。

2）对于高压等离子体（$p>100$ kPa），光学薄的假设也可能出问题。Finkelnburg 和 Peters[48] 计算了接近于黑体辐射（$\varepsilon_\nu \geqslant 0.9\varepsilon_\nu^0$）的可见光波段（500.0 nm）实验室等离子体的连续辐射。图 8－36 给出了不同气体的计算结果。仅考虑这些气体中的单一电离组分，将所有曲线都合并为与 100%电离度相对应的曲线。在这条曲线上厚度为 2 mm 或更厚的实验室等离子体在等离子体温度区将变为一个黑体辐射体。电离能在 14～16 eV 之间的氩、氮、氧的曲线会降至氦和氢曲线之间，即变为 $T>2\times10^4$ K、$p>20$ Mpa 的黑体辐射体。具有最低电离势的铯，在 5 000 K 时只需要 0.5 MPa 压就能够变为黑体辐射体。

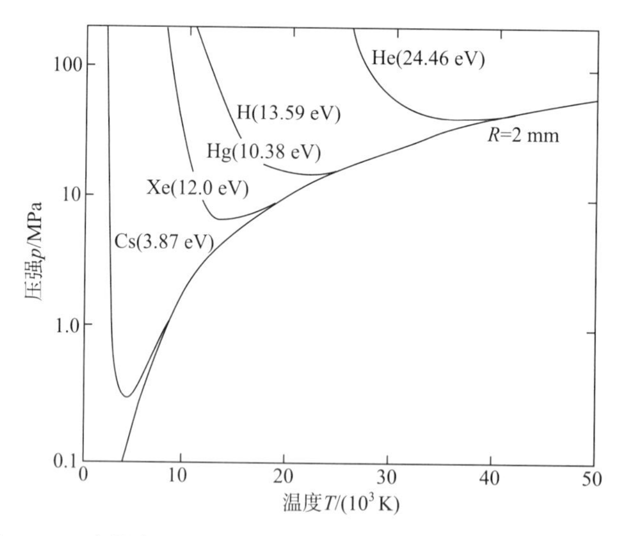

图 8－36 半径为 2 mm 的等离子体控制体积被看作黑体的状态[7]

符号表

A^i_{ul}	自发发射的跃迁概率（s^{-1}）
B_{lu}	吸收跃迁概率［$m^3/(J\cdot s^2)$］
B_λ	黑体单色辐射强度［$W/(m^3\cdot ster)$］

B_{ν}　黑体单色辐射强度[J/(m^3 · ster)]

B_{ul}　受激发射跃迁概率[m^3/(J · s^2)]

b　碰撞系数

c　光速（2.998×10^8 m/s）

E　能量

$E^{I}_{H^+}$　氢原子的电离能（13.6 eV）

$E_{i,u}$　化学组分 i 的激发态 u 的能量

$E^{I}_{X^+}$　X 原子的电离能

E_{X_j}　X 原子的激发态 j

E_{ν}　单色辐射能量

e　电荷（−1.6×10^{-19} A · s）

F　转动激发态能量，单位为 cm^{-1}

$F_{R\nu}$　单色辐射通量

G　振动激发态能量，单位为 cm^{-1}

G_1　计算等离子体圆柱几何的函数

$G^{n}_{i,z}$　冈特因子

g_u　统计权重或简并

H^+　正向总辐射通量（W/m^2）

H^-　负向总辐射通量（W/m^2）

H^0　黑体总通量（单位面积、单位时间、半球空间发射强度）

h　普朗克常数（6.6×10^{-34} W · s^2）

$I_{\nu}(\theta, \varphi)$　单色辐射强度[J/(m^3 · ster)]

$I_{\lambda}(\theta, \varphi)$　单色辐射强度[W/(m^3 · ster)]

$I(\theta, \varphi)$　方向总辐射强度[W/(m^2 · ster)]

I　总辐射强度（W/m^2）

I_{ν}　单色辐射强度[J/(m^2 · ster)]

J　转动量子数

J_R　总辐射通量

k　玻耳兹曼常数（1.38×10^{-23} J/K）

l　方位量子数

M　原子质量（g）

m_e　电子质量（9.11×10^{-31} kg）

$N_u(t)$　激发态 u 群

n　主量子数

$\boldsymbol{n}$　表面法线

n_e　电子密度

$n_{i,u}$	化学组元 i 的激发态 u 的密度（m^{-3}）
n_r	折射指数
$n_{i,z}^{n,l}$	化学组元 i 的密度；ze 为主量子数 n 和方位量子数 l 定义的激发态电荷
n_l^*	有效量子数
p	压强（Pa）
$P(\nu-\nu_0)$	谱线形状因子（s）
$P(\lambda-\lambda_0)$	谱线形状因子（m^{-1}）
$Q_{i,z}^{el}$	电荷为 ze 的化学组元 i 的电子配分函数
r_1	基态的玻尔半径（5.3×10^{-11} m）
R	基本等离子体控制体积半径（m）
S_ν	源函数：$S_\nu=\varepsilon_\nu/\kappa'_\nu n_r$ [$J/(m^2\cdot ster)$]
S	横截面（m^2）
T_e	电子激发态能量（单位为 cm^{-1}）
t	时间（s）
u	总辐射密度（J/m^3）
$u_\nu(\theta,\varphi)$	单色辐射密度[$J\cdot s/(m^3\cdot ster)$]
$u_\nu^0(T)$	黑体单色辐射密度（普朗克定律）[$J\cdot s/(m^3\cdot ster)$]
υ	振动量子数
$\bar{\upsilon}$	原子或离子平均速度
υ_e	电子速度

希腊符号

α	精细结构常数（$\alpha=2\pi e^2/hc$）
$\delta_{e,i}$	对应二分之一最大辐射强度的斯塔克宽度（nm）
$\delta_{E_{X^+}}$	原子 X 的电离能量减小值（eV）
δ_λ	谱线宽度（nm）
δ_0	对应二分之一最大辐射强度的多普勒宽度（nm）
ΔJ	高、低态转动量子数 $\Delta J=J'-J''$ 之差
$\Delta\upsilon$	高、低态转动量子数 $\Delta\upsilon=\upsilon'-\upsilon''$ 之差
ε_E	有效发射系数（$W/m^3 ster$）
ε_{fb}	自由-约束跃迁发射系数
ε_{ff}	自由-自由跃迁发射系数
$\varepsilon_{ff}^{e,i}$	源于离子场的自由-自由跃迁发射系数
ε_L	谱线发射系数[$W/(m^3\cdot ster)$]
$\varepsilon_{ff}^{e,a}$	源于弹性碰撞的自由-自由跃迁发射系数

$\varepsilon_{i,\ z+1}^{nl}$	电荷为 ze 的化学组元 i 的粒子发射系数；激发态通过量子数 n 和 l 定义
ε_{T}	总发射系数［W/(m^3 · ster)］
ε_{λ}	单色发射系数［W/(m^4 · ster)］
ε_{ν}	单色发射系数［J/(m^3 · ster)］
$\xi_{i,\ z}(\nu,\ T)$	百氏因子
θ	表面法线 $\boldsymbol{n}$ 方向角度
κ_{ν}	包含受激发射的单色吸收系数（cm^{-1}）
κ_{ν}'	不包含受激发射的单色吸收系数（cm^{-1}）
$\kappa_{i,\ z+1}$	组元 i、电荷 z 的粒子吸收系数（cm^{-1}）
$\kappa_{\mathrm{L}}'(\nu)$	整个谱线的积分吸收系数（cm^{-1}s^{-1}）
λ	波长（nm）
$\lambda_{\max}$	给定温度下对应极值 B_{υ} 的波长
Λ	逃逸因子
ν	辐射频率
σ_{ul}	能态 u 和能态 l 之间跃迁的波数（m^{-1}）
$\sigma_{i,\ z}^{n,\ l}$	光化电离横截面
$(\sigma_{i,\ z}^{n,\ l})_{经典}$	经典光化电离横截面
τ_{s}	以相对速度 $\bar{\upsilon}$ 移动的带电粒子扰动时间
τ_{ul}	激发态 u 的周期（s）
τ_{ν}	光学深度（无尺寸）
φ	法线 $\boldsymbol{n}$ 方向方位角
Ω	立体角

上标

$'$	较高能级
$''$	较低能级
n	主量子数
l	方位量子数

下标

i	化学组元 i
l	低激发态
u	高激发态
z	粒子电荷数

常用书目

[1] Cabannes, F. and J. Chapelle, Speetroscopie Plasma Diagnostic," Chapter 7 in Reactions Under Plasma Conditions, Vol. 1, New York: Wiley Interscience, 1971.

[2] Griem, H. R. , Plasma Spectroscopy, New York: McGraw - HilI, 1964.

[3] Griem, H. R. , Spectral Broadening by Plasma, New York and London: Academic Press, 1974.

[4] Herzberg, G. , Atomic Spectra and Atomic Structure, New York: Dover, 1944.

[5] Herzberg, G. , Spectra of Diatomic Molecules, New York: D. van Nostrand, 1969.

[6] Peeker - Wimel, C. , Introduction à la spectroscopie des plasmas, London: Gordon and Breach, 1967.

[7] Traving, G. , Plasma Diagnostics, Chapter 11; (Lochte - Holtgreven, ed.), Wiley, New York, 1968.

参考文献

[1] R. A. Hili, J. Quant. Spectrosc. Radiat. Transfer 7 (1963): 82.

[2] W. E. Wiese, P. E. Kelleher, and V. Helbig, Phys. Rev. A 11 (1975): 1854.

[3] H. Ehrich and M. J. Kusch, Z. Naturforsch., A28 (1973): 1794.

[4] R. Konjevic and N. Konjevic, Fysika 18 (1986): 327.

[5] B. Rahmani, "Caicul de l'émission nette du rayonnement des arcs dans SF_6 et dans les mélanges SF_6 - N_2," Thèse de Doe. Ing. (Univ. of Toulouse, France, Feb., 1989).

[6] J. M. Baronnet, "Contribution à l'étude spectroscopique des plasmas d'azote produits par un générateur á arc soufflé; application à la chimie des plasmas: synthèse des oxydes d'azote," Thèse doctorat d'État (Université de Limoges, France, Nov. 1978).

[7] E. Pfender, "Diagnostic Techniques," in Continuing Education: Plasma Technology and Applications, (2nd World Congress of Chemical Engineering and World Chemical Montreal, 4 - 9 Oct., 1981).

[8] P. Fauchais, K. Lapworth, and J. M. Baronnet, "First report on measurement of temperature and concentration of excited species in optically thin plasmas," IUPAC Subcommittee on Plasma Chemistry, P. Fauchais, ed. (Univ. of Limoges, France, April 1974).

[9] D. R. Bates, Atomic and Molecular Processes (New York: Academic Press, 1962).

[10] H. A. Kramers, Philos. Mag. 46 (1923): 836.

[11] J. Gaunt, Philos. Trans. R. Soc. London, Ser. A 229 (1930): 163.

[12] D. H. Menzel and C. L. Pekeris, Mon. Nat. R. Astron. Soc. 96 (1935): 77.

[13] G. Peach, Mon. Nat. R. Astron. Soc. 124 (1962): 371.

[14] A. Burgess and M. J. Seaton, Mon. Nat. R. Astron. Soc. 120 (1960): 121.

[15] W. J. Karsas and R. Letter, Astron. J. Suppl. Sci. 6 (1961): 167.

[16] W. H. Soon and J. A. Kunc, Phys. Rev. A 43 (1991): 723.

[17] S. Bayard, "Contribution au calcul des fonctions de partition des plasmas azotesilicium - aluminium et détermination des températures à partir du fond continu de l'azote," Thèse de doctorat de 3e cycle (University of Limoges, France, 30 April 1974).

[18] R. U. Krey and J. C. Morris, Phys. Fluids 13 (1970): 1483.

[19] J. L. Morris and J. M. Yos, Radiation Studies of Arc Heated Plasmas (ARL 71 - 0317 AFSC - 0390 - 41 CR).

[20] D. H. Sampson, Radiative Contributions to Energy and Momentum Transport in Gas (New York: Interscience, 1965).

[21] J. J. Lowke and E. R. Capriotti, J. Quant. Spectrosc. Radiat. Transfer 9 (1969): 107.

[22] N. E. Nicolet, C. E. Shepard, K. J. Clark, A. Balakushnan, J. P. Kesseling, K. E. Suchsland, and J. J. Reese Jr., Analysis and Design Study for a High Pressure, High Enthalpy Constricted Arc Heater (Rep. AEDC - TR - 75 - 47, 1975).

[23] R. Siegel and J. R. Howell, Thermal Radiation Heat Transfer (New York: McGraw - HiII 1981).

[24] A. Essoltani, "Étude du rayonnement émis par un plasma d'argon en présence de vapeur métallique,". Thèse de doctorat es Sciences Appliquées, Spécialité Génie Chimique (Université de Sherbrooke, Sherbrooke, Québec, CN, May 1991).

[25] J. J. Lowke, J. Quant. Spectrosc. Radiat. Transfer 14 (1974): 111.

[26] M. Gand, "Relaxation d'un plasma d'hélium créé par claquage rapide," (Thèse 3e cycle) (Univ. of Orleans, France, July, 1978).

[27] R. W. Liebermann and J. J. Lowke, J. Quant. Speetrosc. Radiat. Transfer 16 (1976): 253.

[28] A. Gleizes, J. J. Gonzalez, B. Liani, and B. Rahmani, Journal de Physique 51 C5 (1990): 213.

[29] A. W. Drawin and F. Emard, Beiträge aus der Plasma Physik 13 (1973): 143.

[30] F. E. Irons, J. Quant. Spectrosc. Radiat. Transfer 22 (1979): 1.

[31] M. Boulos, "Thermodynamic and transport properties of argon, nitrogen and oxygen at atmospheric pressure over the temperature range 3000 - 20,000 K," Intemal report (Univ. of Sherbrooke, CN, May 1984).

[32] M. W. Emmons, Phys. Fluids 10 (1967): 1125.

[33] D. L. Evans and R. S. Tankin, Phys. Fluids 10 (1967): 1137.

[34] YU. V. Moskvin, Teplojizika Vysokikh Temperatur 6 (1968): 1.

[35] A. E. Mensing and L. R. Boedeker, Theoretical Investigations of RF Induction Heated Plasmas (NASA - CR - 1312, 1969).

[36] R. C. Miller and R. J. Ayen, J. Appl. Phys. 40 (1990): 5260.

[37] T. G. Owano, M. H. Gordon, and C. H. Kruger, Phys. Fluids B2 (1990): 3184.

[38] I. T. Yabukov, Opt. Spectrosc. 19 (1965): 277.

[39] A. T. M. Wilbers, J. J. Beulens, and D. C. Schram, International Symposium on Plasma Chemistry 10 11. 1 - 4, (U. Ehlemann et al. , eds.) (Univ. of Bocham, Germany, 1991).

[40] W. Hermann and E. Schade, Z. Phys. 233 (1970): 333.

[41] P. W. Schreiber, A. M. Hunter, and K. R. Benedetto, AIAA J. 10 (1972): 670.

[42] A. W. Neuberger (AIAA Paper 73 - 744, delivered at AIAA 8th Thermophysics Conference, Palm Springs, CA, 1973).

[43] W. P. Barfield, J. Quant. Spectrosc. Radiat. 17 (1977): 471.

[44] W. Hermann and E. Schade, J. Quant. Spectrosc. Radiat. Transfer 12 (1972): 1257.

[45] R. A. Allen, N. A. S. A. Contractor Report, CR 557.

[46] K. A. Ernst, J. G. Kopainsky, and H. H. Maecker, IEEE Trans. Plasma Sci. 1, 3 (1973).

[47] A. Essoltani, P. Proulx, M. Boulos, and A. Gleizes, International Symposium on Plasma Chemistry 10 1 1. 1 - 7, (D. Ehlemann et al. , eds.) (Univ. of Bochum, Germany, 1991).

[48] A. Finkelnburg and Th. Peters, "Kontinuierliche Spektren," In Encyclopedia of Physics, Vol. 28, Spectroscopy II (Berlin: Springer - Verlag, 1957).

附　录

纯净气体和混合气体
在大气压下 500～2 4000 K 温度范围内的
热力学特性与输运特性

A.1　引言

等离子体的热力学特性与输运特性是任何等离子体建模工作的前提条件。与一般气体相比，等离子体的计算难度会大得多，这是由于当温度升高时，有大量的化学组分（包括带电粒子）和等离子体中发生的化学反应。如同第 6、7 和 8 章所述的，等离子体特性的计算是一项非常枯燥的任务，特别是输运特性。这些计算所需要的碰撞截面有相对大的不确定性，这些不确定性与必须引入的相互作用势的假设有关。另一方面，实验数据仅对有限的碰撞过程是可用的。下面数据表中的数据，是根据目前可用的最可靠的数据源计算出来的（见致谢和参考文献）。这些数据由法国里摩日大学（Université de Limoges）计算，由美国明尼苏达大学（University of Minnesota）和加拿大舍布鲁克大学（Université de Sherbrooke）对数据库的可用性进行了完整的验证。数据的计算采用明尼苏达大学研制的等离子体热力学与输运特性通用计算程序。此外，舍布鲁克大学的数据库由大量文献数据汇编而成，其中包括过去 40 年来发表的实验和理论研究数据。

A.2　计算方法

A.2.1　热力学特性

为了确定不同组元密度，需要根据温度、压力和初始摩尔分数，同步求解一组 K-方程（K 是组元数，包括出现在混合气体中的电子和离子）。方法由吉布斯最小自由能 G、质量守恒方程和电中性方程组成。最小化方案是采用拉格朗日乘子，并根据 White 和 Dantzig 的最速上升法[1]来解对应的方程组。必要的时候，所开发的计算机程序[2]能够考虑高压下状态方程的维里表达和与高密度带电粒子相关的德拜修正。不同组元的配分函数是计算工作的前提，这些是通过使用来自文献的电子能级和光谱数据来确定的[3]。原子和离子配分函数的范围是在以下最低电离势[4]假设下计算的

$$\delta E_i = (z_i + 1)\, e^2 / 4\pi \varepsilon_0 d \tag{A-1}$$

$$d^2 = \varepsilon_0 kTV / \left(e^2 \sum z^2{}_i N_i\right) \tag{A-2}$$

式中　V ——体积；

e ——电子电荷；

ε_0 ——真空的介电常数；

k ——玻耳兹曼常数；

z_i ——化学组元 i 的电荷数；

N_i ——化学组元 i 的粒子数。

对于分子，配分函数的计算是通过寻求限制转动-振动配分函数的 v、J 值实现的[5]。双原子组元的数据来自 Herzberg[6]。

密度、配分函数及其导出量的计算，可用于其他热力学特性的计算，如温度高至 24 000 K 的等离子体比焓和比热的计算。

A.2.2 输运特性

输运特性采用玻耳兹曼方程一阶恰普曼-恩斯科格（Chapman - Enskog）近似的 Sonine 多项式[7,8]。由于电子的质量远小于重组元的质量，重组元玻耳兹曼方程与电子玻耳兹曼方程是相互解耦的。电子与重粒子的输运特性是独立计算的，计算依据的是 Gorse[10]、Bonnefoi[11,12]和 Aubreton[13]在里摩日（Limoges）成功开发的 Devoto 方法[9]。根据该方法，给出的输运特性是温度、不同组元的密度以及碰撞积分的函数，其中碰撞积分来自文献或采用相互作用势计算得到。碰撞积分的计算通过下面温度函数形式的多项式拟合来实现

$$\Omega(l,s)=a(1)\log T+\sum_{i=2}^{8}a(i)T^{m(i)} \tag{A-3}$$

系数 i 被限定为 9，指数 $m(i)$ 在 $-9\sim+9$ 之间。不同系数和指数存贮于文件中。附录表中列出了温度 300～24 000 K 范围内以 100 K 为间隔的数据。相互作用势最可靠的数据可以通过文献检索得到。

A.3 等离子体表

下面的表（A.1～A.7）给出了所选择的气体及相应混合气体在大气压下 500～24 000 K 温度范围内的热力学与输运特性数据。

表 A.1　热力学与输运特性

T/K	密度/(kg/m^3)	焓/(J/kg)	比热/[J/(kg·K)]	粘度/[kg/(m·s)]	热导率/[W/(m·K)]	电导率/[A/(V·m)]
			氩			
500	9.735 3E−01	1.049 9E+05	5.203 3E+02	3.422 4E−05	2.671 2E−02	3.078 4E−23
600	8.112 1E−01	1.570 5E+05	5.206 3E+02	3.924 5E−05	3.063 1E−02	2.561 0E−23
700	6.953 0E−01	2.091 0E+05	5.205 3E+02	4.485 8E−05	3.501 1E−02	3.755 5E−23
800	6.083 9E−01	2.611 5E+05	5.204 8E+02	4.974 2E−05	3.882 3E−02	3.790 3E−23
900	5.407 9E−01	3.131 9E+05	5.204 4E+02	5.392 1E−05	4.208 5E−02	3.913 6E−23
1 000	4.867 2E−01	3.652 4E+05	5.204 1E+02	5.763 3E−05	4.498 2E−02	3.921 6E−23
1 100	4.424 8E−01	4.172 7E+05	5.203 9E+02	6.107 6E−05	4.766 9E−02	3.820 0E−23
1 200	4.056 1E−01	4.693 1E+05	5.203 8E+02	6.437 4E−05	5.024 3E−02	3.662 0E−23
1 300	3.744 1E−01	5.213 5E+05	5.203 7E+02	6.759 8E−05	5.276 0E−02	3.501 8E−23
1 400	3.476 7E−01	5.733 9E+05	5.203 6E+02	7.078 7E−05	5.524 9E−02	7.410 8E−21
1 500	3.245 0E−01	6.254 2E+05	5.203 6E+02	7.396 0E−05	5.772 5E−02	1.757 5E−18
1 600	3.042 2E−01	6.774 6E+05	5.203 5E+02	7.712 5E−05	6.019 5E−02	8.869 4E−17
1 700	2.863 3E−01	7.294 9E+05	5.203 5E+02	8.028 4E−05	6.266 1E−02	2.906 0E−15
1 800	2.704 2E−01	7.815 2E+05	5.203 4E+02	8.343 7E−05	6.512 2E−02	6.782 1E−14
1 900	2.561 9E−01	8.335 6E+05	5.203 4E+02	8.658 2E−05	6.757 6E−02	1.196 7E−12
2 000	2.433 8E−01	8.855 9E+05	5.203 4E+02	8.971 5E−05	7.002 2E−02	1.659 2E−11
2 100	2.317 9E−01	9.376 3E+05	5.203 4E+02	9.283 4E−05	7.245 6E−02	1.835 1E−10
2 200	2.212 6E−01	9.896 6E+05	5.203 4E+02	9.593 5E−05	7.487 7E−02	1.604 2E−09
2 300	2.116 4E−01	1.041 7E+06	5.203 3E+02	9.901 7E−05	7.728 2E−02	1.086 1E−08
2 400	2.028 2E−01	1.093 7E+06	5.203 3E+02	1.020 8E−04	7.966 9E−02	5.691 9E−08
2 500	1.947 1E−01	1.145 8E+06	5.203 3E+02	1.051 1E−04	8.203 8E−02	2.395 6E−07
2 600	1.872 2E−01	1.197 8E+06	5.203 3E+02	1.081 2E−04	8.438 7E−02	8.554 1E−07
2 700	1.802 9E−01	1.249 8E+06	5.203 3E+02	1.111 0E−04	8.671 4E−02	2.714 5E−06
2 800	1.738 5E−01	1.301 9E+06	5.203 3E+02	1.140 5E−04	8.901 9E−02	7.890 1E−06
2 900	1.678 6E−01	1.353 9E+06	5.203 3E+02	1.169 8E−04	9.130 1E−02	2.138 0E−05
3 000	1.622 6E−01	1.405 9E+06	5.203 3E+02	1.198 7E−04	9.356 1E−02	5.457 7E−05
3 100	1.570 3E−01	1.458 0E+06	5.203 3E+02	1.227 4E−04	9.579 8E−02	1.321 4E−04
3 200	1.521 2E−01	1.510 0E+06	5.203 3E+02	1.255 7E−04	9.801 4E−02	3.048 9E−04
3 300	1.475 1E−01	1.562 0E+06	5.203 3E+02	1.283 7E−04	1.002 1E−01	6.729 9E−04
3 400	1.431 7E−01	1.614 1E+06	5.203 3E+02	1.311 4E−04	1.024 0E−01	1.425 7E−03
3 500	1.390 8E−01	1.666 1E+06	5.203 3E+02	1.338 9E−04	1.045 8E−01	2.907 3E−03
3 600	1.352 2E−01	1.718 1E+06	5.203 3E+02	1.366 0E−04	1.067 9E−01	5.721 0E−03
3 700	1.315 7E−01	1.770 2E+06	5.203 3E+02	1.392 8E−04	1.090 4E−01	1.089 1E−02
3 800	1.281 0E−01	1.822 2E+06	5.203 3E+02	1.419 3E−04	1.114 0E−01	2.009 8E−02

续表

T/K	密度/(kg/m^3)	焓/(J/kg)	比热/[J/(kg·K)]	粘度/[kg/(m·s)]	热导率/[W/(m·K)]	电导率/[A/(V·m)]
3 900	1.248 2E−01	1.874 2E+06	5.203 3E+02	1.445 5E−04	1.139 5E−01	3.603 7E−02
4 000	1.217 0E−01	1.926 3E+06	5.203 3E+02	1.471 5E−04	1.168 2E−01	6.288 5E−02
4 100	1.187 3E−01	1.978 3E+06	5.203 3E+02	1.497 2E−04	1.201 9E−01	1.070 0E−01
4 200	1.159 0E−01	2.030 3E+06	5.203 3E+02	1.522 6E−04	1.243 5E−01	1.778 3E−01
4 300	1.132 1E−01	2.082 4E+06	5.203 3E+02	1.547 7E−04	1.297 0E−01	2.890 4E−01
4 400	1.106 4E−01	2.134 4E+06	5.203 4E+02	1.572 6E−04	1.368 0E−01	4.601 3E−01
4 500	1.081 8E−01	2.186 4E+06	5.203 4E+02	1.597 2E−04	1.463 9E−01	7.181 6E−01
4 600	1.058 3E−01	2.238 5E+06	5.203 5E+02	1.621 6E−04	1.595 3E−01	1.101 0E+00
4 700	1.035 8E−01	2.290 5E+06	5.203 6E+02	1.645 8E−04	1.775 4E−01	1.658 7E+00
4 800	1.014 2E−01	2.342 5E+06	5.203 8E+02	1.669 7E−04	2.021 9E−01	2.458 4E+00
4 900	9.934 8E−02	2.394 6E+06	5.204 1E+02	1.693 4E−04	2.357 5E−01	3.588 2E+00
5 000	9.736 1E−02	2.446 6E+06	5.204 5E+02	1.716 9E−04	2.810 5E−01	5.161 5E+00
5 100	9.545 2E−02	2.498 7E+06	5.205 0E+02	1.740 2E−04	1.360 4E−01	7.061 0E+00
5 200	9.361 7E−02	2.550 7E+06	5.205 7E+02	1.763 2E−04	1.379 3E−01	9.773 1E+00
5 300	9.185 0E−02	2.602 8E+06	5.206 6E+02	1.786 1E−04	1.398 5E−01	1.332 1E+01
5 400	9.014 9E−02	2.654 9E+06	5.207 9E+02	1.808 8E−04	1.417 9E−01	1.788 3E+01
5 500	8.851 0E−02	2.707 0E+06	5.209 5E+02	1.831 4E−04	1.437 8E−01	2.364 7E+01
5 600	8.693 0E−02	2.759 1E+06	5.211 6E+02	1.853 7E−04	1.458 2E−01	3.080 5E+01
5 700	8.540 4E−02	2.811 2E+06	5.214 3E+02	1.875 9E−04	1.479 4E−01	3.954 2E+01
5 800	8.393 2E−02	2.863 4E+06	5.217 8E+02	1.897 9E−04	1.501 5E−01	5.002 8E+01
5 900	8.250 9E−02	2.915 6E+06	5.222 1E+02	1.919 8E−04	1.524 8E−01	6.241 2E+01
6 000	8.113 3E−02	2.967 9E+06	5.227 6E+02	1.941 5E−04	1.549 4E−01	7.682 1E+01
6 100	7.980 3E−02	3.020 2E+06	5.234 4E+02	1.963 1E−04	1.575 6E−01	9.336 4E+01
6 200	7.851 5E−02	3.072 7E+06	5.242 7E+02	1.984 5E−04	1.603 7E−01	1.121 4E+02
6 300	7.726 8E−02	3.125 2E+06	5.252 9E+02	2.005 8E−04	1.633 8E−01	1.332 4E+02
6 400	7.605 9E−02	3.177 9E+06	5.265 2E+02	2.027 0E−04	1.666 3E−01	1.567 9E+02
6 500	7.488 8E−02	3.230 7E+06	5.280 1E+02	2.048 1E−04	1.701 2E−01	1.829 0E+02
6 600	7.375 2E−02	3.283 6E+06	5.298 0E+02	2.069 0E−04	1.738 8E−01	2.117 4E+02
6 700	7.264 9E−02	3.336 8E+06	5.319 3E+02	2.089 9E−04	1.779 3E−01	2.434 8E+02
6 800	7.157 8E−02	3.390 3E+06	5.344 5E+02	2.110 6E−04	1.822 9E−01	2.783 1E+02
6 900	7.053 8E−02	3.444 0E+06	5.374 2E+02	2.131 2E−04	1.869 6E−01	3.164 4E+02
7 000	6.952 7E−02	3.498 1E+06	5.409 1E+02	2.151 7E−04	1.919 8E−01	3.580 8E+02
7 100	6.854 4E−02	3.552 6E+06	5.449 8E+02	2.172 1E−04	1.973 4E−01	4.034 2E+02
7 200	6.758 7E−02	3.607 6E+06	5.497 1E+02	2.192 5E−04	2.030 8E−01	4.526 1E+02
7 300	6.665 6E−02	3.663 1E+06	5.551 8E+02	2.212 7E−04	2.092 2E−01	5.057 9E+02

续表

T/K	密度/(kg/m³)	焓/(J/kg)	比热/[J/(kg·K)]	粘度/[kg/(m·s)]	热导率/[W/(m·K)]	电导率/[A/(V·m)]
7 400	6.574 9E−02	3.719 2E+06	5.614 8E+02	2.232 8E−04	2.157 8E−01	5.630 4E+02
7 500	6.486 5E−02	3.776 1E+06	5.685 9E+02	2.252 9E−04	2.227 8E−01	6.244 0E+02
7 600	6.400 3E−02	3.833 8E+06	5.767 8E+02	2.272 9E−04	2.302 6E−01	6.898 4E+02
7 700	6.316 2E−02	3.892 4E+06	5.858 7E+02	2.292 7E−04	2.382 3E−01	7.593 0E+02
7 800	6.234 2E−02	3.952 0E+06	5.965 4E+02	2.312 5E−04	2.467 5E−01	8.326 4E+02
7 900	6.154 0E−02	4.012 9E+06	6.084 0E+02	2.332 2E−04	2.558 6E−01	9.097 2E+02
8 000	6.075 7E−02	4.075 0E+06	6.213 3E+02	2.351 8E−04	2.655 5E−01	9.903 4E+02
8 100	5.999 1E−02	4.138 6E+06	6.365 5E+02	2.371 3E−04	2.759 2E−01	1.074 2E+03
8 200	5.924 1E−02	4.204 0E+06	6.531 9E+02	2.390 6E−04	2.869 8E−01	1.161 2E+03
8 300	5.850 7E−02	4.271 1E+06	6.717 0E+02	2.409 9E−04	2.987 8E−01	1.251 0E+03
8 400	5.778 8E−02	4.340 5E+06	6.931 5E+02	2.429 0E−04	3.114 2E−01	1.343 3E+03
8 500	5.708 3E−02	4.412 0E+06	7.151 5E+02	2.448 0E−04	3.248 0E−01	1.437 8E+03
8 600	5.639 1E−02	4.486 0E+06	7.402 4E+02	2.466 8E−04	3.390 2E−01	1.534 3E+03
8 700	5.571 1E−02	4.562 8E+06	7.678 4E+02	2.485 5E−04	3.541 1E−01	1.632 6E+03
8 800	5.504 3E−02	4.642 6E+06	7.981 3E+02	2.504 0E−04	3.701 1E−01	1.732 4E+03
8 900	5.438 7E−02	4.725 9E+06	8.335 9E+02	2.522 2E−04	3.872 2E−01	1.833 6E+03
9 000	5.374 0E−02	4.812 7E+06	8.678 5E+02	2.540 2E−04	4.051 2E−01	1.935 8E+03
9 100	5.310 3E−02	4.903 5E+06	9.073 3E+02	2.557 9E−04	4.240 0E−01	2.039 0E+03
9 200	5.247 6E−02	4.998 8E+06	9.538 1E+02	2.575 4E−04	4.441 6E−01	2.143 0E+03
9 300	5.185 6E−02	5.098 6E+06	9.972 4E+02	2.592 4E−04	4.651 0E−01	2.247 6E+03
9 400	5.124 4E−02	5.203 9E+06	1.053 0E+03	2.609 0E−04	4.874 6E−01	2.352 8E+03
9 500	5.063 9E−02	5.314 1E+06	1.102 7E+03	2.625 2E−04	5.105 2E−01	2.458 4E+03
9 600	5.004 0E−02	5.431 0E+06	1.168 7E+03	2.640 8E−04	5.351 7E−01	2.564 3E+03
9 700	4.944 7E−02	5.553 5E+06	1.225 4E+03	2.655 9E−04	5.604 2E−01	2.670 5E+03
9 800	4.885 9E−02	5.683 8E+06	1.303 0E+03	2.670 2E−04	5.874 1E−01	2.776 9E+03
9 900	4.827 6E−02	5.820 6E+06	1.367 1E+03	2.683 8E−04	6.148 9E−01	2.883 4E+03
10 000	4.769 6E−02	5.966 3E+06	1.457 7E+03	2.696 5E−04	6.442 8E−01	2.990 0E+03
10 100	4.712 0E−02	6.119 3E+06	1.529 4E+03	2.708 3E−04	6.740 0E−01	3.096 6E+03
10 200	4.654 6E−02	6.282 7E+06	1.634 5E+03	2.718 9E−04	7.058 2E−01	3.203 3E+03
10 300	4.597 5E−02	6.456 0E+06	1.733 3E+03	2.728 4E−04	7.389 4E−01	3.309 9E+03
10 400	4.540 6E−02	6.637 6E+06	1.816 1E+03	2.736 5E−04	7.720 4E−01	3.416 5E+03
10 500	4.483 8E−02	6.832 3E+06	1.946 9E+03	2.743 1E−04	8.075 9E−01	3.523 1E+03
10 600	4.427 1E−02	7.038 9E+06	2.065 6E+03	2.748 1E−04	8.444 6E−01	3.629 5E+03
10 700	4.370 4E−02	7.254 8E+06	2.159 1E+03	2.751 4E−04	8.808 4E−01	3.735 9E+03
10 800	4.313 7E−02	7.486 8E+06	2.319 8E+03	2.752 7E−04	9.200 7E−01	3.842 2E+03

续表

T/K	密度/(kg/m³)	焓/(J/kg)	比热/[J/(kg·K)]	粘度/[kg/(m·s)]	热导率/[W/(m·K)]	电导率/[A/(V·m)]
10 900	4.257 0E−02	7.732 8E+06	2.460 3E+03	2.751 9E−04	9.605 7E−01	3.948 4E+03
11 000	4.200 3E−02	7.993 7E+06	2.608 7E+03	2.748 9E−04	1.002 3E+00	4.054 4E+03
11 100	4.143 4E−02	8.265 0E+06	2.713 2E+03	2.743 5E−04	1.042 8E+00	4.160 3E+03
11 200	4.086 4E−02	8.557 2E+06	2.922 1E+03	2.735 5E−04	1.086 7E+00	4.266 0E+03
11 300	4.029 3E−02	8.866 6E+06	3.094 1E+03	2.724 8E−04	1.131 7E+00	4.371 6E+03
11 400	3.972 0E−02	9.194 0E+06	3.274 5E+03	2.711 3E−04	1.177 9E+00	4.477 0E+03
11 500	3.914 5E−02	9.532 6E+06	3.385 4E+03	2.694 7E−04	1.221 7E+00	4.582 2E+03
11 600	3.856 8E−02	9.897 6E+06	3.650 3E+03	2.675 1E−04	1.269 6E+00	4.687 2E+03
11 700	3.799 0E−02	1.028 3E+07	3.854 8E+03	2.652 4E−04	1.318 4E+00	4.792 0E+03
11 800	3.741 0E−02	1.069 0E+07	4.067 6E+03	2.626 5E−04	1.368 0E+00	4.896 5E+03
11 900	3.682 8E−02	1.111 9E+07	4.288 4E+03	2.597 3E−04	1.418 3E+00	5.000 8E+03
12 000	3.624 3E−02	1.155 8E+07	4.394 2E+03	2.564 6E−04	1.465 0E+00	5.104 9E+03
12 100	3.565 8E−02	1.203 2E+07	4.739 2E+03	2.528 9E−04	1.516 2E+00	5.208 6E+03
12 200	3.507 2E−02	1.253 0E+07	4.981 2E+03	2.490 0E−04	1.567 9E+00	5.312 0E+03
12 300	3.448 5E−02	1.305 3E+07	5.229 8E+03	2.448 0E−04	1.619 8E+00	5.415 0E+03
12 400	3.389 7E−02	1.360 2E+07	5.484 1E+03	2.403 0E−04	1.671 9E+00	5.517 6E+03
12 500	3.331 0E−02	1.417 6E+07	5.743 6E+03	2.355 2E−04	1.723 9E+00	5.619 9E+03
12 600	3.272 3E−02	1.477 7E+07	6.007 3E+03	2.304 8E−04	1.775 8E+00	5.721 6E+03
12 700	3.213 4E−02	1.538 3E+07	6.064 5E+03	2.251 6E−04	1.822 0E+00	5.823 3E+03
12 800	3.154 9E−02	1.603 6E+07	6.525 2E+03	2.196 6E−04	1.872 9E+00	5.924 2E+03
12 900	3.096 7E−02	1.671 5E+07	6.794 2E+03	2.139 6E−04	1.923 0E+00	6.024 5E+03
13 000	3.038 7E−02	1.742 1E+07	7.062 5E+03	2.081 1E−04	1.972 2E+00	6.124 3E+03
13 100	2.981 0E−02	1.815 4E+07	7.328 6E+03	2.021 2E−04	2.020 3E+00	6.223 5E+03
13 200	2.923 8E−02	1.891 3E+07	7.590 7E+03	1.960 3E−04	2.067 0E+00	6.322 0E+03
13 300	2.867 2E−02	1.969 8E+07	7.846 9E+03	1.898 8E−04	2.112 2E+00	6.419 9E+03
13 400	2.811 1E−02	2.050 7E+07	8.095 2E+03	1.836 8E−04	2.155 6E+00	6.517 0E+03
13 500	2.755 6E−02	2.134 1E+07	8.333 6E+03	1.774 8E−04	2.197 0E+00	6.613 4E+03
13 600	2.701 0E−02	2.219 7E+07	8.559 9E+03	1.713 0E−04	2.236 2E+00	6.709 1E+03
13 700	2.646 6E−02	2.304 0E+07	8.430 6E+03	1.650 4E−04	2.268 4E+00	6.804 7E+03
13 800	2.593 6E−02	2.393 5E+07	8.953 9E+03	1.589 7E−04	2.302 8E+00	6.898 8E+03
13 900	2.541 6E−02	2.484 8E+07	9.132 1E+03	1.530 0E−04	2.334 5E+00	6.992 0E+03
14 000	2.490 6E−02	2.577 7E+07	9.289 8E+03	1.471 5E−04	2.363 3E+00	7.084 4E+03
14 100	2.440 8E−02	2.672 0E+07	9.425 2E+03	1.414 5E−04	2.389 2E+00	7.175 8E+03
14 200	2.392 2E−02	2.767 4E+07	9.536 4E+03	1.359 1E−04	2.412 1E+00	7.266 4E+03
14 300	2.344 8E−02	2.863 6E+07	9.622 0E+03	1.305 4E−04	2.432 0E+00	7.355 9E+03

续表

T/K	密度/(kg/m³)	焓/(J/kg)	比热/[J/(kg·K)]	粘度/[kg/(m·s)]	热导率/[W/(m·K)]	电导率/[A/(V·m)]
14 400	2.298 7E−02	2.960 4E+07	9.680 8E+03	1.253 6E−04	2.448 8E+00	7.444 6E+03
14 500	2.253 9E−02	3.057 5E+07	9.711 8E+03	1.203 8E−04	2.462 5E+00	7.532 2E+03
14 600	2.210 5E−02	3.154 6E+07	9.714 5E+03	1.156 1E−04	2.473 3E+00	7.618 9E+03
14 700	2.168 5E−02	3.251 5E+07	9.688 8E+03	1.110 5E−04	2.481 3E+00	7.704 7E+03
14 800	2.127 9E−02	3.347 9E+07	9.634 8E+03	1.067 0E−04	2.486 6E+00	7.789 4E+03
14 900	2.088 7E−02	3.443 4E+07	9.553 1E+03	1.025 7E−04	2.489 4E+00	7.873 2E+03
15 000	2.051 0E−02	3.537 9E+07	9.444 7E+03	9.865 6E−05	2.489 9E+00	7.956 1E+03
15 100	2.014 7E−02	3.631 0E+07	9.311 1E+03	9.496 0E−05	2.488 4E+00	8.038 0E+03
15 200	1.979 7E−02	3.722 5E+07	9.153 8E+03	9.147 6E−05	2.485 1E+00	8.118 9E+03
15 300	1.946 2E−02	3.812 3E+07	8.974 8E+03	8.820 1E−05	2.480 3E+00	8.199 0E+03
15 400	1.914 0E−02	3.900 0E+07	8.776 2E+03	8.513 1E−05	2.474 2E+00	8.278 2E+03
15 500	1.883 2E−02	3.985 6E+07	8.560 5E+03	8.225 8E−05	2.467 1E+00	8.356 5E+03
15 600	1.853 7E−02	4.068 9E+07	8.330 2E+03	7.957 7E−05	2.459 3E+00	8.434 0E+03
15 700	1.825 4E−02	4.149 8E+07	8.087 6E+03	7.708 1E−05	2.451 1E+00	8.510 7E+03
15 800	1.798 4E−02	4.228 2E+07	7.835 3E+03	7.476 2E−05	2.442 7E+00	8.586 6E+03
15 900	1.772 5E−02	4.303 9E+07	7.576 0E+03	7.261 3E−05	2.434 3E+00	8.661 7E+03
16 000	1.747 7E−02	4.377 0E+07	7.311 9E+03	7.062 5E−05	2.426 2E+00	8.736 1E+03
16 100	1.724 1E−02	4.447 5E+07	7.045 3E+03	6.879 1E−05	2.418 6E+00	8.809 9E+03
16 200	1.701 4E−02	4.515 3E+07	6.778 3E+03	6.710 3E−05	2.411 6E+00	8.882 9E+03
16 300	1.679 8E−02	4.580 4E+07	6.512 9E+03	6.555 3E−05	2.405 4E+00	8.955 4E+03
16 400	1.659 0E−02	4.642 9E+07	6.250 7E+03	6.413 4E−05	2.400 0E+00	9.027 2E+03
16 500	1.639 2E−02	4.702 8E+07	5.993 3E+03	6.283 8E−05	2.395 8E+00	9.098 5E+03
16 600	1.620 2E−02	4.760 3E+07	5.742 1E+03	6.165 7E−05	2.392 6E+00	9.169 2E+03
16 700	1.602 0E−02	4.815 2E+07	5.498 1E+03	6.058 5E−05	2.390 6E+00	9.239 4E+03
16 800	1.584 5E−02	4.867 9E+07	5.262 1E+03	5.961 6E−05	2.389 8E+00	9.309 0E+03
16 900	1.567 7E−02	4.918 2E+07	5.035 3E+03	5.874 1E−05	2.390 2E+00	9.378 2E+03
17 000	1.551 6E−02	4.966 4E+07	4.817 8E+03	5.795 7E−05	2.392 0E+00	9.447 0E+03
17 100	1.536 1E−02	5.012 5E+07	4.610 4E+03	5.725 5E−05	2.395 0E+00	9.515 3E+03
17 200	1.521 1E−02	5.056 6E+07	4.413 2E+03	5.663 2E−05	2.399 3E+00	9.583 1E+03
17 300	1.506 8E−02	5.098 9E+07	4.226 5E+03	5.608 1E−05	2.404 8E+00	9.650 6E+03
17 400	1.492 9E−02	5.139 4E+07	4.050 3E+03	5.559 7E−05	2.411 6E+00	9.717 6E+03
17 500	1.479 5E−02	5.178 2E+07	3.884 6E+03	5.517 7E−05	2.419 7E+00	9.784 3E+03
17 600	1.466 6E−02	5.215 5E+07	3.729 5E+03	5.481 5E−05	2.428 8E+00	9.850 5E+03
17 700	1.454 0E−02	5.251 4E+07	3.584 8E+03	5.450 6E−05	2.439 2E+00	9.916 4E+03
17 800	1.441 9E−02	5.285 9E+07	3.450 3E+03	5.424 8E−05	2.450 6E+00	9.981 8E+03

续表

T/K	密度/(kg/m³)	焓/(J/kg)	比热/[J/(kg·K)]	粘度/[kg/(m·s)]	热导率/[W/(m·K)]	电导率/[A/(V·m)]
17 900	1.430 1E−02	5.319 1E+07	3.325 8E+03	5.403 5E−05	2.463 1E+00	1.004 7E+04
18 000	1.418 7E−02	5.351 3E+07	3.211 1E+03	5.386 5E−05	2.476 7E+00	1.011 1E+04
18 100	1.407 6E−02	5.382 3E+07	3.106 1E+03	5.373 4E−05	2.491 2E+00	1.017 6E+04
18 200	1.396 8E−02	5.412 4E+07	3.010 5E+03	5.363 9E−05	2.506 6E+00	1.024 0E+04
18 300	1.386 3E−02	5.441 7E+07	2.924 0E+03	5.357 6E−05	2.523 0E+00	1.030 3E+04
18 400	1.376 0E−02	5.470 1E+07	2.846 5E+03	5.354 3E−05	2.540 2E+00	1.036 6E+04
18 500	1.366 0E−02	5.497 9E+07	2.777 7E+03	5.353 7E−05	2.558 2E+00	1.042 8E+04
18 600	1.356 2E−02	5.525 1E+07	2.717 5E+03	5.355 4E−05	2.576 9E+00	1.049 0E+04
18 700	1.346 6E−02	5.551 7E+07	2.665 7E+03	5.359 2E−05	2.596 4E+00	1.055 1E+04
18 800	1.337 2E−02	5.578 0E+07	2.622 1E+03	5.364 9E−05	2.616 6E+00	1.061 2E+04
18 900	1.328 0E−02	5.603 8E+07	2.586 5E+03	5.372 2E−05	2.637 5E+00	1.067 2E+04
19 000	1.320 7E−02	5.627 3E+07	2.344 9E+03	5.423 8E−05	2.658 4E+00	1.072 8E+04
19 100	1.311 8E−02	5.652 6E+07	2.535 3E+03	5.433 3E−05	2.680 5E+00	1.078 7E+04
19 200	1.303 0E−02	5.677 9E+07	2.523 9E+03	5.443 7E−05	2.703 1E+00	1.084 5E+04
19 300	1.294 4E−02	5.703 1E+07	2.520 1E+03	5.454 7E−05	2.726 3E+00	1.090 2E+04
19 400	1.285 9E−02	5.728 3E+07	2.524 0E+03	5.466 2E−05	2.749 9E+00	1.095 8E+04
19 500	1.277 5E−02	5.753 7E+07	2.535 8E+03	5.477 8E−05	2.774 0E+00	1.101 4E+04
19 600	1.269 2E−02	5.779 2E+07	2.555 2E+03	5.489 3E−05	2.798 6E+00	1.106 8E+04
19 700	1.261 0E−02	5.805 0E+07	2.582 5E+03	5.500 5E−05	2.823 5E+00	1.112 2E+04
19 800	1.252 9E−02	5.831 2E+07	2.617 6E+03	5.511 3E−05	2.848 9E+00	1.117 4E+04
19 900	1.244 8E−02	5.857 8E+07	2.660 6E+03	5.521 3E−05	2.874 6E+00	1.122 5E+04
20 000	1.236 9E−02	5.884 9E+07	2.711 6E+03	5.530 4E−05	2.900 6E+00	1.127 5E+04
20 100	1.228 9E−02	5.912 6E+07	2.770 7E+03	5.538 2E−05	2.927 0E+00	1.132 3E+04
20 200	1.221 1E−02	5.941 0E+07	2.838 0E+03	5.544 7E−05	2.953 6E+00	1.137 1E+04
20 300	1.213 2E−02	5.970 2E+07	2.913 6E+03	5.549 6E−05	2.980 5E+00	1.141 6E+04
20 400	1.205 4E−02	6.000 1E+07	2.997 6E+03	5.552 7E−05	3.007 6E+00	1.146 0E+04
20 500	1.197 7E−02	6.031 0E+07	3.090 1E+03	5.553 7E−05	3.035 0E+00	1.150 2E+04
20 600	1.189 9E−02	6.063 0E+07	3.191 2E+03	5.552 5E−05	3.062 6E+00	1.154 3E+04
20 700	1.182 2E−02	6.096 0E+07	3.301 1E+03	5.548 9E−05	3.090 4E+00	1.158 2E+04
20 800	1.174 5E−02	6.130 2E+07	3.419 7E+03	5.542 8E−05	3.118 3E+00	1.161 9E+04
20 900	1.166 7E−02	6.165 6E+07	3.547 2E+03	5.533 8E−05	3.146 4E+00	1.165 4E+04
21 000	1.159 0E−02	6.202 5E+07	3.683 7E+03	5.521 9E−05	3.174 7E+00	1.168 7E+04
21 100	1.151 3E−02	6.240 8E+07	3.829 0E+03	5.506 9E−05	3.203 0E+00	1.171 8E+04
21 200	1.143 5E−02	6.280 6E+07	3.983 3E+03	5.488 8E−05	3.231 5E+00	1.174 6E+04
21 300	1.135 7E−02	6.322 1E+07	4.146 5E+03	5.467 3E−05	3.260 0E+00	1.177 3E+04

续表

T/K	密度/(kg/m³)	焓/(J/kg)	比热/[J/(kg·K)]	粘度/[kg/(m·s)]	热导率/[W/(m·K)]	电导率/[A/(V·m)]
21 400	1.127 9E−02	6.365 2E+07	4.318 6E+03	5.442 4E−05	3.288 6E+00	1.179 7E+04
21 500	1.120 1E−02	6.410 2E+07	4.499 4E+03	5.414 0E−05	3.317 3E+00	1.181 9E+04
21 600	1.112 2E−02	6.457 1E+07	4.688 7E+03	5.382 0E−05	3.346 0E+00	1.183 8E+04
21 700	1.104 3E−02	6.506 0E+07	4.886 5E+03	5.346 5E−05	3.374 7E+00	1.185 6E+04
21 800	1.096 3E−02	6.556 9E+07	5.092 4E+03	5.307 4E−05	3.403 5E+00	1.187 1E+04
21 900	1.088 3E−02	6.610 0E+07	5.306 2E+03	5.264 8E−05	3.432 2E+00	1.188 3E+04
22 000	1.080 2E−02	6.665 3E+07	5.527 5E+03	5.218 6E−05	3.461 0E+00	1.189 3E+04
22 100	1.072 1E−02	6.722 8E+07	5.755 9E+03	5.169 0E−05	3.489 7E+00	1.190 1E+04
22 200	1.064 0E−02	6.782 7E+07	5.991 0E+03	5.116 0E−05	3.518 5E+00	1.190 7E+04
22 300	1.055 8E−02	6.845 0E+07	6.232 2E+03	5.059 8E−05	3.547 2E+00	1.191 1E+04
22 400	1.047 5E−02	6.909 8E+07	6.479 1E+03	5.000 5E−05	3.575 8E+00	1.191 2E+04
22 500	1.039 2E−02	6.977 1E+07	6.730 9E+03	4.938 2E−05	3.604 4E+00	1.191 2E+04
22 600	1.030 8E−02	7.047 0E+07	6.987 1E+03	4.873 2E−05	3.633 0E+00	1.190 9E+04
22 700	1.022 4E−02	7.119 5E+07	7.246 8E+03	4.805 6E−05	3.661 6E+00	1.190 5E+04
22 800	1.014 0E−02	7.194 6E+07	7.509 4E+03	4.735 7E−05	3.690 0E+00	1.189 9E+04
22 900	1.005 5E−02	7.272 3E+07	7.774 1E+03	4.663 6E−05	3.718 5E+00	1.189 1E+04
23 000	9.969 3E−03	7.352 7E+07	8.039 9E+03	4.589 6E−05	3.746 8E+00	1.188 2E+04
23 100	9.883 5E−03	7.435 8E+07	8.305 9E+03	4.513 9E−05	3.775 1E+00	1.187 2E+04
23 200	9.797 3E−03	7.521 5E+07	8.571 4E+03	4.436 8E−05	3.803 4E+00	1.186 0E+04
23 300	9.720 0E−03	7.605 9E+07	8.444 1E+03	4.389 8E−05	3.833 1E+00	1.184 1E+04
23 400	9.633 1E−03	7.696 8E+07	9.091 5E+03	4.310 0E−05	3.861 3E+00	1.182 8E+04
23 500	9.546 0E−03	7.790 3E+07	9.349 5E+03	4.229 6E−05	3.889 5E+00	1.181 3E+04
23 600	9.458 8E−03	7.886 4E+07	9.602 9E+03	4.148 7E−05	3.917 6E+00	1.179 8E+04
23 700	9.371 6E−03	7.984 9E+07	9.850 9E+03	4.067 6E−05	3.945 6E+00	1.178 3E+04
23 800	9.284 4E−03	8.085 8E+07	1.009 2E+04	3.986 4E−05	3.973 6E+00	1.176 7E+04
23 900	9.197 3E−03	8.189 1E+07	1.032 7E+04	3.905 5E−05	4.001 6E+00	1.175 1E+04
24 000	9.110 3E−03	8.294 6E+07	1.055 3E+04	3.825 0E−05	4.029 4E+00	1.173 5E+04
			氦			
500	9.755 7E−02	4.144 9E+06	5.193 1E+03	2.896 4E−05	2.256 2E−01	2.920 9E−24
600	8.129 7E−02	4.664 2E+06	5.193 1E+03	3.314 4E−05	2.581 8E−01	2.638 4E−24
700	6.968 3E−02	5.183 5E+06	5.193 1E+03	3.717 0E−05	2.895 4E−01	2.420 0E−24
800	6.097 3E−02	5.702 8E+06	5.193 1E+03	4.107 5E−05	3.199 6E−01	2.244 6E−24
900	5.419 8E−02	6.222 1E+06	5.193 1E+03	4.488 3E−05	3.496 2E−01	2.099 7E−24
1 000	4.877 8E−02	6.741 5E+06	5.193 1E+03	4.860 8E−05	3.786 4E−01	1.977 6E−24
1 100	4.434 4E−02	7.260 8E+06	5.193 1E+03	5.226 3E−05	4.071 1E−01	1.872 8E−24

续表

T/K	密度/(kg/m³)	焓/(J/kg)	比热/[J/(kg·K)]	粘度/[kg/(m·s)]	热导率/[W/(m·K)]	电导率/[A/(V·m)]
1 200	4.064 9E−02	7.780 1E+06	5.193 1E+03	5.585 6E−05	4.351 0E−01	1.781 8E−24
1 300	3.752 2E−02	8.299 4E+06	5.193 1E+03	5.939 4E−05	4.626 6E−01	1.701 8E−24
1 400	3.484 2E−02	8.818 7E+06	5.193 1E+03	6.288 3E−05	4.898 4E−01	1.630 8E−24
1 500	3.251 9E−02	9.338 0E+06	5.193 1E+03	6.632 7E−05	5.166 7E−01	1.567 4E−24
1 600	3.048 6E−02	9.857 3E+06	5.193 1E+03	6.973 1E−05	5.431 8E−01	1.510 2E−24
1 700	2.869 3E−02	1.037 7E+07	5.193 1E+03	7.309 9E−05	5.694 2E−01	1.458 4E−24
1 800	2.709 9E−02	1.089 6E+07	5.193 1E+03	7.643 2E−05	5.953 8E−01	1.411 2E−24
1 900	2.567 3E−02	1.141 5E+07	5.193 1E+03	7.973 5E−05	6.211 1E−01	1.367 9E−24
2 000	2.438 9E−02	1.193 5E+07	5.193 1E+03	8.300 8E−05	6.466 1E−01	3.231 1E−24
2 100	2.322 8E−02	1.245 4E+07	5.193 1E+03	8.625 5E−05	6.719 0E−01	9.779 3E−23
2 200	2.217 2E−02	1.297 3E+07	5.193 1E+03	8.947 7E−05	6.970 0E−01	2.174 1E−21
2 300	2.120 8E−02	1.349 3E+07	5.193 1E+03	9.267 6E−05	7.219 2E−01	3.695 9E−20
2 400	2.032 4E−02	1.401 2E+07	5.193 1E+03	9.585 4E−05	7.466 7E−01	4.967 7E−19
2 500	1.951 1E−02	1.453 1E+07	5.193 1E+03	9.901 1E−05	7.712 6E−01	5.430 3E−18
2 600	1.876 1E−02	1.505 0E+07	5.193 1E+03	1.021 5E−04	7.957 1E−01	4.943 8E−17
2 700	1.806 6E−02	1.557 0E+07	5.193 1E+03	1.052 7E−04	8.200 1E−01	3.825 3E−16
2 800	1.742 1E−02	1.608 9E+07	5.193 1E+03	1.083 7E−04	8.441 8E−01	2.559 8E−15
2 900	1.682 0E−02	1.660 8E+07	5.193 1E+03	1.114 6E−04	8.682 3E−01	1.503 8E−14
3 000	1.625 9E−02	1.712 8E+07	5.193 1E+03	1.145 3E−04	8.921 6E−01	7.857 2E−14
3 100	1.573 5E−02	1.764 7E+07	5.193 1E+03	1.175 9E−04	9.159 8E−01	3.692 7E−13
3 200	1.524 3E−02	1.816 6E+07	5.193 1E+03	1.206 3E−04	9.397 0E−01	1.576 6E−12
3 300	1.478 1E−02	1.868 6E+07	5.193 1E+03	1.236 6E−04	9.633 1E−01	6.168 8E−12
3 400	1.434 7E−02	1.920 5E+07	5.193 1E+03	1.266 8E−04	9.868 3E−01	2.228 9E−11
3 500	1.393 7E−02	1.972 4E+07	5.193 1E+03	1.296 9E−04	1.010 3E+00	7.488 1E−11
3 600	1.355 0E−02	2.024 4E+07	5.193 1E+03	1.326 9E−04	1.033 6E+00	2.353 2E−10
3 700	1.318 3E−02	2.076 3E+07	5.193 1E+03	1.356 7E−04	1.056 9E+00	6.955 2E−10
3 800	1.283 6E−02	2.128 2E+07	5.193 1E+03	1.386 5E−04	1.080 0E+00	1.942 7E−09
3 900	1.250 7E−02	2.180 2E+07	5.193 1E+03	1.416 2E−04	1.103 1E+00	5.150 4E−09
4 000	1.219 5E−02	2.232 1E+07	5.193 1E+03	1.445 7E−04	1.126 2E+00	1.301 1E−08
4 100	1.189 7E−02	2.284 0E+07	5.193 1E+03	1.475 2E−04	1.149 2E+00	3.142 9E−08
4 200	1.161 4E−02	2.335 9E+07	5.193 1E+03	1.504 6E−04	1.172 1E+00	7.283 0E−08
4 300	1.134 4E−02	2.387 9E+07	5.193 1E+03	1.533 9E−04	1.194 9E+00	1.623 6E−07
4 400	1.108 6E−02	2.439 8E+07	5.193 1E+03	1.563 2E−04	1.217 7E+00	3.491 4E−07
4 500	1.084 0E−02	2.491 7E+07	5.193 1E+03	1.592 4E−04	1.240 4E+00	7.259 5E−07
4 600	1.060 4E−02	2.543 7E+07	5.193 1E+03	1.621 5E−04	1.263 1E+00	1.462 7E−06

续表

T/K	密度/(kg/m³)	焓/(J/kg)	比热/[J/(kg·K)]	粘度/[kg/(m·s)]	热导率/[W/(m·K)]	电导率/[A/(V·m)]
4 700	1.037 8E−02	2.595 6E+07	5.193 1E+03	1.650 5E−04	1.285 7E+00	2.861 5E−06
4 800	1.016 2E−02	2.647 5E+07	5.193 1E+03	1.679 5E−04	1.308 2E+00	5.445 4E−06
4 900	9.954 8E−03	2.699 5E+07	5.193 1E+03	1.708 4E−04	1.330 8E+00	1.009 7E−05
5 000	9.755 7E−03	2.751 4E+07	5.193 1E+03	1.737 2E−04	1.353 2E+00	1.827 2E−05
5 100	9.564 4E−03	2.803 3E+07	5.193 1E+03	1.766 0E−04	1.375 7E+00	3.231 5E−05
5 200	9.380 5E−03	2.855 3E+07	5.193 1E+03	1.794 7E−04	1.398 0E+00	5.592 6E−05
5 300	9.203 5E−03	2.907 2E+07	5.193 1E+03	1.823 4E−04	1.420 4E+00	9.483 1E−05
5 400	9.033 0E−03	2.959 1E+07	5.193 1E+03	1.852 0E−04	1.442 7E+00	1.577 3E−04
5 500	8.868 8E−03	3.011 1E+07	5.193 1E+03	1.880 6E−04	1.464 9E+00	2.576 1E−04
5 600	8.710 4E−03	3.063 0E+07	5.193 1E+03	1.909 1E−04	1.487 2E+00	4.135 2E−04
5 700	8.557 6E−03	3.114 9E+07	5.193 1E+03	1.937 6E−04	1.509 4E+00	6.530 3E−04
5 800	8.410 1E−03	3.166 8E+07	5.193 1E+03	1.966 0E−04	1.531 6E+00	1.015 4E−03
5 900	8.267 5E−03	3.218 8E+07	5.193 1E+03	1.994 4E−04	1.553 7E+00	1.555 6E−03
6 000	8.129 7E−03	3.270 7E+07	5.193 1E+03	2.022 8E−04	1.575 9E+00	2.350 3E−03
6 100	7.996 5E−03	3.322 6E+07	5.193 1E+03	2.051 1E−04	1.598 1E+00	3.504 0E−03
6 200	7.867 5E−03	3.374 6E+07	5.193 1E+03	2.079 3E−04	1.620 2E+00	5.157 9E−03
6 300	7.742 6E−03	3.426 5E+07	5.193 1E+03	2.107 6E−04	1.642 4E+00	7.501 6E−03
6 400	7.621 6E−03	3.478 4E+07	5.193 2E+03	2.135 8E−04	1.664 7E+00	1.078 6E−02
6 500	7.504 4E−03	3.530 4E+07	5.193 2E+03	2.163 9E−04	1.687 1E+00	1.533 8E−02
6 600	7.390 7E−03	3.582 3E+07	5.193 2E+03	2.192 1E−04	1.709 5E+00	2.158 4E−02
6 700	7.280 4E−03	3.634 2E+07	5.193 2E+03	2.220 2E−04	1.732 1E+00	3.006 8E−02
6 800	7.173 3E−03	3.686 2E+07	5.193 2E+03	2.248 2E−04	1.755 0E+00	4.149 4E−02
6 900	7.069 3E−03	3.738 1E+07	5.193 3E+03	2.276 2E−04	1.778 1E+00	5.673 6E−02
7 000	6.968 3E−03	3.790 0E+07	5.193 3E+03	2.304 2E−04	1.801 6E+00	7.689 1E−02
7 100	6.870 2E−03	3.842 0E+07	5.193 4E+03	2.332 2E−04	1.825 6E+00	1.033 4E−01
7 200	6.774 8E−03	3.893 9E+07	5.193 5E+03	2.360 2E−04	1.850 1E+00	1.378 0E−01
7 300	6.682 0E−03	3.945 8E+07	5.193 6E+03	2.388 1E−04	1.875 5E+00	1.823 1E−01
7 400	6.591 7E−03	3.997 8E+07	5.193 7E+03	2.416 0E−04	1.901 7E+00	2.394 1E−01
7 500	6.503 8E−03	4.049 7E+07	5.193 9E+03	2.443 8E−04	1.929 2E+00	3.121 7E−01
7 600	6.418 2E−03	4.101 6E+07	5.194 1E+03	2.471 7E−04	1.958 0E+00	4.042 6E−01
7 700	6.334 8E−03	4.153 6E+07	5.194 3E+03	2.499 5E−04	1.988 6E+00	5.200 9E−01
7 800	6.253 6E−03	4.205 5E+07	5.194 6E+03	2.527 3E−04	1.968 9E+00	6.639 5E−01
7 900	6.174 5E−03	4.257 5E+07	5.195 0E+03	2.555 0E−04	1.990 5E+00	8.433 8E−01
8 000	6.097 3E−03	4.309 4E+07	5.195 5E+03	2.582 8E−04	2.012 2E+00	1.065 0E+00
8 100	6.022 0E−03	4.361 4E+07	5.196 0E+03	2.610 5E−04	2.033 9E+00	1.337 2E+00

续表

T/K	密度/(kg/m³)	焓/(J/kg)	比热/[J/(kg·K)]	粘度/[kg/(m·s)]	热导率/[W/(m·K)]	电导率/[A/(V·m)]
8 200	5.948 6E−03	4.413 4E+07	5.196 7E+03	2.638 2E−04	2.055 6E+00	1.669 7E+00
8 300	5.876 9E−03	4.465 3E+07	5.197 5E+03	2.665 9E−04	2.077 2E+00	2.073 8E+00
8 400	5.806 9E−03	4.517 3E+07	5.198 5E+03	2.693 5E−04	2.098 9E+00	2.562 4E+00
8 500	5.738 6E−03	4.569 3E+07	5.199 6E+03	2.721 2E−04	2.120 6E+00	3.150 4E+00
8 600	5.671 9E−03	4.621 3E+07	5.201 0E+03	2.748 8E−04	2.142 3E+00	3.854 5E+00
8 700	5.606 7E−03	4.673 4E+07	5.202 5E+03	2.776 4E−04	2.164 1E+00	4.693 9E+00
8 800	5.542 9E−03	4.725 4E+07	5.204 4E+03	2.803 9E−04	2.185 9E+00	5.690 0E+00
8 900	5.480 7E−03	4.777 5E+07	5.206 6E+03	2.831 5E−04	2.207 7E+00	6.866 9E+00
9 000	5.419 7E−03	4.829 6E+07	5.209 1E+03	2.859 0E−04	2.229 5E+00	8.251 5E+00
9 100	5.360 2E−03	4.881 7E+07	5.212 0E+03	2.886 6E−04	2.251 4E+00	9.873 6E+00
9 200	5.301 9E−03	4.933 8E+07	5.215 4E+03	2.914 0E−04	2.273 4E+00	1.176 6E+01
9 300	5.244 9E−03	4.986 0E+07	5.219 3E+03	2.941 5E−04	2.295 5E+00	1.396 6E+01
9 400	5.189 0E−03	5.038 3E+07	5.223 8E+03	2.969 0E−04	2.317 6E+00	1.651 2E+01
9 500	5.134 4E−03	5.090 6E+07	5.228 9E+03	2.996 4E−04	2.339 9E+00	1.944 8E+01
9 600	5.080 9E−03	5.142 9E+07	5.234 8E+03	3.023 8E−04	2.362 3E+00	2.282 0E+01
9 700	5.028 5E−03	5.195 3E+07	5.241 4E+03	3.051 2E−04	2.384 8E+00	2.668 0E+01
9 800	4.977 1E−03	5.247 8E+07	5.248 9E+03	3.078 6E−04	2.407 4E+00	3.108 1E+01
9 900	4.926 8E−03	5.300 4E+07	5.257 4E+03	3.105 9E−04	2.430 3E+00	3.608 1E+01
10 000	4.877 5E−03	5.353 1E+07	5.267 0E+03	3.133 2E−04	2.453 3E+00	4.174 2E+01
10 100	4.829 1E−03	5.405 8E+07	5.277 8E+03	3.160 5E−04	2.476 6E+00	4.812 9E+01
10 200	4.781 7E−03	5.458 7E+07	5.289 9E+03	3.187 7E−04	2.500 1E+00	5.531 1E+01
10 300	4.735 2E−03	5.511 8E+07	5.303 4E+03	3.214 9E−04	2.523 8E+00	6.335 9E+01
10 400	4.689 6E−03	5.564 9E+07	5.318 5E+03	3.242 1E−04	2.547 9E+00	7.234 8E+01
10 500	4.644 8E−03	5.618 3E+07	5.335 3E+03	3.269 3E−04	2.572 2E+00	8.235 7E+01
10 600	4.600 9E−03	5.671 8E+07	5.354 0E+03	3.296 4E−04	2.597 0E+00	9.346 6E+01
10 700	4.557 7E−03	5.725 6E+07	5.374 6E+03	3.323 5E−04	2.622 1E+00	1.057 6E+02
10 800	4.515 4E−03	5.779 6E+07	5.397 5E+03	3.350 5E−04	2.647 6E+00	1.193 2E+02
10 900	4.473 8E−03	5.833 8E+07	5.422 8E+03	3.377 5E−04	2.673 6E+00	1.342 4E+02
11 000	4.433 0E−03	5.888 3E+07	5.450 6E+03	3.404 4E−04	2.700 0E+00	1.506 0E+02
11 100	4.392 8E−03	5.943 1E+07	5.481 2E+03	3.431 2E−04	2.727 0E+00	1.685 1E+02
11 200	4.353 4E−03	5.998 3E+07	5.514 7E+03	3.458 1E−04	2.754 5E+00	1.880 4E+02
11 300	4.314 6E−03	6.053 8E+07	5.551 5E+03	3.484 8E−04	2.782 7E+00	2.093 0E+02
11 400	4.276 5E−03	6.109 7E+07	5.591 7E+03	3.511 5E−04	2.811 4E+00	2.323 7E+02
11 500	4.239 0E−03	6.166 0E+07	5.635 5E+03	3.538 1E−04	2.840 9E+00	2.573 6E+02
11 600	4.202 2E−03	6.222 9E+07	5.683 3E+03	3.564 6E−04	2.871 0E+00	2.843 6E+02

续表

T/K	密度/(kg/m³)	焓/(J/kg)	比热/[J/(kg·K)]	粘度/[kg/(m·s)]	热导率/[W/(m·K)]	电导率/[A/(V·m)]
11 700	4.165 9E−03	6.280 2E+07	5.735 3E+03	3.591 0E−04	2.901 9E+00	3.134 6E+02
11 800	4.130 2E−03	6.338 1E+07	5.791 7E+03	3.617 3E−04	2.933 6E+00	3.447 6E+02
11 900	4.095 1E−03	6.396 7E+07	5.852 9E+03	3.643 5E−04	2.966 2E+00	3.783 5E+02
12 000	4.060 6E−03	6.455 9E+07	5.919 2E+03	3.669 6E−04	2.999 6E+00	4.143 2E+02
12 100	4.026 5E−03	6.515 8E+07	5.990 8E+03	3.695 5E−04	3.034 0E+00	4.527 6E+02
12 200	3.993 0E−03	6.576 5E+07	6.068 2E+03	3.721 4E−04	3.069 3E+00	4.937 6E+02
12 300	3.959 9E−03	6.638 0E+07	6.151 5E+03	3.747 0E−04	3.105 7E+00	5.373 9E+02
12 400	3.927 4E−03	6.700 4E+07	6.241 3E+03	3.772 5E−04	3.143 1E+00	5.837 5E+02
12 500	3.895 3E−03	6.763 8E+07	6.337 8E+03	3.797 9E−04	3.181 6E+00	6.328 9E+02
12 600	3.863 6E−03	6.828 2E+07	6.441 4E+03	3.823 0E−04	3.221 3E+00	6.848 9E+02
12 700	3.832 4E−03	6.893 7E+07	6.552 5E+03	3.847 9E−04	3.262 2E+00	7.398 1E+02
12 800	3.801 7E−03	6.960 4E+07	6.671 4E+03	3.872 6E−04	3.304 3E+00	7.977 0E+02
12 900	3.771 3E−03	7.028 4E+07	6.798 7E+03	3.897 1E−04	3.347 8E+00	8.586 2E+02
13 000	3.741 3E−03	7.097 7E+07	6.934 7E+03	3.921 3E−04	3.392 5E+00	9.225 8E+02
13 100	3.711 7E−03	7.168 5E+07	7.079 8E+03	3.945 2E−04	3.438 7E+00	9.896 4E+02
13 200	3.682 4E−03	7.240 9E+07	7.234 5E+03	3.968 8E−04	3.486 2E+00	1.059 8E+03
13 300	3.653 5E−03	7.314 9E+07	7.399 2E+03	3.992 1E−04	3.535 3E+00	1.133 1E+03
13 400	3.625 0E−03	7.390 6E+07	7.574 4E+03	4.015 0E−04	3.585 8E+00	1.209 5E+03
13 500	3.596 8E−03	7.468 2E+07	7.760 5E+03	4.037 6E−04	3.637 9E+00	1.289 0E+03
13 600	3.568 8E−03	7.547 8E+07	7.958 1E+03	4.059 7E−04	3.691 6E+00	1.371 6E+03
13 700	3.541 2E−03	7.629 5E+07	8.167 7E+03	4.081 3E−04	3.746 9E+00	1.457 2E+03
13 800	3.513 9E−03	7.713 4E+07	8.389 7E+03	4.102 5E−04	3.803 8E+00	1.545 9E+03
13 900	3.486 8E−03	7.799 6E+07	8.624 6E+03	4.123 2E−04	3.862 5E+00	1.637 5E+03
14 000	3.460 1E−03	7.888 4E+07	6.873 0E+03	4.143 3E−04	3.922 8E+00	1.732 1E+03
14 100	3.433 5E−03	7.979 7E+07	9.135 5E+03	4.162 7E−04	3.984 9E+00	1.829 5E+03
14 200	3.407 2E−03	8.073 8E+07	9.412 5E+03	4.181 6E−04	4.048 8E+00	1.929 7E+03
14 300	3.381 1E−03	8.170 9E+07	9.704 6E+03	4.199 7E−04	4.114 4E+00	2.032 5E+03
14 400	3.355 3E−03	8.271 0E+07	1.001 2E+04	4.217 1E−04	4.181 9E+00	2.138 0E+03
14 500	3.329 6E−03	8.374 4E+07	1.033 6E+04	4.233 7E−04	4.251 2E+00	2.246 0E+03
14 600	3.304 2E−03	8.481 1E+07	1.067 7E+04	4.249 4E−04	4.322 3E+00	2.356 5E+03
14 700	3.278 9E−03	8.591 5E+07	1.103 5E+04	4.264 2E−04	4.395 2E+00	2.469 2E+03
14 800	3.253 8E−03	8.705 6E+07	1.141 2E+04	4.278 0E−04	4.470 0E+00	2.584 2E+03
14 900	3.228 8E−03	8.823 7E+07	1.180 6E+04	4.290 7E−04	4.546 7E+00	2.701 2E+03
15 000	3.204 0E−03	8.945 9E+07	1.222 0E+04	4.302 4E−04	4.625 1E+00	2.820 2E+03
15 100	3.179 4E−03	9.072 4E+07	1.265 4E+04	4.312 9E−04	4.705 5E+00	2.941 1E+03

续表

T/K	密度/(kg/m³)	焓/(J/kg)	比热/[J/(kg·K)]	粘度/[kg/(m·s)]	热导率/[W/(m·K)]	电导率/[A/(V·m)]
15 200	3.154 9E−03	9.203 5E+07	1.310 8E+04	4.322 1E−04	4.787 6E+00	3.063 8E+03
15 300	3.130 4E−03	9.339 3E+07	1.358 3E+04	4.329 9E−04	4.871 6E+00	3.188 1E+03
15 400	3.106 1E−03	9.480 1E+07	1.408 0E+04	4.336 4E−04	4.957 4E+00	3.313 9E+03
15 500	3.081 9E−03	9.626 1E+07	1.459 9E+04	4.341 3E−04	5.044 9E+00	3.441 2E+03
15 600	3.057 8E−03	9.777 5E+07	1.514 1E+04	4.344 7E−04	5.134 2E+00	3.569 7E+03
15 700	3.033 8E−03	9.934 6E+07	1.570 6E+04	4.346 4E−04	5.225 3E+00	3.699 5E+03
15 800	3.009 8E−03	1.009 8E+08	1.629 5E+04	4.346 4E−04	5.318 0E+00	3.830 3E+03
15 900	2.985 9E−03	1.026 7E+08	1.690 9E+04	4.344 6E−04	5.412 5E+00	3.962 1E+03
16 000	2.962 0E−03	1.044 2E+08	1.754 9E+04	4.340 8E−04	5.508 6E+00	4.094 8E+03
16 100	2.938 2E−03	1.062 4E+08	1.821 4E+04	4.335 0E−04	5.606 3E+00	4.228 3E+03
16 200	2.914 5E−03	1.081 3E+08	1.890 6E+04	4.327 2E−04	5.705 6E+00	4.362 5E+03
16 300	2.890 7E−03	1.101 0E+08	1.962 5E+04	4.317 2E−04	5.806 4E+00	4.497 2E+03
16 400	2.867 0E−03	1.121 3E+08	2.037 2E+04	4.305 0E−04	5.908 8E+00	4.632 5E+03
16 500	2.843 3E−03	1.142 5E+08	2.114 6E+04	4.290 5E−04	6.012 7E+00	4.768 2E+03
16 600	2.819 5E−03	1.164 4E+08	2.195 0E+04	4.273 7E−04	6.118 0E+00	4.904 3E+03
16 700	2.795 8E−03	1.187 2E+08	2.278 3E+04	4.254 4E−04	6.224 7E+00	5.040 6E+03
16 800	2.772 1E−03	1.210 9E+08	2.364 6E+04	4.232 6E−04	6.332 9E+00	5.177 1E+03
16 900	2.748 4E−03	1.235 4E+08	2.453 9E+04	4.208 4E−04	6.442 4E+00	5.313 8E+03
17 000	2.724 6E−03	1.260 8E+08	2.544 1E+04	4.181 5E−04	6.552 3E+00	5.450 5E+03
17 100	2.700 8E−03	1.287 3E+08	2.641 7E+04	4.152 1E−04	6.664 4E+00	5.587 2E+03
17 200	2.677 0E−03	1.314 7E+08	2.740 3E+04	4.120 1E−04	6.777 9E+00	5.723 9E+03
17 300	2.653 2E−03	1.343 1E+08	2.842 2E+04	4.085 5E−04	6.892 7E+00	5.860 5E+03
17 400	2.629 3E−03	1.372 6E+08	2.947 3E+04	4.048 3E−04	7.008 7E+00	5.997 0E+03
17 500	2.605 4E−03	1.403 1E+08	3.055 7E+04	4.008 5E−04	7.126 1E+00	6.133 3E+03
17 600	2.581 4E−03	1.434 8E+08	3.167 4E+04	3.966 1E−04	7.244 7E+00	6.269 3E+03
17 700	2.557 4E−03	1.467 6E+08	3.282 3E+04	3.921 2E−04	7.364 7E+00	6.405 0E+03
17 800	2.533 4E−03	1.501 6E+08	3.400 6E+04	3.873 9E−04	7.485 9E+00	6.540 5E+03
17 900	2.509 3E−03	1.536 8E+08	3.522 2E+04	3.824 1E−04	7.608 3E+00	6.675 6E+03
18 000	2.485 1E−03	1.573 3E+08	3.647 1E+04	3.772 1E−04	7.732 1E+00	6.810 3E+03
18 100	2.460 9E−03	1.611 1E+08	3.775 3E+04	3.717 8E−04	7.857 1E+00	6.944 6E+03
18 200	2.436 6E−03	1.650 1E+08	3.906 8E+04	3.661 4E−04	7.983 5E+00	7.078 5E+03
18 300	2.412 3E−03	1.690 5E+08	4.041 5E+04	3.602 9E−04	8.111 0E+00	7.211 9E+03
18 400	2.388 0E−03	1.732 3E+08	4.179 4E+04	3.542 6E−04	8.239 8E+00	7.344 9E+03
18 500	2.363 5E−03	1.775 5E+08	4.314 2E+04	3.480 5E−04	8.368 1E+00	7.477 3E+03
18 600	2.339 1E−03	1.820 1E+08	4.464 1E+04	3.416 9E−04	8.499 2E+00	7.609 2E+03

续表

T/K	密度/(kg/m^3)	焓/(J/kg)	比热/[J/(kg·K)]	粘度/[kg/(m·s)]	热导率/[W/(m·K)]	电导率/[A/(V·m)]
18 700	2.314 6E−03	1.866 2E+08	4.611 2E+04	3.351 7E−04	8.631 5E+00	7.740 5E+03
18 800	2.290 1E−03	1.913 8E+08	4.761 2E+04	3.285 3E−04	8.764 8E+00	7.871 3E+03
18 900	2.265 5E−03	1.963 0E+08	4.914 0E+04	3.217 6E−04	8.899 1E+00	8.001 5E+03
19 000	2.241 0E−03	2.013 7E+08	5.069 4E+04	3.149 0E−04	9.034 3E+00	8.131 1E+03
19 100	2.216 4E−03	2.065 9E+08	5.227 4E+04	3.079 6E−04	9.170 2E+00	8.260 1E+03
19 200	2.191 8E−03	2.119 8E+08	5.387 7E+04	3.009 5E−04	9.306 8E+00	8.388 4E+03
19 300	2.167 2E−03	2.175 3E+08	5.550 2E+04	2.938 9E−04	9.443 8E+00	8.516 1E+03
19 400	2.142 6E−03	2.232 5E+08	5.714 6E+04	2.867 9E−04	9.581 2E+00	8.643 1E+03
19 500	2.118 0E−03	2.291 3E+08	5.880 8E+04	2.796 8E−04	9.718 6E+00	8.769 5E+03
19 600	2.093 4E−03	2.351 8E+08	6.048 5E+04	2.725 7E−04	9.855 8E+00	8.895 2E+03
19 700	2.068 9E−03	2.413 9E+08	6.217 4E+04	2.654 7E−04	9.992 7E+00	9.020 2E+03
19 800	2.044 4E−03	2.477 8E+08	6.387 2E+04	2.583 9E−04	1.012 9E+01	9.144 4E+03
19 900	2.019 9E−03	2.543 4E+08	6.557 6E+04	2.513 6E−04	1.026 4E+01	9.268 0E+03
20 000	1.995 5E−03	2.610 7E+08	6.728 3E+04	2.443 8E−04	1.039 8E+01	9.390 8E+03
20 100	1.971 2E−03	2.679 7E+08	6.898 8E+04	2.374 7E−04	1.053 0E+01	9.512 9E+03
20 200	1.947 0E−03	2.750 3E+08	7.068 8E+04	2.306 3E−04	1.066 0E+01	9.634 2E+03
20 300	1.922 9E−03	2.822 7E+08	7.237 9E+04	2.238 9E−04	1.078 8E+01	9.754 8E+03
20 400	1.898 9E−03	2.896 8E+08	7.405 6E+04	2.172 4E−04	1.091 3E+01	9.874 6E+03
20 500	1.875 0E−03	2.972 3E+08	7.554 3E+04	2.107 0E−04	1.103 3E+01	9.993 6E+03
20 600	1.851 2E−03	3.049 7E+08	7.734 3E+04	2.042 8E−04	1.115 1E+01	1.011 2E+04
20 700	1.827 7E−03	3.128 6E+08	7.894 9E+04	1.979 8E−04	1.126 5E+01	1.022 9E+04
20 800	1.804 2E−03	3.209 1E+08	8.052 3E+04	1.918 1E−04	1.137 4E+01	1.034 6E+04
20 900	1.781 0E−03	3.291 2E+08	8.205 7E+04	1.857 8E−04	1.147 9E+01	1.046 2E+04
21 000	1.758 0E−03	3.374 7E+08	8.354 6E+04	1.798 8E−04	1.157 8E+01	1.057 7E+04
21 100	1.735 1E−03	3.459 7E+08	8.498 5E+04	1.741 4E−04	1.167 1E+01	1.069 1E+04
21 200	1.712 5E−03	3.546 1E+08	8.636 7E+04	1.685 4E−04	1.175 8E+01	1.080 4E+04
21 300	1.690 2E−03	3.633 8E+08	8.768 8E+04	1.630 9E−04	1.183 8E+01	1.091 6E+04
21 400	1.668 1E−03	3.722 7E+08	8.894 1E+04	1.577 9E−04	1.191 2E+01	1.102 8E+04
21 500	1.646 2E−03	3.812 8E+08	9.012 1E+04	1.526 5E−04	1.197 8E+01	1.113 9E+04
21 600	1.624 6E−03	3.904 1E+08	9.122 2E+04	1.476 6E−04	1.203 6E+01	1.124 9E+04
21 700	1.603 3E−03	3.996 3E+08	9.223 8E+04	1.428 3E−04	1.208 6E+01	1.135 8E+04
21 800	1.582 4E−03	4.089 5E+08	9.316 5E+04	1.381 5E−04	1.212 7E+01	1.146 6E+04
21 900	1.561 7E−03	4.183 5E+08	9.399 8E+04	1.336 3E−04	1.216 0E+01	1.157 3E+04
22 000	1.541 3E−03	4.278 2E+08	9.473 1E+04	1.292 6E−04	1.218 5E+01	1.167 9E+04
22 100	1.521 3E−03	4.373 6E+08	9.536 2E+04	1.250 5E−04	1.220 0E+01	1.178 5E+04

续表

T/K	密度/(kg/m³)	焓/(J/kg)	比热/[J/(kg·K)]	粘度/[kg/(m·s)]	热导率/[W/(m·K)]	电导率/[A/(V·m)]
22 200	1.501 6E−03	4.469 4E+08	9.588 5E+04	1.209 8E−04	1.220 7E+01	1.189 0E+04
22 300	1.482 3E−03	4.565 7E+08	9.629 9E+04	1.170 6E−04	1.220 4E+01	1.199 3E+04
22 400	1.463 3E−03	4.662 3E+08	9.659 9E+04	1.132 9E−04	1.219 3E+01	1.209 6E+04
22 500	1.444 7E−03	4.759 1E+08	9.678 5E+04	1.096 6E−04	1.217 2E+01	1.219 8E+04
22 600	1.426 5E−03	4.856 0E+08	9.685 4E+04	1.061 8E−04	1.214 3E+01	1.230 0E+04
22 700	1.408 6E−03	4.952 8E+08	9.680 5E+04	1.028 3E−04	1.210 5E+01	1.240 0E+04
22 800	1.391 1E−03	5.049 4E+08	9.663 9E+04	9.961 2E−05	1.205 8E+01	1.249 9E+04
22 900	1.374 0E−03	5.145 8E+08	9.635 6E+04	9.653 0E−05	1.200 3E+01	1.259 8E+04
23 000	1.357 3E−03	5.241 7E+08	9.595 6E+04	9.357 6E−05	1.194 1E+01	1.269 6E+04
23 100	1.341 0E−03	5.337 2E+08	9.544 2E+04	9.074 7E−05	1.187 0E+01	1.279 3E+04
23 200	1.325 0E−03	5.432 0E+08	9.481 6E+04	8.803 9E−05	1.179 3E+01	1.288 9E+04
23 300	1.309 5E−03	5.526 1E+08	9.408 1E+04	8.545 0E−05	1.170 9E+01	1.298 4E+04
23 400	1.294 3E−03	5.619 3E+08	9.324 0E+04	8.297 5E−05	1.161 8E+01	1.307 9E+04
23 500	1.279 5E−03	5.711 6E+08	9.229 9E+04	8.061 2E−05	1.152 1E+01	1.317 2E+04
23 600	1.265 1E−03	5.802 9E+08	9.126 2E+04	7.835 6E−05	1.142 0E+01	1.326 5E+04
23 700	1.251 1E−03	5.893 0E+08	9.013 3E+04	7.620 4E−05	1.131 3E+01	1.335 8E+04
23 800	1.237 4E−03	5.981 9E+08	8.891 9E+04	7.415 2E−05	1.120 2E+01	1.344 9E+04
23 900	1.224 1E−03	6.069 6E+08	8.762 5E+04	7.219 8E−05	1.108 8E+01	1.354 0E+04
24 000	1.211 2E−03	6.155 8E+08	8.625 8E+04	7.033 8E−05	1.097 0E+01	1.363 0E+04
			氢			
500	4.864 6E−02	3.005 5E+06	1.445 0E+04	1.205 5E−05	2.577 6E−01	1.633 4E−24
600	4.050 9E−02	4.509 4E+06	1.503 9E+04	1.377 5E−05	2.974 7E−01	1.480 0E−24
700	3.470 3E−02	6.038 3E+06	1.528 9E+04	1.543 5E−05	3.367 6E−01	1.300 7E−24
800	3.035 3E−02	7.593 5E+06	1.555 2E+04	1.704 2E−05	3.757 6E−01	1.175 1E−24
900	2.697 1E−02	9.175 9E+06	1.582 4E+04	1.860 5E−05	4.146 2E−01	1.083 2E−24
1 000	2.426 7E−02	1.078 6E+07	1.610 5E+04	2.013 2E−05	4.535 0E−01	1.010 5E−24
1 100	2.205 6E−02	1.242 6E+07	1.639 3E+04	2.162 6E−05	4.925 0E−01	9.492 3E−25
1 200	2.021 4E−02	1.409 4E+07	1.668 6E+04	2.309 4E−05	5.316 9E−01	3.323 5E−24
1 300	1.865 6E−02	1.579 3E+07	1.698 4E+04	2.453 7E−05	5.711 7E−01	2.071 0E−23
1 400	1.732 1E−02	1.752 1E+07	1.728 6E+04	2.596 0E−05	6.111 4E−01	2.898 3E−21
1 500	1.616 4E−02	1.928 1E+07	1.759 7E+04	2.736 3E−05	6.520 5E−01	2.444 3E−19
1 600	1.515 2E−02	2.107 4E+07	1.792 4E+04	2.874 8E−05	6.948 7E−01	1.186 8E−17
1 700	1.425 9E−02	2.290 2E+07	1.828 5E+04	3.011 8E−05	7.415 2E−01	3.655 5E−16
1 800	1.346 4E−02	2.477 3E+07	1.871 1E+04	3.147 4E−05	7.953 5E−01	7.704 8E−15
1 900	1.275 2E−02	2.669 8E+07	1.925 1E+04	3.281 7E−05	8.617 4E−01	1.179 6E−13

续表

T/K	密度/(kg/m³)	焓/(J/kg)	比热/[J/(kg·K)]	粘度/[kg/(m·s)]	热导率/[W/(m·K)]	电导率/[A/(V·m)]
2 000	1.210 9E−02	2.869 6E+07	1.997 2E+04	3.414 8E−05	9.486 9E−01	1.375 7E−12
2 100	1.152 3E−02	3.079 2E+07	2.096 8E+04	3.547 0E−05	1.067 3E+00	1.270 1E−11
2 200	1.098 6E−02	3.302 8E+07	2.235 4E+04	3.678 4E−05	1.232 3E+00	9.576 0E−11
2 300	1.048 8E−02	3.545 5E+07	2.426 9E+04	3.809 2E−05	1.461 9E+00	6.049 1E−10
2 400	1.002 2E−02	3.814 2E+07	2.687 0E+04	3.939 9E−05	1.777 6E+00	3.269 6E−09
2 500	9.579 2E−03	4.117 5E+07	3.032 9E+04	4.070 7E−05	2.203 6E+00	1.538 9E−08
2 600	9.154 3E−03	4.465 8E+07	3.483 2E+04	4.201 9E−05	2.765 5E+00	6.399 8E−08
2 700	8.740 7E−03	4.871 4E+07	4.056 4E+04	4.333 6E−05	3.488 2E+00	2.381 1E−07
2 800	8.333 1E−03	5.348 5E+07	4.771 0E+04	4.465 6E−05	4.393 2E+00	8.010 5E−07
2 900	7.927 0E−03	5.912 9E+07	5.644 1E+04	4.597 0E−05	5.494 4E+00	2.459 6E−06
3 000	7.518 9E−03	6.581 9E+07	6.689 5E+04	4.726 0E−05	6.793 4E+00	6.950 4E−06
3 100	7.107 1E−03	7.373 4E+07	7.914 8E+04	4.849 6E−05	8.273 0E+00	1.821 3E−05
3 200	6.691 4E−03	8.305 0E+07	9.316 2E+04	4.963 5E−05	9.890 6E+00	4.456 8E−05
3 300	6.274 0E−03	9.392 1E+07	1.087 1E+05	5.062 2E−05	1.157 2E+01	1.025 1E−04
3 400	5.858 8E−03	1.064 5E+08	1.252 8E+05	5.139 7E−05	1.320 8E+01	2.229 6E−04
3 500	5.452 0E−03	1.206 4E+08	1.419 6E+05	5.190 4E−05	1.466 0E+01	4.611 3E−04
3 600	5.060 7E−03	1.363 9E+08	1.574 2E+05	5.211 0E−05	1.577 0E+01	9.116 6E−04
3 700	4.692 4E−03	1.533 8E+08	1.699 5E+05	5.201 8E−05	1.639 5E+01	1.730 6E−03
3 800	4.354 0E−03	1.711 6E+08	1.777 7E+05	5.167 0E−05	1.644 0E+01	3.167 0E−03
3 900	4.050 2E−03	1.891 1E+08	1.795 0E+05	5.114 6E−05	1.589 2E+01	5.608 8E−03
4 000	3.783 3E−03	2.065 7E+08	1.746 3E+05	5.054 5E−05	1.483 0E+01	9.640 0E−03
4 100	3.552 9E−03	2.229 5E+08	1.638 0E+05	4.996 4E−05	1.340 6E+01	1.612 3E−02
4 200	3.356 2E−03	2.378 2E+08	1.486 4E+05	4.948 2E−05	1.180 2E+01	2.630 3E−02
4 300	3.189 3E−03	2.509 4E+08	1.312 2E+05	4.914 8E−05	1.018 5E+01	4.193 9E−02
4 400	3.047 7E−03	2.622 9E+08	1.134 8E+05	4.898 4E−05	8.677 2E+00	6.546 6E−02
4 500	2.926 7E−03	2.719 7E+08	9.686 9E+04	4.898 7E−05	7.348 7E+00	1.002 1E−01
4 600	2.822 4E−03	2.801 9E+08	8.222 3E+04	4.914 6E−05	6.225 3E+00	1.506 1E−01
4 700	2.731 3E−03	2.871 8E+08	6.984 9E+04	4.943 9E−05	5.303 0E+00	2.224 1E−01
4 800	2.650 8E−03	2.931 5E+08	5.970 4E+04	4.984 5E−05	4.561 3E+00	3.233 7E−01
4 900	2.578 8E−03	2.983 1E+08	5.155 4E+04	5.034 3E−05	3.973 4E+00	4.631 9E−01
5 000	2.513 5E−03	3.028 1E+08	4.509 4E+04	5.091 6E−05	3.512 0E+00	6.542 1E−01
5 100	2.453 6E−03	3.068 2E+08	4.001 4E+04	5.154 9E−05	3.152 6E+00	9.118 5E−01
5 200	2.398 3E−03	3.104 2E+08	3.603 7E+04	5.222 9E−05	2.874 0E+00	1.255 2E+00
5 300	2.346 7E−03	3.137 1E+08	3.292 8E+04	5.294 7E−05	2.659 0E+00	1.707 5E+00
5 400	2.298 2E−03	3.167 6E+08	3.049 6E+04	5.369 5E−05	2.494 1E+00	2.297 1E+00

续表

T/K	密度/(kg/m³)	焓/(J/kg)	比热/[J/(kg·K)]	粘度/[kg/(m·s)]	热导率/[W/(m·K)]	电导率/[A/(V·m)]
5 500	2.252 5E−03	3.196 2E+08	2.859 3E+04	5.446 7E−05	2.368 3E+00	3.057 6E+00
5 600	2.209 2E−03	3.223 3E+08	2.709 9E+04	5.525 8E−05	2.273 2E+00	4.029 2E+00
5 700	2.168 0E−03	3.249 2E+08	2.592 5E+04	5.606 3E−05	2.202 2E+00	5.258 8E+00
5 800	2.128 6E−03	3.274 2E+08	2.500 0E+04	5.688 2E−05	2.150 4E+00	6.801 1E+00
5 900	2.090 9E−03	3.298 5E+08	2.427 2E+04	5.771 0E−05	2.113 7E+00	8.719 3E+00
6 000	2.054 7E−03	3.322 2E+08	2.370 1E+04	5.854 5E−05	2.089 0E+00	1.108 5E+01
6 100	2.020 0E−03	3.345 5E+08	2.325 4E+04	5.938 8E−05	2.074 1E+00	1.398 1E+01
6 200	1.986 5E−03	3.368 4E+08	2.290 8E+04	6.023 5E−05	2.067 0E+00	1.749 8E+01
6 300	1.954 2E−03	3.391 0E+08	2.264 5E+04	6.108 6E−05	2.066 3E+00	2.173 7E+01
6 400	1.923 0E−03	3.413 5E+08	2.245 2E+04	6.194 0E−05	2.070 9E+00	2.681 3E+01
6 500	1.892 9E−03	3.435 8E+08	2.231 8E+04	6.279 7E−05	2.079 9E+00	3.284 7E+01
6 600	1.863 7E−03	3.458 0E+08	2.223 5E+04	6.365 6E−05	2.092 7E+00	3.997 3E+01
6 700	1.835 5E−03	3.480 2E+08	2.219 8E+04	6.451 5E−05	2.108 6E+00	4.833 5E+01
6 800	1.808 1E−03	3.502 4E+08	2.220 4E+04	6.537 5E−05	2.127 4E+00	5.808 6E+01
6 900	1.781 5E−03	3.524 7E+08	2.224 9E+04	6.623 5E−05	2.148 6E+00	6.938 8E+01
7 000	1.755 7E−03	3.547 0E+08	2.233 1E+04	6.709 4E−05	2.172 1E+00	8.241 1E+01
7 100	1.730 6E−03	3.569 5E+08	2.245 2E+04	6.795 3E−05	2.197 6E+00	9.733 1E+01
7 200	1.706 3E−03	3.592 1E+08	2.259 7E+04	6.880 9E−05	2.224 8E+00	1.143 3E+02
7 300	1.682 6E−03	3.614 8E+08	2.279 3E+04	6.966 3E−05	2.254 0E+00	1.335 9E+02
7 400	1.659 5E−03	3.637 9E+08	2.302 2E+04	7.051 4E−05	2.284 9E+00	1.553 0E+02
7 500	1.637 0E−03	3.661 1E+08	2.327 8E+04	7.136 1E−05	2.317 1E+00	1.796 5E+02
7 600	1.615 1E−03	3.684 7E+08	2.359 5E+04	7.220 4E−05	2.351 4E+00	2.068 2E+02
7 700	1.593 7E−03	3.708 7E+08	2.394 6E+04	7.304 1E−05	2.387 3E+00	2.369 9E+02
7 800	1.572 8E−03	3.733 0E+08	2.434 0E+04	7.387 2E−05	2.424 9E+00	2.703 3E+02
7 900	1.552 4E−03	3.757 8E+08	2.478 2E+04	7.469 6E−05	2.464 2E+00	3.069 9E+02
8 000	1.532 5E−03	3.783 1E+08	2.530 5E+04	7.551 1E−05	2.506 1E+00	3.471 4E+02
8 100	1.513 1E−03	3.808 9E+08	2.582 1E+04	7.631 7E−05	2.549 0E+00	3.908 9E+02
8 200	1.494 0E−03	3.835 3E+08	2.641 9E+04	7.711 2E−05	2.593 6E+00	4.383 4E+02
8 300	1.475 4E−03	3.862 4E+08	2.707 4E+04	7.789 5E−05	2.640 0E+00	4.896 3E+02
8 400	1.457 1E−03	3.890 2E+08	2.778 9E+04	7.866 3E−05	2.688 2E+00	5.448 1E+02
8 500	1.439 2E−03	3.918 9E+08	2.864 6E+04	7.941 6E−05	2.740 1E+00	6.039 3E+02
8 600	1.421 6E−03	3.948 3E+08	2.942 5E+04	8.015 1E−05	2.792 0E+00	6.670 2E+02
8 700	1.404 4E−03	3.978 6E+08	3.034 1E+04	8.086 7E−05	2.845 7E+00	7.340 8E+02
8 800	1.387 4E−03	4.010 1E+08	3.145 5E+04	8.156 0E−05	2.903 9E+00	8.050 8E+02
8 900	1.370 8E−03	4.042 5E+08	3.241 2E+04	8.222 9E−05	2.961 2E+00	8.799 9E+02

续表

T/K	密度/(kg/m³)	焓/(J/kg)	比热/[J/(kg·K)]	粘度/[kg/(m·s)]	热导率/[W/(m·K)]	电导率/[A/(V·m)]
9 000	1.354 4E−03	4.076 2E+08	3.372 9E+04	8.287 0E−05	3.023 7E+00	9.587 3E+02
9 100	1.338 3E−03	4.111 0E+08	3.480 7E+04	8.348 2E−05	3.084 5E+00	1.041 2E+03
9 200	1.322 4E−03	4.147 4E+08	3.635 3E+04	8.406 1E−05	3.151 4E+00	1.127 3E+03
9 300	1.306 8E−03	4.184 9E+08	3.755 5E+04	8.460 3E−05	3.215 2E+00	1.216 9E+03
9 400	1.291 3E−03	4.224 3E+08	3.935 5E+04	8.510 5E−05	3.286 2E+00	1.309 8E+03
9 500	1.276 1E−03	4.265 3E+08	4.103 7E+04	8.556 4E−05	3.359 6E+00	1.405 9E+03
9 600	1.261 0E−03	4.307 7E+08	4.241 0E+04	8.597 6E−05	3.427 4E+00	1.505 1E+03
9 700	1.246 2E−03	4.352 4E+08	4.466 8E+04	8.633 7E−05	3.504 4E+00	1.607 0E+03
9 800	1.231 5E−03	4.398 6E+08	4.615 9E+04	8.664 2E−05	3.574 1E+00	1.711 6E+03
9 900	1.216 9E−03	4.447 3E+08	4.874 9E+04	8.688 9E−05	3.654 2E+00	1.818 6E+03
10 000	1.202 5E−03	4.498 3E+08	5.101 5E+04	8.707 1E−05	3.736 4E+00	1.927 8E+03
10 100	1.188 2E−03	4.551 0E+08	5.264 4E+04	8.718 7E−05	3.807 8E+00	2.039 1E+03
10 200	1.174 0E−03	4.606 8E+08	5.582 8E+04	8.723 0E−05	3.892 2E+00	2.152 2E+03
10 300	1.159 9E−03	4.665 3E+08	5.849 0E+04	8.719 8E−05	3.978 4E+00	2.266 9E+03
10 400	1.145 9E−03	4.725 5E+08	6.022 1E+04	8.708 5E−05	4.049 9E+00	2.383 2E+03
10 500	1.132 1E−03	4.789 6E+08	6.409 0E+04	8.689 0E−05	4.137 4E+00	2.500 6E+03
10 600	1.118 2E−03	4.856 8E+08	6.717 5E+04	8.660 8E−05	4.226 3E+00	2.619 1E+03
10 700	1.104 5E−03	4.927 2E+08	7.041 4E+04	8.623 7E−05	4.316 5E+00	2.738 6E+03
10 800	1.090 8E−03	4.999 3E+08	7.215 6E+04	8.577 3E−05	4.386 0E+00	2.858 9E+03
10 900	1.077 2E−03	5.076 5E+08	7.713 9E+04	8.521 6E−05	4.476 4E+00	2.979 8E+03
11 000	1.063 7E−03	5.157 3E+08	8.083 0E+04	8.456 4E−05	4.567 8E+00	3.101 1E+03
11 100	1.050 1E−03	5.242 0E+08	8.468 2E+04	8.381 6E−05	4.660 2E+00	3.222 8E+03
11 200	1.036 7E−03	5.328 3E+08	8.629 0E+04	8.297 0E−05	4.726 0E+00	3.344 8E+03
11 300	1.023 2E−03	5.420 9E+08	9.258 3E+04	8.203 0E−05	4.818 0E+00	3.466 9E+03
11 400	1.009 8E−03	5.517 8E+08	9.690 0E+04	8.099 7E−05	4.910 7E+00	3.588 9E+03
11 500	9.964 3E−04	5.619 2E+08	1.013 8E+05	7.987 3E−05	5.004 2E+00	3.710 9E+03
11 600	9.830 8E−04	5.725 2E+08	1.060 2E+05	7.866 1E−05	5.098 5E+00	3.832 7E+03
11 700	9.697 5E−04	5.836 0E+08	1.108 3E+05	7.736 5E−05	5.193 6E+00	3.954 2E+03
11 800	9.564 3E−04	5.947 7E+08	1.116 9E+05	7.598 3E−05	5.253 1E+00	4.075 7E+03
11 900	9.431 5E−04	6.068 2E+08	1.204 9E+05	7.453 1E−05	5.347 6E+00	4.196 6E+03
12 000	9.299 0E−04	6.193 9E+08	1.257 3E+05	7.301 0E−05	5.442 9E+00	4.317 0E+03
12 100	9.166 6E−04	6.325 0E+08	1.311 2E+05	7.142 7E−05	5.539 0E+00	4.437 0E+03
12 200	9.034 6E−04	6.461 7E+08	1.366 5E+05	6.978 8E−05	5.635 7E+00	4.556 3E+03
12 300	8.902 8E−04	6.604 0E+08	1.423 1E+05	6.810 0E−05	5.733 0E+00	4.675 1E+03
12 400	8.771 0E−04	6.745 8E+08	1.418 0E+05	6.635 9E−05	5.788 5E+00	4.793 7E+03

续表

T/K	密度/(kg/m³)	焓/(J/kg)	比热/[J/(kg·K)]	粘度/[kg/(m·s)]	热导率/[W/(m·K)]	电导率/[A/(V·m)]
12 500	8.639 9E−04	6.899 3E+08	1.534 6E+05	6.459 4E−05	5.885 2E+00	4.911 3E+03
12 600	8.509 2E−04	7.058 7E+08	1.594 4E+05	6.280 3E−05	5.982 2E+00	5.028 1E+03
12 700	8.378 9E−04	7.224 2E+08	1.655 2E+05	6.099 2E−05	6.079 3E+00	5.144 2E+03
12 800	8.249 1E−04	7.395 9E+08	1.716 7E+05	5.917 0E−05	6.176 4E+00	5.259 5E+03
12 900	8.119 8E−04	7.573 8E+08	1.778 9E+05	5.734 3E−05	6.273 0E+00	5.374 1E+03
13 000	7.991 3E−04	7.757 9E+08	1.841 5E+05	5.551 7E−05	6.369 0E+00	5.487 8E+03
13 100	7.863 4E−04	7.948 4E+08	1.904 4E+05	5.370 0E−05	6.463 8E+00	5.600 8E+03
13 200	7.736 3E−04	8.145 1E+08	1.967 4E+05	5.189 7E−05	6.557 3E+00	5.712 8E+03
13 300	7.609 2E−04	8.337 5E+08	1.924 0E+05	5.008 8E−05	6.603 4E+00	5.824 8E+03
13 400	7.483 9E−04	8.546 1E+08	2.086 2E+05	4.832 7E−05	6.692 3E+00	5.935 1E+03
13 500	7.359 5E−04	8.760 9E+08	2.147 9E+05	4.659 6E−05	6.778 4E+00	6.044 6E+03
13 600	7.236 4E−04	8.981 8E+08	2.208 8E+05	4.489 9E−05	6.861 4E+00	6.153 1E+03
13 700	7.114 4E−04	9.208 7E+08	2.268 5E+05	4.323 9E−05	6.940 6E+00	6.260 7E+03
13 800	6.993 7E−04	9.441 3E+08	2.326 8E+05	4.161 9E−05	7.015 5E+00	6.367 3E+03
13 900	6.874 5E−04	9.679 7E+08	2.383 3E+05	4.004 2E−05	7.085 6E+00	6.473 0E+03
14 000	6.756 8E−04	9.923 4E+08	2.437 7E+05	3.851 0E−05	7.150 3E+00	6.577 7E+03
14 100	6.640 6E−04	1.017 2E+09	2.489 8E+05	3.702 6E−05	7.209 1E+00	6.681 4E+03
14 200	6.526 2E−04	1.042 6E+09	2.539 2E+05	3.558 9E−05	7.261 5E+00	6.784 1E+03
14 300	6.413 5E−04	1.068 5E+09	2.585 6E+05	3.420 2E−05	7.306 9E+00	6.885 8E+03
14 400	6.302 8E−04	1.094 8E+09	2.628 6E+05	3.286 5E−05	7.345 1E+00	6.986 5E+03
14 500	6.193 9E−04	1.121 5E+09	2.668 1E+05	3.157 9E−05	7.375 5E+00	7.086 2E+03
14 600	6.087 2E−04	1.148 5E+09	2.703 7E+05	3.034 3E−05	7.397 9E+00	7.184 9E+03
14 700	5.982 5E−04	1.175 8E+09	2.735 1E+05	2.915 7E−05	7.412 0E+00	7.282 6E+03
14 800	5.879 9E−04	1.203 5E+09	2.762 2E+05	2.802 1E−05	7.417 4E+00	7.379 2E+03
14 900	5.779 7E−04	1.231 3E+09	2.784 6E+05	2.693 5E−05	7.414 2E+00	7.474 9E+03
15 000	5.678 8E−04	1.257 7E+09	2.635 5E+05	2.583 7E−05	7.377 3E+00	7.571 5E+03
15 100	5.583 0E−04	1.285 8E+09	2.814 3E+05	2.484 4E−05	7.358 3E+00	7.665 2E+03
15 200	5.489 5E−04	1.314 0E+09	2.822 7E+05	2.389 9E−05	7.330 6E+00	7.757 9E+03
15 300	5.398 4E−04	1.342 3E+09	2.826 0E+05	2.299 9E−05	7.294 5E+00	7.849 7E+03
15 400	5.309 7E−04	1.370 5E+09	2.824 3E+05	2.214 3E−05	7.249 5E+00	7.940 5E+03
15 500	5.223 5E−04	1.398 7E+09	2.817 5E+05	2.133 1E−05	7.197 2E+00	8.030 3E+03
15 600	5.139 7E−04	1.426 8E+09	2.805 6E+05	2.056 1E−05	7.137 2E+00	8.119 2E+03
15 700	5.058 3E−04	1.454 7E+09	2.788 9E+05	1.983 0E−05	7.070 1E+00	8.207 1E+03
15 800	4.979 3E−04	1.482 3E+09	2.767 4E+05	1.913 9E−05	6.996 2E+00	8.294 2E+03
15 900	4.902 8E−04	1.509 7E+09	2.741 4E+05	1.848 6E−05	6.916 1E+00	8.380 3E+03

续表

T/K	密度/(kg/m³)	焓/(J/kg)	比热/[J/(kg·K)]	粘度/[kg/(m·s)]	热导率/[W/(m·K)]	电导率/[A/(V·m)]
16 000	4.828 6E−04	1.536 9E+09	2.711 0E+05	1.786 8E−05	6.830 5E+00	8.465 6E+03
16 100	4.756 8E−04	1.563 6E+09	2.676 5E+05	1.728 5E−05	6.739 8E+00	8.550 0E+03
16 200	4.687 4E−04	1.590 0E+09	2.638 1E+05	1.673 6E−05	6.644 8E+00	8.633 6E+03
16 300	4.620 2E−04	1.616 0E+09	2.596 3E+05	1.621 8E−05	6.545 9E+00	8.716 4E+03
16 400	4.555 2E−04	1.641 5E+09	2.551 3E+05	1.573 1E−05	6.444 0E+00	8.798 4E+03
16 500	4.492 4E−04	1.666 5E+09	2.503 4E+05	1.527 3E−05	6.339 6E+00	8.879 7E+03
16 600	4.431 8E−04	1.691 0E+09	2.453 0E+05	1.484 4E−05	6.233 4E+00	8.960 2E+03
16 700	4.373 2E−04	1.715 0E+09	2.400 4E+05	1.444 0E−05	6.125 9E+00	9.040 0E+03
16 800	4.316 7E−04	1.738 5E+09	2.346 1E+05	1.406 2E−05	6.017 7E+00	9.119 2E+03
16 900	4.262 1E−04	1.761 4E+09	2.290 2E+05	1.370 8E−05	5.909 5E+00	9.197 7E+03
17 000	4.209 4E−04	1.783 7E+09	2.233 2E+05	1.337 7E−05	5.801 7E+00	9.275 6E+03
17 100	4.158 5E−04	1.805 5E+09	2.175 4E+05	1.306 8E−05	5.694 7E+00	9.352 9E+03
17 200	4.109 4E−04	1.826 7E+09	2.117 1E+05	1.277 9E−05	5.589 2E+00	9.429 7E+03
17 300	4.062 0E−04	1.847 3E+09	2.058 5E+05	1.251 0E−05	5.485 4E+00	9.505 9E+03
17 400	4.016 2E−04	1.867 3E+09	2.000 0E+05	1.226 0E−05	5.383 7E+00	9.581 6E+03
17 500	3.972 0E−04	1.886 7E+09	1.941 8E+05	1.202 7E−05	5.284 5E+00	9.656 8E+03
17 600	3.929 3E−04	1.905 5E+09	1.884 0E+05	1.181 2E−05	5.188 0E+00	9.731 6E+03
17 700	3.888 1E−04	1.923 8E+09	1.827 0E+05	1.161 2E−05	5.094 5E+00	9.805 9E+03
17 800	3.848 2E−04	1.941 5E+09	1.770 9E+05	1.142 7E−05	5.004 1E+00	9.879 8E+03
17 900	3.809 6E−04	1.958 6E+09	1.715 8E+05	1.125 6E−05	4.917 1E+00	9.953 4E+03
18 000	3.772 3E−04	1.975 3E+09	1.661 8E+05	1.109 9E−05	4.833 5E+00	1.002 7E+04
18 100	3.736 2E−04	1.991 4E+09	1.609 2E+05	1.095 5E−05	4.753 5E+00	1.009 9E+04
18 200	3.707 0E−04	2.006 8E+09	1.547 8E+05	1.092 0E−05	4.673 6E+00	1.016 8E+04
18 300	3.673 1E−04	2.021 9E+09	1.501 9E+05	1.079 9E−05	4.601 0E+00	1.024 1E+04
18 400	3.640 3E−04	2.036 4E+09	1.453 8E+05	1.068 9E−05	4.532 1E+00	1.031 3E+04
18 500	3.608 4E−04	2.050 5E+09	1.407 4E+05	1.059 0E−05	4.466 9E+00	1.038 4E+04
18 600	3.577 5E−04	2.064 1E+09	1.362 5E+05	1.050 0E−05	4.405 4E+00	1.045 6E+04
18 700	3.547 5E−04	2.077 3E+09	1.319 3E+05	1.041 9E−05	4.347 5E+00	1.052 7E+04
18 800	3.518 4E−04	2.090 1E+09	1.277 6E+05	1.034 7E−05	4.293 1E+00	1.059 8E+04
18 900	3.490 1E−04	2.102 4E+09	1.237 6E+05	1.028 4E−05	4.242 3E+00	1.066 9E+04
19 000	3.462 5E−04	2.114 4E+09	1.199 2E+05	1.022 8E−05	4.194 9E+00	1.074 0E+04
19 100	3.435 7E−04	2.126 1E+09	1.162 4E+05	1.017 9E−05	4.150 9E+00	1.081 1E+04
19 200	3.409 6E−04	2.137 3E+09	1.127 1E+05	1.013 7E−05	4.110 1E+00	1.088 1E+04
19 300	3.384 2E−04	2.148 3E+09	1.093 4E+05	1.010 2E−05	4.072 5E+00	1.095 1E+04
19 400	3.359 5E−04	2.158 9E+09	1.061 1E+05	1.007 4E−05	4.037 9E+00	1.102 2E+04

续表

T/K	密度/(kg/m³)	焓/(J/kg)	比热/[J/(kg·K)]	粘度/[kg/(m·s)]	热导率/[W/(m·K)]	电导率/[A/(V·m)]
19 500	3.335 3E−04	2.169 2E+09	1.030 3E+05	1.005 1E−05	4.006 3E+00	1.109 2E+04
19 600	3.311 7E−04	2.179 2E+09	1.000 9E+05	1.003 4E−05	3.977 5E+00	1.116 2E+04
19 700	3.288 7E−04	2.188 9E+09	9.728 3E+04	1.002 2E−05	3.951 4E+00	1.123 2E+04
19 800	3.266 2E−04	2.198 4E+09	9.461 0E+04	1.001 5E−05	3.928 0E+00	1.130 2E+04
19 900	3.244 2E−04	2.207 6E+09	9.206 4E+04	1.001 3E−05	3.907 1E+00	1.137 2E+04
20 000	3.222 7E−04	2.216 5E+09	8.963 9E+04	1.001 6E−05	3.888 6E+00	1.144 2E+04
20 100	3.201 7E−04	2.225 3E+09	8.733 1E+04	1.002 3E−05	3.872 4E+00	1.151 2E+04
20 200	3.181 1E−04	2.233 8E+09	8.513 6E+04	1.003 4E−05	3.858 4E+00	1.158 2E+04
20 300	3.161 0E−04	2.242 1E+09	8.304 8E+04	1.005 0E−05	3.846 5E+00	1.165 2E+04
20 400	3.141 2E−04	2.250 2E+09	8.106 4E+04	1.006 8E−05	3.836 6E+00	1.172 1E+04
20 500	3.121 8E−04	2.258 1E+09	7.917 7E+04	1.009 1E−05	3.828 6E+00	1.179 1E+04
20 600	3.102 9E−04	2.265 9E+09	7.738 4E+04	1.011 7E−05	3.822 5E+00	1.186 1E+04
20 700	3.084 2E−04	2.273 4E+09	7.568 1E+04	1.014 6E−05	3.818 0E+00	1.193 1E+04
20 800	3.065 9E−04	2.280 8E+09	7.406 6E+04	1.017 9E−05	3.815 2E+00	1.200 1E+04
20 900	3.048 0E−04	2.288 1E+09	7.252 7E+04	1.021 4E−05	3.814 0E+00	1.207 1E+04
21 000	3.030 3E−04	2.295 2E+09	7.106 7E+04	1.025 2E−05	3.814 2E+00	1.214 2E+04
21 100	3.013 0E−04	2.302 2E+09	6.968 1E+04	1.029 3E−05	3.815 9E+00	1.221 2E+04
21 200	2.996 0E−04	2.309 0E+09	6.836 5E+04	1.033 7E−05	3.818 9E+00	1.228 2E+04
21 300	2.979 2E−04	2.315 7E+09	6.711 6E+04	1.038 3E−05	3.823 1E+00	1.235 3E+04
21 400	2.962 7E−04	2.322 3E+09	6.592 9E+04	1.043 1E−05	3.828 5E+00	1.242 3E+04
21 500	2.946 5E−04	2.328 8E+09	6.480 2E+04	1.048 2E−05	3.835 1E+00	1.249 4E+04
21 600	2.930 5E−04	2.335 2E+09	6.373 2E+04	1.053 5E−05	3.842 7E+00	1.256 4E+04
21 700	2.914 8E−04	2.341 4E+09	6.271 5E+04	1.059 0E−05	3.851 3E+00	1.263 5E+04
21 800	2.899 3E−04	2.347 6E+09	6.175 0E+04	1.064 7E−05	3.860 8E+00	1.270 6E+04
21 900	2.884 1E−04	2.353 7E+09	6.083 3E+04	1.070 6E−05	3.871 3E+00	1.277 7E+04
22 000	2.869 0E−04	2.359 7E+09	5.996 2E+04	1.076 7E−05	3.882 5E+00	1.284 9E+04
22 100	2.858 7E−04	2.364 3E+09	4.649 9E+04	1.093 2E−05	3.880 7E+00	1.292 4E+04
22 200	2.844 0E−04	2.370 2E+09	5.831 9E+04	1.099 6E−05	3.892 6E+00	1.299 6E+04
22 300	2.829 6E−04	2.375 9E+09	5.757 3E+04	1.106 2E−05	3.905 1E+00	1.306 8E+04
22 400	2.815 3E−04	2.381 6E+09	5.686 9E+04	1.112 9E−05	3.918 3E+00	1.314 1E+04
22 500	2.801 2E−04	2.387 2E+09	5.619 9E+04	1.119 8E−05	3.931 9E+00	1.321 4E+04
22 600	2.787 3E−04	2.392 8E+09	5.556 2E+04	1.126 9E−05	3.946 1E+00	1.328 7E+04
22 700	2.773 5E−04	2.398 3E+09	5.495 5E+04	1.134 1E−05	3.960 8E+00	1.336 0E+04
22 800	2.760 0E−04	2.403 7E+09	5.437 9E+04	1.141 5E−05	3.975 9E+00	1.343 3E+04
22 900	2.746 6E−04	2.409 1E+09	5.383 0E+04	1.149 0E−05	3.991 4E+00	1.350 7E+04

续表

T/K	密度/(kg/m^3)	焓/(J/kg)	比热/[J/(kg·K)]	粘度/[kg/(m·s)]	热导率/[W/(m·K)]	电导率/[A/(V·m)]
23 000	2.733 4E−04	2.414 4E+09	5.330 8E+04	1.156 6E−05	4.007 3E+00	1.358 1E+04
23 100	2.720 3E−04	2.419 7E+09	5.281 1E+04	1.164 4E−05	4.023 5E+00	1.365 6E+04
23 200	2.707 4E−04	2.424 9E+09	5.233 8E+04	1.172 2E−05	4.040 0E+00	1.373 0E+04
23 300	2.694 6E−04	2.430 1E+09	5.188 7E+04	1.180 3E−05	4.056 7E+00	1.380 5E+04
23 400	2.682 0E−04	2.435 3E+09	5.145 8E+04	1.188 4E−05	4.073 7E+00	1.388 1E+04
23 500	2.669 6E−04	2.440 4E+09	5.104 9E+04	1.196 6E−05	4.090 9E+00	1.395 6E+04
23 600	2.657 2E−04	2.445 4E+09	5.066 0E+04	1.205 0E−05	4.108 3E+00	1.403 2E+04
23 700	2.645 1E−04	2.450 5E+09	5.028 8E+04	1.213 5E−05	4.125 9E+00	1.410 9E+04
23 800	2.633 0E−04	2.455 5E+09	4.993 4E+04	1.222 1E−05	4.143 5E+00	1.418 6E+04
23 900	2.621 1E−04	2.460 4E+09	4.959 7E+04	1.230 8E−05	4.161 3E+00	1.426 3E+04
24 000	2.609 3E−04	2.465 4E+09	4.927 5E+04	1.239 6E−05	4.179 1E+00	1.434 0E+04
			氮			
500	6.825 8E−01	2.130 8E+05	1.066 8E+03	2.453 5E−05	3.860 6E−02	4.784 0E−25
600	5.688 0E−01	3.220 6E+05	1.089 7E+03	2.796 4E−05	4.498 8E−02	4.523 0E−25
700	4.875 5E−01	4.326 3E+05	1.105 7E+03	3.124 9E−05	5.129 4E−02	4.334 7E−25
800	4.266 1E−01	5.447 9E+05	1.121 6E+03	3.442 2E−05	5.754 2E−02	4.194 4E−25
900	3.792 2E−01	6.585 2E+05	1.137 3E+03	3.750 4E−05	6.373 9E−02	4.087 2E−25
1 000	3.413 1E−01	7.737 8E+05	1.152 6E+03	4.050 8E−05	6.988 6E−02	4.003 4E−25
1 100	3.102 9E−01	8.905 2E+05	1.167 5E+03	4.344 5E−05	7.598 4E−02	3.936 5E−25
1 200	2.844 4E−01	1.008 7E+06	1.181 9E+03	4.632 4E−05	8.203 0E−02	3.882 0E−25
1 300	2.625 6E−01	1.128 3E+06	1.195 7E+03	4.915 0E−05	8.802 2E−02	3.836 4E−25
1 400	2.438 1E−01	1.249 2E+06	1.209 0E+03	5.192 9E−05	9.396 0E−02	1.405 9E−22
1 500	2.275 6E−01	1.371 3E+06	1.221 6E+03	5.466 6E−05	9.984 0E−02	2.752 4E−20
1 600	2.133 4E−01	1.494 7E+06	1.233 6E+03	5.736 5E−05	1.056 6E−01	1.295 3E−18
1 700	2.007 9E−01	1.619 2E+06	1.244 9E+03	6.002 8E−05	1.114 3E−01	3.852 7E−17
1 800	1.896 4E−01	1.744 7E+06	1.255 5E+03	6.265 8E−05	1.171 3E−01	7.889 1E−16
1 900	1.796 6E−01	1.871 3E+06	1.265 5E+03	6.525 9E−05	1.227 7E−01	1.179 6E−14
2 000	1.706 8E−01	1.998 8E+06	1.274 7E+03	6.783 1E−05	1.283 6E−01	1.349 8E−13
2 100	1.625 5E−01	2.127 1E+06	1.283 3E+03	7.037 8E−05	1.338 8E−01	1.228 0E−12
2 200	1.551 7E−01	2.256 2E+06	1.291 2E+03	7.290 0E−05	1.393 5E−01	9.162 6E−12
2 300	1.484 2E−01	2.386 0E+06	1.298 4E+03	7.540 0E−05	1.447 7E−01	5.753 5E−11
2 400	1.422 4E−01	2.516 5E+06	1.305 0E+03	7.787 8E−05	1.501 2E−01	3.106 4E−10
2 500	1.365 5E−01	2.647 6E+06	1.311 0E+03	8.033 6E−05	1.554 3E−01	1.468 3E−09
2 600	1.313 0E−01	2.779 3E+06	1.316 3E+03	8.277 4E−05	1.606 9E−01	6.169 3E−09
2 700	1.264 4E−01	2.911 4E+06	1.321 2E+03	8.519 6E−05	1.659 1E−01	2.334 4E−08

续表

T/K	密度/(kg/m³)	焓/(J/kg)	比热/[J/(kg·K)]	粘度/[kg/(m·s)]	热导率/[W/(m·K)]	电导率/[A/(V·m)]
2 800	1.219 2E−01	3.043 9E+06	1.325 6E+03	8.760 0E−05	1.711 1E−01	8.044 4E−08
2 900	1.177 2E−01	3.176 9E+06	1.329 6E+03	8.998 8E−05	1.763 0E−01	2.548 8E−07
3 000	1.137 9E−01	3.310 3E+06	1.333 4E+03	9.236 0E−05	1.815 2E−01	7.488 0E−07
3 100	1.101 2E−01	3.444 0E+06	1.337 1E+03	9.471 8E−05	1.868 0E−01	2.054 6E−06
3 200	1.066 8E−01	3.578 1E+06	1.340 9E+03	9.706 3E−05	1.922 2E−01	5.298 9E−06
3 300	1.034 5E−01	3.712 6E+06	1.345 2E+03	9.939 4E−05	1.978 7E−01	1.291 8E−05
3 400	1.004 0E−01	3.847 6E+06	1.350 4E+03	1.017 1E−04	2.038 6E−01	2.991 9E−05
3 500	9.752 9E−02	3.983 3E+06	1.357 0E+03	1.040 2E−04	2.103 7E−01	6.612 2E−05
3 600	9.481 4E−02	4.119 9E+06	1.365 7E+03	1.063 2E−04	2.176 1E−01	1.400 0E−04
3 700	9.224 3E−02	4.257 6E+06	1.377 2E+03	1.086 1E−04	2.258 6E−01	2.849 9E−04
3 800	8.980 3E−02	4.396 9E+06	1.392 7E+03	1.108 8E−04	2.354 8E−01	5.596 1E−04
3 900	8.748 3E−02	4.538 2E+06	1.413 4E+03	1.131 6E−04	2.468 9E−01	1.063 0E−03
4 000	8.527 3E−02	4.682 3E+06	1.440 6E+03	1.154 2E−04	2.606 1E−01	1.958 8E−03
4 100	8.316 2E−02	4.829 9E+06	1.476 1E+03	1.176 8E−04	2.772 8E−01	3.509 6E−03
4 200	8.114 1E−02	4.982 1E+06	1.521 8E+03	1.199 4E−04	2.976 2E−01	6.128 2E−03
4 300	7.920 1E−02	5.140 0E+06	1.579 9E+03	1.222 0E−04	3.224 9E−01	1.045 0E−02
4 400	7.733 3E−02	5.305 3E+06	1.652 8E+03	1.244 6E−04	3.528 5E−01	1.743 5E−02
4 500	7.552 8E−02	5.479 7E+06	1.743 3E+03	1.267 2E−04	3.898 0E−01	2.851 1E−02
4 600	7.377 9E−02	5.665 1E+06	1.854 4E+03	1.290 0E−04	4.345 7E−01	4.577 2E−02
4 700	7.207 7E−02	5.864 0E+06	1.989 4E+03	1.312 9E−04	4.885 0E−01	7.224 0E−02
4 800	7.041 5E−02	6.079 2E+06	2.151 7E+03	1.336 0E−04	5.530 3E−01	1.122 6E−01
4 900	6.878 3E−02	6.313 7E+06	2.345 1E+03	1.359 3E−04	6.297 1E−01	1.719 3E−01
5 000	6.717 5E−02	6.571 1E+06	2.573 7E+03	1.382 9E−04	7.201 5E−01	2.599 0E−01
5 100	6.558 3E−02	6.855 2E+06	2.841 6E+03	1.406 9E−04	8.260 0E−01	3.880 9E−01
5 200	6.399 9E−02	7.170 6E+06	3.153 2E+03	1.431 3E−04	9.490 1E−01	5.723 9E−01
5 300	6.241 7E−02	7.521 8E+06	3.512 9E+03	1.456 2E−04	1.090 6E+00	8.360 6E−01
5 400	6.082 9E−02	7.914 4E+06	3.925 2E+03	1.481 7E−04	1.252 5E+00	1.208 0E+00
5 500	5.923 1E−02	8.353 8E+06	4.394 6E+03	1.507 8E−04	1.435 7E+00	1.730 5E+00
5 600	5.761 7E−02	8.846 4E+06	4.925 3E+03	1.534 5E−04	1.641 1E+00	2.457 7E+00
5 700	5.598 2E−02	9.398 4E+06	5.520 9E+03	1.562 0E−04	1.869 3E+00	3.461 7E+00
5 800	5.432 5E−02	1.001 7E+07	6.184 7E+03	1.590 2E−04	2.120 1E+00	4.837 4E+00
5 900	5.264 2E−02	1.070 9E+07	6.918 6E+03	1.619 1E−04	2.392 6E+00	6.708 5E+00
6 000	5.093 5E−02	1.148 1E+07	7.723 1E+03	1.648 7E−04	2.684 8E+00	9.233 9E+00
6 100	4.920 5E−02	1.234 1E+07	8.596 2E+03	1.678 9E−04	2.993 6E+00	1.261 6E+01
6 200	4.745 6E−02	1.329 4E+07	9.533 3E+03	1.709 5E−04	3.314 5E+00	1.710 5E+01

续表

T/K	密度/(kg/m^3)	焓/(J/kg)	比热/[J/(kg·K)]	粘度/[kg/(m·s)]	热导率/[W/(m·K)]	电导率/[A/(V·m)]
6 300	4.569 4E−02	1.434 7E+07	1.052 6E+04	1.740 4E−04	3.641 5E+00	2.301 1E+01
6 400	4.392 7E−02	1.550 3E+07	1.156 0E+04	1.771 3E−04	3.966 9E+00	3.070 1E+01
6 500	4.216 3E−02	1.676 4E+07	1.261 6E+04	1.801 9E−04	4.281 6E+00	4.060 0E+01
6 600	4.041 6E−02	1.813 1E+07	1.366 9E+04	1.832 0E−04	4.574 7E+00	5.317 9E+01
6 700	3.869 8E−02	1.960 0E+07	1.468 6E+04	1.861 1E−04	4.834 8E+00	6.893 5E+01
6 800	3.702 2E−02	2.116 3E+07	1.562 8E+04	1.889 0E−04	5.050 0E+00	8.836 5E+01
6 900	3.540 1E−02	2.280 8E+07	1.645 3E+04	1.915 4E−04	5.209 4E+00	1.119 3E+02
7 000	3.384 8E−02	2.451 9E+07	1.711 5E+04	1.940 0E−04	5.303 8E+00	1.400 1E+02
7 100	3.237 6E−02	2.627 7E+07	1.757 4E+04	1.962 9E−04	5.327 1E+00	1.729 0E+02
7 200	3.099 2E−02	2.805 6E+07	1.779 7E+04	1.984 0E−04	5.277 3E+00	2.107 9E+02
7 300	2.970 4E−02	2.983 3E+07	1.776 4E+04	2.003 4E−04	5.157 0E+00	2.537 4E+02
7 400	2.851 5E−02	3.158 0E+07	1.747 4E+04	2.021 2E−04	4.973 3E+00	3.017 4E+02
7 500	2.742 7E−02	3.327 4E+07	1.694 2E+04	2.037 8E−04	4.737 3E+00	3.546 9E+02
7 600	2.643 6E−02	3.489 5E+07	1.620 4E+04	2.053 5E−04	4.462 4E+00	4.124 3E+02
7 700	2.553 8E−02	3.642 5E+07	1.530 2E+04	2.068 5E−04	4.163 3E+00	4.747 4E+02
7 800	2.472 8E−02	3.785 4E+07	1.429 1E+04	2.083 2E−04	3.854 1E+00	5.413 7E+02
7 900	2.399 7E−02	3.917 6E+07	1.322 4E+04	2.097 7E−04	3.547 2E+00	6.120 5E+02
8 000	2.333 9E−02	4.039 1E+07	1.214 9E+04	2.112 2E−04	3.252 8E+00	6.864 9E+02
8 100	2.274 4E−02	4.150 2E+07	1.110 6E+04	2.126 9E−04	2.978 2E+00	7.644 1E+02
8 200	2.220 6E−02	4.251 5E+07	1.012 6E+04	2.141 8E−04	2.728 2E+00	8.455 4E+02
8 300	2.171 6E−02	4.343 7E+07	9.228 8E+03	2.157 0E−04	2.505 4E+00	9.296 2E+02
8 400	2.126 8E−02	4.428 0E+07	8.426 0E+03	2.172 4E−04	2.310 4E+00	1.016 4E+03
8 500	2.085 7E−02	4.505 2E+07	7.721 8E+03	2.188 0E−04	2.142 8E+00	1.105 8E+03
8 600	2.047 6E−02	4.576 5E+07	7.123 2E+03	2.203 7E−04	2.001 5E+00	1.197 4E+03
8 700	2.012 1E−02	4.642 5E+07	6.603 2E+03	2.219 6E−04	1.883 7E+00	1.291 2E+03
8 800	1.979 0E−02	4.704 3E+07	6.176 6E+03	2.235 5E−04	1.787 6E+00	1.386 9E+03
8 900	1.947 7E−02	4.762 7E+07	5.842 2E+03	2.251 3E−04	1.711 8E+00	1.484 5E+03
9 000	1.918 1E−02	4.818 2E+07	5.554 3E+03	2.267 0E−04	1.652 5E+00	1.583 8E+03
9 100	1.889 8E−02	4.871 8E+07	5.359 5E+03	2.282 5E−04	1.609 7E+00	1.684 5E+03
9 200	1.862 8E−02	4.923 7E+07	5.186 7E+03	2.297 7E−04	1.579 2E+00	1.786 7E+03
9 300	1.836 8E−02	4.974 7E+07	5.104 6E+03	2.312 5E−04	1.562 1E+00	1.890 2E+03
9 400	1.811 7E−02	5.024 9E+07	5.020 1E+03	2.326 9E−04	1.553 9E+00	1.994 9E+03
9 500	1.787 3E−02	5.075 2E+07	5.029 6E+03	2.340 6E−04	1.556 8E+00	2.100 5E+03
9 600	1.763 6E−02	5.125 3E+07	5.012 1E+03	2.353 7E−04	1.566 0E+00	2.207 2E+03
9 700	1.740 5E−02	5.176 3E+07	5.097 8E+03	2.366 1E−04	1.584 6E+00	2.314 6E+03

续表

T/K	密度/(kg/m³)	焓/(J/kg)	比热[J/(kg·K)]	粘度/[kg/(m·s)]	热导率/[W/(m·K)]	电导率/[A/(V·m)]
9 800	1.717 8E−02	5.228 1E+07	5.181 0E+03	2.377 6E−04	1.610 0E+00	2.422 8E+03
9 900	1.695 6E−02	5.280 5E+07	5.233 2E+03	2.388 2E−04	1.638 6E+00	2.531 6E+03
10 000	1.673 7E−02	5.334 6E+07	5.418 1E+03	2.397 7E−04	1.675 4E+00	2.640 9E+03
10 100	1.652 2E−02	5.390 4E+07	5.577 3E+03	2.406 0E−04	1.717 4E+00	2.750 7E+03
10 200	1.630 9E−02	5.447 2E+07	5.673 7E+03	2.413 1E−04	1.760 0E+00	2.860 8E+03
10 300	1.609 9E−02	5.506 6E+07	5.948 6E+03	2.418 8E−04	1.810 6E+00	2.971 3E+03
10 400	1.589 0E−02	5.568 3E+07	6.170 9E+03	2.423 0E−04	1.865 3E+00	3.081 9E+03
10 500	1.568 4E−02	5.631 3E+07	6.293 7E+03	2.425 6E−04	1.918 4E+00	3.192 8E+03
10 600	1.547 8E−02	5.697 9E+07	6.656 9E+03	2.426 6E−04	1.979 9E+00	3.303 8E+03
10 700	1.527 4E−02	5.767 2E+07	6.935 4E+03	2.425 7E−04	2.044 7E+00	3.414 8E+03
10 800	1.507 1E−02	5.839 5E+07	7.232 3E+03	2.423 0E−04	2.112 7E+00	3.525 7E+03
10 900	1.486 9E−02	5.913 2E+07	7.363 7E+03	2.418 2E−04	2.176 0E+00	3.636 8E+03
11 000	1.466 8E−02	5.991 7E+07	7.855 4E+03	2.411 4E−04	2.249 1E+00	3.747 7E+03
11 100	1.446 7E−02	6.073 8E+07	8.203 3E+03	2.402 5E−04	2.324 7E+00	3.858 4E+03
11 200	1.426 6E−02	6.159 4E+07	8.568 4E+03	2.391 4E−04	2.402 8E+00	3.969 0E+03
11 300	1.406 6E−02	6.246 3E+07	8.683 9E+03	2.377 9E−04	2.473 2E+00	4.079 5E+03
11 400	1.386 6E−02	6.339 4E+07	9.316 6E+03	2.362 2E−04	2.554 8E+00	4.189 7E+03
11 500	1.366 7E−02	6.436 7E+07	9.728 4E+03	2.344 1E−04	2.638 4E+00	4.299 6E+03
11 600	1.346 8E−02	6.538 3E+07	1.015 6E+04	2.323 7E−04	2.723 6E+00	4.409 2E+03
11 700	1.326 8E−02	6.644 3E+07	1.059 8E+04	2.300 9E−04	2.810 4E+00	4.518 5E+03
11 800	1.307 0E−02	6.754 8E+07	1.105 5E+04	2.275 8E−04	2.898 6E+00	4.627 4E+03
11 900	1.287 0E−02	6.865 6E+07	1.108 0E+04	2.248 2E−04	2.973 9E+00	4.736 3E+03
12 000	1.267 2E−02	6.985 3E+07	1.196 5E+04	2.218 6E−04	3.063 1E+00	4.844 6E+03
12 100	1.247 4E−02	7.109 8E+07	1.245 8E+04	2.186 7E−04	3.152 9E+00	4.952 4E+03
12 200	1.227 6E−02	7.239 5E+07	1.296 2E+04	2.152 7E−04	3.243 1E+00	5.059 7E+03
12 300	1.207 9E−02	7.374 2E+07	1.347 5E+04	2.116 7E−04	3.333 3E+00	5.166 6E+03
12 400	1.188 2E−02	7.514 2E+07	1.399 7E+04	2.078 8E−04	3.423 3E+00	5.273 0E+03
12 500	1.168 6E−02	7.659 4E+07	1.452 6E+04	2.039 1E−04	3.512 7E+00	5.378 9E+03
12 600	1.148 9E−02	7.802 9E+07	1.434 2E+04	1.997 3E−04	3.584 1E+00	5.484 8E+03
12 700	1.129 5E−02	7.958 3E+07	1.554 1E+04	1.954 4E−04	3.670 8E+00	5.589 6E+03
12 800	1.110 1E−02	8.119 0E+07	1.607 7E+04	1.910 2E−04	3.755 9E+00	5.693 8E+03
12 900	1.090 9E−02	8.285 2E+07	1.661 2E+04	1.864 8E−04	3.839 1E+00	5.797 4E+03
13 000	1.071 8E−02	8.456 6E+07	1.714 3E+04	1.818 5E−04	3.919 9E+00	5.900 4E+03
13 100	1.052 8E−02	8.633 3E+07	1.766 9E+04	1.771 3E−04	3.997 9E+00	6.002 7E+03
13 200	1.034 1E−02	8.815 1E+07	1.818 5E+04	1.723 5E−04	4.072 7E+00	6.104 3E+03

续表

T/K	密度/(kg/m³)	焓/(J/kg)	比热/[J/(kg·K)]	粘度/[kg/(m·s)]	热导率/[W/(m·K)]	电导率/[A/(V·m)]
13 300	1.015 5E−02	9.002 0E+07	1.868 9E+04	1.675 3E−04	4.144 0E+00	6.205 2E+03
13 400	9.971 0E−03	9.193 8E+07	1.917 9E+04	1.626 7E−04	4.211 2E+00	6.305 4E+03
13 500	9.789 4E−03	9.390 3E+07	1.965 0E+04	1.578 1E−04	4.274 1E+00	6.404 8E+03
13 600	9.610 3E−03	9.591 3E+07	2.009 9E+04	1.529 5E−04	4.332 2E+00	6.503 4E+03
13 700	9.431 2E−03	9.784 9E+07	1.935 8E+04	1.479 7E−04	4.369 7E+00	6.602 5E+03
13 800	9.257 2E−03	9.993 7E+07	2.088 0E+04	1.431 6E−04	4.417 7E+00	6.699 6E+03
13 900	9.086 2E−03	1.020 6E+08	2.124 9E+04	1.384 0E−04	4.460 0E+00	6.795 8E+03
14 000	8.918 3E−03	1.042 2E+08	2.158 5E+04	1.337 1E−04	4.496 4E+00	6.891 3E+03
14 100	8.753 7E−03	1.064 1E+08	2.188 3E+04	1.290 9E−04	4.526 7E+00	6.985 8E+03
14 200	8.592 5E−03	1.086 2E+08	2.214 2E+04	1.245 6E−04	4.550 6E+00	7.079 4E+03
14 300	8.434 9E−03	1.108 6E+08	2.236 0E+04	1.201 4E−04	4.568 1E+00	7.172 2E+03
14 400	8.280 9E−03	1.131 1E+08	2.253 3E+04	1.158 2E−04	4.579 2E+00	7.264 0E+03
14 500	8.130 7E−03	1.153 8E+08	2.266 0E+04	1.116 2E−04	4.583 7E+00	7.355 0E+03
14 600	7.984 4E−03	1.176 5E+08	2.274 0E+04	1.075 4E−04	4.581 8E+00	7.445 0E+03
14 700	7.842 0E−03	1.199 3E+08	2.277 3E+04	1.036 0E−04	4.573 7E+00	7.534 1E+03
14 800	7.703 6E−03	1.222 0E+08	2.275 6E+04	9.978 3E−05	4.559 4E+00	7.622 3E+03
14 900	7.569 3E−03	1.244 7E+08	2.269 1E+04	9.610 8E−05	4.539 3E+00	7.709 6E+03
15 000	7.439 0E−03	1.267 3E+08	2.257 9E+04	9.257 2E−05	4.513 6E+00	7.796 0E+03
15 100	7.312 7E−03	1.289 7E+08	2.241 9E+04	8.917 9E−05	4.482 8E+00	7.881 5E+03
15 200	7.190 6E−03	1.312 0E+08	2.221 4E+04	8.592 7E−05	4.447 2E+00	7.966 1E+03
15 300	7.072 4E−03	1.333 9E+08	2.196 6E+04	8.281 9E−05	4.407 2E+00	8.049 9E+03
15 400	6.958 3E−03	1.355 6E+08	2.167 8E+04	7.985 2E−05	4.363 3E+00	8.132 8E+03
15 500	6.848 1E−03	1.376 9E+08	2.135 1E+04	7.702 5E−05	4.316 0E+00	8.214 8E+03
15 600	6.741 8E−03	1.397 9E+08	2.098 9E+04	7.433 7E−05	4.265 8E+00	8.296 0E+03
15 700	6.639 3E−03	1.418 5E+08	2.059 5E+04	7.178 4E−05	4.213 1E+00	8.376 5E+03
15 800	6.540 6E−03	1.438 7E+08	2.017 3E+04	6.936 4E−05	4.158 6E+00	8.456 1E+03
15 900	6.445 5E−03	1.458 4E+08	1.972 7E+04	6.707 4E−05	4.102 6E+00	8.535 0E+03
16 000	6.353 9E−03	1.477 7E+08	1.926 0E+04	6.491 0E−05	4.045 7E+00	8.613 1E+03
16 100	6.265 7E−03	1.496 5E+08	1.877 5E+04	6.286 7E−05	3.988 1E+00	8.690 6E+03
16 200	6.180 9E−03	1.514 7E+08	1.827 7E+04	6.094 3E−05	3.930 6E+00	8.767 4E+03
16 300	6.099 3E−03	1.532 5E+08	1.776 9E+04	5.913 2E−05	3.873 5E+00	8.843 5E+03
16 400	6.020 7E−03	1.549 8E+08	1.725 5E+04	5.743 1E−05	3.817 1E+00	8.918 9E+03
16 500	5.945 2E−03	1.566 5E+08	1.673 6E+04	5.583 5E−05	3.761 8E+00	8.993 8E+03
16 600	5.872 4E−03	1.582 7E+08	1.621 7E+04	5.433 9E−05	3.707 8E+00	9.068 1E+03
16 700	5.802 4E−03	1.598 4E+08	1.570 1E+04	5.294 0E−05	3.655 4E+00	9.141 9E+03

续表

T/K	密度/(kg/m^3)	焓/(J/kg)	比热/[J/(kg·K)]	粘度/[kg/(m·s)]	热导率/[W/(m·K)]	电导率/[A/(V·m)]
16 800	5.735 0E−03	1.613 6E+08	1.518 9E+04	5.163 2E−05	3.604 8E+00	9.215 1E+03
16 900	5.670 1E−03	1.628 3E+08	1.468 4E+04	5.041 2E−05	3.556 3E+00	9.287 8E+03
17 000	5.607 6E−03	1.642 5E+08	1.418 8E+04	4.927 5E−05	3.510 0E+00	9.360 0E+03
17 100	5.547 3E−03	1.656 2E+08	1.370 2E+04	4.821 8E−05	3.466 0E+00	9.431 8E+03
17 200	5.489 2E−03	1.669 4E+08	1.322 9E+04	4.723 5E−05	3.424 4E+00	9.503 2E+03
17 300	5.433 2E−03	1.682 2E+08	1.276 8E+04	4.632 4E−05	3.385 4E+00	9.574 1E+03
17 400	5.379 0E−03	1.694 5E+08	1.232 2E+04	4.548 1E−05	3.348 9E+00	9.644 7E+03
17 500	5.326 8E−03	1.706 4E+08	1.189 2E+04	4.470 2E−05	3.315 0E+00	9.714 8E+03
17 600	5.276 2E−03	1.717 9E+08	1.147 7E+04	4.398 3E−05	3.283 7E+00	9.784 7E+03
17 700	5.227 4E−03	1.729 0E+08	1.107 8E+04	4.332 2E−05	3.255 0E+00	9.854 2E+03
17 800	5.180 1E−03	1.739 6E+08	1.069 5E+04	4.271 4E−05	3.228 8E+00	9.923 3E+03
17 900	5.134 3E−03	1.750 0E+08	1.033 0E+04	4.215 8E−05	3.205 2E+00	9.992 2E+03
18 000	5.089 9E−03	1.760 0E+08	9.980 6E+03	4.165 0E−05	3.184 1E+00	1.006 1E+04
18 100	5.046 8E−03	1.769 6E+08	9.648 2E+03	4.118 8E−05	3.165 4E+00	1.012 9E+04
18 200	5.005 0E−03	1.778 9E+08	9.332 3E+03	4.076 8E−05	3.149 1E+00	1.019 7E+04
18 300	4.964 5E−03	1.788 0E+08	9.032 6E+03	4.038 9E−05	3.135 1E+00	1.026 5E+04
18 400	4.925 0E−03	1.796 7E+08	8.749 0E+03	4.004 8E−05	3.123 3E+00	1.033 2E+04
18 500	4.886 6E−03	1.805 2E+08	8.481 1E+03	3.974 3E−05	3.113 7E+00	1.040 0E+04
18 600	4.849 3E−03	1.813 4E+08	8.228 6E+03	3.947 2E−05	3.106 1E+00	1.046 7E+04
18 700	4.812 9E−03	1.821 4E+08	7.991 1E+03	3.923 2E−05	3.100 6E+00	1.053 4E+04
18 800	4.777 4E−03	1.829 2E+08	7.768 2E+03	3.902 2E−05	3.097 0E+00	1.060 0E+04
18 900	4.742 8E−03	1.836 7E+08	7.559 5E+03	3.884 0E−05	3.095 3E+00	1.066 6E+04
19 000	4.709 0E−03	1.844 1E+08	7.364 6E+03	3.868 5E−05	3.095 3E+00	1.073 3E+04
19 100	4.676 0E−03	1.851 3E+08	7.183 2E+03	3.855 4E−05	3.097 0E+00	1.079 8E+04
19 200	4.643 8E−03	1.858 3E+08	7.014 9E+03	3.844 7E−05	3.100 3E+00	1.086 4E+04
19 300	4.612 2E−03	1.865 2E+08	6.859 3E+03	3.836 1E−05	3.105 2E+00	1.093 0E+04
19 400	4.589 1E−03	1.871 1E+08	5.900 5E+03	3.880 4E−05	3.110 6E+00	1.098 9E+04
19 500	4.558 7E−03	1.877 6E+08	6.570 3E+03	3.875 4E−05	3.118 4E+00	1.105 4E+04
19 600	4.528 9E−03	1.884 1E+08	6.452 0E+03	3.872 2E−05	3.127 6E+00	1.111 9E+04
19 700	4.499 7E−03	1.890 4E+08	6.345 1E+03	3.870 7E−05	3.138 0E+00	1.118 3E+04
19 800	4.471 0E−03	1.896 7E+08	6.249 4E+03	3.870 7E−05	3.149 6E+00	1.124 7E+04
19 900	4.442 9E−03	1.902 9E+08	6.164 7E+03	3.872 0E−05	3.162 4E+00	1.131 1E+04
20 000	4.415 2E−03	1.908 9E+08	6.090 3E+03	3.874 7E−05	3.176 3E+00	1.137 4E+04
20 100	4.388 0E−03	1.915 0E+08	6.026 7E+03	3.878 5E−05	3.191 2E+00	1.143 7E+04
20 200	4.361 2E−03	1.920 9E+08	5.973 5E+03	3.883 5E−05	3.207 1E+00	1.150 0E+04

续表

T/K	密度/(kg/m³)	焓/(J/kg)	比热/[J/(kg·K)]	粘度/[kg/(m·s)]	热导率/[W/(m·K)]	电导率/[A/(V·m)]
20 300	4.334 8E−03	1.926 9E+08	5.930 5E+03	3.889 4E−05	3.223 9E+00	1.156 2E+04
20 400	4.308 8E−03	1.932 8E+08	5.897 8E+03	3.896 2E−05	3.241 7E+00	1.162 4E+04
20 500	4.283 2E−03	1.938 6E+08	5.875 2E+03	3.903 8E−05	3.260 2E+00	1.168 6E+04
20 600	4.258 0E−03	1.944 5E+08	5.862 7E+03	3.912 1E−05	3.279 7E+00	1.174 7E+04
20 700	4.233 1E−03	1.950 4E+08	5.860 3E+03	3.921 0E−05	3.299 8E+00	1.180 8E+04
20 800	4.208 5E−03	1.956 2E+08	5.868 1E+03	3.930 4E−05	3.320 7E+00	1.186 8E+04
20 900	4.184 1E−03	1.962 1E+08	5.886 1E+03	3.940 2E−05	3.342 3E+00	1.192 8E+04
21 000	4.160 1E−03	1.968 0E+08	5.914 3E+03	3.950 4E−05	3.364 6E+00	1.198 7E+04
21 100	4.136 3E−03	1.974 0E+08	5.952 9E+03	3.960 8E−05	3.387 5E+00	1.204 5E+04
21 200	4.112 8E−03	1.980 0E+08	6.002 0E+03	3.971 3E−05	3.411 0E+00	1.210 3E+04
21 300	4.089 5E−03	1.986 1E+08	6.061 6E+03	3.981 9E−05	3.435 0E+00	1.216 0E+04
21 400	4.066 4E−03	1.992 2E+08	6.132 1E+03	3.992 4E−05	3.459 6E+00	1.221 6E+04
21 500	4.043 6E−03	1.998 4E+08	6.213 5E+03	4.002 9E−05	3.484 7E+00	1.227 2E+04
21 600	4.020 9E−03	2.004 7E+08	6.306 1E+03	4.013 1E−05	3.510 3E+00	1.232 7E+04
21 700	3.998 3E−03	2.011 1E+08	6.410 0E+03	4.023 0E−05	3.536 4E+00	1.238 0E+04
21 800	3.976 0E−03	2.017 6E+08	6.525 5E+03	4.032 6E−05	3.562 9E+00	1.243 3E+04
21 900	3.953 8E−03	2.024 3E+08	6.652 8E+03	4.041 6E−05	3.589 8E+00	1.248 5E+04
22 000	3.931 7E−03	2.031 1E+08	6.792 2E+03	4.050 0E−05	3.617 1E+00	1.253 6E+04
22 100	3.909 7E−03	2.038 0E+08	6.943 8E+03	4.057 8E−05	3.644 8E+00	1.258 6E+04
22 200	3.887 8E−03	2.045 1E+08	7.108 0E+03	4.064 9E−05	3.672 8E+00	1.263 5E+04
22 300	3.866 0E−03	2.052 4E+08	7.285 0E+03	4.071 1E−05	3.701 1E+00	1.268 3E+04
22 400	3.844 3E−03	2.059 9E+08	7.475 0E+03	4.076 3E−05	3.729 8E+00	1.272 9E+04
22 500	3.822 7E−03	2.067 6E+08	7.678 3E+03	4.080 5E−05	3.758 8E+00	1.277 4E+04
22 600	3.801 1E−03	2.075 5E+08	7.895 1E+03	4.083 6E−05	3.788 0E+00	1.281 8E+04
22 700	3.779 6E−03	2.083 6E+08	8.125 7E+03	4.085 5E−05	3.817 6E+00	1.286 0E+04
22 800	3.758 1E−03	2.092 0E+08	8.370 1E+03	4.086 2E−05	3.847 3E+00	1.290 1E+04
22 900	3.736 6E−03	2.100 6E+08	8.628 7E+03	4.085 4E−05	3.877 3E+00	1.294 0E+04
23 000	3.720 2E−03	2.108 4E+08	7.797 2E+03	4.127 5E−05	3.903 4E+00	1.296 6E+04
23 100	3.698 6E−03	2.117 6E+08	9.186 8E+03	4.123 4E−05	3.933 6E+00	1.300 2E+04
23 200	3.677 0E−03	2.127 1E+08	9.488 5E+03	4.117 7E−05	3.964 0E+00	1.303 7E+04
23 300	3.655 4E−03	2.136 9E+08	9.804 7E+03	4.110 4E−05	3.994 5E+00	1.306 9E+04
23 400	3.633 8E−03	2.147 0E+08	1.013 6E+04	4.101 4E−05	4.025 3E+00	1.310 0E+04
23 500	3.612 1E−03	2.157 5E+08	1.048 1E+04	4.090 6E−05	4.056 1E+00	1.312 9E+04
23 600	3.590 4E−03	2.168 3E+08	1.084 1E+04	4.078 1E−05	4.087 1E+00	1.315 6E+04
23 700	3.568 6E−03	2.179 5E+08	1.121 6E+04	4.063 7E−05	4.118 3E+00	1.318 2E+04

续表

T/K	密度/(kg/m³)	焓/(J/kg)	比热/[J/(kg·K)]	粘度/[kg/(m·s)]	热导率/[W/(m·K)]	电导率/[A/(V·m)]
23 800	3.546 8E−03	2.191 1E+08	1.160 4E+04	4.047 5E−05	4.149 5E+00	1.320 5E+04
23 900	3.524 9E−03	2.203 2E+08	1.200 7E+04	4.029 4E−05	4.180 9E+00	1.322 7E+04
24 000	3.502 9E−03	2.215 6E+08	1.242 4E+04	4.009 4E−05	4.212 3E+00	1.324 7E+04
氧						
500	7.797 8E−01	1.931 0E+05	9.790 2E+02	2.983 4E−05	4.210 6E−02	8.206 2E−24
600	6.497 7E−01	2.929 5E+05	9.985 7E+02	3.404 4E−05	4.913 2E−02	6.941 8E−24
700	5.569 3E−01	3.947 9E+05	1.018 4E+03	3.794 8E−05	5.589 4E−02	6.001 5E−24
800	4.873 2E−01	4.984 8E+05	1.036 9E+03	4.162 5E−05	6.245 9E−02	5.276 3E−24
900	4.331 7E−01	6.039 0E+05	1.054 2E+03	4.512 4E−05	6.886 6E−02	4.701 0E−24
1 000	3.898 6E−01	7.109 2E+05	1.070 3E+03	4.848 0E−05	7.514 2E−02	4.234 5E−24
1 100	3.544 2E−01	8.194 5E+05	1.085 3E+03	5.171 6E−05	8.130 0E−02	1.379 1E−21
1 200	3.248 9E−01	9.293 9E+05	1.099 4E+03	5.485 0E−05	8.735 4E−02	4.013 0E−19
1 300	2.999 0E−01	1.040 6E+06	1.112 5E+03	5.789 4E−05	9.331 2E−02	4.402 1E−17
1 400	2.784 9E−01	1.153 1E+06	1.124 9E+03	6.085 9E−05	9.918 9E−02	2.427 6E−15
1 500	2.599 2E−01	1.266 8E+06	1.136 7E+03	6.375 3E−05	1.050 1E−01	7.724 8E−14
1 600	2.436 8E−01	1.381 6E+06	1.148 2E+03	6.658 3E−05	1.108 5E−01	1.574 3E−12
1 700	2.293 4E−01	1.497 6E+06	1.160 0E+03	6.935 5E−05	1.168 6E−01	2.226 6E−11
1 800	2.166 0E−01	1.615 0E+06	1.173 4E+03	7.207 5E−05	1.233 0E−01	2.326 8E−10
1 900	2.051 8E−01	1.734 0E+06	1.190 5E+03	7.474 6E−05	1.306 9E−01	1.887 4E−09
2 000	1.948 9E−01	1.855 5E+06	1.214 6E+03	7.737 5E−05	1.398 5E−01	1.236 0E−08
2 100	1.855 4E−01	1.980 6E+06	1.250 7E+03	7.996 8E−05	1.520 2E−01	6.743 6E−08
2 200	1.769 9E−01	2.111 1E+06	1.305 7E+03	8.253 3E−05	1.689 6E−01	3.145 2E−07
2 300	1.691 1E−01	2.250 0E+06	1.388 7E+03	8.507 9E−05	1.930 4E−01	1.280 6E−06
2 400	1.617 7E−01	2.401 1E+06	1.510 8E+03	8.762 1E−05	2.272 8E−01	4.631 5E−06
2 500	1.548 5E−01	2.569 6E+06	1.685 6E+03	9.017 6E−05	2.753 2E−01	1.509 7E−05
2 600	1.482 5E−01	2.762 5E+06	1.928 5E+03	9.276 7E−05	3.413 7E−01	4.489 6E−05
2 700	1.418 7E−01	2.988 2E+06	2.256 8E+03	9.542 4E−05	4.299 9E−01	1.230 8E−04
2 800	1.356 0E−01	3.257 0E+06	2.688 6E+03	9.817 8E−05	5.457 4E−01	3.137 9E−04
2 900	1.293 6E−01	3.581 3E+06	3.242 5E+03	1.010 7E−04	6.927 4E−01	7.496 1E−04
3 000	1.230 7E−01	3.974 9E+06	3.936 2E+03	1.041 3E−04	8.738 8E−01	1.688 8E−03
3 100	1.166 8E−01	4.453 3E+06	4.784 3E+03	1.073 9E−04	1.089 9E+00	3.607 8E−03
3 200	1.101 5E−01	5.032 9E+06	5.795 2E+03	1.108 9E−04	1.338 0E+00	7.342 3E−03
3 300	1.035 0E−01	5.729 4E+06	6.965 6E+03	1.146 2E−04	1.610 5E+00	1.428 9E−02
3 400	9.676 1E−02	6.556 7E+06	8.272 5E+03	1.185 6E−04	1.893 7E+00	2.667 0E−02
3 500	9.003 5E−02	7.523 0E+06	9.663 4E+03	1.226 5E−04	2.166 4E+00	4.785 3E−02

续表

T/K	密度/(kg/m^3)	焓/(J/kg)	比热/[J/(kg·K)]	粘度/[kg/(m·s)]	热导率/[W/(m·K)]	电导率/[A/(V·m)]
3 600	8.344 0E−02	8.627 6E+06	1.104 6E+04	1.268 0E−04	2.401 4E+00	8.265 5E−02
3 700	7.712 4E−02	9.855 9E+06	1.228 3E+04	1.309 0E−04	2.568 6E+00	1.375 6E−01
3 800	7.123 3E−02	1.117 7E+07	1.320 9E+04	1.348 4E−04	2.641 6E+00	2.207 0E−01
3 900	6.589 2E−02	1.254 3E+07	1.366 0E+04	1.385 3E−04	2.606 3E+00	3.415 5E−01
4 000	6.118 1E−02	1.389 6E+07	1.353 0E+04	1.419 3E−04	2.467 1E+00	5.102 8E−01
4 100	5.712 5E−02	1.517 8E+07	1.282 2E+04	1.450 7E−04	2.247 2E+00	7.373 9E−01
4 200	5.369 4E−02	1.634 3E+07	1.165 2E+04	1.479 8E−04	1.981 3E+00	1.033 5E+00
4 300	5.082 2E−02	1.736 4E+07	1.021 3E+04	1.507 4E−04	1.704 8E+00	1.410 3E+00
4 400	4.842 4E−02	1.823 5E+07	8.705 9E+03	1.534 1E−04	1.445 1E+00	1.865 2E+00
4 500	4.641 0E−02	1.896 4E+07	7.285 8E+03	1.560 3E−04	1.218 2E+00	2.441 3E+00
4 600	4.470 2E−02	1.956 8E+07	6.043 7E+03	1.586 3E−04	1.030 0E+00	3.153 7E+00
4 700	4.323 2E−02	2.006 9E+07	5.012 4E+03	1.612 2E−04	8.795 6E−01	4.038 2E+00
4 800	4.194 7E−02	2.048 8E+07	4.186 3E+03	1.638 2E−04	7.623 4E−01	5.144 4E+00
4 900	4.080 5E−02	2.084 2E+07	3.540 3E+03	1.664 2E−04	6.727 5E−01	6.484 9E+00
5 000	3.977 6E−02	2.114 6E+07	3.042 6E+03	1.690 2E−04	6.051 3E−01	8.209 0E+00
5 100	3.883 6E−02	2.141 2E+07	2.662 7E+03	1.716 3E−04	5.546 9E−01	1.038 7E+01
5 200	3.796 8E−02	2.165 0E+07	2.373 9E+03	1.742 3E−04	5.174 9E−01	1.313 7E+01
5 300	3.716 1E−02	2.186 5E+07	2.154 7E+03	1.768 3E−04	4.904 0E−01	1.659 7E+01
5 400	3.640 2E−02	2.206 4E+07	1.988 3E+03	1.794 3E−04	4.710 5E−01	2.092 4E+01
5 500	3.568 6E−02	2.225 0E+07	1.861 8E+03	1.820 3E−04	4.576 2E−01	2.629 1E+01
5 600	3.500 7E−02	2.242 7E+07	1.765 5E+03	1.846 2E−04	4.487 4E−01	3.288 9E+01
5 700	3.436 0E−02	2.259 6E+07	1.692 1E+03	1.872 1E−04	4.434 1E−01	4.091 8E+01
5 800	3.374 2E−02	2.276 0E+07	1.636 2E+03	1.897 8E−04	4.408 6E−01	5.058 9E+01
5 900	3.314 9E−02	2.291 9E+07	1.593 6E+03	1.923 6E−04	4.405 2E−01	6.212 1E+01
6 000	3.258 0E−02	2.307 5E+07	1.561 4E+03	1.949 2E−04	4.419 8E−01	7.573 9E+01
6 100	3.203 3E−02	2.322 9E+07	1.537 3E+03	1.974 8E−04	4.449 2E−01	9.166 9E+01
6 200	3.150 5E−02	2.338 1E+07	1.519 5E+03	2.000 3E−04	4.491 1E−01	1.101 4E+02
6 300	3.099 6E−02	2.353 2E+07	1.506 9E+03	2.025 7E−04	4.544 0E−01	1.313 9E+02
6 400	3.050 3E−02	2.368 1E+07	1.498 5E+03	2.051 1E−04	4.606 6E−01	1.556 4E+02
6 500	3.002 8E−02	2.383 1E+07	1.493 7E+03	2.076 4E−04	4.678 0E−01	1.831 1E+02
6 600	2.956 7E−02	2.398 0E+07	1.491 8E+03	2.101 6E−04	4.757 6E−01	2.140 1E+02
6 700	2.912 0E−02	2.412 9E+07	1.492 5E+03	2.126 7E−04	4.845 2E−01	2.485 5E+02
6 800	2.868 7E−02	2.427 9E+07	1.495 6E+03	2.151 8E−04	4.940 5E−01	2.869 1E+02
6 900	2.826 7E−02	2.442 9E+07	1.501 0E+03	2.176 8E−04	5.043 5E−01	3.289 6E+02
7 000	2.785 9E−02	2.458 0E+07	1.508 4E+03	2.201 6E−04	5.154 3E−01	3.753 5E+02

续表

T/K	密度/(kg/m^3)	焓/(J/kg)	比热/[J/(kg·K)]	粘度/[kg/(m·s)]	热导率/[W/(m·K)]	电导率/[A/(V·m)]
7 100	2.746 2E−02	2.473 2E+07	1.517 9E+03	2.226 4E−04	5.273 1E−01	4.259 1E+02
7 200	2.707 7E−02	2.488 4E+07	1.529 2E+03	2.251 2E−04	5.399 9E−01	4.806 8E+02
7 300	2.670 1E−02	2.503 9E+07	1.542 7E+03	2.275 8E−04	5.535 1E−01	5.396 8E+02
7 400	2.633 6E−02	2.519 4E+07	1.557 8E+03	2.300 3E−04	5.678 4E−01	6.028 4E+02
7 500	2.598 0E−02	2.535 2E+07	1.576 0E+03	2.324 7E−04	5.831 2E−01	6.700 8E+02
7 600	2.563 3E−02	2.551 2E+07	1.596 0E+03	2.349 1E−04	5.993 5E−01	7.412 7E+02
7 700	2.529 4E−02	2.567 4E+07	1.618 5E+03	2.373 3E−04	6.165 5E−01	8.162 5E+02
7 800	2.496 4E−02	2.583 8E+07	1.643 5E+03	2.397 4E−04	6.347 6E−01	8.948 0E+02
7 900	2.464 1E−02	2.600 5E+07	1.671 2E+03	2.421 3E−04	6.540 3E−01	9.767 1E+02
8 000	2.432 6E−02	2.617 5E+07	1.701 7E+03	2.445 2E−04	6.743 9E−01	1.061 7E+03
8 100	2.401 8E−02	2.634 9E+07	1.735 2E+03	2.468 9E−04	6.958 8E−01	1.149 6E+03
8 200	2.371 6E−02	2.652 6E+07	1.771 8E+03	2.492 4E−04	7.185 2E−01	1.240 0E+03
8 300	2.342 1E−02	2.670 7E+07	1.814 9E+03	2.515 7E−04	7.426 0E−01	1.332 8E+03
8 400	2.313 2E−02	2.689 3E+07	1.855 9E+03	2.538 9E−04	7.677 0E−01	1.427 6E+03
8 500	2.284 9E−02	2.708 3E+07	1.903 2E+03	2.561 8E−04	7.940 5E−01	1.524 2E+03
8 600	2.257 1E−02	2.727 9E+07	1.959 6E+03	2.584 5E−04	8.220 7E−01	1.622 4E+03
8 700	2.229 8E−02	2.748 0E+07	2.010 7E+03	2.607 0E−04	8.510 6E−01	1.721 8E+03
8 800	2.203 0E−02	2.768 7E+07	2.070 5E+03	2.629 1E−04	8.814 0E−01	1.822 4E+03
8 900	2.176 7E−02	2.790 2E+07	2.142 9E+03	2.651 0E−04	9.136 9E−01	1.923 9E+03
9 000	2.150 8E−02	2.812 2E+07	2.205 1E+03	2.672 4E−04	9.468 4E−01	2.026 1E+03
9 100	2.125 4E−02	2.835 1E+07	2.290 2E+03	2.693 5E−04	9.821 8E−01	2.128 8E+03
9 200	2.100 3E−02	2.858 7E+07	2.360 0E+03	2.714 2E−04	1.018 3E+00	2.232 0E+03
9 300	2.075 6E−02	2.883 3E+07	2.459 4E+03	2.734 3E−04	1.056 8E+00	2.335 5E+03
9 400	2.051 2E−02	2.908 7E+07	2.537 2E+03	2.754 0E−04	1.095 9E+00	2.439 1E+03
9 500	2.027 2E−02	2.935 2E+07	2.652 5E+03	2.773 0E−04	1.137 8E+00	2.542 8E+03
9 600	2.003 5E−02	2.962 8E+07	2.760 4E+03	2.791 4E−04	1.181 4E+00	2.646 6E+03
9 700	1.980 0E−02	2.991 3E+07	2.849 5E+03	2.809 1E−04	1.225 3E+00	2.750 2E+03
9 800	1.956 8E−02	3.021 2E+07	2.993 4E+03	2.826 0E−04	1.272 5E+00	2.853 7E+03
9 900	1.933 9E−02	3.052 1E+07	3.090 4E+03	2.842 0E−04	1.319 6E+00	2.957 1E+03
10 000	1.911 2E−02	3.084 7E+07	3.255 1E+03	2.857 1E−04	1.370 4E+00	3.060 2E+03
10 100	1.888 7E−02	3.118 7E+07	3.400 2E+03	2.871 2E−04	1.423 2E+00	3.163 1E+03
10 200	1.866 4E−02	3.153 8E+07	3.507 4E+03	2.884 2E−04	1.475 3E+00	3.265 7E+03
10 300	1.844 2E−02	3.190 9E+07	3.709 0E+03	2.896 0E−04	1.531 8E+00	3.368 0E+03
10 400	1.822 2E−02	3.229 7E+07	3.879 5E+03	2.906 6E−04	1.590 3E+00	3.470 0E+03
10 500	1.800 4E−02	3.269 6E+07	3.995 3E+03	2.915 8E−04	1.647 4E+00	3.571 7E+03

续表

T/K	密度/(kg/m^3)	焓/(J/kg)	比热/[J/(kg·K)]	粘度/[kg/(m·s)]	热导率/[W/(m·K)]	电导率/[A/(V·m)]
10 600	1.778 7E−02	3.312 0E+07	4.239 4E+03	2.923 5E−04	1.709 8E+00	3.673 0E+03
10 700	1.757 1E−02	3.356 4E+07	4.437 4E+03	2.929 7E−04	1.774 2E+00	3.774 0E+03
10 800	1.735 6E−02	3.402 8E+07	4.645 4E+03	2.934 2E−04	1.840 6E+00	3.874 7E+03
10 900	1.714 3E−02	3.450 5E+07	4.766 8E+03	2.937 0E−04	1.904 3E+00	3.975 1E+03
11 000	1.693 0E−02	3.501 3E+07	5.079 3E+03	2.937 9E−04	1.974 4E+00	4.075 2E+03
11 100	1.671 7E−02	3.554 5E+07	5.317 0E+03	2.937 0E−04	2.046 6E+00	4.174 9E+03
11 200	1.650 6E−02	3.610 1E+07	5.565 4E+03	2.934 0E−04	2.120 8E+00	4.274 3E+03
11 300	1.629 5E−02	3.667 0E+07	5.685 7E+03	2.928 9E−04	2.190 5E+00	4.373 5E+03
11 400	1.608 4E−02	3.727 8E+07	6.078 2E+03	2.921 7E−04	2.268 0E+00	4.472 3E+03
11 500	1.587 4E−02	3.791 3E+07	6.357 7E+03	2.912 3E−04	2.347 4E+00	4.570 8E+03
11 600	1.566 4E−02	3.857 8E+07	6.648 2E+03	2.900 5E−04	2.428 5E+00	4.668 9E+03
11 700	1.545 5E−02	3.927 3E+07	6.949 7E+03	2.886 5E−04	2.511 4E+00	4.766 8E+03
11 800	1.524 6E−02	3.999 9E+07	7.262 2E+03	2.870 1E−04	2.596 0E+00	4.864 4E+03
11 900	1.503 7E−02	4.073 5E+07	7.354 0E+03	2.851 1E−04	2.672 9E+00	4.961 8E+03
12 000	1.482 8E−02	4.152 4E+07	7.896 1E+03	2.829 9E−04	2.759 8E+00	5.058 8E+03
12 100	1.462 0E−02	4.234 8E+07	8.239 0E+03	2.806 2E−04	2.847 9E+00	5.155 5E+03
12 200	1.441 2E−02	4.320 7E+07	8.592 1E+03	2.780 1E−04	2.937 3E+00	5.251 9E+03
12 300	1.420 4E−02	4.410 3E+07	8.955 2E+03	2.751 6E−04	3.027 6E+00	5.348 0E+03
12 400	1.399 7E−02	4.503 6E+07	9.327 7E+03	2.720 7E−04	3.118 9E+00	5.443 8E+03
12 500	1.379 0E−02	4.600 7E+07	9.709 3E+03	2.687 6E−04	3.210 7E+00	5.539 2E+03
12 600	1.358 3E−02	4.697 9E+07	9.721 7E+03	2.651 8E−04	3.291 1E+00	5.634 7E+03
12 700	1.337 7E−02	4.802 5E+07	1.046 7E+04	2.614 2E−04	3.383 2E+00	5.729 5E+03
12 800	1.317 2E−02	4.911 2E+07	1.087 0E+04	2.574 5E−04	3.475 3E+00	5.824 0E+03
12 900	1.296 8E−02	5.024 0E+07	1.128 0E+04	2.532 8E−04	3.567 2E+00	5.918 2E+03
13 000	1.276 4E−02	5.141 0E+07	1.169 5E+04	2.489 2E−04	3.658 7E+00	6.012 1E+03
13 100	1.256 1E−02	5.262 1E+07	1.211 4E+04	2.443 9E−04	3.749 4E+00	6.105 6E+03
13 200	1.235 9E−02	5.387 5E+07	1.253 6E+04	2.396 9E−04	3.839 1E+00	6.198 7E+03
13 300	1.215 8E−02	5.517 1E+07	1.295 9E+04	2.348 5E−04	3.927 5E+00	6.291 4E+03
13 400	1.195 9E−02	5.650 9E+07	1.338 3E+04	2.298 8E−04	4.014 2E+00	6.383 7E+03
13 500	1.175 9E−02	5.783 0E+07	1.320 4E+04	2.247 2E−04	4.085 6E+00	6.476 1E+03
13 600	1.156 3E−02	5.924 9E+07	1.419 2E+04	2.195 2E−04	4.167 9E+00	6.567 7E+03
13 700	1.136 8E−02	6.070 9E+07	1.460 7E+04	2.142 4E−04	4.247 6E+00	6.658 8E+03
13 800	1.117 5E−02	6.221 1E+07	1.501 5E+04	2.088 9E−04	4.324 3E+00	6.749 5E+03
13 900	1.098 4E−02	6.375 2E+07	1.541 4E+04	2.034 9E−04	4.397 7E+00	6.839 7E+03
14 000	1.079 5E−02	6.533 3E+07	1.580 3E+04	1.980 6E−04	4.467 4E+00	6.929 4E+03

续表

T/K	密度/(kg/m^3)	焓/(J/kg)	比热/[J/(kg·K)]	粘度/[kg/(m·s)]	热导率/[W/(m·K)]	电导率/[A/(V·m)]
14 100	1.060 9E−02	6.695 1E+07	1.617 9E+04	1.926 1E−04	4.533 1E+00	7.018 7E+03
14 200	1.042 5E−02	6.860 5E+07	1.654 0E+04	1.871 5E−04	4.594 4E+00	7.107 4E+03
14 300	1.024 3E−02	7.029 3E+07	1.688 4E+04	1.817 1E−04	4.651 1E+00	7.195 7E+03
14 400	1.006 5E−02	7.201 4E+07	1.720 9E+04	1.763 0E−04	4.702 9E+00	7.283 4E+03
14 500	9.889 4E−03	7.376 5E+07	1.751 1E+04	1.709 3E−04	4.749 5E+00	7.370 6E+03
14 600	9.716 9E−03	7.554 4E+07	1.779 1E+04	1.656 2E−04	4.790 6E+00	7.457 3E+03
14 700	9.547 6E−03	7.734 8E+07	1.804 4E+04	1.603 8E−04	4.826 0E+00	7.543 4E+03
14 800	9.381 6E−03	7.917 5E+07	1.827 0E+04	1.552 2E−04	4.855 7E+00	7.628 9E+03
14 900	9.219 1E−03	8.102 2E+07	1.846 7E+04	1.501 5E−04	4.879 4E+00	7.713 9E+03
15 000	9.060 2E−03	8.288 5E+07	1.863 2E+04	1.451 8E−04	4.897 2E+00	7.798 3E+03
15 100	8.904 9E−03	8.476 2E+07	1.876 5E+04	1.403 2E−04	4.908 9E+00	7.882 1E+03
15 200	8.753 3E−03	8.664 8E+07	1.886 5E+04	1.355 8E−04	4.914 6E+00	7.965 4E+03
15 300	8.601 3E−03	8.846 1E+07	1.812 1E+04	1.307 1E−04	4.909 8E+00	8.049 2E+03
15 400	8.457 2E−03	9.035 8E+07	1.897 1E+04	1.262 2E−04	4.904 5E+00	8.131 4E+03
15 500	8.316 9E−03	9.225 5E+07	1.897 0E+04	1.218 6E−04	4.893 5E+00	8.212 9E+03
15 600	8.180 5E−03	9.414 8E+07	1.893 4E+04	1.176 5E−04	4.877 1E+00	8.293 9E+03
15 700	8.048 1E−03	9.603 4E+07	1.886 4E+04	1.135 7E−04	4.855 4E+00	8.374 3E+03
15 800	7.919 5E−03	9.791 0E+07	1.875 9E+04	1.096 4E−04	4.829 0E+00	8.454 1E+03
15 900	7.794 9E−03	9.977 3E+07	1.862 2E+04	1.058 6E−04	4.797 9E+00	8.533 4E+03
16 000	7.674 2E−03	1.016 2E+08	1.845 2E+04	1.022 3E−04	4.762 7E+00	8.612 1E+03
16 100	7.557 3E−03	1.034 4E+08	1.825 2E+04	9.875 0E−05	4.723 6E+00	8.690 3E+03
16 200	7.444 2E−03	1.052 5E+08	1.802 4E+04	9.541 3E−05	4.681 3E+00	8.767 9E+03
16 300	7.334 9E−03	1.070 2E+08	1.776 9E+04	9.222 3E−05	4.635 9E+00	8.845 0E+03
16 400	7.229 3E−03	1.087 7E+08	1.748 9E+04	8.917 8E−05	4.588 0E+00	8.921 7E+03
16 500	7.127 2E−03	1.104 9E+08	1.718 8E+04	8.627 4E−05	4.538 0E+00	8.997 8E+03
16 600	7.028 7E−03	1.121 8E+08	1.686 6E+04	8.351 1E−05	4.486 3E+00	9.073 4E+03
16 700	6.933 6E−03	1.138 3E+08	1.652 7E+04	8.088 3E−05	4.433 4E+00	9.148 6E+03
16 800	6.841 9E−03	1.154 5E+08	1.617 3E+04	7.838 9E−05	4.379 6E+00	9.223 3E+03
16 900	6.753 3E−03	1.170 3E+08	1.580 6E+04	7.602 4E−05	4.325 4E+00	9.297 6E+03
17 000	6.668 0E−03	1.185 7E+08	1.543 0E+04	7.378 5E−05	4.271 1E+00	9.371 5E+03
17 100	6.585 6E−03	1.200 7E+08	1.504 5E+04	7.166 8E−05	4.217 0E+00	9.445 0E+03
17 200	6.506 2E−03	1.215 4E+08	1.465 5E+04	6.966 9E−05	4.163 6E+00	9.518 1E+03
17 300	6.429 7E−03	1.229 7E+08	1.426 2E+04	6.778 3E−05	4.111 1E+00	9.590 9E+03
17 400	6.355 8E−03	1.243 5E+08	1.386 8E+04	6.600 6E−05	4.059 7E+00	9.663 3E+03
17 500	6.284 5E−03	1.257 0E+08	1.347 4E+04	6.433 5E−05	4.009 7E+00	9.735 3E+03

续表

T/K	密度/(kg/m³)	焓/(J/kg)	比热/[J/(kg·K)]	粘度/[kg/(m·s)]	热导率/[W/(m·K)]	电导率/[A/(V·m)]
17 600	6.215 8E−03	1.270 1E+08	1.308 2E+04	6.276 4E−05	3.961 3E+00	9.807 1E+03
17 700	6.149 4E−03	1.282 8E+08	1.269 4E+04	6.129 0E−05	3.914 7E+00	9.878 6E+03
17 800	6.085 3E−03	1.295 1E+08	1.231 1E+04	5.990 8E−05	3.870 1E+00	9.949 8E+03
17 900	6.023 4E−03	1.307 0E+08	1.193 5E+04	5.861 4E−05	3.827 5E+00	1.002 1E+04
18 000	5.963 6E−03	1.318 6E+08	1.156 6E+04	5.740 5E−05	3.787 1E+00	1.009 1E+04
18 100	5.912 6E−03	1.329 6E+08	1.104 1E+04	5.673 2E−05	3.746 6E+00	1.016 0E+04
18 200	5.856 7E−03	1.340 5E+08	1.082 2E+04	5.568 1E−05	3.711 0E+00	1.023 0E+04
18 300	5.802 6E−03	1.350 9E+08	1.048 2E+04	5.470 3E−05	3.677 7E+00	1.030 0E+04
18 400	5.750 1E−03	1.361 1E+08	1.015 3E+04	5.379 4E−05	3.646 9E+00	1.037 0E+04
18 500	5.699 4E−03	1.370 9E+08	9.834 2E+03	5.295 1E−05	3.618 4E+00	1.044 0E+04
18 600	5.650 1E−03	1.380 5E+08	9.526 8E+03	5.217 1E−05	3.592 4E+00	1.050 9E+04
18 700	5.602 4E−03	1.389 7E+08	9.230 7E+03	5.144 9E−05	3.568 8E+00	1.057 9E+04
18 800	5.556 0E−03	1.398 6E+08	8.945 9E+03	5.078 4E−05	3.547 5E+00	1.064 8E+04
18 900	5.511 0E−03	1.407 3E+08	8.672 6E+03	5.017 3E−05	3.528 5E+00	1.071 7E+04
19 000	5.467 3E−03	1.415 7E+08	8.410 7E+03	4.961 2E−05	3.511 0E+00	1.078 6E+04
19 100	5.424 8E−03	1.423 9E+08	8.160 2E+03	4.910 0E−05	3.494 6E+00	1.085 5E+04
19 200	5.383 5E−03	1.431 8E+08	7.920 4E+03	4.863 3E−05	3.481 2E+00	1.092 4E+04
19 300	5.343 2E−03	1.439 5E+08	7.692 1E+03	4.820 9E−05	3.470 5E+00	1.099 3E+04
19 400	5.304 0E−03	1.447 0E+08	7.474 4E+03	4.782 7E−05	3.461 8E+00	1.106 1E+04
19 500	5.265 7E−03	1.454 2E+08	7.267 2E+03	4.748 3E−05	3.455 1E+00	1.112 8E+04
19 600	5.228 5E−03	1.461 3E+08	7.070 2E+03	4.717 4E−05	3.450 1E+00	1.119 5E+04
19 700	5.192 1E−03	1.468 2E+08	6.883 4E+03	4.690 1E−05	3.447 0E+00	1.126 1E+04
19 800	5.156 5E−03	1.474 9E+08	6.706 3E+03	4.666 0E−05	3.445 8E+00	1.132 7E+04
19 900	5.121 8E−03	1.481 4E+08	6.538 6E+03	4.645 0E−05	3.446 2E+00	1.139 4E+04
20 000	5.087 9E−03	1.487 8E+08	6.380 1E+03	4.627 0E−05	3.448 3E+00	1.146 0E+04
20 100	5.054 7E−03	1.494 0E+08	6.230 5E+03	4.611 8E−05	3.452 0E+00	1.152 6E+04
20 200	5.022 2E−03	1.500 1E+08	6.089 6E+03	4.599 2E−05	3.457 2E+00	1.159 3E+04
20 300	4.990 3E−03	1.506 1E+08	5.956 9E+03	4.589 2E−05	3.463 9E+00	1.165 9E+04
20 400	4.959 2E−03	1.511 9E+08	5.832 4E+03	4.581 5E−05	3.472 1E+00	1.172 5E+04
20 500	4.928 6E−03	1.517 6E+08	5.715 7E+03	4.576 0E−05	3.481 5E+00	1.179 1E+04
20 600	4.898 6E−03	1.523 2E+08	5.606 9E+03	4.572 7E−05	3.492 3E+00	1.185 7E+04
20 700	4.869 2E−03	1.528 7E+08	5.505 0E+03	4.571 4E−05	3.504 3E+00	1.192 3E+04
20 800	4.840 3E−03	1.534 2E+08	5.410 5E+03	4.571 9E−05	3.517 6E+00	1.198 9E+04
20 900	4.811 9E−03	1.539 5E+08	5.323 0E+03	4.574 3E−05	3.531 9E+00	1.205 5E+04
21 000	4.784 0E−03	1.544 7E+08	5.242 2E+03	4.578 3E−05	3.547 4E+00	1.212 0E+04

续表

T/K	密度/(kg/m³)	焓/(J/kg)	比热/[J/(kg·K)]	粘度/[kg/(m·s)]	热导率/[W/(m·K)]	电导率/[A/(V·m)]
21 100	4.756 5E−03	1.549 9E+08	5.168 2E+03	4.583 9E−05	3.563 9E+00	1.218 6E+04
21 200	4.729 5E−03	1.555 0E+08	5.100 6E+03	4.591 0E−05	3.581 4E+00	1.225 1E+04
21 300	4.703 0E−03	1.560 0E+08	5.039 5E+03	4.599 4E−05	3.599 8E+00	1.231 7E+04
21 400	4.676 8E−03	1.565 0E+08	4.984 6E+03	4.609 2E−05	3.619 2E+00	1.238 2E+04
21 500	4.651 0E−03	1.569 9E+08	4.935 9E+03	4.620 2E−05	3.639 4E+00	1.244 7E+04
21 600	4.625 6E−03	1.574 8E+08	4.893 3E+03	4.632 3E−05	3.660 5E+00	1.251 2E+04
21 700	4.600 6E−03	1.579 7E+08	4.856 7E+03	4.645 4E−05	3.682 4E+00	1.257 7E+04
21 800	4.575 9E−03	1.584 5E+08	4.826 2E+03	4.659 6E−05	3.705 1E+00	1.264 2E+04
21 900	4.551 5E−03	1.589 3E+08	4.801 7E+03	4.674 6E−05	3.728 5E+00	1.270 6E+04
22 000	4.527 5E−03	1.594 1E+08	4.783 2E+03	4.690 4E−05	3.752 7E+00	1.277 1E+04
22 100	4.508 4E−03	1.598 2E+08	4.060 8E+03	4.750 1E−05	3.779 2E+00	1.283 4E+04
22 200	4.484 8E−03	1.602 9E+08	4.765 5E+03	4.767 0E−05	3.804 7E+00	1.289 7E+04
22 300	4.461 6E−03	1.607 7E+08	4.765 2E+03	4.784 5E−05	3.830 8E+00	1.296 1E+04
22 400	4.438 5E−03	1.612 5E+08	4.771 3E+03	4.802 5E−05	3.857 5E+00	1.302 4E+04
22 500	4.415 8E−03	1.617 3E+08	4.783 5E+03	4.820 9E−05	3.884 8E+00	1.308 7E+04
22 600	4.393 2E−03	1.622 1E+08	4.802 1E+03	4.839 7E−05	3.912 6E+00	1.315 0E+04
22 700	4.370 9E−03	1.626 9E+08	4.827 2E+03	4.858 8E−05	3.941 0E+00	1.321 2E+04
22 800	4.348 8E−03	1.631 7E+08	4.858 8E+03	4.878 2E−05	3.969 9E+00	1.327 4E+04
22 900	4.326 9E−03	1.636 6E+08	4.897 2E+03	4.897 6E−05	3.999 3E+00	1.333 5E+04
23 000	4.305 2E−03	1.641 6E+08	4.942 5E+03	4.917 2E−05	4.029 2E+00	1.339 6E+04
23 100	4.283 7E−03	1.646 6E+08	4.994 8E+03	4.936 7E−05	4.059 5E+00	1.345 7E+04
23 200	4.262 3E−03	1.651 6E+08	5.054 4E+03	4.956 2E−05	4.090 3E+00	1.351 6E+04
23 300	4.241 1E−03	1.656 8E+08	5.121 5E+03	4.975 4E−05	4.121 5E+00	1.357 6E+04
23 400	4.220 0E−03	1.661 9E+08	5.196 2E+03	4.994 5E−05	4.153 0E+00	1.363 4E+04
23 500	4.199 1E−03	1.667 2E+08	5.278 9E+03	5.013 2E−05	4.185 0E+00	1.369 2E+04
23 600	4.178 3E−03	1.672 6E+08	5.369 6E+03	5.031 4E−05	4.217 4E+00	1.375 0E+04
23 700	4.157 7E−03	1.678 1E+08	5.468 8E+03	5.049 2E−05	4.250 1E+00	1.380 6E+04
23 800	4.137 1E−03	1.683 6E+08	5.576 6E+03	5.066 4E−05	4.283 1E+00	1.386 2E+04
23 900	4.116 6E−03	1.689 3E+08	5.693 4E+03	5.082 9E−05	4.316 5E+00	1.391 7E+04
24 000	4.096 3E−03	1.695 2E+08	5.819 2E+03	5.098 6E−05	4.350 2E+00	1.397 1E+04
空气						
500	7.020 8E−01	2.086 5E+05	1.047 3E+03	2.705 5E−05	4.137 8E−02	0.000 0E+00
600	5.850 5E−01	3.155 9E+05	1.069 4E+03	3.084 9E−05	4.824 3E−02	0.000 0E+00
700	5.014 7E−01	4.242 2E+05	1.086 3E+03	3.444 8E−05	5.497 1E−02	0.000 0E+00
800	4.387 9E−01	5.345 0E+05	1.102 8E+03	3.789 7E−05	6.159 6E−02	0.000 0E+00

续表

T/K	密度/(kg/m^3)	焓/(J/kg)	比热/[J/(kg·K)]	粘度/[kg/(m·s)]	热导率/[W/(m·K)]	电导率/[A/(V·m)]
900	3.900 4E−01	6.464 0E+05	1.119 0E+03	4.122 7E−05	6.813 7E−02	0.000 0E+00
1 000	3.510 4E−01	7.599 0E+05	1.135 0E+03	4.445 7E−05	7.459 8E−02	0.000 0E+00
1 100	3.191 3E−01	8.749 9E+05	1.150 9E+03	4.760 2E−05	8.116 1E−02	1.606 8E−23
1 200	2.925 4E−01	9.917 0E+05	1.167 0E+03	5.067 3E−05	8.763 5E−02	8.675 8E−21
1 300	2.700 4E−01	1.110 1E+06	1.183 6E+03	5.367 8E−05	9.415 3E−02	1.805 5E−18
1 400	2.507 6E−01	1.230 1E+06	1.200 7E+03	5.662 4E−05	1.007 3E−01	1.774 4E−16
1 500	2.340 4E−01	1.352 0E+06	1.218 5E+03	5.951 5E−05	1.073 9E−01	9.561 0E−15
1 600	2.194 2E−01	1.475 7E+06	1.237 2E+03	6.235 8E−05	1.141 9E−01	3.159 1E−13
1 700	2.065 1E−01	1.601 4E+06	1.256 9E+03	6.515 4E−05	1.211 8E−01	6.974 2E−12
1 800	1.950 4E−01	1.729 2E+06	1.278 0E+03	6.790 8E−05	1.284 9E−01	1.099 7E−10
1 900	1.847 7E−01	1.859 3E+06	1.301 4E+03	7.062 3E−05	1.363 3E−01	1.305 6E−09
2 000	1.755 2E−01	1.992 2E+06	1.328 4E+03	7.330 1E−05	1.450 7E−01	1.217 2E−08
2 100	1.671 3E−01	2.128 3E+06	1.361 1E+03	7.594 7E−05	1.552 2E−01	9.219 5E−08
2 200	1.594 9E−01	2.268 5E+06	1.402 5E+03	7.856 2E−05	1.675 2E−01	5.828 4E−07
2 300	1.524 8E−01	2.414 1E+06	1.456 3E+03	8.115 2E−05	1.829 3E−01	3.140 6E−06
2 400	1.460 1E−01	2.566 9E+06	1.527 2E+03	8.372 1E−05	2.026 3E−01	1.464 0E−05
2 500	1.400 0E−01	2.728 9E+06	1.620 4E+03	8.627 4E−05	2.279 3E−01	5.952 8E−05
2 600	1.343 7E−01	2.903 0E+06	1.741 2E+03	8.881 9E−05	2.601 6E−01	2.115 8E−04
2 700	1.290 6E−01	3.092 5E+06	1.894 4E+03	9.136 3E−05	3.005 0E−01	6.568 1E−04
2 800	1.240 0E−01	3.300 8E+06	2.083 5E+03	9.391 4E−05	3.496 2E−01	1.786 4E−03
2 900	1.191 5E−01	3.531 8E+06	2.309 5E+03	9.648 1E−05	4.073 8E−01	4.310 1E−03
3 000	1.144 6E−01	3.788 7E+06	2.569 4E+03	9.907 1E−05	4.723 7E−01	9.409 3E−03
3 100	1.099 1E−01	4.074 2E+06	2.854 8E+03	1.016 9E−04	5.415 4E−01	1.896 6E−02
3 200	1.054 8E−01	4.389 3E+06	3.150 8E+03	1.043 4E−04	6.100 8E−01	3.587 0E−02
3 300	1.011 8E−01	4.732 8E+06	3.435 1E+03	1.070 3E−04	6.716 2E−01	6.437 8E−02
3 400	9.702 1E−02	5.100 7E+06	3.679 0E+03	1.097 3E−04	7.191 1E−01	1.104 6E−01
3 500	9.303 2E−02	5.485 9E+06	3.851 9E+03	1.124 5E−04	7.463 8E−01	1.821 2E−01
3 600	8.925 0E−02	5.878 6E+06	3.927 3E+03	1.151 6E−04	7.499 8E−01	2.895 4E−01
3 700	8.570 9E−02	6.267 7E+06	3.891 3E+03	1.178 5E−04	7.306 8E−01	4.443 4E−01
3 800	8.243 5E−02	6.642 7E+06	3.749 7E+03	1.205 1E−04	6.934 7E−01	6.617 8E−01
3 900	7.943 5E−02	6.995 5E+06	3.527 8E+03	1.231 3E−04	6.463 4E−01	9.577 8E−01
4 000	7.670 4E−02	7.321 8E+06	3.263 6E+03	1.257 0E−04	5.977 5E−01	1.350 6E+00
4 100	7.421 9E−02	7.621 5E+06	2.996 6E+03	1.282 2E−04	5.546 7E−01	1.860 5E+00
4 200	7.195 1E−02	7.897 3E+06	2.757 9E+03	1.307 0E−04	5.215 6E−01	2.510 1E+00
4 300	6.986 8E−02	8.154 0E+06	2.566 8E+03	1.331 4E−04	5.006 4E−01	3.324 7E+00

续表

T/K	密度/(kg/m³)	焓/(J/kg)	比热/[J/(kg·K)]	粘度/[kg/(m·s)]	热导率/[W/(m·K)]	电导率/[A/(V·m)]
4 400	6.794 1E−02	8.397 1E+06	2.431 5E+03	1.355 5E−04	4.926 1E−01	4.332 0E+00
4 500	6.614 2E−02	8.632 4E+06	2.353 2E+03	1.379 4E−04	4.973 7E−01	5.562 8E+00
4 600	6.444 8E−02	8.865 4E+06	2.329 5E+03	1.403 0E−04	5.146 8E−01	7.050 5E+00
4 700	6.284 1E−02	9.101 1E+06	2.357 1E+03	1.426 4E−04	5.444 1E−01	8.830 8E+00
4 800	6.130 3E−02	9.344 4E+06	2.433 1E+03	1.449 8E−04	5.866 6E−01	1.094 2E+01
4 900	5.982 2E−02	9.600 0E+06	2.555 8E+03	1.473 0E−04	6.418 2E−01	1.342 6E+01
5 000	5.838 5E−02	9.872 4E+06	2.724 5E+03	1.496 2E−04	7.105 1E−01	1.632 5E+01
5 100	5.698 3E−02	1.016 6E+07	2.939 8E+03	1.519 4E−04	7.935 1E−01	1.968 4E+01
5 200	5.560 7E−02	1.048 7E+07	3.202 4E+03	1.542 5E−04	8.916 9E−01	2.355 1E+01
5 300	5.424 9E−02	1.083 8E+07	3.514 5E+03	1.565 7E−04	1.005 9E+00	2.797 6E+01
5 400	5.290 3E−02	1.122 6E+07	3.878 0E+03	1.589 0E−04	1.137 0E+00	3.301 1E+01
5 500	5.156 2E−02	1.165 5E+07	4.294 8E+03	1.612 4E−04	1.285 6E+00	3.871 2E+01
5 600	5.022 2E−02	1.213 2E+07	4.766 7E+03	1.635 9E−04	1.451 9E+00	4.510 8E+01
5 700	4.887 9E−02	1.266 2E+07	5.294 8E+03	1.659 5E−04	1.635 9E+00	5.230 4E+01
5 800	4.752 8E−02	1.324 9E+07	5.879 5E+03	1.683 2E−04	1.836 7E+00	6.035 2E+01
5 900	4.617 0E−02	1.390 1E+07	6.519 6E+03	1.706 9E−04	2.053 1E+00	6.928 0E+01
6 000	4.480 3E−02	1.462 3E+07	7.212 1E+03	1.730 8E−04	2.282 6E+00	7.918 1E+01
6 100	4.342 8E−02	1.541 8E+07	7.951 6E+03	1.754 6E−04	2.521 9E+00	9.019 4E+01
6 200	4.204 7E−02	1.629 1E+07	8.729 7E+03	1.778 3E−04	2.766 6E+00	1.023 9E+02
6 300	4.066 4E−02	1.724 4E+07	9.534 2E+03	1.801 9E−04	3.011 1E+00	1.159 0E+02
6 400	3.928 5E−02	1.827 9E+07	1.034 9E+04	1.825 2E−04	3.248 4E+00	1.308 6E+02
6 500	3.791 6E−02	1.939 4E+07	1.115 3E+04	1.848 0E−04	3.470 8E+00	1.474 6E+02
6 600	3.656 4E−02	2.058 6E+07	1.192 1E+04	1.870 3E−04	3.669 8E+00	1.659 1E+02
6 700	3.523 9E−02	2.184 9E+07	1.262 4E+04	1.891 9E−04	3.836 7E+00	1.864 9E+02
6 800	3.394 9E−02	2.317 2E+07	1.323 0E+04	1.912 7E−04	3.963 2E+00	2.094 8E+02
6 900	3.270 4E−02	2.454 2E+07	1.370 7E+04	1.932 7E−04	4.042 5E+00	2.352 3E+02
7 000	3.151 2E−02	2.594 5E+07	1.402 6E+04	1.951 8E−04	4.069 7E+00	2.641 0E+02
7 100	3.038 1E−02	2.736 1E+07	1.416 4E+04	1.970 1E−04	4.043 0E+00	2.964 7E+02
7 200	2.931 6E−02	2.877 2E+07	1.410 8E+04	1.987 6E−04	3.963 8E+00	3.326 9E+02
7 300	2.832 1E−02	3.015 8E+07	1.385 9E+04	2.004 6E−04	3.836 8E+00	3.730 5E+02
7 400	2.739 9E−02	3.150 1E+07	1.342 8E+04	2.021 1E−04	3.669 8E+00	4.177 7E+02
7 500	2.655 0E−02	3.278 5E+07	1.284 2E+04	2.037 2E−04	3.472 6E+00	4.670 0E+02
7 600	2.577 1E−02	3.399 9E+07	1.213 4E+04	2.053 3E−04	3.256 1E+00	5.207 6E+02
7 700	2.505 8E−02	3.513 3E+07	1.134 4E+04	2.069 4E−04	3.030 7E+00	5.790 3E+02
7 800	2.440 9E−02	3.618 4E+07	1.051 3E+04	2.085 6E−04	2.806 2E+00	6.416 7E+02

续表

T/K	密度/(kg/m³)	焓/(J/kg)	比热/[J/(kg·K)]	粘度/[kg/(m·s)]	热导率/[W/(m·K)]	电导率/[A/(V·m)]
7 900	2.381 6E−02	3.715 2E+07	9.678 3E+03	2.102 1E−04	2.590 6E+00	7.085 3E+02
8 000	2.327 4E−02	3.803 9E+07	8.870 6E+03	2.118 8E−04	2.389 7E+00	7.793 7E+02
8 100	2.277 8E−02	3.885 0E+07	8.113 3E+03	2.135 8E−04	2.207 5E+00	8.539 9E+02
8 200	2.232 2E−02	3.959 3E+07	7.425 5E+03	2.153 1E−04	2.046 4E+00	9.321 2E+02
8 300	2.190 1E−02	4.027 4E+07	6.806 3E+03	2.170 7E−04	1.906 7E+00	1.013 5E+03
8 400	2.150 9E−02	4.090 0E+07	6.268 2E+03	2.188 5E−04	1.788 3E+00	1.098 0E+03
8 500	2.114 4E−02	4.148 1E+07	5.807 3E+03	2.206 5E−04	1.690 2E+00	1.185 2E+03
8 600	2.080 2E−02	4.202 4E+07	5.427 5E+03	2.224 6E−04	1.611 4E+00	1.275 0E+03
8 700	2.047 8E−02	4.253 4E+07	5.102 5E+03	2.242 8E−04	1.549 5E+00	1.367 3E+03
8 800	2.017 1E−02	4.302 0E+07	4.856 6E+03	2.260 9E−04	1.503 7E+00	1.461 7E+03
8 900	1.987 9E−02	4.348 5E+07	4.647 4E+03	2.279 0E−04	1.471 2E+00	1.558 2E+03
9 000	1.959 9E−02	4.393 4E+07	4.497 3E+03	2.296 9E−04	1.451 0E+00	1.656 5E+03
9 100	1.932 9E−02	4.437 5E+07	4.408 0E+03	2.314 7E−04	1.442 8E+00	1.756 4E+03
9 200	1.906 9E−02	4.480 8E+07	4.327 3E+03	2.332 1E−04	1.443 4E+00	1.857 8E+03
9 300	1.881 6E−02	4.524 0E+07	4.318 4E+03	2.349 2E−04	1.454 0E+00	1.960 5E+03
9 400	1.857 0E−02	4.567 0E+07	4.302 3E+03	2.365 9E−04	1.471 3E+00	2.064 4E+03
9 500	1.833 1E−02	4.610 5E+07	4.352 7E+03	2.382 1E−04	1.496 8E+00	2.169 3E+03
9 600	1.809 7E−02	4.654 7E+07	4.418 0E+03	2.397 8E−04	1.529 1E+00	2.275 2E+03
9 700	1.786 7E−02	4.699 3E+07	4.463 1E+03	2.412 8E−04	1.565 2E+00	2.381 8E+03
9 800	1.764 1E−02	4.745 4E+07	4.605 4E+03	2.427 1E−04	1.609 0E+00	2.489 1E+03
9 900	1.741 9E−02	4.792 3E+07	4.688 6E+03	2.440 6E−04	1.655 5E+00	2.597 1E+03
10 000	1.720 0E−02	4.840 9E+07	4.867 2E+03	2.453 2E−04	1.708 6E+00	2.705 5E+03
10 100	1.698 4E−02	4.891 3E+07	5.040 1E+03	2.464 8E−04	1.766 7E+00	2.814 2E+03
10 200	1.677 0E−02	4.942 9E+07	5.158 3E+03	2.475 3E−04	1.825 8E+00	2.923 3E+03
10 300	1.655 8E−02	4.997 0E+07	5.405 0E+03	2.484 7E−04	1.891 5E+00	3.032 6E+03
10 400	1.634 8E−02	5.053 3E+07	5.631 9E+03	2.492 8E−04	1.961 6E+00	3.142 1E+03
10 500	1.613 9E−02	5.112 0E+07	5.866 2E+03	2.499 6E−04	2.035 6E+00	3.251 7E+03
10 600	1.593 2E−02	5.171 9E+07	5.995 6E+03	2.504 9E−04	2.107 6E+00	3.361 4E+03
10 700	1.572 5E−02	5.235 6E+07	6.366 2E+03	2.508 8E−04	2.188 1E+00	3.471 0E+03
10 800	1.552 0E−02	5.302 0E+07	6.647 1E+03	2.511 0E−04	2.272 1E+00	3.580 6E+03
10 900	1.531 5E−02	5.370 1E+07	6.801 6E+03	2.511 5E−04	2.353 2E+00	3.690 1E+03
11 000	1.511 1E−02	5.442 2E+07	7.215 3E+03	2.510 2E−04	2.442 0E+00	3.799 5E+03
11 100	1.490 8E−02	5.517 8E+07	7.560 4E+03	2.507 1E−04	2.534 7E+00	3.908 7E+03
11 200	1.470 5E−02	5.596 8E+07	7.901 5E+03	2.502 1E−04	2.630 2E+00	4.017 7E+03
11 300	1.450 3E−02	5.679 4E+07	8.257 6E+03	2.495 1E−04	2.728 4E+00	4.126 4E+03

续表

T/K	密度/(kg/m³)	焓/(J/kg)	比热/[J/(kg·K)]	粘度/[kg/(m·s)]	热导率/[W/(m·K)]	电导率/[A/(V·m)]
11 400	1.430 0E−02	5.763 4E+07	8.397 7E+03	2.486 0E−04	2.820 4E+00	4.235 1E+03
11 500	1.409 8E−02	5.852 9E+07	8.952 7E+03	2.474 9E−04	2.921 3E+00	4.343 3E+03
11 600	1.389 6E−02	5.946 7E+07	9.381 1E+03	2.461 6E−04	3.025 8E+00	4.451 3E+03
11 700	1.369 5E−02	6.044 6E+07	9.792 3E+03	2.446 6E−04	3.132 1E+00	4.558 9E+03
11 800	1.349 3E−02	6.146 8E+07	1.021 7E+04	2.428 8E−04	3.240 3E+00	4.666 1E+03
11 900	1.329 2E−02	6.253 4E+07	1.065 4E+04	2.409 6E−04	3.349 8E+00	4.773 0E+03
12 000	1.309 1E−02	6.360 6E+07	1.072 5E+04	2.387 2E−04	3.448 7E+00	4.879 8E+03
12 100	1.289 0E−02	6.475 3E+07	1.147 1E+04	2.363 3E−04	3.557 5E+00	4.985 9E+03
12 200	1.269 0E−02	6.595 2E+07	1.199 1E+04	2.337 3E−04	3.669 0E+00	5.091 6E+03
12 300	1.249 0E−02	6.719 9E+07	1.246 9E+04	2.309 3E−04	3.780 7E+00	5.196 8E+03
12 400	1.229 1E−02	6.849 5E+07	1.295 5E+04	2.279 4E−04	3.892 4E+00	5.301 6E+03
12 500	1.209 2E−02	6.983 9E+07	1.344 8E+04	2.247 6E−04	4.003 6E+00	5.405 8E+03
12 600	1.189 4E−02	7.123 4E+07	1.394 6E+04	2.214 1E−04	4.114 0E+00	5.509 5E+03
12 700	1.169 6E−02	7.262 0E+07	1.385 5E+04	2.178 4E−04	4.208 9E+00	5.613 2E+03
12 800	1.150 0E−02	7.411 0E+07	1.491 0E+04	2.141 5E−04	4.315 9E+00	5.715 9E+03
12 900	1.130 4E−02	7.564 2E+07	1.531 7E+04	2.103 1E−04	4.417 6E+00	5.818 0E+03
13 000	1.111 0E−02	7.723 3E+07	1.590 7E+04	2.063 4E−04	4.519 7E+00	5.919 5E+03
13 100	1.091 8E−02	7.887 3E+07	1.640 5E+04	2.022 5E−04	4.618 8E+00	6.020 4E+03
13 200	1.072 7E−02	8.056 3E+07	1.689 5E+04	1.980 5E−04	4.714 2E+00	6.120 6E+03
13 300	1.053 8E−02	8.230 1E+07	1.737 7E+04	1.937 6E−04	4.805 7E+00	6.220 1E+03
13 400	1.035 1E−02	8.408 5E+07	1.784 7E+04	1.893 9E−04	4.892 6E+00	6.319 0E+03
13 500	1.016 6E−02	8.591 6E+07	1.830 3E+04	1.849 5E−04	4.974 4E+00	6.417 1E+03
13 600	9.983 4E−03	8.779 0E+07	1.874 2E+04	1.804 6E−04	5.050 8E+00	6.514 5E+03
13 700	9.803 6E−03	8.970 6E+07	1.916 0E+04	1.759 3E−04	5.121 3E+00	6.611 2E+03
13 800	9.623 3E−03	9.156 9E+07	1.863 1E+04	1.712 5E−04	5.173 7E+00	6.708 2E+03
13 900	9.448 4E−03	9.355 9E+07	1.989 7E+04	1.666 8E−04	5.231 6E+00	6.803 5E+03
14 000	9.276 5E−03	9.558 3E+07	2.024 1E+04	1.621 1E−04	5.282 5E+00	6.897 9E+03
14 100	9.107 7E−03	9.763 8E+07	2.055 5E+04	1.575 5E−04	5.326 2E+00	6.991 5E+03
14 200	8.942 1E−03	9.972 2E+07	2.083 5E+04	1.530 2E−04	5.362 3E+00	7.084 3E+03
14 300	8.779 6E−03	1.018 1E+08	2.090 8E+04	1.485 0E−04	5.386 4E+00	7.176 3E+03
14 400	8.621 0E−03	1.039 4E+08	2.128 1E+04	1.440 5E−04	5.407 0E+00	7.267 5E+03
14 500	8.466 0E−03	1.060 9E+08	2.144 8E+04	1.396 5E−04	5.419 8E+00	7.357 7E+03
14 600	8.314 8E−03	1.082 4E+08	2.157 5E+04	1.353 3E−04	5.424 6E+00	7.447 1E+03
14 700	8.167 3E−03	1.104 1E+08	2.165 9E+04	1.310 8E−04	5.421 7E+00	7.535 7E+03
14 800	8.023 8E−03	1.125 8E+08	2.170 0E+04	1.269 1E−04	5.411 3E+00	7.623 4E+03

续表

T/K	密度/(kg/m^3)	焓/(J/kg)	比热/[J/(kg·K)]	粘度/[kg/(m·s)]	热导率/[W/(m·K)]	电导率/[A/(V·m)]
14 900	7.884 2E−03	1.147 5E+08	2.169 8E+04	1.228 3E−04	5.393 4E+00	7.710 3E+03
15 000	7.748 5E−03	1.169 1E+08	2.165 2E+04	1.188 5E−04	5.368 5E+00	7.796 4E+03
15 100	7.616 9E−03	1.190 7E+08	2.156 3E+04	1.149 7E−04	5.336 9E+00	7.881 6E+03
15 200	7.489 2E−03	1.212 1E+08	2.143 2E+04	1.112 0E−04	5.298 9E+00	7.965 9E+03
15 300	7.365 6E−03	1.233 4E+08	2.126 0E+04	1.075 4E−04	5.255 1E+00	8.049 5E+03
15 400	7.245 9E−03	1.254 4E+08	2.104 9E+04	1.039 9E−04	5.205 9E+00	8.132 2E+03
15 500	7.130 2E−03	1.275 2E+08	2.080 1E+04	1.005 6E−04	5.151 8E+00	8.214 2E+03
15 600	7.018 4E−03	1.295 8E+08	2.051 8E+04	9.724 6E−05	5.093 5E+00	8.295 4E+03
15 700	6.910 4E−03	1.316 0E+08	2.020 2E+04	9.405 2E−05	5.031 5E+00	8.375 8E+03
15 800	6.806 1E−03	1.335 8E+08	1.985 7E+04	9.097 9E−05	4.966 0E+00	8.455 5E+03
15 900	6.705 6E−03	1.355 3E+08	1.948 5E+04	8.802 7E−05	4.898 2E+00	8.534 4E+03
16 000	6.608 6E−03	1.374 4E+08	1.908 9E+04	8.519 6E−05	4.828 5E+00	8.612 7E+03
16 100	6.515 2E−03	1.393 1E+08	1.867 2E+04	8.248 5E−05	4.757 2E+00	8.690 3E+03
16 200	6.425 1E−03	1.411 3E+08	1.823 8E+04	7.989 3E−05	4.685 0E+00	8.767 2E+03
16 300	6.338 4E−03	1.429 1E+08	1.779 0E+04	7.741 9E−05	4.612 4E+00	8.843 5E+03
16 400	6.254 8E−03	1.446 4E+08	1.733 1E+04	7.506 0E−05	4.539 9E+00	8.919 2E+03
16 500	6.174 3E−03	1.463 3E+08	1.686 3E+04	7.281 5E−05	4.467 8E+00	8.994 4E+03
16 600	6.096 8E−03	1.479 7E+08	1.639 1E+04	7.068 1E−05	4.396 6E+00	9.068 9E+03
16 700	6.022 2E−03	1.495 6E+08	1.591 5E+04	6.865 5E−05	4.326 6E+00	9.143 0E+03
16 800	5.950 2E−03	1.511 0E+08	1.543 9E+04	6.673 5E−05	4.258 2E+00	9.216 5E+03
16 900	5.880 9E−03	1.526 0E+08	1.496 6E+04	6.491 7E−05	4.191 6E+00	9.289 6E+03
17 000	5.814 2E−03	1.540 5E+08	1.449 6E+04	6.319 9E−05	4.127 1E+00	9.362 1E+03
17 100	5.749 8E−03	1.554 5E+08	1.403 3E+04	6.157 6E−05	4.064 9E+00	9.434 3E+03
17 200	5.687 7E−03	1.568 1E+08	1.357 8E+04	6.004 7E−05	4.005 2E+00	9.506 0E+03
17 300	5.627 8E−03	1.581 2E+08	1.313 2E+04	5.860 6E−05	3.948 2E+00	9.577 2E+03
17 400	5.570 0E−03	1.593 9E+08	1.269 6E+04	5.725 2E−05	3.893 8E+00	9.648 1E+03
17 500	5.514 2E−03	1.606 2E+08	1.227 2E+04	5.598 0E−05	3.842 3E+00	9.718 7E+03
17 600	5.460 2E−03	1.618 1E+08	1.186 1E+04	5.478 8E−05	3.793 6E+00	9.788 9E+03
17 700	5.408 1E−03	1.629 5E+08	1.146 4E+04	5.367 1E−05	3.747 8E+00	9.858 8E+03
17 800	5.357 7E−03	1.640 6E+08	1.108 0E+04	5.262 7E−05	3.704 9E+00	9.928 4E+03
17 900	5.308 8E−03	1.651 3E+08	1.071 0E+04	5.165 2E−05	3.665 0E+00	9.997 6E+03
18 000	5.261 6E−03	1.661 7E+08	1.035 5E+04	5.074 3E−05	3.627 9E+00	1.006 7E+04
18 100	5.215 7E−03	1.671 7E+08	1.001 5E+04	4.989 7E−05	3.593 6E+00	1.013 5E+04
18 200	5.171 3E−03	1.681 4E+08	9.690 1E+03	4.911 1E−05	3.562 2E+00	1.020 4E+04
18 300	5.128 2E−03	1.690 8E+08	9.379 7E+03	4.838 2E−05	3.533 4E+00	1.027 2E+04

续表

T/K	密度/(kg/m^3)	焓/(J/kg)	比热/[J/(kg·K)]	粘度/[kg/(m·s)]	热导率/[W/(m·K)]	电导率/[A/(V·m)]
18 400	5.087 5E−03	1.699 8E+08	9.016 7E+03	4.786 3E−05	3.507 7E+00	1.034 0E+04
18 500	5.046 8E−03	1.708 6E+08	8.797 6E+03	4.724 0E−05	3.484 2E+00	1.040 7E+04
18 600	5.007 2E−03	1.717 1E+08	8.531 6E+03	4.666 6E−05	3.463 2E+00	1.047 5E+04
18 700	4.968 7E−03	1.725 4E+08	8.279 9E+03	4.613 8E−05	3.444 7E+00	1.054 2E+04
18 800	4.931 1E−03	1.733 4E+08	8.042 2E+03	4.565 4E−05	3.428 5E+00	1.060 9E+04
18 900	4.894 6E−03	1.741 2E+08	7.818 2E+03	4.521 1E−05	3.414 6E+00	1.067 6E+04
19 000	4.858 9E−03	1.748 9E+08	7.607 5E+03	4.480 7E−05	3.402 8E+00	1.074 3E+04
19 100	4.824 1E−03	1.756 3E+08	7.409 8E+03	4.444 0E−05	3.392 9E+00	1.080 9E+04
19 200	4.790 1E−03	1.763 5E+08	7.224 9E+03	4.410 9E−05	3.385 1E+00	1.087 6E+04
19 300	4.756 9E−03	1.770 5E+08	7.052 3E+03	4.381 0E−05	3.379 4E+00	1.094 2E+04
19 400	4.730 8E−03	1.776 8E+08	6.267 0E+03	4.398 8E−05	3.376 3E+00	1.100 3E+04
19 500	4.698 9E−03	1.783 5E+08	6.731 2E+03	4.374 8E−05	3.374 3E+00	1.106 9E+04
19 600	4.667 7E−03	1.790 1E+08	6.594 9E+03	4.353 4E−05	3.373 9E+00	1.113 4E+04
19 700	4.637 1E−03	1.796 6E+08	6.469 9E+03	4.334 6E−05	3.375 2E+00	1.119 8E+04
19 800	4.607 1E−03	1.803 0E+08	6.355 4E+03	4.318 3E−05	3.378 1E+00	1.126 3E+04
19 900	4.577 7E−03	1.809 2E+08	6.251 7E+03	4.304 2E−05	3.382 4E+00	1.132 7E+04
20 000	4.548 8E−03	1.815 4E+08	6.158 5E+03	4.292 2E−05	3.388 1E+00	1.139 1E+04
20 100	4.520 4E−03	1.821 4E+08	6.075 4E+03	4.282 3E−05	3.395 2E+00	1.145 5E+04
20 200	4.492 5E−03	1.827 4E+08	6.002 4E+03	4.274 2E−05	3.403 7E+00	1.151 8E+04
20 300	4.465 1E−03	1.833 4E+08	5.939 2E+03	4.267 8E−05	3.413 3E+00	1.158 1E+04
20 400	4.438 1E−03	1.839 3E+08	5.885 9E+03	4.263 0E−05	3.424 2E+00	1.164 4E+04
20 500	4.411 6E−03	1.845 1E+08	5.842 2E+03	4.259 7E−05	3.436 2E+00	1.170 7E+04
20 600	4.385 4E−03	1.850 9E+08	5.808 1E+03	4.257 7E−05	3.449 2E+00	1.176 9E+04
20 700	4.359 6E−03	1.856 7E+08	5.783 6E+03	4.257 0E−05	3.463 3E+00	1.183 0E+04
20 800	4.334 1E−03	1.862 5E+08	5.768 5E+03	4.257 4E−05	3.478 4E+00	1.189 2E+04
20 900	4.309 0E−03	1.868 2E+08	5.763 0E+03	4.258 8E−05	3.494 4E+00	1.195 2E+04
21 000	4.284 2E−03	1.874 0E+08	5.767 0E+03	4.261 1E−05	3.511 4E+00	1.201 3E+04
21 100	4.259 7E−03	1.879 8E+08	5.780 6E+03	4.264 2E−05	3.529 2E+00	1.207 3E+04
21 200	4.235 5E−03	1.885 6E+08	5.803 8E+03	4.267 9E−05	3.547 8E+00	1.213 2E+04
21 300	4.211 5E−03	1.891 4E+08	5.836 7E+03	4.272 3E−05	3.567 2E+00	1.219 1E+04
21 400	4.187 8E−03	1.897 3E+08	5.879 4E+03	4.277 1E−05	3.587 4E+00	1.224 9E+04
21 500	4.164 4E−03	1.903 2E+08	5.932 1E+03	4.282 2E−05	3.608 2E+00	1.230 6E+04
21 600	4.141 1E−03	1.909 2E+08	5.994 8E+03	4.287 6E−05	3.629 8E+00	1.236 3E+04
21 700	4.118 1E−03	1.915 3E+08	6.067 8E+03	4.293 2E−05	3.652 0E+00	1.241 9E+04
21 800	4.095 2E−03	1.921 5E+08	6.151 1E+03	4.298 9E−05	3.674 8E+00	1.247 4E+04

续表

T/K	密度/(kg/m^3)	焓/(J/kg)	比热/[J/(kg·K)]	粘度/[kg/(m·s)]	热导率/[W/(m·K)]	电导率/[A/(V·m)]
21 900	4.072 5E−03	1.927 7E+08	6.245 1E+03	4.304 5E−05	3.698 3E+00	1.252 8E+04
22 000	4.050 0E−03	1.934 0E+08	6.349 8E+03	4.309 9E−05	3.722 3E+00	1.258 2E+04
22 100	4.027 7E−03	1.940 5E+08	6.465 4E+03	4.315 1E−05	3.746 8E+00	1.263 4E+04
22 200	4.006 2E−03	1.947 0E+08	6.437 4E+03	4.335 0E−05	3.772 0E+00	1.268 6E+04
22 300	3.984 1E−03	1.953 7E+08	6.731 1E+03	4.339 3E−05	3.797 6E+00	1.273 6E+04
22 400	3.962 1E−03	1.960 6E+08	6.881 0E+03	4.343 1E−05	3.823 7E+00	1.278 6E+04
22 500	3.940 2E−03	1.967 6E+08	7.042 6E+03	4.346 2E−05	3.850 1E+00	1.283 4E+04
22 600	3.918 4E−03	1.974 8E+08	7.216 3E+03	4.348 5E−05	3.877 1E+00	1.288 1E+04
22 700	3.896 6E−03	1.982 2E+08	7.402 1E+03	4.350 1E−05	3.904 4E+00	1.292 7E+04
22 800	3.874 9E−03	1.989 8E+08	7.600 4E+03	4.350 7E−05	3.932 1E+00	1.297 2E+04
22 900	3.853 3E−03	1.997 6E+08	7.811 3E+03	4.350 3E−05	3.960 1E+00	1.301 5E+04
23 000	3.835 8E−03	2.004 8E+08	7.168 2E+03	4.388 1E−05	3.986 0E+00	1.304 8E+04
23 100	3.814 2E−03	2.013 1E+08	8.269 4E+03	4.385 0E−05	4.014 5E+00	1.308 8E+04
23 200	3.792 6E−03	2.021 6E+08	8.518 9E+03	4.380 7E−05	4.043 3E+00	1.312 7E+04
23 300	3.771 0E−03	2.030 4E+08	8.781 5E+03	4.375 0E−05	4.072 5E+00	1.316 4E+04
23 400	3.749 3E−03	2.039 4E+08	9.057 3E+03	4.367 9E−05	4.101 9E+00	1.320 0E+04
23 500	3.727 7E−03	2.048 8E+08	9.346 4E+03	4.359 3E−05	4.131 5E+00	1.323 4E+04
23 600	3.706 1E−03	2.058 4E+08	9.648 7E+03	4.349 1E−05	4.161 4E+00	1.326 6E+04
23 700	3.684 4E−03	2.068 4E+08	9.964 3E+03	4.337 4E−05	4.191 5E+00	1.329 7E+04
23 800	3.662 7E−03	2.078 7E+08	1.029 3E+04	4.324 0E−05	4.221 8E+00	1.332 6E+04
23 900	3.640 9E−03	2.089 3E+08	1.063 5E+04	4.308 9E−05	4.252 4E+00	1.335 3E+04
24 000	3.619 1E−03	2.100 3E+08	1.099 0E+04	4.292 1E−05	4.283 1E+00	1.337 9E+04

表 A.2　氩气/氢气混合气体密度（kg/m^3）

	氢气的摩尔分数								
T/K	0.1	0.2	0.3	0.4	0.5	0.6	0.7	0.8	0.9
500	8.810E−01	7.883E−01	6.956E−01	6.028E−01	5.101E−01	4.174E−01	3.248E−01	2.325E−01	1.404E−01
600	7.341E−01	6.569E−01	5.796E−01	5.023E−01	4.250E−01	3.477E−01	2.706E−01	1.937E−01	1.169E−01
700	6.292E−01	5.630E−01	4.968E−01	4.305E−01	3.642E−01	2.980E−01	2.319E−01	1.659E−01	1.002E−01
800	5.505E−01	4.926E−01	4.346E−01	3.766E−01	3.186E−01	2.607E−01	2.028E−01	1.451E−01	8.765E−02
900	4.894E−01	4.379E−01	3.863E−01	3.348E−01	2.832E−01	2.317E−01	1.803E−01	1.290E−01	7.789E−02
1 000	4.404E−01	3.941E−01	3.477E−01	3.013E−01	2.549E−01	2.085E−01	1.622E−01	1.161E−01	7.009E−02
1 100	4.004E−01	3.582E−01	3.161E−01	2.739E−01	2.317E−01	1.895E−01	1.474E−01	1.055E−01	6.370E−02
1 200	3.670E−01	3.284E−01	2.897E−01	2.510E−01	2.123E−01	1.737E−01	1.351E−01	9.672E−02	5.839E−02
1 300	3.388E−01	3.031E−01	2.674E−01	2.317E−01	1.960E−01	1.603E−01	1.247E−01	8.927E−02	5.389E−02
1 400	3.146E−01	2.815E−01	2.483E−01	2.152E−01	1.820E−01	1.489E−01	1.158E−01	8.289E−02	5.003E−02
1 500	2.936E−01	2.627E−01	2.318E−01	2.008E−01	1.699E−01	1.389E−01	1.081E−01	7.735E−02	4.669E−02
1 600	2.753E−01	2.463E−01	2.173E−01	1.882E−01	1.592E−01	1.302E−01	1.013E−01	7.251E−02	4.377E−02
1 700	2.591E−01	2.318E−01	2.045E−01	1.772E−01	1.498E−01	1.226E−01	9.539E−02	6.824E−02	4.119E−02
1 800	2.447E−01	2.189E−01	1.931E−01	1.673E−01	1.415E−01	1.157E−01	9.008E−02	6.444E−02	3.889E−02
1 900	2.318E−01	2.074E−01	1.829E−01	1.585E−01	1.340E−01	1.096E−01	8.532E−02	6.103E−02	3.684E−02
2 000	2.201E−01	1.969E−01	1.737E−01	1.505E−01	1.273E−01	1.041E−01	8.102E−02	5.796E−02	3.498E−02
2 100	2.096E−01	1.875E−01	1.654E−01	1.433E−01	1.212E−01	9.914E−02	7.711E−02	5.516E−02	3.329E−02
2 200	2.000E−01	1.789E−01	1.578E−01	1.366E−01	1.156E−01	9.454E−02	7.353E−02	5.259E−02	3.174E−02
2 300	1.912E−01	1.710E−01	1.507E−01	1.305E−01	1.104E−01	9.029E−02	7.022E−02	5.022E−02	3.030E−02
2 400	1.830E−01	1.636E−01	1.442E−01	1.249E−01	1.055E−01	8.633E−02	6.713E−02	4.800E−02	2.896E−02
2 500	1.755E−01	1.567E−01	1.381E−01	1.195E−01	1.010E−01	8.259E−02	6.420E−02	4.590E−02	2.769E−02
2 600	1.684E−01	1.503E−01	1.323E−01	1.145E−01	9.673E−02	7.903E−02	6.141E−02	4.389E−02	2.646E−02
2 700	1.617E−01	1.442E−01	1.268E−01	1.096E−01	9.257E−02	7.559E−02	5.871E−02	4.194E−02	2.528E−02
2 800	1.554E−01	1.383E−01	1.215E−01	1.049E−01	8.854E−02	7.224E−02	5.607E−02	4.003E−02	2.411E−02
2 900	1.494E−01	1.327E−01	1.164E−01	1.004E−01	8.458E−02	6.894E−02	5.346E−02	3.813E−02	2.295E−02
3 000	1.436E−01	1.272E−01	1.114E−01	9.590E−02	8.067E−02	6.566E−02	5.086E−02	3.624E−02	2.179E−02
3 100	1.381E−01	1.219E−01	1.064E−01	9.146E−02	7.679E−02	6.240E−02	4.826E−02	3.433E−02	2.062E−02
3 200	1.328E−01	1.168E−01	1.016E−01	8.708E−02	7.294E−02	5.915E−02	4.565E−02	3.243E−02	1.944E−02
3 300	1.278E−01	1.118E−01	9.695E−02	8.278E−02	6.914E−02	5.592E−02	4.306E−02	3.052E−02	1.826E−02
3 400	1.231E−01	1.070E−01	9.241E−02	7.859E−02	6.542E−02	5.274E−02	4.050E−02	2.863E−02	1.709E−02
3 500	1.187E−01	1.025E−01	8.805E−02	7.456E−02	6.181E−02	4.966E−02	3.801E−02	2.679E−02	1.595E−02
3 600	1.146E−01	9.835E−02	8.395E−02	7.073E−02	5.838E−02	4.671E−02	3.562E−02	2.502E−02	1.485E−02
3 700	1.108E−01	9.444E−02	8.014E−02	6.716E−02	5.517E−02	4.395E−02	3.338E−02	2.336E−02	1.381E−02
3 800	1.073E−01	9.088E−02	7.665E−02	6.389E−02	5.222E−02	4.142E−02	3.132E−02	2.183E−02	1.286E−02

续表

T/K	氢气的摩尔分数								
	0.1	0.2	0.3	0.4	0.5	0.6	0.7	0.8	0.9
3 900	1.041E−01	8.764E−02	7.350E−02	6.094E−02	4.957E−02	3.913E−02	2.947E−02	2.046E−02	1.201E−02
4 000	1.011E−01	8.472E−02	7.068E−02	5.831E−02	4.721E−02	3.711E−02	2.783E−02	1.924E−02	1.125E−02
4 100	9.846E−02	8.209E−02	6.817E−02	5.599E−02	4.514E−02	3.534E−02	2.640E−02	1.819E−02	1.060E−02
4 200	9.593E−02	7.970E−02	6.593E−02	5.394E−02	4.333E−02	3.380E−02	2.517E−02	1.729E−02	1.004E−02
4 300	9.356E−02	7.752E−02	6.392E−02	5.213E−02	4.174E−02	3.246E−02	2.410E−02	1.651E−02	9.571E−03
4 400	9.134E−02	7.551E−02	6.211E−02	5.052E−02	4.035E−02	3.130E−02	2.318E−02	1.584E−02	9.165E−03
4 500	8.924E−02	7.365E−02	6.046E−02	4.908E−02	3.911E−02	3.028E−02	2.238E−02	1.527E−02	8.816E−03
4 600	8.725E−02	7.191E−02	5.894E−02	4.777E−02	3.800E−02	2.937E−02	2.168E−02	1.476E−02	8.513E−03
4 700	8.535E−02	7.028E−02	5.754E−02	4.657E−02	3.700E−02	2.856E−02	2.105E−02	1.432E−02	8.248E−03
4 800	8.354E−02	6.874E−02	5.622E−02	4.546E−02	3.608E−02	2.782E−02	2.049E−02	1.392E−02	8.012E−03
4 900	8.182E−02	6.728E−02	5.499E−02	4.442E−02	3.523E−02	2.715E−02	1.997E−02	1.356E−02	7.799E−03
5 000	8.017E−02	6.590E−02	5.382E−02	4.346E−02	3.444E−02	2.652E−02	1.950E−02	1.324E−02	7.606E−03
5 100	7.858E−02	6.457E−02	5.272E−02	4.254E−02	3.370E−02	2.594E−02	1.906E−02	1.293E−02	7.428E−03
5 200	7.706E−02	6.330E−02	5.167E−02	4.168E−02	3.300E−02	2.539E−02	1.865E−02	1.265E−02	7.263E−03
5 300	7.560E−02	6.209E−02	5.066E−02	4.085E−02	3.234E−02	2.487E−02	1.827E−02	1.238E−02	7.109E−03
5 400	7.419E−02	6.093E−02	4.970E−02	4.007E−02	3.171E−02	2.438E−02	1.790E−02	1.213E−02	6.963E−03
5 500	7.284E−02	5.981E−02	4.878E−02	3.932E−02	3.111E−02	2.391E−02	1.756E−02	1.190E−02	6.826E−03
5 600	7.154E−02	5.873E−02	4.789E−02	3.860E−02	3.053E−02	2.347E−02	1.723E−02	1.167E−02	6.696E−03
5 700	7.028E−02	5.769E−02	4.704E−02	3.790E−02	2.998E−02	2.304E−02	1.691E−02	1.146E−02	6.572E−03
5 800	6.906E−02	5.669E−02	4.622E−02	3.724E−02	2.945E−02	2.263E−02	1.661E−02	1.125E−02	6.453E−03
5 900	6.789E−02	5.572E−02	4.543E−02	3.660E−02	2.894E−02	2.224E−02	1.632E−02	1.105E−02	6.339E−03
6 000	6.676E−02	5.479E−02	4.466E−02	3.598E−02	2.845E−02	2.186E−02	1.604E−02	1.086E−02	6.230E−03
6 100	6.566E−02	5.389E−02	4.393E−02	3.538E−02	2.798E−02	2.149E−02	1.577E−02	1.068E−02	6.125E−03
6 200	6.460E−02	5.302E−02	4.321E−02	3.481E−02	2.752E−02	2.114E−02	1.551E−02	1.050E−02	6.023E−03
6 300	6.357E−02	5.217E−02	4.252E−02	3.425E−02	2.708E−02	2.080E−02	1.526E−02	1.033E−02	5.926E−03
6 400	6.258E−02	5.135E−02	4.185E−02	3.371E−02	2.665E−02	2.047E−02	1.502E−02	1.017E−02	5.831E−03
6 500	6.161E−02	5.056E−02	4.121E−02	3.319E−02	2.624E−02	2.015E−02	1.478E−02	1.001E−02	5.740E−03
6 600	6.068E−02	4.979E−02	4.058E−02	3.268E−02	2.584E−02	1.985E−02	1.456E−02	9.860E−03	5.652E−03
6 700	5.977E−02	4.905E−02	3.997E−02	3.219E−02	2.545E−02	1.955E−02	1.434E−02	9.711E−03	5.566E−03
6 800	5.889E−02	4.832E−02	3.938E−02	3.171E−02	2.507E−02	1.926E−02	1.412E−02	9.566E−03	5.483E−03
6 900	5.803E−02	4.762E−02	3.881E−02	3.125E−02	2.470E−02	1.897E−02	1.392E−02	9.426E−03	5.403E−03
7 000	5.720E−02	4.693E−02	3.825E−02	3.080E−02	2.435E−02	1.870E−02	1.372E−02	9.290E−03	5.325E−03
7 100	5.639E−02	4.627E−02	3.771E−02	3.036E−02	2.400E−02	1.843E−02	1.352E−02	9.157E−03	5.249E−03
7 200	5.560E−02	4.562E−02	3.718E−02	2.994E−02	2.367E−02	1.818E−02	1.333E−02	9.029E−03	5.175E−03

续表

T/K	氢气的摩尔分数								
	0.1	0.2	0.3	0.4	0.5	0.6	0.7	0.8	0.9
7 300	5.484E−02	4.499E−02	3.666E−02	2.953E−02	2.334E−02	1.792E−02	1.315E−02	8.903E−03	5.103E−03
7 400	5.409E−02	4.438E−02	3.616E−02	2.912E−02	2.302E−02	1.768E−02	1.297E−02	8.781E−03	5.033E−03
7 500	5.336E−02	4.378E−02	3.568E−02	2.873E−02	2.271E−02	1.744E−02	1.279E−02	8.663E−03	4.965E−03
7 600	5.265E−02	4.320E−02	3.520E−02	2.835E−02	2.240E−02	1.721E−02	1.262E−02	8.547E−03	4.898E−03
7 700	5.196E−02	4.263E−02	3.474E−02	2.797E−02	2.211E−02	1.698E−02	1.245E−02	8.434E−03	4.834E−03
7 800	5.128E−02	4.207E−02	3.428E−02	2.761E−02	2.182E−02	1.676E−02	1.229E−02	8.323E−03	4.770E−03
7 900	5.062E−02	4.153E−02	3.384E−02	2.725E−02	2.154E−02	1.654E−02	1.213E−02	8.216E−03	4.708E−03
8 000	4.998E−02	4.100E−02	3.341E−02	2.690E−02	2.126E−02	1.633E−02	1.198E−02	8.110E−03	4.648E−03
8 100	4.935E−02	4.048E−02	3.299E−02	2.656E−02	2.099E−02	1.612E−02	1.182E−02	8.007E−03	4.589E−03
8 200	4.873E−02	3.998E−02	3.257E−02	2.623E−02	2.073E−02	1.592E−02	1.168E−02	7.907E−03	4.531E−03
8 300	4.813E−02	3.948E−02	3.217E−02	2.590E−02	2.047E−02	1.572E−02	1.153E−02	7.808E−03	4.475E−03
8 400	4.753E−02	3.899E−02	3.177E−02	2.558E−02	2.022E−02	1.553E−02	1.139E−02	7.711E−03	4.419E−03
8 500	4.695E−02	3.852E−02	3.138E−02	2.527E−02	1.997E−02	1.534E−02	1.125E−02	7.617E−03	4.365E−03
8 600	4.638E−02	3.805E−02	3.100E−02	2.496E−02	1.973E−02	1.515E−02	1.111E−02	7.524E−03	4.312E−03
8 700	4.582E−02	3.759E−02	3.063E−02	2.466E−02	1.949E−02	1.497E−02	1.098E−02	7.433E−03	4.260E−03
8 800	4.527E−02	3.714E−02	3.026E−02	2.436E−02	1.925E−02	1.479E−02	1.084E−02	7.343E−03	4.208E−03
8 900	4.473E−02	3.670E−02	2.990E−02	2.407E−02	1.902E−02	1.461E−02	1.071E−02	7.255E−03	4.158E−03
9 000	4.420E−02	3.626E−02	2.954E−02	2.378E−02	1.880E−02	1.443E−02	1.059E−02	7.168E−03	4.108E−03
9 100	4.368E−02	3.583E−02	2.919E−02	2.350E−02	1.857E−02	1.426E−02	1.046E−02	7.083E−03	4.059E−03
9 200	4.316E−02	3.540E−02	2.884E−02	2.322E−02	1.835E−02	1.409E−02	1.034E−02	6.999E−03	4.011E−03
9 300	4.265E−02	3.499E−02	2.850E−02	2.295E−02	1.814E−02	1.393E−02	1.021E−02	6.916E−03	3.964E−03
9 400	4.215E−02	3.457E−02	2.817E−02	2.268E−02	1.792E−02	1.376E−02	1.009E−02	6.835E−03	3.917E−03
9 500	4.165E−02	3.416E−02	2.783E−02	2.241E−02	1.771E−02	1.360E−02	9.977E−03	6.754E−03	3.871E−03
9 600	4.116E−02	3.376E−02	2.751E−02	2.215E−02	1.750E−02	1.344E−02	9.860E−03	6.674E−03	3.825E−03
9 700	4.067E−02	3.336E−02	2.718E−02	2.188E−02	1.730E−02	1.328E−02	9.743E−03	6.596E−03	3.780E−03
9 800	4.019E−02	3.297E−02	2.686E−02	2.163E−02	1.709E−02	1.312E−02	9.628E−03	6.518E−03	3.735E−03
9 900	3.971E−02	3.257E−02	2.654E−02	2.137E−02	1.689E−02	1.297E−02	9.514E−03	6.441E−03	3.691E−03
10 000	3.923E−02	3.218E−02	2.622E−02	2.111E−02	1.669E−02	1.281E−02	9.401E−03	6.364E−03	3.647E−03
10 100	3.876E−02	3.180E−02	2.591E−02	2.086E−02	1.649E−02	1.266E−02	9.289E−03	6.288E−03	3.604E−03
10 200	3.829E−02	3.141E−02	2.560E−02	2.061E−02	1.629E−02	1.251E−02	9.178E−03	6.213E−03	3.561E−03
10 300	3.782E−02	3.103E−02	2.529E−02	2.036E−02	1.609E−02	1.236E−02	9.067E−03	6.138E−03	3.518E−03
10 400	3.736E−02	3.065E−02	2.498E−02	2.011E−02	1.590E−02	1.221E−02	8.957E−03	6.064E−03	3.475E−03
10 500	3.689E−02	3.027E−02	2.467E−02	1.986E−02	1.570E−02	1.206E−02	8.848E−03	5.990E−03	3.433E−03
10 600	3.643E−02	2.989E−02	2.436E−02	1.962E−02	1.551E−02	1.191E−02	8.739E−03	5.917E−03	3.391E−03

续表

	氢气的摩尔分数								
T/K	0.1	0.2	0.3	0.4	0.5	0.6	0.7	0.8	0.9
10 700	3.596E−02	2.951E−02	2.405E−02	1.937E−02	1.531E−02	1.176E−02	8.631E−03	5.844E−03	3.349E−03
10 800	3.550E−02	2.914E−02	2.375E−02	1.913E−02	1.512E−02	1.161E−02	8.524E−03	5.771E−03	3.308E−03
10 900	3.504E−02	2.876E−02	2.344E−02	1.888E−02	1.493E−02	1.147E−02	8.416E−03	5.699E−03	3.266E−03
11 000	3.458E−02	2.838E−02	2.314E−02	1.864E−02	1.474E−02	1.132E−02	8.309E−03	5.626E−03	3.225E−03
11 100	3.411E−02	2.801E−02	2.283E−02	1.840E−02	1.455E−02	1.117E−02	8.202E−03	5.554E−03	3.184E−03
11 200	3.365E−02	2.763E−02	2.253E−02	1.815E−02	1.435E−02	1.103E−02	8.095E−03	5.482E−03	3.143E−03
11 300	3.318E−02	2.725E−02	2.222E−02	1.791E−02	1.416E−02	1.088E−02	7.989E−03	5.411E−03	3.102E−03
11 400	3.272E−02	2.687E−02	2.192E−02	1.767E−02	1.397E−02	1.074E−02	7.883E−03	5.339E−03	3.061E−03
11 500	3.225E−02	2.650E−02	2.161E−02	1.742E−02	1.378E−02	1.059E−02	7.776E−03	5.268E−03	3.020E−03
11 600	3.178E−02	2.612E−02	2.131E−02	1.718E−02	1.359E−02	1.045E−02	7.670E−03	5.196E−03	2.980E−03
11 700	3.132E−02	2.574E−02	2.100E−02	1.693E−02	1.340E−02	1.030E−02	7.564E−03	5.125E−03	2.939E−03
11 800	3.085E−02	2.536E−02	2.070E−02	1.669E−02	1.321E−02	1.015E−02	7.458E−03	5.053E−03	2.898E−03
11 900	3.037E−02	2.498E−02	2.039E−02	1.645E−02	1.302E−02	1.001E−02	7.352E−03	4.982E−03	2.858E−03
12 000	2.990E−02	2.459E−02	2.008E−02	1.620E−02	1.283E−02	9.867E−03	7.246E−03	4.911E−03	2.817E−03
12 100	2.943E−02	2.421E−02	1.978E−02	1.596E−02	1.263E−02	9.722E−03	7.141E−03	4.840E−03	2.777E−03
12 200	2.895E−02	2.383E−02	1.947E−02	1.571E−02	1.244E−02	9.576E−03	7.035E−03	4.769E−03	2.737E−03
12 300	2.848E−02	2.345E−02	1.916E−02	1.547E−02	1.225E−02	9.431E−03	6.929E−03	4.698E−03	2.696E−03
12 400	2.801E−02	2.306E−02	1.885E−02	1.522E−02	1.206E−02	9.286E−03	6.824E−03	4.628E−03	2.656E−03
12 500	2.753E−02	2.268E−02	1.855E−02	1.498E−02	1.187E−02	9.141E−03	6.719E−03	4.557E−03	2.616E−03
12 600	2.706E−02	2.230E−02	1.824E−02	1.474E−02	1.168E−02	8.997E−03	6.614E−03	4.487E−03	2.576E−03
12 700	2.659E−02	2.192E−02	1.793E−02	1.449E−02	1.149E−02	8.853E−03	6.510E−03	4.417E−03	2.536E−03
12 800	2.611E−02	2.154E−02	1.763E−02	1.425E−02	1.130E−02	8.710E−03	6.406E−03	4.347E−03	2.497E−03
12 900	2.564E−02	2.116E−02	1.732E−02	1.401E−02	1.111E−02	8.567E−03	6.302E−03	4.277E−03	2.457E−03
13 000	2.518E−02	2.078E−02	1.702E−02	1.377E−02	1.093E−02	8.425E−03	6.199E−03	4.208E−03	2.418E−03
13 100	2.471E−02	2.041E−02	1.672E−02	1.353E−02	1.074E−02	8.283E−03	6.096E−03	4.139E−03	2.379E−03
13 200	2.425E−02	2.004E−02	1.642E−02	1.329E−02	1.056E−02	8.143E−03	5.994E−03	4.071E−03	2.340E−03
13 300	2.379E−02	1.967E−02	1.613E−02	1.306E−02	1.037E−02	8.003E−03	5.893E−03	4.003E−03	2.301E−03
13 400	2.334E−02	1.930E−02	1.584E−02	1.283E−02	1.019E−02	7.865E−03	5.792E−03	3.935E−03	2.263E−03
13 500	2.289E−02	1.894E−02	1.555E−02	1.260E−02	1.001E−02	7.728E−03	5.693E−03	3.869E−03	2.225E−03
13 600	2.245E−02	1.859E−02	1.526E−02	1.237E−02	9.837E−03	7.593E−03	5.594E−03	3.803E−03	2.187E−03
13 700	2.202E−02	1.823E−02	1.498E−02	1.214E−02	9.661E−03	7.459E−03	5.497E−03	3.737E−03	2.150E−03
13 800	2.159E−02	1.789E−02	1.470E−02	1.192E−02	9.487E−03	7.327E−03	5.401E−03	3.673E−03	2.113E−03
13 900	2.116E−02	1.755E−02	1.443E−02	1.170E−02	9.316E−03	7.197E−03	5.306E−03	3.609E−03	2.077E−03
14 000	2.075E−02	1.721E−02	1.416E−02	1.149E−02	9.148E−03	7.069E−03	5.213E−03	3.546E−03	2.041E−03

续表

T/K	氢气的摩尔分数								
	0.1	0.2	0.3	0.4	0.5	0.6	0.7	0.8	0.9
14 100	2.035E−02	1.688E−02	1.389E−02	1.128E−02	8.983E−03	6.943E−03	5.121E−03	3.484E−03	2.006E−03
14 200	1.995E−02	1.656E−02	1.363E−02	1.107E−02	8.820E−03	6.819E−03	5.030E−03	3.423E−03	1.971E−03
14 300	1.957E−02	1.625E−02	1.338E−02	1.087E−02	8.660E−03	6.697E−03	4.941E−03	3.363E−03	1.936E−03
14 400	1.919E−02	1.594E−02	1.313E−02	1.067E−02	8.504E−03	6.577E−03	4.854E−03	3.304E−03	1.903E−03
14 500	1.882E−02	1.564E−02	1.289E−02	1.047E−02	8.349E−03	6.460E−03	4.768E−03	3.246E−03	1.870E−03
14 600	1.847E−02	1.535E−02	1.265E−02	1.028E−02	8.200E−03	6.344E−03	4.684E−03	3.190E−03	1.837E−03
14 700	1.812E−02	1.507E−02	1.242E−02	1.010E−02	8.054E−03	6.232E−03	4.601E−03	3.134E−03	1.805E−03
14 800	1.779E−02	1.480E−02	1.220E−02	9.924E−03	7.912E−03	6.123E−03	4.521E−03	3.079E−03	1.774E−03
14 900	1.747E−02	1.453E−02	1.198E−02	9.750E−03	7.774E−03	6.016E−03	4.443E−03	3.026E−03	1.743E−03
15 000	1.716E−02	1.428E−02	1.177E−02	9.580E−03	7.640E−03	5.913E−03	4.366E−03	2.974E−03	1.713E−03
15 100	1.686E−02	1.403E−02	1.157E−02	9.416E−03	7.509E−03	5.812E−03	4.292E−03	2.923E−03	1.685E−03
15 200	1.657E−02	1.379E−02	1.137E−02	9.256E−03	7.382E−03	5.714E−03	4.220E−03	2.874E−03	1.656E−03
15 300	1.629E−02	1.356E−02	1.118E−02	9.102E−03	7.259E−03	5.619E−03	4.150E−03	2.827E−03	1.629E−03
15 400	1.602E−02	1.333E−02	1.100E−02	8.952E−03	7.140E−03	5.527E−03	4.082E−03	2.780E−03	1.602E−03
15 500	1.576E−02	1.312E−02	1.082E−02	8.807E−03	7.024E−03	5.437E−03	4.016E−03	2.735E−03	1.576E−03
15 600	1.551E−02	1.291E−02	1.065E−02	8.668E−03	6.913E−03	5.351E−03	3.951E−03	2.691E−03	1.551E−03
15 700	1.527E−02	1.271E−02	1.048E−02	8.533E−03	6.805E−03	5.267E−03	3.889E−03	2.649E−03	1.526E−03
15 800	1.505E−02	1.252E−02	1.032E−02	8.403E−03	6.701E−03	5.186E−03	3.829E−03	2.608E−03	1.502E−03
15 900	1.483E−02	1.234E−02	1.017E−02	8.277E−03	6.600E−03	5.107E−03	3.771E−03	2.568E−03	1.479E−03
16 000	1.462E−02	1.216E−02	1.002E−02	8.156E−03	6.503E−03	5.032E−03	3.715E−03	2.529E−03	1.457E−03
16 100	1.442E−02	1.199E−02	9.887E−03	8.040E−03	6.409E−03	4.958E−03	3.660E−03	2.492E−03	1.436E−03
16 200	1.422E−02	1.183E−02	9.750E−03	7.928E−03	6.318E−03	4.888E−03	3.608E−03	2.456E−03	1.415E−03
16 300	1.404E−02	1.167E−02	9.619E−03	7.819E−03	6.231E−03	4.820E−03	3.557E−03	2.421E−03	1.394E−03
16 400	1.386E−02	1.152E−02	9.492E−03	7.715E−03	6.147E−03	4.754E−03	3.508E−03	2.388E−03	1.375E−03
16 500	1.369E−02	1.137E−02	9.371E−03	7.615E−03	6.066E−03	4.691E−03	3.461E−03	2.355E−03	1.356E−03
16 600	1.353E−02	1.123E−02	9.254E−03	7.518E−03	5.988E−03	4.629E−03	3.415E−03	2.324E−03	1.338E−03
16 700	1.337E−02	1.110E−02	9.141E−03	7.425E−03	5.913E−03	4.570E−03	3.371E−03	2.294E−03	1.320E−03
16 800	1.322E−02	1.097E−02	9.033E−03	7.335E−03	5.840E−03	4.514E−03	3.329E−03	2.265E−03	1.303E−03
16 900	1.307E−02	1.085E−02	8.928E−03	7.249E−03	5.770E−03	4.459E−03	3.288E−03	2.236E−03	1.287E−03
17 000	1.293E−02	1.073E−02	8.828E−03	7.165E−03	5.703E−03	4.406E−03	3.248E−03	2.209E−03	1.271E−03
17 100	1.280E−02	1.061E−02	8.731E−03	7.085E−03	5.638E−03	4.355E−03	3.210E−03	2.183E−03	1.256E−03
17 200	1.267E−02	1.050E−02	8.637E−03	7.008E−03	5.575E−03	4.305E−03	3.173E−03	2.158E−03	1.241E−03
17 300	1.254E−02	1.040E−02	8.547E−03	6.933E−03	5.514E−03	4.258E−03	3.138E−03	2.133E−03	1.227E−03
17 400	1.242E−02	1.029E−02	8.460E−03	6.861E−03	5.456E−03	4.212E−03	3.104E−03	2.110E−03	1.213E−03

续表

T/K	氢气的摩尔分数								
	0.1	0.2	0.3	0.4	0.5	0.6	0.7	0.8	0.9
17 500	1.231E−02	1.019E−02	8.376E−03	6.791E−03	5.399E−03	4.168E−03	3.071E−03	2.087E−03	1.200E−03
17 600	1.220E−02	1.010E−02	8.295E−03	6.724E−03	5.345E−03	4.125E−03	3.039E−03	2.065E−03	1.187E−03
17 700	1.209E−02	1.000E−02	8.216E−03	6.658E−03	5.292E−03	4.084E−03	3.008E−03	2.044E−03	1.175E−03
17 800	1.198E−02	9.918E−03	8.140E−03	6.595E−03	5.241E−03	4.044E−03	2.978E−03	2.014E−03	1.163E−03
17 900	1.188E−02	9.831E−03	8.067E−03	6.534E−03	5.191E−03	4.005E−03	2.949E−03	2.003E−03	1.152E−03
18 000	1.178E−02	9.746E−03	7.995E−03	6.475E−03	5.144E−03	3.967E−03	2.921E−03	1.984E−03	1.140E−03
18 100	1.168E−02	9.664E−03	7.926E−03	6.418E−03	5.097E−03	3.931E−03	2.894E−03	1.965E−03	1.130E−03
18 200	1.159E−02	9.585E−03	7.859E−03	6.363E−03	5.052E−03	3.896E−03	2.868E−03	1.947E−03	1.119E−03
18 300	1.150E−02	9.507E−03	7.794E−03	6.309E−03	5.009E−03	3.862E−03	2.842E−03	1.933E−03	1.109E−03
18 400	1.141E−02	9.432E−03	7.731E−03	6.256E−03	4.966E−03	3.833E−03	2.821E−03	1.909E−03	1.101E−03
18 500	1.133E−02	9.358E−03	7.669E−03	6.211E−03	4.931E−03	3.801E−03	2.797E−03	1.899E−03	1.091E−03
18 600	1.124E−02	9.287E−03	7.614E−03	6.161E−03	4.891E−03	3.771E−03	2.774E−03	1.883E−03	1.082E−03
18 700	1.116E−02	9.222E−03	7.556E−03	6.117E−03	4.854E−03	3.740E−03	2.752E−03	1.868E−03	1.073E−03
18 800	1.108E−02	9.153E−03	7.504E−03	6.069E−03	4.816E−03	3.711E−03	2.730E−03	1.853E−03	1.064E−03
18 900	1.100E−02	9.095E−03	7.448E−03	6.024E−03	4.779E−03	3.682E−03	2.708E−03	1.838E−03	1.056E−03
19 000	1.094E−02	9.029E−03	7.394E−03	5.979E−03	4.743E−03	3.654E−03	2.687E−03	1.824E−03	1.047E−03
19 100	1.086E−02	8.965E−03	7.340E−03	5.935E−03	4.708E−03	3.626E−03	2.667E−03	1.810E−03	1.039E−03
19 200	1.079E−02	8.903E−03	7.288E−03	5.892E−03	4.673E−03	3.600E−03	2.647E−03	1.796E−03	1.032E−03
19 300	1.071E−02	8.841E−03	7.237E−03	5.850E−03	4.640E−03	3.574E−03	2.628E−03	1.783E−03	1.024E−03
19 400	1.064E−02	8.781E−03	7.187E−03	5.809E−03	4.607E−03	3.548E−03	2.609E−03	1.770E−03	1.016E−03
19 500	1.057E−02	8.721E−03	7.138E−03	5.769E−03	4.575E−03	3.523E−03	2.590E−03	1.757E−03	1.009E−03
19 600	1.050E−02	8.663E−03	7.089E−03	5.730E−03	4.543E−03	3.499E−03	2.572E−03	1.745E−03	1.002E−03
19 700	1.043E−02	8.605E−03	7.042E−03	5.691E−03	4.512E−03	3.475E−03	2.555E−03	1.733E−03	9.955E−04
19 800	1.036E−02	8.549E−03	6.995E−03	5.653E−03	4.482E−03	3.451E−03	2.537E−03	1.721E−03	9.887E−04
19 900	1.030E−02	8.493E−03	6.949E−03	5.615E−03	4.452E−03	3.428E−03	2.520E−03	1.710E−03	9.820E−04
20 000	1.023E−02	8.438E−03	6.904E−03	5.579E−03	4.423E−03	3.406E−03	2.504E−03	1.698E−03	9.755E−04
20 100	1.016E−02	8.383E−03	6.859E−03	5.543E−03	4.394E−03	3.384E−03	2.487E−03	1.687E−03	9.692E−04
20 200	1.010E−02	8.329E−03	6.815E−03	5.507E−03	4.366E−03	3.362E−03	2.471E−03	1.677E−03	9.629E−04
20 300	1.003E−02	8.276E−03	6.771E−03	5.472E−03	4.338E−03	3.340E−03	2.456E−03	1.666E−03	9.568E−04
20 400	9.975E−03	8.223E−03	6.728E−03	5.437E−03	4.311E−03	3.319E−03	2.440E−03	1.655E−03	9.508E−04
20 500	9.911E−03	8.171E−03	6.686E−03	5.403E−03	4.284E−03	3.299E−03	2.425E−03	1.645E−03	9.450E−04
20 600	9.847E−03	8.119E−03	6.644E−03	5.369E−03	4.257E−03	3.278E−03	2.410E−03	1.635E−03	9.392E−04
20 700	9.784E−03	8.068E−03	6.602E−03	5.335E−03	4.231E−03	3.258E−03	2.395E−03	1.625E−03	9.335E−04
20 800	9.721E−03	8.016E−03	6.560E−03	5.302E−03	4.205E−03	3.238E−03	2.381E−03	1.615E−03	9.280E−04

续表

T/K	氢气的摩尔分数								
	0.1	0.2	0.3	0.4	0.5	0.6	0.7	0.8	0.9
20 900	9.658E−03	7.965E−03	6.519E−03	5.270E−03	4.179E−03	3.219E−03	2.367E−03	1.604E−03	9.225E−04
21 000	9.596E−03	7.915E−03	6.478E−03	5.237E−03	4.153E−03	3.199E−03	2.353E−03	1.596E−03	9.171E−04
21 100	9.533E−03	7.864E−03	6.438E−03	5.205E−03	4.128E−03	3.180E−03	2.339E−03	1.587E−03	9.118E−04
21 200	9.471E−03	7.814E−03	6.397E−03	5.173E−03	4.103E−03	3.161E−03	2.325E−03	1.578E−03	9.066E−04
21 300	9.408E−03	7.764E−03	6.357E−03	5.141E−03	4.079E−03	3.142E−03	2.311E−03	1.569E−03	9.014E−04
21 400	9.345E−03	7.713E−03	6.317E−03	5.109E−03	4.054E−03	3.124E−03	2.298E−03	1.560E−03	8.964E−04
21 500	9.283E−03	7.663E−03	6.277E−03	5.078E−03	4.030E−03	3.106E−03	2.285E−03	1.551E−03	8.914E−04
21 600	9.220E−03	7.613E−03	6.238E−03	5.047E−03	4.005E−03	3.087E−03	2.272E−03	1.542E−03	8.865E−04
21 700	9.157E−03	7.563E−03	6.198E−03	5.016E−03	3.981E−03	3.069E−03	2.259E−03	1.534E−03	8.816E−04
21 800	9.094E−03	7.513E−03	6.158E−03	4.985E−03	3.958E−03	3.051E−03	2.246E−03	1.525E−03	8.769E−04
21 900	9.030E−03	7.463E−03	6.119E−03	4.954E−03	3.934E−03	3.034E−03	2.233E−03	1.517E−03	8.721E−04
22 000	8.967E−03	7.413E−03	6.079E−03	4.923E−03	3.910E−03	3.016E−03	2.221E−03	1.508E−03	8.675E−04
22 100	8.903E−03	7.362E−03	6.040E−03	4.892E−03	3.887E−03	2.998E−03	2.208E−03	1.500E−03	8.629E−04
22 200	8.839E−03	7.312E−03	6.000E−03	4.862E−03	3.863E−03	2.981E−03	2.196E−03	1.494E−03	8.596E−04
22 300	8.774E−03	7.261E−03	5.961E−03	4.831E−03	3.840E−03	2.967E−03	2.186E−03	1.486E−03	8.551E−04
22 400	8.710E−03	7.211E−03	5.921E−03	4.800E−03	3.821E−03	2.950E−03	2.174E−03	1.478E−03	8.507E−04
22 500	8.645E−03	7.160E−03	5.882E−03	4.774E−03	3.799E−03	2.934E−03	2.162E−03	1.470E−03	8.463E−04
22 600	8.580E−03	7.109E−03	5.846E−03	4.745E−03	3.776E−03	2.916E−03	2.150E−03	1.462E−03	8.419E−04
22 700	8.514E−03	7.061E−03	5.810E−03	4.715E−03	3.752E−03	2.899E−03	2.138E−03	1.455E−03	8.376E−04
22 800	8.450E−03	7.010E−03	5.770E−03	4.684E−03	3.729E−03	2.882E−03	2.126E−03	1.447E−03	8.333E−04
22 900	8.384E−03	6.963E−03	5.730E−03	4.654E−03	3.706E−03	2.866E−03	2.114E−03	1.439E−03	8.291E−04
23 000	8.318E−03	6.912E−03	5.690E−03	4.623E−03	3.683E−03	2.849E−03	2.103E−03	1.431E−03	8.249E−04
23 100	8.258E−03	6.860E−03	5.650E−03	4.593E−03	3.660E−03	2.832E−03	2.091E−03	1.424E−03	8.208E−04
23 200	8.191E−03	6.808E−03	5.610E−03	4.562E−03	3.638E−03	2.815E−03	2.079E−03	1.416E−03	8.167E−04
23 300	8.124E−03	6.756E−03	5.570E−03	4.532E−03	3.615E−03	2.799E−03	2.068E−03	1.409E−03	8.126E−04
23 400	8.057E−03	6.704E−03	5.530E−03	4.501E−03	3.592E−03	2.782E−03	2.056E−03	1.402E−03	8.086E−04
23 500	7.989E−03	6.652E−03	5.490E−03	4.471E−03	3.569E−03	2.766E−03	2.045E−03	1.394E−03	8.046E−04
23 600	7.922E−03	6.600E−03	5.450E−03	4.441E−03	3.547E−03	2.749E−03	2.033E−03	1.387E−03	8.006E−04
23 700	7.854E−03	6.548E−03	5.410E−03	4.410E−03	3.524E−03	2.733E−03	2.022E−03	1.380E−03	7.967E−04
23 800	7.787E−03	6.496E−03	5.371E−03	4.380E−03	3.502E−03	2.717E−03	2.011E−03	1.373E−03	7.929E−04
23 900	7.720E−03	6.444E−03	5.331E−03	4.350E−03	3.479E−03	2.700E−03	2.000E−03	1.365E−03	7.890E−04
24 000	7.652E−03	6.392E−03	5.291E−03	4.320E−03	3.457E−03	2.684E−03	1.989E−03	1.358E−03	7.852E−04

表 A.3　氩气/氢气混合气体的焓（J/kg）

	氢气的摩尔分数								
T/K	0.1	0.2	0.3	0.4	0.5	0.6	0.7	0.8	0.9
500	1.206E+05	1.400E+05	1.647E+05	1.972E+05	2.417E+05	3.060E+05	4.071E+05	5.885E+05	1.007E+06
600	1.804E+05	2.096E+05	2.467E+05	2.954E+05	3.621E+05	4.586E+05	6.103E+05	8.825E+05	1.511E+06
700	2.404E+05	2.793E+05	3.290E+05	3.942E+05	4.834E+05	6.127E+05	8.157E+05	1.180E+06	2.022E+06
800	3.004E+05	3.493E+05	4.116E+05	4.936E+05	6.057E+05	7.682E+05	1.023E+06	1.482E+06	2.541E+06
900	3.605E+05	4.195E+05	4.947E+05	5.936E+05	7.291E+05	9.253E+05	1.233E+06	1.788E+06	3.068E+06
1 000	4.207E+05	4.899E+05	5.781E+05	6.943E+05	8.534E+05	1.084E+06	1.446E+06	2.098E+06	3.604E+06
1 100	4.810E+05	5.605E+05	6.620E+05	7.957E+05	9.789E+05	1.244E+06	1.662E+06	2.413E+06	4.148E+06
1 200	5.414E+05	6.314E+05	7.463E+05	8.978E+05	1.105E+06	1.406E+06	1.880E+06	2.732E+06	4.701E+06
1 300	6.019E+05	7.025E+05	8.311E+05	1.000E+06	1.233E+06	1.570E+06	2.101E+06	3.056E+06	5.263E+06
1 400	6.625E+05	7.739E+05	9.164E+05	1.104E+06	1.362E+06	1.736E+06	2.325E+06	3.384E+06	5.834E+06
1 500	7.232E+05	8.455E+05	1.002E+06	1.208E+06	1.492E+06	1.903E+06	2.552E+06	3.718E+06	6.414E+06
1 600	7.841E+05	9.175E+05	1.088E+06	1.314E+06	1.623E+06	2.073E+06	2.782E+06	4.056E+06	7.004E+06
1 700	8.452E+05	9.900E+05	1.175E+06	1.420E+06	1.756E+06	2.245E+06	3.015E+06	4.400E+06	7.605E+06
1 800	9.067E+05	1.063E+06	1.263E+06	1.528E+06	1.891E+06	2.420E+06	3.253E+06	4.752E+06	8.220E+06
1 900	9.686E+05	1.137E+06	1.352E+06	1.637E+06	2.029E+06	2.599E+06	3.497E+06	5.112E+06	8.851E+06
2 000	1.031E+06	1.212E+06	1.444E+06	1.750E+06	2.171E+06	2.783E+06	3.748E+06	5.485E+06	9.505E+06
2 100	1.095E+06	1.290E+06	1.539E+06	1.867E+06	2.319E+06	2.976E+06	4.012E+06	5.876E+06	1.019E+07
2 200	1.162E+06	1.371E+06	1.638E+06	1.991E+06	2.476E+06	3.181E+06	4.292E+06	6.293E+06	1.092E+07
2 300	1.231E+06	1.457E+06	1.745E+06	2.124E+06	2.645E+06	3.402E+06	4.596E+06	6.745E+06	1.171E+07
2 400	1.305E+06	1.550E+06	1.861E+06	2.270E+06	2.832E+06	3.647E+06	4.933E+06	7.245E+06	1.259E+07
2 500	1.385E+06	1.653E+06	1.991E+06	2.434E+06	3.042E+06	3.923E+06	5.312E+06	7.810E+06	1.359E+07
2 600	1.472E+06	1.767E+06	2.137E+06	2.621E+06	3.282E+06	4.240E+06	5.749E+06	8.460E+06	1.473E+07
2 700	1.568E+06	1.897E+06	2.305E+06	2.836E+06	3.561E+06	4.609E+06	6.257E+06	9.217E+06	1.606E+07
2 800	1.675E+06	2.045E+06	2.499E+06	3.088E+06	3.888E+06	5.042E+06	6.855E+06	1.010E+07	1.762E+07
2 900	1.794E+06	2.215E+06	2.725E+06	3.382E+06	4.272E+06	5.553E+06	7.562E+06	1.116E+07	1.947E+07
3 000	1.926E+06	2.408E+06	2.986E+06	3.725E+06	4.723E+06	6.155E+06	8.397E+06	1.241E+07	2.167E+07
3 100	2.071E+06	2.627E+06	3.286E+06	4.124E+06	5.249E+06	6.862E+06	9.380E+06	1.388E+07	2.426E+07
3 200	2.227E+06	2.871E+06	3.627E+06	4.581E+06	5.858E+06	7.683E+06	1.052E+07	1.560E+07	2.731E+07
3 300	2.391E+06	3.137E+06	4.006E+06	5.097E+06	6.552E+06	8.625E+06	1.185E+07	1.760E+07	3.085E+07
3 400	2.558E+06	3.421E+06	4.419E+06	5.668E+06	7.328E+06	9.688E+06	1.335E+07	1.989E+07	3.492E+07
3 500	2.724E+06	3.715E+06	4.859E+06	6.285E+06	8.177E+06	1.086E+07	1.503E+07	2.245E+07	3.950E+07
3 600	2.884E+06	4.010E+06	5.311E+06	6.932E+06	9.080E+06	1.212E+07	1.684E+07	2.525E+07	4.456E+07
3 700	3.033E+06	4.296E+06	5.762E+06	7.590E+06	1.001E+07	1.344E+07	1.876E+07	2.823E+07	4.998E+07
3 800	3.168E+06	4.564E+06	6.196E+06	8.237E+06	1.094E+07	1.478E+07	2.072E+07	3.130E+07	5.561E+07

续表

	氢气的摩尔分数								
T/K	0.1	0.2	0.3	0.4	0.5	0.6	0.7	0.8	0.9
3 900	3.291E+06	4.808E+06	6.601E+06	8.850E+06	1.183E+07	1.608E+07	2.266E+07	3.436E+07	6.125E+07
4 000	3.400E+06	5.027E+06	6.967E+06	9.414E+06	1.267E+07	1.730E+07	2.449E+07	3.729E+07	6.670E+07
4 100	3.499E+06	5.219E+06	7.291E+06	9.918E+06	1.342E+07	1.842E+07	2.618E+07	4.001E+07	7.179E+07
4 200	3.590E+06	5.387E+06	7.574E+06	1.036E+07	1.409E+07	1.941E+07	2.769E+07	4.244E+07	7.638E+07
4 300	3.673E+06	5.536E+06	7.819E+06	1.074E+07	1.466E+07	2.027E+07	2.901E+07	4.458E+07	8.042E+07
4 400	3.751E+06	5.668E+06	8.032E+06	1.107E+07	1.516E+07	2.101E+07	3.014E+07	4.642E+07	8.391E+07
4 500	3.826E+06	5.787E+06	8.219E+06	1.135E+07	1.558E+07	2.164E+07	3.110E+07	4.799E+07	8.688E+07
4 600	3.897E+06	5.896E+06	8.385E+06	1.160E+07	1.595E+07	2.219E+07	3.193E+07	4.933E+07	8.941E+07
4 700	3.967E+06	5.997E+06	8.535E+06	1.182E+07	1.627E+07	2.266E+07	3.264E+07	5.047E+07	9.156E+07
4 800	4.035E+06	6.093E+06	8.672E+06	1.201E+07	1.655E+07	2.307E+07	3.325E+07	5.146E+07	9.341E+07
4 900	4.102E+06	6.185E+06	8.800E+06	1.219E+07	1.680E+07	2.343E+07	3.379E+07	5.232E+07	9.501E+07
5 000	4.168E+06	6.273E+06	8.920E+06	1.236E+07	1.703E+07	2.375E+07	3.427E+07	5.308E+07	9.642E+07
5 100	4.233E+06	6.359E+06	9.035E+06	1.251E+07	1.725E+07	2.405E+07	3.470E+07	5.376E+07	9.767E+07
5 200	4.298E+06	6.443E+06	9.145E+06	1.266E+07	1.744E+07	2.433E+07	3.510E+07	5.438E+07	9.881E+07
5 300	4.363E+06	6.525E+06	9.253E+06	1.280E+07	1.763E+07	2.459E+07	3.548E+07	5.495E+07	9.986E+07
5 400	4.427E+06	6.607E+06	9.357E+06	1.294E+07	1.781E+07	2.484E+07	3.583E+07	5.549E+07	1.008E+08
5 500	4.491E+06	6.687E+06	9.460E+06	1.307E+07	1.799E+07	2.507E+07	3.616E+07	5.600E+07	1.017E+08
5 600	4.556E+06	6.767E+06	9.561E+06	1.320E+07	1.816E+07	2.530E+07	3.648E+07	5.649E+07	1.026E+08
5 700	4.619E+06	6.847E+06	9.661E+06	1.333E+07	1.833E+07	2.552E+07	3.679E+07	5.696E+07	1.034E+08
5 800	4.683E+06	6.926E+06	9.760E+06	1.346E+07	1.849E+07	2.574E+07	3.709E+07	5.741E+07	1.042E+08
5 900	4.747E+06	7.005E+06	9.859E+06	1.358E+07	1.865E+07	2.595E+07	3.739E+07	5.786E+07	1.050E+08
6 000	4.811E+06	7.084E+06	9.957E+06	1.370E+07	1.881E+07	2.616E+07	3.768E+07	5.829E+07	1.058E+08
6 100	4.875E+06	7.163E+06	1.005E+07	1.383E+07	1.897E+07	2.637E+07	3.797E+07	5.872E+07	1.065E+08
6 200	4.939E+06	7.241E+06	1.015E+07	1.395E+07	1.912E+07	2.658E+07	3.825E+07	5.915E+07	1.073E+08
6 300	5.003E+06	7.320E+06	1.025E+07	1.407E+07	1.928E+07	2.678E+07	3.853E+07	5.957E+07	1.080E+08
6 400	5.067E+06	7.399E+06	1.034E+07	1.419E+07	1.943E+07	2.699E+07	3.882E+07	5.999E+07	1.088E+08
6 500	5.132E+06	7.478E+06	1.044E+07	1.432E+07	1.959E+07	2.719E+07	3.910E+07	6.040E+07	1.095E+08
6 600	5.197E+06	7.557E+06	1.054E+07	1.444E+07	1.975E+07	2.740E+07	3.938E+07	6.082E+07	1.102E+08
6 700	5.261E+06	7.636E+06	1.064E+07	1.456E+07	1.990E+07	2.760E+07	3.966E+07	6.124E+07	1.110E+08
6 800	5.327E+06	7.716E+06	1.074E+07	1.468E+07	2.006E+07	2.780E+07	3.994E+07	6.165E+07	1.117E+08
6 900	5.392E+06	7.797E+06	1.083E+07	1.481E+07	2.022E+07	2.801E+07	4.022E+07	6.207E+07	1.124E+08
7 000	5.458E+06	7.877E+06	1.093E+07	1.493E+07	2.037E+07	2.822E+07	4.050E+07	6.249E+07	1.132E+08
7 100	5.525E+06	7.959E+06	1.103E+07	1.506E+07	2.053E+07	2.842E+07	4.078E+07	6.291E+07	1.139E+08
7 200	5.592E+06	8.041E+06	1.114E+07	1.518E+07	2.069E+07	2.863E+07	4.107E+07	6.333E+07	1.146E+08

续表

T/K	氢气的摩尔分数								
	0.1	0.2	0.3	0.4	0.5	0.6	0.7	0.8	0.9
7 300	5.660E+06	8.124E+06	1.124E+07	1.531E+07	2.085E+07	2.885E+07	4.136E+07	6.376E+07	1.154E+08
7 400	5.728E+06	8.208E+06	1.134E+07	1.544E+07	2.102E+07	2.906E+07	4.165E+07	6.420E+07	1.161E+08
7 500	5.798E+06	8.293E+06	1.145E+07	1.557E+07	2.118E+07	2.927E+07	4.195E+07	6.463E+07	1.169E+08
7 600	5.868E+06	8.379E+06	1.155E+07	1.570E+07	2.135E+07	2.949E+07	4.225E+07	6.508E+07	1.177E+08
7 700	5.939E+06	8.466E+06	1.166E+07	1.584E+07	2.152E+07	2.972E+07	4.255E+07	6.553E+07	1.185E+08
7 800	6.012E+06	8.555E+06	1.177E+07	1.597E+07	2.170E+07	2.994E+07	4.286E+07	6.599E+07	1.193E+08
7 900	6.086E+06	8.646E+06	1.188E+07	1.611E+07	2.187E+07	3.017E+07	4.318E+07	6.645E+07	1.201E+08
8 000	6.162E+06	8.739E+06	1.200E+07	1.625E+07	2.205E+07	3.041E+07	4.350E+07	6.693E+07	1.209E+08
8 100	6.240E+06	8.834E+06	1.211E+07	1.640E+07	2.224E+07	3.065E+07	4.383E+07	6.742E+07	1.218E+08
8 200	6.319E+06	8.931E+06	1.223E+07	1.655E+07	2.243E+07	3.090E+07	4.416E+07	6.791E+07	1.226E+08
8 300	6.401E+06	9.031E+06	1.235E+07	1.670E+07	2.262E+07	3.115E+07	4.451E+07	6.842E+07	1.235E+08
8 400	6.485E+06	9.134E+06	1.248E+07	1.686E+07	2.282E+07	3.141E+07	4.486E+07	6.895E+07	1.244E+08
8 500	6.572E+06	9.240E+06	1.261E+07	1.702E+07	2.302E+07	3.168E+07	4.523E+07	6.949E+07	1.254E+08
8 600	6.662E+06	9.349E+06	1.275E+07	1.719E+07	2.324E+07	3.195E+07	4.560E+07	7.004E+07	1.264E+08
8 700	6.756E+06	9.463E+06	1.289E+07	1.736E+07	2.345E+07	3.224E+07	4.599E+07	7.062E+07	1.274E+08
8 800	6.852E+06	9.581E+06	1.303E+07	1.754E+07	2.368E+07	3.253E+07	4.639E+07	7.121E+07	1.284E+08
8 900	6.953E+06	9.703E+06	1.318E+07	1.773E+07	2.392E+07	3.284E+07	4.681E+07	7.182E+07	1.295E+08
9 000	7.058E+06	9.831E+06	1.334E+07	1.792E+07	2.416E+07	3.315E+07	4.724E+07	7.246E+07	1.306E+08
9 100	7.168E+06	9.964E+06	1.350E+07	1.812E+07	2.441E+07	3.348E+07	4.769E+07	7.312E+07	1.317E+08
9 200	7.283E+06	1.010E+07	1.367E+07	1.833E+07	2.468E+07	3.383E+07	4.816E+07	7.381E+07	1.329E+08
9 300	7.403E+06	1.024E+07	1.385E+07	1.855E+07	2.495E+07	3.419E+07	4.865E+07	7.452E+07	1.342E+08
9 400	7.529E+06	1.040E+07	1.403E+07	1.878E+07	2.524E+07	3.456E+07	4.915E+07	7.527E+07	1.355E+08
9 500	7.662E+06	1.056E+07	1.423E+07	1.902E+07	2.554E+07	3.495E+07	4.968E+07	7.605E+07	1.368E+08
9 600	7.802E+06	1.072E+07	1.443E+07	1.927E+07	2.586E+07	3.535E+07	5.023E+07	7.686E+07	1.382E+08
9 700	7.948E+06	1.090E+07	1.464E+07	1.953E+07	2.619E+07	3.578E+07	5.081E+07	7.771E+07	1.397E+08
9 800	8.104E+06	1.109E+07	1.487E+07	1.981E+07	2.653E+07	3.623E+07	5.141E+07	7.860E+07	1.412E+08
9 900	8.267E+06	1.128E+07	1.511E+07	2.010E+07	2.690E+07	3.670E+07	5.205E+07	7.953E+07	1.429E+08
10 000	8.440E+06	1.149E+07	1.536E+07	2.041E+07	2.728E+07	3.719E+07	5.272E+07	8.051E+07	1.446E+08
10 100	8.622E+06	1.171E+07	1.562E+07	2.073E+07	2.768E+07	3.771E+07	5.341E+07	8.152E+07	1.463E+08
10 200	8.816E+06	1.194E+07	1.590E+07	2.107E+07	2.811E+07	3.825E+07	5.415E+07	8.260E+07	1.482E+08
10 300	9.021E+06	1.218E+07	1.619E+07	2.143E+07	2.855E+07	3.883E+07	5.492E+07	8.372E+07	1.501E+08
10 400	9.235E+06	1.244E+07	1.650E+07	2.180E+07	2.902E+07	3.942E+07	5.572E+07	8.489E+07	1.521E+08
10 500	9.465E+06	1.271E+07	1.682E+07	2.220E+07	2.951E+07	4.005E+07	5.657E+07	8.613E+07	1.542E+08
10 600	9.708E+06	1.300E+07	1.717E+07	2.262E+07	3.003E+07	4.072E+07	5.746E+07	8.743E+07	1.565E+08

续表

T/K	氢气的摩尔分数								
	0.1	0.2	0.3	0.4	0.5	0.6	0.7	0.8	0.9
10 700	9.962E+06	1.330E+07	1.754E+07	2.306E+07	3.058E+07	4.142E+07	5.840E+07	8.880E+07	1.588E+08
10 800	1.023E+07	1.362E+07	1.791E+07	2.352E+07	3.115E+07	4.215E+07	5.937E+07	9.020E+07	1.613E+08
10 900	1.052E+07	1.396E+07	1.832E+07	2.401E+07	3.176E+07	4.292E+07	6.041E+07	9.171E+07	1.638E+08
11 000	1.082E+07	1.432E+07	1.875E+07	2.453E+07	3.240E+07	4.374E+07	6.150E+07	9.329E+07	1.665E+08
11 100	1.114E+07	1.470E+07	1.919E+07	2.507E+07	3.307E+07	4.459E+07	6.264E+07	9.494E+07	1.694E+08
11 200	1.148E+07	1.510E+07	1.967E+07	2.564E+07	3.376E+07	4.547E+07	6.381E+07	9.664E+07	1.723E+08
11 300	1.184E+07	1.552E+07	2.017E+07	2.624E+07	3.451E+07	4.642E+07	6.507E+07	9.845E+07	1.754E+08
11 400	1.222E+07	1.597E+07	2.070E+07	2.688E+07	3.529E+07	4.741E+07	6.639E+07	1.003E+08	1.787E+08
11 500	1.262E+07	1.644E+07	2.126E+07	2.755E+07	3.611E+07	4.845E+07	6.777E+07	1.023E+08	1.821E+08
11 600	1.304E+07	1.692E+07	2.183E+07	2.823E+07	3.697E+07	4.954E+07	6.923E+07	1.044E+08	1.856E+08
11 700	1.349E+07	1.744E+07	2.244E+07	2.897E+07	3.786E+07	5.066E+07	7.070E+07	1.065E+08	1.892E+08
11 800	1.396E+07	1.799E+07	2.309E+07	2.975E+07	3.881E+07	5.186E+07	7.229E+07	1.088E+08	1.931E+08
11 900	1.445E+07	1.857E+07	2.377E+07	3.056E+07	3.980E+07	5.311E+07	7.395E+07	1.112E+08	1.972E+08
12 000	1.498E+07	1.918E+07	2.449E+07	3.142E+07	4.084E+07	5.442E+07	7.569E+07	1.137E+08	2.015E+08
12 100	1.551E+07	1.979E+07	2.523E+07	3.231E+07	4.193E+07	5.580E+07	7.751E+07	1.163E+08	2.059E+08
12 200	1.608E+07	2.046E+07	2.599E+07	3.321E+07	4.306E+07	5.724E+07	7.941E+07	1.190E+08	2.105E+08
12 300	1.668E+07	2.116E+07	2.681E+07	3.419E+07	4.422E+07	5.868E+07	8.131E+07	1.219E+08	2.153E+08
12 400	1.731E+07	2.189E+07	2.767E+07	3.521E+07	4.546E+07	6.024E+07	8.337E+07	1.247E+08	2.201E+08
12 500	1.797E+07	2.265E+07	2.856E+07	3.627E+07	4.676E+07	6.186E+07	8.551E+07	1.278E+08	2.253E+08
12 600	1.866E+07	2.345E+07	2.949E+07	3.738E+07	4.810E+07	6.355E+07	8.774E+07	1.310E+08	2.307E+08
12 700	1.938E+07	2.428E+07	3.046E+07	3.853E+07	4.950E+07	6.531E+07	9.005E+07	1.343E+08	2.363E+08
12 800	2.010E+07	2.512E+07	3.147E+07	3.973E+07	5.096E+07	6.713E+07	9.245E+07	1.377E+08	2.422E+08
12 900	2.088E+07	2.600E+07	3.248E+07	4.097E+07	5.247E+07	6.903E+07	9.495E+07	1.413E+08	2.482E+08
13 000	2.168E+07	2.693E+07	3.356E+07	4.221E+07	5.401E+07	7.099E+07	9.753E+07	1.450E+08	2.544E+08
13 100	2.252E+07	2.790E+07	3.469E+07	4.354E+07	5.558E+07	7.293E+07	1.001E+08	1.488E+08	2.609E+08
13 200	2.338E+07	2.889E+07	3.585E+07	4.492E+07	5.725E+07	7.502E+07	1.028E+08	1.525E+08	2.676E+08
13 300	2.428E+07	2.992E+07	3.705E+07	4.634E+07	5.897E+07	7.717E+07	1.056E+08	1.566E+08	2.741E+08
13 400	2.520E+07	3.098E+07	3.828E+07	4.780E+07	6.075E+07	7.939E+07	1.085E+08	1.608E+08	2.812E+08
13 500	2.615E+07	3.207E+07	3.955E+07	4.931E+07	6.257E+07	8.168E+07	1.115E+08	1.651E+08	2.885E+08
13 600	2.712E+07	3.319E+07	4.085E+07	5.085E+07	6.445E+07	8.403E+07	1.146E+08	1.695E+08	2.959E+08
13 700	2.812E+07	3.434E+07	4.219E+07	5.243E+07	6.637E+07	8.643E+07	1.178E+08	1.740E+08	3.036E+08
13 800	2.911E+07	3.551E+07	4.356E+07	5.405E+07	6.833E+07	8.889E+07	1.211E+08	1.787E+08	3.115E+08
13 900	3.014E+07	3.671E+07	4.495E+07	5.570E+07	7.034E+07	9.141E+07	1.244E+08	1.834E+08	3.196E+08
14 000	3.119E+07	3.787E+07	4.637E+07	5.739E+07	7.238E+07	9.398E+07	1.278E+08	1.883E+08	3.278E+08

续表

T/K	氢气的摩尔分数								
	0.1	0.2	0.3	0.4	0.5	0.6	0.7	0.8	0.9
14 100	3.227E+07	3.910E+07	4.777E+07	5.910E+07	7.446E+07	9.659E+07	1.312E+08	1.932E+08	3.362E+08
14 200	3.335E+07	4.035E+07	4.920E+07	6.080E+07	7.657E+07	9.925E+07	1.347E+08	1.983E+08	3.448E+08
14 300	3.445E+07	4.162E+07	5.068E+07	6.251E+07	7.868E+07	1.019E+08	1.383E+08	2.034E+08	3.535E+08
14 400	3.555E+07	4.289E+07	5.217E+07	6.428E+07	8.085E+07	1.046E+08	1.419E+08	2.086E+08	3.624E+08
14 500	3.666E+07	4.417E+07	5.367E+07	6.607E+07	8.296E+07	1.074E+08	1.456E+08	2.139E+08	3.714E+08
14 600	3.777E+07	4.546E+07	5.518E+07	6.788E+07	8.516E+07	1.100E+08	1.492E+08	2.192E+08	3.804E+08
14 700	3.888E+07	4.674E+07	5.669E+07	6.968E+07	8.737E+07	1.128E+08	1.528E+08	2.245E+08	3.896E+08
14 800	3.999E+07	4.803E+07	5.820E+07	7.150E+07	8.959E+07	1.156E+08	1.565E+08	2.297E+08	3.989E+08
14 900	4.109E+07	4.931E+07	5.971E+07	7.331E+07	9.182E+07	1.185E+08	1.603E+08	2.351E+08	4.077E+08
15 000	4.218E+07	5.058E+07	6.122E+07	7.511E+07	9.404E+07	1.213E+08	1.640E+08	2.406E+08	4.171E+08
15 100	4.325E+07	5.184E+07	6.271E+07	7.691E+07	9.626E+07	1.241E+08	1.678E+08	2.461E+08	4.285E+08
15 200	4.432E+07	5.308E+07	6.419E+07	7.870E+07	9.847E+07	1.269E+08	1.716E+08	2.515E+08	4.359E+08
15 300	4.536E+07	5.431E+07	6.565E+07	8.047E+07	1.006E+08	1.297E+08	1.754E+08	2.570E+08	4.453E+08
15 400	4.639E+07	5.552E+07	6.710E+07	8.223E+07	1.028E+08	1.325E+08	1.791E+08	2.625E+08	4.548E+08
15 500	4.739E+07	5.671E+07	6.852E+07	8.396E+07	1.050E+08	1.353E+08	1.828E+08	2.679E+08	4.641E+08
15 600	4.837E+07	5.788E+07	6.992E+07	8.567E+07	1.071E+08	1.380E+08	1.865E+08	2.733E+08	4.735E+08
15 700	4.933E+07	5.902E+07	7.129E+07	8.735E+07	1.092E+08	1.407E+08	1.901E+08	2.786E+08	4.827E+08
15 800	5.026E+07	6.013E+07	7.264E+07	8.900E+07	1.112E+08	1.434E+08	1.938E+08	2.839E+08	4.919E+08
15 900	5.116E+07	6.122E+07	7.396E+07	9.062E+07	1.133E+08	1.460E+08	1.973E+08	2.892E+08	5.010E+08
16 000	5.204E+07	6.227E+07	7.524E+07	9.220E+07	1.153E+08	1.486E+08	2.008E+08	2.943E+08	5.099E+08
16 100	5.289E+07	6.330E+07	7.650E+07	9.375E+07	1.172E+08	1.511E+08	2.043E+08	2.994E+08	5.188E+08
16 200	5.371E+07	6.430E+07	7.772E+07	9.526E+07	1.191E+08	1.538E+08	2.077E+08	3.044E+08	5.275E+08
16 300	5.450E+07	6.526E+07	7.890E+07	9.674E+07	1.210E+08	1.561E+08	2.110E+08	3.093E+08	5.361E+08
16 400	5.526E+07	6.620E+07	8.006E+07	9.818E+07	1.228E+08	1.584E+08	2.142E+08	3.141E+08	5.445E+08
16 500	5.600E+07	6.710E+07	8.117E+07	9.957E+07	1.246E+08	1.608E+08	2.174E+08	3.188E+08	5.527E+08
16 600	5.671E+07	6.798E+07	8.226E+07	1.009E+08	1.263E+08	1.630E+08	2.205E+08	3.234E+08	5.808E+08
16 700	5.739E+07	6.882E+07	8.331E+07	1.022E+08	1.280E+08	1.652E+08	2.235E+08	3.279E+08	5.688E+08
16 800	5.805E+07	6.964E+07	8.432E+07	1.035E+08	1.296E+08	1.674E+08	2.265E+08	3.323E+08	5.763E+08
16 900	5.868E+07	7.042E+07	8.531E+07	1.047E+08	1.312E+08	1.695E+08	2.294E+08	3.366E+08	5.839E+08
17 000	5.928E+07	7.118E+07	8.626E+07	1.059E+08	1.328E+08	1.715E+08	2.322E+08	3.407E+08	5.912E+08
17 100	5.986E+07	7.191E+07	8.717E+07	1.071E+08	1.343E+08	1.735E+08	2.349E+08	3.448E+08	5.983E+08
17 200	6.042E+07	7.261E+07	8.806E+07	1.082E+08	1.357E+08	1.754E+08	2.375E+08	3.487E+08	6.052E+08
17 300	6.096E+07	7.329E+07	8.892E+07	1.093E+08	1.371E+08	1.772E+08	2.401E+08	3.526E+08	6.120E+08
17 400	6.148E+07	7.395E+07	8.974E+07	1.103E+08	1.385E+08	1.790E+08	2.425E+08	3.563E+08	6.185E+08

续表

	氢气的摩尔分数								
T/K	0.1	0.2	0.3	0.4	0.5	0.6	0.7	0.8	0.9
17 500	6.197E+07	7.458E+07	9.054E+07	1.114E+08	1.398E+08	1.808E+08	2.449E+08	3.599E+08	6.248E+08
17 600	6.245E+07	7.518E+07	9.131E+07	1.123E+08	1.410E+08	1.824E+08	2.473E+08	3.633E+08	6.310E+08
17 700	6.291E+07	7.577E+07	9.205E+07	1.133E+08	1.423E+08	1.841E+08	2.495E+08	3.667E+08	6.370E+08
17 800	6.336E+07	7.633E+07	9.277E+07	1.142E+08	1.435E+08	1.856E+08	2.517E+08	3.726E+08	6.427E+08
17 900	6.379E+07	7.888E+07	9.346E+07	1.151E+08	1.446E+08	1.872E+08	2.538E+08	3.732E+08	6.483E+08
18 000	6.420E+07	7.741E+07	9.414E+07	1.160E+08	1.457E+08	1.886E+08	2.559E+08	3.762E+08	6.538E+08
18 100	6.460E+07	7.792E+07	9.479E+07	1.168E+08	1.468E+08	1.901E+08	2.579E+08	3.792E+08	6.590E+08
18 200	6.499E+07	7.841E+07	9.542E+07	1.176E+08	1.478E+08	1.915E+08	2.598E+08	3.821E+08	6.641E+08
18 300	6.537E+07	7.890E+07	9.603E+07	1.184E+08	1.489E+08	1.928E+08	2.616E+08	3.848E+08	6.706E+08
18 400	6.573E+07	7.936E+07	9.662E+07	1.191E+08	1.498E+08	1.941E+08	2.634E+08	3.894E+08	6.737E+08
18 500	6.609E+07	7.981E+07	9.719E+07	1.198E+08	1.508E+08	1.953E+08	2.652E+08	3.901E+08	6.783E+08
18 600	6.644E+07	8.026E+07	9.774E+07	1.206E+08	1.517E+08	1.965E+08	2.668E+08	3.926E+08	6.827E+08
18 700	6.678E+07	8.068E+07	9.829E+07	1.212E+08	1.526E+08	1.977E+08	2.685E+08	3.951E+08	8.870E+08
18 800	6.711E+07	8.110E+07	9.880E+07	1.219E+08	1.534E+08	1.989E+08	2.700E+08	3.975E+08	6.912E+08
18 900	6.743E+07	8.150E+07	9.932E+07	1.226E+08	1.543E+08	2.000E+08	2.716E+08	3.998E+08	8.953E+08
19 000	6.774E+07	8.190E+07	9.983E+07	1.232E+08	1.551E+08	2.011E+08	2.731E+08	4.020E+08	6.992E+08
19 100	6.806E+07	8.230E+07	1.003E+08	1.238E+08	1.559E+08	2.021E+08	2.745E+08	4.042E+08	7.030E+08
19 200	6.837E+07	8.269E+07	1.008E+08	1.245E+08	1.567E+08	2.032E+08	2.760E+08	4.063E+08	7.067E+08
19 300	6.868E+07	8.308E+07	1.013E+08	1.251E+08	1.575E+08	2.042E+08	2.773E+08	4.083E+08	7.103E+08
19 400	6.899E+07	8.346E+07	1.017E+08	1.256E+08	1.582E+08	2.052E+08	2.787E+08	4.103E+08	7.138E+08
19 500	6.930E+07	8.384E+07	1.022E+08	1.262E+08	1.590E+08	2.061E+08	2.800E+08	4.123E+08	7.172E+08
19 600	6.962E+07	8.422E+07	1.027E+08	1.268E+08	1.597E+08	2.071E+08	2.813E+08	4.142E+08	7.205E+08
19 700	6.993E+07	8.460E+07	1.031E+08	1.274E+08	1.604E+08	2.080E+08	2.826E+08	4.160E+08	7.237E+08
19 800	7.024E+07	8.498E+07	1.036E+08	1.279E+08	1.611E+08	2.089E+08	2.838E+08	4.178E+08	7.269E+08
19 900	7.056E+07	8.535E+07	1.040E+08	1.285E+08	1.618E+08	2.098E+08	2.850E+08	4.196E+08	7.299E+08
20 000	7.088E+07	8.574E+07	1.045E+08	1.291E+08	1.625E+08	2.107E+08	2.862E+08	4.213E+08	7.329E+08
20 100	7.120E+07	8.612E+07	1.050E+08	1.296E+08	1.632E+08	2.116E+08	2.874E+08	4.230E+08	7.358E+08
20 200	7.154E+07	8.651E+07	1.054E+08	1.302E+08	1.639E+08	2.124E+08	2.885E+08	4.247E+08	7.387E+08
20 300	7.187E+07	8.690E+07	1.059E+08	1.307E+08	1.646E+08	2.133E+08	2.897E+08	4.264E+08	7.415E+08
20 400	7.222E+07	8.730E+07	1.063E+08	1.313E+08	1.652E+08	2.142E+08	2.908E+08	4.280E+08	7.443E+08
20 500	7.257E+07	8.771E+07	1.068E+08	1.318E+08	1.659E+08	2.150E+08	2.919E+08	4.296E+08	7.469E+08
20 600	7.293E+07	8.812E+07	1.073E+08	1.324E+08	1.666E+08	2.159E+08	2.930E+08	4.311E+08	7.496E+08
20 700	7.330E+07	8.854E+07	1.078E+08	1.330E+08	1.673E+08	2.167E+08	2.941E+08	4.327E+08	7.522E+08
20 800	7.369E+07	8.898E+07	1.083E+08	1.336E+08	1.680E+08	2.175E+08	2.952E+08	4.342E+08	7.547E+08

续表

T/K	氢气的摩尔分数								
	0.1	0.2	0.3	0.4	0.5	0.6	0.7	0.8	0.9
20 900	7.408E+07	8.942E+07	1.088E+08	1.341E+08	1.686E+08	2.184E+08	2.963E+08	4.363E+08	7.573E+08
21 000	7.449E+07	8.987E+07	1.093E+08	1.347E+08	1.693E+08	2.192E+08	2.974E+08	4.372E+08	7.597E+08
21 100	7.491E+07	9.034E+07	1.098E+08	1.353E+08	1.701E+08	2.201E+08	2.985E+08	4.387E+08	7.622E+08
21 200	7.535E+07	9.083E+07	1.104E+08	1.359E+08	1.708E+08	2.210E+08	2.996E+08	4.402E+08	7.646E+08
21 300	7.580E+07	9.132E+07	1.109E+08	1.366E+08	1.715E+08	2.218E+08	3.006E+08	4.417E+08	7.670E+08
21 400	7.627E+07	9.184E+07	1.115E+08	1.372E+08	1.722E+08	2.227E+08	3.017E+08	4.432E+08	7.694E+08
21 500	7.675E+07	9.237E+07	1.121E+08	1.379E+08	1.730E+08	2.236E+08	3.028E+08	4.447E+08	7.717E+08
21 600	7.726E+07	9.291E+07	1.127E+08	1.385E+08	1.737E+08	2.245E+08	3.039E+08	4.461E+08	7.740E+08
21 700	7.778E+07	9.348E+07	1.133E+08	1.392E+08	1.745E+08	2.254E+08	3.050E+08	4.476E+08	7.763E+08
21 800	7.833E+07	9.407E+07	1.139E+08	1.399E+08	1.753E+08	2.263E+08	3.062E+08	4.491E+08	7.786E+08
21 900	7.889E+07	9.468E+07	1.146E+08	1.407E+08	1.761E+08	2.273E+08	3.073E+08	4.506E+08	7.809E+08
22 000	7.948E+07	9.530E+07	1.153E+08	1.414E+08	1.770E+08	2.282E+08	3.085E+08	4.521E+08	7.832E+08
22 100	8.009E+07	9.596E+07	1.160E+08	1.422E+08	1.778E+08	2.292E+08	3.096E+08	4.536E+08	7.855E+08
22 200	8.072E+07	9.663E+07	1.167E+08	1.430E+08	1.787E+08	2.302E+08	3.108E+08	4.549E+08	7.873E+08
22 300	8.138E+07	9.733E+07	1.175E+08	1.438E+08	1.796E+08	2.311E+08	3.119E+08	4.563E+08	7.895E+08
22 400	8.206E+07	9.805E+07	1.182E+08	1.446E+08	1.804E+08	2.321E+08	3.130E+08	4.579E+08	7.918E+08
22 500	8.277E+07	9.880E+07	1.190E+08	1.454E+08	1.813E+08	2.331E+08	3.143E+08	4.594E+08	7.940E+08
22 600	8.350E+07	9.957E+07	1.198E+08	1.463E+08	1.823E+08	2.342E+08	3.155E+08	4.610E+08	7.963E+08
22 700	8.426E+07	1.003E+08	1.206E+08	1.472E+08	1.833E+08	2.353E+08	3.168E+08	4.625E+08	7.985E+08
22 800	8.504E+07	1.011E+08	1.215E+08	1.481E+08	1.843E+08	2.364E+08	3.181E+08	4.641E+08	8.008E+08
22 900	8.586E+07	1.020E+08	1.224E+08	1.491E+08	1.853E+08	2.376E+08	3.194E+08	4.657E+08	8.030E+08
23 000	8.670E+07	1.028E+08	1.233E+08	1.500E+08	1.864E+08	2.387E+08	3.207E+08	4.673E+08	8.053E+08
23 100	8.752E+07	1.037E+08	1.243E+08	1.511E+08	1.875E+08	2.399E+08	3.220E+08	4.689E+08	8.076E+08
23 200	8.842E+07	1.047E+08	1.253E+08	1.521E+08	1.886E+08	2.411E+08	3.234E+08	4.706E+08	8.099E+08
23 300	8.933E+07	1.056E+08	1.263E+08	1.532E+08	1.897E+08	2.424E+08	3.248E+08	4.723E+08	8.121E+08
23 400	9.028E+07	1.066E+08	1.273E+08	1.542E+08	1.909E+08	2.436E+08	3.262E+08	4.739E+08	8.144E+08
23 500	9.125E+07	1.076E+08	1.284E+08	1.554E+08	1.921E+08	2.449E+08	3.277E+08	4.756E+08	8.167E+08
23 600	9.225E+07	1.087E+08	1.294E+08	1.565E+08	1.933E+08	2.462E+08	3.291E+08	4.774E+08	8.190E+08
23 700	9.327E+07	1.097E+08	1.305E+08	1.577E+08	1.945E+08	2.476E+08	3.306E+08	4.791E+08	8.213E+08
23 800	9.431E+07	1.108E+08	1.317E+08	1.589E+08	1.958E+08	2.489E+08	3.321E+08	4.808E+08	8.237E+08
23 900	9.538E+07	1.119E+08	1.328E+08	1.601E+08	1.971E+08	2.503E+08	3.336E+08	4.826E+08	8.260E+08
24 000	9.647E+07	1.131E+08	1.340E+08	1.613E+08	1.984E+08	2.517E+08	3.352E+08	4.844E+08	8.283E+08

表 A.4　氩气/氢气混合气体的比热 [J/(kg · K)]

	氢气的摩尔分数								
T/K	0.1	0.2	0.3	0.4	0.5	0.6	0.7	0.8	0.9
500	5.980E+02	6.938E+02	8.152E+02	9.737E+02	1.189E+03	1.500E+03	1.987E+03	2.859E+03	4.870E+03
600	5.986E+02	6.957E+02	8.193E+02	9.818E+02	1.204E+03	1.526E+03	2.031E+03	2.939E+03	5.037E+03
700	5.993E+02	6.975E+02	8.228E+02	9.875E+02	1.213E+03	1.540E+03	2.054E+03	2.977E+03	5.111E+03
800	6.001E+02	6.995E+02	8.265E+02	9.937E+02	1.223E+03	1.555E+03	2.078E+03	3.017E+03	5.189E+03
900	6.010E+02	7.017E+02	8.304E+02	1.000E+03	1.233E+03	1.571E+03	2.103E+03	3.059E+03	5.271E+03
1 000	6.019E+02	7.039E+02	8.346E+02	1.007E+03	1.243E+03	1.587E+03	2.129E+03	3.102E+03	5.355E+03
1 100	6.029E+02	7.063E+02	8.388E+02	1.014E+03	1.254E+03	1.604E+03	2.155E+03	3.147E+03	5.441E+03
1 200	6.039E+02	7.087E+02	8.432E+02	1.021E+03	1.265E+03	1.621E+03	2.182E+03	3.192E+03	5.529E+03
1 300	6.050E+02	7.112E+02	8.478E+02	1.028E+03	1.277E+03	1.639E+03	2.210E+03	3.238E+03	5.618E+03
1 400	6.061E+02	7.138E+02	8.524E+02	1.036E+03	1.288E+03	1.657E+03	2.238E+03	3.285E+03	5.709E+03
1 500	6.073E+02	7.166E+02	8.574E+02	1.043E+03	1.301E+03	1.675E+03	2.267E+03	3.333E+03	5.802E+03
1 600	6.088E+02	7.199E+02	8.630E+02	1.052E+03	1.314E+03	1.696E+03	2.298E+03	3.385E+03	5.901E+03
1 700	6.110E+02	7.242E+02	8.699E+02	1.063E+03	1.330E+03	1.719E+03	2.334E+03	3.443E+03	6.012E+03
1 800	6.144E+02	7.303E+02	8.795E+02	1.077E+03	1.350E+03	1.748E+03	2.378E+03	3.513E+03	6.143E+03
1 900	6.198E+02	7.398E+02	8.937E+02	1.097E+03	1.378E+03	1.788E+03	2.436E+03	3.605E+03	6.313E+03
2 000	6.287E+02	7.546E+02	9.152E+02	1.127E+03	1.419E+03	1.845E+03	2.518E+03	3.731E+03	6.542E+03
2 100	6.426E+02	7.774E+02	9.478E+02	1.172E+03	1.480E+03	1.928E+03	2.635E+03	3.910E+03	6.863E+03
2 200	6.638E+02	8.117E+02	9.961E+02	1.237E+03	1.567E+03	2.047E+03	2.803E+03	4.163E+03	7.313E+03
2 300	6.946E+02	8.612E+02	1.065E+03	1.331E+03	1.692E+03	2.216E+03	3.039E+03	4.518E+03	7.939E+03
2 400	7.376E+02	9.305E+02	1.162E+03	1.461E+03	1.865E+03	2.448E+03	3.362E+03	5.003E+03	8.792E+03
2 500	7.954E+02	1.023E+03	1.293E+03	1.637E+03	2.098E+03	2.761E+03	3.796E+03	5.651E+03	9.931E+03
2 600	8.698E+02	1.145E+03	1.464E+03	1.866E+03	2.402E+03	3.169E+03	4.363E+03	6.497E+03	1.141E+04
2 700	9.618E+02	1.297E+03	1.680E+03	2.156E+03	2.789E+03	3.688E+03	5.085E+03	7.574E+03	1.330E+04
2 800	1.070E+03	1.481E+03	1.944E+03	2.514E+03	3.267E+03	4.331E+03	5.981E+03	8.914E+03	1.565E+04
2 900	1.192E+03	1.696E+03	2.256E+03	2.941E+03	3.841E+03	5.108E+03	7.067E+03	1.054E+04	1.852E+04
3 000	1.321E+03	1.935E+03	2.611E+03	3.434E+03	4.510E+03	6.021E+03	8.351E+03	1.248E+04	2.194E+04
3 100	1.448E+03	2.188E+03	3.000E+03	3.984E+03	5.266E+03	7.063E+03	9.827E+03	1.472E+04	2.593E+04
3 200	1.558E+03	2.438E+03	3.402E+03	4.569E+03	6.087E+03	8.210E+03	1.147E+04	1.724E+04	3.046E+04
3 300	1.638E+03	2.663E+03	3.793E+03	5.160E+03	6.936E+03	9.422E+03	1.324E+04	1.998E+04	3.543E+04
3 400	1.675E+03	2.839E+03	4.135E+03	5.711E+03	7.761E+03	1.063E+04	1.503E+04	2.283E+04	4.066E+04
3 500	1.660E+03	2.939E+03	4.391E+03	6.168E+03	8.488E+03	1.174E+04	1.674E+04	2.559E+04	4.584E+04
3 600	1.594E+03	2.947E+03	4.524E+03	6.474E+03	9.035E+03	1.263E+04	1.818E+04	2.801E+04	5.053E+04
3 700	1.487E+03	2.857E+03	4.508E+03	6.581E+03	9.324E+03	1.320E+04	1.919E+04	2.982E+04	5.419E+04
3 800	1.357E+03	2.681E+03	4.341E+03	6.464E+03	9.302E+03	1.333E+04	1.959E+04	3.072E+04	5.629E+04

续表

T/K	氢气的摩尔分数								
	0.1	0.2	0.3	0.4	0.5	0.6	0.7	0.8	0.9
3 900	1.222E+03	2.445E+03	4.045E+03	6.134E+03	8.960E+03	1.300E+04	1.931E+04	3.056E+04	5.643E+04
4 000	1.097E+03	2.182E+03	3.661E+03	5.636E+03	8.342E+03	1.224E+04	1.836E+04	2.931E+04	5.453E+04
4 100	9.892E+02	1.921E+03	3.241E+03	5.039E+03	7.535E+03	1.116E+04	1.688E+04	2.715E+04	5.085E+04
4 200	9.020E+02	1.685E+03	2.827E+03	4.414E+03	6.642E+03	9.910E+03	1.508E+04	2.438E+04	4.592E+04
4 300	8.342E+02	1.483E+03	2.452E+03	3.819E+03	5.757E+03	8.619E+03	1.316E+04	2.137E+04	4.039E+04
4 400	7.829E+02	1.319E+03	2.132E+03	3.290E+03	4.946E+03	7.404E+03	1.132E+04	1.841E+04	3.486E+04
4 500	7.446E+02	1.190E+03	1.869E+03	2.844E+03	4.244E+03	6.330E+03	9.665E+03	1.571E+04	2.974E+04
4 600	7.164E+02	1.091E+03	1.660E+03	2.480E+03	3.661E+03	5.424E+03	8.248E+03	1.337E+04	2.527E+04
4 700	6.956E+02	1.015E+03	1.498E+03	2.191E+03	3.191E+03	4.684E+03	7.078E+03	1.142E+04	2.152E+04
4 800	6.803E+02	9.583E+02	1.372E+03	1.965E+03	2.819E+03	4.093E+03	6.136E+03	9.844E+03	1.846E+04
4 900	6.690E+02	9.151E+02	1.276E+03	1.790E+03	2.528E+03	3.628E+03	5.390E+03	8.586E+03	1.601E+04
5 000	6.606E+02	8.825E+02	1.203E+03	1.655E+03	2.302E+03	3.265E+03	4.805E+03	7.596E+03	1.408E+04
5 100	6.543E+02	8.579E+02	1.147E+03	1.552E+03	2.128E+03	2.983E+03	4.348E+03	6.821E+03	1.256E+04
5 200	6.497E+02	8.393E+02	1.104E+03	1.472E+03	1.994E+03	2.765E+03	3.994E+03	6.217E+03	1.137E+04
5 300	6.462E+02	8.252E+02	1.071E+03	1.411E+03	1.890E+03	2.595E+03	3.718E+03	5.747E+03	1.045E+04
5 400	6.436E+02	8.144E+02	1.046E+03	1.364E+03	1.809E+03	2.464E+03	3.503E+03	5.380E+03	9.729E+03
5 500	6.418E+02	8.062E+02	1.027E+03	1.327E+03	1.746E+03	2.362E+03	3.336E+03	5.093E+03	9.163E+03
5 600	6.404E+02	8.000E+02	1.012E+03	1.299E+03	1.698E+03	2.282E+03	3.205E+03	4.869E+03	8.720E+03
5 700	6.395E+02	7.953E+02	1.001E+03	1.277E+03	1.660E+03	2.219E+03	3.103E+03	4.693E+03	8.372E+03
5 800	6.390E+02	7.919E+02	9.923E+02	1.260E+03	1.631E+03	2.171E+03	3.023E+03	4.555E+03	8.098E+03
5 900	6.388E+02	7.894E+02	9.857E+02	1.247E+03	1.608E+03	2.133E+03	2.960E+03	4.447E+03	7.883E+03
6 000	6.389E+02	7.878E+02	9.810E+02	1.237E+03	1.590E+03	2.104E+03	2.911E+03	4.362E+03	7.715E+03
6 100	6.393E+02	7.870E+02	9.777E+02	1.230E+03	1.577E+03	2.081E+03	2.874E+03	4.297E+03	7.584E+03
6 200	6.401E+02	7.868E+02	9.757E+02	1.225E+03	1.568E+03	2.064E+03	2.845E+03	4.247E+03	7.483E+03
6 300	6.411E+02	7.872E+02	9.748E+02	1.222E+03	1.561E+03	2.053E+03	2.825E+03	4.209E+03	7.407E+03
6 400	6.424E+02	7.882E+02	9.749E+02	1.221E+03	1.557E+03	2.045E+03	2.810E+03	4.183E+03	7.351E+03
6 500	6.442E+02	7.898E+02	9.760E+02	1.221E+03	1.556E+03	2.041E+03	2.801E+03	4.166E+03	7.314E+03
6 600	6.463E+02	7.921E+02	9.781E+02	1.222E+03	1.556E+03	2.040E+03	2.798E+03	4.157E+03	7.292E+03
6 700	6.489E+02	7.949E+02	9.811E+02	1.225E+03	1.559E+03	2.042E+03	2.799E+03	4.155E+03	7.285E+03
6 800	6.520E+02	7.985E+02	9.851E+02	1.229E+03	1.564E+03	2.046E+03	2.804E+03	4.160E+03	7.290E+03
6 900	6.557E+02	8.029E+02	9.901E+02	1.235E+03	1.570E+03	2.054E+03	2.813E+03	4.172E+03	7.308E+03
7 000	6.600E+02	8.081E+02	9.963E+02	1.242E+03	1.579E+03	2.065E+03	2.826E+03	4.191E+03	7.338E+03
7 100	6.650E+02	8.142E+02	1.003E+03	1.251E+03	1.590E+03	2.078E+03	2.844E+03	4.216E+03	7.379E+03
7 200	6.709E+02	8.213E+02	1.012E+03	1.262E+03	1.603E+03	2.094E+03	2.865E+03	4.246E+03	7.429E+03

续表

T/K	氢气的摩尔分数								
	0.1	0.2	0.3	0.4	0.5	0.6	0.7	0.8	0.9
7 300	6.776E+02	8.295E+02	1.022E+03	1.274E+03	1.618E+03	2.114E+03	2.890E+03	4.282E+03	7.495E+03
7 400	6.852E+02	8.385E+02	1.033E+03	1.288E+03	1.635E+03	2.136E+03	2.921E+03	4.328E+03	7.571E+03
7 500	6.940E+02	8.494E+02	1.046E+03	1.304E+03	1.655E+03	2.162E+03	2.957E+03	4.379E+03	7.660E+03
7 600	7.037E+02	8.615E+02	1.061E+03	1.322E+03	1.678E+03	2.192E+03	2.997E+03	4.438E+03	7.758E+03
7 700	7.152E+02	8.747E+02	1.078E+03	1.342E+03	1.704E+03	2.226E+03	3.043E+03	4.505E+03	7.878E+03
7 800	7.279E+02	8.905E+02	1.096E+03	1.366E+03	1.733E+03	2.263E+03	3.094E+03	4.581E+03	8.009E+03
7 900	7.422E+02	9.078E+02	1.117E+03	1.392E+03	1.766E+03	2.306E+03	3.151E+03	4.665E+03	8.163E+03
8 000	7.582E+02	9.270E+02	1.141E+03	1.421E+03	1.802E+03	2.353E+03	3.215E+03	4.759E+03	8.319E+03
8 100	7.760E+02	9.485E+02	1.167E+03	1.454E+03	1.843E+03	2.405E+03	3.286E+03	4.862E+03	8.499E+03
8 200	7.959E+02	9.724E+02	1.196E+03	1.489E+03	1.890E+03	2.462E+03	3.363E+03	4.977E+03	8.697E+03
8 300	8.179E+02	9.988E+02	1.228E+03	1.528E+03	1.937E+03	2.530E+03	3.449E+03	5.102E+03	8.914E+03
8 400	8.423E+02	1.029E+03	1.263E+03	1.571E+03	1.991E+03	2.596E+03	3.550E+03	5.251E+03	9.173E+03
8 500	8.693E+02	1.060E+03	1.304E+03	1.618E+03	2.049E+03	2.671E+03	3.646E+03	5.390E+03	9.414E+03
8 600	8.989E+02	1.095E+03	1.344E+03	1.674E+03	2.120E+03	2.755E+03	3.757E+03	5.553E+03	9.695E+03
8 700	9.336E+02	1.134E+03	1.391E+03	1.727E+03	2.185E+03	2.852E+03	3.891E+03	5.750E+03	1.003E+04
8 800	9.674E+02	1.179E+03	1.446E+03	1.788E+03	2.261E+03	2.943E+03	4.011E+03	5.924E+03	1.033E+04
8 900	1.006E+03	1.222E+03	1.497E+03	1.862E+03	2.353E+03	3.061E+03	4.171E+03	6.132E+03	1.069E+04
9 000	1.052E+03	1.277E+03	1.557E+03	1.928E+03	2.434E+03	3.164E+03	4.308E+03	6.382E+03	1.112E+04
9 100	1.095E+03	1.327E+03	1.629E+03	2.016E+03	2.544E+03	3.305E+03	4.476E+03	6.596E+03	1.149E+04
9 200	1.150E+03	1.386E+03	1.692E+03	2.092E+03	2.637E+03	3.422E+03	4.675E+03	6.894E+03	1.200E+04
9 300	1.200E+03	1.458E+03	1.778E+03	2.196E+03	2.766E+03	3.588E+03	4.876E+03	7.132E+03	1.241E+04
9 400	1.264E+03	1.519E+03	1.850E+03	2.282E+03	2.871E+03	3.720E+03	5.050E+03	7.481E+03	1.301E+04
9 500	1.324E+03	1.604E+03	1.951E+03	2.405E+03	3.023E+03	3.914E+03	5.311E+03	7.811E+03	1.357E+04
9 600	1.400E+03	1.674E+03	2.033E+03	2.502E+03	3.140E+03	4.061E+03	5.504E+03	8.087E+03	1.404E+04
9 700	1.465E+03	1.773E+03	2.151E+03	2.645E+03	3.318E+03	4.287E+03	5.806E+03	8.526E+03	1.479E+04
9 800	1.556E+03	1.868E+03	2.263E+03	2.762E+03	3.448E+03	4.450E+03	6.019E+03	8.828E+03	1.530 EE04
9 900	1.628E+03	1.951E+03	2.359E+03	2.910E+03	3.653E+03	4.711E+03	6.368E+03	9.334E+03	1.617E+04
10 000	1.734E+03	2.076E+03	2.508E+03	3.072E+03	3.840E+03	4.947E+03	6.681E+03	9.784E+03	1.693E+04
10 100	1.815E+03	2.168E+03	2.614E+03	3.196E+03	3.989E+03	5.130E+03	6.919E+03	1.011E+04	1.749E+04
10 200	1.938E+03	2.312E+03	2.786E+03	3.403E+03	4.244E+03	5.454E+03	7.350E+03	1.074E+04	1.856E+04
10 300	2.052E+03	2.444E+03	2.940E+03	3.588E+03	4.468E+03	5.736E+03	7.722E+03	1.127E+04	1.947E+04
10 400	2.144E+03	2.549E+03	3.060E+03	3.726E+03	4.632E+03	5.938E+03	7.981E+03	1.163E+04	2.007E+04
10 500	2.297E+03	2.728E+03	3.272E+03	3.981E+03	4.946E+03	6.335E+03	8.510E+03	1.240E+04	2.137E+04
10 600	2.433E+03	2.885E+03	3.456E+03	4.199E+03	5.210E+03	6.666E+03	8.945E+03	1.302E+04	2.242E+04

续表

T/K	氢气的摩尔分数								
	0.1	0.2	0.3	0.4	0.5	0.6	0.7	0.8	0.9
10 700	2.537E+03	3.020E+03	3.650E+03	4.430E+03	5.490E+03	7.015E+03	9.403E+03	1.367E+04	2.352E+04
10 800	2.724E+03	3.202E+03	3.783E+03	4.582E+03	5.668E+03	7.231E+03	9.677E+03	1.405E+04	2.413E+04
10 900	2.884E+03	3.405E+03	4.061E+03	4.916E+03	6.077E+03	7.748E+03	1.036E+04	1.503E+04	2.581E+04
11 000	3.053E+03	3.599E+03	4.287E+03	5.183E+03	6.400E+03	8.150E+03	1.088E+04	1.578E+04	2.707E+04
11 100	3.168E+03	3.726E+03	4.429E+03	5.464E+03	6.739E+03	8.572E+03	1.144E+04	1.657E+04	2.839E+04
11 200	3.410E+03	4.008E+03	4.762E+03	5.622E+03	6.921E+03	8.789E+03	1.171E+04	1.693E+04	2.897E+04
11 300	3.605E+03	4.232E+03	5.022E+03	6.048E+03	7.442E+03	9.446E+03	1.258E+04	1.818E+04	3.109E+04
11 400	3.810E+03	4.467E+03	5.293E+03	6.368E+03	7.826E+03	9.923E+03	1.320E+04	1.906E+04	3.257E+04
11 500	3.947E+03	4.712E+03	5.577E+03	6.701E+03	8.227E+03	1.042E+04	1.385E+04	1.998E+04	3.411E+04
11 600	4.219E+03	4.838E+03	5.715E+03	6.854E+03	8.560E+03	1.093E+04	1.452E+04	2.093E+04	3.570E+04
11 700	4.467E+03	5.217E+03	6.159E+03	7.384E+03	8.885E+03	1.111E+04	1.474E+04	2.121E+04	3.612E+04
11 800	4.707E+03	5.491E+03	6.475E+03	7.755E+03	9.491E+03	1.198E+04	1.588E+04	2.286E+04	3.892E+04
11 900	4.956E+03	5.774E+03	6.802E+03	8.138E+03	9.950E+03	1.255E+04	1.662E+04	2.390E+04	4.067E+04
12 000	5.214E+03	6.067E+03	7.140E+03	8.533E+03	1.042E+04	1.314E+04	1.738E+04	2.498E+04	4.247E+04
12 100	5.317E+03	6.175E+03	7.487E+03	8.940E+03	1.091E+04	1.374E+04	1.817E+04	2.608E+04	4.432E+04
12 200	5.736E+03	6.659E+03	7.584E+03	9.039E+03	1.127E+04	1.436E+04	1.897E+04	2.722E+04	4.621E+04
12 300	6.015E+03	6.976E+03	8.184E+03	9.753E+03	1.162E+04	1.443E+04	1.903E+04	2.824E+04	4.816E+04
12 400	6.300E+03	7.299E+03	8.555E+03	1.018E+04	1.240E+04	1.558E+04	2.056E+04	2.848E+04	4.805E+04
12 500	6.591E+03	7.628E+03	8.933E+03	1.063E+04	1.293E+04	1.624E+04	2.141E+04	3.066E+04	5.198E+04
12 600	6.886E+03	7.962E+03	9.316E+03	1.107E+04	1.346E+04	1.690E+04	2.227E+04	3.188E+04	5.403E+04
12 700	7.184E+03	8.300E+03	9.704E+03	1.153E+04	1.401E+04	1.757E+04	2.315E+04	3.312E+04	5.610E+04
12 800	7.217E+03	8.420E+03	1.009E+04	1.198E+04	1.455E+04	1.825E+04	2.403E+04	3.437E+04	5.820E+04
12 900	7.764E+03	8.856E+03	1.007E+04	1.244E+04	1.510E+04	1.893E+04	2.492E+04	3.563E+04	6.032E+04
13 000	8.064E+03	9.293E+03	1.084E+04	1.236E+04	1.541E+04	1.961E+04	2.581E+04	3.690E+04	6.246E+04
13 100	8.360E+03	9.629E+03	1.122E+04	1.331E+04	1.571E+04	1.937E+04	2.646E+04	3.816E+04	6.459E+04
13 200	8.653E+03	9.960E+03	1.161E+04	1.376E+04	1.668E+04	2.090E+04	2.649E+04	3.750E+04	6.654E+04
13 300	8.939E+03	1.028E+04	1.198E+04	1.420E+04	1.721E+04	2.156E+04	2.836E+04	4.055E+04	6.550E+04
13 400	9.217E+03	1.059E+04	1.234E+04	1.463E+04	1.773E+04	2.221E+04	2.922E+04	4.178E+04	7.073E+04
13 500	9.483E+03	1.090E+04	1.269E+04	1.504E+04	1.824E+04	2.285E+04	3.007E+04	4.299E+04	7.281E+04
13 600	9.737E+03	1.119E+04	1.303E+04	1.544E+04	1.873E+04	2.346E+04	3.089E+04	4.418E+04	7.484E+04
13 700	9.976E+03	1.146E+04	1.335E+04	1.582E+04	1.919E+04	2.406E+04	3.168E+04	4.534E+04	7.683E+04
13 800	9.852E+03	1.172E+04	1.365E+04	1.618E+04	1.964E+04	2.463E+04	3.244E+04	4.645E+04	7.877E+04
13 900	1.031E+04	1.195E+04	1.393E+04	1.652E+04	2.006E+04	2.516E+04	3.317E+04	4.752E+04	8.063E+04
14 000	1.056E+04	1.163E+04	1.418E+04	1.683E+04	2.045E+04	2.567E+04	3.386E+04	4.854E+04	8.242E+04

续表

T/K	氢气的摩尔分数								
	0.1	0.2	0.3	0.4	0.5	0.6	0.7	0.8	0.9
14 100	1.072E+04	1.234E+04	1.405E+04	1.711E+04	2.080E+04	2.614E+04	3.451E+04	4.951E+04	8.412E+04
14 200	1.085E+04	1.250E+04	1.429E+04	1.701E+04	2.113E+04	2.657E+04	3.510E+04	5.041E+04	8.572E+04
14 300	1.096E+04	1.263E+04	1.476E+04	1.708E+04	2.107E+04	2.695E+04	3.565E+04	5.123E+04	8.721E+04
14 400	1.104E+04	1.274E+04	1.490E+04	1.774E+04	2.166E+04	2.729E+04	3.614E+04	5.199E+04	8.858E+04
14 500	1.109E+04	1.281E+04	1.501E+04	1.789E+04	2.109E+04	2.725E+04	3.656E+04	5.266E+04	8.982E+04
14 600	1.111E+04	1.285E+04	1.508E+04	1.801E+04	2.201E+04	2.668E+04	3.661E+04	5.325E+04	9.092E+04
14 700	1.110E+04	1.286E+04	1.511E+04	1.808E+04	2.213E+04	2.800E+04	3550E+04	5.346E+04	9.188E+04
14 800	1.106E+04	1.284E+04	1.512E+04	1.811E+04	2.221E+04	2.814E+04	3.744E+04	5.138E+04	9.245E+04
14 900	1.099E+04	1.279E+04	1.509E+04	1.811E+04	2.224E+04	2.822E+04	3.761E+04	5.444E+04	8.814E+04
15 000	1.089E+04	1.270E+04	1.502E+04	1.807E+04	2.223E+04	2.826E+04	3.771E+04	5.466E+04	9.378E+04
15 100	1.077E+04	1.259E+04	1.492E+04	1.799E+04	2.218E+04	2.823E+04	3.774E+04	5.479E+04	9.411E+04
15 200	1.062E+04	1.245E+04	1.479E+04	1.787E+04	2.208E+04	2.816E+04	3.770E+04	5.481E+04	9.428E+04
15 300	1.044E+04	1.228E+04	1.463E+04	1.772E+04	2.194E+04	2.803E+04	3.760E+04	5.473E+04	9.428E+04
15 400	1.025E+04	1.209E+04	1.445E+04	1.753E+04	2.175E+04	2.785E+04	3.742E+04	5.456E+04	9.410E+04
15 500	1.004E+04	1.188E+04	1.423E+04	1.732E+04	2.153E+04	2.762E+04	3.717E+04	5.429E+04	9.376E+04
15 600	9.809E+03	1.165E+04	1.399E+04	1.707E+04	2.128E+04	2.735E+04	3.687E+04	5.392E+04	9.326E+04
15 700	9.563E+03	1.140E+04	1.373E+04	1.680E+04	2.098E+04	2.702E+04	3.650E+04	5.346E+04	9.259E+04
15 800	9.306E+03	1.113E+04	1.346E+04	1.650E+04	2.066E+04	2.666E+04	3.607E+04	5.291E+04	9.176E+04
15 900	9.039E+03	1.085E+04	1.316E+04	1.619E+04	2.031E+04	2.626E+04	3.558E+04	5.228E+04	9.079E+04
16 000	8.765E+03	1.056E+04	1.285E+04	1.585E+04	1.993E+04	2.582E+04	3.505E+04	5.158E+04	8.968E+04
16 100	8.486E+03	1.027E+04	1.253E+04	1.549E+04	1.953E+04	2.535E+04	3.447E+04	5.080E+04	8.844E+04
16 200	8.204E+03	9.969E+03	1.220E+04	1.513E+04	1.911E+04	2.485E+04	3.385E+04	4.995E+04	8.708E+04
16 300	7.921E+03	9.663E+03	1.187E+04	1.475E+04	1.867E+04	2.433E+04	3.319E+04	4.905E+04	8.561E+04
16 400	7.640E+03	9.356E+03	1.152E+04	1.436E+04	1.822E+04	2.379E+04	3.250E+04	4.809E+04	8.404E+04
16 500	7.361E+03	9.050E+03	1.118E+04	1.397E+04	1.776E+04	2.323E+04	3.178E+04	4.709E+04	8.238E+04
16 600	7.087E+03	8.745E+03	1.084E+04	1.357E+04	1.729E+04	2.265E+04	3.104E+04	4.605E+04	8.064E+04
16 700	6.818E+03	8.444E+03	1.049E+04	1.317E+04	1.682E+04	2.206E+04	3.028E+04	4.497E+04	7.884E+04
16 800	6.556E+03	8.148E+03	1.016E+04	1.278E+04	1.634E+04	2.147E+04	2.950E+04	4.387E+04	7.699E+04
16 900	6.301E+03	7.859E+03	9.824E+03	1.238E+04	1.586E+04	2.088E+04	2.872E+04	4.275E+04	7.510E+04
17 000	6.055E+03	7.576E+03	9.495E+03	1.199E+04	1.539E+04	2.028E+04	2.793E+04	4.162E+04	7.317E+04
17 100	5.818E+03	7.302E+03	9.173E+03	1.161E+04	1.492E+04	1.968E+04	2.714E+04	4.048E+04	7.123E+04
17 200	5.590E+03	7.036E+03	8.859E+03	1.123E+04	1.445E+04	1.909E+04	2.635E+04	3.934E+04	6.927E+04
17 300	5.373E+03	6.780E+03	8.553E+03	1.086E+04	1.400E+04	1.851E+04	2.557E+04	3.821E+04	6.732E+04
17 400	5.165E+03	6.534E+03	8.258E+03	1.050E+04	1.355E+04	1.794E+04	2.480E+04	3.708E+04	6.537E+04

续表

	氢气的摩尔分数								
T/K	0.1	0.2	0.3	0.4	0.5	0.6	0.7	0.8	0.9
17 500	4.968E+03	6.298E+03	7.973E+03	1.015E+04	1.311E+04	1.737E+04	2.404E+04	3.596E+04	6.343E+04
17 600	4.782E+03	6.072E+03	7.698E+03	9.814E+03	1.268E+04	1.682E+04	2.329E+04	3.486E+04	6.152E+04
17 700	4.606E+03	5.858E+03	7.435E+03	9.487E+03	1.227E+04	1.628E+04	2.256E+04	3.378E+04	5.964E+04
17 800	4.440E+03	5.654E+03	7.183E+03	9.173E+03	1.187E+04	1.576E+04	2.184E+04	5.914E+04	5.779E+04
17 900	4.285E+03	5.462E+03	6.943E+03	8.871E+03	1.149E+04	1.525E+04	2.115E+04	5.275E+03	5.598E+04
18 000	4.140E+03	5.280E+03	6.715E+03	8.583E+03	1.112E+04	1.476E+04	2.047E+04	3.068E+04	5.421E+04
18 100	4.006E+03	5.109E+03	6.499E+03	8.307E+03	1.076E+04	1.429E+04	1.982E+04	2.971E+04	5.249E+04
18 200	3.881E+03	4.950E+03	6.295E+03	8.045E+03	1.042E+04	1.384E+04	1.919E+04	2.876E+04	5.082E+04
18 300	3.767E+03	4.801E+03	6.102E+03	7.797E+03	1.009E+04	1.341E+04	1.859E+04	2.754E+04	6.514E+04
18 400	3.662E+03	4.662E+03	5.922E+03	7.562E+03	9.790E+03	1.280E+04	1.774E+04	4.590E+04	3.098E+04
18 500	3.567E+03	4.535E+03	5.754E+03	7.227E+03	9.335E+03	1.255E+04	1.739E+04	6.879E+03	4.585E+04
18 600	3.481E+03	4.417E+03	5.508E+03	7.116E+03	9.194E+03	1.203E+04	1.671E+04	2.522E+04	4.450E+04
18 700	3.404E+03	4.250E+03	5.442E+03	6.749E+03	8.767E+03	1.182E+04	1.635E+04	2.444E+04	4.311E+04
18 800	3.306E+03	4.208E+03	5.124E+03	6.736E+03	8.683E+03	1.148E+04	1.586E+04	2.371E+04	4.177E+04
18 900	3.276E+03	3.926E+03	5.182E+03	6.570E+03	8.455E+03	1.116E+04	1.541E+04	2.300E+04	4.050E+04
19 000	3.019E+03	4.041E+03	5.073E+03	6.416E+03	8.242E+03	1.087E+04	1.498E+04	2.233E+04	3.928E+04
19 100	3.182E+03	3.975E+03	4.974E+03	6.276E+03	8.044E+03	1.059E+04	1.457E+04	2.169E+04	3.811E+04
19 200	3.150E+03	3.918E+03	4.887E+03	6.148E+03	7.862E+03	1.032E+04	1.418E+04	2.109E+04	3.700E+04
19 300	3.127E+03	3.872E+03	4.810E+03	6.033E+03	7.694E+03	1.008E+04	1.382E+04	2.051E+04	3.594E+04
19 400	3.112E+03	3.835E+03	4.745E+03	5.930E+03	7.541E+03	9.860E+03	1.348E+04	1.997E+04	3.493E+04
19 500	3.106E+03	3.807E+03	4.690E+03	5.840E+03	7.403E+03	9.653E+03	1.317E+04	1.946E+04	3.397E+04
19 600	3.109E+03	3.789E+03	4.646E+03	5.762E+03	7.279E+03	9.462E+03	1.287E+04	1.899E+04	3.307E+04
19 700	3.120E+03	3.781E+03	4.613E+03	5.697E+03	7.170E+03	9.289E+03	1.260E+04	1.854E+04	3.221E+04
19 800	3.140E+03	3.782E+03	4.590E+03	5.643E+03	7.074E+03	9.133E+03	1.235E+04	1.811E+04	3.140E+04
19 900	3.169E+03	3.792E+03	4.578E+03	5.602E+03	6.992E+03	8.994E+03	1.212E+04	1.772E+04	3.063E+04
20 000	3.206E+03	3.812E+03	4.577E+03	5.572E+03	6.924E+03	8.871E+03	1.191E+04	1.736E+04	2.991E+04
20 100	3.252E+03	3.842E+03	4.586E+03	5.555E+03	6.870E+03	8.764E+03	1.172E+04	1.702E+04	2.923E+04
20 200	3.307E+03	3.882E+03	4.606E+03	5.549E+03	6.830E+03	8.672E+03	1.155E+04	1.671E+04	2.859E+04
20 300	3.371E+03	3.931E+03	4.637E+03	5.555E+03	6.803E+03	8.597E+03	1.140E+04	1.642E+04	2.799E+04
20 400	3.444E+03	3.990E+03	4.678E+03	5.573E+03	6.789E+03	8.537E+03	1.127E+04	1.616E+04	2.743E+04
20 500	3.526E+03	4.059E+03	4.730E+03	5.604E+03	6.789E+03	8.493E+03	1.115E+04	1.592E+04	2.691E+04
20 600	3.617E+03	4.138E+03	4.793E+03	5.645E+03	6.802E+03	8.464E+03	1.106E+04	1.571E+04	2.642E+04
20 700	3.718E+03	4.227E+03	4.867E+03	5.699E+03	6.828E+03	8.450E+03	1.098E+04	1.552E+04	2.597E+04
20 800	3.828E+03	4.326E+03	4.952E+03	5.765E+03	6.867E+03	8.451E+03	1.092E+04	1.535E+04	2.555E+04

续表

T/K	氢气的摩尔分数								
	0.1	0.2	0.3	0.4	0.5	0.6	0.7	0.8	0.9
20 900	3.947E+03	4.435E+03	5.047E+03	5.842E+03	6.919E+03	8.466E+03	1.088E+04	2.117E+04	2.516E+04
21 000	4.076E+03	4.554E+03	5.154E+03	5.931E+03	6.984E+03	8.496E+03	1.086E+04	9.114E+03	2.480E+04
21 100	4.214E+03	4.684E+03	5.271E+03	6.032E+03	7.062E+03	8.541E+03	1.085E+04	1.497E+04	2.447E+04
21 200	4.362E+03	4.823E+03	5.399E+03	6.145E+03	7.153E+03	8.600E+03	1.085E+04	1.489E+04	2.418E+04
21 300	4.520E+03	4.973E+03	5.538E+03	6.269E+03	7.256E+03	8.672E+03	1.088E+04	1.482E+04	2.391E+04
21 400	4.687E+03	5.132E+03	5.687E+03	6.404E+03	7.372E+03	8.759E+03	1.092E+04	1.478E+04	2.366E+04
21 500	4.863E+03	5.302E+03	5.847E+03	6.551E+03	7.500E+03	8.859E+03	1.097E+04	1.475E+04	2.345E+04
21 600	5.048E+03	5.481E+03	6.018E+03	6.709E+03	7.640E+03	8.972E+03	1.104E+04	1.474E+04	2.326E+04
21 700	5.242E+03	5.669E+03	6.198E+03	6.878E+03	7.792E+03	9.098E+03	1.113E+04	1.475E+04	2.309E+04
21 800	5.445E+03	5.867E+03	6.386E+03	7.057E+03	7.955E+03	9.237E+03	1.123E+04	1.478E+04	2.294E+04
21 900	5.656E+03	6.074E+03	6.588E+03	7.247E+03	8.129E+03	9.387E+03	1.134E+04	1.482E+04	2.282E+04
22 000	5.876E+03	6.289E+03	6.797E+03	7.446E+03	8.314E+03	9.550E+03	1.146E+04	1.488E+04	2.272E+04
22 100	6.102E+03	6.513E+03	7.015E+03	7.655E+03	8.509E+03	9.723E+03	1.160E+04	1.495E+04	2.263E+04
22 200	6.336E+03	6.744E+03	7.241E+03	7.872E+03	8.713E+03	9.907E+03	1.175E+04	1.296E+04	1.865E+04
22 300	6.577E+03	6.982E+03	7.474E+03	8.098E+03	8.927E+03	9.259E+03	1.063E+04	1.482E+04	2.226E+04
22 400	6.824E+03	7.227E+03	7.715E+03	8.331E+03	8.587E+03	1.030E+04	1.174E+04	1.524E+04	2.249E+04
22 500	7.076E+03	7.477E+03	7.962E+03	8.201E+03	9.017E+03	1.016E+04	1.226E+04	1.537E+04	2.248E+04
22 600	7.332E+03	7.733E+03	7.982E+03	8.450E+03	9.611E+03	1.073E+04	1.245E+04	1.550E+04	2.248E+04
22 700	7.593E+03	7.861E+03	8.099E+03	9.066E+03	9.853E+03	1.095E+04	1.265E+04	1.565E+04	2.250E+04
22 800	7.801E+03	8.257E+03	8.728E+03	9.322E+03	1.010E+04	1.118E+04	1.285E+04	1.580E+04	2.253E+04
22 900	8.123E+03	8.142E+03	8.992E+03	9.581E+03	1.035E+04	1.142E+04	1.307E+04	1.596E+04	2.257E+04
23 000	8.390E+03	8.785E+03	9.258E+03	9.842E+03	1.060E+04	1.166E+04	1.328E+04	1.613E+04	2.261E+04
23 100	8.272E+03	9.053E+03	9.524E+03	1.010E+04	1.085E+04	1.190E+04	1.350E+04	1.630E+04	2.267E+04
23 200	8.920E+03	9.321E+03	9.790E+03	1.036E+04	1.111E+04	1.214E+04	1.372E+04	1.647E+04	2.274E+04
23 300	9.186E+03	9.586E+03	1.005E+04	1.062E+04	1.136E+04	1.239E+04	1.394E+04	1.665E+04	2.281E+04
23 400	9.449E+03	9.850E+03	1.031E+04	1.088E+04	1.162E+04	1.263E+04	1.416E+04	1.683E+04	2.288E+04
23 500	9.708E+03	1.011E+04	1.057E+04	1.114E+04	1.187E+04	1.287E+04	1.438E+04	1.701E+04	2.296E+04
23 600	9.963E+03	1.036E+04	1.083E+04	1.139E+04	1.211E+04	1.310E+04	1.459E+04	1.718E+04	2.304E+04
23 700	1.021E+04	1.061E+04	1.107E+04	1.164E+04	1.235E+04	1.333E+04	1.480E+04	1.735E+04	2.312E+04
23 800	1.045E+04	1.085E+04	1.131E+04	1.187E+04	1.258E+04	1.355E+04	1.500E+04	1.752E+04	2.320E+04
23 900	1.068E+04	1.109E+04	1.155E+04	1.210E+04	1.281E+04	1.377E+04	1.520E+04	1.768E+04	2.328E+04
24 000	1.091E+04	1.131E+04	1.177E+04	1.232E+04	1.302E+04	1.397E+04	1.539E+04	1.784E+04	2.336E+04

表 A.5　氩气/氧气混合气体的粘度[kg/(m·s)]

	氢气的摩尔分数								
T/K	0.1	0.2	0.3	0.4	0.5	0.6	0.7	0.8	0.9
500	3.344E−05	3.252E−05	3.145E−05	3.018E−05	2.864E−05	2.676E−05	2.441E−05	2.140E−05	1.744E−05
600	3.838E−05	3.737E−05	3.617E−05	3.474E−05	3.301E−05	3.087E−05	2.817E−05	2.470E−05	2.010E−05
700	4.385E−05	4.268E−05	4.129E−05	3.964E−05	3.763E−05	3.515E−05	3.203E−05	2.802E−05	2.271E−05
800	4.865E−05	4.737E−05	4.586E−05	4.404E−05	4.183E−05	3.909E−05	3.563E−05	3.116E−05	2.522E−05
900	5.279E−05	5.146E−05	4.988E−05	4.797E−05	4.562E−05	4.270E−05	3.898E−05	3.414E−05	2.764E−05
1 000	5.650E−05	5.515E−05	5.353E−05	5.157E−05	4.914E−05	4.608E−05	4.216E−05	3.699E−05	2.999E−05
1 100	5.995E−05	5.860E−05	5.697E−05	5.497E−05	5.247E−05	4.931E−05	4.521E−05	3.976E−05	3.229E−05
1 200	6.326E−05	6.191E−05	6.027E−05	5.825E−05	5.570E−05	5.244E−05	4.818E−05	4.246E−05	3.453E−05
1 300	6.649E−05	6.516E−05	6.351E−05	6.146E−05	5.886E−05	5.551E−05	5.110E−05	4.512E−05	3.675E−05
1 400	6.969E−05	6.836E−05	6.671E−05	6.463E−05	6.198E−05	5.854E−05	5.397E−05	4.773E−05	3.893E−05
1 500	7.287E−05	7.154E−05	6.988E−05	6.777E−05	6.507E−05	6.154E−05	5.681E−05	5.032E−05	4.108E−05
1 600	7.604E−05	7.471E−05	7.303E−05	7.090E−05	6.814E−05	6.451E−05	5.963E−05	5.288E−05	4.321E−05
1 700	7.921E−05	7.787E−05	7.617E−05	7.401E−05	7.119E−05	6.746E−05	6.242E−05	5.541E−05	4.532E−05
1 800	8.236E−05	8.101E−05	7.930E−05	7.710E−05	7.422E−05	7.039E−05	6.519E−05	5.792E−05	4.740E−05
1 900	8.550E−05	8.415E−05	8.241E−05	8.017E−05	7.723E−05	7.330E−05	6.794E−05	6.041E−05	4.947E−05
2 000	8.863E−05	8.727E−05	8.551E−05	8.323E−05	8.022E−05	7.619E−05	7.067E−05	6.288E−05	5.152E−05
2 100	9.175E−05	9.037E−05	8.859E−05	8.627E−05	8.320E−05	7.906E−05	7.337E−05	6.533E−05	5.355E−05
2 200	9.485E−05	9.346E−05	9.165E−05	8.929E−05	8.615E−05	8.191E−05	7.606E−05	6.776E−05	5.557E−05
2 300	9.793E−05	9.652E−05	9.469E−05	9.229E−05	8.908E−05	8.474E−05	7.873E−05	7.018E−05	5.757E−05
2 400	1.009E−04	9.957E−05	9.771E−05	9.527E−05	9.200E−05	8.755E−05	8.138E−05	7.257E−05	5.956E−05
2 500	1.040E−04	1.026E−04	1.007E−04	9.823E−05	9.489E−05	9.034E−05	8.400E−05	7.495E−05	6.154E−05
2 600	1.070E−04	1.056E−04	1.037E−04	1.011E−04	9.776E−05	9.310E−05	8.661E−05	7.731E−05	6.351E−05
2 700	1.100E−04	1.085E−04	1.066E−04	1.040E−04	1.006E−04	9.585E−05	8.920E−05	7.965E−05	6.546E−05
2 800	1.129E−04	1.115E−04	1.095E−04	1.069E−04	1.034E−04	9.857E−05	9.176E−05	8.197E−05	6.740E−05
2 900	1.159E−04	1.144E−04	1.124E−04	1.098E−04	1.062E−04	1.012E−04	9.429E−05	8.426E−05	6.931E−05
3 000	1.188E−04	1.173E−04	1.153E−04	1.126E−04	1.089E−04	1.039E−04	9.677E−05	8.649E−05	7.118E−05
3 100	1.217E−04	1.202E−04	1.182E−04	1.154E−04	1.117E−04	1.065E−04	9.920E−05	8.866E−05	7.297E−05
3 200	1.245E−04	1.231E−04	1.210E−04	1.182E−04	1.143E−04	1.090E−04	1.015E−04	9.073E−05	7.465E−05
3 300	1.274E−04	1.259E−04	1.238E−04	1.209E−04	1.169E−04	1.114E−04	1.037E−04	9.265E−05	7.617E−05
3 400	1.302E−04	1.287E−04	1.265E−04	1.235E−04	1.194E−04	1.138E−04	1.058E−04	9.440E−05	7.749E−05
3 500	1.330E−04	1.314E−04	1.292E−04	1.261E−04	1.219E−04	1.160E−04	1.077E−04	9.593E−05	7.854E−05
3 600	1.357E−04	1.341E−04	1.318E−04	1.286E−04	1.242E−04	1.180E−04	1.094E−04	9.722E−05	7.932E−05
3 700	1.384E−04	1.368E−04	1.344E−04	1.311E−04	1.264E−04	1.199E−04	1.110E−04	9.828E−05	7.983E−05
3 800	1.411E−04	1.395E−04	1.370E−04	1.334E−04	1.285E−04	1.217E−04	1.123E−04	9.915E−05	8.010E−05

续表

	氢气的摩尔分数								
T/K	0.1	0.2	0.3	0.4	0.5	0.6	0.7	0.8	0.9
3 900	1.437E−04	1.421E−04	1.395E−04	1.358E−04	1.306E−04	1.235E−04	1.136E−04	9.989E−05	8.021E−05
4 000	1.464E−04	1.447E−04	1.420E−04	1.381E−04	1.326E−04	1.251E−04	1.148E−04	1.005E−04	8.027E−05
4 100	1.490E−04	1.472E−04	1.444E−04	1.404E−04	1.347E−04	1.268E−04	1.161E−04	1.012E−04	8.034E−05
4 200	1.515E−04	1.498E−04	1.469E−04	1.427E−04	1.367E−04	1.286E−04	1.174E−04	1.020E−04	8.052E−05
4 300	1.541E−04	1.523E−04	1.494E−04	1.450E−04	1.388E−04	1.304E−04	1.188E−04	1.029E−04	8.084E−05
4 400	1.566E−04	1.548E−04	1.518E−04	1.473E−04	1.410E−04	1.322E−04	1.203E−04	1.040E−04	8.132E−05
4 500	1.591E−04	1.573E−04	1.543E−04	1.497E−04	1.431E−04	1.342E−04	1.219E−04	1.051E−04	8.196E−05
4 600	1.616E−04	1.598E−04	1.567E−04	1.520E−04	1.453E−04	1.361E−04	1.236E−04	1.064E−04	8.275E−05
4 700	1.640E−04	1.623E−04	1.592E−04	1.544E−04	1.476E−04	1.382E−04	1.253E−04	1.078E−04	8.367E−05
4 800	1.664E−04	1.647E−04	1.616E−04	1.567E−04	1.498E−04	1.402E−04	1.271E−04	1.093E−04	8.470E−05
4 900	1.689E−04	1.671E−04	1.640E−04	1.591E−04	1.521E−04	1.423E−04	1.290E−04	1.108E−04	8.581E−05
5 000	1.712E−04	1.696E−04	1.664E−04	1.614E−04	1.543E−04	1.444E−04	1.309E−04	1.125E−04	8.699E−05
5 100	1.736E−04	1.719E−04	1.688E−04	1.638E−04	1.566E−04	1.466E−04	1.329E−04	1.141E−04	8.822E−05
5 200	1.760E−04	1.743E−04	1.711E−04	1.661E−04	1.588E−04	1.487E−04	1.348E−04	1.158E−04	8.950E−05
5 300	1.783E−04	1.767E−04	1.735E−04	1.684E−04	1.611E−04	1.509E−04	1.368E−04	1.175E−04	9.081E−05
5 400	1.806E−04	1.790E−04	1.758E−04	1.708E−04	1.634E−04	1.530E−04	1.388E−04	1.192E−04	9.215E−05
5 500	1.829E−04	1.813E−04	1.782E−04	1.731E−04	1.656E−04	1.551E−04	1.407E−04	1.209E−04	9.351E−05
5 600	1.852E−04	1.836E−04	1.805E−04	1.754E−04	1.679E−04	1.573E−04	1.427E−04	1.227E−04	9.489E−05
5 700	1.874E−04	1.859E−04	1.828E−04	1.777E−04	1.701E−04	1.594E−04	1.447E−04	1.244E−04	9.628E−05
5 800	1.897E−04	1.882E−04	1.851E−04	1.799E−04	1.723E−04	1.616E−04	1.467E−04	1.262E−04	9.767E−05
5 900	1.919E−04	1.905E−04	1.873E−04	1.822E−04	1.745E−04	1.637E−04	1.487E−04	1.280E−04	9.908E−05
6 000	1.941E−04	1.927E−04	1.896E−04	1.845E−04	1.768E−04	1.659E−04	1.507E−04	1.297E−04	1.005E−04
6 100	1.964E−04	1.950E−04	1.919E−04	1.867E−04	1.790E−04	1.680E−04	1.527E−04	1.315E−04	1.019E−04
6 200	1.985E−04	1.972E−04	1.941E−04	1.889E−04	1.812E−04	1.701E−04	1.547E−04	1.333E−04	1.033E−04
6 300	2.007E−04	1.994E−04	1.963E−04	1.912E−04	1.834E−04	1.722E−04	1.567E−04	1.350E−04	1.047E−04
6 400	2.029E−04	2.016E−04	1.986E−04	1.934E−04	1.855E−04	1.743E−04	1.586E−04	1.368E−04	1.061E−04
6 500	2.051E−04	2.038E−04	2.008E−04	1.956E−04	1.877E−04	1.764E−04	1.606E−04	1.386E−04	1.076E−04
6 600	2.072E−04	2.060E−04	2.030E−04	1.978E−04	1.899E−04	1.785E−04	1.626E−04	1.403E−04	1.090E−04
6 700	2.093E−04	2.082E−04	2.052E−04	2.000E−04	1.920E−04	1.806E−04	1.646E−04	1.421E−04	1.104E−04
6 800	2.115E−04	2.103E−04	2.073E−04	2.021E−04	1.942E−04	1.827E−04	1.665E−04	1.439E−04	1.118E−04
6 900	2.136E−04	2.125E−04	2.095E−04	2.043E−04	1.963E−04	1.848E−04	1.685E−04	1.456E−04	1.132E−04
7 000	2.157E−04	2.146E−04	2.117E−04	2.065E−04	1.985E−04	1.868E−04	1.704E−04	1.474E−04	1.147E−04
7 100	2.178E−04	2.167E−04	2.138E−04	2.086E−04	2.006E−04	1.889E−04	1.723E−04	1.491E−04	1.161E−04
7 200	2.198E−04	2.189E−04	2.160E−04	2.108E−04	2.027E−04	1.909E−04	1.743E−04	1.508E−04	1.175E−04

续表

T/K	氢气的摩尔分数								
	0.1	0.2	0.3	0.4	0.5	0.6	0.7	0.8	0.9
7 300	2.219E−04	2.210E−04	2.181E−04	2.129E−04	2.048E−04	1.930E−04	1.762E−04	1.525E−04	1.189E−04
7 400	2.240E−04	2.231E−04	2.202E−04	2.150E−04	2.069E−04	1.950E−04	1.781E−04	1.543E−04	1.203E−04
7 500	2.260E−04	2.252E−04	2.223E−04	2.171E−04	2.090E−04	1.970E−04	1.800E−04	1.560E−04	1.217E−04
7 600	2.281E−04	2.272E−04	2.244E−04	2.192E−04	2.110E−04	1.990E−04	1.819E−04	1.577E−04	1.230E−04
7 700	2.301E−04	2.293E−04	2.265E−04	2.213E−04	2.131E−04	2.010E−04	1.838E−04	1.594E−04	1.244E−04
7 800	2.321E−04	2.314E−04	2.286E−04	2.234E−04	2.151E−04	2.030E−04	1.856E−04	1.610E−04	1.258E−04
7 900	2.341E−04	2.334E−04	2.306E−04	2.254E−04	2.172E−04	2.050E−04	1.875E−04	1.627E−04	1.271E−04
8 000	2.361E−04	2.354E−04	2.327E−04	2.275E−04	2.192E−04	2.069E−04	1.893E−04	1.643E−04	1.284E−04
8 100	2.381E−04	2.375E−04	2.347E−04	2.295E−04	2.212E−04	2.088E−04	1.911E−04	1.659E−04	1.298E−04
8 200	2.401E−04	2.395E−04	2.367E−04	2.315E−04	2.231E−04	2.107E−04	1.929E−04	1.675E−04	1.311E−04
8 300	2.421E−04	2.414E−04	2.387E−04	2.335E−04	2.251E−04	2.126E−04	1.947E−04	1.691E−04	1.323E−04
8 400	2.440E−04	2.434E−04	2.407E−04	2.354E−04	2.270E−04	2.144E−04	1.964E−04	1.707E−04	1.336E−04
8 500	2.459E−04	2.454E−04	2.426E−04	2.374E−04	2.289E−04	2.163E−04	1.981E−04	1.722E−04	1.348E−04
8 600	2.479E−04	2.473E−04	2.446E−04	2.393E−04	2.307E−04	2.180E−04	1.998E−04	1.737E−04	1.360E−04
8 700	2.498E−04	2.492E−04	2.465E−04	2.411E−04	2.326E−04	2.198E−04	2.014E−04	1.751E−04	1.372E−04
8 800	2.516E−04	2.510E−04	2.483E−04	2.430E−04	2.343E−04	2.215E−04	2.030E−04	1.765E−04	1.384E−04
8 900	2.535E−04	2.529E−04	2.501E−04	2.448E−04	2.361E−04	2.232E−04	2.045E−04	1.779E−04	1.395E−04
9 000	2.553E−04	2.547E−04	2.519E−04	2.465E−04	2.378E−04	2.248E−04	2.060E−04	1.792E−04	1.405E−04
9 100	2.570E−04	2.565E−04	2.537E−04	2.482E−04	2.394E−04	2.263E−04	2.074E−04	1.805E−04	1.415E−04
9 200	2.588E−04	2.582E−04	2.554E−04	2.499E−04	2.410E−04	2.278E−04	2.088E−04	1.817E−04	1.425E−04
9 300	2.605E−04	2.599E−04	2.570E−04	2.514E−04	2.425E−04	2.292E−04	2.101E−04	1.828E−04	1.434E−04
9 400	2.621E−04	2.615E−04	2.586E−04	2.529E−04	2.439E−04	2.306E−04	2.113E−04	1.839E−04	1.442E−04
9 500	2.637E−04	2.630E−04	2.601E−04	2.544E−04	2.453E−04	2.318E−04	2.124E−04	1.849E−04	1.450E−04
9 600	2.652E−04	2.645E−04	2.615E−04	2.557E−04	2.465E−04	2.330E−04	2.135E−04	1.857E−04	1.457E−04
9 700	2.667E−04	2.659E−04	2.628E−04	2.570E−04	2.477E−04	2.340E−04	2.144E−04	1.865E−04	1.464E−04
9 800	2.681E−04	2.672E−04	2.641E−04	2.581E−04	2.487E−04	2.349E−04	2.152E−04	1.872E−04	1.469E−04
9 900	2.694E−04	2.684E−04	2.652E−04	2.591E−04	2.497E−04	2.358E−04	2.159E−04	1.878E−04	1.474E−04
10 000	2.706E−04	2.695E−04	2.662E−04	2.600E−04	2.505E−04	2.364E−04	2.165E−04	1.883E−04	1.477E−04
10 100	2.717E−04	2.705E−04	2.671E−04	2.608E−04	2.511E−04	2.370E−04	2.169E−04	1.886E−04	1.480E−04
10 200	2.726E−04	2.714E−04	2.678E−04	2.614E−04	2.516E−04	2.373E−04	2.172E−04	1.888E−04	1.481E−04
10 300	2.735E−04	2.721E−04	2.684E−04	2.619E−04	2.519E−04	2.375E−04	2.173E−04	1.889E−04	1.481E−04
10 400	2.742E−04	2.726E−04	2.688E−04	2.621E−04	2.520E−04	2.376E−04	2.173E−04	1.888E−04	1.480E−04
10 500	2.747E−04	2.730E−04	2.690E−04	2.622E−04	2.520E−04	2.374E−04	2.170E−04	1.885E−04	1.478E−04
10 600	2.750E−04	2.732E−04	2.690E−04	2.621E−04	2.517E−04	2.370E−04	2.166E−04	1.881E−04	1.475E−04

续表

T/K	氢气的摩尔分数								
	0.1	0.2	0.3	0.4	0.5	0.6	0.7	0.8	0.9
10 700	2.752E−04	2.732E−04	2.688E−04	2.617E−04	2.512E−04	2.364E−04	2.160E−04	1.875E−04	1.470E−04
10 800	2.751E−04	2.729E−04	2.684E−04	2.611E−04	2.505E−04	2.356E−04	2.151E−04	1.867E−04	1.463E−04
10 900	2.749E−04	2.725E−04	2.677E−04	2.603E−04	2.495E−04	2.346E−04	2.141E−04	1.857E−04	1.456E−04
11 000	2.743E−04	2.717E−04	2.668E−04	2.592E−04	2.483E−04	2.333E−04	2.128E−04	1.846E−04	1.446E−04
11 100	2.736E−04	2.708E−04	2.656E−04	2.579E−04	2.468E−04	2.318E−04	2.113E−04	1.832E−04	1.435E−04
11 200	2.725E−04	2.695E−04	2.642E−04	2.562E−04	2.451E−04	2.300E−04	2.095E−04	1.817E−04	1.423E−04
11 300	2.712E−04	2.679E−04	2.624E−04	2.543E−04	2.431E−04	2.279E−04	2.076E−04	1.799E−04	1.409E−04
11 400	2.696E−04	2.661E−04	2.604E−04	2.521E−04	2.407E−04	2.256E−04	2.054E−04	1.779E−04	1.394E−04
11 500	2.677E−04	2.639E−04	2.580E−04	2.496E−04	2.382E−04	2.230E−04	2.029E−04	1.758E−04	1.377E−04
11 600	2.655E−04	2.615E−04	2.553E−04	2.468E−04	2.353E−04	2.202E−04	2.003E−04	1.734E−04	1.358E−04
11 700	2.629E−04	2.587E−04	2.524E−04	2.437E−04	2.321E−04	2.171E−04	1.973E−04	1.709E−04	1.338E−04
11 800	2.601E−04	2.556E−04	2.491E−04	2.403E−04	2.287E−04	2.137E−04	1.942E−04	1.682E−04	1.317E−04
11 900	2.569E−04	2.522E−04	2.455E−04	2.366E−04	2.250E−04	2.102E−04	1.909E−04	1.653E−04	1.294E−04
12 000	2.534E−04	2.485E−04	2.416E−04	2.326E−04	2.211E−04	2.063E−04	1.874E−04	1.622E−04	1.270E−04
12 100	2.495E−04	2.444E−04	2.375E−04	2.284E−04	2.169E−04	2.023E−04	1.836E−04	1.590E−04	1.245E−04
12 200	2.454E−04	2.401E−04	2.330E−04	2.239E−04	2.125E−04	1.981E−04	1.797E−04	1.556E−04	1.219E−04
12 300	2.410E−04	2.355E−04	2.283E−04	2.192E−04	2.078E−04	1.936E−04	1.757E−04	1.521E−04	1.192E−04
12 400	2.363E−04	2.307E−04	2.234E−04	2.143E−04	2.030E−04	1.891E−04	1.714E−04	1.484E−04	1.164E−04
12 500	2.313E−04	2.256E−04	2.183E−04	2.092E−04	1.980E−04	1.843E−04	1.671E−04	1.447E−04	1.135E−04
12 600	2.261E−04	2.203E−04	2.129E−04	2.039E−04	1.929E−04	1.795E−04	1.627E−04	1.409E−04	1.105E−04
12 700	2.207E−04	2.148E−04	2.074E−04	1.984E−04	1.876E−04	1.745E−04	1.581E−04	1.370E−04	1.075E−04
12 800	2.151E−04	2.091E−04	2.018E−04	1.929E−04	1.823E−04	1.694E−04	1.535E−04	1.330E−04	1.045E−04
12 900	2.093E−04	2.033E−04	1.959E−04	1.872E−04	1.768E−04	1.643E−04	1.489E−04	1.290E−04	1.014E−04
13 000	2.034E−04	1.974E−04	1.901E−04	1.815E−04	1.713E−04	1.591E−04	1.442E−04	1.250E−04	9.834E−05
13 100	1.973E−04	1.914E−04	1.842E−04	1.757E−04	1.657E−04	1.539E−04	1.394E−04	1.210E−04	9.523E−05
13 200	1.913E−04	1.853E−04	1.782E−04	1.699E−04	1.602E−04	1.487E−04	1.347E−04	1.169E−04	9.209E−05
13 300	1.851E−04	1.792E−04	1.722E−04	1.641E−04	1.547E−04	1.435E−04	1.300E−04	1.128E−04	8.897E−05
13 400	1.790E−04	1.731E−04	1.663E−04	1.584E−04	1.492E−04	1.384E−04	1.254E−04	1.088E−04	8.589E−05
13 500	1.728E−04	1.671E−04	1.604E−04	1.526E−04	1.437E−04	1.333E−04	1.208E−04	1.049E−04	8.284E−05
13 600	1.667E−04	1.611E−04	1.545E−04	1.470E−04	1.384E−04	1.283E−04	1.163E−04	1.010E−04	7.983E−05
13 700	1.607E−04	1.552E−04	1.488E−04	1.415E−04	1.331E−04	1.234E−04	1.118E−04	9.719E−05	7.686E−05
13 800	1.546E−04	1.494E−04	1.431E−04	1.360E−04	1.279E−04	1.186E−04	1.074E−04	9.343E−05	7.395E−05
13 900	1.487E−04	1.437E−04	1.376E−04	1.307E−04	1.229E−04	1.139E−04	1.032E−04	8.976E−05	7.111E−05
14 000	1.430E−04	1.379E−04	1.322E−04	1.256E−04	1.180E−04	1.093E−04	9.907E−05	8.617E−05	6.832E−05

续表

T/K	氢气的摩尔分数								
	0.1	0.2	0.3	0.4	0.5	0.6	0.7	0.8	0.9
14 100	1.374E−04	1.325E−04	1.268E−04	1.205E−04	1.132E−04	1.049E−04	9.503E−05	8.269E−05	6.562E−05
14 200	1.320E−04	1.273E−04	1.217E−04	1.155E−04	1.086E−04	1.006E−04	9.113E−05	7.930E−05	6.298E−05
14 300	1.268E−04	1.222E−04	1.168E−04	1.108E−04	1.040E−04	9.645E−05	8.734E−05	7.603E−05	6.043E−05
14 400	1.218E−04	1.173E−04	1.121E−04	1.062E−04	9.975E−05	9.244E−05	8.370E−05	7.286E−05	5.796E−05
14 500	1.169E−04	1.126E−04	1.075E−04	1.019E−04	9.558E−05	8.844E−05	8.019E−05	6.981E−05	5.558E−05
14 600	1.123E−04	1.080E−04	1.032E−04	9.773E−05	9.161E−05	8.470E−05	7.669E−05	6.688E−05	5.328E−05
14 700	1.078E−04	1.037E−04	9.904E−05	9.373E−05	8.781E−05	8.114E−05	7.341E−05	6.396E−05	5.107E−05
14 800	1.036E−04	9.965E−05	9.506E−05	8.991E−05	8.418E−05	7.775E−05	7.031E−05	6.121E−05	4.888E−05
14 900	9.958E−05	9.574E−05	9.127E−05	8.627E−05	8.072E−05	7.451E−05	6.735E−05	5.862E−05	4.679E−05
15 000	9.576E−05	9.202E−05	8.767E−05	8.281E−05	7.743E−05	7.142E−05	6.452E−05	5.615E−05	4.484E−05
15 100	9.215E−05	8.850E−05	8.425E−05	7.952E−05	7.430E−05	6.848E−05	6.183E−05	5.379E−05	4.298E−05
15 200	8.874E−05	8.517E−05	8.102E−05	7.641E−05	7.133E−05	6.569E−05	5.927E−05	5.155E−05	4.120E−05
15 300	8.553E−05	8.203E−05	7.797E−05	7.347E−05	6.852E−05	6.305E−05	5.685E−05	4.942E−05	3.951E−05
15 400	8.251E−05	7.907E−05	7.509E−05	7.069E−05	6.587E−05	6.055E−05	5.455E−05	4.739E−05	3.790E−05
15 500	7.968E−05	7.629E−05	7.239E−05	6.807E−05	6.336E−05	5.819E−05	5.237E−05	4.547E−05	3.638E−05
15 600	7.703E−05	7.369E−05	6.984E−05	6.560E−05	6.100E−05	5.596E−05	5.031E−05	4.366E−05	3.493E−05
15 700	7.455E−05	7.125E−05	6.745E−05	6.329E−05	5.877E−05	5.385E−05	4.837E−05	4.194E−05	3.356E−05
15 800	7.224E−05	6.897E−05	6.522E−05	6.111E−05	5.668E−05	5.187E−05	4.654E−05	4.032E−05	3.226E−05
15 900	7.010E−05	6.684E−05	6.313E−05	5.908E−05	5.472E−05	5.001E−05	4.481E−05	3.879E−05	3.103E−05
16 000	6.810E−05	6.486E−05	6.117E−05	5.717E−05	5.288E−05	4.826E−05	4.319E−05	3.734E−05	2.987E−05
16 100	6.625E−05	6.301E−05	5.935E−05	5.539E−05	5.116E−05	4.662E−05	4.167E−05	3.599E−05	2.878E−05
16 200	6.455E−05	6.130E−05	5.765E−05	5.372E−05	4.954E−05	4.509E−05	4.024E−05	3.471E−05	2.775E−05
16 300	6.297E−05	5.971E−05	5.608E−05	5.217E−05	4.804E−05	4.365E−05	3.890E−05	3.351E−05	2.679E−05
16 400	6.151E−05	5.825E−05	5.461E−05	5.073E−05	4.663E−05	4.230E−05	3.764E−05	3.239E−05	2.588E−05
16 500	6.018E−05	5.689E−05	5.325E−05	4.939E−05	4.533E−05	4.105E−05	3.647E−05	3.134E−05	2.502E−05
16 600	5.895E−05	5.564E−05	5.200E−05	4.814E−05	4.411E−05	3.988E−05	3.537E−05	3.035E−05	2.422E−05
16 700	5.783E−05	5.449E−05	5.084E−05	4.699E−05	4.298E−05	3.879E−05	3.434E−05	2.943E−05	2.347E−05
16 800	5.681E−05	5.343E−05	4.977E−05	4.592E−05	4.192E−05	3.777E−05	3.338E−05	2.856E−05	2.277E−05
16 900	5.588E−05	5.247E−05	4.878E−05	4.493E−05	4.095E−05	3.683E−05	3.249E−05	2.776E−05	2.211E−05
17 000	5.503E−05	5.158E−05	4.788E−05	4.402E−05	4.005E−05	3.595E−05	3.166E−05	2.700E−05	2.149E−05
17 100	5.427E−05	5.078E−05	4.705E−05	4.318E−05	3.921E−05	3.514E−05	3.089E−05	2.630E−05	2.092E−05
17 200	5.358E−05	5.004E−05	4.629E−05	4.241E−05	3.844E−05	3.438E−05	3.017E−05	2.565E−05	2.038E−05
17 300	5.296E−05	4.938E−05	4.559E−05	4.170E−05	3.773E−05	3.369E−05	2.951E−05	2.504E−05	1.988E−05
17 400	5.241E−05	4.878E−05	4.496E−05	4.105E−05	3.708E−05	3.304E−05	2.889E−05	2.448E−05	1.942E−05

续表

	氢气的摩尔分数								
T/K	0.1	0.2	0.3	0.4	0.5	0.6	0.7	0.8	0.9
17 500	5.192E−05	4.824E−05	4.439E−05	4.046E−05	3.648E−05	3.245E−05	2.832E−05	2.396E−05	1.898E−05
17 600	5.148E−05	4.776E−05	4.387E−05	3.992E−05	3.593E−05	3.190E−05	2.779E−05	2.347E−05	1.858E−05
17 700	5.110E−05	4.733E−05	4.340E−05	3.943E−05	3.543E−05	3.140E−05	2.731E−05	2.302E−05	1.821E−05
17 800	5.077E−05	4.694E−05	4.299E−05	3.898E−05	3.497E−05	3.094E−05	2.686E−05	1.752E−05	1.786E−05
17 900	5.049E−05	4.661E−05	4.261E−05	3.858E−05	3.455E−05	3.052E−05	2.645E−05	2.223E−05	1.754E−05
18 000	5.025E−05	4.631E−05	4.228E−05	3.822E−05	3.417E−05	3.014E−05	2.607E−05	2.187E−05	1.725E−05
18 100	5.004E−05	4.606E−05	4.198E−05	3.790E−05	3.383E−05	2.979E−05	2.573E−05	2.155E−05	1.698E−05
18 200	4.988E−05	4.584E−05	4.172E−05	3.761E−05	3.353E−05	2.947E−05	2.541E−05	2.125E−05	1.672E−05
18 300	4.975E−05	4.565E−05	4.150E−05	3.735E−05	3.325E−05	2.918E−05	2.512E−05	2.108E−05	1.392E−05
18 400	4.964E−05	4.550E−05	4.130E−05	3.713E−05	3.300E−05	2.903E−05	2.497E−05	1.707E−05	1.638E−05
18 500	4.957E−05	4.537E−05	4.114E−05	3.702E−05	3.288E−05	2.879E−05	2.473E−05	2.078E−05	1.631E−05
18 600	4.952E−05	4.527E−05	4.108E−05	3.685E−05	3.269E−05	2.883E−05	2.473E−05	2.058E−05	1.613E−05
18 700	4.949E−05	4.526E−05	4.096E−05	3.701E−05	3.279E−05	2.865E−05	2.454E−05	2.039E−05	1.597E−05
18 800	4.953E−05	4.521E−05	4.120E−05	3.689E−05	3.265E−05	2.848E−05	2.437E−05	2.022E−05	1.583E−05
18 900	4.954E−05	4.553E−05	4.113E−05	3.678E−05	3.252E−05	2.834E−05	2.421E−05	2.007E−05	1.570E−05
19 000	4.996E−05	4.551E−05	4.107E−05	3.670E−05	3.241E−05	2.821E−05	2.408E−05	1.993E−05	1.558E−05
19 100	5.000E−05	4.551E−05	4.103E−05	3.663E−05	3.232E−05	2.810E−05	2.396E−05	1.981E−05	1.547E−05
19 200	5.005E−05	4.552E−05	4.101E−05	3.658E−05	3.224E−05	2.801E−05	2.385E−05	1.970E−05	1.538E−05
19 300	5.011E−05	4.554E−05	4.100E−05	3.654E−05	3.218E−05	2.793E−05	2.376E−05	1.961E−05	1.529E−05
19 400	5.018E−05	4.557E−05	4.100E−05	3.651E−05	3.213E−05	2.787E−05	2.368E−05	1.953E−05	1.522E−05
19 500	5.025E−05	4.561E−05	4.101E−05	3.650E−05	3.210E−05	2.781E−05	2.362E−05	1.946E−05	1.516E−05
19 600	5.033E−05	4.565E−05	4.102E−05	3.649E−05	3.207E−05	2.777E−05	2.357E−05	1.940E−05	1.510E−05
19 700	5.040E−05	4.570E−05	4.105E−05	3.649E−05	3.206E−05	2.774E−05	2.352E−05	1.935E−05	1.506E−05
19 800	5.048E−05	4.575E−05	4.108E−05	3.650E−05	3.205E−05	2.772E−05	2.349E−05	1.931E−05	1.502E−05
19 900	5.055E−05	4.580E−05	4.111E−05	3.652E−05	3.205E−05	2.770E−05	2.346E−05	1.927E−05	1.499E−05
20 000	5.062E−05	4.585E−05	4.114E−05	3.654E−05	3.205E−05	2.770E−05	2.344E−05	1.925E−05	1.497E−05
20 100	5.068E−05	4.590E−05	4.117E−05	3.656E−05	3.206E−05	2.770E−05	2.343E−05	1.923E−05	1.495E−05
20 200	5.073E−05	4.594E−05	4.121E−05	3.658E−05	3.208E−05	2.770E−05	2.343E−05	1.922E−05	1.494E−05
20 300	5.077E−05	4.597E−05	4.124E−05	3.660E−05	3.209E−05	2.771E−05	2.343E−05	1.922E−05	1.494E−05
20 400	5.080E−05	4.600E−05	4.126E−05	3.663E−05	3.211E−05	2.772E−05	2.344E−05	1.922E−05	1.494E−05
20 500	5.081E−05	4.602E−05	4.128E−05	3.665E−05	3.213E−05	2.773E−05	2.345E−05	1.922E−05	1.494E−05
20 600	5.081E−05	4.602E−05	4.129E−05	3.666E−05	3.215E−05	2.775E−05	2.346E−05	1.923E−05	1.495E−05
20 700	5.079E−05	4.602E−05	4.130E−05	3.667E−05	3.216E−05	2.777E−05	2.348E−05	1.925E−05	1.497E−05
20 800	5.075E−05	4.599E−05	4.129E−05	3.668E−05	3.218E−05	2.779E−05	2.349E−05	1.926E−05	1.499E−05

续表

T/K	氢气的摩尔分数								
	0.1	0.2	0.3	0.4	0.5	0.6	0.7	0.8	0.9
20 900	5.068E−05	4.596E−05	4.128E−05	3.668E−05	3.219E−05	2.780E−05	2.351E−05	1.771E−05	1.501E−05
21 000	5.060E−05	4.590E−05	4.125E−05	3.667E−05	3.219E−05	2.782E−05	2.353E−05	1.931E−05	1.503E−05
21 100	5.049E−05	4.583E−05	4.120E−05	3.665E−05	3.219E−05	2.783E−05	2.355E−05	1.933E−05	1.506E−05
21 200	5.035E−05	4.573E−05	4.115E−05	3.662E−05	3.219E−05	2.784E−05	2.358E−05	1.936E−05	1.509E−05
21 300	5.019E−05	4.562E−05	4.107E−05	3.658E−05	3.217E−05	2.785E−05	2.359E−05	1.939E−05	1.513E−05
21 400	5.000E−05	4.548E−05	4.098E−05	3.653E−05	3.215E−05	2.785E−05	2.361E−05	1.942E−05	1.516E−05
21 500	4.978E−05	4.532E−05	4.087E−05	3.647E−05	3.212E−05	2.785E−05	2.363E−05	1.944E−05	1.520E−05
21 600	4.953E−05	4.514E−05	4.074E−05	3.639E−05	3.208E−05	2.784E−05	2.364E−05	1.947E−05	1.524E−05
21 700	4.925E−05	4.493E−05	4.060E−05	3.629E−05	3.203E−05	2.782E−05	2.365E−05	1.950E−05	1.528E−05
21 800	4.894E−05	4.469E−05	4.043E−05	3.618E−05	3.197E−05	2.780E−05	2.366E−05	1.953E−05	1.532E−05
21 900	4.860E−05	4.443E−05	4.024E−05	3.606E−05	3.190E−05	2.777E−05	2.366E−05	1.956E−05	1.537E−05
22 000	4.823E−05	4.415E−05	4.004E−05	3.592E−05	3.182E−05	2.773E−05	2.366E−05	1.958E−05	1.541E−05
22 100	4.783E−05	4.384E−05	3.981E−05	3.576E−05	3.172E−05	2.769E−05	2.365E−05	1.960E−05	1.545E−05
22 200	4.740E−05	4.350E−05	3.956E−05	3.559E−05	3.161E−05	2.763E−05	2.364E−05	1.973E−05	1.560E−05
22 300	4.694E−05	4.314E−05	3.928E−05	3.539E−05	3.149E−05	2.767E−05	2.373E−05	1.992E−05	1.577E−05
22 400	4.645E−05	4.275E−05	3.899E−05	3.519E−05	3.145E−05	2.760E−05	2.391E−05	1.994E−05	1.582E−05
22 500	4.594E−05	4.234E−05	3.868E−05	3.505E−05	3.154E−05	2.774E−05	2.388E−05	1.995E−05	1.586E−05
22 600	4.540E−05	4.191E−05	3.841E−05	3.507E−05	3.138E−05	2.764E−05	2.384E−05	1.996E−05	1.590E−05
22 700	4.483E−05	4.151E−05	3.834E−05	3.480E−05	3.120E−05	2.753E−05	2.380E−05	1.996E−05	1.594E−05
22 800	4.428E−05	4.103E−05	3.797E−05	3.452E−05	3.101E−05	2.742E−05	2.374E−05	1.996E−05	1.598E−05
22 900	4.367E−05	4.083E−05	3.757E−05	3.423E−05	3.080E−05	2.729E−05	2.369E−05	1.996E−05	1.602E−05
23 000	4.305E−05	4.031E−05	3.716E−05	3.392E−05	3.058E−05	2.715E−05	2.362E−05	1.995E−05	1.606E−05
23 100	4.271E−05	3.978E−05	3.673E−05	3.359E−05	3.035E−05	2.701E−05	2.355E−05	1.994E−05	1.610E−05
23 200	4.204E−05	3.923E−05	3.629E−05	3.325E−05	3.011E−05	2.685E−05	2.347E−05	1.993E−05	1.614E−05
23 300	4.137E−05	3.866E−05	3.584E−05	3.290E−05	2.986E−05	2.669E−05	2.338E−05	1.991E−05	1.617E−05
23 400	4.068E−05	3.809E−05	3.537E−05	3.254E−05	2.959E−05	2.652E−05	2.329E−05	1.988E−05	1.621E−05
23 500	3.999E−05	3.750E−05	3.490E−05	3.217E−05	2.932E−05	2.634E−05	2.319E−05	1.986E−05	1.624E−05
23 600	3.928E−05	3.691E−05	3.441E−05	3.179E−05	2.904E−05	2.615E−05	2.309E−05	1.983E−05	1.627E−05
23 700	3.858E−05	3.631E−05	3.392E−05	3.140E−05	2.875E−05	2.595E−05	2.298E−05	1.979E−05	1.631E−05
23 800	3.787E−05	3.571E−05	3.342E−05	3.100E−05	2.845E−05	2.575E−05	2.287E−05	1.976E−05	1.634E−05
23 900	3.716E−05	3.510E−05	3.291E−05	3.060E−05	2.815E−05	2.554E−05	2.275E−05	1.972E−05	1.636E−05
24 000	3.645E−05	3.449E−05	3.241E−05	3.020E−05	2.784E−05	2.533E−05	2.262E−05	1.967E−05	1.639E−05

表 A.6 氩气/氢气混合气体的热导率［W/(m·K)］

T/K	氢气的摩尔分数								
	0.1	0.2	0.3	0.4	0.5	0.6	0.7	0.8	0.9
500	3.685E−02	4.841E−02	6.168E−02	7.703E−02	9.495E−02	1.160E−01	1.413E−01	1.720E−01	2.098E−01
600	4.265E−02	5.630E−02	7.192E−02	8.991E−02	1.108E−01	1.354E−01	1.646E−01	1.999E−01	2.431E−01
700	4.882E−02	6.447E−02	8.234E−02	1.028E−01	1.267E−01	1.546E−01	1.877E−01	2.275E−01	2.761E−01
800	5.450E−02	7.223E−02	9.242E−02	1.155E−01	1.423E−01	1.736E−01	2.106E−01	2.549E−01	3.088E−01
900	5.971E−02	7.959E−02	1.021E−01	1.280E−01	1.578E−01	1.925E−01	2.335E−01	2.823E−01	3.415E−01
1 000	6.461E−02	8.671E−02	1.117E−01	1.403E−01	1.732E−01	2.114E−01	2.563E−01	3.096E−01	3.741E−01
1 100	6.935E−02	9.370E−02	1.212E−01	1.526E−01	1.886E−01	2.303E−01	2.791E−01	3.371E−01	4.069E−01
1 200	7.400E−02	1.006E−01	1.307E−01	1.648E−01	2.040E−01	2.492E−01	3.021E−01	3.647E−01	4.398E−01
1 300	7.863E−02	1.075E−01	1.402E−01	1.772E−01	2.195E−01	2.683E−01	3.253E−01	3.925E−01	4.730E−01
1 400	8.329E−02	1.146E−01	1.498E−01	1.897E−01	2.352E−01	2.877E−01	3.487E−01	4.207E−01	5.066E−01
1 500	8.808E−02	1.218E−01	1.597E−01	2.025E−01	2.513E−01	3.075E−01	3.728E−01	4.496E−01	5.411E−01
1 600	9.319E−02	1.295E−01	1.702E−01	2.161E−01	2.684E−01	3.285E−01	3.981E−01	4.799E−01	5.772E−01
1 700	9.897E−02	1.382E−01	1.820E−01	2.314E−01	2.874E−01	3.517E−01	4.260E−01	5.132E−01	6.166E−01
1 800	1.060E−01	1.488E−01	1.964E−01	2.497E−01	3.100E−01	3.790E−01	4.588E−01	5.520E−01	6.624E−01
1 900	1.154E−01	1.629E−01	2.151E−01	2.733E−01	3.390E−01	4.138E−01	5.000E−01	6.005E−01	7.192E−01
2 000	1.285E−01	1.825E−01	2.410E−01	3.057E−01	3.783E−01	4.606E−01	5.551E−01	6.649E−01	7.941E−01
2 100	1.473E−01	2.107E−01	2.780E−01	3.516E−01	4.336E−01	5.260E−01	6.316E−01	7.537E−01	8.968E−01
2 200	1.744E−01	2.513E−01	3.311E−01	4.172E−01	5.122E−01	6.185E−01	7.393E−01	8.782E−01	1.040E+00
2 300	2.128E−01	3.091E−01	4.064E−01	5.100E−01	6.230E−01	7.486E−01	8.903E−01	1.052E+00	1.240E+00
2 400	2.658E−01	3.891E−01	5.109E−01	6.387E−01	7.766E−01	9.287E−01	1.099E+00	1.292E+00	1.515E+00
2 500	3.365E−01	4.970E−01	6.521E−01	8.127E−01	9.844E−01	1.172E+00	1.381E+00	1.617E+00	1.887E+00
2 600	4.271E−01	6.373E−01	8.370E−01	1.041E+00	1.257E+00	1.492E+00	1.752E+00	2.045E+00	2.378E+00
2 700	5.383E−01	8.134E−01	1.071E+00	1.332E+00	1.606E+00	1.903E+00	2.229E+00	2.594E+00	3.009E+00
2 800	6.678E−01	1.025E+00	1.356E+00	1.689E+00	2.038E+00	2.412E+00	2.823E+00	3.280E+00	3.797E+00
2 900	8.098E−01	1.268E+00	1.691E+00	2.113E+00	2.554E+00	3.025E+00	3.539E+00	4.110E+00	4.755E+00
3 000	9.541E−01	1.533E+00	2.065E+00	2.596E+00	3.147E+00	3.734E+00	4.374E+00	5.083E+00	5.880E+00
3 100	1.086E+00	1.802E+00	2.462E+00	3.118E+00	3.799E+00	4.523E+00	5.310E+00	6.180E+00	7.158E+00
3 200	1.189E+00	2.053E+00	2.854E+00	3.652E+00	4.479E+00	5.358E+00	6.313E+00	7.366E+00	8.546E+00
3 300	1.249E+00	2.258E+00	3.206E+00	4.155E+00	5.141E+00	6.189E+00	7.325E+00	8.578E+00	9.979E+00
3 400	1.254E+00	2.389E+00	3.480E+00	4.581E+00	5.727E+00	6.948E+00	8.272E+00	9.730E+00	1.136E+01
3 500	1.205E+00	2.429E+00	3.641E+00	4.878E+00	6.175E+00	7.560E+00	9.063E+00	1.071E+01	1.256E+01
3 600	1.112E+00	2.371E+00	3.665E+00	5.008E+00	6.427E+00	7.950E+00	9.606E+00	1.143E+01	1.346E+01
3 700	9.910E−01	2.226E+00	3.549E+00	4.951E+00	6.448E+00	8.064E+00	9.827E+00	1.177E+01	1.394E+01
3 800	8.618E−01	2.018E+00	3.313E+00	4.716E+00	6.233E+00	7.884E+00	9.692E+00	1.169E+01	1.392E+01

续表

T/K	氢气的摩尔分数								
	0.1	0.2	0.3	0.4	0.5	0.6	0.7	0.8	0.9
3 900	7.401E−01	1.779E+00	2.993E+00	4.340E+00	5.817E+00	7.437E+00	9.220E+00	1.119E+01	1.340E+01
4 000	6.350E−01	1.538E+00	2.635E+00	3.879E+00	5.261E+00	6.790E+00	8.482E+00	1.036E+01	1.246E+01
4 100	5.500E−01	1.318E+00	2.279E+00	3.390E+00	4.639E+00	6.031E+00	7.580E+00	9.305E+00	1.123E+01
4 200	4.844E−01	1.130E+00	1.954E+00	2.920E+00	4.017E+00	5.248E+00	6.622E+00	8.155E+00	9.872E+00
4 300	4.355E−01	9.774E−01	1.674E+00	2.500E+00	3.443E+00	4.506E+00	5.696E+00	7.026E+00	8.514E+00
4 400	3.999E−01	8.573E−01	1.445E+00	2.143E+00	2.944E+00	3.848E+00	4.861E+00	5.993E+00	7.258E+00
4 500	3.747E−01	7.656E−01	1.263E+00	1.853E+00	2.529E+00	3.291E+00	4.144E+00	5.096E+00	6.159E+00
4 600	3.573E−01	6.970E−01	1.122E+00	1.622E+00	2.193E+00	2.835E+00	3.551E+00	4.348E+00	5.235E+00
4 700	3.456E−01	6.465E−01	1.015E+00	1.443E+00	1.928E+00	2.471E+00	3.073E+00	3.741E+00	4.481E+00
4 800	3.381E−01	6.100E−01	9.347E−01	1.306E+00	1.723E+00	2.185E+00	2.695E+00	3.257E+00	3.876E+00
4 900	3.338E−01	5.842E−01	8.752E−01	1.202E+00	1.565E+00	1.964E+00	2.400E+00	2.876E+00	3.399E+00
5 000	3.318E−01	5.663E−01	8.318E−01	1.125E+00	1.446E+00	1.794E+00	2.171E+00	2.581E+00	3.026E+00
5 100	3.315E−01	5.545E−01	8.008E−01	1.068E+00	1.356E+00	1.665E+00	1.996E+00	2.352E+00	2.736E+00
5 200	3.325E−01	5.473E−01	7.792E−01	1.026E+00	1.289E+00	1.568E+00	1.863E+00	2.177E+00	2.513E+00
5 300	3.345E−01	5.436E−01	7.648E−01	9.972E−01	1.240E+00	1.495E+00	1.763E+00	2.044E+00	2.342E+00
5 400	3.372E−01	5.425E−01	7.560E−01	9.771E−01	1.205E+00	1.442E+00	1.688E+00	1.943E+00	2.211E+00
5 500	3.405E−01	5.435E−01	7.515E−01	9.641E−01	1.181E+00	1.404E+00	1.632E+00	1.868E+00	2.113E+00
5 600	3.443E−01	5.460E−01	7.503E−01	9.568E−01	1.165E+00	1.377E+00	1.593E+00	1.813E+00	2.039E+00
5 700	3.485E−01	5.499E−01	7.517E−01	9.539E−01	1.156E+00	1.360E+00	1.565E+00	1.773E+00	1.985E+00
5 800	3.530E−01	5.548E−01	7.553E−01	9.544E−01	1.152E+00	1.350E+00	1.547E+00	1.746E+00	1.946E+00
5 900	3.579E−01	5.606E−01	7.605E−01	9.577E−01	1.152E+00	1.345E+00	1.537E+00	1.728E+00	1.920E+00
6 000	3.630E−01	5.670E−01	7.671E−01	9.633E−01	1.156E+00	1.346E+00	1.533E+00	1.719E+00	1.904E+00
6 100	3.685E−01	5.742E−01	7.748E−01	9.707E−01	1.162E+00	1.350E+00	1.534E+00	1.716E+00	1.895E+00
6 200	3.742E−01	5.819E−01	7.836E−01	9.797E−01	1.170E+00	1.357E+00	1.539E+00	1.717E+00	1.893E+00
6 300	3.803E−01	5.901E−01	7.932E−01	9.901E−01	1.181E+00	1.366E+00	1.547E+00	1.724E+00	1.896E+00
6 400	3.867E−01	5.989E−01	8.037E−01	1.001E+00	1.193E+00	1.378E+00	1.558E+00	1.733E+00	1.904E+00
6 500	3.935E−01	6.082E−01	8.149E−01	1.014E+00	1.206E+00	1.392E+00	1.571E+00	1.746E+00	1.915E+00
6 600	4.007E−01	6.181E−01	8.269E−01	1.027E+00	1.221E+00	1.407E+00	1.587E+00	1.761E+00	1.929E+00
6 700	4.083E−01	6.285E−01	8.396E−01	1.042E+00	1.236E+00	1.424E+00	1.604E+00	1.778E+00	1.946E+00
6 800	4.164E−01	6.396E−01	8.530E−01	1.057E+00	1.253E+00	1.442E+00	1.623E+00	1.797E+00	1.965E+00
6 900	4.249E−01	6.513E−01	8.673E−01	1.074E+00	1.272E+00	1.461E+00	1.644E+00	1.819E+00	1.987E+00
7 000	4.341E−01	6.636E−01	8.823E−01	1.091E+00	1.291E+00	1.482E+00	1.666E+00	1.841E+00	2.010E+00
7 100	4.438E−01	6.767E−01	8.982E−01	1.109E+00	1.311E+00	1.504E+00	1.689E+00	1.866E+00	2.035E+00
7 200	4.541E−01	6.905E−01	9.150E−01	1.128E+00	1.332E+00	1.527E+00	1.714E+00	1.892E+00	2.062E+00

续表

	氢气的摩尔分数								
T/K	0.1	0.2	0.3	0.4	0.5	0.6	0.7	0.8	0.9
7 300	4.650E−01	7.052E−01	9.326E−01	1.149E+00	1.355E+00	1.552E+00	1.740E+00	1.919E+00	2.091E+00
7 400	4.767E−01	7.206E−01	9.513E−01	1.170E+00	1.379E+00	1.577E+00	1.767E+00	1.948E+00	2.121E+00
7 500	4.891E−01	7.370E−01	9.708E−01	1.192E+00	1.403E+00	1.604E+00	1.796E+00	1.979E+00	2.152E+00
7 600	5.021E−01	7.543E−01	9.915E−01	1.216E+00	1.430E+00	1.633E+00	1.826E+00	2.011E+00	2.185E+00
7 700	5.161E−01	7.725E−01	1.013E+00	1.241E+00	1.457E+00	1.663E+00	1.858E+00	2.044E+00	2.220E+00
7 800	5.308E−01	7.918E−01	1.036E+00	1.267E+00	1.486E+00	1.694E+00	1.892E+00	2.080E+00	2.257E+00
7 900	5.465E−01	8.123E−01	1.060E+00	1.294E+00	1.516E+00	1.727E+00	1.927E+00	2.116E+00	2.296E+00
8 000	5.631E−01	8.339E−01	1.086E+00	1.323E+00	1.548E+00	1.761E+00	1.963E+00	2.155E+00	2.336E+00
8 100	5.806E−01	8.566E−01	1.113E+00	1.354E+00	1.581E+00	1.797E+00	2.002E+00	2.195E+00	2.378E+00
8 200	5.991E−01	8.806E−01	1.141E+00	1.386E+00	1.617E+00	1.835E+00	2.042E+00	2.237E+00	2.422E+00
8 300	6.187E−01	9.058E−01	1.171E+00	1.420E+00	1.654E+00	1.875E+00	2.084E+00	2.281E+00	2.467E+00
8 400	6.392E−01	9.328E−01	1.202E+00	1.455E+00	1.692E+00	1.917E+00	2.128E+00	2.329E+00	2.516E+00
8 500	6.609E−01	9.606E−01	1.236E+00	1.491E+00	1.732E+00	1.960E+00	2.174E+00	2.376E+00	2.566E+00
8 600	6.835E−01	9.898E−01	1.270E+00	1.531E+00	1.776E+00	2.005E+00	2.222E+00	2.426E+00	2.617E+00
8 700	7.078E−01	1.020E+00	1.306E+00	1.571E+00	1.819E+00	2.053E+00	2.273E+00	2.480E+00	2.673E+00
8 800	7.327E−01	1.052E+00	1.344E+00	1.613E+00	1.865E+00	2.102E+00	2.324E+00	2.533E+00	2.728E+00
8 900	7.587E−01	1.085E+00	1.383E+00	1.658E+00	1.914E+00	2.155E+00	2.380E+00	2.589E+00	2.785E+00
9 000	7.865E−01	1.121E+00	1.423E+00	1.703E+00	1.963E+00	2.207E+00	2.436E+00	2.649E+00	2.847E+00
9 100	8.147E−01	1.157E+00	1.466E+00	1.751E+00	2.016E+00	2.264E+00	2.493E+00	2.709E+00	2.908E+00
9 200	8.450E−01	1.194E+00	1.510E+00	1.800E+00	2.069E+00	2.320E+00	2.555E+00	2.774E+00	2.975E+00
9 300	8.754E−01	1.234E+00	1.556E+00	1.852E+00	2.127E+00	2.382E+00	2.621E+00	2.837E+00	3.039E+00
9 400	9.072E−01	1.273E+00	1.602E+00	1.904E+00	2.182E+00	2.442E+00	2.683E+00	2.907E+00	3.111E+00
9 500	9.406E−01	1.316E+00	1.652E+00	1.960E+00	2.244E+00	2.508E+00	2.753E+00	2.980E+00	3.185E+00
9 600	9.757E−01	1.357E+00	1.701E+00	2.014E+00	2.303E+00	2.571E+00	2.819E+00	3.048E+00	3.254E+00
9 700	1.010E+00	1.402E+00	1.754E+00	2.074E+00	2.368E+00	2.641E+00	2.893E+00	3.125E+00	3.332E+00
9 800	1.047E+00	1.449E+00	1.809E+00	2.131E+00	2.430E+00	2.707E+00	2.962E+00	3.196E+00	3.403E+00
9 900	1.084E+00	1.494E+00	1.860E+00	2.193E+00	2.499E+00	2.781E+00	3.040E+00	3.277E+00	3.485E+00
10 000	1.124E+00	1.543E+00	1.918E+00	2.259E+00	2.570E+00	2.857E+00	3.121E+00	3.360E+00	3.569E+00
10 100	1.162E+00	1.589E+00	1.972E+00	2.318E+00	2.635E+00	2.927E+00	3.193E+00	3.434E+00	3.644E+00
10 200	1.204E+00	1.641E+00	2.032E+00	2.386E+00	2.710E+00	3.007E+00	3.278E+00	3.521E+00	3.731E+00
10 300	1.247E+00	1.694E+00	2.094E+00	2.456E+00	2.787E+00	3.089E+00	3.364E+00	3.610E+00	3.820E+00
10 400	1.288E+00	1.742E+00	2.149E+00	2.518E+00	2.854E+00	3.161E+00	3.440E+00	3.687E+00	3.896E+00
10 500	1.333E+00	1.797E+00	2.213E+00	2.590E+00	2.934E+00	3.247E+00	3.529E+00	3.779E+00	3.988E+00
10 600	1.380E+00	1.853E+00	2.279E+00	2.664E+00	3.015E+00	3.334E+00	3.622E+00	3.873E+00	4.081E+00

续表

T/K	氢气的摩尔分数								
	0.1	0.2	0.3	0.4	0.5	0.6	0.7	0.8	0.9
10 700	1.422E+00	1.909E+00	2.346E+00	2.740E+00	3.099E+00	3.424E+00	3.716E+00	3.970E+00	4.177E+00
10 800	1.471E+00	1.961E+00	2.403E+00	2.804E+00	3.169E+00	3.499E+00	3.794E+00	4.048E+00	4.253E+00
10 900	1.521E+00	2.020E+00	2.472E+00	2.882E+00	3.255E+00	3.591E+00	3.891E+00	4.147E+00	4.350E+00
11 000	1.571E+00	2.081E+00	2.542E+00	2.961E+00	3.342E+00	3.686E+00	3.990E+00	4.248E+00	4.448E+00
11 100	1.617E+00	2.132E+00	2.600E+00	3.042E+00	3.432E+00	3.783E+00	4.092E+00	4.351E+00	4.548E+00
11 200	1.669E+00	2.194E+00	2.671E+00	3.107E+00	3.504E+00	3.860E+00	4.172E+00	4.431E+00	4.623E+00
11 300	1.723E+00	2.257E+00	2.744E+00	3.190E+00	3.595E+00	3.959E+00	4.276E+00	4.536E+00	4.725E+00
11 400	1.777E+00	2.321E+00	2.818E+00	3.274E+00	3.689E+00	4.061E+00	4.383E+00	4.644E+00	4.828E+00
11 500	1.829E+00	2.386E+00	2.893E+00	3.359E+00	3.785E+00	4.165E+00	4.492E+00	4.753E+00	4.932E+00
11 600	1.879E+00	2.437E+00	2.950E+00	3.424E+00	3.879E+00	4.271E+00	4.603E+00	4.865E+00	5.038E+00
11 700	1.936E+00	2.502E+00	3.026E+00	3.511E+00	3.954E+00	4.349E+00	4.685E+00	4.946E+00	5.112E+00
11 800	1.993E+00	2.569E+00	3.103E+00	3.598E+00	4.053E+00	4.457E+00	4.799E+00	5.060E+00	5.220E+00
11 900	2.051E+00	2.636E+00	3.180E+00	3.687E+00	4.153E+00	4.567E+00	4.914E+00	5.176E+00	5.329E+00
12 000	2.110E+00	2.703E+00	3.258E+00	3.777E+00	4.254E+00	4.678E+00	5.032E+00	5.294E+00	5.439E+00
12 100	2.157E+00	2.753E+00	3.337E+00	3.867E+00	4.356E+00	4.791E+00	5.151E+00	5.414E+00	5.551E+00
12 200	2.215E+00	2.820E+00	3.391E+00	3.929E+00	4.456E+00	4.90 5E+00	5.273E+00	5.536E+00	5.665E+00
12 300	2.274E+00	2.887E+00	3.469E+00	4.019E+00	4.529E+00	4.983E+00	5.356E+00	5.656E+00	5.780E+00
12 400	2.333E+00	2.955E+00	3.547E+00	4.109E+00	4.632E+00	5.097E+00	5.478E+00	5.741E+00	5.853E+00
12 500	2.392E+00	3.022E+00	3.624E+00	4.199E+00	4.735E+00	5.212E+00	5.601E+00	5.865E+00	5.968E+00
12 600	2.450E+00	3.089E+00	3.701E+00	4.288E+00	4.837E+00	5.327E+00	5.724E+00	5.989E+00	6.084E+00
12 700	2.508E+00	3.155E+00	3.778E+00	4.376E+00	4.939E+00	5.441E+00	5.846E+00	6.113E+00	6.200E+00
12 800	2.549E+00	3.215E+00	3.853E+00	4.464E+00	5.040E+00	5.554E+00	5.969E+00	6.238E+00	6.316E+00
12 900	2.605E+00	3.259E+00	3.896E+00	4.550E+00	5.139E+00	5.666E+00	6.090E+00	6.361E+00	6.432E+00
13 000	2.660E+00	3.321E+00	3.967E+00	4.598E+00	5.231E+00	5.776E+00	6.210E+00	6.483E+00	6.547E+00
13 100	2.713E+00	3.381E+00	4.037E+00	4.679E+00	5.291E+00	5.841E+00	6.323E+00	6.604E+00	6.660E+00
13 200	2.765E+00	3.439E+00	4.104E+00	4.757E+00	5.382E+00	5.945E+00	6.397E+00	6.677E+00	6.769E+00
13 300	2.815E+00	3.495E+00	4.168E+00	4.832E+00	5.469E+00	6.045E+00	6.507E+00	6.791E+00	6.834E+00
13 400	2.863E+00	3.549E+00	4.230E+00	4.903E+00	5.553E+00	6.141E+00	6.613E+00	6.901E+00	6.940E+00
13 500	2.908E+00	3.600E+00	4.288E+00	4.971E+00	5.632E+00	6.232E+00	6.715E+00	7.008E+00	7.042E+00
13 600	2.951E+00	3.647E+00	4.342E+00	5.035E+00	5.706E+00	6.318E+00	6.811E+00	7.109E+00	7.139E+00
13 700	2.991E+00	3.692E+00	4.393E+00	5.094E+00	5.776E+00	6.399E+00	6.901E+00	7.204E+00	7.232E+00
13 800	3.024E+00	3.733E+00	4.439E+00	5.148E+00	5.839E+00	6.472E+00	6.984E+00	7.293E+00	7.319E+00
13 900	3.043E+00	3.770E+00	4.481E+00	5.196E+00	5.896E+00	6.539E+00	7.060E+00	7.375E+00	7.400E+00
14 000	3.074E+00	3.775E+00	4.518E+00	5.239E+00	5.947E+00	6.599E+00	7.128E+00	7.449E+00	7.475E+00

续表

T/K	氩气的摩尔分数								
	0.1	0.2	0.3	0.4	0.5	0.6	0.7	0.8	0.9
14 100	3.101E+00	3.804E+00	4.547E+00	5.277E+00	5.991E+00	6.650E+00	7.188E+00	7.515E+00	7.541E+00
14 200	3.125E+00	3.829E+00	4.545E+00	5.304E+00	6.027E+00	6.694E+00	7.239E+00	7.572E+00	7.600E+00
14 300	3.145E+00	3.850E+00	4.567E+00	5.297E+00	6.054E+00	6.729E+00	7.281E+00	7.619E+00	7.650E+00
14 400	3.161E+00	3.866E+00	4.584E+00	5.317E+00	6.076E+00	6.756E+00	7.313E+00	7.657E+00	7.692E+00
14 500	3.174E+00	3.878E+00	4.597E+00	5.330E+00	6.058E+00	6.771E+00	7.335E+00	7.685E+00	7.723E+00
14 600	3.184E+00	3.887E+00	4.604E+00	5.337E+00	6.066E+00	6.749E+00	7.347E+00	7.703E+00	7.746E+00
14 700	3.190E+00	3.891E+00	4.607E+00	5.338E+00	6.067E+00	6.751E+00	7.320E+00	7.710E+00	7.758E+00
14 800	3.194E+00	3.892E+00	4.604E+00	5.334E+00	6.060E+00	6.744E+00	7.315E+00	7.679E+00	7.760E+00
14 900	3.194E+00	3.889E+00	4.598E+00	5.323E+00	6.047E+00	6.728E+00	7.299E+00	7.667E+00	7.726E+00
15 000	3.192E+00	3.882E+00	4.587E+00	5.308E+00	6.027E+00	6.704E+00	7.275E+00	7.645E+00	7.710E+00
15 100	3.187E+00	3.873E+00	4.572E+00	5.287E+00	6.000E+00	6.673E+00	7.240E+00	7.613E+00	7.684E+00
15 200	3.180E+00	3.861E+00	4.554E+00	5.262E+00	5.967E+00	6.634E+00	7.198E+00	7.571E+00	7.649E+00
15 300	3.171E+00	3.846E+00	4.532E+00	5.232E+00	5.929E+00	6.587E+00	7.146E+00	7.520E+00	7.603E+00
15 400	3.160E+00	3.829E+00	4.507E+00	5.198E+00	5.885E+00	6.535E+00	7.087E+00	7.459E+00	7.549E+00
15 500	3.148E+00	3.810E+00	4.480E+00	5.161E+00	5.837E+00	6.476E+00	7.020E+00	7.391E+00	7.486E+00
15 600	3.135E+00	3.790E+00	4.450E+00	5.120E+00	5.784E+00	6.411E+00	6.947E+00	7.314E+00	7.414E+00
15 700	3.121E+00	3.768E+00	4.419E+00	5.077E+00	5.728E+00	6.341E+00	6.867E+00	7.231E+00	7.335E+00
15 800	3.107E+00	3.745E+00	4.386E+00	5.031E+00	5.668E+00	6.267E+00	6.782E+00	7.140E+00	7.249E+00
15 900	3.093E+00	3.722E+00	4.351E+00	4.983E+00	5.605E+00	6.189E+00	6.691E+00	7.044E+00	7.157E+00
16 000	3.078E+00	3.698E+00	4.316E+00	4.933E+00	5.539E+00	6.108E+00	6.597E+00	6.943E+00	7.058E+00
16 100	3.064E+00	3.674E+00	4.279E+00	4.882E+00	5.471E+00	6.023E+00	6.498E+00	6.837E+00	6.955E+00
16 200	3.050E+00	3.650E+00	4.243E+00	4.830E+00	5.402E+00	5.937E+00	6.397E+00	6.727E+00	6.847E+00
16 300	3.036E+00	3.626E+00	4.206E+00	4.777E+00	5.332E+00	5.849E+00	6.293E+00	6.615E+00	6.736E+00
16 400	3.023E+00	3.603E+00	4.169E+00	4.724E+00	5.261E+00	5.759E+00	6.188E+00	6.500E+00	6.622E+00
16 500	3.011E+00	3.580E+00	4.132E+00	4.671E+00	5.189E+00	5.669E+00	6.081E+00	6.383E+00	6.505E+00
16 600	3.000E+00	3.558E+00	4.096E+00	4.618E+00	5.117E+00	5.578E+00	5.974E+00	6.266E+00	6.388E+00
16 700	2.990E+00	3.536E+00	4.060E+00	4.565E+00	5.045E+00	5.487E+00	5.867E+00	6.148E+00	6.269E+00
16 800	2.981E+00	3.516E+00	4.025E+00	4.513E+00	4.974E+00	5.397E+00	5.760E+00	6.030E+00	6.150E+00
16 900	2.973E+00	3.496E+00	3.990E+00	4.461E+00	4.904E+00	5.308E+00	5.654E+00	5.913E+00	6.031E+00
17 000	2.966E+00	3.477E+00	3.957E+00	4.410E+00	4.834E+00	5.219E+00	5.550E+00	5.797E+00	5.914E+00
17 100	2.960E+00	3.459E+00	3.924E+00	4.360E+00	4.766E+00	5.133E+00	5.447E+00	5.683E+00	5.797E+00
17 200	2.955E+00	3.442E+00	3.892E+00	4.311E+00	4.699E+00	5.048E+00	5.346E+00	5.571E+00	5.683E+00
17 300	2.952E+00	3.426E+00	3.861E+00	4.264E+00	4.633E+00	4.964E+00	5.247E+00	5.462E+00	5.570E+00
17 400	2.949E+00	3.412E+00	3.832E+00	4.217E+00	4.569E+00	4.883E+00	5.151E+00	5.355E+00	5.461E+00

续表

T/K	氢气的摩尔分数								
	0.1	0.2	0.3	0.4	0.5	0.6	0.7	0.8	0.9
17 500	2.948E+00	3.398E+00	3.803E+00	4.172E+00	4.507E+00	4.804E+00	5.058E+00	5.251E+00	5.354E+00
17 600	2.947E+00	3.385E+00	3.776E+00	4.129E+00	4.447E+00	4.728E+00	4.967E+00	5.151E+00	5.250E+00
17 700	2.948E+00	3.373E+00	3.750E+00	4.087E+00	4.388E+00	4.654E+00	4.880E+00	5.054E+00	5.150E+00
17 800	2.950E+00	3.363E+00	3.724E+00	4.046E+00	4.332E+00	4.583E+00	4.796E+00	4.560E+00	5.054E+00
17 900	2.953E+00	3.353E+00	3.701E+00	4.007E+00	4.278E+00	4.515E+00	4.715E+00	4.871E+00	4.961E+00
18 000	2.956E+00	3.344E+00	3.678E+00	3.970E+00	4.226E+00	4.449E+00	4.638E+00	4.785E+00	4.872E+00
18 100	2.961E+00	3.337E+00	3.657E+00	3.935E+00	4.177E+00	4.387E+00	4.564E+00	4.703E+00	4.787E+00
18 200	2.966E+00	3.330E+00	3.637E+00	3.901E+00	4.130E+00	4.327E+00	4.494E+00	4.625E+00	4.705E+00
18 300	2.973E+00	3.324E+00	3.618E+00	3.869E+00	4.085E+00	4.270E+00	4.427E+00	4.547E+00	4.439E+00
18 400	2.980E+00	3.320E+00	3.600E+00	3.838E+00	4.042E+00	4.213E+00	4.360E+00	4.232E+00	4.551E+00
18 500	2.988E+00	3.316E+00	3.584E+00	3.809E+00	3.999E+00	4.162E+00	4.300E+00	4.411E+00	4.483E+00
18 600	2.997E+00	3.313E+00	3.570E+00	3.781E+00	3.961E+00	4.116E+00	4.245E+00	4.349E+00	4.417E+00
18 700	3.006E+00	3.313E+00	3.555E+00	3.758E+00	3.927E+00	4.071E+00	4.192E+00	4.290E+00	4.356E+00
18 800	3.019E+00	3.311E+00	3.544E+00	3.734E+00	3.893E+00	4.028E+00	4.142E+00	4.235E+00	4.299E+00
18 900	3.030E+00	3.312E+00	3.532E+00	3.712E+00	3.862E+00	3.988E+00	4.096E+00	4.183E+00	4.245E+00
19 000	3.041E+00	3.312E+00	3.522E+00	3.692E+00	3.833E+00	3.952E+00	4.052E+00	4.135E+00	4.195E+00
19 100	3.053E+00	3.313E+00	3.513E+00	3.673E+00	3.806E+00	3.917E+00	4.012E+00	4.091E+00	4.148E+00
19 200	3.066E+00	3.315E+00	3.505E+00	3.656E+00	3.781E+00	3.886E+00	3.975E+00	4.050E+00	4.105E+00
19 300	3.079E+00	3.318E+00	3.498E+00	3.641E+00	3.758E+00	3.857E+00	3.941E+00	4.012E+00	4.065E+00
19 400	3.092E+00	3.322E+00	3.493E+00	3.628E+00	3.738E+00	3.830E+00	3.909E+00	3.977E+00	4.029E+00
19 500	3.107E+00	3.326E+00	3.489E+00	3.616E+00	3.719E+00	3.806E+00	3.881E+00	3.945E+00	3.995E+00
19 600	3.121E+00	3.332E+00	3.486E+00	3.606E+00	3.703E+00	3.784E+00	3.855E+00	3.915E+00	3.965E+00
19 700	3.137E+00	3.338E+00	3.484E+00	3.597E+00	3.688E+00	3.765E+00	3.831E+00	3.889E+00	3.937E+00
19 800	3.152E+00	3.345E+00	3.484E+00	3.590E+00	3.676E+00	3.748E+00	3.810E+00	3.865E+00	3.912E+00
19 900	3.169E+00	3.353E+00	3.484E+00	3.584E+00	3.665E+00	3.732E+00	3.791E+00	3.844E+00	3.889E+00
20 000	3.186E+00	3.362E+00	3.486E+00	3.580E+00	3.656E+00	3.719E+00	3.775E+00	3.825E+00	3.870E+00
20 100	3.203E+00	3.371E+00	3.488E+00	3.577E+00	3.648E+00	3.708E+00	3.761E+00	3.809E+00	3.852E+00
20 200	3.221E+00	3.381E+00	3.492E+00	3.576E+00	3.642E+00	3.698E+00	3.748E+00	3.795E+00	3.837E+00
20 300	3.239E+00	3.392E+00	3.497E+00	3.575E+00	3.638E+00	3.691E+00	3.738E+00	3.783E+00	3.824E+00
20 400	3.258E+00	3.404E+00	3.503E+00	3.576E+00	3.635E+00	3.685E+00	3.730E+00	3.772E+00	3.813E+00
20 500	3.277E+00	3.416E+00	3.509E+00	3.579E+00	3.634E+00	3.681E+00	3.723E+00	3.764E+00	3.804E+00
20 600	3.296E+00	3.429E+00	3.517E+00	3.582E+00	3.634E+00	3.678E+00	3.719E+00	3.758E+00	3.797E+00
20 700	3.316E+00	3.442E+00	3.526E+00	3.587E+00	3.635E+00	3.677E+00	3.716E+00	3.753E+00	3.791E+00
20 800	3.336E+00	3.456E+00	3.535E+00	3.593E+00	3.638E+00	3.677E+00	3.714E+00	3.750E+00	3.788E+00

续表

T/K	氢气的摩尔分数								
	0.1	0.2	0.3	0.4	0.5	0.6	0.7	0.8	0.9
20 900	3.357E+00	3.471E+00	3.545E+00	3.599E+00	3.642E+00	3.679E+00	3.714E+00	3.706E+00	3.786E+00
21 000	3.378E+00	3.486E+00	3.556E+00	3.607E+00	3.647E+00	3.682E+00	3.715E+00	3.749E+00	3.785E+00
21 100	3.399E+00	3.502E+00	3.568E+00	3.616E+00	3.653E+00	3.686E+00	3.718E+00	3.751E+00	3.786E+00
21 200	3.420E+00	3.519E+00	3.581E+00	3.625E+00	3.661E+00	3.692E+00	3.722E+00	3.753E+00	3.788E+00
21 300	3.442E+00	3.536E+00	3.594E+00	3.636E+00	3.669E+00	3.698E+00	3.727E+00	3.757E+00	3.792E+00
21 400	3.464E+00	3.553E+00	3.608E+00	3.647E+00	3.678E+00	3.706E+00	3.733E+00	3.763E+00	3.796E+00
21 500	3.487E+00	3.571E+00	3.623E+00	3.659E+00	3.689E+00	3.715E+00	3.741E+00	3.769E+00	3.802E+00
21 600	3.509E+00	3.589E+00	3.638E+00	3.672E+00	3.700E+00	3.724E+00	3.749E+00	3.777E+00	3.809E+00
21 700	3.532E+00	3.608E+00	3.654E+00	3.686E+00	3.711E+00	3.735E+00	3.758E+00	3.785E+00	3.817E+00
21 800	3.555E+00	3.627E+00	3.670E+00	3.700E+00	3.724E+00	3.746E+00	3.769E+00	3.794E+00	3.826E+00
21 900	3.578E+00	3.647E+00	3.687E+00	3.715E+00	3.737E+00	3.758E+00	3.780E+00	3.805E+00	3.836E+00
22 000	3.601E+00	3.667E+00	3.705E+00	3.731E+00	3.751E+00	3.771E+00	3.791E+00	3.816E+00	3.847E+00
22 100	3.625E+00	3.687E+00	3.722E+00	3.747E+00	3.766E+00	3.784E+00	3.804E+00	3.828E+00	3.858E+00
22 200	3.649E+00	3.707E+00	3.741E+00	3.763E+00	3.781E+00	3.799E+00	3.817E+00	3.827E+00	3.856E+00
22 300	3.672E+00	3.728E+00	3.759E+00	3.780E+00	3.797E+00	3.801E+00	3.818E+00	3.840E+00	3.869E+00
22 400	3.696E+00	3.749E+00	3.778E+00	3.798E+00	3.802E+00	3.816E+00	3.833E+00	3.853E+00	3.882E+00
22 500	3.720E+00	3.770E+00	3.798E+00	3.805E+00	3.819E+00	3.832E+00	3.847E+00	3.867E+00	3.895E+00
22 600	3.744E+00	3.792E+00	3.808E+00	3.824E+00	3.836E+00	3.848E+00	3.862E+00	3.881E+00	3.909E+00
22 700	3.769E+00	3.806E+00	3.829E+00	3.842E+00	3.853E+00	3.864E+00	3.877E+00	3.896E+00	3.923E+00
22 800	3.788E+00	3.828E+00	3.849E+00	3.861E+00	3.870E+00	3.880E+00	3.893E+00	3.911E+00	3.937E+00
22 900	3.813E+00	3.851E+00	3.869E+00	3.880E+00	3.888E+00	3.897E+00	3.909E+00	3.926E+00	3.952E+00
23 000	3.837E+00	3.873E+00	3.889E+00	3.899E+00	3.906E+00	3.914E+00	3.925E+00	3.942E+00	3.968E+00
23 100	3.862E+00	3.895E+00	3.909E+00	3.918E+00	3.924E+00	3.932E+00	3.942E+00	3.958E+00	3.983E+00
23 200	3.887E+00	3.917E+00	3.930E+00	3.937E+00	3.943E+00	3.949E+00	3.959E+00	3.974E+00	3.999E+00
23 300	3.911E+00	3.939E+00	3.951E+00	3.957E+00	3.961E+00	3.967E+00	3.976E+00	3.990E+00	4.015E+00
23 400	3.935E+00	3.961E+00	3.971E+00	3.976E+00	3.980E+00	3.985E+00	3.993E+00	4.007E+00	4.032E+00
23 500	3.960E+00	3.983E+00	3.992E+00	3.996E+00	3.999E+00	4.003E+00	4.011E+00	4.024E+00	4.048E+00
23 600	3.984E+00	4.005E+00	4.013E+00	4.016E+00	4.018E+00	4.021E+00	4.028E+00	4.041E+00	4.065E+00
23 700	4.008E+00	4.028E+00	4.034E+00	4.036E+00	4.037E+00	4.040E+00	4.046E+00	4.058E+00	4.082E+00
23 800	4.033E+00	4.050E+00	4.055E+00	4.055E+00	4.056E+00	4.058E+00	4.063E+00	4.075E+00	4.099E+00
23 900	4.057E+00	4.072E+00	4.076E+00	4.075E+00	4.075E+00	4.076E+00	4.081E+00	4.093E+00	4.116E+00
24 000	4.081E+00	4.094E+00	4.096E+00	4.095E+00	4.094E+00	4.094E+00	4.099E+00	4.110E+00	4.133E+00

表 A.7　氩气/氢气混合气体的电导率［A/(V · m)］

	氢气的摩尔分数								
T/K	0.1	0.2	0.3	0.4	0.5	0.6	0.7	0.8	0.9
500	0.000E+00	0.000E+00	0.000E+00	0.000E+00	0.000E+00	0.000E+00	0.000E+00	0.000E+00	0.000E+00
600	0.000E+00	0.000E+00	0.000E+00	0.000E+00	0.000E+00	0.000E+00	0.000E+00	0.000E+00	0.000E+00
700	0.000E+00	0.000E+00	0.000E+00	0.000E+00	0.000E+00	0.000E+00	0.000E+00	0.000E+00	0.000E+00
800	0.000E+00	0.000E+00	0.000E+00	0.000E+00	0.000E+00	0.000E+00	0.000E+00	0.000E+00	0.000E+00
900	0.000E+00	0.000E+00	0.000E+00	0.000E+00	0.000E+00	0.000E+00	0.000E+00	0.000E+00	0.000E+00
1 000	0.000E+00	0.000E+00	0.000E+00	0.000E+00	0.000E+00	0.000E+00	0.000E+00	0.000E+00	0.000E+00
1 100	0.000E+00	0.000E+00	0.000E+00	0.000E+00	0.000E+00	0.000E+00	0.000E+00	0.000E+00	0.000E+00
1 200	0.000E+00	0.000E+00	0.000E+00	0.000E+00	0.000E+00	0.000E+00	0.000E+00	0.000E+00	0.000E+00
1 300	0.000E+00	0.000E+00	0.000E+00	0.000E+00	2.939E−24	2.680E−24	2.474E−24	2.303E−24	2.158E−24
1 400	1.345E−20	8.815E−21	6.730E−21	5.515E−21	4.710E−21	4.131E−21	3.693E−21	3.347E−21	3.066E−21
1 500	1.188E−18	7.712E−19	5.860E−19	4.789E−19	4.082E−19	3.575E−19	3.192E−19	2.890E−19	2.646E−19
1 600	5.813E−17	3.758E−17	2.852E−17	2.329E−17	1.984E−17	1.737E−17	1.550E−17	1.404E−17	1.285E−17
1 700	1.801E−15	1.160E−15	8.792E−16	7.177E−16	6.113E−16	5.352E−16	4.777E−16	4.325E−16	3.959E−16
1 800	3.807E−14	2.445E−14	1.852E−14	1.512E−14	1.288E−14	1.127E−14	1.006E−14	9.115E−15	8.344E−15
1 900	5.828E−13	3.738E−13	2.832E−13	2.312E−13	1.970E−13	1.725E−13	1.540E−13	1.395E−13	1.277E−13
2 000	6.769E−12	4.342E−12	3.293E−12	2.691E−12	2.294E−12	2.010E−12	1.795E−12	1.626E−12	1.489E−12
2 100	6.193E−11	3.983E−11	3.026E−11	2.476E−11	2.112E−11	1.852E−11	1.655E−11	1.500E−11	1.374E−11
2 200	4.600E−10	2.974E−10	2.266E−10	1.858E−10	1.587E−10	1.393E−10	1.246E−10	1.130E−10	1.035E−10
2 300	2.844E−09	1.853E−09	1.418E−09	1.165E−09	9.979E−10	8.771E−10	7.853E−10	7.128E−10	6.539E−10
2 400	1.492E−08	9.837E−09	7.571E−09	6.244E−09	5.358E−09	4.718E−09	4.231E−09	3.845E−09	3.531E−09
2 500	6.767E−08	4.522E−08	3.505E−08	2.904E−08	2.500E−08	2.207E−08	1.983E−08	1.805E−08	1.660E−08
2 600	2.687E−07	1.826E−07	1.428E−07	1.189E−07	1.028E−07	9.105E−08	8.201E−08	7.481E−08	6.892E−08
2 700	9.476E−07	6.561E−07	5.181E−07	4.344E−07	3.773E−07	3.354E−07	3.030E−07	2.771E−07	2.559E−07
2 800	3.001E−06	2.119E−06	1.692E−06	1.429E−06	1.248E−06	1.115E−06	1.011E−06	9.277E−07	8.589E−07
2 900	8.638E−06	6.223E−06	5.026E−06	4.281E−06	3.763E−06	3.376E−06	3.075E−06	2.831E−06	2.630E−06
3 000	2.284E−05	1.676E−05	1.370E−05	1.177E−05	1.041E−05	9.396E−06	8.596E−06	7.948E−06	7.408E−06
3 100	5.604E−05	4.184E−05	3.458E−05	2.996E−05	2.669E−05	2.421E−05	2.226E−05	2.067E−05	1.934E−05
3 200	1.288E−04	9.759E−05	8.150E−05	7.119E−05	6.384E−05	5.826E−05	5.383E−05	5.020E−05	4.716E−05
3 300	2.797E−04	2.144E−04	1.807E−04	1.590E−04	1.435E−04	1.317E−04	1.223E−04	1.145E−04	1.080E−04
3 400	5.782E−04	4.471E−04	3.798E−04	3.365E−04	3.054E−04	2.817E−04	2.628E−04	2.473E−04	2.342E−04
3 500	1.145E−03	8.908E−04	7.615E−04	6.785E−04	6.191E−04	5.737E−04	5.375E−04	5.077E−04	4.826E−04
3 600	2.183E−03	1.704E−03	1.464E−03	1.311E−03	1.201E−03	1.118E−03	1.051E−03	9.971E−04	9.511E−04
3 700	4.026E−03	3.149E−03	2.714E−03	2.439E−03	2.244E−03	2.096E−03	1.978E−03	1.881E−03	1.800E−03
3 800	7.203E−03	5.637E−03	4.870E−03	4.389E−03	4.050E−03	3.794E−03	3.591E−03	3.424E−03	3.285E−03

续表

T/K	氢气的摩尔分数								
	0.1	0.2	0.3	0.4	0.5	0.6	0.7	0.8	0.9
3 900	1.253E−02	9.806E−03	8.486E−03	7.664E−03	7.089E−03	6.656E−03	6.315E−03	6.038E−03	5.805E−03
4 000	2.128E−02	1.662E−02	1.439E−02	1.302E−02	1.206E−02	1.135E−02	1.079E−02	1.033E−02	9.960E−03
4 100	3.528E−02	2.751E−02	2.383E−02	2.158E−02	2.002E−02	1.887E−02	1.796E−02	1.723E−02	1.663E−02
4 200	5.722E−02	4.453E−02	3.857E−02	3.496E−02	3.247E−02	3.063E−02	2.920E−02	2.805E−02	2.710E−02
4 300	9.093E−02	7.060E−02	6.114E−02	5.544E−02	5.152E−02	4.865E−02	4.642E−02	4.464E−02	4.317E−02
4 400	1.417E−01	1.098E−01	9.506E−02	8.620E−02	8.016E−02	7.573E−02	7.231E−02	6.958E−02	6.734E−02
4 500	2.170E−01	1.676E−01	1.450E−01	1.315E−01	1.223E−01	1.156E−01	1.105E−01	1.063E−01	1.030E−01
4 600	3.267E−01	2.517E−01	2.176E−01	1.973E−01	1.835E−01	1.735E−01	1.658E−01	1.597E−01	1.547E−01
4 700	4.841E−01	3.718E−01	3.212E−01	2.911E−01	2.709E−01	2.561E−01	2.447E−01	2.357E−01	2.284E−01
4 800	7.067E−01	5.411E−01	4.664E−01	4.226E−01	3.932E−01	3.718E−01	3.555E−01	3.426E−01	3.321E−01
4 900	1.017E+00	7.749E−01	6.681E−01	6.052E−01	5.630E−01	5.324E−01	5.090E−01	4.906E−01	4.756E−01
5 000	1.440E+00	1.096E+00	9.441E−01	8.548E−01	7.950E−01	7.517E−01	7.188E−01	6.928E−01	6.717E−01
5 100	2.019E+00	1.531E+00	1.317E+00	1.191E+00	1.108E+00	1.047E+00	1.001E+00	9.655E−01	9.362E−01
5 200	2.796E+00	2.113E+00	1.815E+00	1.641E+00	1.525E+00	1.442E+00	1.379E+00	1.329E+00	1.288E+00
5 300	3.818E+00	2.883E+00	2.473E+00	2.234E+00	2.076E+00	1.962E+00	1.876E+00	1.808E+00	1.753E+00
5 400	5.165E+00	3.885E+00	3.332E+00	3.009E+00	2.795E+00	2.641E+00	2.524E+00	2.432E+00	2.358E+00
5 500	6.914E+00	5.187E+00	4.440E+00	4.010E+00	3.723E+00	3.516E+00	3.360E+00	3.238E+00	3.139E+00
5 600	9.160E+00	6.855E+00	5.861E+00	5.287E+00	4.907E+00	4.636E+00	4.430E+00	4.268E+00	4.137E+00
5 700	1.201E+01	8.973E+00	7.663E+00	6.908E+00	6.409E+00	6.052E+00	5.784E+00	5.571E+00	5.400E+00
5 800	1.561E+01	1.163E+01	9.928E+00	8.944E+00	8.295E+00	7.831E+00	7.483E+00	7.207E+00	6.984E+00
5 900	2.008E+01	1.495E+01	1.275E+01	1.148E+01	1.064E+01	1.004E+01	9.593E+00	9.242E+00	8.955E+00
6 000	2.561E+01	1.906E+01	1.623E+01	1.461E+01	1.354E+01	1.277E+01	1.220E+01	1.174E+01	1.138E+01
6 100	3.237E+01	2.408E+01	2.050E+01	1.844E+01	1.708E+01	1.612E+01	1.539E+01	1.482E+01	1.436E+01
6 200	4.055E+01	3.019E+01	2.569E+01	2.310E+01	2.140E+01	2.018E+01	1.926E+01	1.855E+01	1.797E+01
6 300	5.037E+01	3.755E+01	3.195E+01	2.872E+01	2.660E+01	2.508E+01	2.394E+01	2.304E+01	2.233E+01
6 400	6.206E+01	4.635E+01	3.944E+01	3.545E+01	3.282E+01	3.095E+01	2.953E+01	2.843E+01	2.754E+01
6 500	7.583E+01	5.679E+01	4.833E+01	4.345E+01	4.022E+01	3.792E+01	3.619E+01	3.483E+01	3.374E+01
6 600	9.194E+01	6.907E+01	5.883E+01	5.288E+01	4.896E+01	4.616E+01	4.404E+01	4.239E+01	4.106E+01
6 700	1.106E+02	8.343E+01	7.112E+01	6.395E+01	5.921E+01	5.582E+01	5.326E+01	5.126E+01	4.966E+01
6 800	1.321E+02	1.001E+02	8.542E+01	7.684E+01	7.115E+01	6.708E+01	6.401E+01	6.161E+01	5.967E+01
6 900	1.567E+02	1.193E+02	1.019E+02	9.175E+01	8.497E+01	8.012E+01	7.646E+01	7.359E+01	7.129E+01
7 000	1.845E+02	1.412E+02	1.209E+02	1.089E+02	1.008E+02	9.514E+01	9.080E+01	8.740E+01	8.466E+01
7 100	2.159E+02	1.662E+02	1.425E+02	1.285E+02	1.190E+02	1.123E+02	1.072E+02	1.032E+02	9.999E+01
7 200	2.511E+02	1.945E+02	1.671E+02	1.507E+02	1.397E+02	1.319E+02	1.259E+02	1.212E+02	1.174E+02

续表

T/K	氢气的摩尔分数								
	0.1	0.2	0.3	0.4	0.5	0.6	0.7	0.8	0.9
7 300	2.902E+02	2.262E+02	1.948E+02	1.759E+02	1.632E+02	1.540E+02	1.470E+02	1.416E+02	1.372E+02
7 400	3.334E+02	2.616E+02	2.258E+02	2.041E+02	1.895E+02	1.789E+02	1.709E+02	1.646E+02	1.595E+02
7 500	3.809E+02	3.009E+02	2.604E+02	2.357E+02	2.190E+02	2.068E+02	1.976E+02	1.903E+02	1.845E+02
7 600	4.328E+02	3.443E+02	2.987E+02	2.708E+02	2.517E+02	2.379E+02	2.274E+02	2.190E+02	2.123E+02
7 700	4.891E+02	3.918E+02	3.410E+02	3.095E+02	2.880E+02	2.723E+02	2.604E+02	2.509E+02	2.433E+02
7 800	5.499E+02	4.437E+02	3.873E+02	3.521E+02	3.280E+02	3.103E+02	2.968E+02	2.861E+02	2.775E+02
7 900	6.152E+02	5.000E+02	4.379E+02	3.987E+02	3.717E+02	3.520E+02	3.368E+02	3.248E+02	3.150E+02
8 000	6.850E+02	5.607E+02	4.927E+02	4.495E+02	4.195E+02	3.974E+02	3.805E+02	3.671E+02	3.562E+02
8 100	7.591E+02	6.260E+02	5.518E+02	5.044E+02	4.713E+02	4.469E+02	4.281E+02	4.131E+02	4.009E+02
8 200	8.374E+02	6.956E+02	6.154E+02	5.636E+02	5.273E+02	5.003E+02	4.796E+02	4.630E+02	4.495E+02
8 300	9.198E+02	7.696E+02	6.833E+02	6.271E+02	5.874E+02	5.579E+02	5.351E+02	5.169E+02	5.020E+02
8 400	1.006E+03	8.479E+02	7.556E+02	6.949E+02	6.518E+02	6.197E+02	5.947E+02	5.747E+02	5.584E+02
8 500	1.095E+03	9.303E+02	8.321E+02	7.669E+02	7.204E+02	6.856E+02	6.584E+02	6.366E+02	6.188E+02
8 600	1.189E+03	1.016E+03	9.127E+02	8.432E+02	7.932E+02	7.556E+02	7.262E+02	7.026E+02	6.832E+02
8 700	1.285E+03	1.106E+03	9.974E+02	9.235E+02	8.702E+02	8.297E+02	7.981E+02	7.726E+02	7.516E+02
8 800	1.384E+03	1.200E+03	1.085E+03	1.007E+03	9.510E+02	9.079E+02	8.740E+02	8.466E+02	8.240E+02
8 900	1.486E+03	1.297E+03	1.178E+03	1.096E+03	1.035E+03	9.900E+02	9.538E+02	9.245E+02	9.003E+02
9 000	1.590E+03	1.397E+03	1.273E+03	1.187E+03	1.124E+03	1.076E+03	1.037E+03	1.006E+03	9.804E+02
9 100	1.696E+03	1.499E+03	1.372E+03	1.283E+03	1.216E+03	1.165E+03	1.124E+03	1.091E+03	1.064E+03
9 200	1.804E+03	1.605E+03	1.474E+03	1.381E+03	1.312E+03	1.258E+03	1.215E+03	1.180E+03	1.151E+03
9 300	1.913E+03	1.712E+03	1.578E+03	1.483E+03	1.411E+03	1.355E+03	1.310E+03	1.273E+03	1.242E+03
9 400	2.024E+03	1.822E+03	1.685E+03	1.587E+03	1.512E+03	1.454E+03	1.407E+03	1.369E+03	1.337E+03
9 500	2.135E+03	1.933E+03	1.795E+03	1.694E+03	1.617E+03	1.557E+03	1.508E+03	1.468E+03	1.434E+03
9 600	2.248E+03	2.046E+03	1.906E+03	1.803E+03	1.724E+03	1.662E+03	1.611E+03	1.570E+03	1.535E+03
9 700	2.361E+03	2.160E+03	2.019E+03	1.914E+03	1.833E+03	1.769E+03	1.717E+03	1.674E+03	1.638E+03
9 800	2.475E+03	2.275E+03	2.133E+03	2.027E+03	1.945E+03	1.879E+03	1.826E+03	1.781E+03	1.743E+03
9 900	2.589E+03	2.392E+03	2.249E+03	2.142E+03	2.058E+03	1.991E+03	1.936E+03	1.890E+03	1.852E+03
10 000	2.704E+03	2.508E+03	2.366E+03	2.258E+03	2.173E+03	2.105E+03	2.049E+03	2.002E+03	1.962E+03
10 100	2.819E+03	2.626E+03	2.484E+03	2.376E+03	2.290E+03	2.221E+03	2.163E+03	2.115E+03	2.074E+03
10 200	2.934E+03	2.744E+03	2.603E+03	2.494E+03	2.408E+03	2.337E+03	2.279E+03	2.230E+03	2.188E+03
10 300	3.048E+03	2.862E+03	2.722E+03	2.613E+03	2.527E+03	2.456E+03	2.396E+03	2.346E+03	2.304E+03
10 400	3.163E+03	2.980E+03	2.842E+03	2.733E+03	2.646E+03	2.575E+03	2.515E+03	2.464E+03	2.421E+03
10 500	3.278E+03	3.099E+03	2.962E+03	2.854E+03	2.767E+03	2.695E+03	2.634E+03	2.583E+03	2.539E+03
10 600	3.392E+03	3.217E+03	3.082E+03	2.975E+03	2.888E+03	2.815E+03	2.755E+03	2.703E+03	2.658E+03

续表

T/K	氢气的摩尔分数								
	0.1	0.2	0.3	0.4	0.5	0.6	0.7	0.8	0.9
10 700	3.507E+03	3.335E+03	3.202E+03	3.096E+03	3.009E+03	2.937E+03	2.875E+03	2.823E+03	2.778E+03
10 800	3.621E+03	3.453E+03	3.322E+03	3.217E+03	3.131E+03	3.058E+03	2.997E+03	2.944E+03	2.899E+03
10 900	3.734E+03	3.571E+03	3.442E+03	3.338E+03	3.252E+03	3.180E+03	3.119E+03	3.066E+03	3.020E+03
11 000	3.848E+03	3.689E+03	3.562E+03	3.459E+03	3.374E+03	3.302E+03	3.241E+03	3.188E+03	3.141E+03
11 100	3.961E+03	3.806E+03	3.682E+03	3.580E+03	3.496E+03	3.424E+03	3.363E+03	3.310E+03	3.263E+03
11 200	4.073E+03	3.922E+03	3.801E+03	3.701E+03	3.617E+03	3.546E+03	3.485E+03	3.432E+03	3.386E+03
11 300	4.185E+03	4.039E+03	3.920E+03	3.821E+03	3.739E+03	3.668E+03	3.607E+03	3.554E+03	3.508E+03
11 400	4.297E+03	4.154E+03	4.038E+03	3.941E+03	3.860E+03	3.790E+03	3.729E+03	3.676E+03	3.630E+03
11 500	4.409E+03	4.270E+03	4.156E+03	4.061E+03	3.980E+03	3.911E+03	3.851E+03	3.798E+03	3.752E+03
11 600	4.520E+03	4.385E+03	4.273E+03	4.180E+03	4.100E+03	4.032E+03	3.972E+03	3.920E+03	3.874E+03
11 700	4.630E+03	4.499E+03	4.390E+03	4.298E+03	4.220E+03	4.152E+03	4.093E+03	4.041E+03	3.995E+03
11 800	4.740E+03	4.612E+03	4.506E+03	4.416E+03	4.339E+03	4.272E+03	4.214E+03	4.162E+03	4.116E+03
11 900	4.849E+03	4.725E+03	4.622E+03	4.533E+03	4.458E+03	4.392E+03	4.334E+03	4.283E+03	4.237E+03
12 000	4.958E+03	4.838E+03	4.736E+03	4.650E+03	4.576E+03	4.511E+03	4.453E+03	4.403E+03	4.357E+03
12 100	5.067E+03	4.950E+03	4.851E+03	4.766E+03	4.693E+03	4.629E+03	4.572E+03	4.522E+03	4.477E+03
12 200	5.175E+03	5.061E+03	4.964E+03	4.881E+03	4.809E+03	4.746E+03	4.690E+03	4.641E+03	4.596E+03
12 300	5.282E+03	5.171E+03	5.077E+03	4.996E+03	4.925E+03	4.863E+03	4.808E+03	4.759E+03	4.715E+03
12 400	5.389E+03	5.281E+03	5.189E+03	5.110E+03	5.040E+03	4.979E+03	4.925E+03	4.876E+03	4.833E+03
12 500	5.495E+03	5.390E+03	5.301E+03	5.223E+03	5.155E+03	5.094E+03	5.041E+03	4.993E+03	4.950E+03
12 600	5.601E+03	5.499E+03	5.411E+03	5.335E+03	5.268E+03	5.209E+03	5.156E+03	5.109E+03	5.066E+03
12 700	5.706E+03	5.606E+03	5.521E+03	5.446E+03	5.381E+03	5.323E+03	5.271E+03	5.224E+03	5.182E+03
12 800	5.810E+03	5.714E+03	5.630E+03	5.557E+03	5.492E+03	5.435E+03	5.384E+03	5.338E+03	5.297E+03
12 900	5.914E+03	5.820E+03	5.738E+03	5.666E+03	5.603E+03	5.547E+03	5.497E+03	5.452E+03	5.411E+03
13 000	6.017E+03	5.925E+03	5.845E+03	5.776E+03	5.713E+03	5.658E+03	5.609E+03	5.564E+03	5.524E+03
13 100	6.119E+03	6.030E+03	5.952E+03	5.883E+03	5.823E+03	5.769E+03	5.720E+03	5.676E+03	5.636E+03
13 200	6.220E+03	6.133E+03	6.057E+03	5.990E+03	5.931E+03	5.878E+03	5.831E+03	5.788E+03	5.748E+03
13 300	6.321E+03	6.236E+03	6.162E+03	6.097E+03	6.038E+03	5.987E+03	5.940E+03	5.898E+03	5.859E+03
13 400	6.421E+03	6.338E+03	6.266E+03	6.202E+03	6.145E+03	6.094E+03	6.048E+03	6.007E+03	5.969E+03
13 500	6.520E+03	6.439E+03	6.368E+03	6.306E+03	6.250E+03	6.200E+03	6.155E+03	6.115E+03	6.078E+03
13 600	6.618E+03	6.539E+03	6.470E+03	6.409E+03	6.355E+03	6.306E+03	6.262E+03	6.222E+03	6.186E+03
13 700	6.715E+03	6.638E+03	6.571E+03	6.511E+03	6.458E+03	6.410E+03	6.367E+03	6.328E+03	6.293E+03
13 800	6.812E+03	6.736E+03	6.671E+03	6.612E+03	6.560E+03	6.514E+03	6.472E+03	6.433E+03	6.399E+03
13 900	6.908E+03	6.834E+03	6.769E+03	6.712E+03	6.662E+03	6.616E+03	6.575E+03	6.538E+03	6.504E+03
14 000	7.002E+03	6.931E+03	6.867E+03	6.811E+03	6.762E+03	6.717E+03	6.677E+03	6.641E+03	6.608E+03

续表

T/K	氢气的摩尔分数								
	0.1	0.2	0.3	0.4	0.5	0.6	0.7	0.8	0.9
14 100	7.096E+03	7.026E+03	6.965E+03	6.910E+03	6.861E+03	6.818E+03	6.778E+03	6.743E+03	6.711E+03
14 200	7.188E+03	7.120E+03	7.061E+03	7.007E+03	6.959E+03	6.917E+03	6.879E+03	6.844E+03	6.813E+03
14 300	7.280E+03	7.214E+03	7.156E+03	7.104E+03	7.057E+03	7.015E+03	6.978E+03	6.944E+03	6.914E+03
14 400	7.370E+03	7.306E+03	7.249E+03	7.199E+03	7.153E+03	7.113E+03	7.076E+03	7.043E+03	7.013E+03
14 500	7.460E+03	7.397E+03	7.342E+03	7.293E+03	7.249E+03	7.209E+03	7.174E+03	7.141E+03	7.112E+03
14 600	7.549E+03	7.487E+03	7.434E+03	7.386E+03	7.344E+03	7.306E+03	7.270E+03	7.239E+03	7.210E+03
14 700	7.636E+03	7.577E+03	7.524E+03	7.478E+03	7.437E+03	7.400E+03	7.367E+03	7.335E+03	7.307E+03
14 800	7.723E+03	7.665E+03	7.614E+03	7.569E+03	7.529E+03	7.493E+03	7.461E+03	7.431E+03	7.403E+03
14 900	7.808E+03	7.752E+03	7.703E+03	7.659E+03	7.620E+03	7.585E+03	7.554E+03	7.526E+03	7.500E+03
15 000	7.893E+03	7.838E+03	7.790E+03	7.748E+03	7.710E+03	7.677E+03	7.646E+03	7.619E+03	7.594E+03
15 100	7.977E+03	7.924E+03	7.877E+03	7.836E+03	7.800E+03	7.767E+03	7.737E+03	7.711E+03	7.687E+03
15 200	8.059E+03	8.008E+03	7.963E+03	7.923E+03	7.888E+03	7.856E+03	7.828E+03	7.802E+03	7.779E+03
15 300	8.141E+03	8.091E+03	8.048E+03	8.009E+03	7.975E+03	7.944E+03	7.917E+03	7.892E+03	7.870E+03
15 400	8.222E+03	8.174E+03	8.132E+03	8.094E+03	8.061E+03	8.032E+03	8.005E+03	7.981E+03	7.960E+03
15 500	8.302E+03	8.255E+03	8.215E+03	8.179E+03	8.147E+03	8.118E+03	8.093E+03	8.070E+03	8.049E+03
15 600	8.381E+03	8.336E+03	8.297E+03	8.262E+03	8.231E+03	8.204E+03	8.179E+03	8.157E+03	8.137E+03
15 700	8.460E+03	8.416E+03	8.378E+03	8.345E+03	8.315E+03	8.289E+03	8.265E+03	8.244E+03	8.224E+03
15 800	8.537E+03	8.495E+03	8.458E+03	8.426E+03	8.398E+03	8.372E+03	8.350E+03	8.329E+03	8.311E+03
15 900	8.614E+03	8.574E+03	8.538E+03	8.507E+03	8.480E+03	8.455E+03	8.433E+03	8.414E+03	8.396E+03
16 000	8.690E+03	8.651E+03	8.617E+03	8.587E+03	8.561E+03	8.537E+03	8.517E+03	8.498E+03	8.481E+03
16 100	8.766E+03	8.728E+03	8.695E+03	8.667E+03	8.641E+03	8.619E+03	8.599E+03	8.581E+03	8.564E+03
16 200	8.840E+03	8.804E+03	8.773E+03	8.745E+03	8.721E+03	8.699E+03	8.680E+03	8.663E+03	8.647E+03
16 300	8.914E+03	8.880E+03	8.849E+03	8.823E+03	8.800E+03	8.779E+03	8.761E+03	8.744E+03	8.729E+03
16 400	8.988E+03	8.954E+03	8.926E+03	8.900E+03	8.878E+03	8.858E+03	8.841E+03	8.825E+03	8.811E+03
16 500	9.061E+03	9.029E+03	9.001E+03	8.977E+03	8.956E+03	8.937E+03	8.920E+03	8.905E+03	8.892E+03
16 600	9.133E+03	9.102E+03	9.076E+03	9.053E+03	9.033E+03	9.015E+03	8.999E+03	8.984E+03	8.971E+03
16 700	9.205E+03	9.175E+03	9.150E+03	9.128E+03	9.109E+03	9.092E+03	9.077E+03	9.063E+03	9.051E+03
16 800	9.276E+03	9.248E+03	9.224E+03	9.203E+03	9.185E+03	9.168E+03	9.154E+03	9.141E+03	9.129E+03
16 900	9.347E+03	9.320E+03	9.297E+03	9.277E+03	9.260E+03	9.244E+03	9.231E+03	9.218E+03	9.207E+03
17 000	9.417E+03	9.392E+03	9.370E+03	9.351E+03	9.334E+03	9.320E+03	9.307E+03	9.295E+03	9.285E+03
17 100	9.487E+03	9.463E+03	9.442E+03	9.424E+03	9.408E+03	9.395E+03	9.382E+03	9.371E+03	9.361E+03
17 200	9.556E+03	9.533E+03	9.514E+03	9.497E+03	9.482E+03	9.469E+03	9.457E+03	9.447E+03	9.438E+03
17 300	9.625E+03	9.603E+03	9.585E+03	9.569E+03	9.555E+03	9.543E+03	9.532E+03	9.522E+03	9.513E+03
17 400	9.693E+03	9.673E+03	9.656E+03	9.641E+03	9.628E+03	9.616E+03	9.606E+03	9.597E+03	9.589E+03

续表

	氢气的摩尔分数								
T/K	0.1	0.2	0.3	0.4	0.5	0.6	0.7	0.8	0.9
17 500	9.761E+03	9.742E+03	9.726E+03	9.712E+03	9.700E+03	9.689E+03	9.679E+03	9.671E+03	9.663E+03
17 600	9.829E+03	9.811E+03	9.796E+03	9.783E+03	9.772E+03	9.761E+03	9.753E+03	9.745E+03	9.738E+03
17 700	9.896E+03	9.880E+03	9.866E+03	9.853E+03	9.843E+03	9.834E+03	9.825E+03	9.818E+03	9.811E+03
17 800	9.963E+03	9.948E+03	9.935E+03	9.923E+03	9.914E+03	9.905E+03	9.898E+03	9.902E+03	9.885E+03
17 900	1.003E+04	1.001E+04	1.000E+04	9.993E+03	9.984E+03	9.976E+03	9.970E+03	9.963E+03	9.958E+03
18 000	1.009E+04	1.008E+04	1.007E+04	1.006E+04	1.005E+04	1.004E+04	1.004E+04	1.003E+04	1.003E+04
18 100	1.016E+04	1.015E+04	1.014E+04	1.013E+04	1.012E+04	1.011E+04	1.011E+04	1.010E+04	1.010E+04
18 200	1.022E+04	1.021E+04	1.020E+04	1.020E+04	1.019E+04	1.018E+04	1.018E+04	1.017E+04	1.017E+04
18 300	1.029E+04	1.028E+04	1.027E+04	1.026E+04	1.026E+04	1.025E+04	1.025E+04	1.024E+04	1.024E+04
18 400	1.035E+04	1.034E+04	1.034E+04	1.033E+04	1.033E+04	1.032E+04	1.032E+04	1.032E+04	1.031E+04
18 500	1.042E+04	1.041E+04	1.040E+04	1.040E+04	1.039E+04	1.039E+04	1.039E+04	1.038E+04	1.038E+04
18 600	1.048E+04	1.047E+04	1.047E+04	1.046E+04	1.046E+04	1.046E+04	1.046E+04	1.045E+04	1.045E+04
18 700	1.054E+04	1.054E+04	1.053E+04	1.053E+04	1.053E+04	1.053E+04	1.053E+04	1.052E+04	1.052E+04
18 800	1.060E+04	1.060E+04	1.060E+04	1.060E+04	1.060E+04	1.060E+04	1.059E+04	1.059E+04	1.059E+04
18 900	1.067E+04	1.066E+04	1.066E+04	1.066E+04	1.066E+04	1.066E+04	1.066E+04	1.066E+04	1.066E+04
19 000	1.072E+04	1.073E+04	1.073E+04	1.073E+04	1.073E+04	1.073E+04	1.073E+04	1.073E+04	1.073E+04
19 100	1.079E+04	1.079E+04	1.079E+04	1.079E+04	1.080E+04	1.080E+04	1.080E+04	1.080E+04	1.080E+04
19 200	1.085E+04	1.085E+04	1.085E+04	1.086E+04	1.086E+04	1.087E+04	1.087E+04	1.087E+04	1.087E+04
19 300	1.090E+04	1.091E+04	1.092E+04	1.092E+04	1.093E+04	1.093E+04	1.094E+04	1.094E+04	1.094E+04
19 400	1.096E+04	1.097E+04	1.098E+04	1.099E+04	1.099E+04	1.100E+04	1.100E+04	1.101E+04	1.101E+04
19 500	1.102E+04	1.103E+04	1.104E+04	1.105E+04	1.106E+04	1.107E+04	1.107E+04	1.108E+04	1.108E+04
19 600	1.108E+04	1.109E+04	1.110E+04	1.111E+04	1.112E+04	1.113E+04	1.114E+04	1.115E+04	1.115E+04
19 700	1.113E+04	1.115E+04	1.116E+04	1.118E+04	1.119E+04	1.120E+04	1.121E+04	1.121E+04	1.122E+04
19 800	1.119E+04	1.121E+04	1.122E+04	1.124E+04	1.125E+04	1.126E+04	1.127E+04	1.128E+04	1.129E+04
19 900	1.124E+04	1.126E+04	1.128E+04	1.130E+04	1.131E+04	1.133E+04	1.134E+04	1.135E+04	1.136E+04
20 000	1.130E+04	1.132E+04	1.134E+04	1.136E+04	1.138E+04	1.139E+04	1.140E+04	1.142E+04	1.143E+04
20 100	1.135E+04	1.138E+04	1.140E+04	1.142E+04	1.144E+04	1.145E+04	1.147E+04	1.148E+04	1.150E+04
20 200	1.140E+04	1.143E+04	1.146E+04	1.148E+04	1.150E+04	1.152E+04	1.154E+04	1.155E+04	1.156E+04
20 300	1.145E+04	1.148E+04	1.151E+04	1.154E+04	1.156E+04	1.158E+04	1.160E+04	1.162E+04	1.163E+04
20 400	1.150E+04	1.153E+04	1.157E+04	1.160E+04	1.162E+04	1.164E+04	1.167E+04	1.168E+04	1.170E+04
20 500	1.154E+04	1.159E+04	1.162E+04	1.165E+04	1.168E+04	1.171E+04	1.173E+04	1.175E+04	1.177E+04
20 600	1.159E+04	1.163E+04	1.167E+04	1.171E+04	1.174E+04	1.177E+04	1.179E+04	1.182E+04	1.184E+04
20 700	1.163E+04	1.168E+04	1.173E+04	1.176E+04	1.180E+04	1.183E+04	1.186E+04	1.188E+04	1.191E+04
20 800	1.168E+04	1.173E+04	1.178E+04	1.182E+04	1.186E+04	1.189E+04	1.192E+04	1.195E+04	1.197E+04

续表

	氢气的摩尔分数								
T/K	0.1	0.2	0.3	0.4	0.5	0.6	0.7	0.8	0.9
20 900	1.172E+04	1.177E+04	1.183E+04	1.187E+04	1.191E+04	1.195E+04	1.198E+04	1.202E+04	1.204E+04
21 000	1.175E+04	1.182E+04	1.187E+04	1.192E+04	1.197E+04	1.201E+04	1.205E+04	1.208E+04	1.211E+04
21 100	1.179E+04	1.186E+04	1.192E+04	1.197E+04	1.202E+04	1.207E+04	1.211E+04	1.214E+04	1.218E+04
21 200	1.183E+04	1.190E+04	1.197E+04	1.202E+04	1.208E+04	1.213E+04	1.217E+04	1.221E+04	1.224E+04
21 300	1.186E+04	1.194E+04	1.201E+04	1.207E+04	1.213E+04	1.218E+04	1.223E+04	1.227E+04	1.231E+04
21 400	1.189E+04	1.198E+04	1.205E+04	1.212E+04	1.218E+04	1.224E+04	1.229E+04	1.234E+04	1.238E+04
21 500	1.192E+04	1.201E+04	1.209E+04	1.217E+04	1.223E+04	1.229E+04	1.235E+04	1.240E+04	1.245E+04
21 600	1.195E+04	1.204E+04	1.213E+04	1.221E+04	1.228E+04	1.235E+04	1.241E+04	1.246E+04	1.251E+04
21 700	1.197E+04	1.208E+04	1.217E+04	1.226E+04	1.233E+04	1.240E+04	1.247E+04	1.253E+04	1.258E+04
21 800	1.199E+04	1.210E+04	1.221E+04	1.230E+04	1.238E+04	1.246E+04	1.253E+04	1.259E+04	1.265E+04
21 900	1.201E+04	1.213E+04	1.224E+04	1.234E+04	1.243E+04	1.251E+04	1.258E+04	1.265E+04	1.271E+04
22 000	1.203E+04	1.216E+04	1.227E+04	1.238E+04	1.247E+04	1.256E+04	1.264E+04	1.271E+04	1.278E+04
22 100	1.205E+04	1.218E+04	1.230E+04	1.241E+04	1.252E+04	1.261E+04	1.269E+04	1.277E+04	1.285E+04
22 200	1.206E+04	1.220E+04	1.233E+04	1.245E+04	1.256E+04	1.266E+04	1.275E+04	1.284E+04	1.292E+04
22 300	1.207E+04	1.222E+04	1.236E+04	1.248E+04	1.260E+04	1.271E+04	1.281E+04	1.290E+04	1.298E+04
22 400	1.208E+04	1.224E+04	1.238E+04	1.252E+04	1.264E+04	1.276E+04	1.286E+04	1.296E+04	1.305E+04
22 500	1.209E+04	1.226E+04	1.241E+04	1.255E+04	1.268E+04	1.280E+04	1.291E+04	1.302E+04	1.312E+04
22 600	1.210E+04	1.227E+04	1.243E+04	1.258E+04	1.272E+04	1.285E+04	1.297E+04	1.308E+04	1.318E+04
22 700	1.210E+04	1.228E+04	1.245E+04	1.261E+04	1.275E+04	1.289E+04	1.302E+04	1.314E+04	1.325E+04
22 800	1.210E+04	1.229E+04	1.247E+04	1.263E+04	1.279E+04	1.293E+04	1.307E+04	1.320E+04	1.332E+04
22 900	1.210E+04	1.230E+04	1.248E+04	1.266E+04	1.282E+04	1.298E+04	1.312E+04	1.325E+04	1.338E+04
23 000	1.210E+04	1.230E+04	1.250E+04	1.268E+04	1.285E+04	1.302E+04	1.317E+04	1.331E+04	1.345E+04
23 100	1.209E+04	1.231E+04	1.251E+04	1.271E+04	1.289E+04	1.306E+04	1.322E+04	1.337E+04	1.351E+04
23 200	1.209E+04	1.231E+04	1.253E+04	1.273E+04	1.292E+04	1.310E+04	1.327E+04	1.343E+04	1.358E+04
23 300	1.208E+04	1.232E+04	1.254E+04	1.275E+04	1.295E+04	1.313E+04	1.331E+04	1.348E+04	1.365E+04
23 400	1.208E+04	1.232E+04	1.255E+04	1.277E+04	1.297E+04	1.317E+04	1.336E+04	1.354E+04	1.371E+04
23 500	1.207E+04	1.232E+04	1.256E+04	1.278E+04	1.300E+04	1.321E+04	1.341E+04	1.359E+04	1.378E+04
23 600	1.206E+04	1.232E+04	1.257E+04	1.280E+04	1.303E+04	1.324E+04	1.345E+04	1.365E+04	1.384E+04
23 700	1.205E+04	1.232E+04	1.257E+04	1.282E+04	1.305E+04	1.328E+04	1.350E+04	1.371E+04	1.391E+04
23 800	1.204E+04	1.232E+04	1.258E+04	1.283E+04	1.308E+04	1.331E+04	1.354E+04	1.376E+04	1.397E+04
23 900	1.203E+04	1.231E+04	1.258E+04	1.285E+04	1.310E+04	1.334E+04	1.358E+04	1.381E+04	1.404E+04
24 000	1.202E+04	1.231E+04	1.259E+04	1.286E+04	1.312E+04	1.338E+04	1.363E+04	1.387E+04	1.411E+04

参考文献

[1] W. B. White, G. B. Dantzig, and S. M. Johnson, J. Chem. Phys. 28 (1958): 751.

[2] ADEP—Banque de données de l'Université et du CNRS Ed. Direction des Bibliothèques des Musées et de l'Information Scientifique et Technique (1986). (a) B. Pateyron, Thèse de Doctorat es Sciences Physiques (Université de Limoges, France, 1987). (b) B. Pateyron, J. Aubreton, M. F. Elchinger, and G. Delluc, "Thermochemical Equilibria in Multicomponent Systems on Microcomputers," International Meetings on Phase Equilibrium Data, Paris, 5 - 13 September (1985). (c) B. Pateyron, J. Aubreton, M. F. Elchinger, and G. Delluc, "Thermodynamic and Transport Properties at High Temperature: Hydrogen Plasma and Water Plasma," International Meetings on Phase Equilibrium Data, Paris, 5 - 13 September (1985). (d) M. F. Elchinger, B. Pateyron, G. Delluc and P. Fauchais, "Radiative and Transport Properties of Some Nitrogen - Oxygen Mixtures Including Air," Proceeding of 9th International Symposium on Plasma Chemistry, Pugnochiuso, Italy, R. d'Agostino, ed., Vol. 1. p. 127 (1989).

[3] C. E. Moore, Atomic Energy Levels (NBC Circ. 467, Vol. 3, 1958).

[4] K. S. Drellishak, Ph. D. Thesis (Northwestern University, 1963).

[5] B. J. McBride and S. Gordon, NASA TN - D - 40976 (1967).

[6] G. Herzberg, Spectra of Diatomic Molecules, 2nd ed. (New York: Van Nostrand, 1950).

[7] J. O. Hirschfelder, C. F. Curtis, and R. B. Bird, Molecular Theory of Gases and Liquids (New York: Wiley, 1964).

[8] S. Chapman and T. G. Cowling, Mathematical Theory of Non - uniform Gases (London: Cambridge University Press, 1964).

[9] R. S. Devoto, Ph. D. Thesis (Stanford University, 1965).

[10] C. Gorse, Thèse 3ième Cycle (Université de Limoges, France, 1975).

[11] C. Bonnefoi, Thièse 3ième Cycle (Université de Lomoges, France, 1975).

[12] C. Bonnefoi, Thèse de Docteur ès Sciences Physiques (Université de Limoges, France, 1983).

[13] J. Aubreton, Thèse de Docteur ès Sciences Physique (Université de Limoges, France, 1985)